物理流体力学

Physical Hydrodynamics

王先智 编著

清华大学出版社
北京

内容简介

本书把流体力学看成牛顿第二定律对流体连续介质的应用，尽可能用熟悉的物理概念和现象作类比，启发式讲述流体力学的基本概念和基本思想，不追求过深的数学分析。对于理想流体，主要内容包括欧拉方程、伯努利方程、涡量方程、无旋流动的拉普拉斯方程、布拉休斯定理、二维机翼升力理论、表面张力-重力波和声波等。对于黏性流体，主要内容包括纳维-斯托克斯方程及其严格解、涡量方程、流体热传导方程、斯托克斯阻力公式、黏性流体的振荡运动和普朗特边界层理论等。本书内容丰富，讲解了大量流体力学的应用，配有较多的例题和习题，并且例题的解答很详细，比较难的习题给出了解答提示。

本书可以用作物理、数学和力学专业本科生的教材和教学参考书，也可以用作工科相关专业本科生的教学参考书，以及供相关专业的研究生参考用书。

图书在版编目(CIP)数据

物理流体力学/王先智编著. —北京：清华大学出版社，2018(2023.10 重印)
ISBN 978-7-302-50978-3

Ⅰ. ①物… Ⅱ. ①王… Ⅲ. ①物理力学－流体力学－高等学校－教材 Ⅳ. ①O35

中国版本图书馆 CIP 数据核字(2018)第 189072 号

责任编辑：鲁永芳
封面设计：常雪影
责任校对：赵丽敏
责任印制：沈 露

出版发行：清华大学出版社
网 址：http://www.tup.com.cn，http://www.wqbook.com
地 址：北京清华大学学研大厦 A 座 邮 编：100084
社 总 机：010-83470000 邮 购：010-62786544
投稿与读者服务：010-62776969，c-service@tup.tsinghua.edu.cn
质量反馈：010-62772015，zhiliang@tup.tsinghua.edu.cn
印 装 者：北京建宏印刷有限公司
经 销：全国新华书店
开 本：185mm×260mm 印 张：17 字 数：410 千字
版 次：2018 年 12 月第 1 版 印 次：2023 年 10 月第 5 次印刷
定 价：49.00 元

产品编号：077164-01

序言

PREFACE

虽然市面上已有不少有关流体力学的教材和专著，但这些流体力学书要么是针对工科专业的，要么是针对力学和数学专业的，却很少有针对物理专业本科生的。针对物理专业的本科生学习使用的流体力学教材，一方面要求有物理思想，另一方面数学不能太难。例如著名的朗道-栗弗席兹(Landau-Lifshitz)流体力学，虽然充满了物理见解，但很多是靠物理直觉写出的，推导细节没有给出，精深难懂，对于初学者很难理解。

我曾经为上海交通大学物理与天文系物理专业本科生上过几年“流体力学”课，编写过讲义，本书是在此讲义的基础上经过扩充而成的。

二十多年的本科教学经验告诉我，教材和教学参考书不同于学术专著。学术专著的读者对象主要是专业研究人员，他们的基础知识雄厚，研究经验丰富，所以学术专著的特点是严谨、准确、高度专业化。而教材和教学参考书的读者对象主要是本科生和研究生，他们的基础比较薄弱，因此教材和教学参考书一定要循序渐进、通俗易懂、启发式阐述，而且要求配有一定数量的例题和习题。在这方面，著名物理学家费恩曼的《费恩曼物理学讲义》用那么通俗的语言讲述物理给我留下了极其深刻的印象。尤其是上过几年工科大学物理课以后，我明白了要用尽可能通俗简单的语言给本科生讲述物理。本书就是沿着这一思路编著的，把流体力学看成牛顿第二定律对流体连续介质的应用，深入浅出地讲述流体力学的基本概念，尽可能用熟悉的物理概念和现象作类比，避免过于复杂的数学分析。

本书内容循序渐进、从易到难，并没有从一开始就建立黏性流体力学的基本方程。而是从回忆牛顿力学中质点的运动描述出发，通过把流体分解为无穷多个微元，引进拉格朗日描写和欧拉描写，根据牛顿力学中质点的速度和加速度的定义引进随体导数。然后考虑理想流体，分析流体微元受力并应用牛顿第二定律推导欧拉方程。把欧拉方程写成积分形式，得到伯努利方程。进一步讲述欧拉方程和伯努利方程的应用。待读者有了一定的流体力学知识之后，再建立黏性流体力学的基本方程。

本书利用涡量的散度恒为零与磁感应强度的散度恒为零(磁场高斯定理)这一类似性，得到涡量与磁感应强度之间的类比关系，从大学物理讲的磁感应线、磁感应面、磁感应管和磁通量，通过类比定义涡线、涡面、涡管和涡通量，从磁感应线管磁通量守恒定理通过类比证明涡管涡通量守恒定理。本书利用不可压缩流体的速度的散度恒为零(连续性方程)与磁感应强度的散度恒为零(磁场高斯定理)这一类似性，通过类比证明大学物理中的稳恒细电流感生磁感应强度的毕奥-萨伐尔定律和涡丝感生速度公式等效，安培环路定理和速度环量公式(斯托克斯定理)等效，从而进一步证明兰金组合涡的速度分布等效于无限长均匀圆柱电流感生的磁感应强度分布，涡层感生的切向速度间断面等效于面电流感生的切向磁感应强度间断面。由于电势和速度势均遵守拉普拉斯方程，导体尖端放电时尖端附近的电场和翼型启动时尖尾缘附近的流体速度遵守相同的空间变化规律，从导体尖端放电现象通过类比理解翼型尖尾缘附近流体的运动。从牛顿平板实验结果出发作逻辑推理得到广义牛顿黏性定律。使用牛顿力学中的质点系的动量定理解释流体力学的动量平衡方程各项的物理意义。使用牛顿力学中的质点系的动能定理和功能原理解释流体力学的能量平衡方程各项的物理意义，特别是流体的能量耗散项的物理意义。

本书具有一定的大学物理味道，非物理专业的本科生只要学过大学物理后，就可以看懂大部分章节。为此，本书尽可能对公式给出详细的推导过程。配有较多插图，尽可能用图来表示物理思想和过程。配有较多的例题和习题，并且例题的解答很详细，比较难的习题都有解答提示。因此虽然本书是为物理专业的本科生写的，对数学专业、力学专业和工科等相关专业的本科生同样有参考价值。

在网络时代，网络资料是必不可少的参考资料。在撰写本书时，我参考了一些网络资料，但无法找到作者名字，在这里向这些无名作者表示感谢。

王先智

目录

CONTENTS

第 1 章　流体力学的基本概念 ······ 1

1.1　概论 ······ 1

1.2　流体的性质 ······ 6

1.2.1　流体具有易流动性 ······ 6

1.2.2　流体中的不可逆过程 ······ 7

1.2.3　流体分类 ······ 7

1.2.4　流体运动分类 ······ 8

1.2.5　连续介质近似 ······ 8

习题 ······ 9

1.3　局域平衡假设与局域热力学方程 ······ 9

习题 ······ 12

1.4　拉格朗日描写和欧拉描写 ······ 12

1.4.1　牛顿力学中的质点运动的描述 ······ 12

1.4.2　拉格朗日描写 ······ 13

1.4.3　欧拉描写 ······ 13

1.4.4　两种方法的优缺点 ······ 14

1.4.5　从拉格朗日描写转换到欧拉描写 ······ 14

1.4.6　从欧拉描写转换到拉格朗日描写 ······ 15

1.4.7　轨迹 ······ 16

1.4.8　流线 ······ 16

1.4.9　定常流动 ······ 17

习题 ······ 19

1.5　涡量与速度环量 ······ 20

1.5.1　流体的涡旋运动的描述 ······ 21

1.5.2　磁感应线、磁感应面、磁感应管与磁通量 ······ 24

1.5.3　涡线、涡面、涡管与涡通量 ······ 25

1.5.4　速度环量 ······ 29

习题 ······ 30

1.6 连续性方程与流函数 …… 32
1.6.1 拉格朗日描写下的连续性方程 …… 32
1.6.2 欧拉描写下的连续性方程 …… 32
1.6.3 不可压缩流体的二维流动与流函数 …… 33
1.6.4 不可压缩流体的轴对称流动与斯托克斯流函数 …… 36
习题 …… 39
1.7 涡旋感生的速度与毕奥-萨伐尔定律 …… 41
1.7.1 类比 …… 41
1.7.2 涡丝感生的速度 …… 42
1.7.3 兰金组合涡 …… 45
1.7.4 涡层感生的速度 …… 46
习题 …… 48
第2章 理想流体运动方程 …… 50
2.1 欧拉方程 …… 50
2.1.1 为什么理想流体的研究是有用的? …… 50
2.1.2 欧拉方程的推导 …… 51
2.1.3 边界条件 …… 52
2.1.4 绝热运动方程 …… 54
2.1.5 等熵运动 …… 54
2.1.6 作等熵运动的理想流体的欧拉方程 …… 54
2.1.7 流体的状态 …… 54
习题 …… 57
2.2 静力学方程 …… 59
2.2.1 静力学方程的推导 …… 59
2.2.2 阿基米德定律 …… 62
2.2.3 星体静力学平衡方程 …… 65
习题 …… 67
2.3 表面张力现象与拉普拉斯公式 …… 69
2.3.1 表面张力现象 …… 69
2.3.2 拉普拉斯公式 …… 70
2.3.3 曲率半径公式 …… 71
习题 …… 75
2.4 伯努利方程 …… 77
2.4.1 伯努利方程的推导 …… 77
2.4.2 理想气体的绝热运动 …… 78
2.4.3 小孔出流 …… 79
2.4.4 虹吸现象 …… 81

2.4.5 皮托管 …… 82
2.4.6 文丘里管 …… 83
2.4.7 U形管中水的振荡 …… 84
习题 …… 84
2.5 涡量方程、流函数方程与速度环量守恒定理 …… 86
2.5.1 涡量方程 …… 87
2.5.2 不可压缩理想流体的涡量方程 …… 87
2.5.3 二维流动的流函数方程 …… 87
2.5.4 轴对称流动的流函数方程 …… 87
2.5.5 希尔球涡 …… 88
2.5.6 速度环量守恒定理 …… 89
习题 …… 91
2.6 动量平衡方程 …… 92
2.6.1 质点系的动量定理 …… 92
2.6.2 拉格朗日描写下的理想流体的动量平衡方程 …… 93
2.6.3 欧拉描写下的理想流体的动量平衡方程 …… 93
2.6.4 作用在弯管上的力 …… 94
习题 …… 95
2.7 能量平衡方程 …… 96
2.7.1 质点系的动能定理与功能原理 …… 96
2.7.2 拉格朗日描写下的理想流体的能量平衡方程 …… 97
2.7.3 不可压缩理想流体的任一部分的功能原理 …… 98
2.7.4 欧拉描写下的理想流体的能量平衡方程 …… 99

第3章 理想流体的无旋运动 …… 100

3.1 理想流体无旋运动的出现条件 …… 100
3.1.1 无旋运动的定义 …… 100
3.1.2 什么情况下理想流体的运动是无旋的 …… 100
3.1.3 为什么关于理想流体的无旋流动的研究是有用的? …… 101
3.2 不可压缩理想流体的无旋运动 …… 102
3.2.1 拉普拉斯方程 …… 102
3.2.2 伯努利方程 …… 103
习题 …… 106
3.3 不可压缩理想流体的二维无旋运动 …… 106
3.3.1 复势和复速度 …… 106
3.3.2 驻点 …… 107
习题 …… 113
3.4 达朗贝尔佯谬 …… 115

3.4.1 不可压缩理想流体的功能原理 …… 115
3.4.2 达朗贝尔佯谬 …… 116
3.4.3 在不可压缩理想流体中运动的一个固体球的动力学方程 …… 118
3.4.4 在不可压缩理想流体中运动的一个固体圆柱的动力学方程 …… 119
习题 …… 120
3.5 布拉休斯定理 …… 121
3.5.1 布拉休斯定理的推导 …… 121
3.5.2 柯西定理 …… 122
3.5.3 留数定理 …… 122
习题 …… 125
3.6 二维机翼升力理论 …… 125
3.6.1 牛顿阻力模型 …… 126
3.6.2 马格纳斯效应 …… 126
3.6.3 马格纳斯效应的解释 …… 127
3.6.4 茹可夫斯基变换 …… 130
3.6.5 环量的确定——茹可夫斯基假设 …… 132
3.6.6 库塔-茹可夫斯基定理 …… 135
3.6.7 茹可夫斯基翼型 …… 136
3.6.8 “飞蛇”之谜 …… 137
3.6.9 速度环量的起源 …… 138
习题 …… 139
3.7 表面张力-重力波 …… 141
3.7.1 无旋流动的条件 …… 141
3.7.2 边界条件 …… 142
3.7.3 二维表面张力-重力简谐行波 …… 143
3.7.4 二维表面张力-重力简谐驻波 …… 147
3.7.5 三维表面张力-重力简谐驻波 …… 148
3.7.6 水渠里的长重力波 …… 149
3.7.7 两个流体分界面上的二维表面张力-重力简谐行波 …… 150
习题 …… 152
3.8 声波 …… 155
3.8.1 波动方程 …… 155
3.8.2 一维波动方程 …… 156
3.8.3 一维柱形管中的驻波 …… 157
3.8.4 球面波 …… 157
习题 …… 160

第4章 黏性流体的运动 …… 163

4.1 广义牛顿黏性定律 …… 163

4.1.1　黏性应力张量 …… 163
4.1.2　应力张量的对称性 …… 164
4.1.3　广义牛顿黏性定律 …… 165
习题 …… 167
4.2　纳维-斯托克斯方程 …… 168
4.2.1　纳维-斯托克斯方程的推导 …… 169
4.2.2　纳维-斯托克斯方程的其他形式 …… 169
4.2.3　球坐标系 …… 170
4.2.4　柱坐标系 …… 171
4.2.5　边界条件 …… 171
4.2.6　施于任意流体面元上力的公式的其他形式 …… 172
习题 …… 173
4.3　涡量方程与流函数方程 …… 174
4.3.1　不可压缩流体的涡量方程 …… 174
4.3.2　二维流动的流函数方程 …… 175
4.3.3　轴对称流动的流函数方程 …… 175
4.3.4　速度环量方程 …… 176
习题 …… 176
4.4　不可压缩流体的能量平衡方程与热传导方程 …… 177
4.4.1　能量耗散 …… 177
4.4.2　能量耗散的其他表达形式 …… 179
4.4.3　欧拉描写下的能量平衡方程 …… 179
4.4.4　热传导方程 …… 180
习题 …… 181
4.5　平行于平面的流动和管流 …… 182
4.5.1　牛顿平板实验 …… 182
4.5.2　重力驱动的平行于平面的流动 …… 184
4.5.3　压强梯度驱动的平行于平面的流动 …… 185
4.5.4　管流问题 …… 187
习题 …… 193
4.6　转动圆柱面间流体的二维圆周运动 …… 194
4.6.1　纳维-斯托克斯方程的解 …… 195
4.6.2　如何在实验室制造点涡？ …… 195
习题 …… 196
4.7　相似法则 …… 196
4.7.1　雷诺数、弗劳德数和施特鲁哈尔数 …… 197
4.7.2　普朗特数 …… 197
习题 …… 198

4.8 斯托克斯阻力公式 …… 199
4.8.1 叠加法 …… 199
4.8.2 矢量势法 …… 202
4.8.3 流函数法 …… 203
4.8.4 能量方法 …… 204
习题 …… 208
4.9 黏性流体的振荡运动 …… 212
4.9.1 一个作缓慢的简谐振动的固体球引起的流体振荡运动 …… 212
4.9.2 一个固体球在不可压缩流体中以任意速度运动时所受的阻力 …… 215
4.9.3 黏性流体中的横波 …… 218
习题 …… 221
4.10 普朗特边界层理论 …… 224
4.10.1 普朗特方程组 …… 224
4.10.2 应用 …… 226
4.10.3 卡门积分方程 …… 228
4.10.4 兰姆近似 …… 228
习题 …… 229
4.11 表面张力-重力波的衰减 …… 230
4.11.1 二维表面张力-重力简谐行波的衰减 …… 231
4.11.2 二维表面张力-重力简谐驻波的衰减 …… 231
4.11.3 三维表面张力-重力驻波的衰减 …… 232
4.11.4 结论 …… 232
习题 …… 232

第5章 流体的微观描述 …… 235

5.1 刘维方程及流体力学方程的推导 …… 235
5.1.1 刘维方程 …… 235
5.1.2 流体力学方程的推导 …… 237
习题 …… 241
5.2 玻尔兹曼积分微分方程 …… 243
5.3 H 定理 …… 246
习题 …… 247
5.4 从玻尔兹曼方程推导流体力学方程 …… 248
5.4.1 统计平均值 …… 248
5.4.2 连续性方程 …… 249
5.4.3 动量平衡方程 …… 249
5.4.4 能量平衡方程 …… 249
5.4.5 达到局域麦克斯韦速度分布函数时的流体力学方程 …… 250

习题 …… 250
5.5　弛豫时间近似 …… 251
5.5.1　弛豫时间近似的定义 …… 251
5.5.2　气体的黏性系数 …… 251
5.5.3　气体的热传导系数 …… 252
习题 …… 254

附录 A　常用的矢量公式 …… 255

参考文献 …… 258

第1章

流体力学的基本概念

1.1 概论

流体力学是在人类同自然界作斗争和在生产实践中逐步发展起来的。古代中国人民在生活和实践中，积累了不少有关物体的重心、固体在流体中的沉浮、虹吸现象等知识，发明了竹蜻蜓、风筝。秦国和后来的秦朝在公元前256到前210年便修建了都江堰、郑国渠、灵渠三大水利工程，说明当时对明槽水流和堰流流动规律的认识已经达到相当水平。在西方，古希腊的阿基米德（Archimedes，公元前287—公元前212）是流体静力学的奠基人，建立了浮力定律和浮体稳定性理论，发明了阿基米德螺旋提水机，他的著作《论浮体》是流体静力学的第一部专著。

15世纪，意大利著名科学家和艺术家达·芬奇（Leonardo. da. Vinci，1452—1519）设计建造了佛罗伦萨运河网，系统地研究了物体的沉浮、孔口出流、物体的运动阻力、水波、管流、液体压力、水力机械、潜水器、扑翼机、滑翔翼、空气螺旋桨、降落伞、鸟的飞翔原理、涡旋运动、湍流等问题。1644年托里拆利（E. Torricelli，1608—1647）发明了气压计，发现了小孔出流速度的自由落体速度公式。1650年帕斯卡（B. Pascal，1623—1662）发现了帕斯卡原理，即加在密闭液体上的压强能够大小不变地由液体向各个方向传递。

但流体力学作为一门严密的科学，却是在牛顿（I. Newton，1642—1727）建立了经典力学之后逐步形成的。1687年，牛顿出版了划时代的著作《自然哲学的数学原理》，建立了绝对时空观，提出了质点、速度、加速度、力等概念，建立了运动三定律。1678年，牛顿研究了物体在流体中运动时所受的阻力，得到阻力与流体密度、物体表面面积、运动速度的平方以及物体表面相对来流方向的夹角的正弦的平方成正比的关系；完成了平板实验，建立了关于流体内摩擦的牛顿黏性定律。为了给“绝对空间和运动”寻找证据，他还做了一个水桶实验，通过观察旋转水桶里的水面形状，来论证相对于绝对空间的旋转效应。牛顿还计算了空气中声音的传播速度，但他不正确地假设空气中声音的传播过程是等温过程。

牛顿建立的质点、速度、加速度、力等概念，提出的运动三定律以及黏性定律，已经为流体力学奠定了理论基础。在此基础上，丹尼尔·伯努利(D. Bernoulli，1700—1782)于1738年出版了《流体动力学》，将牛顿力学中的活力(能量)守恒原理引入流体力学，建立了伯努利方程。由于牛顿力学只适用于质点，不能直接用于连续介质，欧拉(L. Euler，1707—1783)提出了流体的连续介质模型，把流体分解为无穷多个微元，把微元看成质点，把经典力学里对质点的位置描述方法推广，提出了两种方法来描述流体的运动：第一种方法要求在各个空间固定点的观察者记录下各个时刻经过的流体微元的速度，第二种方法要求观察者随各个流体微元一起运动并记录下各个时刻的位置矢量，这两种方法通常分别称为“欧拉描写”和“拉格朗日描写”。他进一步把静力学中帕斯卡原理推广到运动流体，对流体微元进行受力分析并应用牛顿第二定律，建立了理想流体的运动方程。欧拉还研究了不可压缩理想流体的无旋运动，引进了速度势，建立了速度势满足的拉普拉斯方程。拉格朗日、拉普拉斯等人继续了欧拉的研究，把无旋流动理论应用到水波、潮汐、声学等方面，取得了很多成果。特别是拉普拉斯正确地认识到空气中声音的传播过程是绝热过程，纠正了牛顿的错误。

接下来，纳维(C-L-M-H. Navier，1785—1836)和斯托克斯(G. G. Stokes，1819—1903)分别独立地获得了黏性流体的动量平衡方程。1821年，纳维提出了微观处理，采用离散的分子模型，从某些分子相互作用假设出发，将欧拉的理想流体的运动方程推广，获得带有一个反映黏性的常数的运动方程。1845年，斯托克斯提出了宏观处理，在论文“论运动中流体的内摩擦理论和弹性体平衡和运动的理论”中采用连续介质模型，把流体分解为无穷多个微元；把牛顿黏性定律推广，假设应力张量线性地依赖于应变率；然后将牛顿第二定律和推广后的牛顿黏性定律应用于流体微元，推导出了含有两个反映黏性常数的运动方程。至此，简单流体的动量平衡方程已经找到。19世纪下半叶以来，热力学的发展促使人们寻找简单流体的其他热力学方程。1851年，斯托克斯找到了简单流体的能量耗散公式。20世纪上半叶，随着线性不可逆热力学的发展，特别是昂色格(L. Onsager，1903—1976)从微观的哈密顿方程的可逆性出发建立了不可逆过程的线性唯象关系中各系数间的互易关系后，人们进一步发展了简单流体的能量平衡方程和熵平衡方程。至此，简单流体的所有热力学方程已经全部建立。

1883年，雷诺(O. Reynolds，1842—1912)通过管流实验发现了黏性流体存在层流和湍流这两种流动状态，找到了判别这两种流动状态的无量纲数——雷诺数。他进一步把纳维-斯托克斯方程作时间平均，得到了雷诺方程，为湍流的统计理论打下了基础。虽然早在500多年前，达·芬奇就已经认识到了湍流的多尺度结构，直到1941年科尔莫戈罗夫(A. N. Kolmogorov，1903—1987)才把这一想法发展成局域各向同性湍流理论，并且受此理论的激发，近些年来科学家进一步发展了湍流的多重分形结构理论。湍流作为经典物理最后没有解决的难题，已经有了相当多的进展。

1904年，普朗特(L. Prandtl，1875—1953)提出了边界层理论。普朗特认识到，通常情况下，流体的黏性只在靠近固体表面很薄的区域内(边界层)起主要作用。离开这个区域，黏性的影响可以忽略。在边界层区域，由于垂直于固体表面的速度分量远小于平行于表面的速度分量，纳维-斯托克斯方程可以简化为普朗特方程组。而在边界层区域之外，可以使用不可压缩理想流体的无旋流动理论来描述。

20世纪初，以库塔、恰普雷金、茹可夫斯基、普朗特等为代表的科学家，使用不可压缩理想流体的无旋流动理论建立了机翼理论。机翼理论和边界层理论的结合解决了阻力和飞机设计问题。

对流体的描述有宏观描述和微观描述两种。以上讲的是宏观描述。1872年，玻尔兹曼(L. Boltzmann，1844—1906)建立了稀薄气体的输运方程——玻尔兹曼积分微分方程，开创了流体的微观描述研究。20世纪以来，人们提出了各种更复杂的流体输运方程。宏观描述和微观描述各有优缺点，常常结合起来以弥补各自的局限性，相辅相成。

20世纪以来，随着相对论、量子力学的出现和技术的进步，流体力学除了向传统的简单流体方向发展外，还向等离子流体、相对论性流体、量子超流体、复杂化工流体、生物流体、大气、海洋、多相流、天体流体、介观流体和夸克-胶子等离子流体等方向发展。除了传统的解析理论方法，随着电子计算机的出现，科学家使用离散化方法把纳维-斯托克斯方程化为代数方程，然后求解，发展了数值计算方法——有限元方法和差分方法，形成了一个新的分支学科——计算流体力学。此外，还发展了水槽、风洞等实验手段。理论分析、数值计算和实验模拟这三种解决流体力学问题的行之有效的方法各有优缺点，需要把它们结合起来才能获得满意的结果。20世纪80年代以来，在宏观描述和微观描述的结合方面有了显著的进展，人们对玻尔兹曼方程中的碰撞项使用弛豫时间近似，然后把方程离散化求解，发展了晶格玻尔兹曼方法，用于计算具有复杂几何边界流体系统的流动，如介观流体、非牛顿流体、多相流、相变、化学反应、界面动力学、晶体生长等。可以预见，在未来流体力学的应用将越来越广泛。

以下是流体力学及相关科学发展的一些大事。

流体力学及相关科学大事年表

约公元前500 中国人制成了会飞的竹蜻蜓，对西方航空先驱者的影响极大。

约公元前400 墨子(约公元前468—公元前376)研究了沉浮现象、虹吸现象，认识到了浮力原理，发明了风筝。

公元前3世纪 阿基米德(Archimedes，公元前287—公元前212)是流体静力学奠基人，发现了浮力定律(阿基米德原理)；发明了阿基米德螺旋提水机。

公元前256—公元前210 中国人修建了都江堰、郑国渠和灵渠三大水利工程。

约1400 明朝的官吏万户乘坐捆绑着火箭的椅子尝试飞天，献出了自己的生命，开启了人类历史上的首次飞行。

约1500 达·芬奇(Leonardo. da. Vinci，1452—1519)研究了水波、管流、水力机械和鸟的飞翔原理等问题。

1644 托里拆利(E. Torricelli，1608—1647)制成了气压计，提出了小孔出流公式。

1650 帕斯卡(B. Pascal，1623—1662)提出了液体中压力传递的帕斯卡原理。

1662 玻意耳(R. Boyle，1627—1691)建立了等温下理想气体的状态方程——玻意耳-马略特定律。

1668 马略特(E. Mariotte，1602—1684)出版了专著《论水和其他流体的运动》，奠定了流体静力学和流体运动学的基础。

1676 马略特建立了等温下理想气体的状态方程——玻意耳-马略特定律。

1678 牛顿(I. Newton，1642—1727)研究了在流体中运动物体所受的阻力，并建立了牛顿黏性定律。

1687 牛顿是经典力学的奠基人，出版了划时代的著作《自然哲学的数学原理》，建立了运动三定律，提出了质点、速度、加速度和力等概念，为流体力学奠定了理论基础。

1732 皮托(H. Pitot,1695—1771)发明了测量流体压力的皮托管。

1738 丹尼尔·伯努利(D. Bernoulli,1700—1782)出版了《流体动力学》，将力学中的活力(能量)守恒原理引入流体力学，建立了伯努利方程。

1752 达朗贝尔(J. le R. D'Alembert,1717—1783)提出了理想流体运动的达朗贝尔佯谬。

1755 欧拉(L. Euler,1707—1783)是理想流体力学的奠基人，发表了"流体运动的一般原理"，把静力学中帕斯卡压力定律推广到运动流体，对流体质点进行受力分析并应用牛顿第二定律，建立了理想流体的运动方程。

1763 玻尔达(J-C. Borda,1733—1799)进行了流体阻力试验，给出了阻力公式，开黏性流体力学研究先河。

1777 玻素(C. Bossut,1730—1814)等完成了第一个船池船模试验，测量由已知力牵引通过水池的船模所获得的速度。

1787 查理(Jacques Alexandre Cesar Charles,1746—1823)建立了等容时的理想气体状态方程。

1802 盖-吕萨克(J. L. Gay-Lussac,1778—1850)建立了等压时的理想气体状态方程。

1809 凯利(G. Cayley,1773—1858)建立了航空飞行器概念。

1822 纳维(C-L-M-H. Navier,1785—1836)使用某些分子相互作用假设建立了黏性流体的基本运动方程。

1822 傅里叶(J-B-J Fourier,1768—1830)建立了傅里叶热传导定律。

1824 卡诺(Nicolas Léonard Sadi Carnot,1796—1832)出版了《关于火的动力》一书，提出著名的卡诺定理，指明工作在给定温度范围的热机所能达到的效率极限，这实质上已经建立起热力学第二定律，但受"热质说"的影响，他的证明方法还有错误。

1834 罗素(J. S. Russel,1808—1882)在苏格兰的联合运河上发现了孤立波。

1839 哈根(G. H. L. Hagen,1797—1884)和泊肃叶(J. L. M. Poiseuille,1797—1969)研究了圆管内的黏性流动，给出了哈根-泊肃叶公式。

1842 迈耶(Julius Robert Mayer,1814—1878)提出了能量守恒理论，认定热是一种形式，可与机械能互相转化，并且从空气的比定压热容与比定容热容之差计算出热功当量。

1845 斯托克斯(G. G. Stokes,1819—1903)使用连续介质模型，将牛顿第二定律和牛顿黏性定律应用于流体微元，严格推导出了纳维-斯托克斯方程。

1845 亥姆霍兹(H. von Helmholtz,1821—1894)建立了涡旋的基本概念，奠定了涡动力学基础。

1850 焦耳(James Prescott Joule,1818—1889)的实验结果已使科学界彻底抛弃了热质说，能量守恒定律得到公认。

1850 克劳修斯(Rudolf Julius Emmanuel Clausius,1822—1888)提出了热力学第二定律的克劳修斯表述，并在此基础上重新证明了卡诺定理。

1851 开尔文(Lord Kelvin,1824—1907)提出了热力学第二定律的开尔文表述，并在此基础上重新证明了卡诺定理。

1851 斯托克斯研究了小球在黏性流体中的运动，推导出斯托克斯阻力公式。

1852　马格纳斯(H. G. Magnus,1802—1870)发现了马格纳斯效应。

1854　克劳修斯根据卡诺定理提出了熵。

1860　亥姆霍兹建立了流体运动的速度分解定理。

1869　开尔文发现了理想流体的速度环量守恒定理。

1872　玻尔兹曼(L. Boltzmann,1844—1906)建立了稀薄气体的输运方程——玻尔兹曼积分微分方程,开创了流体的微观研究。

1878　兰姆(H. Lamb,1849—1934)出版了流体力学经典著作《流体运动的数学理论》(后改名《流体动力学》),总结了19世纪流体力学的理论成就。该书共发行了6版,到1932年为止。

1878　瑞利(Lord Rayleigh,1842—1919)研究了有环量的圆柱绕流问题,发现了升力,从理论上解释了马格纳斯效应。

1883　雷诺(O. Reynolds,1842—1912)完成了著名的从层流到湍流的转变实验,提出了雷诺数(索末菲于1908年命名)。

1887　马赫(E. Mach,1838—1916)提出了马赫数的概念。

1891　兰彻斯特(F. W. Lanchester,1868—1946)提出了速度环量概念,建立了升力理论,并发展了有限翼展理论。

1894　雷诺把纳维-斯托克斯方程作时间平均,提出了湍流中有关应力的概念,得到了雷诺方程。

1895　科特沃赫(D. J. Korteweg)和德弗里斯(G. de Vries)建立了KdV方程。

1901　贝纳尔(H. Benard)研究了对流传热稳定性,发现了贝纳尔腔。

1902　茹可夫斯基(N. E. Joukowski,1847—1921)导出了茹可夫斯基公式,奠定了机翼理论基础。

1902　库塔(M. W. Kutta,1867—1944)提出了机翼流动的库塔条件。

1902　瑞利建立了流体力学的量纲分析和相似理论。

1903　莱特兄弟(W. Wright,1867—1912; O. Wright,1871—1948)成功完成了人类第一次飞行。

1903　齐奥尔科夫斯基(K. A. Tsiolkovsky,1857—1935)导出了火箭运动基本公式和第一宇宙速度。

1904　普朗特(L. Prandtl,1875—1953)建立了边界层理论。

1905　普朗特建成了超音速风洞(马赫数为1.5)。

1910　冯·卡门(Th. von Karman,1881—1963)建立了卡门涡衔理论。

1908　瑞利和索末菲(A. Sommerfeld,1868—1951)研究了平行流的稳定性,导出了索末菲方程。

1916—1917　查普曼(S. Chapman)和恩斯库格(D. Enskog)分别独立地求解了玻尔兹曼积分微分方程,得到了气体的黏性系数和导热率等输运系数。

1921　泰勒(G. I. Taylor,1886—1975)提出了湍流统计理论的基本概念。

1923　泰勒研究了同心圆筒间旋转流动稳定性,发现了泰勒涡。

1924　爱因斯坦(A. Einstein,1879—1955)提出了理想玻色气体的玻色-爱因斯坦凝聚,开创了量子超流体的研究。

1926　普朗特提出了湍流的混合长度理论。

1931　昂色格(L. Onsager,1903—1976)从微观哈密顿方程的可逆性出发建立了不可逆过程的线性唯象关系中的各系数间的互易关系。

1937　朗道(L. D. Landau,1908—1968)提出了等离子流体的输运方程——朗道方程。

1938　卡皮查(P. L. Kapitza,1894—1984)发现了液氦在低温下转变为具有超流性的液氦Ⅱ,开创了量子超流体的实验研究。

1938　弗拉索夫(A. A. Vlasov)提出了等离子流体的输运方程——弗拉索夫方程。

1940　周培源(1902—1993)创建了湍流模式理论。

1941　科尔莫戈罗夫(A. N. Kolmogorov,1903—1987)提出了局域各向同性湍流理论。

1941　钱学森(1911—2009)和冯·卡门导出了机翼理论的卡门-钱公式。

1941　朗道提出了解释液氦Ⅱ的超流性的二流体唯象模型,建立了量子超流体的流体力学方程。

1941—1947　梅克斯纳(J. Meixer)、普里高京(I. Prigogine,1917—2003)等综合了昂色格及其他人的成果,建立了线性不可逆过程热力学,提出了流体的热力学方程——能量平衡方程和熵平衡方程。

1949　昂色格提出了量子玻色流体的速度环量的量子化理论。

1953—1956　费恩曼(R. P. Feynman,1918—1988)提出了解释液氦Ⅱ的超流性的微观量子理论。

1956　朗道提出了费米液体理论,建立了费米液体的输运方程。

1961　韦仑(W. F. Vinen)从实验上验证了液氦Ⅱ中的速度环量是量子化的。

1963　洛伦兹(E. N. Lorenz,1917—2008)发现了混沌和奇怪吸引子。

1.2　流体的性质

1.2.1　流体具有易流动性

两个分子间的相互作用势能指的是一个分子的电子、原子核和另一个分子的电子、原子核之间的库仑相互作用势能的总和。当两个分子之间的间距比较小时,一个分子的原子核与另一个分子的原子核之间的库仑排斥力大于一个分子的原子核与另一个分子的电子之间的库仑吸引力,导致净的排斥相互作用,相互作用总势能为正;当两个分子之间的间距比较大时,可以看成电偶极子,它们之间的相互作用平均说来是吸引的,因此相互作用总势能为负。分子之间的相互作用势能 u 随着两个分子的接近而迅速增加,体现了分子的相互不可穿过性。u 随着距离的增加而迅速减小,在很大的距离下按 $u\sim\frac{1}{r^6}$ 的规律减小。

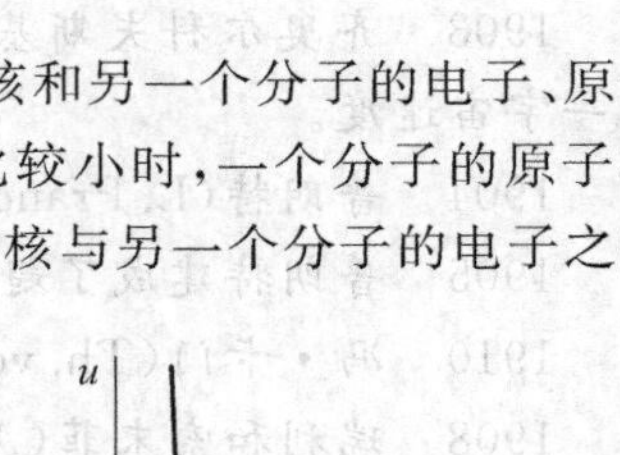

图 1.2.1　伦纳德-琼斯势能

最简单的分子势能为伦纳德-琼斯(Lennard-Jones)势能(图 1.2.1):

$$u(r)=4\varepsilon\left[\left(\frac{\sigma}{r}\right)^{12}-\left(\frac{\sigma}{r}\right)^{6}\right] \tag{1.2-1}$$

式中，ε 和 σ 为常数。伦纳德-琼斯势能可用来描述惰性气体分子之间的相互作用。

从分子之间的相互作用势能，我们看到：

(1) 在足够高的温度下，分子的动能远大于分子之间的相互作用势能。分子之间的距离较远，其势能为负，分子运动接近于自由运动，不能形成分子集团，我们把这样的状态称为气态。因此气体没有固定的形状和体积，易于压缩。

(2) 随着温度的降低和气体的压缩，分子的动能降低，分子之间的间距减小，分子之间的相互作用势能增加。当温度足够低时，分子的动能与分子之间的相互作用势能变成同一数量级，开始形成分子集团。随着温度的进一步降低，分子集团越来越大。当温度降低到某一个临界温度时，无穷大的分子集团形成了，一个新的状态出现了，我们把新出现的状态称为液态，把这样的状态转变称为气-液相变。在液态，分子虽然在各自的平衡位置附近作较大振动，但分子在一个固定的平衡位置附近的振动只能保持一个短暂的时间，分子平衡位置并不固定，相邻的分子可以交换位置，分子可以在整个液体内部运动，因此液体无一定的形状，但具有一定的体积，很难压缩。

(3) 在液态，如果进一步压缩液体，分子之间的相互作用势能进一步增加，相邻分子之间的位置交换变得越来越困难。当把液体压缩到一定程度时，分子之间的相互作用势能远大于动能，相邻的分子不再可能交换位置，分子只能在各自固定的平衡位置附近作微振动，我们把新出现的这种状态称为固态，把这样的状态转变称为液-固相变。因此固体具有一定的形状和体积，很难压缩。当有外力作用在固体上时，有微小的变形出现。

(4) 在液态和气态，很小的切应力可产生任意大的变形。流体在静止时不能承受切应力，固体在静止时能承受切应力。

(5) 由于流体分子之间极为短程的相互作用，从微观角度看，流体内部的任意两个相邻部分之间的动量输运只是通过其分界面两侧附近厚度为零点几个纳米(nm)的分子层内的分子之间的相互作用而实现的。从宏观角度看，流体内部任意两个相邻部分的相互作用可以近似为表面力作用。因此流体的表面力来自流体分子之间极为短程的相互作用。

1.2.2 流体中的不可逆过程

自然界的一切宏观过程都存在能量耗散，都是不可逆过程。当流体中存在速度差时，速度高的部分将向速度低的部分输运动量，因此相邻两层流体间将产生黏性应力。当流体混合物中存在某组元浓度差时，浓度高的部分将向浓度低的部分输运该组元物质，这种现象称为扩散。当流体中存在温度差时，温度高的部分将向温度低的部分输运能量，这种现象称为热传导。

1.2.3 流体分类

流体按照其物理性质可分为两类，即简单流体和复杂流体。

简单流体(牛顿流体)：分子量较小，遵守牛顿黏性定律。例子：水、空气。

复杂流体(非牛顿流体)：黏性系数在剪切速率变化时不能保持为常数的流体。分子量较大，不遵守牛顿黏性定律。例子：聚合物、生物流体。

1.2.4 流体运动分类

1. 层流

当流速很小时，微小外干扰会随时间的流逝而衰减并最终消失，各层质点间互不干扰，流体分层流动，互不混合，流体的流线连续而平滑，称为层流，是流体的一种流动状态。层流是稳定的，流场中各种相关物理量的变化较为缓慢，表现出明显的连续性和平稳性。

2. 湍流

当流速增加到一定值时，微小外干扰不但不会随时间的流逝而衰减，而且还增长，使各层质点间互相干扰，流体的流线开始出现波浪状的摆动，摆动的频率及振幅随流速的增加而增加。当流速增加到足够大时，虽然流体继续向前流动，但不断增长的外干扰使流体各层之间有着剧烈的掺混，流体质点作不规则的随机运动，其运动轨迹极不规则，速度的方向和大小都随时间而变化，不仅有沿流动方向的分量，还有垂直于运动方向的分量，而且流场中出现了许多小涡。我们把这种不规则的流体运动称为湍流。

1.2.5 连续介质近似

组成宏观流体的分子数量十分巨大，跟阿伏伽德罗（Avogadro）常数是同一数量级，即 $N\sim10^{23}$，描述系统的微观自由度为同一数量级。因此要对流体作详尽的微观描述是十分困难的。幸好在流体力学中所研究的流体和固体都是宏观尺度的，远大于流体分子之间的平均间距，因此可以忽略流体的分立结构，把流体当成连续介质处理。对流体作宏观描述，把流体分解为数目极大的微元，每一个微元都可以看成质点，然后把牛顿第二定律应用于流体微元。宏观描述的变量仅为速度、密度、温度、压强、应力张量等几个变量，使问题得到极大简化，这就是连续介质近似的好处。

上面的流体微元指的是从流体中取的微小体积元，要求宏观上足够小、微观上足够大到包含极多的分子，但仍然是宏观物体。特别是，微元的位移是指整个体积元的位移，而不是其中各个分子的位移。这样我们可以定义流体的密度

$$\rho=\frac{\Delta m}{\Delta V} \tag{1.2-2}$$

式中，ΔV 和 Δm 分别为微元的体积和质量，如图 1.2.2 所示。

需要指出，式(1.2-2)定义的平均密度依赖于体积元的体积 ΔV。当 ΔV 比分子体积大不了很多时，其内的分子数很少，平均密度随 ΔV 剧烈波动。当体积元的体积为 $\Delta V=(10^{-6})^3\sim(10^{-4})^3\,\mathrm{m}^3$ 时，平均密度几乎不依赖于体积元的体积，如图 1.2.3 所示。我们把这种情况下得到的平均密度定义为连续介质近似下流体的密度。

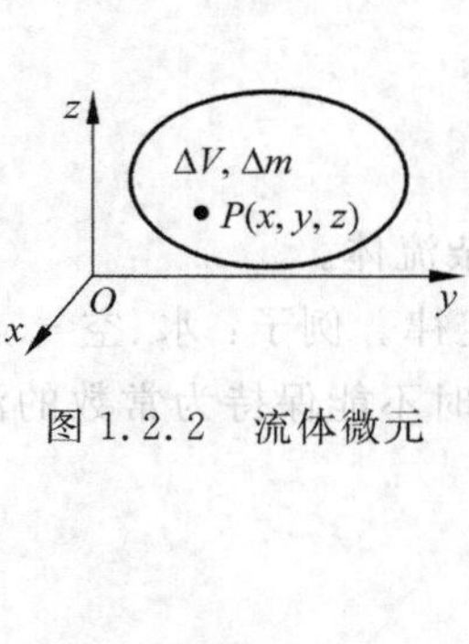

图 1.2.2 流体微元

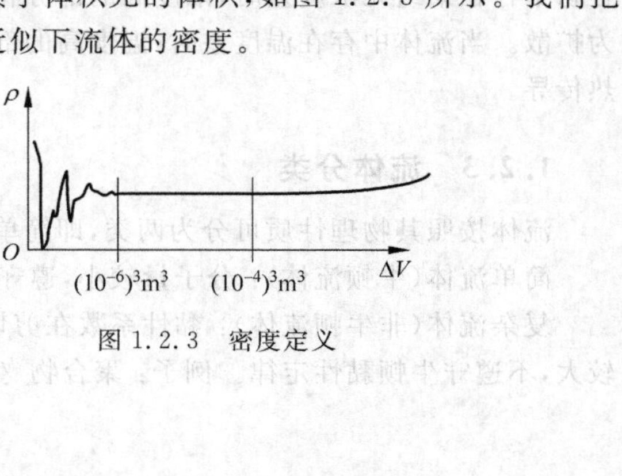

图 1.2.3 密度定义

【例 1】 花粉颗粒在水中作布朗运动，其直径为 $10^{-6} \sim 10^{-7}\,\mathrm{m}$，问流体力学能否用于花粉颗粒？

解：室温下水的密度为 $\rho = 10^3\,\mathrm{kg/m^3}$，水分子的质量为 $m = 18 \times 1.67 \times 10^{-27}\,\mathrm{kg} = 3.0 \times 10^{-26}\,\mathrm{kg}$，数密度为 $N/V = \rho/m = 3.3 \times 10^{25}\,\mathrm{m^{-3}}$，每个水分子占据的平均体积为 $V/N = 3.0 \times 10^{-26}\,\mathrm{m^{-3}}$，分子间的平均距离为 $\sim (V/N)^{1/3} \sim 10^{-9}\,\mathrm{m}$，比花粉颗粒直径小两到三个数量级，所以流体力学能用于花粉颗粒。

习题

1-2-1 研究下列情形连续介质近似是否成立：(1)一火箭在太空中飞行，已知气体数密度为 $N/V = 3\,\mathrm{m^{-3}}$，火箭尺寸大约为 10m。(2)已知支原体细菌在水中运动，细菌尺寸大约为 100nm。(3)恒星在银河系中运动。已知银河系是一个具有涡旋结构的盘状星系，恒星数大约为 10^{11}，银河系的半径大约为 $10^{22}\,\mathrm{m}$。为了解释银河系的涡旋结构，1963 年林家翘和徐璟生采用连续介质近似，在林德布拉德(Lindblad)工作的基础上提出密度波理论，认为旋臂是引力扰动引起密度波的表现。(4)星系在宇宙中运动，星系数大约为 10^{12}，宇宙的半径大约为 $10^{26}\,\mathrm{m}$。

1.3 局域平衡假设与局域热力学方程

人类对热现象的认识首先源于对火的认识。早期人类观察到闪电现象以及导致的山火，发现火能御寒，经过火烤的食物味道变得鲜美，而且人吃后不容易生病。早期人类还观察到气候存在交替变化，冬天水结成冰，人感到很冷，需要穿覆盖物御寒；夏天水蒸发变成水蒸气，人感到很热，为了凉快需要浸泡在水里。这些冷热现象是人类最早观察和认识的自然现象之一。在长期的生存斗争中，人类逐渐认识到热现象的一些规律，例如冬天手握一块冰冷的石头，经过一段时间后，感觉到石头不那么冰冷了；通过摩擦生火，人类观察到力的移动会产生热；通过生火做饭，人类观察到热总是自发地从高温物体传到低温物体。后来科学家把这些经验规律上升到理性认识，归纳成热力学定律，例如把冬天手握一块冰冷的石头得到的知识归纳成热力学第零定律，把摩擦生火得到的知识归纳成热力学第一定律，把生火做饭得到的知识归纳成热力学第二定律。从这几个定律出发，用纯逻辑推理和其他数学的方法，推导出热力学函数和热力学基本方程。

热力学的基本思想如下。

在不受外界影响的条件下，热力学系统的宏观性质不随时间改变的状态，称为热平衡态。这些稳定的“平衡态”为确定的物理性质如体积、压强、温度等所表征，描述热力学系统平衡态的这些参量称为状态参量。热力学系统从一个状态变化到另一个状态，称为热力学过程。如果一个热力学过程进行得足够缓慢，以至于系统在其变化过程中所经历的每一中间状态都无限接近于热平衡态，这样的过程称为准静态过程。实际上，如果一个热力学过程所用的时间都远大于弛豫时间(从非平衡态过渡到平衡态所用的时间)，则在过程中系统就几乎随时接近于平衡态，就可以看成准静态过程。把一个热力学过程简化为准静态过程，用平衡态状态参量来描述即可，可以使描述得到极大简化。

热力学第零定律指出，各自与第三个热力学系统处于热平衡的两个热力学系统彼此处于热平衡。热力学第零定律断言，处在同一热平衡状态的所有的热力学系统都具有一个共同的宏观特征，这一特征是由这些互为热平衡系统的状态所决定的一个数值相等的状态函数，这个状态函数就定义为温度。

能量守恒定律断言，能量既不会凭空创造，也不会凭空消失，只能从一种形式转化为另一种形式，或者从一个物体转移到另一个物体，在转换和传递的过程中，其总量不变。能量守恒定律是自然界最普适的定律之一，对微观过程和宏观过程都成立。热力学第一定律是能量守恒定律对宏观过程的具体应用。热力学第一定律指出，热能可以从一个物体传递给另一个物体，也可以与机械能或其他能量相互转换，在传递和转换过程中，能量的总值不变。热力学第一定律断言，存在描述系统热运动能量的状态函数——内能（焦耳能定理）。系统内能指的是构成系统所有分子的平动能、转动能、振动能和分子间相互作用势能的总和。

考虑热力学系统经历某一热过程，系统从外界吸热 Q，系统对外界做功 A，系统的内能从初始值 E_1 变为 E_2，能量守恒意味着吸热等于内能的增量与系统对外界所做的功之和，即热力学第一定律可以表述为

$$Q = \Delta E + A = E_2 - E_1 + A \tag{1.3-1}$$

如果系统经历一个元过程，上式化为

$$\delta Q = \mathrm{d}E + \delta A \tag{1.3-2}$$

注意，式中的 δQ 和 δA 是无穷小量，但不是全微分，$\mathrm{d}E$ 才是全微分。这是因为热和功依赖于过程。

如果系统经历的是准静态过程，式(1.3-1)和式(1.3-2)分别化为

$$Q = \Delta E + \int_{V_1}^{V_2} p\mathrm{d}V \tag{1.3-3}$$

$$\delta Q = \mathrm{d}E + p\mathrm{d}V \tag{1.3-4}$$

式中，p 为压强，V_1 和 V_2 分别为系统初态和末态的体积。

热力学第二定律指出，不可能把热量从低温物体传到高温物体而不引起其他影响（克劳修斯表述），或者，不可能从单一热源吸收热量，使之完全变为有用的功而不引起其他影响（开尔文表述）。克劳修斯表述和开尔文表述是等价的。一个热力学系统由某一初态出发，经过某一过程到达末态后，如果不存在另一过程，它能使系统和外界完全复原，则原过程称为不可逆过程。热力学第二定律断言，一切与热现象有关的实际宏观过程都是不可逆的。由热力学第二定律可以证明卡诺定理：①在相同高温热源和低温热源之间工作的任意工作物质的可逆热机都具有相同的效率；②工作在相同的高温热源和低温热源之间的一切不可逆机，不管其工作物质如何，其效率都小于可逆热机的效率。使用理想气体作为工作物质完成可逆卡诺循环，容易证明可逆热机的效率为

$$\eta_C = \frac{Q_1 - Q_2}{Q_1} = \frac{T_1 - T_2}{T_1} \tag{1.3-5}$$

式中，Q_1 和 Q_2 分别为工作物质向高温热源 T_1 吸收的热量和向低温热源 T_2 放出的热量（绝对值）。

卡诺定理可以表示为

$$\eta = \frac{Q_1 - Q_2}{Q_1} \leqslant \eta_C = \frac{T_1 - T_2}{T_1} \tag{1.3-6}$$

如果规定工作物质吸收的热量为正，放出的热量为负，那么卡诺定理可以表示为

$$\frac{Q_1}{T_1}+\frac{Q_2}{T_2}\leqslant 0 \tag{1.3-7}$$

任意的可逆循环可视为由无穷多个无穷小的可逆卡诺循环组成。卡诺定理意味着克劳修斯等式

$$\oint\frac{\delta Q}{T}=0 \tag{1.3-8}$$

从上式可以定义态函数熵 S，即

$$\mathrm{d}S=\frac{\delta Q}{T} \tag{1.3-9}$$

把式(1.3-4)和式(1.3-9)结合起来，得热力学基本方程

$$T\mathrm{d}S=\mathrm{d}E+p\mathrm{d}V \tag{1.3-10}$$

为了在各种不同条件下讨论系统状态的热力学特性，还引入了一些辅助的态函数，如焓 $H=E+pV$，亥姆霍兹自由能 $F=E-TS$。代入式(1.3-10)得

$$\mathrm{d}H=T\mathrm{d}S+V\mathrm{d}p,\quad \mathrm{d}F=-S\mathrm{d}T-p\mathrm{d}V \tag{1.3-11}$$

对于非平衡态系统，不可能作整体描述，需把系统划分成很多微元。每一个微元在宏观上足够小、在微观上足够大，仍是宏观系统。由于流体分子之间的相互作用范围是极为短程的，大约只有零点几纳米，流体的两个相邻微元之间的相互作用只是发生在其分界面两侧厚度为零点几纳米的分子层内的分子之间，与它们各自内部的分子之间相互作用相比是很微弱的，因此如果系统偏离平衡态不太远，那么相邻的微元之间的相互热作用比较慢，每一个微元可以看成处于局域平衡态，即有确定的温度、压强、化学势、熵等热力学态变量——这就是局域平衡假设，如图 1.3.1 所示。由于推论与实验结果相符，所以局域平衡假设是正确的。

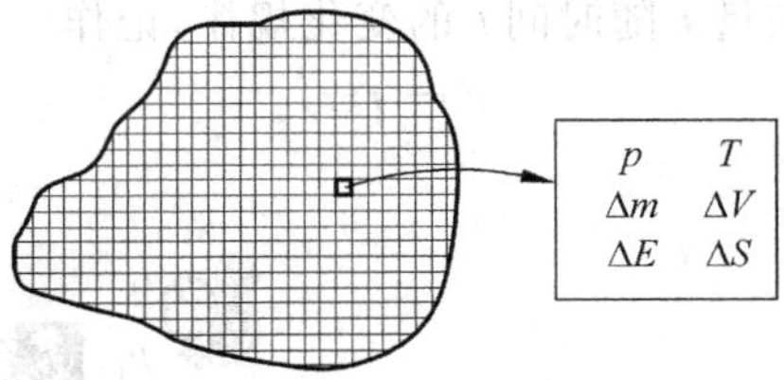

图 1.3.1 把非平衡态系统划分成很多微元

考虑一个微元，其质量为 Δm，压强为 p，内能为 ΔE，焓为 $\Delta H=\Delta E+p\Delta V$。热力学方程为

$$T\mathrm{d}\Delta S=\mathrm{d}\Delta E+p\mathrm{d}\Delta V,\quad \mathrm{d}\Delta H=T\mathrm{d}\Delta S+\Delta V\mathrm{d}p \tag{1.3-12}$$

定义单位质量的体积、熵、内能、焓如下：

$$\frac{1}{\rho}=\lim_{\Delta V\to 0}\frac{\Delta V}{\Delta m},\quad s=\lim_{\Delta V\to 0}\frac{\Delta S}{\Delta m},\quad \varepsilon=\lim_{\Delta V\to 0}\frac{\Delta E}{\Delta m}$$

$$h=\lim_{\Delta V\to 0}\frac{\Delta H}{\Delta m}=\lim_{\Delta V\to 0}\frac{\Delta E+p\Delta V}{\Delta m}=\varepsilon+\frac{p}{\rho} \tag{1.3-13}$$

微元的热力学方程为

$$Td(s\Delta m) = d(\varepsilon\Delta m) + pd\left(\frac{\Delta m}{\rho}\right), \quad d(h\Delta m) = Td(s\Delta m) + \frac{\Delta m}{\rho}dp$$

由于 Δm 不变，上式化为

$$Tds = d\varepsilon + pd\left(\frac{1}{\rho}\right), \quad dh = Tds + \frac{1}{\rho}dp \tag{1.3-14}$$

习题

1-3-1　定义单位质量的亥姆霍兹自由能为 $f = \lim\limits_{\Delta V \to 0}\dfrac{\Delta F}{\Delta m}$，$\Delta F = \Delta E - T\Delta S$，利用热力学方程(1.3-14)，求 f 满足的热力学方程。

1.4　拉格朗日描写和欧拉描写

在流体的宏观描述中，把流体分解为无穷多个流体微元，把每一个微元看成质点，因此需要借鉴牛顿力学中的质点运动的描述来描述流体质点的运动。为此，我们首先来回忆一下牛顿力学中的质点运动的描述。

1.4.1　牛顿力学中的质点运动的描述

为了描述质点的运动，首先需要指定一个空间固定点 O，然后从点 O 向质点 P 所在位置作一矢量 $\boldsymbol{r} = \overrightarrow{OP}$ 来表示质点位置，如图 1.4.1 所示。该矢量称为位置矢量。

同时需要在空间各处配置观察者和同步时钟。

如图 1.4.2 所示，在质点的运动过程中，各个观察者记录下质点的到达时刻和位置矢量，这样就得到质点的位置矢量 $\boldsymbol{r}$ 随时间 t 的变化规律，记作

$$\boldsymbol{r} = \boldsymbol{r}(t) \tag{1.4-1}$$

称为质点的运动方程。

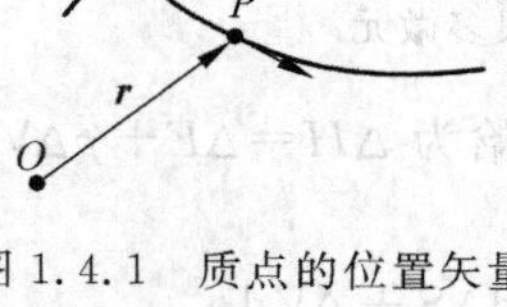

图 1.4.1　质点的位置矢量

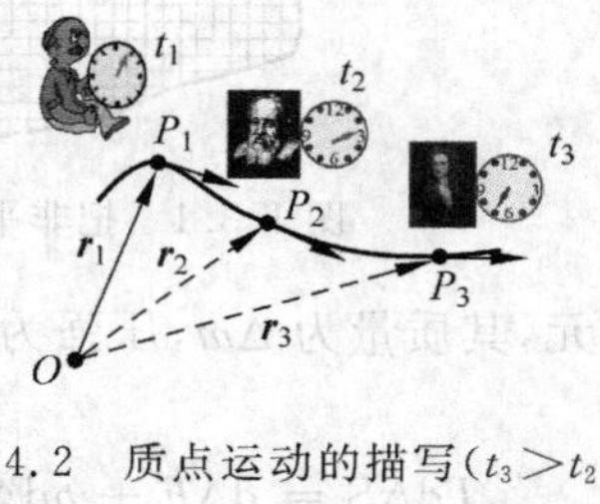

图 1.4.2　质点运动的描写($t_3 > t_2 > t_1$)

把运动方程写成直角坐标系分量

$$\boldsymbol{r}(t) = x(t)\boldsymbol{e}_x + y(t)\boldsymbol{e}_y + z(t)\boldsymbol{e}_z, \quad x = x(t), \quad y = y(t), \quad z = z(t) \tag{1.4-2}$$

式中 $\boldsymbol{e}_x$、$\boldsymbol{e}_y$ 和 $\boldsymbol{e}_z$ 是单位矢量。

轨迹就是质点在空间运动时描绘出的一条曲线，相应的曲线方程称为轨迹方程。在运动方程中，消去 t 即得轨迹方程

$$f(x, y, z) = 0 \tag{1.4-3}$$

1.4.2 拉格朗日描写

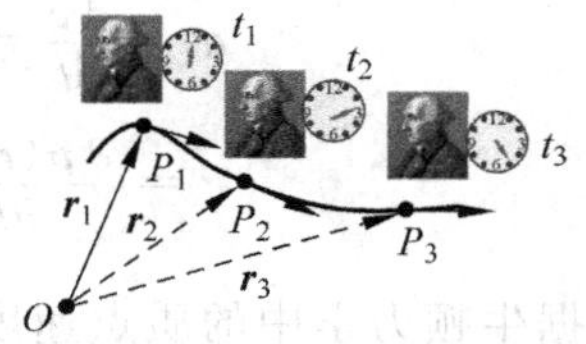

图 1.4.3 流体质点的拉格朗日描写($t_3>t_2>t_1$)

考虑一个流体质点的运动,如图 1.4.3 所示。要求一个观察者携带时钟和测量位置矢量的装置,随流体质点一道运动,观察者随时记录下各个时刻流体质点的位置矢量,这样就得到该流体质点的位置矢量 $\boldsymbol{r}$ 随时间 t 的变化规律

$$\boldsymbol{r}=\boldsymbol{r}(\boldsymbol{r}_0,t) \tag{1.4-4}$$

式中,$\boldsymbol{r}_0=\boldsymbol{r}(t=t_0)$。

$\boldsymbol{r}_0$ 和 t 称为拉格朗日变量。如果固定 $\boldsymbol{r}_0$ 而让 t 变化,则得某一流体质点的位置 $\boldsymbol{r}$ 随时间 t 的变化规律。如果固定 t 而让 $\boldsymbol{r}_0$ 变化,则得同一时刻不同流体质点的位置分布。流体质点的速度和加速度为

$$\boldsymbol{v}=\dot{\boldsymbol{r}}=\frac{\partial}{\partial t}\boldsymbol{r}(\boldsymbol{r}_0,t),\quad \boldsymbol{a}=\dot{\boldsymbol{v}}=\frac{\partial^2}{\partial t^2}\boldsymbol{r}(\boldsymbol{r}_0,t) \tag{1.4-5}$$

在气象观测中广泛使用拉格朗日法。如在大气中通过气球的飞行获取气象资料,在港湾流中用漂浮装置测量流动资料。

1.4.3 欧拉描写

1. 欧拉描写

如图 1.4.4 所示,在空间中的每一点安排一个携带时钟和测量流体速度装置的观察者,要求观察者记录下各个时刻经过该点的流体质点的速度,这样就得到流体速度随时间 t 的变化规律

$$\boldsymbol{v}=\boldsymbol{v}(\boldsymbol{r},t) \tag{1.4-6}$$

这里 $\boldsymbol{r}$ 和 t 称为欧拉变量。公式描写的是经过各个空间固定点的各个流体质点的速度。

欧拉法相当于场描述法。要完全描写流体运动需要知道压强场、密度场和温度场

$$p=p(\boldsymbol{r},t),\quad \rho=\rho(\boldsymbol{r},t),\quad T=T(\boldsymbol{r},t) \tag{1.4-7}$$

2. 随体导数

现在我们使用欧拉描写来写出流体质点的加速度,即用一些与空间固定点相关的量来表示。

如图 1.4.5 所示,考虑一个流体质点,在时刻 t,流体质点位于 $\boldsymbol{r}$ 处,该处的观察者记录下的速度为 $\boldsymbol{v}(\boldsymbol{r},t)$。在下一时刻 $t+\mathrm{d}t$,流体质点运动到 $\boldsymbol{r}+\mathrm{d}\boldsymbol{r}$ 处,该处的观察者记录下的速度为 $\boldsymbol{v}(\boldsymbol{r}+\mathrm{d}\boldsymbol{r},t+\mathrm{d}t)$。根据牛顿力学中的质点加速度的定义,该流体质点的加速度为

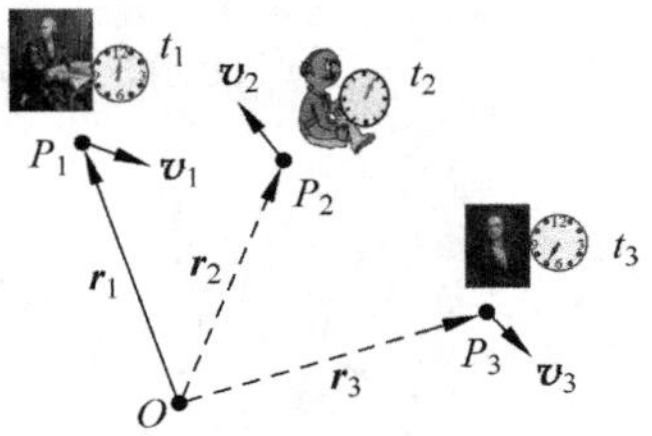

图 1.4.4 流体质点的欧拉描写

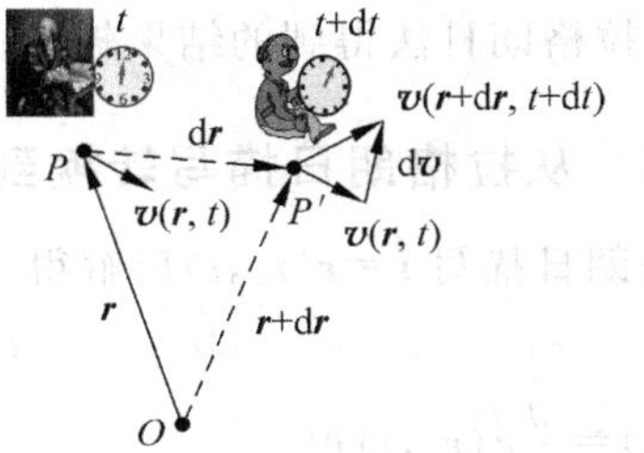

图 1.4.5 一个流体质点的加速度

$$a=\frac{\mathrm{d}v}{\mathrm{d}t}=\frac{v(r+\mathrm{d}r,t+\mathrm{d}t)-v(r,t)}{\mathrm{d}t}$$

$$=\frac{\partial v(r,t)}{\partial t}+\frac{\partial v(r,t)}{\partial x}\frac{\mathrm{d}x}{\mathrm{d}t}+\frac{\partial v(r,t)}{\partial y}\frac{\mathrm{d}y}{\mathrm{d}t}+\frac{\partial v(r,t)}{\partial z}\frac{\mathrm{d}z}{\mathrm{d}t}$$

根据牛顿力学中的质点速度的定义，$\frac{\mathrm{d}x}{\mathrm{d}t}$、$\frac{\mathrm{d}y}{\mathrm{d}t}$和$\frac{\mathrm{d}z}{\mathrm{d}t}$是流体质点的瞬时速度分量，因此加速度写为

$$a=\frac{\partial v(r,t)}{\partial t}+\frac{\partial v(r,t)}{\partial x}v_x+\frac{\partial v(r,t)}{\partial y}v_y+\frac{\partial v(r,t)}{\partial z}v_z$$

$$=\left(\frac{\partial}{\partial t}+v_x\frac{\partial}{\partial x}+v_y\frac{\partial}{\partial y}+v_z\frac{\partial}{\partial z}\right)v(r,t)=\left(\frac{\partial}{\partial t}+v\cdot\nabla\right)v(r,t)$$

即

$$a=\frac{\mathrm{d}v(r,t)}{\mathrm{d}t}=\left(\frac{\partial}{\partial t}+v\cdot\nabla\right)v(r,t) \tag{1.4-8}$$

式中，$\frac{\mathrm{d}}{\mathrm{d}t}=\frac{\partial}{\partial t}+v\cdot\nabla$称为随体导数。我们来探讨它的物理意义：它由两部分组成，即空间固定点的导数$\left(\frac{\partial}{\partial t}\right)_r$加上流体质点的运动导致的贡献$v\cdot\nabla$。所以$a$是指跟随该流体质点一块运动的一个观察者看到的该流体质点的速度随时间的变化率，是用欧拉描写写出的加速度。

同样，考虑该流体质点的任意物理量$f(r,t)$，如果一个观察者跟随该质点一块运动，那么观察者看到的该物理量随时间的变化率为

$$\frac{\mathrm{d}f(r,t)}{\mathrm{d}t}=\left(\frac{\partial}{\partial t}+v\cdot\nabla\right)f(r,t) \tag{1.4-9}$$

在气象观测中广泛使用欧拉法。在世界各地(相当于空间点)设立气象站。根据统一时间把同一时刻观测到的气象资料绘制成同一时刻的气象图，据此作出天气预报。

1.4.4 两种方法的优缺点

(1) 欧拉法数学上相对简单，拉格朗日法数学上难于处理。

原因如下：对于欧拉法，加速度$a=\frac{\mathrm{d}v}{\mathrm{d}t}$是一阶导数，得到的运动方程是一阶偏微分方程。

对于拉格朗日法，加速度$a=\frac{\partial^2}{\partial t^2}r(r_0,t)$是二阶导数，得到的运动方程是二阶偏微分方程。

(2) 拉格朗日法描述的是同一质点在不同时刻的状态。欧拉法是在固定的空间位置上观察流体质点的运动情况，相当于场描述法。

(3) 用拉格朗日法得到的结果较多。

1.4.5 从拉格朗日描写转换到欧拉描写

从拉格朗日描写$r=r(r_0,t)$反解得

$$r_0=r_0(r,t) \tag{1.4-10}$$

代入$v(r_0,t)=\frac{\partial}{\partial t}r(r_0,t)$得

$$v(r_0(r,t),t)=v(r,t) \tag{1.4-11}$$

即为欧拉描写。

1.4.6　从欧拉描写转换到拉格朗日描写

由欧拉描写 $\boldsymbol{v}=\boldsymbol{v}(\boldsymbol{r},t)$ 得

$$\frac{\mathrm{d}\boldsymbol{r}}{\mathrm{d}t}=\boldsymbol{v}(\boldsymbol{r},t) \tag{1.4-12}$$

积分得

$$\boldsymbol{r}=\boldsymbol{r}(\boldsymbol{r}_0,t) \tag{1.4-13}$$

式中，$\boldsymbol{r}_0=\boldsymbol{r}(t=t_0)$。式(1.4-13)即为拉格朗日描写。

【例 1】　已知欧拉描写 $\boldsymbol{v}(\boldsymbol{r},t)=(x-5t)\boldsymbol{e}_x+(y+2t)\boldsymbol{e}_y$，求拉格朗日描写，并求用两种描写得到的加速度。

解：用欧拉描写得到的速度为

$$\frac{\mathrm{d}x}{\mathrm{d}t}=x-5t,\quad \frac{\mathrm{d}y}{\mathrm{d}t}=y+2t$$

积分后得

$$x=A\mathrm{e}^t+5t+5,\quad y=B\mathrm{e}^t-2t-2$$

式中，A 和 B 为积分常数。所以拉格朗日描写为

$$\boldsymbol{r}(\boldsymbol{r}_0,t)=(A\mathrm{e}^t+5t+5)\boldsymbol{e}_x+(B\mathrm{e}^t-2t-2)\boldsymbol{e}_y$$

拉格朗日变量为 A、B 和 t。用拉格朗日描写得到的加速度为

$$\boldsymbol{a}(\boldsymbol{r}_0,t)=\frac{\partial^2}{\partial t^2}\boldsymbol{r}(\boldsymbol{r}_0,t)=\frac{\partial^2 x}{\partial t^2}\boldsymbol{e}_x+\frac{\partial^2 y}{\partial t^2}\boldsymbol{e}_y=(A\boldsymbol{e}_x+B\boldsymbol{e}_y)\mathrm{e}^t$$

从方程组 $x=A\mathrm{e}^t+5t+5$ 和 $y=B\mathrm{e}^t-2t-2$ 反解出 A 和 B，并代入上式，得用欧拉描写得到的加速度

$$\boldsymbol{a}(\boldsymbol{r},t)=(x-5t-5)\boldsymbol{e}_x+(y+2t+2)\boldsymbol{e}_y$$

【例 2】　已知拉格朗日描写 $\boldsymbol{r}(\boldsymbol{r}_0,t)=(t^2+At+1)\boldsymbol{e}_x+(Bt^2-5t+3)\boldsymbol{e}_y$，这里 A 和 B 为常数。求欧拉描写，并求用两种描写得到的加速度。

解：拉格朗日变量为 A、B 和 t。用拉格朗日描写得到的速度为

$$\boldsymbol{v}=\frac{\partial}{\partial t}\boldsymbol{r}(\boldsymbol{r}_0,t)=\frac{\partial}{\partial t}[(t^2+At+1)\boldsymbol{e}_x+(Bt^2-5t+3)\boldsymbol{e}_y]=(2t+A)\boldsymbol{e}_x+(2Bt-5)\boldsymbol{e}_y$$

从方程组 $x=t^2+At+1$ 和 $y=Bt^2-5t+3$ 反解出 A 和 B，并代入上式得欧拉描写

$$\boldsymbol{v}(\boldsymbol{r},t)=\left(2t+\frac{x-t^2-1}{t}\right)\boldsymbol{e}_x+\left(2\,\frac{y+5t-3}{t}-5\right)\boldsymbol{e}_y$$

用拉格朗日描写得到的加速度为

$$\boldsymbol{a}(\boldsymbol{r}_0,t)=\frac{\partial^2}{\partial t^2}\boldsymbol{r}(\boldsymbol{r}_0,t)=\frac{\partial^2 x}{\partial t^2}\boldsymbol{e}_x+\frac{\partial^2 y}{\partial t^2}\boldsymbol{e}_y=2\boldsymbol{e}_x+2B\boldsymbol{e}_y$$

消去 B 得用欧拉描写得到的加速度

$$\boldsymbol{a}(\boldsymbol{r},t)=2\boldsymbol{e}_x+2\,\frac{y+5t-3}{t^2}\boldsymbol{e}_y$$

1.4.7 轨迹

1. 轨迹的定义

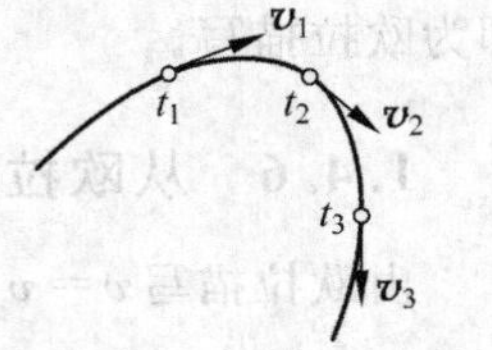

图 1.4.6 一个流体质点的轨迹

轨迹就是流体质点运动时所描绘出的曲线,如图 1.4.6 所示。例如在流动的水面上撒一片木屑,该木屑随水流漂流的轨迹就是某一流体质点的运动轨迹。

拉格朗日描写 $\boldsymbol{r}=\boldsymbol{r}(\boldsymbol{r}_0,t)$ 给出的就是轨迹。

2. 使用欧拉描写得到轨迹

由欧拉描写 $\boldsymbol{v}=\boldsymbol{v}(\boldsymbol{r},t)$ 得

$$\frac{\mathrm{d}\boldsymbol{r}}{\mathrm{d}t}=\boldsymbol{v}(\boldsymbol{r},t),$$

$$\frac{\mathrm{d}x}{\mathrm{d}t}=v_x(x,y,z,t),\quad \frac{\mathrm{d}y}{\mathrm{d}t}=v_y(x,y,z,t),\quad \frac{\mathrm{d}z}{\mathrm{d}t}=v_z(x,y,z,t) \tag{1.4-14}$$

积分得轨迹

$$\boldsymbol{r}=\boldsymbol{r}(\boldsymbol{r}_0,t)$$

从式(1.4-14)消去 $\mathrm{d}t$ 得

$$\frac{\mathrm{d}x}{v_x(x,y,z,t)}=\frac{\mathrm{d}y}{v_y(x,y,z,t)}=\frac{\mathrm{d}z}{v_z(x,y,z,t)} \tag{1.4-15}$$

1.4.8 流线

1. 流线的定义

流线上所有流体质点在同一瞬时的速度与此线相切。例如在流动水面上同时撒一些木屑,这时可看到这些木屑将连成若干条曲线,每一条曲线表示在同一瞬时各水质点的流动方向线,就是流线。图 1.4.7 是流线的一些例子。

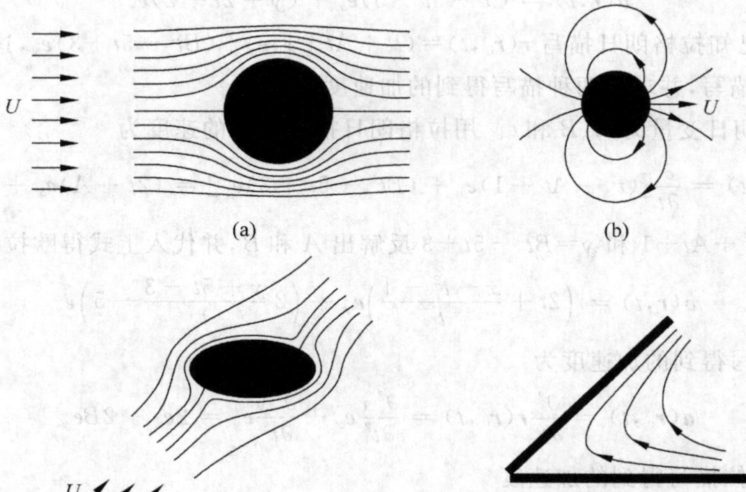

图 1.4.7 流线的一些例子

2. 流线的微分方程

如图 1.4.8 所示，考虑一条流线上的一微段 d$\boldsymbol{r}$，与位于该处的流体质点的速度平行，所以有

$$\mathrm{d}\boldsymbol{r} \times \boldsymbol{v} = 0 \tag{1.4-16}$$

用直角坐标分量展开得

$$\frac{\mathrm{d}x}{v_x(x,y,z,t)} = \frac{\mathrm{d}y}{v_y(x,y,z,t)} = \frac{\mathrm{d}z}{v_z(x,y,z,t)} \tag{1.4-17}$$

式中 t 是参数，在积分时当作常数处理。t 取某一定值就得到该瞬时的流线。

3. 轨迹和流线的区别

轨迹给出同一流体质点在不同时刻的速度方向，而流线给出不同流体质点在同一时刻的速度方向。轨迹的概念是和拉格朗日描写相联系的，它是同一流体质点运动规律的几何表示；而流线的概念是和欧拉描写相联系的，每一时刻的流线簇给出该时刻流体运动的速度方向。

4. 流管

在流场中任意取不与流线重合的封闭曲线，过曲线上各点作流线，所构成的管状表面就是流管，如图 1.4.9 所示。

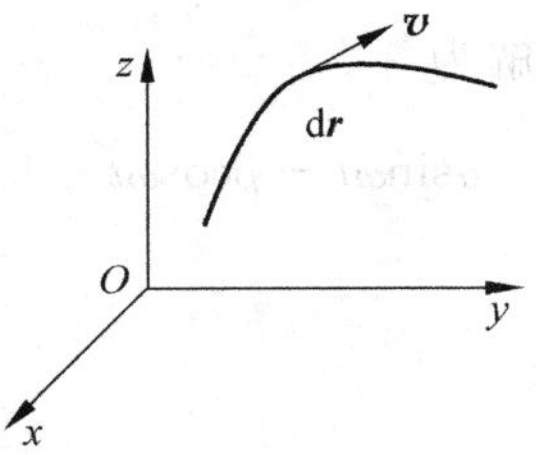

图 1.4.8 流线上的一个微段

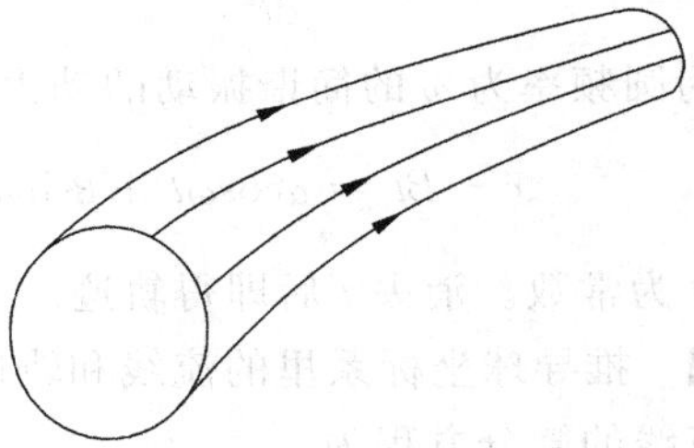

图 1.4.9 流管

1.4.9 定常流动

如果流体运动的速度及其他所有相关物理量与时间无关，这样的流动称为定常流动。作定常流动的流体的流线和轨迹一致。

【例 3】 已知流体速度 $\boldsymbol{v}=(x+t)\boldsymbol{e}_x+(y-t)\boldsymbol{e}_y$，求流线及轨迹。

解：流线的微分方程为

$$\frac{\mathrm{d}x}{x+t} = \frac{\mathrm{d}y}{y-t}$$

把 t 当成常数，积分得

$$x+t = C(y-t)$$

式中 C 为积分常数。

轨迹的微分方程为

$$\frac{\mathrm{d}x}{\mathrm{d}t} = x+t, \quad \frac{\mathrm{d}y}{\mathrm{d}t} = y-t$$

积分得

$$x = Ae^t - t - 1, \quad y = Be^t + t + 1$$

式中 A 和 B 为积分常数。消去 t 后即得轨迹

$$x = \frac{A}{A+B}(x+y) - \ln\left(\frac{x+y}{A+B}\right) - 1$$

【例 4】 已知流体速度 $\boldsymbol{v} = \omega y \boldsymbol{e}_x - \omega(x - Bt)\boldsymbol{e}_y$，这里 ω 和 B 为常数。求流线及轨迹。

解：流线的微分方程为

$$\frac{dx}{\omega y} = \frac{dy}{-\omega(x - Bt)}$$

把 t 当成常数，积分得

$$\frac{1}{2}(x^2 + y^2) - Btx = C$$

式中 C 为积分常数。

轨迹的微分方程为

$$\frac{dx}{dt} = \omega y, \quad \frac{dy}{dt} = -\omega(x - Bt)$$

消去 y 得

$$\frac{d^2 x}{dt^2} = -\omega^2(x - Bt) = \frac{d^2(x - Bt)}{dt^2}$$

上述方程为圆频率为 ω 的简谐振动的动力学方程，所以解为

$$x - Bt = \alpha\cos\omega t + \beta\sin\omega t, \quad y = \frac{B}{\omega} - \alpha\sin\omega t + \beta\cos\omega t$$

式中 α 和 β 为常数。消去 t 后即得轨迹。

【例 5】 推导球坐标系里的流线和轨迹的微分方程。

解：流线的微分方程为

$$d\boldsymbol{r} \times \boldsymbol{v} = 0$$

由于

$$d\boldsymbol{r} = d(r\boldsymbol{e}_r) = \boldsymbol{e}_r dr + r d\boldsymbol{e}_r, \quad \boldsymbol{e}_r = \boldsymbol{e}_x \sin\theta\cos\varphi + \boldsymbol{e}_y \sin\theta\sin\varphi + \boldsymbol{e}_z \cos\theta$$

$$\boldsymbol{e}_\theta = \boldsymbol{e}_x \cos\theta\cos\varphi + \boldsymbol{e}_y \cos\theta\sin\varphi - \boldsymbol{e}_z \sin\theta, \quad \boldsymbol{e}_\varphi = -\boldsymbol{e}_x \sin\varphi + \boldsymbol{e}_y \cos\varphi$$

有

$$d\boldsymbol{e}_r = \boldsymbol{e}_\theta d\theta + \boldsymbol{e}_\varphi \sin\theta d\varphi, \quad d\boldsymbol{r} = \boldsymbol{e}_r dr + \boldsymbol{e}_\theta r d\theta + \boldsymbol{e}_\varphi r\sin\theta d\varphi$$

代入流线的微分方程得

$$(\boldsymbol{e}_r dr + \boldsymbol{e}_\theta r d\theta + \boldsymbol{e}_\varphi r\sin\theta d\varphi) \times (\boldsymbol{e}_r v_r + \boldsymbol{e}_\theta v_\theta + \boldsymbol{e}_\varphi v_\varphi) = 0$$

展开得

$$v_\theta dr - v_r r d\theta = 0, \quad v_\varphi dr - v_r r\sin\theta d\varphi = 0, \quad v_\varphi d\theta - v_\theta \sin\theta d\varphi = 0$$

在积分时 t 当作常数处理，得到流线。t 取某一定值就得到该瞬时的流线。

轨迹的微分方程为

$$\frac{d\boldsymbol{r}}{dt} = \boldsymbol{v} = \boldsymbol{e}_r \frac{dr}{dt} + \boldsymbol{e}_\theta r \frac{d\theta}{dt} + \boldsymbol{e}_\varphi r\sin\theta \frac{d\varphi}{dt} = \boldsymbol{e}_r v_r + \boldsymbol{e}_\theta v_\theta + \boldsymbol{e}_\varphi v_\varphi$$

即

$$v_r = \frac{\mathrm{d}r}{\mathrm{d}t}, \quad v_\theta = r\frac{\mathrm{d}\theta}{\mathrm{d}t}, \quad v_\varphi = r\sin\theta\frac{\mathrm{d}\varphi}{\mathrm{d}t}$$

【例 6】 已知在球坐标系中流体的速度为$\boldsymbol{v}=\boldsymbol{e}_r v_r(r,\theta)+\boldsymbol{e}_\theta v_\theta(r,\theta)$，求流线。

解：把速度代入流线的微分方程得

$$v_\theta \mathrm{d}r - v_r r\mathrm{d}\theta = 0, \quad -v_r r\sin\theta \mathrm{d}\varphi = 0, \quad -v_\theta \sin\theta \mathrm{d}\varphi = 0$$

解为

$$r = r(\theta), \quad \varphi = C$$

式中 C 为积分常数。

【例 7】 推导柱坐标系里的流线及轨迹的微分方程。

解：流线的微分方程为 $\mathrm{d}\boldsymbol{r}\times\boldsymbol{v}=0$。由

$$\boldsymbol{e}_R = \boldsymbol{e}_x\cos\varphi + \boldsymbol{e}_y\sin\varphi, \quad \boldsymbol{e}_\varphi = -\boldsymbol{e}_x\sin\varphi + \boldsymbol{e}_y\cos\varphi$$

得

$$\mathrm{d}\boldsymbol{e}_R = (-\boldsymbol{e}_x\sin\varphi + \boldsymbol{e}_y\cos\varphi)\mathrm{d}\varphi = \boldsymbol{e}_\varphi\mathrm{d}\varphi, \quad \mathrm{d}\boldsymbol{r} = \mathrm{d}(R\boldsymbol{e}_R + z\boldsymbol{e}_z) = \boldsymbol{e}_R\mathrm{d}R + \boldsymbol{e}_\varphi R\mathrm{d}\varphi + \boldsymbol{e}_z\mathrm{d}z$$

代入流线的微分方程得

$$(\boldsymbol{e}_R\mathrm{d}R + \boldsymbol{e}_\varphi R\mathrm{d}\varphi + \boldsymbol{e}_z\mathrm{d}z)\times(\boldsymbol{e}_R v_R + \boldsymbol{e}_\varphi v_\varphi + \boldsymbol{e}_z v_z) = 0$$

展开得

$$v_\varphi\mathrm{d}R - v_R R\mathrm{d}\varphi = 0, \quad v_z\mathrm{d}R - v_R\mathrm{d}z = 0, \quad v_z R\mathrm{d}\varphi - v_\varphi\mathrm{d}z = 0$$

积分时 t 当作常数处理，得到流线。t 取某一定值就得到该瞬时的流线。

轨迹的微分方程为

$$\frac{\mathrm{d}\boldsymbol{r}}{\mathrm{d}t} = \boldsymbol{v} = \boldsymbol{e}_R\frac{\mathrm{d}R}{\mathrm{d}t} + \boldsymbol{e}_z\frac{\mathrm{d}z}{\mathrm{d}t} + \boldsymbol{e}_\varphi R\frac{\mathrm{d}\varphi}{\mathrm{d}t} = \boldsymbol{e}_R v_R + \boldsymbol{e}_z v_z + \boldsymbol{e}_\varphi v_\varphi$$

即

$$v_R = \frac{\mathrm{d}R}{\mathrm{d}t}, \quad v_z = \frac{\mathrm{d}z}{\mathrm{d}t}, \quad v_\varphi = R\frac{\mathrm{d}\varphi}{\mathrm{d}t}$$

【例 8】 在柱坐标系中流体的速度为$\boldsymbol{v}=\boldsymbol{e}_R v_R(R,z)+\boldsymbol{e}_z v_z(R,z)$，求流线。

解：把速度代入流线的微分方程得

$$-v_R R\mathrm{d}\varphi = 0, \quad v_z\mathrm{d}R - v_R\mathrm{d}z = 0, \quad v_z R\mathrm{d}\varphi = 0$$

解为

$$R = R(z), \quad \varphi = C$$

式中 C 为积分常数。

习题

1-4-1　已知欧拉描写 $v_x=\dfrac{x}{x^2+y^2}$，$v_y=\dfrac{y}{x^2+y^2}$，$v_z=0$，计算加速度。

1-4-2　已知欧拉描写$\boldsymbol{v}(\boldsymbol{r},t)=(x+3t)\boldsymbol{e}_x+(y-4t)\boldsymbol{e}_y$，求拉格朗日描写，并求在两种描写中的加速度。

1-4-3　已知拉格朗日描写$\boldsymbol{r}(\boldsymbol{r}_0,t)=(A\mathrm{e}^t+t+4)\boldsymbol{e}_x+(Bt^2+t+3)\boldsymbol{e}_y$，这里 A 和 B 为常数。求欧拉描写，并求在两种描写中的加速度。

1-4-4　已知流体速度$\boldsymbol{v}(\boldsymbol{r},t)=(4x-5t)\boldsymbol{e}_x+(2y+t)\boldsymbol{e}_y$，求流线及轨迹。

1-4-5　已知流体速度$\boldsymbol{v}(\boldsymbol{r},t)=(y-t)\boldsymbol{e}_x+(2x+t)\boldsymbol{e}_y$,求流线及轨迹。

1-4-6　已知流体速度$\boldsymbol{v}=(\beta x+t^2)\boldsymbol{e}_x+(-\beta y-t^2)\boldsymbol{e}_y$,这里$\beta$为常数。求流线及轨迹。提示:把$x$和$y$分别设成$A\mathrm{e}^{Bt}+Ct^2+Dt+E$形式,这里$A$、$B$、$C$、$D$和$E$为待定常数。

1-4-7　已知流体速度$\boldsymbol{v}=y\boldsymbol{e}_x-x\boldsymbol{e}_y$,求流线并画出流线簇。

1-4-8　台风的速度场在极坐标系中可表示为

$$v_r=-\frac{a}{r},\quad v_\theta=\frac{b}{r}$$

式中a和b为常数。证明流线的方程为对数螺线$r=C\mathrm{e}^{-\frac{a}{b}\theta}$,这里$C$为常数。

1-4-9　在柱坐标系下流体速度为$v_R=\dfrac{\cos\varphi}{R^2}$,$v_\varphi=\dfrac{\sin\varphi}{R^2}$,$v_z=0$,证明流线的方程为$\dfrac{R}{|\sin\varphi|}=C_1$,$z=C_2$,这里$C_1$和$C_2$为常数。

1.5　涡量与速度环量

自然界在广阔的范围内存在涡旋现象,小到只有几个纳米的液氦Ⅱ量子涡,大到几百米的龙卷风、几百千米的台风、几万千米的木星上的大红斑,直到几十万光年的涡旋星系。人类对涡旋的认识始于史前时期,是从观察龙卷风和台风这样的涡旋造成的严重的自然灾害开始的。大诗人李白(701—762)在诗《公无渡河》中写道:"黄河西来决昆仑,咆哮万里触龙门。波滔天,尧咨嗟。大禹理百川,儿啼不窥家。杀湍湮洪水,九州始蚕麻。……"著名文学家苏轼(1037—1101)在《百步洪二首》中写道:"长洪斗落生跳波,轻舟南下如投梭。水师绝叫凫雁起,乱石一线争磋磨。有如兔走鹰隼落,骏马下注千丈坡。断弦离柱箭脱手,飞电过隙珠翻荷。四山眩转风掠耳,但见流沫生千涡。……"宋朝诗人范成大在诗《刺濆淖》中写道:"峡江饶暗石,水状日千变。不愁滩泷来,但畏濆淖见。人言盘涡耳,夷险顾有间。仍于非时作,未可一理贯。安行方熨縠,无事忽翻练。突如汤鼎沸,翕作茶磨旋。势迫中成洼,怒霁外始晕。已定稍安慰,儵作更惊眩。漂漂浮沫起,疑有潜鲸噀。勃勃骇浪腾,复恐蛰鳌抃。……"人类对这些危害的恐惧从史前一直延续到现代。

涡旋是流体力学最常见的现象。近代力学的奠基人之一、德国力学家普朗特的学生、空气动力学家屈西曼(D. Küchemann)曾经说过:"涡旋是流体运动的肌腱(Vortices are the sinews and muscles of fluid motions)。"普朗特的另一位学生、北京航空航天大学陆士嘉教授则更进一步指出:"流体的本质就是涡,因为流体经不住搓,一搓就搓出了涡。"这句话指出流体运动中出现涡旋的原因是"搓",即作用在流体上的切应力。涡在流体边界区域产生:①流体绕过固体表面时会在表面附近的薄层内产生涡;②流体流经突变的边界时会产生速度间断层,从而产生涡;③绕流物体后部区域内由于边界层分离会产生涡。

例如,当流体以足够低的流速绕过圆柱时,圆柱上下游的流线前后对称;随着流速的增加,圆柱上下游的流线逐渐失去对称性;当流速足够大时,沿圆柱表面流动的流体在到达圆柱顶点附近时分离,在圆柱下游形成一对固定不动、旋转方向相反的涡,称为附着涡;当流速进一步增加到足够大时,附着涡瓦解,圆柱后缘周期性地脱落出旋转方向相反、交替排列的两列涡阵,称为卡门涡街。卡门涡街是流体力学中重要的现象,在自然界中当流体绕流物体时常可遇到，如当洋流被岛屿挡住去路时，水流过桥墩时，风吹过高塔、烟囱、电线时都会形成。

再例如，一个盛满水的水池放水时，水面将开始旋转形成涡旋。

当然，涡旋有害也有利。早在五百年前达·芬奇就已经指出，在人体主动脉瓣开启时，主动脉窦内的血液流动形成的涡使主动脉瓣在射血结束时关闭。还有在水利工程中，急泻而下的水流通过水坝的泄水口时，为保护坝基不被冲坏，采用消能设备在泄水口附近人为地制造涡旋以消耗水流的动能。还可以利用涡旋的旋转运动来加快化学反应物质的混合，以加快化学反应的速度。

达·芬奇最早观察到湍流的多尺度结构，他写道："小涡的数目多得几乎数不过来，流体中大尺度的流动只是由大涡旋转的，而不是由小涡旋转的，流体中小尺度的流动既是由小涡旋转的，又是由大涡旋转的。"湍流由许许多多不同尺度的涡旋运动叠加而成。在运动过程中，大尺度的涡不断地从主流获得能量，并且分裂成小涡，较小尺度的涡破裂后形成更小尺度的涡。而最小尺度的涡则由于黏性耗损逐渐消失，其所带的能量转化为热能，整个过程是涡不断产生—分裂—消灭并且能量逐渐向小的涡传递，最终转化为热能的过程。在1922年，理查森(Lewis Fry Richardson)写了一首诗表达这一思想：

Big whorls have little whorls,
Which feed on their velocity;
And little whorls have lesser whorls,
And so on to viscosity。

自然界涡旋尺度小到纳米量级，大到光年量级，见表1.5.1。

表1.5.1　自然界中的涡旋例子

自然界涡旋例子	尺度	自然界涡旋例子	尺度
最大的涡旋星系	几十万光年	飞机尾涡	几十米
木星大红斑	几万千米	尘卷	几米
温带气旋	几千千米	澡盆涡旋	几十厘米
台风	几百千米	水龟涡旋	几厘米
海洋涡旋	几十千米	最小的湍流涡	几毫米
岛屿的涡街	几千米	液氦Ⅱ量子涡	几纳米
龙卷风	几百米		

1.5.1　流体的涡旋运动的描述

1. 刚体运动的描述

为了描述流体的涡旋运动，我们先考虑相对比较简单的刚体的运动。从刚体力学可知，一个自由刚体的任一位移可以分解为刚体的任一点的平动位移加上绕该点的转动位移。因此一个自由刚体的任一点 P 的速度 $\boldsymbol{v}$ 可以分解为刚体的任一参考点 K 的平动速度 $\boldsymbol{v}_0$ 加上绕该点的转动速度 $\boldsymbol{\omega}\times\boldsymbol{r}$，即

$$\boldsymbol{v}=\boldsymbol{v}_0+\boldsymbol{\omega}\times\boldsymbol{r} \tag{1.5-1}$$

式中，$\boldsymbol{\omega}$ 为刚体绕参考点 K 转动的瞬时角速度，$\boldsymbol{r}$ 为 P 点相对于参考点 K 的位置矢量。刚

体力学证明，$\boldsymbol{\omega}$与参考点K无关。

利用矢量公式$\nabla\times(\boldsymbol{a}\times\boldsymbol{b})=\boldsymbol{a}(\nabla\cdot\boldsymbol{b})-\boldsymbol{b}(\nabla\cdot\boldsymbol{a})+(\boldsymbol{b}\cdot\nabla)\boldsymbol{a}-(\boldsymbol{a}\cdot\nabla)\boldsymbol{b}$得

$$\boldsymbol{\omega}=\frac{1}{2}\nabla\times\boldsymbol{v} \tag{1.5-2}$$

因此

$$\boldsymbol{v}=\boldsymbol{v}_0+\frac{1}{2}(\nabla\times\boldsymbol{v})\times\boldsymbol{r} \tag{1.5-3}$$

2. 流体的涡旋运动的描述

流体的运动要比刚体的运动复杂，这是因为流体在运动过程中有变形。因此流体的运动可以分解为平动、转动加上变形。

考虑流体的一个微元，其上的任一参考点K的位置矢量为$\boldsymbol{r}$，平动速度为$\boldsymbol{v}(\boldsymbol{r},t)$，微元上的任一点$P$相对$K$点的位置矢量为$\delta\boldsymbol{r}$，平动速度为$\boldsymbol{v}(\boldsymbol{r}+\delta\boldsymbol{r},t)$，如图1.5.1所示。

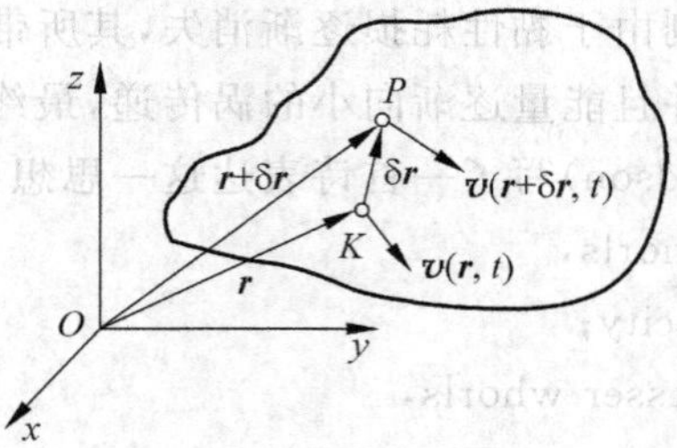

图 1.5.1 流体的一个微元

由于$\delta\boldsymbol{r}$是小量，我们作泰勒展开，并忽略高阶项，得

$$\boldsymbol{v}(\boldsymbol{r}+\delta\boldsymbol{r},t)=\boldsymbol{v}(\boldsymbol{r},t)+\frac{\partial\boldsymbol{v}}{\partial x}\delta x+\frac{\partial\boldsymbol{v}}{\partial y}\delta y+\frac{\partial\boldsymbol{v}}{\partial z}\delta z$$

例如

$$v_x(\boldsymbol{r}+\delta\boldsymbol{r},t)=v_x(\boldsymbol{r},t)+\frac{\partial v_x}{\partial x}\delta x+\frac{\partial v_x}{\partial y}\delta y+\frac{\partial v_x}{\partial z}\delta z=v_x(\boldsymbol{r},t)+\frac{\partial v_x}{\partial\boldsymbol{r}}\cdot\delta\boldsymbol{r}$$

利用$\frac{\partial v_x}{\partial y}=\frac{1}{2}\left(\frac{\partial v_x}{\partial y}-\frac{\partial v_y}{\partial x}\right)+\frac{1}{2}\left(\frac{\partial v_x}{\partial y}+\frac{\partial v_y}{\partial x}\right)$得

$$\begin{aligned}v_x(\boldsymbol{r}+\delta\boldsymbol{r},t)=&v_x(\boldsymbol{r},t)+\frac{\partial v_x}{\partial x}\delta x+\frac{1}{2}\left[\left(\frac{\partial v_x}{\partial y}-\frac{\partial v_y}{\partial x}\right)\delta y+\left(\frac{\partial v_x}{\partial z}-\frac{\partial v_z}{\partial x}\right)\delta z\right]+\\&\frac{1}{2}\left[\left(\frac{\partial v_x}{\partial y}+\frac{\partial v_y}{\partial x}\right)\delta y+\left(\frac{\partial v_x}{\partial z}+\frac{\partial v_z}{\partial x}\right)\delta z\right]\\=&v_x(\boldsymbol{r},t)+\frac{1}{2}[(\nabla\times\boldsymbol{v})\times\delta\boldsymbol{r}]_x+\frac{1}{2}\left(\frac{\partial\boldsymbol{v}}{\partial x}+\nabla v_x\right)\cdot\delta\boldsymbol{r}\end{aligned} \tag{1.5-4}$$

判断流体运动是无旋还是有旋，不能从流体微元的轨迹来判别，而是要看流体微元本身是否绕自身轴旋转。从刚体的运动速度式(1.5-3)我们看到，式(1.5-4)中$\frac{1}{2}(\nabla\times\boldsymbol{v})\times\delta\boldsymbol{r}$可以解释为绕参考点的转动速度。因此判断流体微元本身是否绕自身轴旋转的物理量就是

$$\boldsymbol{\Omega}=\nabla\times\boldsymbol{v} \tag{1.5-5}$$

我们称之为涡量。如果把一个很小的刚体十字架放在$\nabla\times\boldsymbol{v}$不为零的地方，它会旋转，并检

测到流体的涡旋运动。

不同于刚体，微元在运动过程中会变形，因此式(1.5-4)的物理意义是，任一点的速度可以分解为参考点的平动速度$\boldsymbol{v}(\boldsymbol{r},t)$，绕参考点的转动速度$\delta_r\boldsymbol{v}=\frac{1}{2}(\nabla\times\boldsymbol{v})\times\delta\boldsymbol{r}$，以及变形速度$\delta_d\boldsymbol{v}$，即

$$\boldsymbol{v}(\boldsymbol{r}+\delta\boldsymbol{r},t)=\boldsymbol{v}(\boldsymbol{r},t)+\delta_r\boldsymbol{v}+\delta_d\boldsymbol{v} \tag{1.5-6}$$

所以绕参考点的转动速度和变形速度分别为

$$\delta_r\boldsymbol{v}=\frac{1}{2}(\nabla\times\boldsymbol{v})\times\delta\boldsymbol{r},\quad (\delta_d\boldsymbol{v})_x=\frac{1}{2}\left(\frac{\partial\boldsymbol{v}}{\partial x}+\nabla v_x\right)\cdot\delta\boldsymbol{r} \tag{1.5-7}$$

在第4章我们将看到，变形速度与黏性应力有关。

下面列出常见坐标系里的涡量表达式。

(1) 直角坐标系

$$\begin{aligned}\boldsymbol{\Omega}=\nabla\times\boldsymbol{v}&=\left(\boldsymbol{e}_x\frac{\partial}{\partial x}+\boldsymbol{e}_y\frac{\partial}{\partial y}+\boldsymbol{e}_z\frac{\partial}{\partial z}\right)\times(\boldsymbol{e}_x v_x+\boldsymbol{e}_y v_y+\boldsymbol{e}_z v_z)\\&=\boldsymbol{e}_x\left(\frac{\partial v_z}{\partial y}-\frac{\partial v_y}{\partial z}\right)+\boldsymbol{e}_y\left(\frac{\partial v_x}{\partial z}-\frac{\partial v_z}{\partial x}\right)+\boldsymbol{e}_z\left(\frac{\partial v_y}{\partial x}-\frac{\partial v_x}{\partial y}\right)\end{aligned} \tag{1.5-8}$$

(2) 柱坐标系

$$\boldsymbol{\Omega}=\boldsymbol{e}_R\frac{1}{R}\left[\frac{\partial v_z}{\partial\varphi}-\frac{\partial(Rv_\varphi)}{\partial z}\right]+\boldsymbol{e}_\varphi\left(\frac{\partial v_R}{\partial z}-\frac{\partial v_z}{\partial R}\right)+\boldsymbol{e}_z\left[\frac{1}{R}\frac{\partial(Rv_\varphi)}{\partial R}-\frac{1}{R}\frac{\partial v_R}{\partial\varphi}\right] \tag{1.5-9}$$

(3) 球坐标系

$$\begin{aligned}\boldsymbol{\Omega}=&\boldsymbol{e}_r\frac{1}{r\sin\theta}\left[\frac{\partial(v_\varphi\sin\theta)}{\partial\theta}-\frac{\partial v_\theta}{\partial\varphi}\right]+\boldsymbol{e}_\theta\left[\frac{1}{r\sin\theta}\frac{\partial v_r}{\partial\varphi}-\frac{1}{r}\frac{\partial(rv_\varphi)}{\partial r}\right]+\\&\boldsymbol{e}_\varphi\left[\frac{1}{r}\frac{\partial(rv_\theta)}{\partial r}-\frac{1}{r}\frac{\partial v_r}{\partial\theta}\right]\end{aligned} \tag{1.5-10}$$

3. 涡的定义

虽然涡旋运动由涡量来描述这一点已经没有争议，但一个大家一致公认的涡的定义并不存在。这里我们给出一个直观的定义：存在一个涡量集中区域，称为涡核，涡核周围的流体围绕涡核作旋转运动，这样的流体运动形态称为涡。

【例1】 均匀剪切流动$\boldsymbol{v}=\boldsymbol{e}_x\alpha y$，$\alpha$为常数，计算流体的涡量。

解：

$$\boldsymbol{\Omega}=\nabla\times\boldsymbol{v}=\left(\boldsymbol{e}_x\frac{\partial}{\partial x}+\boldsymbol{e}_y\frac{\partial}{\partial y}+\boldsymbol{e}_z\frac{\partial}{\partial z}\right)\times\boldsymbol{e}_x\alpha y=-\alpha\boldsymbol{e}_z$$

【例2】 已知圆管内流体的速度$\boldsymbol{v}=\alpha(R^2-x^2-y^2)\boldsymbol{e}_z$，式中$\alpha$为常数，$R$为圆管半径。计算流体的涡量。

解： 把流体速度代入式(1.5-8)得

$$\boldsymbol{\Omega}=\nabla\times\boldsymbol{v}=\left(\boldsymbol{e}_x\frac{\partial}{\partial x}+\boldsymbol{e}_y\frac{\partial}{\partial y}+\boldsymbol{e}_z\frac{\partial}{\partial z}\right)\times\alpha(R^2-x^2-y^2)\boldsymbol{e}_z=-\boldsymbol{e}_x 2\alpha y+\boldsymbol{e}_y 2\alpha x$$

【例3】 在球坐标系中流体速度$\boldsymbol{v}=\boldsymbol{e}_r v_r(r,\theta)+\boldsymbol{e}_\theta v_\theta(r,\theta)$，计算流体的涡量。

解： 把流体速度代入式(1.5-10)得

$$\boldsymbol{\Omega}=\boldsymbol{e}_\varphi\left[\frac{1}{r}\frac{\partial(rv_\theta)}{\partial r}-\frac{1}{r}\frac{\partial v_r}{\partial\theta}\right]$$

【例 4】 在柱坐标系中流体速度 $\boldsymbol{v}=\boldsymbol{e}_R v_R(R,z)+\boldsymbol{e}_z v_z(R,z)$，计算流体的涡量。

解：把流体速度代入式(1.5-9)得

$$\boldsymbol{\Omega}=\boldsymbol{e}_\varphi\left(\frac{\partial v_R}{\partial z}-\frac{\partial v_z}{\partial R}\right)$$

【例 5】 流体速度为 $\boldsymbol{v}(\boldsymbol{r})=\frac{a^3\omega}{r^3}\boldsymbol{e}_z\times\boldsymbol{r}$，这里 a 和 ω 为常数，计算流体的涡量。

解：把 $\boldsymbol{e}_z=\boldsymbol{e}_r\cos\theta-\boldsymbol{e}_\theta\sin\theta$ 代入已知流体速度得

$$v_r=v_\theta=0,\quad v_\varphi=\frac{\omega a^3\sin\theta}{r^2}$$

把上述流体速度分量代入式(1.5-10)得

$$\boldsymbol{\Omega}=\boldsymbol{e}_r\frac{1}{r\sin\theta}\left[\frac{\partial(v_\varphi\sin\theta)}{\partial\theta}\right]+\boldsymbol{e}_\theta\left[-\frac{1}{r}\frac{\partial(rv_\varphi)}{\partial r}\right]=\frac{\omega a^3}{r^3}(\boldsymbol{e}_r 2\cos\theta+\boldsymbol{e}_\theta\sin\theta)$$

1.5.2　磁感应线、磁感应面、磁感应管与磁通量

因为涡量满足 $\nabla\cdot\boldsymbol{\Omega}=\nabla\cdot(\nabla\times\boldsymbol{v})=0$，磁感应强度 $\boldsymbol{B}$ 满足磁场高斯定理 $\nabla\cdot\boldsymbol{B}=0$，所以 $\boldsymbol{\Omega}$ 与 $\boldsymbol{B}$ 类似。现在我们利用这一类比，来讲述涡量。我们首先复习一下磁感应强度。

对于磁感应强度，我们可以引进以下概念。

1. 磁感应线

磁感应线上所有点在同一瞬时的磁感应强度 $\boldsymbol{B}$ 与此线相切。磁感应线是闭合曲线。图 1.5.2 是磁感应线的例子。

考虑磁感应线上的一微段 $\mathrm{d}\boldsymbol{r}$(图 1.5.3)，则磁感应线方程可表示为

$$\boldsymbol{B}\times\mathrm{d}\boldsymbol{r}=0\tag{1.5-11}$$

用直角坐标分量展开得

$$\frac{\mathrm{d}x}{B_x(x,y,z,t)}=\frac{\mathrm{d}y}{B_y(x,y,z,t)}=\frac{\mathrm{d}z}{B_z(x,y,z,t)}\tag{1.5-12}$$

式中 t 是参数，在积分时当作常数处理。

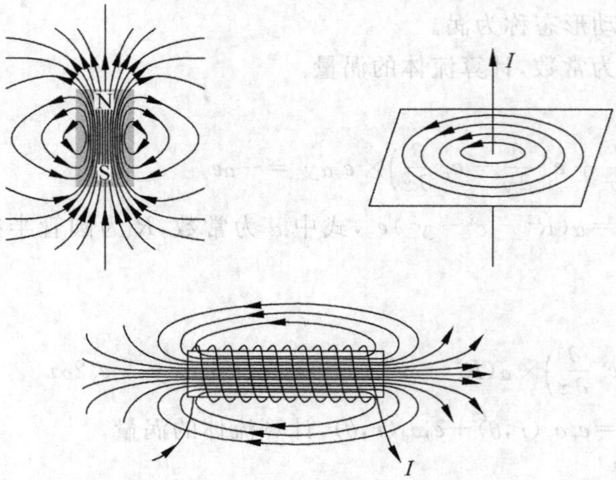

图 1.5.2　磁感应线的例子

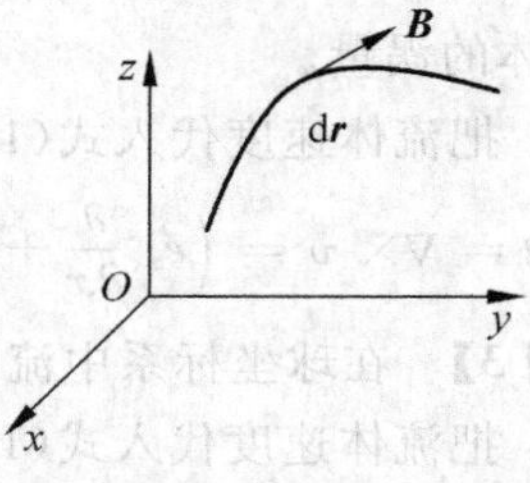

图 1.5.3　磁感应线上的一微段

2. 磁感应面与磁感应管

在同一时刻，过任一条非磁感应线的曲线上各点作一系列的磁感应线，所有磁感应线形成一磁感应面。如果该曲线为闭合曲线，所有磁感应线形成一管状磁感应面，称为磁感应管，如图 1.5-4 所示。

很显然，磁感应面上任一点的法线方向的单位矢量 $\boldsymbol{n}$ 垂直于磁感应强度 $\boldsymbol{B}$，即

$$\boldsymbol{n}\cdot\boldsymbol{B}=0 \tag{1.5-13}$$

3. 磁通量

在一曲面 A 上作积分 $\int_A \boldsymbol{B}\cdot\boldsymbol{n}\mathrm{d}S$，称为磁通量。这里 $\boldsymbol{n}$ 为该曲面上的任一点的法线方向的单位矢量。

注意，由于 $\boldsymbol{n}$ 有两个方向，故磁通量有两个大小相同、符号相反的值。对于闭合曲面，我们规定，把 $\boldsymbol{n}$ 取为方向指向闭合曲面外的单位矢量，故磁通量是唯一的。

4. 磁感应管磁通量守恒定理

磁感应管磁通量守恒定理：在同一时刻同一磁感应管的任一截面上，磁通量都是相同的。

证：考虑一段磁感应管，其两个截面分别为 A_1 和 A_2，其侧面为 A_3，这三个面上的任一点的外法线方向的单位矢量分别为 $\boldsymbol{n}_1$、$\boldsymbol{n}_2$ 和 $\boldsymbol{n}_3$，如图 1.5.5 所示。由于 $\nabla\cdot\boldsymbol{B}=0$，用高斯定理得

$$\int_V \nabla\cdot\boldsymbol{B}\mathrm{d}V=\oint\boldsymbol{B}\cdot\boldsymbol{n}\mathrm{d}S=\int_{A_1}\boldsymbol{B}\cdot\boldsymbol{n}_1\mathrm{d}S+\int_{A_2}\boldsymbol{B}\cdot\boldsymbol{n}_2\mathrm{d}S+\int_{A_3}\boldsymbol{B}\cdot\boldsymbol{n}_3\mathrm{d}S=0$$

因在 A_3 上有 $\boldsymbol{B}\cdot\boldsymbol{n}_3=0$，所以有

$$\int_{A_3}\boldsymbol{B}\cdot\boldsymbol{n}_3\mathrm{d}S=0,\quad \int_{A_1}\boldsymbol{B}\cdot\boldsymbol{n}_1\mathrm{d}S=-\int_{A_2}\boldsymbol{B}\cdot\boldsymbol{n}_2\mathrm{d}S$$

得证。

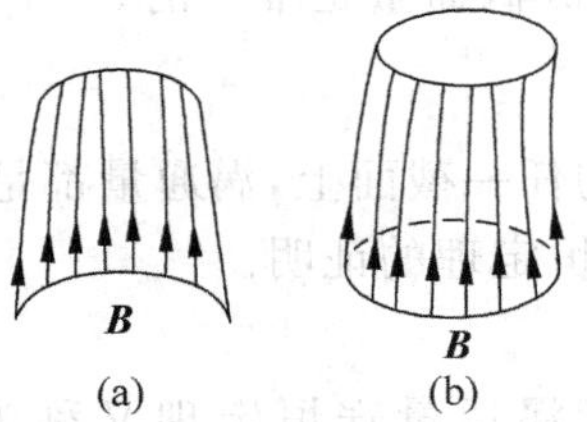

图 1.5.4　磁感应面和磁感应管

(a) 磁感应面；(b) 磁感应管

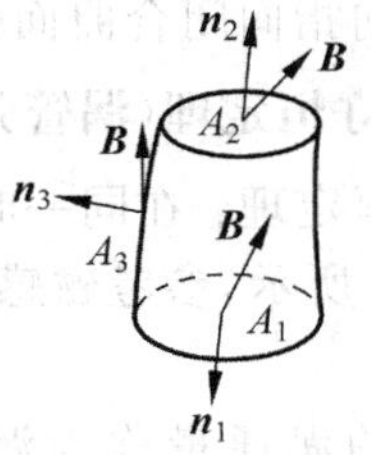

图 1.5.5　一段磁感应管

1.5.3　涡线、涡面、涡管与涡通量

类似于磁感应线、磁感应面、磁感应管与磁通量，我们可以引进涡线、涡面、涡管与涡通量。

1. 涡线

涡线上所有流体质点在同一瞬时的涡量与此线相切，如图 1.5.6 所示。

取涡线上的一微段 $\mathrm{d}\boldsymbol{r}$(图 1.5.7)，则涡线方程可表示为

$$\boldsymbol{\Omega} \times \mathrm{d}\boldsymbol{r} = 0 \tag{1.5-14}$$

用直角坐标分量展开得

$$\frac{\mathrm{d}x}{\Omega_x(x,y,z,t)} = \frac{\mathrm{d}y}{\Omega_y(x,y,z,t)} = \frac{\mathrm{d}z}{\Omega_z(x,y,z,t)} \tag{1.5-15}$$

式中 t 是参数，在积分时当作常数处理。t 取某一定值就得到该瞬时的涡线。

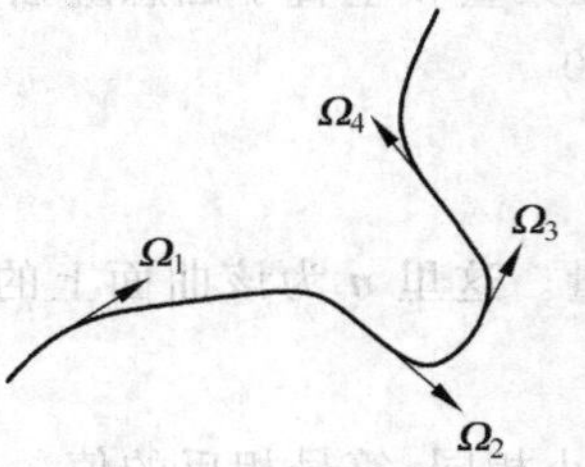

图 1.5.6　涡线

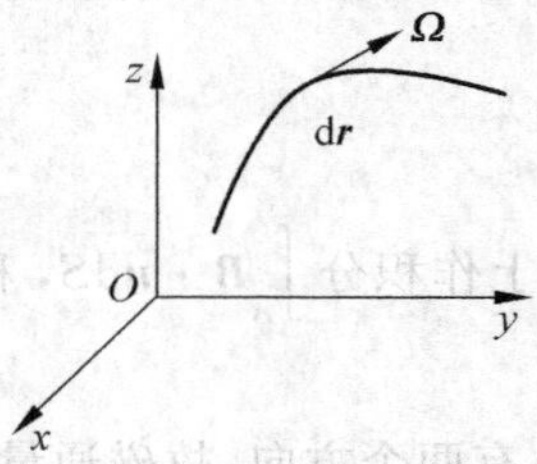

图 1.5.7　涡线上的一微段

2. 涡面与涡管

在同一时刻，过任一条非涡线的曲线上各点作一系列的涡线，所有涡线形成一涡面，如图 1.5.8(a)所示。如果该曲线为闭合曲线，所有涡线形成一管状涡面，称为涡管，如图 1.5.8(b)所示。

很显然，涡面上任一点的法线单位矢量 $\boldsymbol{n}$ 垂直于涡量 $\boldsymbol{\Omega}$，即

$$\boldsymbol{n} \cdot \boldsymbol{\Omega} = 0 \tag{1.5-16}$$

3. 涡通量

在一曲面 A 上作积分 $\int_A \boldsymbol{\Omega} \cdot \boldsymbol{n} \mathrm{d}S$，称为涡通量。这里 $\boldsymbol{n}$ 为该曲面上的任一点的法线方向单位矢量。

注意，由于 $\boldsymbol{n}$ 有两个方向，故涡通量有两个大小相同、符号相反的值。对于闭合曲面，我们规定把 $\boldsymbol{n}$ 取为方向指向闭合曲面外的单位矢量，故涡通量是唯一的。

4. 涡管涡通量守恒定理(涡管强度守恒定理)

涡管涡通量守恒定理：在同一时刻同一涡管的任一截面上，涡通量都是相同的。

证：如图 1.5.9 所示，参考磁感应管磁通量守恒定理的证明。

略。

通常又把涡管的涡通量称为涡管强度。涡管涡通量守恒定理又称为涡管强度守恒定理。

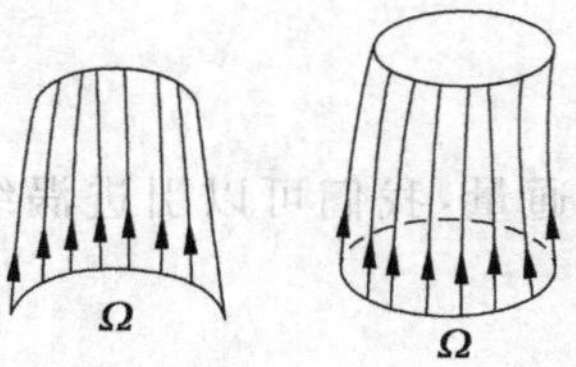

(a)　(b)

图 1.5.8　涡面和涡管

(a) 涡面；(b) 涡管

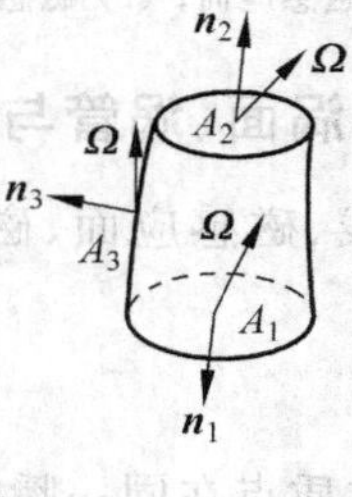

图 1.5.9　一段涡管

5. 涡管涡通量守恒定理的推论

根据涡管涡通量守恒定理,可得到以下结论。

(1) 同一瞬时,对于同一涡管来说,截面积小的地方流体涡量大,反之亦然。

(2) 涡管截面积不可能变为零,否则 $\Omega=\infty$,这是不可能的。所以涡管不可能在流体内部开始或终止,或者说不可能在流体内部断开。因此涡管的存在形式只可能为:①涡管本身首尾相接,形成自我封闭的涡环或涡圈(图 1.5.10(a)),如吸烟者吐出的圆环形烟圈;②涡管两端可以终止于固体表面或流体自由面上(图 1.5.10(b),(c));③涡管伸展到无穷远处(图 1.5.10(d)),如龙卷风一端着地或海面,另一端高耸入云霄。

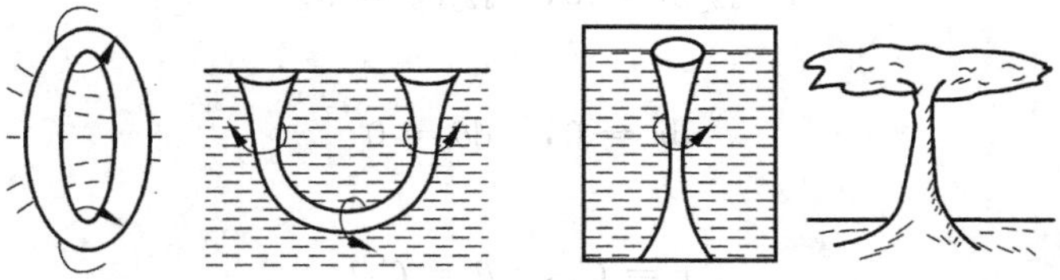

图 1.5.10　涡管的存在形式

6. 涡量与磁感应强度之间的类比

总结起来,我们得到如下类比:$\boldsymbol{\Omega}\Leftrightarrow\boldsymbol{B}$,磁感应线⇔涡线,磁感应面⇔涡面,磁感应管⇔涡管,磁通量⇔涡通量,磁感应管磁通量守恒定理⇔涡管涡通量守恒定理。

【例 6】 已知流体速度为 $\boldsymbol{v}=v_z\boldsymbol{e}_z$,计算涡线。

解:利用流体速度计算涡量,得

$$\boldsymbol{\Omega}=\boldsymbol{e}_x\frac{\partial v_z}{\partial y}-\boldsymbol{e}_y\frac{\partial v_z}{\partial x}$$

代入涡线方程得

$$\frac{\mathrm{d}x}{\frac{\partial v_z}{\partial y}}=\frac{\mathrm{d}y}{-\frac{\partial v_z}{\partial x}}=\frac{\mathrm{d}z}{0}$$

即

$$\frac{\partial v_z}{\partial x}\mathrm{d}x+\frac{\partial v_z}{\partial y}\mathrm{d}y=0,\quad \mathrm{d}z=0$$

积分得

$$v_z=C_1,\quad z=C_2$$

式中 C_1 和 C_2 为积分常数。

【例 7】 推导球坐标系里的涡线的微分方程。

解:参考 1.4 节例 5。

【例 8】 推导柱坐标系里的涡线的微分方程。

解:参考 1.4 节例 7。

【例 9】 接例 2,计算涡线。

解:把涡量代入涡线方程得

$$\frac{\mathrm{d}x}{-2\alpha y}=\frac{\mathrm{d}y}{2\alpha x}$$

积分得

$$x^2+y^2=C$$

式中 C 为积分常数。

【例 10】 已知涡量为$\boldsymbol{\Omega}=-\boldsymbol{e}_\varphi\dfrac{3aU}{2r^2}\sin\theta$，这里 U 和 a 为常数。计算涡线。

解：(1) 球坐标系

把涡量代入涡线方程，得

$$\Omega_\varphi\mathrm{d}r=0,\quad \Omega_\varphi\mathrm{d}\theta=0$$

即

$$\mathrm{d}r=0,\quad \mathrm{d}\theta=0$$

积分得

$$r=C_1,\quad \theta=C_2$$

式中 C_1 和 C_2 为积分常数。

(2) 柱坐标系

把涡量代入涡线方程，得

$$\Omega_\varphi\mathrm{d}R=0,\quad \Omega_\varphi\mathrm{d}z=0$$

即

$$\mathrm{d}R=0,\ \mathrm{d}z=0$$

积分得

$$R=C_3,\quad z=C_4$$

式中 C_3 和 C_4 为积分常数。

【例 11】 接例 5，计算涡线。

解：根据

$$\boldsymbol{\Omega}=\frac{\omega a^3}{r^3}(\boldsymbol{e}_r 2\cos\theta+\boldsymbol{e}_\theta\sin\theta)$$

得

$$\Omega_r=\frac{\omega a^3}{r^3}2\cos\theta,\quad \Omega_\theta=\frac{\omega a^3}{r^3}\sin\theta,\quad \Omega_\varphi=0$$

把涡量代入涡线方程，得

$$\Omega_\theta\mathrm{d}r-\Omega_r r\mathrm{d}\theta=0,\quad -\Omega_r r\sin\theta\mathrm{d}\varphi=0,\quad -\Omega_\theta\sin\theta\mathrm{d}\varphi=0$$

即

$$\sin\theta\mathrm{d}r-2r\cos\theta\mathrm{d}\theta=0,\quad \mathrm{d}\varphi=0$$

积分得

$$r=C_1\sin^2\theta,\quad \varphi=C_2$$

式中 C_1 和 C_2 为积分常数。

1.5.4 速度环量

1. 速度环量

描述流体的涡旋运动除了用前面引进的涡量外，还可以用速度环量。在 3.6 节我们将看到，速度环量对二维机翼升力理论十分重要。

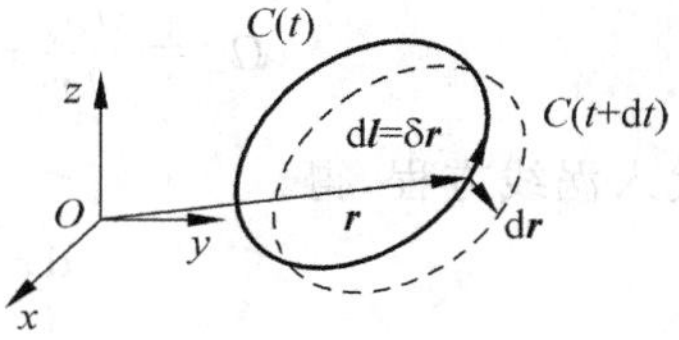

图 1.5.11 流体封闭周线的运动

某一时刻由流体里的质点所组成的封闭周线 $C(t)$，称为流体封闭周线。在该流体封闭周线上位置为 $\boldsymbol{r}$ 处的微段 $\mathrm{d}\boldsymbol{l}$ 的元位移为 $\mathrm{d}\boldsymbol{r}$，速度为 $\boldsymbol{v}=\mathrm{d}\boldsymbol{r}/\mathrm{d}t$。由于 $\mathrm{d}\boldsymbol{l}\neq\mathrm{d}\boldsymbol{r}$，这里为了区分暂时将 $\mathrm{d}\boldsymbol{l}$ 记为 $\delta\boldsymbol{r}$，如图 1.5.11 所示。沿该流体封闭周线所取的积分

$$K=\oint_{C(t)}\boldsymbol{v}\cdot\mathrm{d}\boldsymbol{l}=\oint_{C(t)}\boldsymbol{v}\cdot\delta\boldsymbol{r}=\oint_{C(t)}v_x\delta x+v_y\delta y+v_z\delta z \tag{1.5-17}$$

称为沿该流体封闭周线的速度环量。速度环量的正负取决于流体速度的方向以及线积分所取环绕方向。为统一起见，规定线积分绕逆时针方向为其正方向。

现在求速度环量随时间的变化。由于流体在流动，流体质点在运动，因而流体封闭周线在运动，而且流体封闭周线上的流体质点的速度亦在变化。因此有

$$\frac{\mathrm{d}K}{\mathrm{d}t}=\frac{\mathrm{d}}{\mathrm{d}t}\oint_{C(t)}\boldsymbol{v}\cdot\delta\boldsymbol{r}=\oint_{C(t)}\left[\frac{\mathrm{d}\boldsymbol{v}}{\mathrm{d}t}\cdot\delta\boldsymbol{r}+\boldsymbol{v}\cdot\delta\left(\frac{\mathrm{d}\boldsymbol{r}}{\mathrm{d}t}\right)\right] \tag{1.5-18}$$

因为

$$\boldsymbol{v}\cdot\delta\left(\frac{\mathrm{d}\boldsymbol{r}}{\mathrm{d}t}\right)=\boldsymbol{v}\cdot\delta\boldsymbol{v}=\delta\left(\frac{v^2}{2}\right) \tag{1.5-19}$$

把式(1.5-19)代入式(1.5-18)得速度环量的时间变化率

$$\frac{\mathrm{d}K}{\mathrm{d}t}=\frac{\mathrm{d}}{\mathrm{d}t}\oint_{C(t)}\boldsymbol{v}\cdot\delta\boldsymbol{r}=\oint_{C(t)}\left[\frac{\mathrm{d}\boldsymbol{v}}{\mathrm{d}t}\cdot\delta\boldsymbol{r}+\delta\left(\frac{v^2}{2}\right)\right]=\oint_{C(t)}\frac{\mathrm{d}\boldsymbol{v}}{\mathrm{d}t}\cdot\delta\boldsymbol{r} \tag{1.5-20}$$

式(1.5-20)表明，沿任何流体封闭周线的速度环量随时间的变化率等于沿该周线的加速度环量。

2. 斯托克斯定理

斯托克斯定理：任一矢量沿任一封闭周线的环量等于该矢量的旋度沿任一以该周线为边的曲面的积分，即

$$\oint_C\boldsymbol{f}\cdot\mathrm{d}\boldsymbol{l}=\iint_S\nabla\times\boldsymbol{f}\cdot\mathrm{d}\boldsymbol{S} \tag{1.5-21}$$

应用到流体力学，得

$$\oint_C\boldsymbol{v}\cdot\mathrm{d}\boldsymbol{l}=\iint_S\nabla\times\boldsymbol{v}\cdot\mathrm{d}\boldsymbol{S}=\iint_S\boldsymbol{\Omega}\cdot\mathrm{d}\boldsymbol{S} \tag{1.5-22}$$

即沿任一流体封闭周线的速度环量等于穿过任一以该周线为边的曲面的涡通量。

【例 12】 已知不可压缩流体流动的速度分布

$$v_x=a\sqrt{y^2+z^2},\quad v_y=v_z=0$$

求涡线方程。证明沿 xy 平面上的任意封闭曲线的速度环量为 $K=-a(S_+-S_-)$。其中 a 为常数，S_+ 和 S_- 分别为该封闭曲线位于上半平面和下半平面的面积。

解：根据已知速度计算涡量，得

$$\Omega_x=\frac{\partial v_z}{\partial y}-\frac{\partial v_y}{\partial z}=0,\quad \Omega_y=\frac{\partial v_x}{\partial z}-\frac{\partial v_z}{\partial x}=\frac{az}{\sqrt{y^2+z^2}}$$

$$\Omega_z=\frac{\partial v_y}{\partial x}-\frac{\partial v_x}{\partial y}=-\frac{ay}{\sqrt{y^2+z^2}}$$

代入涡线方程，得

$$\frac{\mathrm{d}x}{0}=\frac{\mathrm{d}y}{az}\sqrt{y^2+z^2}=-\frac{\mathrm{d}z}{ay}\sqrt{y^2+z^2}$$

积分得

$$y^2+z^2=C_1^2,\quad x=C_2$$

式中 C_1 和 C_2 为积分常数。

在 xy 平面上流体速度为 $v_x=a|y|,v_y=v_z=0$，因此沿 xy 平面上的任意封闭曲线的速度环量为

$$K=\oint v_x\mathrm{d}x=a\oint|y|\mathrm{d}x=-a(S_+-S_-)$$

另一种方法：把以 xy 平面上的任意封闭曲线为边的曲面取为位于 xy 平面上，其上的流体涡量为 $\Omega_x=\Omega_y=0,\Omega_z=-a\mathrm{sgn}(y)$，其外法线为 $\boldsymbol{n}=\boldsymbol{e}_z$，所以沿 xy 平面上的任意封闭曲线的速度环量为

$$K=\oint_C\boldsymbol{v}\cdot\mathrm{d}\boldsymbol{l}=\iint_S\boldsymbol{\Omega}\cdot\mathrm{d}\boldsymbol{S}=\iint_S\Omega_z\mathrm{d}S=-a\iint_S\mathrm{sgn}(y)\mathrm{d}S=-a(S_+-S_-)$$

【例 13】 已知平面极坐标系下的平面流动为

$$v_r=V_\infty\left(1-\frac{a^2}{r^2}\right)\cos\theta,\quad v_\theta=-V_\infty\left(1+\frac{a^2}{r^2}\right)\sin\theta+\frac{k}{r}$$

式中 a、k 和 V_∞ 为常数。求沿任一圆周 $r=a$ 的速度环量。

解：所求环量为

$$K=\oint_{r=a}v_\theta r\mathrm{d}\theta=\oint_{r=a}\left[-V_\infty\left(1+\frac{a^2}{r^2}\right)\sin\theta+\frac{k}{r}\right]r\mathrm{d}\theta$$

$$=\int_0^{2\pi}(-2aV_\infty\sin\theta+k)\mathrm{d}\theta=2\pi k$$

习题

1-5-1 已知流体的速度为 $v_z=v_R=0,v_\varphi=v(R,z,\varphi)$，计算涡量。

1-5-2 已知球坐标系中流体的速度为 $\boldsymbol{v}=U\dfrac{a^2}{r^2}(\boldsymbol{e}_r\cos\theta+\boldsymbol{e}_\theta\sin\theta)$，这里 a 和 U 为常数。证明流体的涡量 $\boldsymbol{\Omega}=\boldsymbol{0}$。

1-5-3 已知流体的速度为 $\boldsymbol{v}=U\left(1-\dfrac{x^2}{a^2}-\dfrac{y^2}{b^2}\right)\boldsymbol{e}_z$，这里 U、a 和 b 为常数。计算流体的涡量及涡线。

1-5-4 已知流体的速度为 $v_x=y+2z,v_y=z+2x,v_z=x+2y$。证明：(1) 涡量为 $\boldsymbol{\Omega}=\boldsymbol{e}_x+\boldsymbol{e}_y+\boldsymbol{e}_z$，涡线方程为 $x=z+C_1,y=z+C_2$，这里 C_1 和 C_2 为常数；(2) 通过平面 $x+y+z=1$ 上面积为 A 的涡通量为

$$\iint_S \boldsymbol{\Omega}\cdot \mathrm{d}\boldsymbol{S}=\iint_S(\Omega_x n_x+\Omega_y n_y+\Omega_z n_z)\mathrm{d}S=\iint_S\left(1\cdot\frac{\sqrt{3}}{3}+1\cdot\frac{\sqrt{3}}{3}+1\cdot\frac{\sqrt{3}}{3}\right)\mathrm{d}S=\sqrt{3}A$$

1-5-5　已知球坐标系中流体的速度为

$$v_r=U\left(1-\frac{a}{r}\right)\cos\theta+\frac{Ua}{4}(r^2-a^2)\left(-2\frac{\cos\theta}{r^3}\right)$$

$$v_\theta=-U\left(1-\frac{a}{r}\right)\cos\theta+\frac{Ua}{4}(r^2-a^2)\left(-\frac{\cos\theta}{r^3}\right)$$

$$v_\varphi=0$$

式中 U 和 a 为常数。证明流体的涡量 $\boldsymbol{\Omega}=-\boldsymbol{e}_\varphi\frac{3aU}{2r^2}\sin\theta$，计算涡线。

1-5-6　已知 $\boldsymbol{v}=\boldsymbol{e}_x\alpha y^2+\boldsymbol{e}_y\beta x$，$\alpha$ 和 β 为常数。计算涡量及涡线。

1-5-7　已知在平面极坐标系中流体速度为 $\boldsymbol{v}=\boldsymbol{e}_r v_r(r,\theta)+\boldsymbol{e}_\theta v_\theta(r,\theta)$，证明 $\boldsymbol{\Omega}=\boldsymbol{e}_z\left[\frac{1}{r}\frac{\partial(rv_\theta)}{\partial r}-\frac{1}{r}\frac{\partial v_r}{\partial\theta}\right]$。

1-5-8　已知在球坐标系中流体速度为 $\boldsymbol{v}=\boldsymbol{e}_r v_r(r,\theta)+\boldsymbol{e}_\theta v_\theta(r,\theta)$，证明：

$$\boldsymbol{\Omega}=\boldsymbol{e}_\varphi\left[\frac{1}{r}\frac{\partial(rv_\theta)}{\partial r}-\frac{1}{r}\frac{\partial v_r}{\partial\theta}\right]=\Omega\boldsymbol{e}_\varphi$$

$$\nabla\times\boldsymbol{\Omega}=\boldsymbol{e}_r\frac{1}{r\sin\theta}\left[\frac{\partial(\Omega\sin\theta)}{\partial\theta}\right]+\boldsymbol{e}_\theta\left[-\frac{1}{r}\frac{\partial(r\Omega)}{\partial r}\right]$$

$$\nabla\times(\nabla\times\boldsymbol{\Omega})=\boldsymbol{e}_\varphi\left\{-\frac{1}{r}\frac{\partial^2(r\Omega)}{\partial r^2}-\frac{1}{r}\frac{\partial}{\partial\theta}\left[\frac{1}{r\sin\theta}\frac{\partial(\Omega\sin\theta)}{\partial\theta}\right]\right\}$$

$$(\boldsymbol{\Omega}\cdot\nabla)\boldsymbol{v}=\frac{1}{r\sin\theta}\Omega\frac{\partial\boldsymbol{v}}{\partial\varphi}=\frac{1}{r\sin\theta}\Omega\left(v_r\frac{\partial\boldsymbol{e}_r}{\partial\varphi}+v_\theta\frac{\partial\boldsymbol{e}_\theta}{\partial\varphi}\right)=\frac{1}{r\sin\theta}\Omega(v_r\sin\theta+v_\theta\cos\theta)\boldsymbol{e}_\varphi$$

$$\frac{\mathrm{d}\boldsymbol{\Omega}}{\mathrm{d}t}=\frac{\mathrm{d}(\boldsymbol{e}_\varphi\Omega)}{\mathrm{d}t}=\frac{\partial(\boldsymbol{e}_\varphi\Omega)}{\partial t}+(\boldsymbol{v}\cdot\nabla)(\boldsymbol{e}_\varphi\Omega)=\boldsymbol{e}_\varphi\left[\frac{\partial\Omega}{\partial t}+(\boldsymbol{v}\cdot\nabla)\Omega\right]=\boldsymbol{e}_\varphi\frac{\mathrm{d}\Omega}{\mathrm{d}t}$$

$$\frac{\mathrm{d}\Omega}{\mathrm{d}t}=\frac{\partial}{\partial t}\Omega+(\boldsymbol{v}\cdot\nabla)\Omega=\left(\frac{\partial}{\partial t}+v_r\frac{\partial}{\partial r}+v_\theta\frac{1}{r}\frac{\partial}{\partial\theta}\right)\Omega$$

$$\frac{\mathrm{d}\boldsymbol{\Omega}}{\mathrm{d}t}-(\boldsymbol{\Omega}\cdot\nabla)\boldsymbol{v}=\boldsymbol{e}_\varphi(r\sin\theta)\left(\frac{\partial}{\partial t}+v_r\frac{\partial}{\partial r}+v_\theta\frac{1}{r}\frac{\partial}{\partial\theta}\right)\frac{\Omega}{r\sin\theta}$$

1-5-9　已知在柱坐标系中流体速度为 $\boldsymbol{v}=\boldsymbol{e}_R v_R(R,z)+\boldsymbol{e}_z v_z(R,z)$，证明：

$$\boldsymbol{\Omega}=\boldsymbol{e}_\varphi\left(\frac{\partial v_R}{\partial z}-\frac{\partial v_z}{\partial R}\right)=\Omega\boldsymbol{e}_\varphi$$

$$\nabla\times\boldsymbol{\Omega}=-\boldsymbol{e}_R\frac{\partial\Omega}{\partial z}+\boldsymbol{e}_z\left[\frac{1}{R}\frac{\partial(R\Omega)}{\partial R}\right]$$

$$\nabla\times(\nabla\times\boldsymbol{\Omega})=\boldsymbol{e}_\varphi\left\{-\frac{\partial^2\Omega}{\partial z^2}-\frac{\partial}{\partial R}\left[\frac{1}{R}\frac{\partial(R\Omega)}{\partial R}\right]\right\}$$

$$(\boldsymbol{\Omega}\cdot\nabla)\boldsymbol{v}=\frac{1}{R}\Omega\frac{\partial\boldsymbol{v}}{\partial\varphi}=\frac{1}{R}\Omega v_R\frac{\partial\boldsymbol{e}_R}{\partial\varphi}=\frac{1}{R}\Omega v_R\boldsymbol{e}_\varphi$$

$$\frac{\mathrm{d}\boldsymbol{\Omega}}{\mathrm{d}t}=\frac{\mathrm{d}(\boldsymbol{e}_\varphi\Omega)}{\mathrm{d}t}=\frac{\partial(\boldsymbol{e}_\varphi\Omega)}{\partial t}+(\boldsymbol{v}\cdot\nabla)(\boldsymbol{e}_\varphi\Omega)=\boldsymbol{e}_\varphi\left[\frac{\partial\Omega}{\partial t}+(\boldsymbol{v}\cdot\nabla)\Omega\right]=\boldsymbol{e}_\varphi\frac{\mathrm{d}\Omega}{\mathrm{d}t}$$

$$\frac{\mathrm{d}\Omega}{\mathrm{d}t}=\frac{\partial}{\partial t}\Omega+(\boldsymbol{v}\cdot\nabla)\Omega=\left(\frac{\partial}{\partial t}+v_R\frac{\partial}{\partial R}+v_z\frac{\partial}{\partial z}\right)\Omega$$

$$\frac{\mathrm{d}\boldsymbol{\Omega}}{\mathrm{d}t}-(\boldsymbol{\Omega}\cdot\nabla)\boldsymbol{v}=\boldsymbol{e}_\varphi R\left(\frac{\partial}{\partial t}+v_R\frac{\partial}{\partial R}+v_z\frac{\partial}{\partial z}\right)\frac{\Omega}{R}$$

1-5-10　已知流速 $v_x=\dfrac{by}{x^2+y^2}, v_y=\dfrac{\beta x}{x^2+y^2}, v_z=0$。证明沿 xy 平面上的任意圆周 $x^2+y^2=a^2$ 的速度环量与圆周半径 a 无关，为 $K=\pi(-b+\beta)$，这里 b 和 β 为常数。

1-5-11　已知流速 $v_x=\dfrac{by}{f(x^2+y^2)}, v_y=\dfrac{\beta x}{f(x^2+y^2)}, v_z=0$。证明沿 xy 平面上的圆周 $x^2+y^2=a^2$ 的速度环量为 $K=\dfrac{\pi a^2(-b+\beta)}{f(a^2)}$，这里 b、β 和 a 为常数。

1-5-12　已知流速 $v_x=\dfrac{bx}{f(x^2+y^2)}, v_y=\dfrac{by}{f(x^2+y^2)}, v_z=0$。证明沿 xy 平面上的任意封闭周线的速度环量为零，这里 b 为常数。

1-5-13　已知 $v_x=-y, v_y=x, v_z=0$，证明沿 xy 平面上的面积为 S 的封闭周线的速度环量为 $K=2S$。

1-5-14　已知流体速度为 $v_x=-xy, v_y=x+y, v_z=0$，求沿由 $x=\pm1$ 和 $y=\pm1$ 所围成的封闭周线的速度环量。

1-5-15　已知流体速度为 $v_x=\alpha xy^2, v_y=\beta x^2 y, v_z=0$，证明沿由 $x=\pm a$ 和 $y=\pm b$ 所围成的封闭周线的速度环量为零，这里 α、β、a 和 b 为常数。

1.6　连续性方程与流函数

1.6.1　拉格朗日描写下的连续性方程

考虑运动流体的一个流体微元，其密度为 ρ，体积为 $\mathrm{d}V$。在运动过程中，流体微元的密度和体积在不断发生变化，但当流体微元的速度远小于光速时，其质量 $\rho\mathrm{d}V$ 为常数，即

$$\frac{\mathrm{d}}{\mathrm{d}t}(\rho\mathrm{d}V)=0 \tag{1.6-1}$$

考虑运动流体的一部分，随着时间的推移，其体积 $V(t)$ 和表面 $S(t)$ 不断变化，但质量 m 不变，有

$$\frac{\mathrm{d}m}{\mathrm{d}t}=\frac{\mathrm{d}}{\mathrm{d}t}\int_{V(t)}\rho\mathrm{d}V=\int_{V(t)}\frac{\mathrm{d}}{\mathrm{d}t}(\rho\mathrm{d}V)=0 \tag{1.6-2}$$

上式可以推广为：对于流体的任意的物理量 f，有

$$\frac{\mathrm{d}}{\mathrm{d}t}\int_{V(t)}f\rho\mathrm{d}V=\int_{V(t)}\left[\frac{\mathrm{d}f}{\mathrm{d}t}\rho\mathrm{d}V+f\frac{\mathrm{d}}{\mathrm{d}t}(\rho\mathrm{d}V)\right]=\int_{V(t)}\frac{\mathrm{d}f}{\mathrm{d}t}\rho\mathrm{d}V \tag{1.6-3}$$

1.6.2　欧拉描写下的连续性方程

如图 1.6.1 所示，考虑一个固定不动的体积元 $\mathrm{d}x\mathrm{d}y\mathrm{d}z$，沿 y 轴方向，$\mathrm{d}t$ 时间内流进去的净质量为

$$\mathrm{d}x\mathrm{d}z\mathrm{d}t[(\rho v_y)|_y-(\rho v_y)|_{y+\mathrm{d}y}]=-\mathrm{d}x\mathrm{d}y\mathrm{d}z\mathrm{d}t\frac{\partial(\rho v_y)}{\partial y}$$

所以 $\mathrm{d}t$ 时间内流进体积元的净质量为

$$-\mathrm{d}x\mathrm{d}y\mathrm{d}z\mathrm{d}t\left[\frac{\partial(\rho v_x)}{\partial x}+\frac{\partial(\rho v_y)}{\partial y}+\frac{\partial(\rho v_z)}{\partial z}\right]=\mathrm{d}x\mathrm{d}y\mathrm{d}z(\rho|_{t+\mathrm{d}t}-\rho|_t)=\mathrm{d}x\mathrm{d}y\mathrm{d}z\mathrm{d}t\frac{\partial\rho}{\partial t}$$

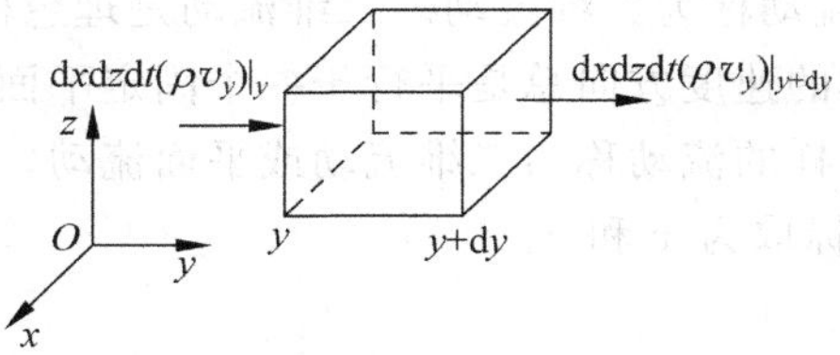

图 1.6.1　dt 时间内流进体积元 dxdydz 的净质量

化简得

$$\frac{\partial \rho}{\partial t}=-\left[\frac{\partial(\rho v_x)}{\partial x}+\frac{\partial(\rho v_y)}{\partial y}+\frac{\partial(\rho v_z)}{\partial z}\right]=-\nabla\cdot(\rho \boldsymbol{v}) \tag{1.6-4}$$

对于普通的液体流动问题，液体速度比较小，由于液体本身很难压缩，液体的密度变化很小，因此可以把液体近似看成不可压缩的，有 $\frac{\mathrm{d}\rho}{\mathrm{d}t}=0$，连续性方程化为

$$\nabla\cdot \boldsymbol{v}=0 \tag{1.6-5}$$

而且液体各处的密度相差很小，为了简化流体力学方程，可以进一步假设液体是不可压缩匀质流体，密度处处是常数，这样使计算得到极大简化。以后凡是我们提到的不可压缩流体指的都是不可压缩均质流体。

【例 1】 已知流体速度为 $v_x=\frac{y^2-x^2}{\rho}, v_y=\frac{2xy}{\rho}, v_z=-\frac{2tz}{\rho}$，密度为 $\rho=t^2$。问此流动是否可能出现？

解：把流体速度和密度表达式代入式(1.6-4)的左边，得

$$\frac{\partial \rho}{\partial t}+\frac{\partial(\rho v_x)}{\partial x}+\frac{\partial(\rho v_y)}{\partial y}+\frac{\partial(\rho v_z)}{\partial z}=2t-2x+2x-2t=0$$

我们看到，连续性方程成立，此流动可能出现。

【例 2】 已知不可压缩流体的速度为 $v_x=2x^2+y, v_y=2y^2+z$，且在 $z=0$ 处 $v_z=0$，求 v_z。

解：把流体速度代入不可压缩流体的连续性方程得

$$\frac{\partial v_z}{\partial z}=-\frac{\partial v_x}{\partial x}-\frac{\partial v_y}{\partial y}=-4x-4y$$

积分得

$$v_z=-4(x+y)z+C$$

式中 C 为积分常数。由

$$v_z(z=0)=0$$

得

$$C=0,\quad v_z=-4(x+y)z$$

1.6.3　不可压缩流体的二维流动与流函数

考虑一个很长的、横截面不变的柱体在无穷大流体中的运动，柱体的运动方向垂直于其轴，无穷远处的流体静止不动。我们看到，除了柱体两端附近的流体流动，其余柱体周围的流体的速度方向总是垂直于其轴，而且速度大小只与垂直于其轴的平面内的两个坐标有关。

我们把忽略了边缘效应的流动称为二维流动。二维流动是理想模型。

一般情况下，如果流体的速度方向总是平行于一个固定平面，而且速度分布只依赖于该固定平面内的两个坐标，这样的流动称为二维流动或平面流动。不失一般性，可以把该固定平面取为 xy 平面，两个坐标取为 x 和 y。

1. 平面直角坐标系

不可压缩流体的二维流动的速度可以表示为

$$\boldsymbol{v} = v_x(x,y)\boldsymbol{e}_x + v_y(x,y)\boldsymbol{e}_y \tag{1.6-6}$$

连续性方程为

$$\frac{\partial v_x}{\partial x} + \frac{\partial v_y}{\partial y} = 0 \tag{1.6-7}$$

因此可以引入流函数 $\psi = \psi(x,y)$，速度表示为

$$v_x = \frac{\partial \psi}{\partial y},\quad v_y = -\frac{\partial \psi}{\partial x} \tag{1.6-8}$$

为了看出流函数的物理意义，使用流线的定义方程(1.4-17)得

$$\frac{\mathrm{d}x}{v_x} = \frac{\mathrm{d}y}{v_y}$$

把式(1.6-8)代入上式得

$$-v_y\mathrm{d}x + v_x\mathrm{d}y = \frac{\partial \psi}{\partial x}\mathrm{d}x + \frac{\partial \psi}{\partial y}\mathrm{d}y = \mathrm{d}\psi = 0$$

因此沿任何一条流线 ψ 为常数。

2. 涡量

用流函数表示涡量得

$$\boldsymbol{\Omega} = \nabla\times\boldsymbol{v} = \left(-\frac{\partial v_x}{\partial y} + \frac{\partial v_y}{\partial x}\right)\boldsymbol{e}_z = \Omega\boldsymbol{e}_z$$

$$\Omega = -\frac{\partial v_x}{\partial y} + \frac{\partial v_y}{\partial x} = -\left(\frac{\partial^2}{\partial x^2} + \frac{\partial^2}{\partial y^2}\right)\psi$$

$$\frac{\mathrm{d}\boldsymbol{\Omega}}{\mathrm{d}t} = \boldsymbol{e}_z\frac{\mathrm{d}\Omega}{\mathrm{d}t}$$

$$\frac{\mathrm{d}\Omega}{\mathrm{d}t} = \frac{\partial}{\partial t}\Omega + (\boldsymbol{v}\cdot\nabla)\Omega = -\left(\frac{\partial}{\partial t} + \frac{\partial \psi}{\partial y}\frac{\partial}{\partial x} - \frac{\partial \psi}{\partial x}\frac{\partial}{\partial y}\right)\left(\frac{\partial^2 \psi}{\partial x^2} + \frac{\partial^2 \psi}{\partial y^2}\right) \tag{1.6-9}$$

另外有

$$(\boldsymbol{\Omega}\cdot\nabla)\boldsymbol{v} = \Omega\frac{\partial \boldsymbol{v}}{\partial z} = \boldsymbol{0} \tag{1.6-10}$$

3. 穿过 xy 平面上的一段曲线的流量

如图 1.6.2 所示，考虑连结 xy 平面上的两点 1 和 2 之间的一段曲线。在曲线上取一微段 $\mathrm{d}\boldsymbol{l} = \boldsymbol{e}_x\mathrm{d}x + \boldsymbol{e}_y\mathrm{d}y$，长度为 $\mathrm{d}l = \sqrt{\mathrm{d}x^2 + \mathrm{d}y^2}$，以该微段为边作一矩形，另一边长度为 $\boldsymbol{v}\cdot\boldsymbol{n}\mathrm{d}t = v_n\mathrm{d}t$，这里 $\boldsymbol{n} = \dfrac{\boldsymbol{e}_x\mathrm{d}y - \boldsymbol{e}_y\mathrm{d}x}{\mathrm{d}l}$ 为曲线的法线方向的单位矢量，由 $\boldsymbol{n}\cdot\mathrm{d}\boldsymbol{l} = 0$ 及 $\boldsymbol{n}\cdot\boldsymbol{n} = 1$ 确定。那么在 $\mathrm{d}t$ 时间内该矩形内的流体

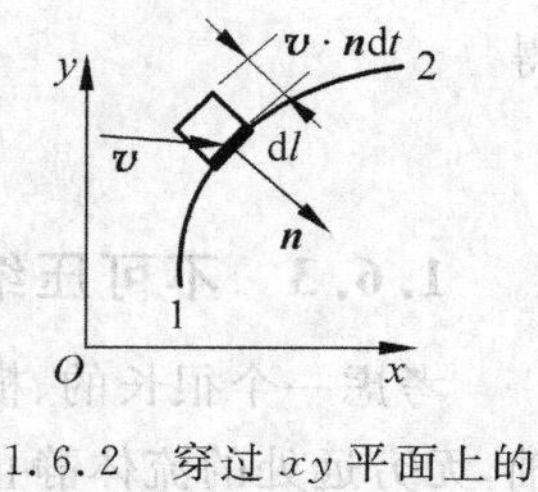

图 1.6.2　穿过 xy 平面上的一段曲线的流量

将穿过该微段，运动到曲线的另一边去。通过该段曲线的流体的质量流量为

$$Q=\frac{1}{\mathrm{d}t}\int_1^2\rho\boldsymbol{v}\mathrm{d}t\cdot\boldsymbol{n}\mathrm{d}l=\int_1^2\rho\boldsymbol{v}\cdot\boldsymbol{n}\mathrm{d}l=\rho\int_1^2\left(\frac{\partial\psi}{\partial x}\mathrm{d}x+\frac{\partial\psi}{\partial y}\mathrm{d}y\right)$$

$$=\rho\int_1^2\mathrm{d}\psi=\rho(\psi_2-\psi_1)\tag{1.6-11}$$

我们看到，Q 与曲线的形状无关，仅依赖于曲线两端的流函数之差。

4. 平面极坐标系

连续性方程为

$$\frac{\partial(rv_r)}{\partial r}+\frac{\partial v_\theta}{\partial\theta}=0\tag{1.6-12}$$

因此可以引入流函数 $\psi=\psi(r,\theta)$，速度表示为

$$v_r=\frac{1}{r}\frac{\partial\psi}{\partial\theta},\quad v_\theta=-\frac{\partial\psi}{\partial r}\tag{1.6-13}$$

沿任何一条流线有

$$-v_\theta\mathrm{d}r+v_r r\mathrm{d}\theta=\frac{\partial\psi}{\partial r}\mathrm{d}r+\frac{\partial\psi}{\partial\theta}\mathrm{d}\theta=\mathrm{d}\psi=0$$

因此沿任何一条流线 ψ 为常数。

【例 3】 计算平行于 x 轴的流动 $\boldsymbol{v}=f(y)\boldsymbol{e}_x$ 的流函数。

解：把流体速度 $\boldsymbol{v}=f(y)\boldsymbol{e}_x$ 代入流函数定义得

$$\frac{\partial\psi}{\partial y}=f(y),\quad\frac{\partial\psi}{\partial x}=0$$

积分得

$$\psi=\int f(y)\mathrm{d}y$$

【例 4】 已知平面极坐标系里的作二维流动的流体的速度为

$$\boldsymbol{v}=\boldsymbol{e}_rU\left(1-\frac{a^2}{r^2}\right)\cos\theta-\boldsymbol{e}_\theta U\left(1+\frac{a^2}{r^2}\right)\sin\theta\quad(r\geqslant a)$$

式中 a 和 U 为常数，求流函数并画出流线簇。

解：我们分别用平面直角坐标系和平面极坐标系求解。

(1) 平面直角坐标系

把 $\boldsymbol{e}_r=\boldsymbol{e}_x\cos\theta+\boldsymbol{e}_y\sin\theta,\boldsymbol{e}_\theta=-\boldsymbol{e}_x\sin\theta+\boldsymbol{e}_y\cos\theta$ 代入速度表达式，得

$$\boldsymbol{v}=\boldsymbol{e}_x\left[U+U\frac{a^2}{r^2}(\sin^2\theta-\cos^2\theta)\right]-\boldsymbol{e}_y2U\frac{a^2}{r^2}\sin\theta\cos\theta$$

$$=\boldsymbol{e}_xU\left[1+a^2\frac{y^2-x^2}{(x^2+y^2)^2}\right]-\boldsymbol{e}_y2Ua^2\frac{xy}{(x^2+y^2)^2}$$

得直角分量

$$v_x=\frac{\partial\psi}{\partial y}=U\left[1+a^2\frac{y^2-x^2}{(x^2+y^2)^2}\right],\quad v_y=-\frac{\partial\psi}{\partial x}=-2Ua^2\frac{xy}{(x^2+y^2)^2}$$

积分得

$$\psi=Uy-Ua^2\frac{y}{x^2+y^2}+C=Uy\left(1-\frac{a^2}{x^2+y^2}\right)+C$$

式中 C 为积分常数。

在圆周 $x^2+y^2=a^2$ 上有 $\psi=C$，即为常数，所以圆周 $x^2+y^2=a^2$ 为流线。另外，$\lim\limits_{x\to\infty,y\to\infty} v_x=U$，$\lim\limits_{x\to\infty,y\to\infty} v_y=0$。因此流动为无穷远处速度为 $U\boldsymbol{e}_x$ 的流体绕过静止圆柱的二维流动(图 1.6.3)。

(2) 平面极坐标系

由已知速度得平面极坐标系里的速度分量

$$v_r=\frac{1}{r}\frac{\partial\psi}{\partial\theta}=U\left(1-\frac{a^2}{r^2}\right)\cos\theta,\quad v_\theta=-\frac{\partial\psi}{\partial r}=-U\left(1+\frac{a^2}{r^2}\right)\sin\theta$$

积分得

$$\psi=Ur\left(1-\frac{a^2}{r^2}\right)\sin\theta+C$$

式中 C 为积分常数。

1.6.4 不可压缩流体的轴对称流动与斯托克斯流函数

如果存在这样一条对称轴，在垂直于该对称轴的平面内以该对称轴为圆心作任意的圆周，过圆周上各点作流线，所形成的流管为一系列以该对称轴为旋转轴的旋转曲面，那么我们说流体的运动是围绕该对称轴的轴对称流动，如图 1.6.4 所示。

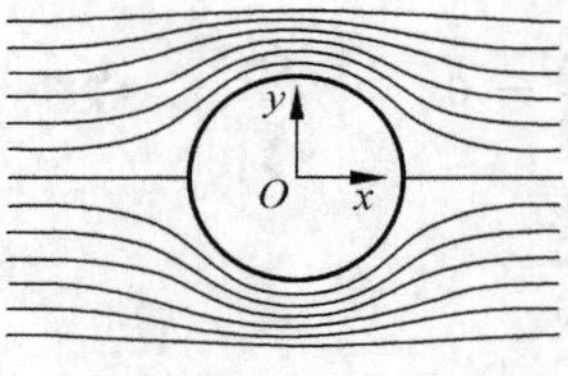

图 1.6.3 绕过静止圆柱的二维流动

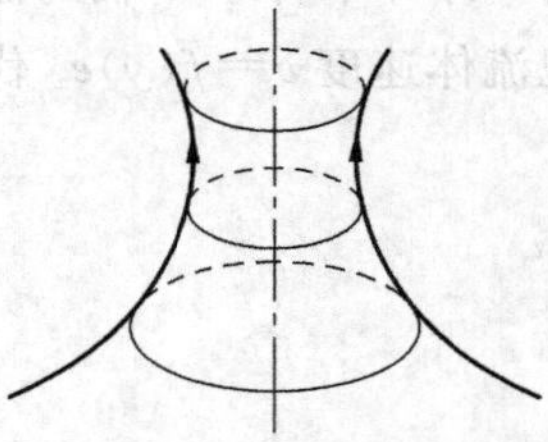

图 1.6.4 轴对称流动的流线

1. 球坐标系

(1) 斯托克斯流函数

速度为

$$\boldsymbol{v}=v_r(r,\theta)\boldsymbol{e}_r+v_\theta(r,\theta)\boldsymbol{e}_\theta \tag{1.6-14}$$

连续性方程 $\nabla\cdot\boldsymbol{v}=0$ 给出

$$\frac{\partial(r^2v_r\sin\theta)}{\partial r}+\frac{\partial(rv_\theta\sin\theta)}{\partial\theta}=0 \tag{1.6-15}$$

因此可以定义斯托克斯流函数 $\psi=\psi(r,\theta)$

$$r^2v_r\sin\theta=\frac{\partial\psi}{\partial\theta},\quad rv_\theta\sin\theta=-\frac{\partial\psi}{\partial r} \tag{1.6-16}$$

为了看出流函数的物理意义，把上式代入球坐标系里的流线方程(见 1.4 节里的例 5)

$$v_\theta\mathrm{d}r-v_rr\mathrm{d}\theta=0,\quad v_\varphi\mathrm{d}r-v_rr\sin\theta\mathrm{d}\varphi=0,\quad v_\varphi\mathrm{d}\theta-v_\theta\sin\theta\mathrm{d}\varphi=0$$

得

$$\mathrm{d}\varphi=0,\quad \frac{\partial\psi}{\partial r}\mathrm{d}r+\frac{\partial\psi}{\partial\theta}\mathrm{d}\theta=0$$

积分得

$$\varphi = C_1, \quad \psi = C_2$$

式中 C_1 和 C_2 为积分常数。因此沿任何一条流线 ψ 为常数。

（2）涡量

容易证明

$$\boldsymbol{\Omega} = \boldsymbol{e}_\varphi\left[\frac{1}{r}\frac{\partial(rv_\theta)}{\partial r} - \frac{1}{r}\frac{\partial v_r}{\partial\theta}\right] = \Omega\boldsymbol{e}_\varphi, \quad \Omega = -\frac{1}{r\sin\theta}\Theta\psi$$

$$\Theta = \frac{\partial^2}{\partial r^2} + \frac{1}{r^2}\frac{\partial^2}{\partial\theta^2} - \frac{1}{r^2\tan\theta}\frac{\partial}{\partial\theta}$$

$$\nabla\times\boldsymbol{\Omega} = \boldsymbol{e}_r\frac{1}{r\sin\theta}\left[\frac{\partial(\Omega\sin\theta)}{\partial\theta}\right] + \boldsymbol{e}_\theta\left[-\frac{1}{r}\frac{\partial(r\Omega)}{\partial r}\right]$$

$$\nabla\times(\nabla\times\boldsymbol{\Omega}) = \boldsymbol{e}_\varphi\left\{-\frac{1}{r}\frac{\partial^2(r\Omega)}{\partial r^2} - \frac{1}{r}\frac{\partial}{\partial\theta}\left[\frac{1}{r\sin\theta}\frac{\partial(\Omega\sin\theta)}{\partial\theta}\right]\right\} = \boldsymbol{e}_\varphi\frac{1}{r\sin\theta}\Theta^2\psi \quad (1.6\text{-}17)$$

以及

$$(\boldsymbol{\Omega}\cdot\nabla)\boldsymbol{v} = \frac{1}{r\sin\theta}\Omega\frac{\partial\boldsymbol{v}}{\partial\varphi} = \frac{1}{r\sin\theta}\Omega\left(v_r\frac{\partial\boldsymbol{e}_r}{\partial\varphi} + v_\theta\frac{\partial\boldsymbol{e}_\theta}{\partial\varphi}\right)$$

$$= \frac{1}{r\sin\theta}\Omega(v_r\sin\theta + v_\theta\cos\theta)\boldsymbol{e}_\varphi \quad (1.6\text{-}18)$$

由于$(\boldsymbol{v}\cdot\nabla)$与 φ 无关，另外$\frac{\partial\boldsymbol{e}_\varphi}{\partial r} = \frac{\partial\boldsymbol{e}_\varphi}{\partial\theta} = \boldsymbol{0}$，有

$$\frac{\mathrm{d}\boldsymbol{\Omega}}{\mathrm{d}t} = \frac{\mathrm{d}(\boldsymbol{e}_\varphi\Omega)}{\mathrm{d}t} = \frac{\partial(\boldsymbol{e}_\varphi\Omega)}{\partial t} + (\boldsymbol{v}\cdot\nabla)(\boldsymbol{e}_\varphi\Omega) = \boldsymbol{e}_\varphi\left[\frac{\partial\Omega}{\partial t} + (\boldsymbol{v}\cdot\nabla)\Omega\right] = \boldsymbol{e}_\varphi\frac{\mathrm{d}\Omega}{\mathrm{d}t}$$

$$\frac{\mathrm{d}\Omega}{\mathrm{d}t} = \frac{\partial}{\partial t}\Omega + (\boldsymbol{v}\cdot\nabla)\Omega = \left(\frac{\partial}{\partial t} + v_r\frac{\partial}{\partial r} + v_\theta\frac{1}{r}\frac{\partial}{\partial\theta}\right)\Omega \quad (1.6\text{-}19)$$

把式(1.6-18)和式(1.6-19)结合得

$$\frac{\mathrm{d}\boldsymbol{\Omega}}{\mathrm{d}t} - (\boldsymbol{\Omega}\cdot\nabla)\boldsymbol{v} = \boldsymbol{e}_\varphi(r\sin\theta)\left(\frac{\partial}{\partial t} + v_r\frac{\partial}{\partial r} + v_\theta\frac{1}{r}\frac{\partial}{\partial\theta}\right)\frac{\Omega}{r\sin\theta} \quad (1.6\text{-}20)$$

2. 柱坐标系

（1）斯托克斯流函数

使用柱坐标系表示的速度为

$$\boldsymbol{v} = v_R(R,z)\boldsymbol{e}_R + v_z(R,z)\boldsymbol{e}_z \quad (1.6\text{-}21)$$

连续性方程 $\nabla\cdot\boldsymbol{v}=0$ 给出

$$\frac{\partial(Rv_R)}{\partial R} + \frac{\partial(Rv_z)}{\partial z} = 0 \quad (1.6\text{-}22)$$

因此可以定义斯托克斯流函数 $\psi=\psi(R,z)$

$$Rv_R = -\frac{\partial\psi}{\partial z}, \quad Rv_z = \frac{\partial\psi}{\partial R} \quad (1.6\text{-}23)$$

为了看出流函数的物理意义，把上式代入柱坐标系里的流线方程(见 1.4 节里的例 7)

$$v_\varphi\mathrm{d}R - v_R R\,\mathrm{d}\varphi = 0, \quad v_z\mathrm{d}R - v_R\mathrm{d}z = 0, \quad v_z\mathrm{d}R - v_\varphi\mathrm{d}z = 0$$

得

$$\mathrm{d}\varphi = 0, \quad \frac{\partial\psi}{\partial R}\mathrm{d}R + \frac{\partial\psi}{\partial z}\mathrm{d}z = 0$$

积分得

$$\varphi = C_1, \quad \psi = C_2$$

式中 C_1 和 C_2 为积分常数，因此沿任何一条流线 ψ 为常数。

(2) 涡量

容易证明

$$\boldsymbol{\Omega} = \boldsymbol{e}_\varphi\left(\frac{\partial v_R}{\partial z} - \frac{\partial v_z}{\partial R}\right) = \Omega \boldsymbol{e}_\varphi, \quad \Omega = -\frac{1}{R}\frac{\partial^2 \psi}{\partial z^2} - \frac{\partial}{\partial R}\left(\frac{1}{R}\frac{\partial \psi}{\partial R}\right) = -\frac{1}{R}\Theta\psi$$

$$\Theta = \frac{\partial^2}{\partial z^2} + \frac{\partial^2}{\partial R^2} - \frac{1}{R}\frac{\partial}{\partial R}, \quad \nabla \times \boldsymbol{\Omega} = -\boldsymbol{e}_R\frac{\partial \Omega}{\partial z} + \boldsymbol{e}_z\left[\frac{1}{R}\frac{\partial(R\Omega)}{\partial R}\right]$$

$$\nabla \times (\nabla \times \boldsymbol{\Omega}) = \boldsymbol{e}_\varphi\left\{-\frac{\partial^2 \Omega}{\partial z^2} - \frac{\partial}{\partial R}\left[\frac{1}{R}\frac{\partial(R\Omega)}{\partial R}\right]\right\} = \boldsymbol{e}_\varphi\frac{1}{R}\Theta^2\psi \tag{1.6-24}$$

得

$$(\boldsymbol{\Omega}\cdot\nabla)\boldsymbol{v} = \frac{1}{R}\Omega\frac{\partial \boldsymbol{v}}{\partial \varphi} = \frac{1}{R}\Omega v_R\frac{\partial \boldsymbol{e}_R}{\partial \varphi} = \frac{1}{R}\Omega v_R \boldsymbol{e}_\varphi \tag{1.6-25}$$

由于 $(\boldsymbol{v}\cdot\nabla)$ 与 φ 无关，另外 $\frac{\partial \boldsymbol{e}_\varphi}{\partial R} = \frac{\partial \boldsymbol{e}_\varphi}{\partial z} = \boldsymbol{0}$，有

$$\frac{\mathrm{d}\boldsymbol{\Omega}}{\mathrm{d}t} = \frac{\mathrm{d}(\boldsymbol{e}_\varphi\Omega)}{\mathrm{d}t} = \frac{\partial(\boldsymbol{e}_\varphi\Omega)}{\partial t} + (\boldsymbol{v}\cdot\nabla)(\boldsymbol{e}_\varphi\Omega) = \boldsymbol{e}_\varphi\left[\frac{\partial \Omega}{\partial t} + (\boldsymbol{v}\cdot\nabla)\Omega\right] = \boldsymbol{e}_\varphi\frac{\mathrm{d}\Omega}{\mathrm{d}t}$$

$$\frac{\mathrm{d}\Omega}{\mathrm{d}t} = \frac{\partial}{\partial t}\Omega + (\boldsymbol{v}\cdot\nabla)\Omega = \left(\frac{\partial}{\partial t} + v_R\frac{\partial}{\partial R} + v_z\frac{\partial}{\partial z}\right)\Omega \tag{1.6-26}$$

把式(1.6-26)与式(1.6-25)结合得

$$\frac{\mathrm{d}\boldsymbol{\Omega}}{\mathrm{d}t} - (\boldsymbol{\Omega}\cdot\nabla)\boldsymbol{v} = \boldsymbol{e}_\varphi R\left(\frac{\partial}{\partial t} + v_R\frac{\partial}{\partial R} + v_z\frac{\partial}{\partial z}\right)\frac{\Omega}{R} \tag{1.6-27}$$

【例 5】 计算平行于 z 轴的均匀流动的流函数。

解：(1) 柱坐标系

速度为 $\boldsymbol{v} = U\boldsymbol{e}_z$，因此有 $\frac{\partial \psi}{\partial z} = 0$，$\frac{\partial \psi}{\partial R} = RU$。积分得 $\psi = \frac{1}{2}UR^2$。

(2) 球坐标系

速度为

$$\boldsymbol{v} = U\boldsymbol{e}_z = \boldsymbol{e}_r U\cos\theta - \boldsymbol{e}_\theta U\sin\theta$$

因此有

$$r^2 U\cos\theta\sin\theta = \frac{\partial \psi}{\partial \theta}, \quad rU\sin^2\theta = \frac{\partial \psi}{\partial r}$$

积分得

$$\psi = \frac{1}{2}Ur^2\sin^2\theta$$

【例 6】 已知球坐标系里流体速度为 $\boldsymbol{v} = \boldsymbol{e}_r U\left(1 - \frac{a^3}{r^3}\right)\cos\theta - \boldsymbol{e}_\theta U\left(1 + \frac{a^3}{2r^3}\right)\sin\theta$，这里 U 和 a 为常数。计算流函数。

解：由流体速度得

$$r^2 U\left(1 - \frac{a^3}{r^3}\right)\cos\theta\sin\theta = \frac{\partial \psi}{\partial \theta}, \quad -rU\left(1 + \frac{a^3}{2r^3}\right)\sin^2\theta = -\frac{\partial \psi}{\partial r}$$

积分得

$$\psi = \frac{1}{2}Ur^2\left(1-\frac{a^3}{r^3}\right)\sin^2\theta$$

在球面 $r=a$ 上，$\psi=0$。另外，$\lim\limits_{r\to\infty}\boldsymbol{v}=U\boldsymbol{e}_z$。因此流动为无穷远处以速度 $U\boldsymbol{e}_z$ 均匀流动的流体绕过静止圆球的流动。

【例 7】 已知直角坐标系里流体的速度为

$$\boldsymbol{v} = \boldsymbol{e}_z U\left(1-\frac{a}{r}\right)+\frac{Ua}{4}(r^2-a^2)\left(\frac{\boldsymbol{e}_z}{r^3}-3\boldsymbol{r}\frac{z}{r^5}\right)$$

式中 a 和 U 为常数，计算流函数。

解：利用 $\boldsymbol{e}_z=\boldsymbol{e}_r\cos\theta-\boldsymbol{e}_\theta\sin\theta$ 得球坐标系里流体的速度为

$$v_r = \left[\frac{Ua}{4}(r^2-a^2)\left(\frac{-2}{r^3}\right)+U\left(1-\frac{a}{r}\right)\right]\cos\theta = \frac{1}{r^2\sin\theta}\frac{\partial\psi}{\partial\theta}$$

$$v_\theta = \left[\frac{Ua}{4}(r^2-a^2)\left(\frac{-1}{r^3}\right)-U\left(1-\frac{a}{r}\right)\right]\sin\theta = -\frac{1}{r\sin\theta}\frac{\partial\psi}{\partial r}$$

积分得

$$\psi = \frac{1}{2}Ur^2\left[\frac{a}{4}(r^2-a^2)\left(\frac{-2}{r^3}\right)+\left(1-\frac{a}{r}\right)\right]\sin^2\theta$$

习题

1-6-1 证明连续性方程可以改写为 $\dfrac{\mathrm{d}\rho}{\mathrm{d}t}=-\rho\nabla\cdot\boldsymbol{v}$。

1-6-2 考虑运动流体的一部分，随着时间的推移，其体积 $V(t)$ 和表面 $S(t)$ 形状不断变化，$f(\boldsymbol{r},t)$ 为流体的任意物理量，证明

$$\frac{\mathrm{d}}{\mathrm{d}t}\int_{V(t)} f\mathrm{d}V = \int_{V(t)}\left[\frac{\partial f}{\partial t}+\nabla\cdot(f\boldsymbol{v})\right]\mathrm{d}V$$

1-6-3 已知不可压缩流体的速度为

$$v_x = axy,\quad v_y = byz,\quad v_z = cyz+\mathrm{d}z^2$$

确定常数 a、b、c 和 d 应该满足的条件。

1-6-4 证明以下不可压缩流体的流动是可能存在的：

(1) $v_x=2x^2+y, v_y=2y^2+z, v_z=-4(x+y)z+xy$；

(2) $v_x=-\dfrac{2xyz}{(x^2+y^2)^2}, v_y=\dfrac{(x^2-y^2)z}{(x^2+y^2)^2}, v_z=\dfrac{y}{x^2+y^2}$。

1-6-5 已知不可压缩流体的速度为 $v_x=5x, v_y=-3y, \boldsymbol{v}(\boldsymbol{r}=\boldsymbol{0})=\boldsymbol{0}$，确定 v_z。

1-6-6 已知不可压缩流体的平面流动的速度分布为 $v_x=x^2+2x-4y, v_y=-2xy-2y$。证明流动存在并且有旋，流函数为 $\psi=x^2y+2xy-2y^2$。

1-6-7 已知作二维运动的流体的速度为(用平面极坐标系)

$$\boldsymbol{v} = U\frac{a^2}{r^2}(\boldsymbol{e}_r\cos\theta+\boldsymbol{e}_\theta\sin\theta)\quad(|\boldsymbol{r}|\geqslant a)$$

式中 a 和 U 为常数，证明流函数为 $\psi=U\dfrac{a^2}{r}\sin\theta+C$，流线为圆心位于 y 轴上且与 x 轴相切的一系列圆周(图 1.6.5)，这里 C 为常数。

1-6-8 已知作二维运动的流体的流函数为(用平面极坐标系)

$$\psi = U\left(\frac{r}{A}\right)^{\frac{\pi}{\alpha}} \sin\frac{\pi\theta}{\alpha}$$

式中 U、A 和 α 为正的常数,$0<\alpha<\pi$。求流体的速度,并证明这是由两个相交角度为 α 的固体平面形成的角内的流体的二维运动(图 1.6.6)。

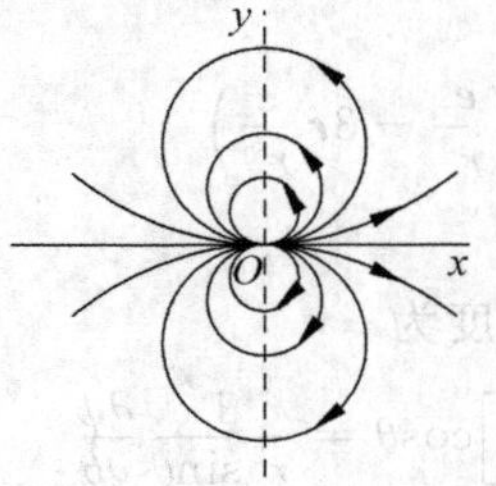

图 1.6.5 流线图

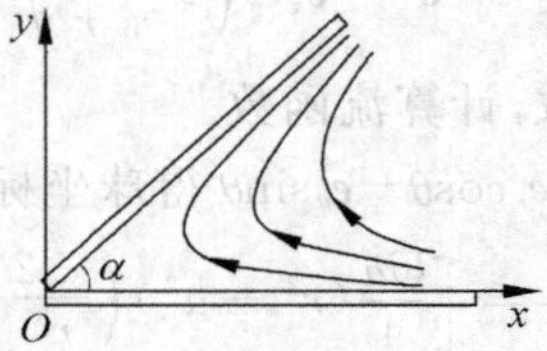

图 1.6.6 角内的流体的二维运动

1-6-9 已知平面极坐标系里的流体的速度为 $\boldsymbol{v}=v(r)\boldsymbol{e}_\theta$,证明流函数 $\psi=-\int v(r)\mathrm{d}r=\psi(r)$,流线为 $r=\mathrm{const}$,即为同心圆周。

1-6-10 已知柱坐标系里流体的速度为 $\boldsymbol{v}=U\boldsymbol{e}_z+\dfrac{C}{R}\boldsymbol{e}_R$,$U$ 和 C 为常数,证明流函数为 $\psi=-Cz+\dfrac{1}{2}UR^2$。

1-6-11 已知球坐标系里流体的速度为 $\boldsymbol{v}=\boldsymbol{e}_r U\dfrac{a^3}{r^3}\cos\theta+\boldsymbol{e}_\theta\dfrac{a^3}{2r^3}U\sin\theta$,这里 a 和 U 为常数。计算流函数。

1-6-12 对于平面极坐标系里流体的二维流动,证明:

$$\boldsymbol{\Omega}=-\boldsymbol{e}_z\left[\frac{1}{r}\frac{\partial}{\partial r}\left(r\frac{\partial\psi}{\partial r}\right)+\frac{1}{r^2}\frac{\partial^2\psi}{\partial\theta^2}\right]=-\boldsymbol{e}_z\nabla^2\psi$$

$$\frac{\mathrm{d}\boldsymbol{\Omega}}{\mathrm{d}t}=\boldsymbol{e}_z\frac{\mathrm{d}\Omega}{\mathrm{d}t}$$

$$\frac{\mathrm{d}\Omega}{\mathrm{d}t}=\frac{\partial}{\partial t}\Omega+(\boldsymbol{v}\cdot\nabla)\Omega=-\left(\frac{\partial}{\partial t}+\frac{1}{r}\frac{\partial\psi}{\partial\theta}\frac{\partial}{\partial r}-\frac{1}{r}\frac{\partial\psi}{\partial r}\frac{\partial}{\partial\theta}\right)\Omega$$

1-6-13 对于不可压缩流体的轴对称流动,使用球坐标系证明:

$$\boldsymbol{\Omega}=\boldsymbol{e}_\varphi\left[\frac{1}{r}\frac{\partial(rv_\theta)}{\partial r}-\frac{1}{r}\frac{\partial v_r}{\partial\theta}\right]=\Omega\boldsymbol{e}_\varphi$$

$$\Omega=-\frac{1}{r\sin\theta}\Theta\psi$$

$$\Theta=\frac{\partial^2}{\partial r^2}+\frac{1}{r^2}\frac{\partial^2}{\partial\theta^2}-\frac{1}{r^2\tan\theta}\frac{\partial}{\partial\theta}$$

$$\nabla\times(\nabla\times\boldsymbol{\Omega})=\boldsymbol{e}_\varphi\left\{-\frac{1}{r}\frac{\partial^2(r\Omega)}{\partial r^2}-\frac{1}{r}\frac{\partial}{\partial\theta}\left[\frac{1}{r\sin\theta}\frac{\partial(\Omega\sin\theta)}{\partial\theta}\right]\right\}=\boldsymbol{e}_\varphi\frac{1}{r\sin\theta}\Theta^2\psi$$

1-6-14 对于不可压缩流体的轴对称流动,使用柱坐标系证明:

$$\boldsymbol{\Omega}=\boldsymbol{e}_\varphi\left(\frac{\partial v_R}{\partial z}-\frac{\partial v_z}{\partial R}\right)=\Omega\boldsymbol{e}_\varphi$$

$$\Omega = -\frac{1}{R}\frac{\partial^2 \psi}{\partial z^2} - \frac{\partial}{\partial R}\left(\frac{1}{R}\frac{\partial \psi}{\partial R}\right) = -\frac{1}{R}\Theta\psi$$

$$\Theta = \frac{\partial^2}{\partial z^2} + \frac{\partial^2}{\partial R^2} - \frac{1}{R}\frac{\partial}{\partial R}$$

$$\nabla\times(\nabla\times\boldsymbol{\Omega}) = \boldsymbol{e}_\varphi\left\{-\frac{\partial^2 \Omega}{\partial z^2} - \frac{\partial}{\partial R}\left[\frac{1}{R}\frac{\partial(R\Omega)}{\partial R}\right]\right\} = \boldsymbol{e}_\varphi\frac{1}{R}\Theta^2\psi$$

1.7　涡旋感生的速度与毕奥-萨伐尔定律

在 1.5 节我们看到，由于涡量满足$\nabla\cdot\boldsymbol{\Omega}=\nabla\cdot(\nabla\times\boldsymbol{v})=0$，磁感应强度 $\boldsymbol{B}$ 满足磁场高斯定理$\nabla\cdot\boldsymbol{B}=0$，所以$\boldsymbol{\Omega}$与 $\boldsymbol{B}$ 存在类比。在本节我们将看到，对于不可压缩流体，连续性方程$\nabla\cdot\boldsymbol{v}=0$ 与磁场高斯定理$\nabla\cdot\boldsymbol{B}=0$ 类似，其流体速度 $\boldsymbol{v}$ 与 $\boldsymbol{B}$ 存在另一类比。众所周知，在磁学中，稳恒电流按照毕奥-萨伐尔定律产生磁感应强度。既然 $\boldsymbol{v}$ 与 $\boldsymbol{B}$ 存在类比，在流体力学中应该存在类似的涡旋感生速度现象。流动区域出现涡旋时，流动状态将发生变化。所以确定涡旋感生的速度场很重要。

1.7.1　类比

我们回忆一下磁学里的稳恒电流产生的磁感应强度，其满足的基本微分方程为

$$\nabla\cdot\boldsymbol{B}=0,\quad \nabla\cdot\boldsymbol{j}=0,\quad \nabla\times\boldsymbol{B}=\mu_0\boldsymbol{j} \tag{1.7-1}$$

式中 μ_0 为真空磁导率，$\boldsymbol{j}$ 为电流密度。积分方程为

$$\oint_A \boldsymbol{B}\cdot d\boldsymbol{S}=0,\quad \oint_A \boldsymbol{j}\cdot d\boldsymbol{S}=0,\quad \oint_C \boldsymbol{B}\cdot d\boldsymbol{l}=\mu_0\int_A \boldsymbol{j}\cdot d\boldsymbol{S} \tag{1.7-2}$$

式中的三个方程分别称为磁场高斯定理、稳恒电流守恒方程和安培环路定理。

不可压缩流体的速度满足的基本微分方程为

$$\nabla\cdot\boldsymbol{v}=0,\quad \nabla\cdot\boldsymbol{\Omega}=0,\quad \nabla\times\boldsymbol{v}=\boldsymbol{\Omega} \tag{1.7-3}$$

积分方程为

$$\oint_A \boldsymbol{v}\cdot d\boldsymbol{S}=0,\quad \oint_A \boldsymbol{\Omega}\cdot d\boldsymbol{S}=0,\quad \oint_C \boldsymbol{v}\cdot d\boldsymbol{l}=\int_A \boldsymbol{\Omega}\cdot d\boldsymbol{S} \tag{1.7-4}$$

很明显，不可压缩流体的速度和稳恒电流产生的磁感应强度存在以下类比：

$$\boldsymbol{v}\Leftrightarrow\boldsymbol{B},\quad \boldsymbol{\Omega}\Leftrightarrow\mu_0\boldsymbol{j} \tag{1.7-5}$$

从磁学，我们知道稳恒电流产生的磁感应强度为

$$\boldsymbol{B}=-\frac{\mu_0}{4\pi}\int_V d^3r'\frac{\boldsymbol{j}(\boldsymbol{r}')\times(\boldsymbol{r}'-\boldsymbol{r})}{|\boldsymbol{r}'-\boldsymbol{r}|^3} \tag{1.7-6}$$

式中，体积元 $d^3r'=dx'dy'dz'$。因此根据类比式(1.7-5)，涡旋感生的速度为

$$\boldsymbol{v}=-\frac{1}{4\pi}\int_T d^3r'\frac{\boldsymbol{\Omega}(\boldsymbol{r}')\times(\boldsymbol{r}'-\boldsymbol{r})}{|\boldsymbol{r}'-\boldsymbol{r}|^3} \tag{1.7-7}$$

式中区域 T 内有涡量存在。

虽然在磁学书里很容易找到方程(1.7-6)的推导，考虑到读者不一定熟悉，这里我们给出推导过程。

证明：设在不可压缩流体中的一部分区域 T 内有涡量存在，其余区域内涡量不存在，即在 T 内：

$$\nabla\cdot\boldsymbol{v}=0,\quad \nabla\times\boldsymbol{v}=\boldsymbol{\Omega} \tag{1.7-8}$$

在 T 外：

$$\nabla\cdot \boldsymbol{v}=0,\quad \nabla\times \boldsymbol{v}=\mathbf{0} \tag{1.7-9}$$

由不可压缩条件 $\nabla\cdot \boldsymbol{v}=0$，我们知道，一定存在一矢量 $\boldsymbol{\Lambda}$，满足：

$$\boldsymbol{v}=\nabla\times\boldsymbol{\Lambda} \tag{1.7-10}$$

有

$$\nabla\times \boldsymbol{v}=\boldsymbol{\Omega}=\nabla\times(\nabla\times\boldsymbol{\Lambda})=\nabla(\nabla\cdot\boldsymbol{\Lambda})-\nabla^2\boldsymbol{\Lambda} \tag{1.7-11}$$

令 $\boldsymbol{\Lambda}=\boldsymbol{\zeta}+\nabla\chi$，这里 $\chi(\boldsymbol{r},t)$ 是任意的函数。把 $\boldsymbol{\Lambda}=\boldsymbol{\zeta}+\nabla\chi$ 代入式(1.7-11)得

$$\nabla^2\zeta=-\boldsymbol{\Omega} \tag{1.7-12}$$

应用数学等式 $\nabla^2\dfrac{1}{|\boldsymbol{r}'-\boldsymbol{r}|}=-4\pi\delta(\boldsymbol{r}'-\boldsymbol{r})$ 得

$$\nabla^2\boldsymbol{\zeta}(\boldsymbol{r})=-\boldsymbol{\Omega}(\boldsymbol{r})=-\int \mathrm{d}^3r'\delta(\boldsymbol{r}'-\boldsymbol{r})\boldsymbol{\Omega}(\boldsymbol{r}')$$

$$=\frac{1}{4\pi}\int \mathrm{d}^3r'\boldsymbol{\Omega}(\boldsymbol{r}')\nabla^2\frac{1}{|\boldsymbol{r}'-\boldsymbol{r}|}=\frac{1}{4\pi}\nabla^2\int \mathrm{d}^3r'\boldsymbol{\Omega}(\boldsymbol{r}')\frac{1}{|\boldsymbol{r}'-\boldsymbol{r}|} \tag{1.7-13}$$

式中 $\delta(\boldsymbol{r}'-\boldsymbol{r})=\delta(x'-x)\delta(y-y')\delta(z'-z)$ 为狄拉克 δ 函数，定义为

$$\delta(x-x_0)=\begin{cases}0, & x\neq x_0\\ \infty, & x=x_0\end{cases},\quad \int_{-\infty}^{+\infty}\delta(x-x_0)\mathrm{d}x=1 \tag{1.7-14}$$

若 $f(x)$ 是在 $x=x_0$ 的邻域内连续的函数，则

$$\int_{-\infty}^{+\infty}f(x)\delta(x-x_0)\mathrm{d}x=f(x_0) \tag{1.7-15}$$

从式(1.7-13)得

$$\boldsymbol{\zeta}(\boldsymbol{r})=\frac{1}{4\pi}\int \mathrm{d}^3r'\frac{\boldsymbol{\Omega}(\boldsymbol{r}')}{|\boldsymbol{r}'-\boldsymbol{r}|} \tag{1.7-16}$$

所以流体速度为

$$\boldsymbol{v}=\nabla\times\boldsymbol{\Lambda}=\frac{1}{4\pi}\nabla\times\int_T \mathrm{d}^3r'\frac{\boldsymbol{\Omega}(\boldsymbol{r}')}{|\boldsymbol{r}'-\boldsymbol{r}|}=\frac{1}{4\pi}\int_T \mathrm{d}^3r'\nabla\times\frac{\boldsymbol{\Omega}(\boldsymbol{r}')}{|\boldsymbol{r}'-\boldsymbol{r}|}$$

利用矢量公式 $\nabla\times(C\boldsymbol{b})=\nabla C\times\boldsymbol{b}+C\nabla\times\boldsymbol{b}$ 得

$$\boldsymbol{v}=\nabla\times\boldsymbol{\Lambda}=-\frac{1}{4\pi}\int_T \mathrm{d}^3r'\frac{\boldsymbol{\Omega}(\boldsymbol{r}')\times(\boldsymbol{r}'-\boldsymbol{r})}{|\boldsymbol{r}'-\boldsymbol{r}|^3} \tag{1.7-17}$$

证毕。

1.7.2 涡丝感生的速度

在自然界广泛存在的涡旋现象中，有时会碰到涡量集中在一根极细的涡管上的现象，以至于可以把涡管看成几何意义上的一条线，我们把这样理想化的涡旋模型称为涡丝，如图 1.7.1 所示。

在该细涡管上取一微段 $\mathrm{d}\boldsymbol{l}$，横截面面积为 A，横截面上的涡量为恒矢量 $\boldsymbol{\Omega}$，如图 1.7.2 所示，则

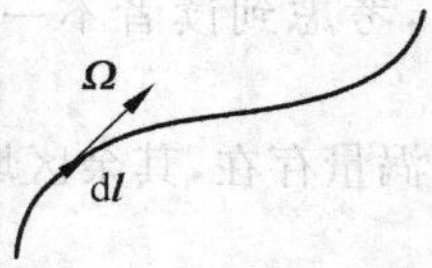

图 1.7.1 涡丝

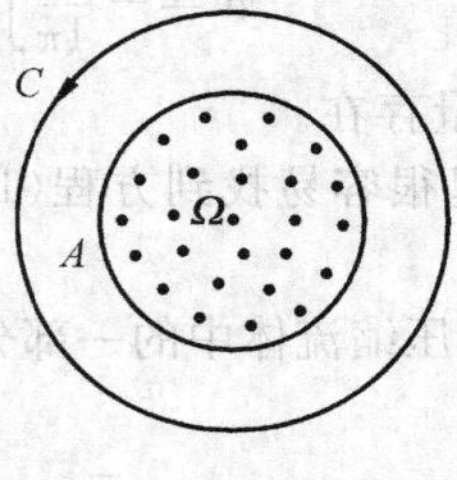

图 1.7.2 涡丝强度

$$\boldsymbol{\Omega}\mathrm{d}V=\boldsymbol{\Omega}A\mathrm{d}\boldsymbol{l}=\Gamma\mathrm{d}\boldsymbol{l},\quad \Gamma=\lim_{A\to0,\Omega\to\infty}\int_A\boldsymbol{\Omega}\cdot\mathrm{d}\boldsymbol{S}=\lim_{A\to0,\Omega\to\infty}\Omega A=\mathrm{const} \tag{1.7-18}$$

式中 Γ 称为涡丝强度。根据涡管涡通量守恒定理，涡丝强度沿涡丝不变。设流体中一流体封闭周线 C 包含一涡丝，S 为以该周线为边的任意曲面，使用斯托克斯定理得

$$\oint_C\boldsymbol{v}\cdot\mathrm{d}\boldsymbol{l}=\int_S(\nabla\times\boldsymbol{v})\cdot\mathrm{d}\boldsymbol{S}=\int_A\boldsymbol{\Omega}\cdot\mathrm{d}\boldsymbol{S}=\lim_{A\to0,\Omega\to\infty}\int_A\boldsymbol{\Omega}\cdot\mathrm{d}\boldsymbol{S}=\Gamma \tag{1.7-19}$$

感生的速度为

$$\begin{aligned}\boldsymbol{v}(\boldsymbol{r})&=-\frac{1}{4\pi}\int_T\mathrm{d}^3r'\frac{\boldsymbol{\Omega}(\boldsymbol{r}')\times(\boldsymbol{r}'-\boldsymbol{r})}{|\boldsymbol{r}'-\boldsymbol{r}|^3}=-\frac{1}{4\pi}\lim_{A\to0,\Omega\to\infty}\int\mathrm{d}l\frac{A\boldsymbol{\Omega}(\boldsymbol{r}')\times(\boldsymbol{r}'-\boldsymbol{r})}{|\boldsymbol{r}'-\boldsymbol{r}|^3}\\&=-\frac{1}{4\pi}\Gamma\int\mathrm{d}\boldsymbol{l}\times\frac{(\boldsymbol{r}'-\boldsymbol{r})}{|\boldsymbol{r}'-\boldsymbol{r}|^3}\end{aligned} \tag{1.7-20}$$

类比：对于一根横截面面积为 A 的很细的导线上的电流 I（称为细电流），有

$$\boldsymbol{j}\mathrm{d}V=\boldsymbol{j}A\mathrm{d}l=I\mathrm{d}\boldsymbol{l},\quad I=\lim_{A\to0,j\to\infty}\int_A j\,\mathrm{d}S=\lim_{A\to0,j\to\infty}jA=\mathrm{const} \tag{1.7-21}$$

安培环路定理为

$$\oint_C\boldsymbol{B}\cdot\mathrm{d}\boldsymbol{l}=\mu_0\lim_{A\to0,j\to\infty}\int_A j\,\mathrm{d}S=\mu_0\lim_{A\to0,j\to\infty}jA=\mu_0 I \tag{1.7-22}$$

磁感应强度为

$$\boldsymbol{B}(\boldsymbol{r})=-\frac{\mu_0}{4\pi}\int_V\mathrm{d}^3r'\frac{\boldsymbol{j}(\boldsymbol{r}')\times(\boldsymbol{r}'-\boldsymbol{r})}{|\boldsymbol{r}'-\boldsymbol{r}|^3}=-\frac{\mu_0}{4\pi}I\int\mathrm{d}\boldsymbol{l}\times\frac{(\boldsymbol{r}'-\boldsymbol{r})}{|\boldsymbol{r}'-\boldsymbol{r}|^3} \tag{1.7-23}$$

上式称为毕奥-萨伐尔(Biot-Savert)定律。

很明显，涡丝感生的速度和稳恒细电流产生的磁场存在以下类比：

$$\boldsymbol{v}\Leftrightarrow\boldsymbol{B},\quad \text{涡丝}\Leftrightarrow\text{细电流},\quad \Gamma\Leftrightarrow\mu_0 I \tag{1.7-24}$$

根据涡管涡通量守恒定理，涡丝要么是有限长的但必须是封闭的；要么是无限长的。不存在有限长不封闭的涡丝。

式(1.7-23)有一个缺点，那就是用于计算时不够直观和方便，现在我们把它改写一下。以涡丝元 $\mathrm{d}\boldsymbol{l}$ 为参考，向场点 P 作位置矢量 $\boldsymbol{r}$（图 1.7.3），那么涡丝元在场点 P 感生的速度为

$$\mathrm{d}\boldsymbol{v}=\frac{\Gamma}{4\pi}\frac{\mathrm{d}\boldsymbol{l}\times\boldsymbol{r}}{r^3},\quad \mathrm{d}v=\frac{\Gamma}{4\pi}\frac{\mathrm{d}l\sin\theta}{r^2} \tag{1.7-25}$$

涡丝在空间点 P 处感生的速度为

$$\boldsymbol{v}=\int\mathrm{d}\boldsymbol{v}=\frac{\Gamma}{4\pi}\int\frac{\mathrm{d}\boldsymbol{l}\times\boldsymbol{r}}{r^3} \tag{1.7-26}$$

【例 1】 已知一涡丝的一部分为直线，计算该部分涡丝感生的速度。

解：如图 1.7.4 所示，场点 P 的位置到直线涡丝的垂直距离为 a，P 与直线涡丝两端之间的连线与直线涡丝的夹角分别为 θ_1 和 θ_2。把直线涡丝取在 z 轴上，涡丝元为 $\mathrm{d}z$，场点 P 的位置矢量 $\boldsymbol{r}$ 与直线涡丝之间的夹角为 θ。

每个涡丝元感生的速度方向相同，垂直于纸面向里，大小为

$$\mathrm{d}v=\frac{\Gamma}{4\pi}\frac{\mathrm{d}z\sin\theta}{r^2}$$

利用几何知识得

$$\sin\theta=\frac{a}{r},\quad z=-a\cot\theta$$

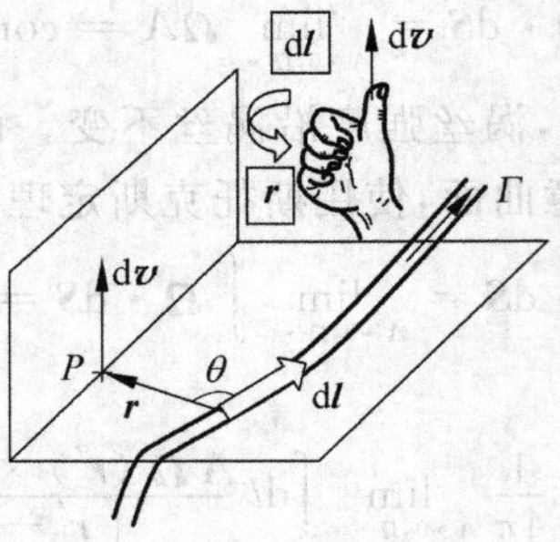

图 1.7.3 涡丝感生的速度

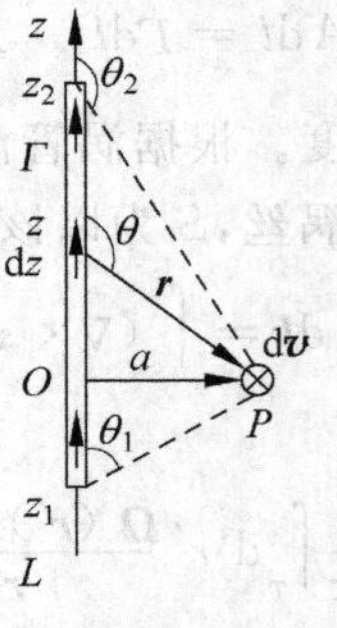

图 1.7.4 涡丝的直线部分

因此有

$$\mathrm{d}v = \frac{\Gamma}{4\pi a}\mathrm{d}\theta\sin\theta$$

积分得

$$v = \frac{\Gamma}{4\pi a}\int_{\theta_1}^{\theta_2}\sin\theta\mathrm{d}\theta = \frac{\Gamma}{4\pi a}(\cos\theta_1 - \cos\theta_2)$$

对于半无限长的直线涡丝，有 $\theta_1 = 0$，得

$$v = \frac{\Gamma}{4\pi a}(1 - \cos\theta_2)$$

对于无限长的直线涡丝，有 $\theta_1 = 0, \theta_2 = \pi$，得

$$v = \frac{\Gamma}{2\pi a}$$

【例 2】 计算无限长直线涡丝感生的速度。

解：由例 1 可知，流线为位于垂直于涡丝平面内的、以涡丝为圆心的一系列同心圆，如图 1.7.5 所示。根据速度的对称性，选取积分回路为流线。由速度环量公式 $\oint_C \boldsymbol{v}\cdot\mathrm{d}\boldsymbol{l} = \Gamma$ 得

$$\oint_C \boldsymbol{v}\cdot\mathrm{d}\boldsymbol{l} = 2\pi r v = \Gamma$$

得

$$v = \frac{\Gamma}{2\pi r}$$

一个无穷长的直线涡丝可以看成一个平面点涡。原因是，一个无穷长的直线涡丝感生的速度为

$$\boldsymbol{v}(\boldsymbol{r}) = \frac{\Gamma}{2\pi}\frac{\boldsymbol{e}_\theta}{r}$$

由于

$$v_x = v_x(x, y), \quad v_y = v_y(x, y), \quad v_z = 0$$

因此是二维流动，即一无限长的直线涡丝感生的速度场等效于一平面点涡感生的速度场。

【例 3】 计算一圆形涡丝在对称轴上感生的速度。

解：如图 1.7.6 所示，利用 $\mathrm{d}\boldsymbol{v} = \frac{\Gamma}{4\pi}\frac{\mathrm{d}\boldsymbol{l}\times\boldsymbol{r}}{r^3}$，由于 $\mathrm{d}\boldsymbol{l}\perp\boldsymbol{r}$，有 $\mathrm{d}v = \frac{\Gamma}{4\pi}\frac{\mathrm{d}l}{r^2}$。

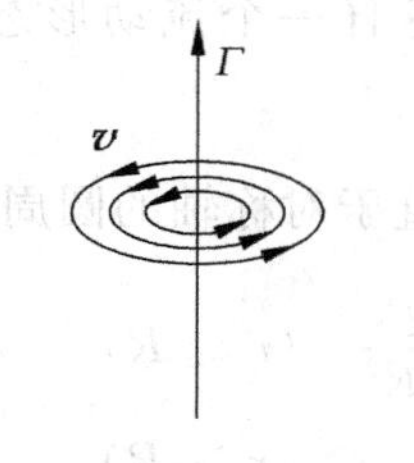

图 1.7.5 无限长直线涡丝

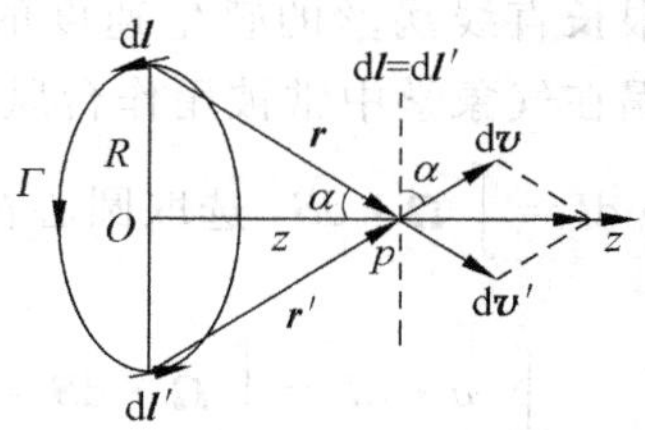

图 1.7.6 两个涡丝元 d$\boldsymbol{l}$ 和 d$\boldsymbol{l}'$感生的速度

考虑到对称性，取位于直径两端长度相同的两个涡丝元 d$\boldsymbol{l}$ 和 d$\boldsymbol{l}'$。它们感生的速度大小相等，但方向不同。沿轴线方向的分量大小相等，方向相同。而垂直于轴线方向的分量大小相等，方向相反。叠加后的速度沿轴线方向。所以只需要考虑沿轴线方向的分量

$$\mathrm{d}v_z = \mathrm{d}v\sin\alpha = \frac{\Gamma}{4\pi}\sin\alpha\,\frac{\mathrm{d}l}{r^2} = \frac{\Gamma R}{4\pi}\cdot\frac{\mathrm{d}l}{r^3}$$

积分得

$$v = \oint_L \mathrm{d}v_z = \frac{\Gamma R}{4\pi r^3}\oint \mathrm{d}l = \frac{\Gamma R^2}{2\,(R^2+z^2)^{\frac{3}{2}}}$$

流线形状如图 1.7.7 所示。

【例 4】 已知一涡丝的一部分是圆弧形，计算该部分涡丝在圆心处感生的速度。

解：如图 1.7.8 所示，利用 $\mathrm{d}\boldsymbol{v}=\frac{\Gamma}{4\pi}\frac{\mathrm{d}\boldsymbol{l}\times\boldsymbol{r}}{r^3}$，由于 $\mathrm{d}\boldsymbol{l}\perp\boldsymbol{r}$，有 $\mathrm{d}v=\frac{\Gamma}{4\pi}\frac{\mathrm{d}l}{R^2}$，方向垂直于纸面向里。积分得

$$v = \int \mathrm{d}v = \frac{1}{4\pi}\frac{\Gamma}{R^2}\int \mathrm{d}l = \frac{\Gamma}{4\pi}\frac{L}{R^2} = \frac{\Gamma}{4\pi R}\theta$$

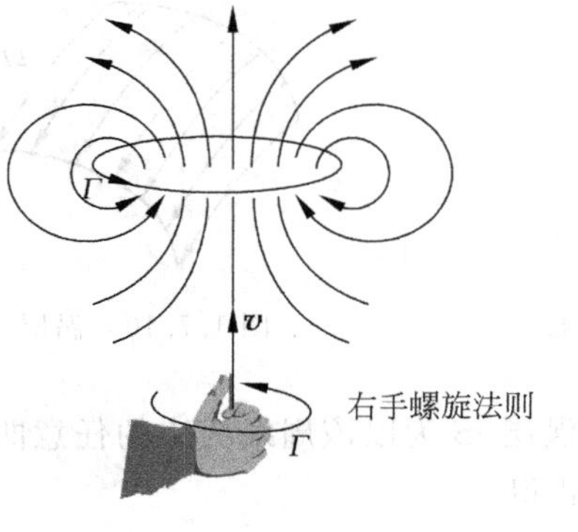

图 1.7.7 流线图

图 1.7.8 圆弧形涡丝

1.7.3 兰金组合涡

前面我们引进的无限长直线涡丝模型有一个缺点，那就是其感生速度在涡丝处为无穷大，是非物理的。非物理奇点起源于过于简化的涡丝模型。真实的涡丝不可能是几何上的线，而是有一定横向宽度的。假设涡量均匀分布在一个圆柱内，其感生的速度分布等效于无限长均匀圆柱电流感生的磁感应强度分布，在圆柱内部流体像刚体一样绕对称轴旋转，这样

就可以消除无限长直线涡丝的感生速度的非物理奇点。这样一个流动形态称为兰金组合涡。兰金组合涡在气象学中常被用作台风中心的物理模型。

利用$\oint_C \boldsymbol{v}\cdot \mathrm{d}\boldsymbol{l}=\int_A \boldsymbol{\Omega}\cdot \mathrm{d}\boldsymbol{S}$，选取圆心在对称轴上且垂直于对称轴的圆周为积分回路，得

$$\oint_C \boldsymbol{v}\cdot \mathrm{d}\boldsymbol{l}=\int_A \boldsymbol{\Omega}\cdot \mathrm{d}\boldsymbol{S}=2\pi r v=\begin{cases}\pi r^2\ \dfrac{\Gamma}{\pi R^2} & (r\leqslant R)\\ \Gamma & (r\geqslant R)\end{cases}$$

化简得

$$v=\begin{cases}\dfrac{\Gamma}{2\pi R^2}r & (r\leqslant R)\\ \dfrac{\Gamma}{2\pi r} & (r\geqslant R)\end{cases} \tag{1.7-27}$$

我们看到，涡内部的流体像刚体一样绕对称轴旋转，涡外部的流体速度为无限长直线涡丝的感生速度，如图1.7.9所示。旋转角速度为

$$\omega=\frac{\Gamma}{2\pi R^2} \tag{1.7-28}$$

1.7.4 涡层感生的速度

在自然界广泛的涡旋现象中，有时会碰到涡量集中在一个极薄层区域内的现象，如图1.7.10所示。人们常将此极薄层区域近似地当作无限薄的几何面来处理。我们把这种理想化的涡量集中在一个几何面的涡旋模型称为涡层。一个涡层可以看成由无限的涡丝系列组成。例如切向风速发生剧烈变化的冷热空气接触面，突然起动的平板的边界层都是涡层的实例。

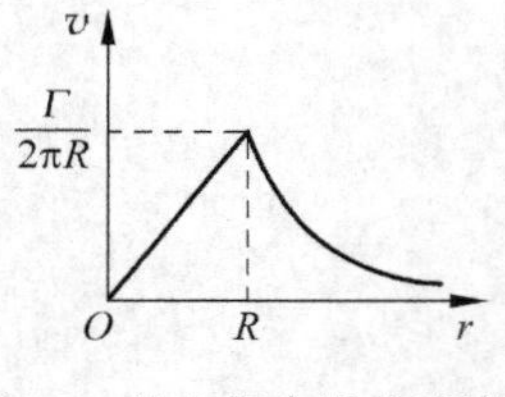

图1.7.9 兰金组合涡的速度分布

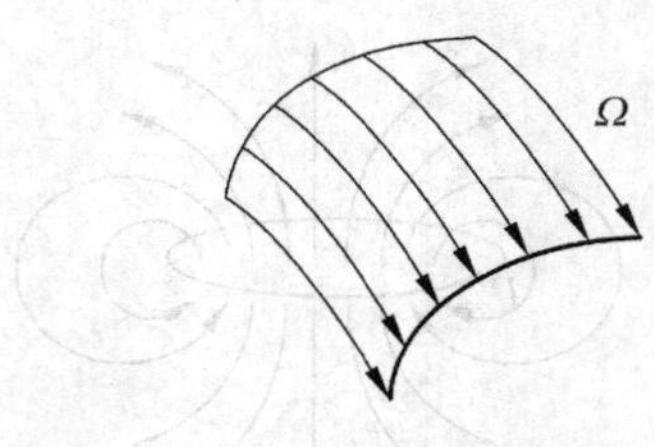

图1.7.10 涡层

设流体中一流体封闭周线C包含一段涡层，S为以该周线为边的任意曲面，涡层横截面为A，如图1.7.11所示。应用速度环量公式得

$$\oint_C \boldsymbol{v}\cdot \mathrm{d}\boldsymbol{l}=\int_S(\nabla\times \boldsymbol{v})\cdot \mathrm{d}\boldsymbol{S}=\int_A \boldsymbol{\Omega}\cdot \mathrm{d}\boldsymbol{S}=\int(\Omega\Delta l_2)\mathrm{d}l_1 \tag{1.7-29}$$

式中，$\mathrm{d}l_1$和Δl_2分别为涡层的一个微元的长度和宽度。

定义面涡强度

$$\boldsymbol{\lambda}=\lim_{\Delta l_2\to 0,\Omega\to\infty}\boldsymbol{\Omega}\Delta l_2=\text{恒定矢量} \tag{1.7-30}$$

式(1.7-29)化为

$$\oint_C \boldsymbol{v}\cdot \mathrm{d}\boldsymbol{l}=\int\lambda\,\mathrm{d}l_1 \tag{1.7-31}$$

现在把积分回路取为无穷小矩形回路，且回路的 cd 和 ab 边平行于涡层，$\mathrm{d}l_2/\mathrm{d}l_1\to 0$，无限靠近涡层两侧的流体速度，分别为 $\boldsymbol{v}_1$ 和 $\boldsymbol{v}_2$，如图 1.7.12 所示。应用速度环量公式(1.7-31)，并注意到 da 和 bc 边对速度环量的贡献可以忽略不计，得

$$\oint_l \boldsymbol{v}\cdot\mathrm{d}\boldsymbol{l}=(v_{2//}-v_{1//})\mathrm{d}l_1=\lambda\mathrm{d}l_1$$

得

$$v_{2//}-v_{1//}=\lambda \tag{1.7-32}$$

式中，$v_{1//}$ 和 $v_{2//}$ 为 $\boldsymbol{v}_1$ 和 $\boldsymbol{v}_2$ 的平行于涡层的分量。

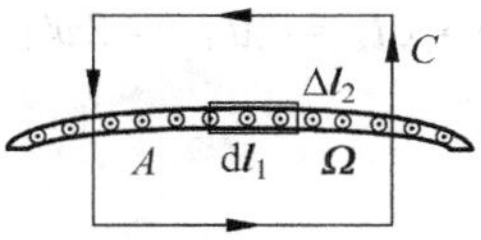

图 1.7.11　面涡强度

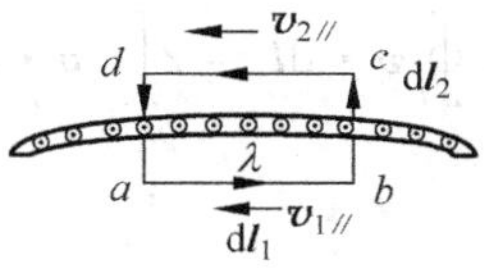

图 1.7.12　积分回路

从上式我们看到，面涡强度为 λ 的涡层使流体速度的切向分量(平行于表面并且垂直于 $\boldsymbol{\lambda}$)产生突变。涡层和切向速度间断面等价。所以涡层也是切向速度间断面。涡层感生的切向速度间断面等效于面电流感生的切向磁感应强度间断面。

【例 5】 计算无限长均匀圆柱面涡层感生的速度。

解：取上下对称的强度均为 $\mathrm{d}\Gamma=\mathrm{d}\Gamma'$ 的两个无限长直线涡丝，如图 1.7.13 所示。它们感生的速度大小相等，为

$$\mathrm{d}v=\mathrm{d}v'=\frac{\mathrm{d}\Gamma}{2\pi r}$$

感生的速度的水平方向的分量大小相等，方向相反，抵消了。合成的速度沿垂直方向。所以流线为圆心在柱面的轴上且垂直于该轴的一系列圆周。根据速度对称性，选取积分回路为流线。应用速度环量公式得

$$\oint_C \boldsymbol{v}\cdot\mathrm{d}\boldsymbol{l}=\int_A \boldsymbol{\Omega}\cdot\mathrm{d}\boldsymbol{S}=2\pi r v=\begin{cases}0 & (r<R)\\ 2\pi R\lambda & (r>R)\end{cases}$$

化简得

$$v=\begin{cases}0 & (r\leqslant R)\\ \dfrac{R\lambda}{r} & (r\geqslant R)\end{cases}$$

式中，λ 为圆柱面涡层的面涡强度。

【例 6】 计算如图 1.7.14 所示的无限大平面涡层感生的速度。

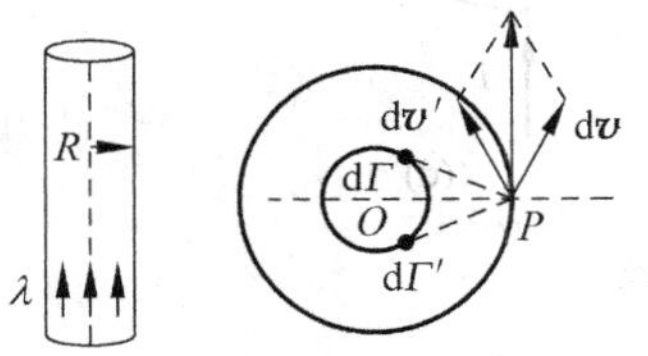

图 1.7.13　无限长均匀圆柱面涡层

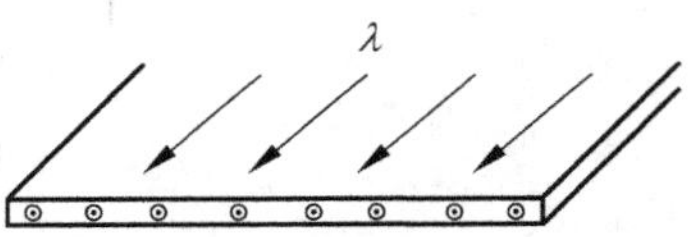

图 1.7.14　无限大平面涡层

解：如图 1.7.15 所示，考虑到对称性，取相对于垂线 OP 左右对称的涡丝强度均为 $d\Gamma_1 = d\Gamma_2$ 的两个无限长直线涡丝。它们感生的速度大小相等，沿平行于平面方向的分量大小相等，方向相同；而垂直于平面方向的分量大小相等，方向相反。叠加后的速度平行于平面方向。所以无限大平面涡层感生的速度平行于平面方向。而且在所有与平面涡层的距离相同的场点上，感生的速度大小相等，在平面涡层的上方水平向左，在平面涡层的下方水平向右，即

$$\boldsymbol{v}(-y) = -\boldsymbol{v}(y)$$

根据速度的对称性 $\boldsymbol{v}(-y) = -\boldsymbol{v}(y)$，积分回路取为矩形回路，垂直于平面涡层，且等分为二，如图 1.7.16 所示。应用速度环量公式得

$$\oint_l \boldsymbol{v} \cdot d\boldsymbol{l} = 2\int_{l_1} \boldsymbol{v} \cdot d\boldsymbol{l}_1 + 2\int_{l_2} \boldsymbol{v} \cdot d\boldsymbol{l}_2 = \lambda l_1 = 2vl_1$$

得

$$v = \frac{\lambda}{2}$$

无限大平面涡层在其两侧感生的速度大小相等，方向相反，平行于涡层。

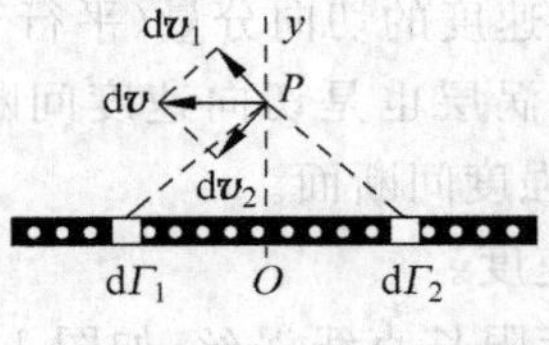

图 1.7.15 两个对称涡丝 $d\Gamma_1 = d\Gamma_2$ 感生的速度

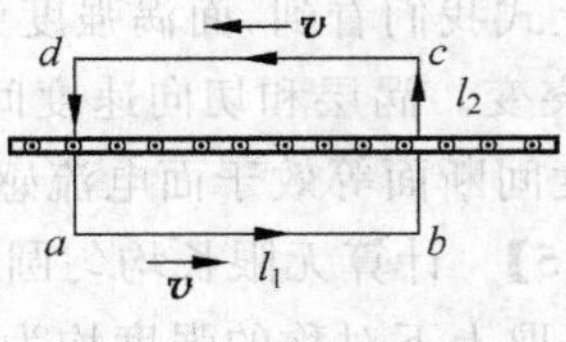

图 1.7.16 积分回路

习题

1-7-1 计算一矩形涡丝在其中心上感生的速度。

1-7-2 计算一等边三角形涡丝在其中心上感生的速度。

1-7-3 计算图 1.7.17 中的涡丝在圆心上感生的速度。

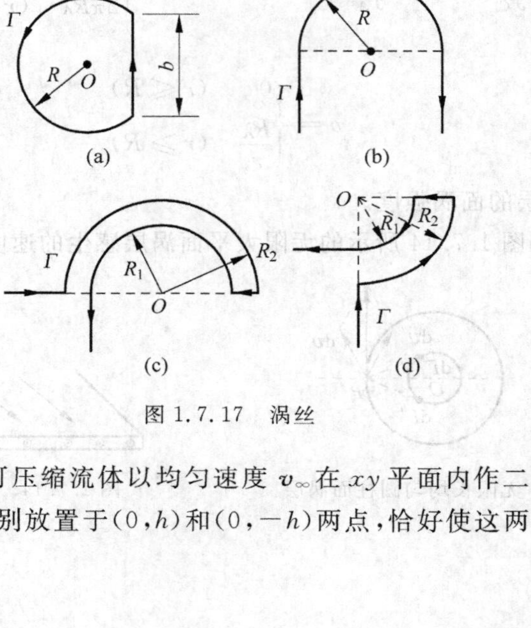

图 1.7.17 涡丝

1-7-4 无限大的不可压缩流体以均匀速度 v_∞ 在 xy 平面内作二维流动，现在把强度分别为 Γ 和 $-\Gamma$ 的点涡分别放置于 $(0, h)$ 和 $(0, -h)$ 两点，恰好使这两个点涡静止不动，如

图 1.7.18 所示。证明 $\Gamma=4\pi v_\infty h$，流体速度为

$$\boldsymbol{v}=v_\infty\left[2h\frac{(y-h)\boldsymbol{e}_x-x\boldsymbol{e}_y}{x^2+(y-h)^2}-2h\frac{(y+h)\boldsymbol{e}_x-x\boldsymbol{e}_y}{x^2+(y+h)^2}-\boldsymbol{e}_x\right]$$

1-7-5　一个无限大平面涡层在运动流体里生成，平面涡层两侧的速度恒定，分别为 $\boldsymbol{v}_1$ 和 $\boldsymbol{v}_2$，如图 1.7.19 所示，证明面涡强度值为 $\lambda=v_2-v_1$，流体原来的速度为 $\dfrac{\boldsymbol{v}_1+\boldsymbol{v}_2}{2}$。

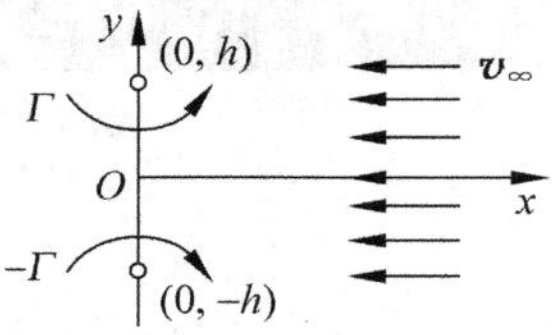

图 1.7.18　均匀流动中的两个点涡

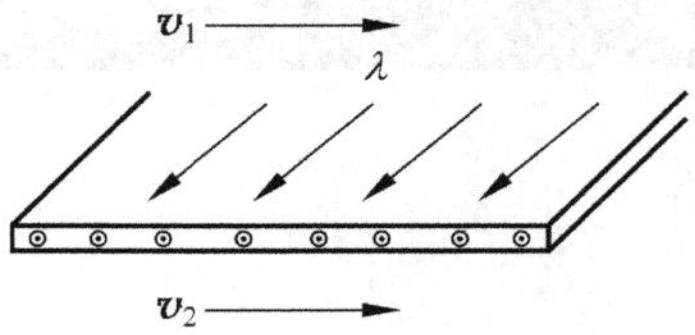

图 1.7.19　无限大平面涡层

1-7-6　涡量均匀分布在半径为 a 的一个无限长圆柱面上，面涡强度 $\boldsymbol{\lambda}=\lambda\boldsymbol{e}_\varphi$ 方向沿横截面的圆周周线的切线方向，求感生的速度。（提示：等效于无限长载流密绕螺线管感生的磁感应强度）

1-7-7　恒定涡量 $\boldsymbol{\Omega}$ 均匀分布在半径为 a 的一个无限长圆柱内，$\boldsymbol{\Omega}=\Omega\boldsymbol{e}_\varphi$ 方向沿横截面内以对称轴为圆心的圆周的切线方向，求感生的速度。（提示：等效于无限长均匀带电圆柱绕对称轴旋转而感生的磁感应强度）

1-7-8　恒定涡量 $\boldsymbol{\Omega}$ 均匀分布在间距为 d 的两个平行无限大平面之间，$\boldsymbol{\Omega}$ 平行于两个平面，求感生的速度。（提示：等效于无限大均匀载流平板感生的磁感应强度）

1-7-9　已知在 xy 平面的(1,0)点和(−1,0)点分别放置有强度为 Γ 和 $-\Gamma$ 的点涡，求沿下列封闭曲线的速度环量：(1) 圆周 $x^2+y^2=4$；(2) 圆周 $(x-1)^2+y^2=1$；(3) 由 $x=\pm2$ 和 $y=\pm2$ 组成的封闭曲线；(4) 由 $x=\pm0.5$ 和 $y=\pm0.5$ 组成的封闭曲线。

第2章

理想流体运动方程

2.1 欧拉方程

图 2.1.1 理想流体力学的奠基人欧拉(L. Euler,1707—1783)

2.1.1 为什么理想流体的研究是有用的?

热力学告诉我们,任何宏观过程都是不可逆的过程,存在能量耗散。能量耗散是由流体的黏性和不同部分之间的热交换引起的。根据普朗特的边界层理论(4.10 节),能量耗散主要发生在固体表面附近的流体边界层之内。而在边界层之外,那里的能量耗散很小,作为零级近似可以忽略不计(图 2.1.2)。我们把忽略能量耗散的流体称为理想流体,即忽略流体中的黏性、热传导,因此边界层之外的流体可看成理想流体。所以普朗特的边界层理论断言理想流体的研究是有用的。

此外,使用理想流体近似的好处是数学处理要简化很多。

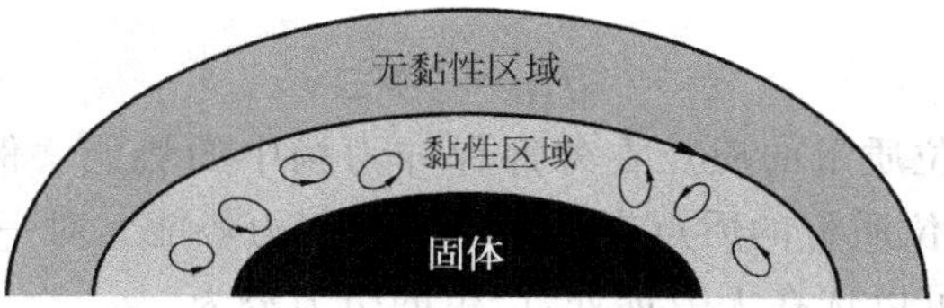

图 2.1.2　流体的黏性区域与无黏性区域

2.1.2　欧拉方程的推导

众所周知，在牛顿力学中，一旦我们知道一个质量为 m 的质点所受合外力 $\boldsymbol{F}$，并且建立一个惯性参考系，那么质点的运动由牛顿第二定律确定，即

$$\boldsymbol{F}=m\frac{\mathrm{d}\boldsymbol{v}}{\mathrm{d}t} \tag{2.1-1}$$

牛顿第二定律仅适用于质点。对于流体这样的由连续介质组成的广延物体，可以把它分解为无穷多个无穷小的微元，每一个微元都可以看成质点，从而可以应用牛顿第二定律。因此，流体的运动方程就是流体微元满足的牛顿第二定律表达式。同牛顿力学中的质点相比，流体微元受力情况要复杂一些，需要仔细研究。

对于静止流体，其内的压强满足帕斯卡定律，即静止流体内任一点的压强与方向无关。欧拉把帕斯卡定律推广到运动理想流体，认为运动理想流体内任一点的压强与方向无关。

牛顿第二定律具有瞬时性，即质点的加速度与其所受的力同时出现，同时消失。现在我们根据牛顿第二定律的瞬时性，来考虑一个 t 时刻位于 $\boldsymbol{r}$ 处的固定不动的体积元内的瞬时微元所受的瞬时力，如图 2.1.3 所示。该瞬时微元的体积为 $\mathrm{d}x\mathrm{d}y\mathrm{d}z$，流体质量为 $\rho\mathrm{d}x\mathrm{d}y\mathrm{d}z$。使用欧拉描写，该微元的速度为 $\boldsymbol{v}$，加速度为 $\frac{\mathrm{d}\boldsymbol{v}}{\mathrm{d}t}$。该微元在其表面受到其余流体所施的压力，并且由于位于外力场中，还受到外力 $\rho\boldsymbol{f}_{\mathrm{ex}}\mathrm{d}x\mathrm{d}y\mathrm{d}z$ 作用。这里 $\boldsymbol{f}_{\mathrm{ex}}$ 为单位质量流体受到的外力。沿 y 轴方向，微元表面的压强分别为 $p|_y$ 和 $p|_{y+\mathrm{d}y}$。在惯性参考系，把牛顿第二定律应用于该瞬时微元得

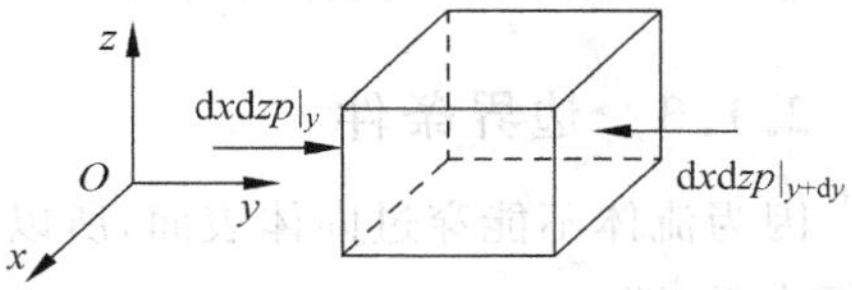

图 2.1.3　理想流体的一个微元

$$\rho\mathrm{d}x\mathrm{d}y\mathrm{d}z\frac{\mathrm{d}v_y}{\mathrm{d}t}=\mathrm{d}x\mathrm{d}z(p|_y-p|_{y+\mathrm{d}y})+\rho f_{\mathrm{ex},y}\mathrm{d}x\mathrm{d}y\mathrm{d}z=-\mathrm{d}x\mathrm{d}y\mathrm{d}z\frac{\partial p}{\partial y}+\rho f_{\mathrm{ex},y}\mathrm{d}x\mathrm{d}y\mathrm{d}z$$

化简得

$$\rho\frac{\mathrm{d}v_y}{\mathrm{d}t}=\rho\frac{\partial v_y}{\partial t}+\rho(\boldsymbol{v}\cdot\nabla)v_y=-\frac{\partial p}{\partial y}+\rho f_{\mathrm{ex},y}$$

写成矢量形式，得

$$\rho\frac{\mathrm{d}\boldsymbol{v}}{\mathrm{d}t}=\rho\frac{\partial\boldsymbol{v}}{\partial t}+\rho(\boldsymbol{v}\cdot\nabla)\boldsymbol{v}=-\nabla p+\rho\boldsymbol{f}_{\mathrm{ex}} \tag{2.1-2}$$

上式即理想流体的运动方程——欧拉方程。

很多情况下外力是保守力。保守力做功只与质点的始、末位置有关，而与路径形状无关。根据此性质可以引进势能，即保守力对质点做的功定义为势能增量的负值。因此外力

可以写成

$$f_{ex} = -\nabla \Xi \tag{2.1-3}$$

式中 Ξ 为外力势，即单位质量的质点在外部保守力场中的势能。例如，如果流体位于引力场中，Ξ 为引力势，即单位质量的质点在引力场中的引力势能。对一个有限的质量连续分布的物体，其引力势零点可以选在无穷远处，产生的引力势为

$$\Xi(\boldsymbol{r}) = -G\int \mathrm{d}^3 r' \frac{\rho(\boldsymbol{r}')}{|\boldsymbol{r}' - \boldsymbol{r}|} \tag{2.1-4}$$

满足泊松方程：

$$\nabla^2 \Xi = 4\pi G\rho \tag{2.1-5}$$

式中，G 为万有引力常数，ρ 为质量密度。

对于地球表面上的很多小尺度的流体流动，地面参考系是一个精确的惯性参考系，我们把坐标系原点取在地面上，z 轴沿竖直向上的方向，其引力势零点可以选在原点，有

$$\Xi = gz \tag{2.1-6}$$

式中 g 为重力加速度。

在非惯性参考系里，牛顿第二定律不成立。为了使牛顿第二定律在形式上成立，需要引进惯性力。非惯性参考系里的欧拉方程为

$$\rho \frac{\mathrm{d}\boldsymbol{v}}{\mathrm{d}t} = \rho \frac{\partial \boldsymbol{v}}{\partial t} + \rho(\boldsymbol{v} \cdot \nabla)\boldsymbol{v} = -\nabla p + \rho(\boldsymbol{f}_{ex} + \boldsymbol{f}_I) \tag{2.1-7}$$

式中 $\boldsymbol{f}_I$ 为单位质量的流体受到的惯性力。

2.1.3 边界条件

因为流体不能穿过固体表面，所以在静止的固体表面上的流体速度的法向分量 $v_{n,\mathrm{fluid}}|_S$ 必须为零，即

$$v_{n,\mathrm{fluid}}|_S = 0 \tag{2.1-8}$$

在运动的固体表面上的流体速度的法向分量 $v_{n,\mathrm{fluid}}|_S$ 必须等于固体表面的速度的法向分量 $v_{n,\mathrm{solid}}|_S$，即

$$v_{n,\mathrm{fluid}}|_S = v_{n,\mathrm{solid}}|_S \tag{2.1-9}$$

现在我们说明一下，为什么理想流体的边界条件不要求在运动的固体表面上的流体速度的切向分量 $v_{t,\mathrm{fluid}}|_S$ 等于固体表面的运动速度的切向分量 $v_{t,\mathrm{solid}}|_S$，即 $v_{t,\mathrm{fluid}}|_S \neq v_{t,\mathrm{solid}}|_S$。这是因为欧拉方程是一阶微分方程，其解只能满足一个边界条件。

【例 1】 牛顿为了给绝对运动提供证据，做了旋转水桶实验。牛顿是这样叙述的："如果用长绳吊一水桶，让它旋转至绳扭紧，然后将水注入，水与桶都暂处于静止之中。再以另一力突然使桶沿反方向旋转，当绳子完全放松时，桶的运动还会维持一段时间；水的表面起初是平的，和桶开始旋转时一样。但是后来，当桶逐渐把运动传递给水，使水也开始旋转。于是可以看到水渐渐地脱离其中心而沿桶壁上升形成凹状(笔者曾做过这一试验)。运动越快，水升得越高。直到最后，水与桶的转速一致，水面即呈相对静止。水的升高显示它脱离转轴的倾向，也显示了水的真正的、绝对的圆周运动。这个运动是可知的，并可从这一倾向测出，跟相对运动正好相反。在开始时，桶中水的相对运动最大，但并无离开转轴的倾向：水既不偏向边缘，也不升高，而是保持在同一平面，所以它的圆周运动尚未真正开始。但是

后来，相对运动减小时，水却趋于边缘，证明它有一种倾向要离开转轴。这一倾向表明水的真正的圆周运动在不断增大，直到它达到最大值，这时水就在桶中相对静止。所以，这一倾向并不依赖于水相对于周围物体的任何移动，这类移动也无法定义真正的圆周运动。”

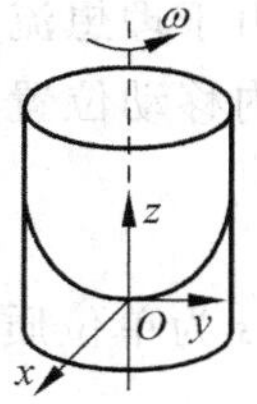

图 2.1.4　旋转水桶里的水面形状

考虑一盛有不可压缩的水的圆柱形容器在重力场中以恒定的角速度绕自身的轴旋转，达到稳恒状态后，水桶里的水像刚体一样旋转，桶壁处的水的速度与桶壁的速度相等。确定水的自由面的形状。

解：把 z 轴取在圆柱形容器的轴上，如图 2.1.4 所示。达到稳恒状态后，水桶里的水像刚体一样旋转，所以流体速度为

$$\boldsymbol{v}=\omega\boldsymbol{e}_z\times\boldsymbol{r},\quad v_x=-\omega y,\quad v_y=\omega x,\quad v_z=0$$

很显然，满足不可压缩流体的连续性方程。欧拉方程化为

$$\rho(\boldsymbol{v}\cdot\nabla)\boldsymbol{v}=-\nabla p+\rho\boldsymbol{g}=\rho\left(v_x\frac{\partial}{\partial x}+v_y\frac{\partial}{\partial y}\right)\boldsymbol{v}$$

$$=\rho\omega\left(-y\frac{\partial}{\partial x}+x\frac{\partial}{\partial y}\right)\boldsymbol{v}=\rho\omega^2(-x\boldsymbol{e}_x-y\boldsymbol{e}_y)$$

即

$$\rho\omega^2x=\frac{\partial p}{\partial x},\quad \rho\omega^2y=\frac{\partial p}{\partial y},\quad -\rho g=\frac{\partial p}{\partial z}$$

积分得

$$p=\frac{1}{2}\rho\omega^2(x^2+y^2)-\rho gz+C$$

式中 C 为积分常数。

在水面上压强为大气压，为常数，即

$$z=\frac{1}{2g}\omega^2(x^2+y^2)+D$$

式中 D 为常数。故自由面为旋转抛物面。

应该指出，虽然欧拉方程能够解释达到稳恒状态后旋转水桶里的水面的形状，但解释不了为什么水会随水桶一块儿旋转。这是因为理想流体没有黏性，如果旋转水桶里的水真的是理想流体，由于水与桶壁之间没有摩擦力，水不会随水桶一块儿旋转。

【例 2】 一个固体在作二维流动的不可压缩理想流体中静止不动，证明流函数 ψ 在固体表面为常数。

证明：(1) 根据流线的定义，位于流线上任一点的流体质点的速度方向与流线在该点的切线方向一致。

(2) 从 1.6 节知，对于作二维流动的不可压缩流体，存在流函数 ψ，沿任何一条流线 ψ 为常数。

(3) 如果一个固体在理想流体中静止不动，那么在固体表面，流体的速度方向沿切线方向。

综合以上三点，我们看到，如果一个固体在作二维流动的不可压缩理想流体中静止不动，固体表面为一条流线，流函数 ψ 在固体表面为常数。证毕。

2.1.4 绝热运动方程

由于理想流体没有能量耗散，因此理想流体的运动是绝热的。每一部分的熵不因其在空间内移动位置而有所改变。绝热运动方程为

$$\frac{\mathrm{d}s}{\mathrm{d}t}=\frac{\partial s}{\partial t}+(\boldsymbol{v}\cdot\nabla)s=0 \tag{2.1-10}$$

式中，s 为单位质量流体具有的熵。上式可改写成熵的连续性方程

$$\frac{\partial(\rho s)}{\partial t}+\nabla\cdot(\rho s\boldsymbol{v})=0 \tag{2.1-11}$$

2.1.5 等熵运动

考虑最简单的情形，在初始时刻流体内各处的 s 都相等。当然，在以后时刻流体内各处的 s 依旧相等，不随时间变化。绝热运动方程为

$$s=\text{const} \tag{2.1-12}$$

这样的流动称为等熵运动。

对于简单流体，只有两个独立的状态参量，例如可选为 ρ 和 s，那么

$$p=p(\rho,s) \tag{2.1-13}$$

所以作等熵运动的理想流体的状态方程为

$$p=p(\rho) \tag{2.1-14}$$

2.1.6 作等熵运动的理想流体的欧拉方程

将热力学关系 $\mathrm{d}h=T\mathrm{d}s+\frac{1}{\rho}\mathrm{d}p$ 应用到作等熵运动的理想流体，得

$$\mathrm{d}h=\frac{1}{\rho}\mathrm{d}p,\quad h=\int\frac{\mathrm{d}p(\rho)}{\rho},\quad \frac{\nabla p}{\rho}=\nabla h \tag{2.1-15}$$

把式(2.1-15)代入式(2.1-2)，得作等熵运动的理想流体的欧拉方程

$$\frac{\mathrm{d}\boldsymbol{v}}{\mathrm{d}t}=\frac{\partial\boldsymbol{v}}{\partial t}+(\boldsymbol{v}\cdot\nabla)\boldsymbol{v}=-\nabla(h+\Xi) \tag{2.1-16}$$

利用矢量公式 $\nabla(\boldsymbol{a}\cdot\boldsymbol{b})=(\boldsymbol{a}\cdot\nabla)\boldsymbol{b}+(\boldsymbol{b}\cdot\nabla)\boldsymbol{a}+\boldsymbol{a}\times(\nabla\times\boldsymbol{b})+\boldsymbol{b}\times(\nabla\times\boldsymbol{a})$ 得

$$\frac{1}{2}\nabla v^2=\boldsymbol{v}\times(\nabla\times\boldsymbol{v})+(\boldsymbol{v}\cdot\nabla)\boldsymbol{v} \tag{2.1-17}$$

把式(2.1-17)代入式(2.1-16)，得作等熵运动的理想流体的欧拉方程的另一形式

$$\frac{\partial\boldsymbol{v}}{\partial t}-\boldsymbol{v}\times(\nabla\times\boldsymbol{v})=-\nabla\left(\frac{v^2}{2}+h+\Xi\right) \tag{2.1-18}$$

2.1.7 流体的状态

流体的状态由五个量决定：$\boldsymbol{v}(v_x、v_y、v_z)$、$p$ 和 ρ。方程组有五个：欧拉方程（三个）、连续性方程（一个）、绝热运动方程（一个）。

【例 3】 用拉格朗日描写来描写一维理想流体的运动。

解：流体运动的拉格朗日描写指的是把流体微元的物理量表示为流体微元的初始位置

矢量和时间的函数。一维运动时为

$$x=x(x_0,t)$$

式中 x_0 为流体微元的初始位置，如图 2.1.5 所示。

(1) 连续性方程

流体微元在初始时刻位于位置 x_0，其质量为 $dm=\rho(x_0,t)dx_0$。在时刻 t，该流体微元到达位置 x，其质量不变(图 2.1.6)，即

$$dm=\rho(x_0,0)dx_0=\rho(x,t)dx$$

所以有

$$\rho(x_0,0)=\rho(x,t)\left(\frac{\partial x}{\partial x_0}\right)_t$$

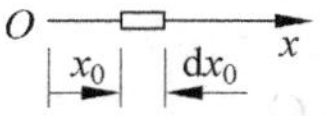

图 2.1.5 流体微元的初始位置

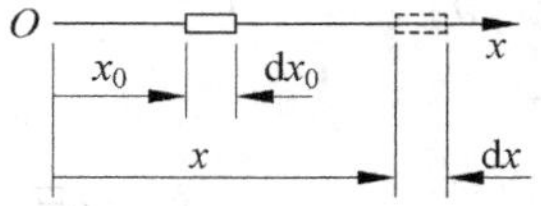

图 2.1.6 流体微元的运动

(2) 运动方程

在位置 x 的流体微元的速度为 $\left(\frac{\partial x}{\partial t}\right)_{x_0}$，加速度为 $\left(\frac{\partial^2 x}{\partial t^2}\right)_{x_0}$，其质量为 $dm=\rho(x_0,0)dx_0=\rho(x,t)dx$，受力为 $p(x_0,t)-p(x_0+dx_0,t)$，如图 2.1.7 所示。使用牛顿第二定律得

$$dm\left(\frac{\partial^2 x}{\partial t^2}\right)_{x_0}=\rho(x_0,0)dx_0\left(\frac{\partial^2 x}{\partial t^2}\right)_{x_0}=p(x_0,t)-p(x_0+dx_0,t)=-\left(\frac{\partial p}{\partial x_0}\right)_t dx_0$$

即运动方程为

$$\rho(x_0,0)\left(\frac{\partial^2 x}{\partial t^2}\right)_{x_0}=-\left(\frac{\partial p}{\partial x_0}\right)_t$$

(3) 绝热运动方程

绝热运动方程为

$$s(x_0,t)=s(x_0,0)$$

即

$$\left(\frac{\partial s}{\partial t}\right)_{x_0}=0$$

如果流体作等熵运动，那么方程简化为

$$s(x_0,t)=s(x_0,0)=\text{const}$$

【例 4】 地球形状的简化模型：把地球看成是由不可压缩流体组成的。

解：把直角坐标系原点取在地心，z 轴取为旋转轴(图 2.1.8)，流体速度为 $\boldsymbol{v}=\omega\boldsymbol{e}_z\times\boldsymbol{r}$，即

$$v_x=-\omega y,\quad v_y=\omega x,\quad v_z=0$$

满足不可压缩流体的连续性方程。欧拉方程化为

$$\rho(\boldsymbol{v}\cdot\nabla)\boldsymbol{v}=-\nabla(p+\rho\Xi)=\rho\omega^2(-x\boldsymbol{e}_x-y\boldsymbol{e}_y)$$

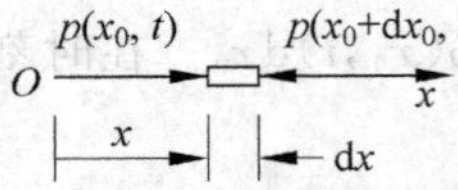

图 2.1.7　流体微元的受力情况

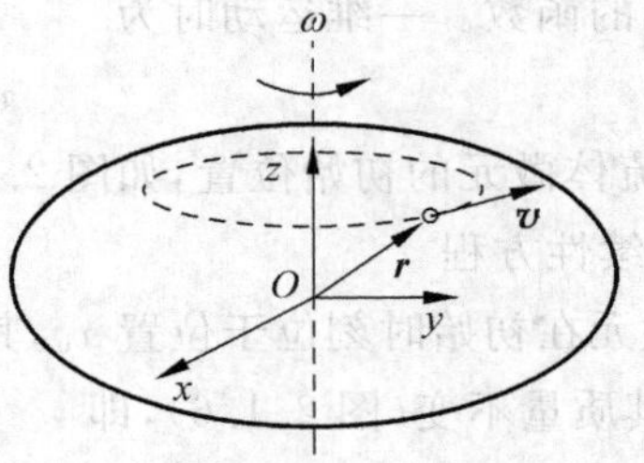

图 2.1.8　旋转地球的形状

即

$$\frac{\partial(p+\rho\Xi)}{\partial x}=\rho\omega^2 x,\quad \frac{\partial(p+\rho\Xi)}{\partial y}=\rho\omega^2 y,\quad \frac{\partial(p+\rho\Xi)}{\partial z}=0$$

其解为

$$p+\rho\Xi=\frac{1}{2}\rho\omega^2(x^2+y^2)+C$$

式中 C 为积分常数。

为了计算旋转地球的形状，需要知道地球表面处的引力势。由于地球的旋转角速度不大，旋转引起的贡献可看成微扰。在零级近似下，地球可看成一个半径为 R_0 的质量球对称分布的圆球。由于引力与库仑力都是平方反比力，引力场与电场都遵守高斯定理，根据高斯定理，地球外的引力势等于假设地球质量全部集中在地心时的这样一个质点产生的引力势，即

$$\Xi=-G\frac{M}{r}\quad(r\geqslant R_0)$$

式中，G 为引力常数，M 为地球质量，R_0 为地球平均半径。设地球表面上的任意一点到地心的距离为 $R=\sqrt{x^2+y^2+z^2}$。在地球表面上的引力势为 $\Xi(R)$，压强为零，即 $p(R)=0$（忽略大气压，因为地球内部的压强远大于大气压）。使用零级近似下的引力势，地球表面形状由下式给出：

$$p(R)+\rho\Xi(R)=\frac{1}{2}\rho\omega^2(x^2+y^2)+C=-\rho G\frac{M}{R}$$

求得

$$R=-\rho G\frac{M}{\frac{1}{2}\rho\omega^2(x^2+y^2)+C}\cong-\rho G\frac{M}{C}\left[1-\frac{1}{2C}\rho\omega^2(x^2+y^2)\right]$$

$$\cong R_0\left[1+\frac{\omega^2R_0}{2GM}(x^2+y^2)\right]$$

式中，$R_0=-\rho G\dfrac{M}{C}$。所以

$$R^2=x^2+y^2+z^2\cong R_0^2\left[1+\frac{\omega^2R_0}{GM}(x^2+y^2)\right]$$

即地球表面形状为

$$\left(1-\frac{\omega^2R_0^3}{GM}\right)x^2+\left(1-\frac{\omega^2R_0^3}{GM}\right)y^2+z^2=R_0^2$$

得

$$R_{\min} = R\,|_{x=y=0} = R_0,\quad R_{\max} = R\,|_{z=0} = R_0\left(1+\frac{\omega^2 R_0^3}{2GM}\right)$$

即地球为一个扁旋转椭球，扁率为

$$e = \frac{R_{\max}-R_{\min}}{R_{\max}} = \frac{\omega^2 R_0^3}{2GM} = \frac{\omega^2 R_0}{2g}$$

已知，$R_0=6.36\times10^6\,\mathrm{m}$，$\omega=\dfrac{2\pi}{T}$，$T=24\times3600\mathrm{s}$，$g=9.8\mathrm{m/s^2}$，代入上式得 $e=0.0017$，观察值为 $e=1/298=0.0033$，理论值大约是观察值的一半。上式仅考虑了地球自转的贡献，没有考虑地球由于自转成为扁旋转椭球后引起的引力势的变化对扁率的贡献，二者是同一数量级的(习题 2-1-10)。

习题

2-1-1 证明不可压缩理想流体的欧拉方程有如下两种形式：

$$\frac{\mathrm{d}\boldsymbol{v}}{\mathrm{d}t} = \frac{\partial \boldsymbol{v}}{\partial t} + (\boldsymbol{v}\cdot\nabla)\boldsymbol{v} = -\nabla\left(\frac{p}{\rho}+\Xi\right),\quad \frac{\partial \boldsymbol{v}}{\partial t} - \boldsymbol{v}\times(\nabla\times\boldsymbol{v}) = -\nabla\left(\frac{v^2}{2}+\frac{p}{\rho}+\Xi\right)$$

2-1-2 假设非惯性参考系以加速度 $\boldsymbol{a}$ 相对于地面参考系(惯性参考系)运动，引进惯性力，写出非惯性参考系里的欧拉方程。

2-1-3 对于地球上的小尺度流体流动，地球参考系是一个近似程度很好的惯性参考系。但是对于大尺度的地球大气流动，地球参考系不再是一个近似程度很好的惯性参考系，需要选太阳参考系作为惯性参考系。引进惯性离心力和科里奥利力，假设地球作匀速旋转，忽略地球围绕太阳运动引起的惯性力，把欧拉方程推广到地球参考系，证明为

$$\rho\frac{\mathrm{d}\boldsymbol{v}}{\mathrm{d}t} = \rho\frac{\partial \boldsymbol{v}}{\partial t} + \rho(\boldsymbol{v}\cdot\nabla)\boldsymbol{v} = -\nabla p - \rho\nabla\Xi + \rho\omega^2\boldsymbol{r} - 2\rho\boldsymbol{\omega}\times\boldsymbol{v}$$

式中，$\boldsymbol{\omega}$ 为地球旋转角速度，$\boldsymbol{r}$ 为大气质点相对于地球自转轴的垂直位移矢量，Ξ 为地球引力势。

2-1-4 如果题 2-1-3 中的流体作等熵运动，证明欧拉方程化为两种等效的形式：

$$\frac{\mathrm{d}\boldsymbol{v}}{\mathrm{d}t} = \frac{\partial \boldsymbol{v}}{\partial t} + (\boldsymbol{v}\cdot\nabla)\boldsymbol{v} = -\nabla\left(h+\Xi-\frac{1}{2}\omega r^2\right) - 2\,\boldsymbol{\omega}\times\boldsymbol{v}$$

$$\frac{\partial \boldsymbol{v}}{\partial t} - \boldsymbol{v}\times(\nabla\times\boldsymbol{v}) = -\nabla\left(\frac{v^2}{2}+h+\Xi-\frac{1}{2}\omega r^2\right) - 2\,\boldsymbol{\omega}\times\boldsymbol{v}$$

2-1-5 从绝热运动方程(2.1-10)出发，推导熵的连续性方程(2.1-11)。

2-1-6 已知不可压缩理想流体作二维等熵运动，证明欧拉方程(2.1-18)化为

$$\frac{\partial \boldsymbol{v}}{\partial t} + \Omega\,\nabla\psi = -\nabla\left(\frac{v^2}{2}+\frac{p}{\rho}+\Xi\right)$$

式中，$\Omega=-\dfrac{\partial v_x}{\partial y}+\dfrac{\partial v_y}{\partial x}=-\left(\dfrac{\partial^2}{\partial x^2}+\dfrac{\partial^2}{\partial y^2}\right)\psi$ 为涡量值，ψ 为流函数。

如果流体作定常流动，证明解为

$$\frac{p}{\rho}+\frac{v^2}{2}+\Xi+\int\Omega\,\mathrm{d}\psi = \mathrm{const}$$

2-1-7 已知平面极坐标系里的流函数为

$$\psi = U\left(r - \frac{a^2}{r}\right)\sin\theta - \frac{K}{2\pi}\ln\frac{r}{a}$$

式中，U、a、K 为常数。证明流动为不可压缩流体绕圆柱面为 $r=a$ 的静止圆柱的二维流动。

2-1-8 已知平面极坐标系里的流函数为

$$\psi = Ar^{\frac{\pi}{\alpha}}\sin\frac{\pi\theta}{\alpha}$$

式中 A 和 α 为常数。证明流动为不可压缩流体在一个角内的二维流动，该角由夹角为 α 的两个固体平面形成。

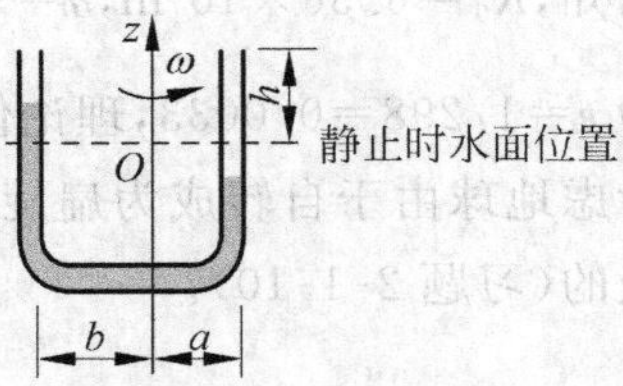

图 2.1.9 旋转 U 形管

2-1-9 如图 2.1.9 所示，横截面不变的盛水 U 形管，静止时两边管水面距离管口均为 h，U 形管以恒定角速度 ω 绕沿竖直方向的 z 轴旋转，两边管与 z 轴的距离分别为 a 和 b，且管口直径远小于 a 和 b，水可视为不可压缩的。证明水不溢出管口的最大角速度为

$$\omega_{\max} = 2\sqrt{\frac{gh}{b^2 - a^2}}$$

2-1-10 地球形状的简化模型的进一步深化。地球的引力势为

$$\Xi(\boldsymbol{r}) = -G\int \mathrm{d}^3 r' \,\frac{\rho(\boldsymbol{r}')}{|\boldsymbol{r}' - \boldsymbol{r}|}$$

作泰勒展开

$$\frac{1}{|\boldsymbol{r}' - \boldsymbol{r}|} = \frac{1}{r}\left(1 + \frac{2\boldsymbol{r}\cdot\boldsymbol{r}' + r'^2}{r^2}\right)^{-1/2} = \frac{1}{r}\left[1 + \frac{\boldsymbol{r}\cdot\boldsymbol{r}'}{r^2} - \frac{r'^2}{2r^2} + \frac{3}{8}\left(\frac{2\boldsymbol{r}\cdot\boldsymbol{r}'}{r^2}\right)^2 + \cdots\right]$$

把坐标系原点选在地球质心，把 z 轴取为地球自旋轴，满足：

$$\int \mathrm{d}^3 r' \rho(\boldsymbol{r}') x' = \int \mathrm{d}^3 r' \rho(\boldsymbol{r}') y' = \int \mathrm{d}^3 r' \rho(\boldsymbol{r}') z' = 0,\quad \int \mathrm{d}^3 r' \rho(\boldsymbol{r}') x' y' = 0$$

$$\int \mathrm{d}^3 r' \rho(\boldsymbol{r}') y' z' = 0,\quad \int \mathrm{d}^3 r' \rho(\boldsymbol{r}') x' z' = 0$$

证明：

$$\Xi = -G\frac{M}{r} - G\frac{D_1 x^2 + D_2 y^2 + D_3 z^2}{2r^5} + \cdots$$

式中，

$$D_1 = \int \mathrm{d}^3 r' \rho(\boldsymbol{r}')(3x'^2 - r'^2),\quad D_2 = \int \mathrm{d}^3 r' \rho(\boldsymbol{r}')(3y'^2 - r'^2)$$

$$D_3 = \int \mathrm{d}^3 r' \rho(\boldsymbol{r}')(3z'^2 - r'^2)$$

上式称为麦柯拉夫(MacCullagh)公式。

由于地球为一个近似的扁旋转椭球，有 $D_1 \cong D_2$。

证明地球表面形状为

$$\left(1 - \frac{\omega^2 R_0^3}{GM} - \frac{D_1}{MR_0^2}\right)x^2 + \left(1 - \frac{\omega^2 R_0^3}{GM} - \frac{D_1}{MR_0^2}\right)y^2 + \left(1 - \frac{D_3}{MR_0^2}\right)z^2 = R_0^2$$

扁率为

$$e = \frac{R_{\max} - R_{\min}}{R_{\max}} = \frac{\omega^2 R_0^3}{2GM} + \frac{D_1 - D_3}{2MR_0^2}$$

2.2　静力学方程

2.2.1　静力学方程的推导

在流体静止的情况下，欧拉方程(2.1-2)化为静力学方程

$$\nabla p = \rho \boldsymbol{f}_{\mathrm{ex}} \tag{2.2-1}$$

在地球表面上，重力加速度可看成常数，选 z 轴竖直向上，有 $\boldsymbol{f}_{\mathrm{ex}} = \boldsymbol{g} = -g\boldsymbol{e}_z$，则静力学方程化为

$$\frac{\mathrm{d}p}{\mathrm{d}z} = -\rho g \tag{2.2-2}$$

通常情况下可以把流体看成是不可压缩的，积分得

$$p = -\rho g z + C \tag{2.2-3}$$

式中 C 为积分常数。

如果使用非惯性参考系，欧拉方程(2.1-7)化为

$$\nabla p = \rho(\boldsymbol{f}_{\mathrm{ex}} + \boldsymbol{f}_{\mathrm{I}}) \tag{2.2-4}$$

【例 1】 地球大气层的简化模型：对于地球的大气来说，把大气看成是不可压缩的并不是一个很好的近似。大气低处与高处各层间不断发生空气交换，由于空气的导热性能不好，空气在上升时的膨胀及下降时的压缩可看成是绝热过程。

解：把坐标系原点取在地球表面，z 轴沿竖直向上方向。空气的绝热过程方程为

$$\frac{p(z)}{p_0} = \left[\frac{\rho(z)}{\rho_0}\right]^{\gamma}$$

式中，p_0 和 ρ_0 为在地球表面的值，$\gamma = C_p/C_V$，C_p 和 C_V 分别是空气的定压热容量和定容热容量。把上式代入静力学方程(2.2-2)可得

$$\frac{\mathrm{d}p}{\mathrm{d}z} = \frac{\mathrm{d}}{\mathrm{d}z}\left[p_0\left(\frac{\rho}{\rho_0}\right)^{\gamma}\right] = -\rho g$$

边界条件为 $p(z=H)=0$，这里 H 为大气层厚度。积分得

$$\rho^{\gamma-1} = \frac{\gamma-1}{\gamma}\frac{g\rho_0^{\gamma}}{p_0}(H-z), \quad H = \frac{\gamma}{\gamma-1}\frac{p_0}{g\rho_0}$$

【例 2】 牛顿旋转水桶实验：一盛有不可压缩的水的圆柱形容器在重力场中以恒定的角速度绕自身轴旋转，达到稳恒状态后，水桶里的水像刚体一样旋转，桶壁处的水的速度与桶壁的速度相等。使用随容器旋转的非惯性参考系，确定水的自由面的形状。

解：在随容器旋转的非惯性参考系中，这个问题是一个静力学问题。

把 z 轴取在圆柱形容器的轴上(图 2.1.6)。因为单位质量流体受到的离心力为

$$\boldsymbol{f}_{\mathrm{I}} = \omega^2(x\boldsymbol{e}_x + y\boldsymbol{e}_y)$$

所以静力学方程变为

$$\nabla p = -\rho g\boldsymbol{e}_z + \rho\omega^2(x\boldsymbol{e}_x + y\boldsymbol{e}_y)$$

积分得

$$p = \frac{1}{2}\rho\omega^2(x^2 + y^2) - \rho g z + C$$

式中 C 为积分常数。

在流体自由面上的压强为大气压，故自由面为旋转抛物面

$$z = \frac{1}{2g}\omega^2(x^2 + y^2) + C_1$$

式中 C_1 为常数。

【例 3】 如图 2.2.1 所示，一个盛有不可压缩液体的容器沿水平方向作等加速直线运动，加速度为 $\boldsymbol{a}$，求液体表面形状。

解：在容器静止的非惯性系里，单位质量的流体所受惯性力为 $\boldsymbol{f}_\mathrm{I} = -\rho\boldsymbol{a}$，代入欧拉方程(2.2-4)得

$$-\nabla p + \rho(\boldsymbol{g} - \boldsymbol{a}) = \boldsymbol{0}$$

化为

$$\frac{\partial p}{\partial z} = -\rho g, \quad \frac{\partial p}{\partial x} = -\rho a$$

积分得

$$p = -\rho g z - \rho a x + D$$

式中 D 为积分常数。在液面上流体压强为大气压 p_0，即 $p = -\rho g z - \rho a x + D = p_0$，液面形状为 $z = -\dfrac{a}{g}x + C$，这里 C 为常数。

【例 4】 潮汐的静力学模型。

解：为了正确描述潮汐，需要选择遥远的几乎固定不动的恒星作惯性参考系(参考习题 2-2-4)。如图 2.2.2 所示，地球参考系(非惯性参考系)的坐标系取为两套，原点均取在地球的中心上，z 轴和 z' 轴相同，x 轴位于地球和月球的连线上，x' 轴位于地球和太阳的连线上，两者的夹角为 Θ。在地球参考系里，月球的位置矢量为 $L_{\mathrm{EM}}\boldsymbol{e}_x$，太阳的位置矢量为 $L_{\mathrm{ES}}\boldsymbol{e}'_x$，海洋里的一个流体质点的位置矢量为 $\boldsymbol{r} = x\boldsymbol{e}_x + y\boldsymbol{e}_y + z\boldsymbol{e}_z = x'\boldsymbol{e}'_x + y'\boldsymbol{e}'_y + z'\boldsymbol{e}'_z$。这里 L_{EM} 为月球与地球之间的距离，L_{ES} 为太阳与地球之间的距离，二者随时间的变化不大，可以假设为常数。

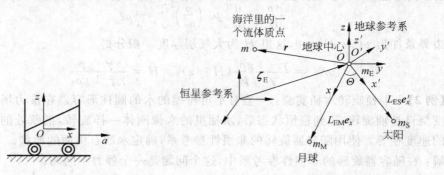

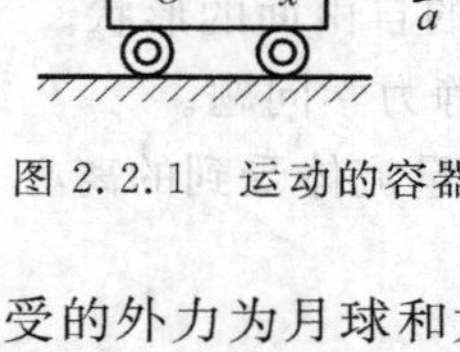

图 2.2.1 运动的容器

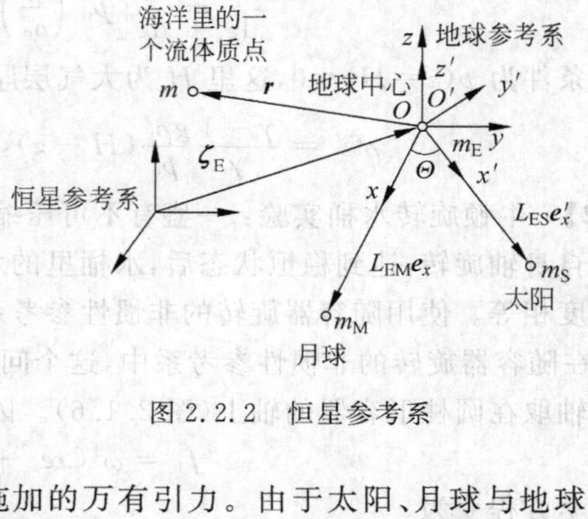

图 2.2.2 恒星参考系

地球所受的外力为月球和太阳分别施加的万有引力。由于太阳、月球与地球各自之间的距离远大于它们自身的尺寸，因此可以把三者视为质点。设恒星参考系里地球的位置矢量为 $\boldsymbol{\zeta}_\mathrm{E}$。在恒星参考系，根据牛顿第二定律，地球的动力学方程为

$$m_\mathrm{E}\frac{\mathrm{d}^2\boldsymbol{\zeta}_\mathrm{E}}{\mathrm{d}t^2} = G\frac{m_\mathrm{E}m_\mathrm{M}}{L_{\mathrm{EM}}^2}\boldsymbol{e}_x + G\frac{m_\mathrm{E}m_\mathrm{S}}{L_{\mathrm{ES}}^2}\boldsymbol{e}'_x$$

因此在恒星参考系地球的加速度为$\frac{d^2 \boldsymbol{\zeta}_E}{dt^2}=G\frac{m_M}{L_{EM}^2}\boldsymbol{e}_x+G\frac{m_S}{L_{ES}^2}\boldsymbol{e}'_x$。

现在我们确定在地球参考系地球表面处的外力势Ξ。在地球参考系研究海洋里的一个质量为m的流体质点的运动时，可以把太阳和月球视为质点，地球的质量分布可以假设为球对称的，因此太阳、月球和地球对海洋里的一个质量为m的流体质点施加的万有引力分别为

$$G\frac{mm_S}{|L_{ES}\boldsymbol{e}'_x-\boldsymbol{r}|^3}(L_{ES}\boldsymbol{e}'_x-\boldsymbol{r}),\quad G\frac{mm_M}{|L_{EM}\boldsymbol{e}_x-\boldsymbol{r}|^3}(L_{EM}\boldsymbol{e}_x-\boldsymbol{r}),\quad -G\frac{mm_E}{r^3}\boldsymbol{r}$$

另外，由于地球参考系是非惯性系，该质点还受到惯性力

$$-m\frac{d^2\boldsymbol{\zeta}_E}{dt^2}=-mG\frac{m_M}{L_{EM}^2}\boldsymbol{e}_x-mG\frac{m_S}{L_{ES}^2}\boldsymbol{e}'_x$$

作用。因此在地球参考系，施加于海洋里的流体质点的合外力为

$$-mG\frac{m_M}{L_{EM}^2}\boldsymbol{e}_x-mG\frac{m_S}{L_{ES}^2}\boldsymbol{e}'_x-mG\frac{m_E}{r^3}\boldsymbol{r}+mG\frac{m_M}{|L_{EM}\boldsymbol{e}_x-\boldsymbol{r}|^3}(L_{EM}\boldsymbol{e}_x-\boldsymbol{r})+$$

$$mG\frac{m_S}{|L_{ES}\boldsymbol{e}'_x-\boldsymbol{r}|^3}(L_{ES}\boldsymbol{e}'_x-\boldsymbol{r})\equiv-m\nabla\Xi$$

积分得

$$\Xi=G\frac{m_M}{L_{EM}^2}x+G\frac{m_S}{L_{ES}^2}x'-G\frac{m_E}{r}-G\frac{m_M}{|L_{EM}\boldsymbol{e}_x-\boldsymbol{r}|}-G\frac{m_S}{|L_{ES}\boldsymbol{e}'_x-\boldsymbol{r}|}$$

由于月地距离和日地距离远大于地球半径，即$L_{EM}\gg r$和$L_{ES}\gg r$，作泰勒展开并保留到二级项得

$$\frac{1}{|L_{EM}\boldsymbol{e}_x-\boldsymbol{r}|}=[(x-L_{EM})^2+y^2+z^2]^{-1/2}=\frac{1}{L_{EM}}+\frac{x}{L_{EM}^2}+\frac{3x^2-r^2}{2L_{EM}^3}+\cdots$$

$$\frac{1}{|L_{ES}\boldsymbol{e}'_x-\boldsymbol{r}|}=[(x'-L_{ES}^2)^2+y'^2+z'^2]^{-1/2}=\frac{1}{L_{ES}}+\frac{x'}{L_{ES}^2}+\frac{3x'^2-r^2}{2L_{ES}^3}+\cdots$$

因此使用上面的泰勒展开式，Ξ可以表示为

$$\Xi=-G\frac{m_E}{r}-G\frac{m_M}{2L_{EM}^3}(3x^2-r^2)-G\frac{m_S}{2L_{ES}^3}(3x'^2-r^2)+\cdots$$

式中的常数项因为无关紧要已经省略。使用球坐标系，有

$$x=r\sin\theta\cos\varphi,\quad y=r\sin\theta\sin\varphi$$

有

$$x'=x\cos\Theta+y\sin\Theta=r\sin\theta\cos(\varphi-\Theta)$$

所以

$$\Xi=-G\frac{m_E}{r}-G\frac{m_M r^2}{2L_{EM}^3}(3\sin^2\theta\cos^2\varphi-1)-G\frac{m_S r^2}{2L_{ES}^3}[3\sin^2\theta\cos^2(\varphi-\Theta)-1]+\cdots$$

为简单起见，我们对潮汐作静力学处理。静力学方程为$\nabla p=-\rho\nabla\Xi$，积分得$p=-\rho\Xi+C$，这里C为积分常数。应用所得方程$p=-\rho\Xi+C$到海洋表面，在海洋表面压强为大气压，是恒定的，所以当海洋处于静力学平衡时，海洋表面处的外力势Ξ为常数，即

$$\Xi=-G\frac{m_E}{r}-G\frac{m_M r^2}{2L_{EM}^3}(3\sin^2\theta\cos^2\varphi-1)-G\frac{m_S r^2}{2L_{ES}^3}[3\sin^2\theta\cos^2(\varphi-\Theta)-1]+\cdots$$
$$=\text{const}$$

设无潮汐时 $r=R_E$，这里 R_E 为地球半径，则 $h=r-R_E$ 为潮汐高度。使用 h，上式可写为

$$\varXi=-\frac{Gm_E}{R_E+h}-\frac{Gm_M}{2L_{EM}^3}(R_E+h)^2(3\sin^2\theta\cos^2\varphi-1)-$$

$$\frac{Gm_S}{2L_{ES}^3}(R_E+h)^2[3\sin^2\theta\cos^2(\varphi-\Theta)-1]+\cdots=\text{const}$$

由于 $h\ll R_E$，使用泰勒展开并保留到一级项得

$$\varXi=-\frac{Gm_E}{R_E}\left(1-\frac{h}{R_E}\right)-\frac{Gm_M R_E^2}{2L_{EM}^3}(3\sin^2\theta\cos^2\varphi-1)-$$

$$\frac{Gm_S R_E^2}{2L_{ES}^3}[3\sin^2\theta\cos^2(\varphi-\Theta)-1]=\text{const}$$

由于上式对任意的 θ 和 φ 均成立，有

$$\frac{Gm_E}{R_E^2}h-\frac{Gm_M R_E^2}{2L_{EM}^3}(3\sin^2\theta\cos^2\varphi)-\frac{Gm_S R_E^2}{2L_{ES}^3}[3\sin^2\theta\cos^2(\varphi-\Theta)]=0$$

化简得

$$h=\frac{m_M R_E^4}{2m_E L_{EM}^3}(3\sin^2\theta\cos^2\varphi)+\frac{m_S R_E^4}{2m_E L_{ES}^3}[3\sin^2\theta\cos^2(\varphi-\Theta)]$$

2.2.2 阿基米德定律

古希腊科学家阿基米德(图 2.2.3)发现了著名的浮力定律：水中静止不动的物体受到的浮力大小等于被物体所排出的水的重量，方向与重力方向相反，而且浮力的作用线通过被物体所排出的水的重心。

图 2.2.3 流体静力学奠基人阿基米德(Archimedes，公元前 287—公元前 212)

现在我们来证明浮力定律是流体静力学的推论。

证明：(1) 物体全部浸入水中

为了简化书写，引进爱因斯坦求和约定：只要同一下标符号在某一项中重复出现两次，意味着对该项的该下标的一切可取值求和。

物体所受的合力可以表示为

$$\boldsymbol{F}=\oint_S \boldsymbol{p}\,\mathrm{d}S=-\oint_S p\boldsymbol{n}\,\mathrm{d}S=-\boldsymbol{e}_i\oint_S pn_i\,\mathrm{d}S=-\boldsymbol{e}_i\int_V \frac{\partial p}{\partial x_i}\mathrm{d}V=-\int_V \nabla p\,\mathrm{d}V$$
$$=-\int_V \rho\boldsymbol{g}\,\mathrm{d}V=-\rho V\boldsymbol{g} \tag{2.2-5}$$

式中为方便起见我们使用了记号

$$\begin{gathered}x_1=x,\quad \boldsymbol{e}_1=\boldsymbol{e}_x,\quad x_2=y,\quad \boldsymbol{e}_2=\boldsymbol{e}_y,\quad x_3=z\\ \boldsymbol{e}_3=\boldsymbol{e}_z,\quad \boldsymbol{n}=\boldsymbol{e}_i n_i,\quad \boldsymbol{r}=\boldsymbol{e}_i x_i,\quad \boldsymbol{F}=\boldsymbol{e}_i F_i\end{gathered} \tag{2.2-6}$$

$\boldsymbol{n}=(n_1,n_2,n_3)$为物体表面的外法线方向的单位矢量,并且使用了高斯定理

$$\int_V \frac{\partial Q}{\partial x_i}\mathrm{d}V=\int_V \frac{\partial Q}{\partial x_i}\mathrm{d}x_1\,\mathrm{d}x_2\,\mathrm{d}x_3=\oint_S Qn_i\,\mathrm{d}S$$

从式(2.2-5)我们还获得了一个矢量公式

$$\oint_S f\,\mathrm{d}\boldsymbol{S}=\int_V \nabla f\,\mathrm{d}V$$

力矩为

$$\boldsymbol{M}=\oint_S \boldsymbol{r}\times\boldsymbol{p}\mathrm{d}S=-\oint_S \boldsymbol{r}\times p\boldsymbol{n}\,\mathrm{d}S$$

使用高斯定理力矩分量可以写为

$$M_x=-\oint_S (ypn_z-zpn_y)\mathrm{d}S=-\int_V\left[\frac{\partial(yp)}{\partial z}-\frac{\partial(zp)}{\partial y}\right]\mathrm{d}V=-\int_V\left[y\frac{\partial p}{\partial z}-z\frac{\partial p}{\partial y}\right]\mathrm{d}V$$
$$=-\int_V (\boldsymbol{r}\times\nabla p)_x\mathrm{d}V$$

把上式写成矢量式,得

$$\boldsymbol{M}=-\int_V \boldsymbol{r}\times\nabla p\mathrm{d}V=-\int_V \boldsymbol{r}\times\rho\boldsymbol{g}\,\mathrm{d}V=\rho\boldsymbol{g}\times\int_V \boldsymbol{r}\mathrm{d}V=\rho\boldsymbol{g}V\times\boldsymbol{r}'_C \tag{2.2-7}$$

式中 $\boldsymbol{r}'_C$为所排出的水的重心的位置矢量。

(2) 物体部分浸入水中

设物体浸入水中部分为 V_2,露出水面上部分为 V_1,水面上部分所受的压强为大气压 p_0,不变。由式(2.2-5)和式(2.2-7)得

$$\boldsymbol{F}=\oint_S \boldsymbol{p}\,\mathrm{d}S=-\oint_S p\boldsymbol{n}\,\mathrm{d}S=-\int_V \nabla p\,\mathrm{d}V=-\int_{V_1}\nabla p_0\,\mathrm{d}V-\int_{V_2}\nabla p\mathrm{d}V$$
$$=-\int_{V_2}\rho\boldsymbol{g}\,\mathrm{d}V=-\rho\boldsymbol{g}V_2$$

$$\boldsymbol{M}=-\int_V \boldsymbol{r}\times\nabla p\mathrm{d}V=-\int_{V_1}\boldsymbol{r}\times\nabla p\mathrm{d}V-\int_{V_2}\boldsymbol{r}\times\nabla p\mathrm{d}V=-\int_{V_2}\boldsymbol{r}\times\rho\boldsymbol{g}\,\mathrm{d}V$$
$$=\rho\boldsymbol{g}\times\int_{V_2}\boldsymbol{r}\mathrm{d}V=\rho\boldsymbol{g}V_2\times\boldsymbol{r}'_{C_2}$$

式中 $\boldsymbol{r}'_{C_2}$为物体所排出的水的重心的位置矢量。证毕。

【例 5】 阿基米德浮力定律的推广。如图 2.2.4 所示,一物体浸入两种互不混合的液体 1 和 2 中,密度分别为 ρ_1 和 ρ_2,一种液体在上面,另一种液体在下面,物体在两种液体中的体积分别为 V_1 和 V_2,求物体所受的力和力矩。

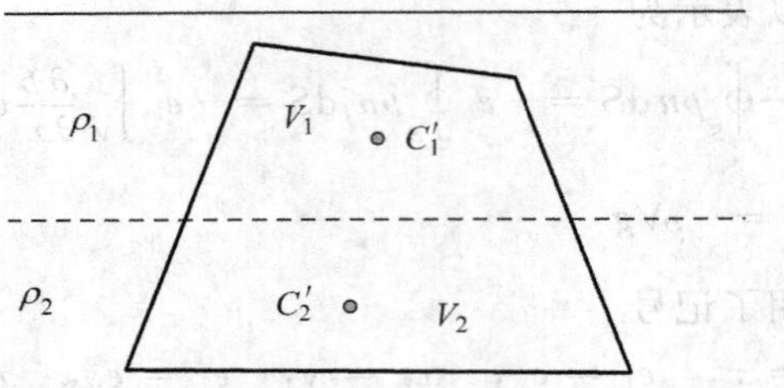

图 2.2.4 浸入两种互不混合的液体中的物体

解：由式(2.2-5)和式(2.2-7)得

$$\boldsymbol{F}=\oint_S \boldsymbol{p}\,\mathrm{d}S=-\oint_S p\boldsymbol{n}\,\mathrm{d}S=-\int_V \nabla p\,\mathrm{d}V=-\int_{V_1}\nabla p\,\mathrm{d}V-\int_{V_2}\nabla p\,\mathrm{d}V$$

$$=-\int_{V_1}\rho_1\boldsymbol{g}\,\mathrm{d}V-\int_{V_2}\rho_2\boldsymbol{g}\,\mathrm{d}V=-\rho_1\boldsymbol{g}V_1-\rho_2\boldsymbol{g}V_2$$

$$\boldsymbol{M}=-\int_V \boldsymbol{r}\times\nabla p\,\mathrm{d}V=-\int_V \boldsymbol{r}\times\rho\boldsymbol{g}\,\mathrm{d}V=-\int_{V_1}\boldsymbol{r}\times\rho_1\boldsymbol{g}\,\mathrm{d}V-\int_{V_2}\boldsymbol{r}\times\rho_2\boldsymbol{g}\,\mathrm{d}V$$

$$=\rho_1\boldsymbol{g}\times\int_{V_1}\boldsymbol{r}\,\mathrm{d}V+\rho_2\boldsymbol{g}\times\int_{V_2}\boldsymbol{r}\,\mathrm{d}V=\rho_1\boldsymbol{g}V_1\times\boldsymbol{r}_{C_1}'+\rho_2\boldsymbol{g}V_2\times\boldsymbol{r}_{C_2}'$$

式中 $\boldsymbol{r}_{C_1}'$ 和 $\boldsymbol{r}_{C_2}'$ 分别为物体所排出的液体 1 和 2 的重心的位置矢量。

将以上结果应用于部分浸入水中的物体，由于空气的密度远小于水的密度，阿基米德定律仍成立。

【例 6】 一物体部分浸入水中，讨论物体的平衡问题。

解：设 C' 为物体所排出的水的重心的位置，物体重心的位置为 C，一般情况下两个重心的位置并不重合。物体平衡的必要和充分条件为合力和合力矩等于零，即①浮力与重力大小相等；②浮力与重力两者的作用线重合。如果 C' 在 C 上，则平衡是稳定的。这是因为当物体受力稍微倾斜一点时，浮力与重力构成的力偶试图恢复平衡(图 2.2.5)。反之，如果 C 在 C' 上，则平衡是不稳定的。这是因为当物体受力稍微倾斜一点时，浮力与重力构成的力偶试图离开平衡(图 2.2.6)。

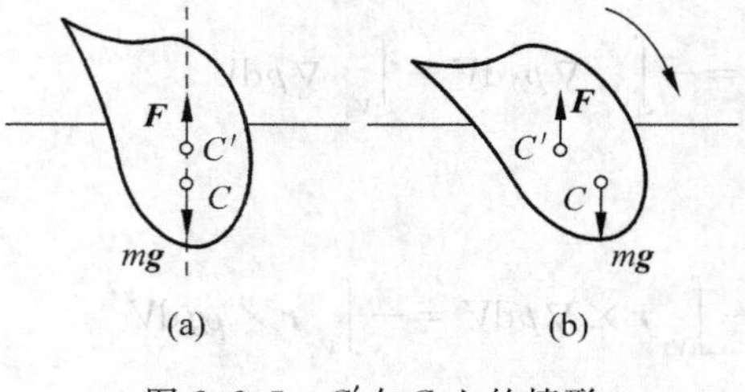

图 2.2.5 C' 在 C 上的情形

(a) 平衡时；(b) 偏离平衡时，产生的力矩试图恢复平衡

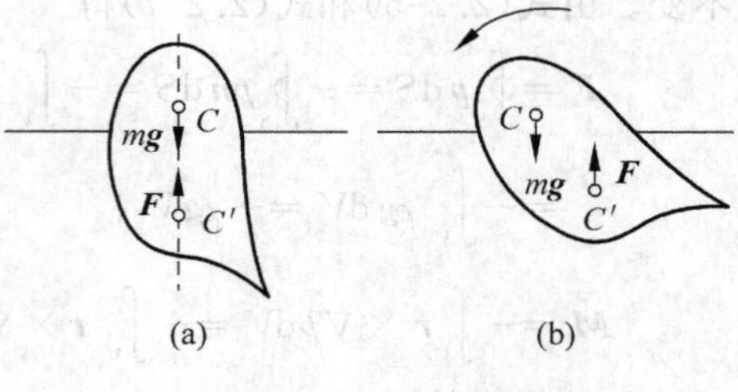

图 2.2.6 C 在 C' 上的情形

(a) 平衡时；(b) 偏离平衡时，产生的力矩试图离开平衡

【例 7】 证明一个密度小于水的均匀物体，放在水上总是不稳定的。

证明：一个密度小于水的均匀物体，放在水上，只有部分浸入水中。因此

$$\boldsymbol{r}_C=\frac{\int_{V_1}\boldsymbol{r}\,\mathrm{d}V+\int_{V_2}\boldsymbol{r}\,\mathrm{d}V}{V_1+V_2},\quad \boldsymbol{r}_{C'}=\frac{\int_{V_2}\boldsymbol{r}\,\mathrm{d}V}{V_2}$$

式中 V_1 和 V_2 分别为露出水面和浸入水中的体积。如图 2.2.7 所示，选 z 轴向上，坐标系的原点选在 C' 上，那么

$$z_{C'}=\frac{\int_{V_2} z\mathrm{d}V}{V_2}=0,\quad z_C=\frac{\int_{V_1} z\mathrm{d}V+\int_{V_2} z\mathrm{d}V}{V_1+V_2}=\frac{\int_{V_1} z\mathrm{d}V}{V_1+V_2}$$

由于 C' 在 V_2 内，V_1 在 V_2 上，因此在 V_1 内有 $z>0$，得 $z_C>0$，所以有 $z_{C'}<z_C$，即 C 在 C' 上，平衡是不稳定的。

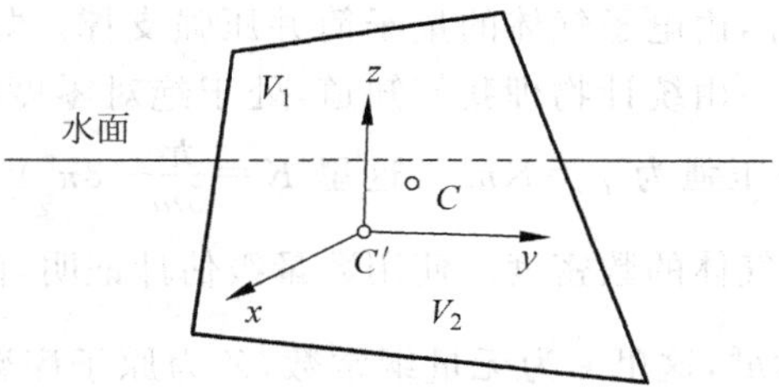

图 2.2.7　密度小于水的均匀物体

2.2.3　星体静力学平衡方程

假设星体由流体组成，没有旋转，静力学方程为

$$-\frac{1}{\rho}\nabla p=\nabla\Xi \tag{2.2-8}$$

式中 Ξ 为引力势，由下式给出

$$\Xi(\boldsymbol{r})=-G\int \mathrm{d}^3 r'\ \frac{\rho(\boldsymbol{r}')}{|\boldsymbol{r}'-\boldsymbol{r}|} \tag{2.2-9}$$

式中，$\rho(\boldsymbol{r}')$ 为质量密度，G 为万有引力常数。

把 ∇^2 作用于方程(2.2-9)两边，并应用 $\nabla^2\frac{1}{|\boldsymbol{r}'-\boldsymbol{r}|}=-4\pi\delta(\boldsymbol{r}'-\boldsymbol{r})$，我们看到 Ξ 满足泊松方程

$$\nabla^2\Xi=4\pi G\rho \tag{2.2-10}$$

用 ∇ 点乘方程(2.2-8)两边，并使用式(2.2-10)，得星体静力学方程

$$\nabla\cdot\left(\frac{1}{\rho}\nabla p\right)=-4\pi G\rho \tag{2.2-11}$$

对于质量足够大的星体，其质量和压强分布是球对称的，星体静力学方程化为

$$\frac{1}{r^2}\frac{\mathrm{d}}{\mathrm{d}r}\left(\frac{r^2}{\rho}\frac{\mathrm{d}p}{\mathrm{d}r}\right)=-4\pi G\rho \tag{2.2-12}$$

【例 8】 地球的简化模型：把地球看成由质量均匀分布的流体组成且不考虑旋转。

解：静力学方程为

$$\nabla \boldsymbol{p}=\rho\boldsymbol{g}=\boldsymbol{e}_r\frac{\mathrm{d}p}{\mathrm{d}r}=-\rho G\frac{1}{r^2}\rho\frac{4\pi r^3}{3}\boldsymbol{e}_r=-\frac{4\pi}{3}\rho^2 Gr\boldsymbol{e}_r$$

即

$$\frac{\mathrm{d}p}{\mathrm{d}r}=-\frac{4\pi}{3}\rho^2 Gr$$

积分得

$$p(r)=\frac{2\pi}{3}\rho^2G(R^2-r^2)$$

已使用边界条件：在地球表面压强为零 $p(R)=0$（忽略大气压，因为地球内部的压强远大于大气压）。

【例 9】 著名物理学家费米说过："经常是，使用冗长数学手段推出的结果，并不比粗数量级计算得到的结果更好。"白矮星由处于电离状态的原子核和电子构成，温度可看成绝对零度，相互作用可忽略不计，由电子气体的量子简并压强支撑。如果白矮星质量不大，电子气体可看成非相对论性的。由统计物理我们知道，处于绝对零度的非相对论性的无相互作用的电子气体的量子简并压强为 $p=Kn_e^{5/3}$，这里 $K=\frac{\hbar^2}{5m_e}(3\pi^2)^{2/3}$，$h=2\pi\hbar$ 为普朗克常量，m_e 为电子质量，n_e 为电子气体的数密度。使用数量级估计证明，白矮星的质量 M 和半径 R 存在关系 $MR^3=\kappa\frac{K^3Z^5}{G^3m_n^5}\propto h^6$，这里 κ 为无量纲常数，Z 为原子序数，m_n 为原子核质量，G 为引力常数。

证明：根据星体平衡方程(2.2-12)作数量级估计得

$$p\sim G\rho^2R^2 \tag{1}$$

式中 ρ 为白矮星的质量密度。由于白矮星是电中性的，白矮星内的电子数目与原子核的数目 N 的比值等于原子序数 Z，有 $\rho\sim MR^{-3}\sim N(m_n+Zm_e)R^{-3}\sim Nm_nR^{-3}$，$n_e\sim ZNR^{-3}$。因此有

$$\rho\sim MR^{-3}\sim Nm_nR^{-3}\sim n_em_n/Z \tag{2}$$

使用 $p=Kn_e^{5/3}$、式(1)和式(2)得

$$p\sim G\rho^2R^2\sim Kn_e^{5/3}\sim K\left(\frac{Z}{m_n}\rho\right)^{5/3}\sim G(MR^{-3})^2R^2\sim K\left(\frac{Z}{m_n}\right)^{5/3}(MR^{-3})^{5/3}$$

即

$$MR^3=\kappa\left(\frac{\hbar^2}{Gm_e}\right)^3\left(\frac{Z}{m_n}\right)^5\propto h^6$$

数值计算给出

$$R^3M=91.88\left(\frac{\hbar^2}{Gm_e}\right)^3\left(\frac{Z}{m_n}\right)^5$$

计算细节见朗道和栗弗席兹的统计物理书。

【例 10】 重原子的统计模型（托马斯-费米模型）：重原子由带正电 Ze 的原子核和核外的 Z 个电子构成，由非相对论性的电子气体的量子简并压强 $p=Kn_e^{5/3}$ 支撑，这里 $K=\frac{\hbar^2}{5m_e}(3\pi^2)^{2/3}$ 为常数，n_e 为电子气体的数密度。使用数量级估计证明，重原子的能量为 $E_t=\alpha Z^{7/3}E_1$，这里 α 为无量纲常数，$E_1=-\frac{m_ee^4}{8\varepsilon_0^2h^2}=-13.6\text{eV}$ 为氢原子的基态能，ε_0 为真空介电常数，e 为电子电荷值。

解：设原子的特征尺寸为 R。根据库仑定律，原子内部的电场强度的数量级为 $E\sim\frac{Ze}{\varepsilon_0R^2}$，电子气体的电荷密度的数量级为 $\rho_e\sim\frac{Ze}{R^3}$。根据电子气体的平衡方程 $\nabla p=\rho_eE$，电子气

体压强的数量级为 $p\sim R\rho_e E\sim \dfrac{(Ze)^2}{\varepsilon_0 R^4}$，此压强为电子气体的量子简并压强 $p=Kn_e^{5/3}$，这里电子气体的数密度的数量级为 $n_e\sim \dfrac{Z}{R^3}$，因此有

$$p\sim \frac{(Ze)^2}{\varepsilon_0 R^4}\sim Kn_e^{5/3}\sim K\left(\frac{Z}{R^3}\right)^{5/3}$$

即

$$R\sim \frac{K\varepsilon_0}{e^2}Z^{-1/3}$$

原子的总能量 E_t 由电子气体的动能 E_k、电子之间的势能及电子与原子核之间的势能构成，均为同一数量级，即 $E_t\sim E_k\sim E_p\sim \dfrac{1}{\varepsilon_0}\dfrac{(Ze)^2}{R}$。所以有

$$E_t\sim \frac{1}{\varepsilon_0}\frac{(Ze)^2}{R}\sim \frac{e^4}{K{\varepsilon_0}^2}Z^{7/3}$$

即 $E_t=\alpha Z^{7/3}E_1$。使用氦原子的电离能的实验值 79.005eV 来计算，得 $\alpha=1.1527$。使用锂原子的电离能的实验值 203.456eV 来计算，得 $\alpha=1.1525$。托马斯-费米模型给出 $\alpha=1.5294$，细节见朗道和栗弗席兹的量子力学书。

习题

2-2-1 考虑例 1 的大气层简化模型，已知 $g=9.8\text{m/s}^2$，$p_0=1.013\times 10^5\text{Pa}$，$\rho_0=1.29\text{kg/m}^3$，$\gamma=1.40$，计算大气层厚度及总质量。

2-2-2 有一盛水的开口容器以恒定加速度 a 沿与水平方向夹角为 θ 的斜面向上运动，求容器中水面的形状。

2-2-3 用例 4 推导出的潮汐高度公式分别计算由月球和太阳引起的潮汐的最大高度。月球和太阳哪一个对潮汐的贡献大？

2-2-4 取地球参考系为惯性参考系，研究潮汐的静力学模型。

提示：如图 2.2.8 所示，证明在地球参考系，施加于海洋里的质量为 m 的流体质点的合外力为

$$-G\frac{mm_E}{r^3}\boldsymbol{r}+G\frac{mm_M}{|L_{EM}\boldsymbol{e}_x-\boldsymbol{r}|^3}(L_{EM}\boldsymbol{e}_x-\boldsymbol{r})+G\frac{mm_M}{|L_{ES}\boldsymbol{e}'_x-\boldsymbol{r}|^3}(L_{ES}\boldsymbol{e}'_x-\boldsymbol{r})\equiv -m\nabla\Xi$$

积分得在地球参考系地球表面处的外力势

$$\Xi=-G\frac{m_E}{r}-G\frac{m_M}{|L_{EM}\boldsymbol{e}_x-\boldsymbol{r}|}-G\frac{m_S}{|L_{ES}\boldsymbol{e}'_x-\boldsymbol{r}|}$$

作泰勒展开并保留到一级项得

$$\begin{aligned}\Xi&=-G\frac{m_E}{r}-G\frac{m_M}{L_{EM}^2}x-G\frac{m_S}{L_{ES}^2}x'\\&=-G\frac{m_E}{r}-G\frac{m_M}{L_{EM}^2}r\sin\theta\cos\varphi-G\frac{m_S}{L_{ES}^2}r\sin\theta\cos(\varphi-\Theta)\end{aligned}$$

对潮汐作静力学处理，证明潮汐高度为

$$h=\frac{m_M}{m_E}\frac{R_E^3}{L_{EM}^2}\sin\theta\cos\varphi+\frac{m_S}{m_E}\frac{R_E^3}{L_{ES}^2}\sin\theta\cos(\varphi-\Theta)$$

作数量级估计

$$\frac{m_{\mathrm{E}}}{m_{\mathrm{M}}}\sim 81,\quad \frac{R_{\mathrm{E}}}{L_{\mathrm{EM}}}\sim\frac{1}{60},\quad \frac{m_{\mathrm{M}}}{m_{\mathrm{E}}}\frac{R_{\mathrm{E}}^3}{L_{\mathrm{EM}}^2}\sim 20\mathrm{m}$$

$$\frac{m_{\mathrm{E}}}{m_{\mathrm{S}}}\sim 3\times10^{-6},\quad \frac{R_{\mathrm{E}}}{L_{\mathrm{ES}}}\sim 4\times10^{-5},\quad \frac{m_{\mathrm{S}}}{m_{\mathrm{E}}}\frac{R_{\mathrm{E}}^3}{L_{\mathrm{ES}}^2}\sim 3000\mathrm{m}$$

大洋处观测到的潮差约为1m。理论值远大于观察值，说明对于潮汐地球参考系不是一个近似程度很好的惯性系。

2-2-5　一个人质量 $m=63\mathrm{kg}$，身高 $H=1.7\mathrm{m}$，站着时重心高 $H_1=0.9\mathrm{m}$，坐着时重心高 $H_2=0.3\mathrm{m}$。一个长方体形塑料盆（可忽略质量），长、宽、高分别为 $a=0.3\mathrm{m}$、$b=0.3\mathrm{m}$、$c=1\mathrm{m}$。盆放在水上，人站在或坐在盆中心，分别讨论平衡问题。

2-2-6　一密度与水相同的半径为 R 的圆球悬浮于水中，若将球从水中取出，问至少需做多少功？

2-2-7　为了测量一个物体的密度 ρ，第一步把它放在台秤上，记下读数 m；第二步把一杯密度为 ρ_l 的液体放在秤上，记下读数 M_1；第三步把物体用细线绑上，用手提着物体，让它全部浸入液体中，记下读数 M_2。证明物体的密度为 $\rho=\rho_l\dfrac{m}{M_2-M_1}$。

2-2-8　一立方体木块，初始时如图 2.2.9(a)所示，一半浮在水中，处于平衡状态，已知边长为 20cm，重心距左边 10cm，距底边 6cm。现在让木块倾斜 45°，如图 2.2.9(b)所示，求此时木块受到的力矩。问初始位置是否是稳定平衡？

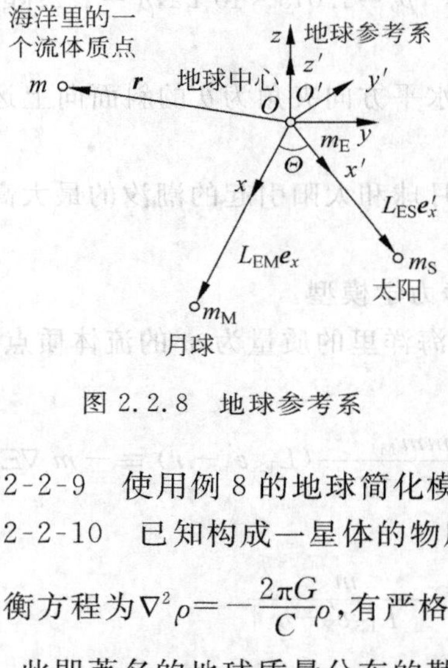

图 2.2.8　地球参考系

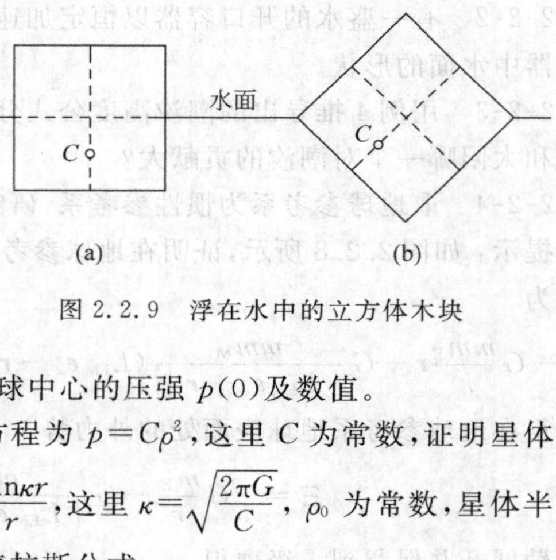

图 2.2.9　浮在水中的立方体木块

2-2-9　使用例 8 的地球简化模型计算地球中心的压强 $p(0)$ 及数值。

2-2-10　已知构成一星体的物质的状态方程为 $p=C\rho^2$，这里 C 为常数，证明星体静力学平衡方程为 $\nabla^2\rho=-\dfrac{2\pi G}{C}\rho$，有严格解 $\rho=\rho_0\dfrac{\sin\kappa r}{r}$，这里 $\kappa=\sqrt{\dfrac{2\pi G}{C}}$，$\rho_0$ 为常数，星体半径为 π/κ。此即著名的地球质量分布的勒让德-拉普拉斯公式。

2-2-11　已知构成一星体的物质的状态方程为 $p=C\rho^{6/5}$，这里 C 为常数，证明星体静力学平衡方程有严格解 $p=C\rho^{6/5}=\dfrac{27a^3C^{5/2}}{(2\pi G)^{3/2}}(a^2+r^2)^{-3}$，星体半径为无穷大，但总质量有限。

2-2-12　白矮星由电子气体的量子简并压强支撑。如果白矮星质量足够大，其电子气体将是相对论性的。在极端相对论性的情况下，使用统计物理容易证明电子气体的量子简并压强为 $p=Kn_{\mathrm{e}}^{4/3}$，这里 $K=\dfrac{\hbar c}{4}(3\pi^2)^{1/3}$ 为常数，n_{e} 为电子气体的数密度，c 为真空中的光速。使用数量级估计证明,白矮星的质量为唯一值,即 $M=\alpha\left(\frac{\hbar c}{G}\right)^{3/2}\left(\frac{Z}{m_n}\right)^2$,这里 α 为无量纲常数。因此白矮星质量存在一个上限,称为钱德拉塞卡(Chandrasekhar)极限,数值计算结果为

$$M = 3.09761\left(\frac{\hbar c}{G}\right)^{3/2}\left(\frac{Z}{m_n}\right)^2 \cong 2.855\times 10^{30}\,\mathrm{kg} = 1.435M_S$$

为太阳质量的 1.435 倍。计算细节见朗道和栗弗席兹的统计物理书。

2.3 表面张力现象与拉普拉斯公式

2.3.1 表面张力现象

观察表明,液体的表面有点像绷紧的弹性薄膜,有收缩的趋势,这种现象称为表面张力。使表面有着收缩趋势的力称为表面张力。例如,夏天经常可见昆虫在湖面上停留或滑行。由于液体分子之间极为短程的相互作用,两种不同液体之间的相互作用是通过分界面两侧附近厚度为零点几个纳米的分子层内的分子之间的相互作用实现的。从微观角度看,表面张力起源于分界面处分子层内的分子受到的相互作用力的不对称分布。对于同一液体内部的分子,周围液体分子的分布统计上是对称的,其受力情况从统计上讲也是对称分布的,导致液体内部分子受到的合外力的统计平均值为零。而处在分界面处的分子层内的分子,一方面受到同一液相内相同物质分子的作用,另一方面受到相邻的性质不同的另一相中物质分子的作用,其受力情况从统计上讲不是对称分布的,导致其受到的合外力不为零。从宏观角度看,分界面处的分子层可以当成无限薄的几何面来处理。

表面张力方向与分界线垂直并与液体表面相切,指向液面收缩趋势的方向。表面张力由表面张力系数来描述。设想在液面上作一单位长度的线段,其两旁液面的相互拉力定义为表面张力系数 σ。

将含有一个活动边框的金属线框架放在肥皂液中,然后取出悬挂,活动边在下面,如图 2.3.1 所示。由于金属框上的肥皂膜的表面张力作用,可滑动的边会被向上拉,直至顶部。施加外力与表面张力相等,即 $F=2\sigma l$,此时活动边处于平衡状态。让活动边无限缓慢移动 $\mathrm{d}x$,外力所做的功为

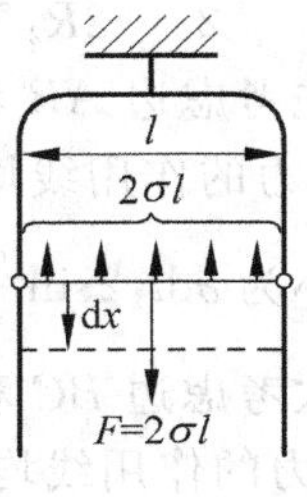

图 2.3.1 金属框上的肥皂膜

$$\mathrm{d}A = F\mathrm{d}x = 2\sigma l\,\mathrm{d}x = \sigma\mathrm{d}S \tag{2.3-1}$$

式中 $\mathrm{d}S$ 为液面增加的面积。式(2.3-1)表明,表面张力系数 σ 等于液面增加单位面积时外力所做的功。由于外力所做的功完全用于克服表面张力,转化为液面表面能 E,得

$$\sigma = \frac{\mathrm{d}E}{\mathrm{d}S} \tag{2.3-2}$$

即表面张力系数 σ 等于单位面积液面的表面能。常见液体的表面张力系数见表 2.3.1。

表 2.3.1 常见液体的表面张力系数

液体	温度/℃	表面张力系数 $\sigma/(\times 10^{-3}\,\mathrm{N/m})$
酒精	20	22.3
肥皂水	20	25.0
苯	20	28.9
水	18	73
水银	18	490
液态铅	335	473

2.3.2 拉普拉斯公式

由于表面张力的存在，两种流体分界面两侧的压强不相等。现在我们来确定压强差。

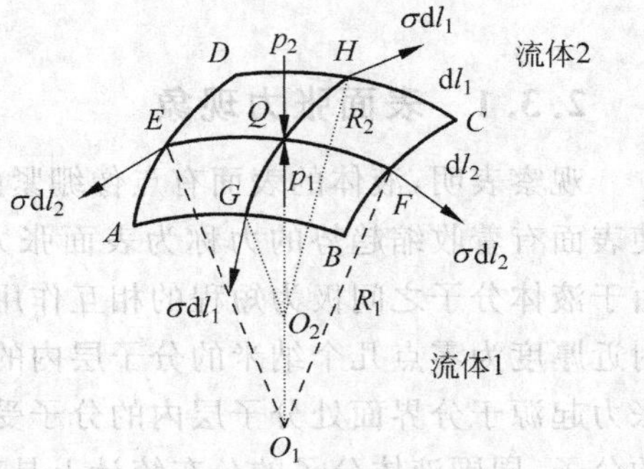

图 2.3.2 流体分界面的一个面元的受力情况

考虑两种互不混合的流体 1 和 2 的分界面，表面张力系数为 σ，两边的压强分别为 p_1 和 p_2。如图 2.3.2 所示，在分界面上取一个无穷小的近似矩形的面元 $ABCD$，面元中心在 Q 点。过 Q 横跨面元作平行于面元的边的两条相互垂直的曲线 EQF 和 GQH，忽略高阶无穷小，曲线 AB、CD 和 EQF 相互平行、长度相等，即 $\overline{AB}=\overline{CD}=\overline{EQF}=\mathrm{d}l_1$，其曲率半径为 R_1；曲线 BC、DA 和 GQH 相互平行、长度相等，即 $\overline{BC}=\overline{DA}=\overline{GQH}=\mathrm{d}l_2$，其曲率半径为 R_2。设 EQF 的曲率中心在 O_1，有 $\angle EO_1Q=\angle FO_1Q=\dfrac{\mathrm{d}\alpha_1}{2}=\dfrac{\mathrm{d}l_1}{2R_1}$。设 GQH 的曲率中心在 O_2，有 $\angle GO_2Q=\angle HO_2Q=\dfrac{\mathrm{d}\alpha_2}{2}=\dfrac{\mathrm{d}l_2}{2R_2}$。$Q$、$O_1$ 和 O_2 在一条直线上。假设 O_1 和 O_2 在流体 1 内。

首先考虑边 AB 和 CD，所受的表面张力的合力大小均为 $\sigma \mathrm{d}l_1$，合力的作用点分别在 G 和 H，合力的作用线均在平面 GO_2H，方向分别垂直于 GO_2 和 O_2H，如图 2.3.3 所示。总的合力大小为 $\sigma \mathrm{d}l_1 2\sin\dfrac{\mathrm{d}\alpha_2}{2}=\sigma \mathrm{d}l_1\mathrm{d}\alpha_2=\sigma\dfrac{1}{R_2}\mathrm{d}l_1\mathrm{d}l_2$，方向沿 QO_2。

其次考虑边 BC 和 DA，所受的表面张力的合力大小均为 $\sigma \mathrm{d}l_2$，合力的作用点分别在 E 和 F，合力的作用线均在平面 EO_1F，方向分别垂直于 EO_1 和 FO_1，如图 2.3.4 所示。总的合力大小为 $\sigma \mathrm{d}l_2 2\sin\dfrac{\mathrm{d}\alpha_1}{2}=\sigma\dfrac{1}{R_1}\mathrm{d}l_1\mathrm{d}l_2$，方向沿 QO_1。因此面元所受的表面张力的合力大小为 $\sigma\left(\dfrac{1}{R_1}+\dfrac{1}{R_2}\right)\mathrm{d}l_1\mathrm{d}l_2$，方向沿 QO_1。面元所受的压力大小为 $(p_2-p_1)\mathrm{d}l_1\mathrm{d}l_2$，方向沿 QO_1。

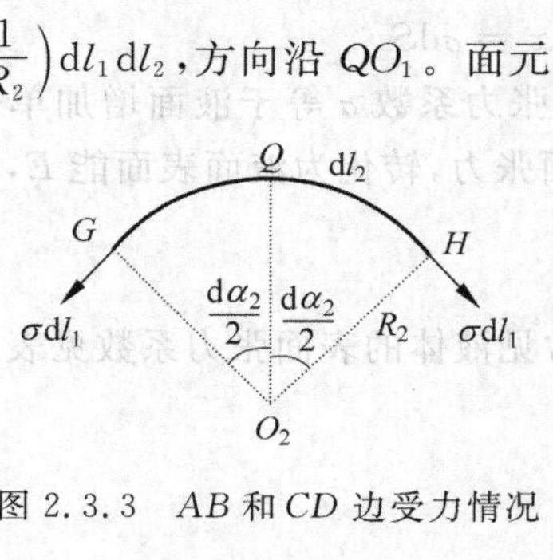

图 2.3.3 AB 和 CD 边受力情况

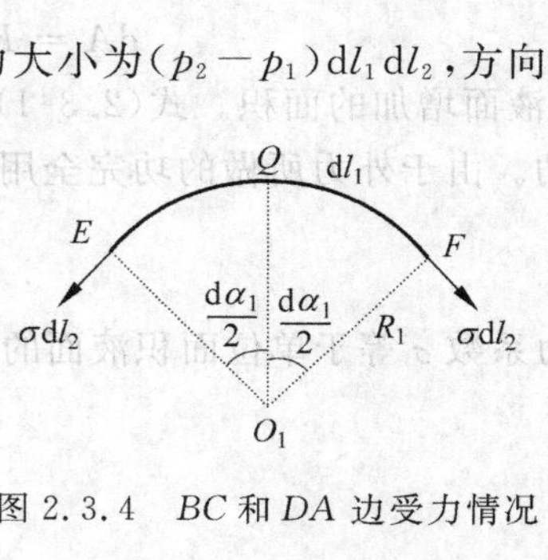

图 2.3.4 BC 和 DA 边受力情况

由以上结果，得面元受力平衡条件为

$$(p_2-p_1)\mathrm{d}l_1\mathrm{d}l_2+\sigma\left(\frac{1}{R_1}+\frac{1}{R_2}\right)\mathrm{d}l_1\mathrm{d}l_2=0$$

即

$$p_1-p_2=\sigma\left(\frac{1}{R_1}+\frac{1}{R_2}\right) \tag{2.3-3}$$

式(2.3-3)称为拉普拉斯公式。我们规定曲率半径 R_1 和 R_2 的正负号为：如果曲率中心 O_1 和 O_2 在流体 1，R_1 和 R_2 为正；如果曲率中心 O_1 和 O_2 在流体 2，R_1 和 R_2 为负。在微分几何里可以证明，虽然 R_1 和 R_2 的值分别依赖于曲线 EQF 和 GQH，但是 $\frac{1}{R_1}+\frac{1}{R_2}$ 与曲线 EQF 和 GQH 无关。拉普拉斯公式(2.3-3)也证明了这点。

2.3.3 曲率半径公式

首先考虑最简单的情况，即稍微偏离平面 $z=0$ 的分界面 $z=z(x)$，此时 $R_2=\infty$，现在求 R_1。考虑图 2.3.5 中 xz 平面内的一条曲线 $z=z(x)$，其上的一微段 $\mathrm{d}l_1=\sqrt{\mathrm{d}x^2+\mathrm{d}z^2}$，有 $\tan\theta=\frac{\mathrm{d}z}{\mathrm{d}x}$，$\mathrm{d}\alpha_1=-\mathrm{d}\theta$，所以曲率为

$$\frac{1}{R_1}=\frac{\mathrm{d}\alpha_1}{\mathrm{d}l_1}=-\frac{\mathrm{d}\theta}{\mathrm{d}l_1}=-\frac{\dfrac{\partial^2 z}{\partial x^2}}{\left[1+\left(\dfrac{\partial z}{\partial x}\right)^2\right]^{3/2}}\cong-\frac{\partial^2 z}{\partial x^2} \tag{2.3-4}$$

式(2.3-4)成立的条件是 $\tan^2\theta=\left(\frac{\partial z}{\partial x}\right)^2\ll 1$，即 $\tan^2\theta\ll 1$。例如 $\theta=5°$，$\tan^2\theta=0.007654$，我们看到，成立的条件大致为 $0°<|\theta|<5°$。接下来推广到一般情况。

考虑稍微偏离平面 $z=0$ 的流体分界面 $z=z(x,y)$，在其上选取一个近似矩形的面元 $ABCD$。如图 2.3.6 所示，作 GQH 和 EQF，使 GQH 近似平行于 xz 平面，使 EQF 近似平行于 yz 平面。由式(2.3-4)可知，GQH 的曲率近似为 $\frac{1}{R_2}\cong-\frac{\partial^2 z}{\partial x^2}$，$EQF$ 的曲率近似为 $\frac{1}{R_1}\cong-\frac{\partial^2 z}{\partial y^2}$。因此有

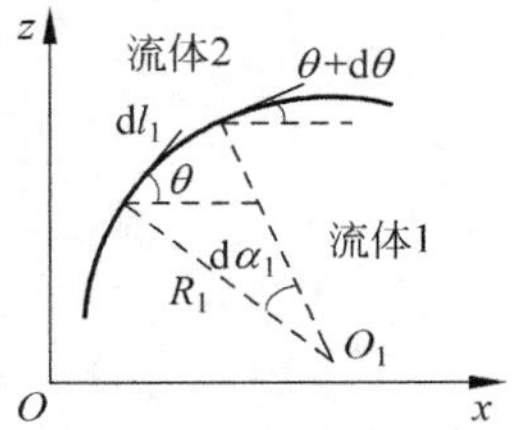

图 2.3.5 曲线 $z=z(x)$ 的曲率半径

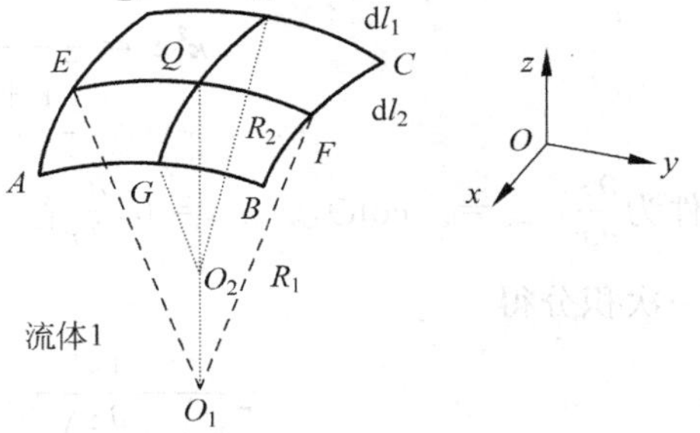

图 2.3.6 流体分界面的一个面元的两个主曲率半径

$$\frac{1}{R_1}+\frac{1}{R_2}\cong -\frac{\partial^2 z}{\partial x^2}-\frac{\partial^2 z}{\partial y^2} \tag{2.3-5}$$

把式(2.3-5)代入拉普拉斯公式(2.3-3)得

$$p_1-p_2=-\sigma\left(\frac{\partial^2 z}{\partial x^2}+\frac{\partial^2 z}{\partial y^2}\right) \tag{2.3-6}$$

式(2.3-6)中规定沿 z 轴方向流体 2 在流体 1 的上面。式(2.3-6)只有当分界面稍微偏离平面时才成立。

现在讨论在地球表面方程(2.3-6)成立的条件。由液体的密度 ρ、表面张力系数 σ 和重力加速度 g 可以构造出一个常数

$$\kappa=\sqrt{\frac{\rho g}{\sigma}} \tag{2.3-7}$$

$1/\kappa$ 具有长度的量纲,称为表面张力长度。液面的形状由表面张力长度决定。当表面张力长度远大于液面的特征线度时,表面张力效应远大于重力效应。反之,当表面张力长度远小于液面的特征线度时,表面张力效应远小于重力效应,此时液面接近平面,方程(2.3-6)成立。

【例 1】 一表面张力系数为 σ 的液体与竖直的墙壁接触,接触角为 Θ,使用不作近似的曲率半径公式确定液面的形状及液体爬上墙壁的高度。

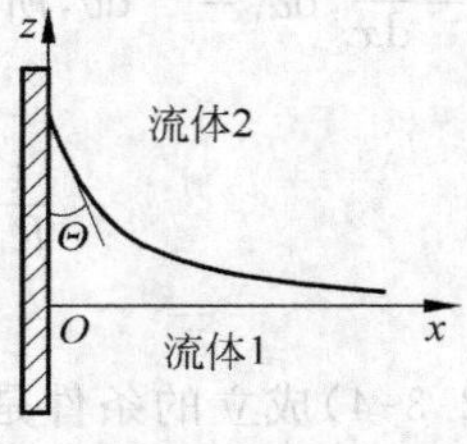

图 2.3.7 与墙壁接触的液面的形状

解:取 $x=0$ 为墙壁平面,$z=0$ 为远离墙壁的液面平面,如图 2.3.7 所示。液面上方是大气,液面的上侧压强为大气压,即 $p_2=p_0$。液面的下侧压强由流体静止压强公式(2.2-3)给出,即 $p_1(z)=p_1(z=0)-\rho g z$。由于远离墙壁的液面为平面,那里没有压强差,因此有 $p_1(z=0)=p_0$,得 $p_1=p_0-\rho g z$,$p_1-p_2=-\rho g z$。对曲率半径公式不作近似,由式(2.3-4)得

$$-\rho g z=-\sigma\frac{\dfrac{\partial^2 z}{\partial x^2}}{\left[1+\left(\dfrac{\partial z}{\partial x}\right)^2\right]^{3/2}}$$

即

$$\kappa^2 z=\frac{\dfrac{\partial^2 z}{\partial x^2}}{\left[1+\left(\dfrac{\partial z}{\partial x}\right)^2\right]^{3/2}}$$

边界条件为$\dfrac{\partial z}{\partial x}\Big|_{x=0}=-\cot\Theta$,$z|_{x=\infty}=0$,$\dfrac{\partial z}{\partial x}\Big|_{x=\infty}=0$。

第一次积分得

$$\frac{1}{\left[1+\left(\dfrac{\partial z}{\partial x}\right)^2\right]^{1/2}}=B-\frac{\kappa^2 z^2}{2} \tag{1}$$

式中 B 为积分常数。由无穷远处的边界条件得 $B=1$。

把$\frac{\partial z}{\partial x}\big|_{x=0}=-\cot\Theta$代入式(1)得液体爬上墙壁的高度

$$h=z(x=0)=\frac{\sqrt{2}}{\kappa}\sqrt{1-\sin\Theta}$$

定义$1-\frac{\kappa^2 z^2}{2}=\cos\beta$,注意到$\frac{\partial z}{\partial x}<0$,式(1)化为

$$\frac{\cos\beta}{\sin\frac{\beta}{2}}\mathrm{d}\beta=\mathrm{d}\left[-2\ln\frac{1+\cos\frac{\beta}{2}}{\sin\frac{\beta}{2}}+4\cos\frac{\beta}{2}\right]=-2\kappa\mathrm{d}x$$

第二次积分得

$$x=\frac{1}{\kappa}\ln\frac{\frac{2}{\kappa z}+\sqrt{\left(\frac{2}{\kappa z}\right)^2-1}}{\frac{2}{\kappa h}+\sqrt{\left(\frac{2}{\kappa h}\right)^2-1}}-\frac{2}{\kappa}\left(\sqrt{1-\frac{1}{4}\kappa^2 z^2}-\sqrt{1-\frac{1}{4}\kappa^2 h^2}\right)$$

当$\kappa x\gg 1$时,有$\kappa z\ll 1$,液面的形状为

$$z=h\mathrm{e}^{-\kappa x}$$

液面的特征线度为x,$\kappa x\gg 1$意味着表面张力长度远小于液面的特征线度,表面张力效应远小于重力效应,此时液面接近平面,方程(2.3-6)成立。

【例 2】 接例1,假设方程(2.3-6)成立,确定液面的形状。确定方程(2.3-6)在整个液面范围内成立的条件。

解:使用例1的记号和约定,得

$$\kappa^2 z=\frac{\partial^2 z}{\partial x^2}$$

解为$z=A\mathrm{e}^{\kappa x}+B\mathrm{e}^{-\kappa x}$,$A$和$B$为积分常数。利用边界条件$z|_{x=\infty}=0$,$\frac{\partial z}{\partial x}\big|_{x=0}=-\cot\Theta$得

$$z=\frac{\cot\Theta}{\kappa}\mathrm{e}^{-\kappa x}$$

因此液体爬上墙壁的高度为$h=z|_{x=0}=\frac{\cot\Theta}{\kappa}$。

方程(2.3-6)在整个液面范围内成立,要求$\tan^2\theta=\left(\frac{\partial z}{\partial x}\right)^2\ll 1$,而$\tan^2\theta$的最大值为$\cot^2\Theta$,因此要求$\cot^2\Theta\ll 1$。成立的条件为$85°<|\Theta|<90°$。液体爬上墙壁的高度化为

$$h=\frac{\cot\Theta}{\kappa}\cong\frac{1}{\kappa}\left(\frac{\pi}{2}-\Theta\right)$$

【例 3】 一表面张力系数为σ的液体被置于两竖直的墙壁之间,间距为b,已知液体与墙壁的接触角均为Θ,假设方程(2.3-6)在整个液面范围内成立。确定液面的形状。

解:取液面的最低点作为坐标系原点,z轴竖直向上,x轴垂直于墙壁,墙壁位置分别为$x=-b/2$和$x=b/2$,如图2.3.8所示。液面的上侧压强为大气压,即$p_2=p_0$。液面的下侧压强为$p_1=p(z=0)-\rho g z$。把这些结果代入方程(2.3-6)得

$$p(z=0)-p_0-\rho g z=-\sigma\frac{\partial^2 z}{\partial x^2}$$

定义$\tilde{z}=z-\dfrac{p_1(z=0)-p_0}{\rho g}$，上式化为

$$\kappa^2\tilde{z}=\frac{\partial^2\tilde{z}}{\partial x^2}$$

解为

$$\tilde{z}=A\mathrm{e}^{\kappa x}+B\mathrm{e}^{-\kappa x}$$

式中 A 和 B 为积分常数。

边界条件为

$$z\big|_{x=0}=0,\quad \frac{\partial z}{\partial x}\Big|_{x=0}=0,\quad \frac{\partial z}{\partial x}\Big|_{x=\pm b/2}=\mp\cot\Theta$$

利用边界条件得

$$z=\frac{\cot\Theta}{\kappa\sinh\left(\dfrac{\kappa b}{2}\right)}[\cosh(\kappa x)-1]$$

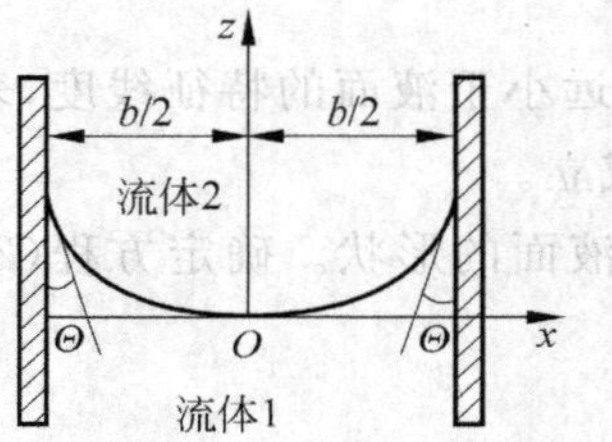

图 2.3.8　两墙壁之间的液面的形状

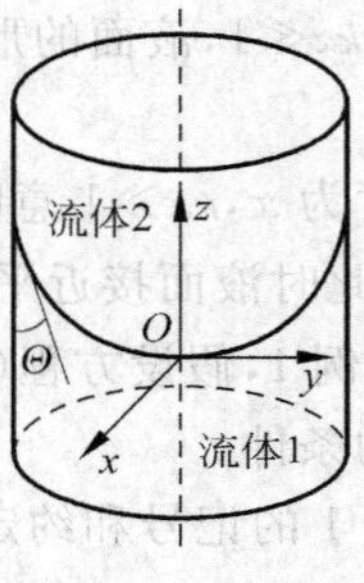

图 2.3.9　圆管里的液面的形状

【例 4】 一竖直的半径为 a 的圆管里装有表面张力系数为 σ 的液体，已知液体与管壁的接触角为 Θ，假设方程(2.3-6)在整个液面范围内成立，确定液面的形状。

解：取液面的最低点作为坐标系原点，z 轴竖直向上，如图 2.3.9 所示。液面的上侧压强为 $p_2=p_0$，液面的下侧压强为 $p_1=p_1(z=0)-\rho gz$，这里 p_0 为大气压。把这些结果代入方程(2.3-6)得

$$p_0+\rho gz-p_1(z=0)=\sigma\left(\frac{\partial^2 z}{\partial x^2}+\frac{\partial^2 z}{\partial y^2}\right)$$

定义$\tilde{z}=z-\dfrac{p_1(z=0)-p_0}{\rho g}$，上式化为

$$\kappa^2\tilde{z}=\left(\frac{\partial^2}{\partial x^2}+\frac{\partial^2}{\partial y^2}\right)\tilde{z}$$

转换成柱坐标系得

$$\frac{1}{R}\frac{\partial}{\partial R}\left(R\frac{\partial\tilde{z}}{\partial R}\right)+\frac{1}{R^2}\frac{\partial^2\tilde{z}}{\partial\varphi^2}=\kappa^2\tilde{z}$$

由于轴对称性，$z=z(R)$，上式化为

$$\frac{\mathrm{d}^2\tilde{z}}{\mathrm{d}\tilde{R}^2}+\frac{1}{\tilde{R}}\frac{\mathrm{d}\tilde{z}}{\mathrm{d}\tilde{R}}-\tilde{z}=0$$

式中$\widetilde{R}=\kappa R$。上式属于虚宗量贝塞尔方程类型[11]

$$\frac{d^2 w}{dx^2}+\frac{1}{x}\frac{dw}{dx}-\left(1+\frac{\lambda^2}{x^2}\right)w=0$$

其解为虚宗量贝塞尔函数

$$I_\lambda(x)=e^{-i\pi\lambda/2}J_\lambda(ix)=\left(\frac{x}{2}\right)^\lambda\sum_{n=0}^{\infty}\frac{1}{n!\Gamma(n+\lambda+1)}\left(\frac{x}{2}\right)^{2n}$$

所以解为

$$z-\frac{p_1(z=0)-p_0}{\rho g}=AI_0(\widetilde{R})=AI_0(\kappa R),\quad I_0(\kappa R)=\sum_{n=0}^{\infty}\frac{1}{(n!)^2}\left(\frac{\kappa R}{2}\right)^{2n}$$

式中A为待定常数。利用边界条件$\frac{\partial z}{\partial R}\big|_{R=a}=\cot\Theta, z\big|_{R=0}=0$得

$$p_1(z=0)=p_0-\rho g\frac{\cot\Theta}{\kappa I'_0(\kappa a)},\quad z=\frac{\cot\Theta}{\kappa I'_0(\kappa a)}[I_0(\kappa R)-1]$$

液体爬上墙壁的高度为$h=\frac{\cot\Theta}{\kappa I'_0(\kappa a)}[I_0(\kappa a)-1]$。

当$\kappa a\gg1$及$R\sim a$时，利用$\lim\limits_{x\to\infty}I_\lambda(x)=\frac{1}{\sqrt{2\pi x}}e^x$得

$$z=\frac{\cot\Theta}{\kappa I'_0(\kappa a)}[I_0(\kappa R)-1]\to\frac{\cot\Theta}{\kappa}\sqrt{\frac{a}{R}}e^{\kappa(R-a)}\cong\frac{1}{\kappa}\left(\frac{\pi}{2}-\Theta\right)\sqrt{\frac{a}{R}}e^{\kappa(R-a)}$$

液体爬上墙壁的高度为$h=\frac{\cot\Theta}{\kappa}\cong\frac{1}{\kappa}\left(\frac{\pi}{2}-\Theta\right)$。

【例 5】 把一只两端未封闭的半径为a的圆管竖直半插入表面张力系数为σ的液体中，已知液体与管壁的接触角为Θ，假设方程(2.3-6)在整个液面范围内成立。使用例4的结果，确定液面上升的高度H。

解：同例4的坐标系和约定，如图2.3.10所示。

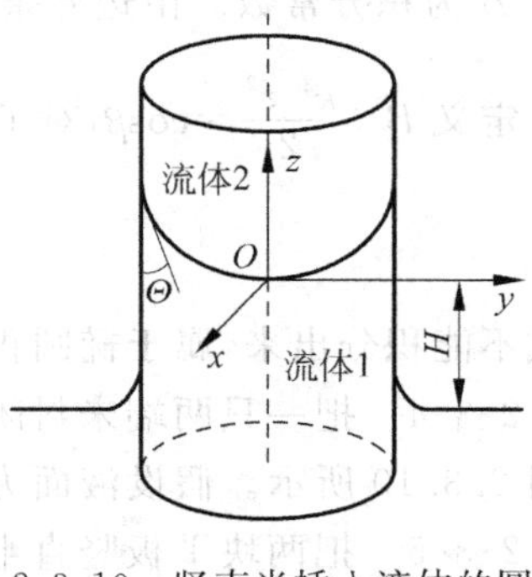

图 2.3.10　竖直半插入液体的圆管

管内液面的最低点处的下侧压强为

$$p_1(z=0)=p_0-\rho g\frac{\cot\Theta}{\kappa I'_0(\kappa a)}$$

在$z=-H$处管外的液面可看成平面，那里的压强等于大气压。在该处，管内外压强相等，因此有

$$p_1(z=-H)=p_1(z=0)+\rho gH=p_0=p_0-\rho g\frac{\cot\Theta}{\kappa I'_0(\kappa a)}+\rho gH$$

得

$$H=\frac{\cot\Theta}{\kappa I'_0(\kappa a)}$$

习题

2-3-1　一表面张力系数为σ的液体被置于两竖直的墙壁之间，间距为b，已知液体与墙壁的接触角均为Θ，如图2.3.8所示。假设液面为圆柱面，计算液体爬上墙壁的高度。

2-3-2　如图2.3.11所示，把两块平板竖直半插入表面张力系数为σ的液体中，距离为b，

液体与板的接触角为 Θ，假设方程(2.3-6)在整个液体表面范围内成立。确定液面上升的高度 H。

2-3-3 一表面张力系数为 σ 的液体被置于两竖直的墙壁之间，间距为 b，已知液体与墙壁的接触角均为 Θ，如图 2.3.8 所示。使用不作近似的曲率半径公式求解。

提示：

$$p(z=0)-p_0-\rho g z=-\sigma\frac{\dfrac{\partial^2 z}{\partial x^2}}{\left[1+\left(\dfrac{\partial z}{\partial x}\right)^2\right]^{3/2}}$$

定义 $\tilde{z}=z-\dfrac{p(z=0)-p_0}{\rho g}$，上式可以写成

$$\kappa^2\tilde{z}=\frac{\dfrac{\partial^2\tilde{z}}{\partial x^2}}{\left[1+\left(\dfrac{\partial\tilde{z}}{\partial x}\right)^2\right]^{3/2}}$$

边界条件为 $\dfrac{\partial z}{\partial x}\Big|_{x=\pm b/2}=\mp\cot\Theta$，$z|_{x=0}=0$，$\dfrac{\partial z}{\partial x}\Big|_{x=0}=0$。

证明第一次积分结果为

$$\frac{1}{\left[1+\left(\dfrac{\partial\tilde{z}}{\partial x}\right)^2\right]^{1/2}}=B-\frac{\kappa^2\tilde{z}^2}{2}$$

式中 B 为积分常数。由边界条件 $z|_{x=0}=0$，$\left.\dfrac{\partial z}{\partial x}\right|_{x=0}=0$ 得 $B\neq 1$。

定义 $B-\dfrac{\kappa^2\tilde{z}^2}{2}=\cos\beta$，对于 $x<0$ 和 $x>0$，证明上式成为

$$\frac{\cos\beta}{\sqrt{B-\cos\beta}}\mathrm{d}\beta=\pm\sqrt{2}\kappa\mathrm{d}x$$

上式不能积分出来，属于椭圆积分。

2-3-4 把一只两端未封闭的半径为 a 的圆管竖直半插入表面张力系数为 σ 的液体中，如图 2.3.10 所示。假设液面为球面，求液面上升的高度 H。

2-3-5 把两块平板竖直半插入表面张力系数为 σ 液体中，距离为 b，液体与板的接触角为 Θ，如图 2.3.11 所示。假设液面为圆柱面，计算液面上升的高度 H。

2-3-6 如图 2.3.12 所示，U 形管装有表面张力系数为 σ 的液体，已知液体与管壁的接触角均为 Θ，两边管的半径分别为 R 和 r，假设液面为球面，计算两边液面的高度差 H。

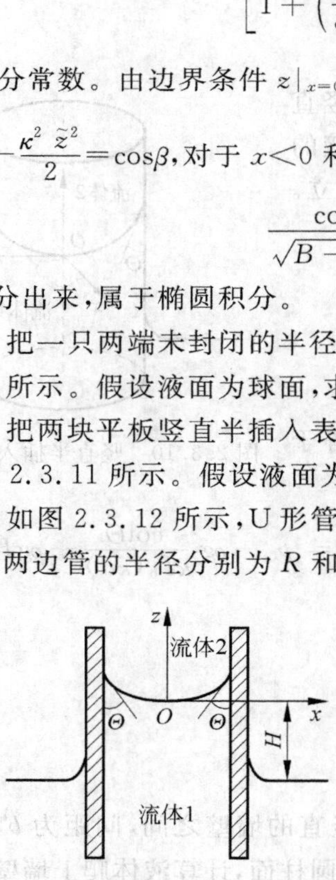

图 2.3.11 竖直半插入液体的两块平板

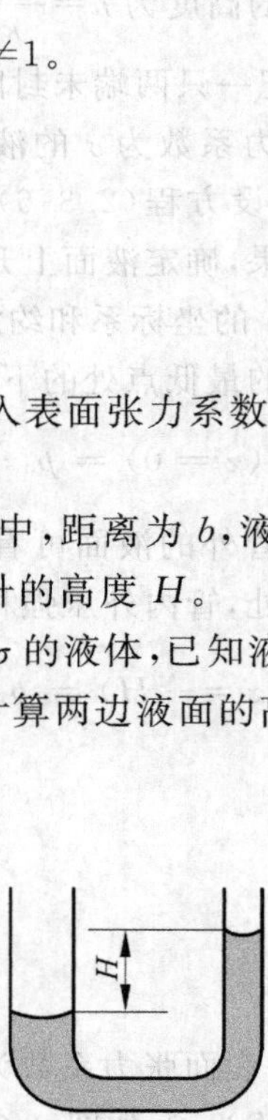

图 2.3.12 U 形管两边液面的高度差

2.4 伯努利方程

图 2.4.1　丹尼尔·伯努利(D. Bernoulli,1700—1782)

2.4.1 伯努利方程的推导

如果理想流体作定常等熵流动,欧拉方程(2.1-18)化为

$$-\boldsymbol{v}\times(\nabla\times\boldsymbol{v})=-\nabla\left(\frac{v^2}{2}+h+\varXi\right)$$

考虑一条流线 l,设在 $\boldsymbol{r}$ 处的流线微段为 $\mathrm{d}\boldsymbol{l}=\mathrm{d}\boldsymbol{l}(\boldsymbol{r})$,流体速度为 $\boldsymbol{v}=\boldsymbol{v}(\boldsymbol{r})$,满足 $\mathrm{d}\boldsymbol{l}\times\boldsymbol{v}=\boldsymbol{0}$,由于 $\boldsymbol{v}\times(\nabla\times\boldsymbol{v})$ 的方向垂直于流线切线方向,有 $[\boldsymbol{v}\times(\nabla\times\boldsymbol{v})]\cdot\mathrm{d}\boldsymbol{l}=0$,所以将欧拉方程的两边点乘 $\mathrm{d}\boldsymbol{l}$,并注意到梯度在某方向上的投影等于函数沿该方向所取的方向导数,得

$$[\boldsymbol{v}\times(\nabla\times\boldsymbol{v})]\cdot\mathrm{d}\boldsymbol{l}=\mathrm{d}\boldsymbol{l}\cdot\nabla\left(\frac{v^2}{2}+h+\varXi\right)=\mathrm{d}l\cdot\frac{\partial\left(\frac{v^2}{2}+h+\varXi\right)}{\partial l}$$

$$=\left[\mathrm{d}\left(\frac{v^2}{2}+h+\varXi\right)\right]_l=0$$

所以沿该流线 $\frac{v^2}{2}+h+\varXi$ 为常数,即

$$\frac{v^2}{2}+h+\varXi=\frac{v^2}{2}+\int\frac{\mathrm{d}p(\rho)}{\rho}+\varXi=C(l) \tag{2.4-1}$$

不同的流线 l 具有不同的常数 $C(l)$。

对于重力场中的不可压缩理想流体,伯努利方程化为

$$\frac{v^2}{2}+\frac{p}{\rho}+gz=C(l) \tag{2.4-2}$$

在实际工程应用中，如果流体沿流管运动，且流管的横截面积变化缓慢，在这种情况下，在流管的同一横截面上流体的速度和压强可以近似看成不变，因此不同的流线 l 的 $C(l)$ 可以近似看成常数。另外，流体常可看成不可压缩，伯努利方程为

$$\frac{1}{2}\rho v^2 + p + \rho g z = C \tag{2.4-3}$$

【例 1】 取一横截面积无穷小的流管，在两端流体速度、高度和压强分别为 v_1、z_1、p_1 和 v_2、z_2、p_2，用牛顿力学中的质点系的功能原理推导重力场中的不可压缩理想流体的伯努利方程 $\frac{1}{2}v_1^2+\frac{p_1}{\rho}+gz_1=\frac{1}{2}v_2^2+\frac{p_2}{\rho}+gz_2$。

解：如图 2.4.2 所示，考虑地球和流体段 1-2 组成的系统。dt 时间内流体段 1-2 运动至 1′-2′，质量守恒定律指出，在这过程中 1′-2 之间流体的质量没有变化，有流体质量 dm 从 1-1′运动至 2-2′，即

$$dm = \rho v_2 dA_2 dt = \rho v_1 dA_1 dt$$

即

$$v_2 dA_2 = v_1 dA_1$$

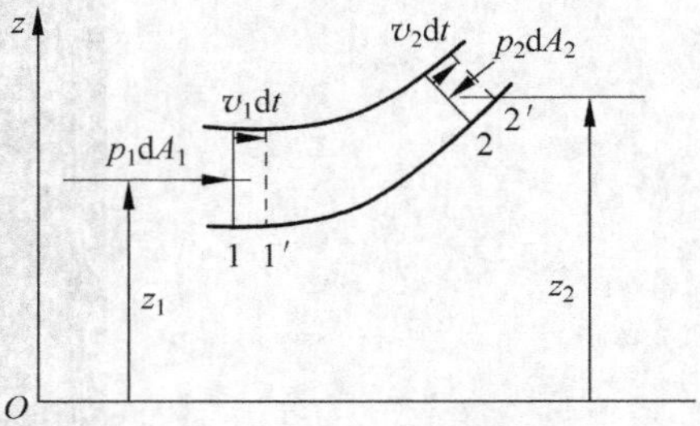

图 2.4.2 一段流管内的流体运动

考虑外力做功，其中端面压力做功为

$$p_1 dA_1 dl_1 - p_2 dA_2 dl_2 = p_1 dA_1 v_1 dt - p_2 dA_2 v_2 dt = \frac{1}{\rho}(p_1 - p_2)dm$$

由于侧面压力与位移垂直，做功为零。

dt 时间内流体段 1-2 运动至 1′-2′，在这个过程中 1′-2 之间的流体的质量和机械能没有变化，有流体质量 dm 从 1-1′运动至 2-2′，所以流体段的重力势能的增量为 $g(z_2-z_1)dm$，动能的增量为 $\left(\frac{v_2^2}{2}-\frac{v_1^2}{2}\right)dm$。

根据功能原理，由于理想流体没有能量耗散，外力对系统做功等于系统机械能的增量，得

$$\frac{1}{\rho}(p_1 - p_2)dm = \left(\frac{v_2^2}{2}-\frac{v_1^2}{2}\right)dm + g(z_2 - z_1)dm$$

化简得伯努利方程

$$gz_1 + \frac{p_1}{\rho} + \frac{v_1^2}{2} = gz_2 + \frac{p_2}{\rho} + \frac{v_2^2}{2}$$

2.4.2 理想气体的绝热运动

理想气体的绝热过程方程为 $p=C\rho^\gamma$，这里 C 为常数，$\gamma=C_p/C_V$。把理想气体的绝热过程方程代入式(2.1-15)，得单位质量理想气体的焓

$$h = \int \frac{dp(\rho)}{\rho} = \frac{\gamma}{\gamma-1}\frac{p}{\rho} = C\frac{\gamma}{\gamma-1}\rho^{\gamma-1} = C^{\frac{1}{\gamma}}\frac{\gamma}{\gamma-1}p^{\frac{\gamma-1}{\gamma}} \tag{2.4-4}$$

把式(2.4-4)代入伯努利方程(2.4-1)得

$$\frac{v^2}{2} + C^{\frac{1}{\gamma}}\frac{\gamma}{\gamma-1}p^{\frac{\gamma-1}{\gamma}} = \text{const} \tag{2.4-5}$$

定义理想气体静止时的压强和密度 $p_0=p|_{v=0}$，$\rho_0=\rho|_{v=0}$，用来表示常数 C，式(2.4-5)化为

$$\frac{v^2}{2}+\frac{\gamma}{\gamma-1}\frac{p_0}{\rho_0}\left(\frac{p}{p_0}\right)^{\frac{\gamma-1}{\gamma}}=\frac{\gamma}{\gamma-1}\frac{p_0}{\rho_0} \tag{2.4-6}$$

理想气体的声速为 $c=\sqrt{\frac{\gamma p}{\rho}}$（3.8 节），使用它可以把式(2.4-6)写成无量纲的形式并作泰勒展开，得

$$\frac{p}{p_0}=\left[1-\frac{\gamma-1}{2}\left(\frac{v}{c_0}\right)^2\right]^{\frac{\gamma}{\gamma-1}}=1-\frac{\gamma}{2}\left(\frac{v}{c_0}\right)^2+\frac{\gamma}{8}\left(\frac{v}{c_0}\right)^4+\cdots \tag{2.4-7}$$

式中 $c_0=\sqrt{\frac{\gamma p_0}{\rho_0}}$ 为静止时的声速。

对于干燥空气 $\gamma=1.405$，即使 $v=c_0/4$，有 $p/p_0=1-0.0439+0.000686=0.9568$，所以只要 $v<c_0/4$，就可把空气看成不可压缩的。

用声速表示伯努利方程，得

$$\frac{v^2}{2}+\frac{c^2}{\gamma-1}=\frac{c_0^2}{\gamma-1} \tag{2.4-8}$$

可得

$$v_{\max}=v(c=0)=\sqrt{\frac{2}{\gamma-1}}c_0$$

定义马赫数 $M=v/c$，$M>1$ 称为超声速流动，$M<1$ 称为次声速流动。伯努利方程化为

$$M=\left[\left(\frac{c_0}{v}\right)^2-\frac{\gamma-1}{2}\right]^{-\frac{1}{2}} \tag{2.4-9}$$

2.4.3　小孔出流

有一很大的容器盛满水，在容器的侧壁上距离水面 A 为 h 处开一面积为 S_B 的小孔 B，水从小孔射入大气，如图 2.4.3 所示。求小孔射流的速度。

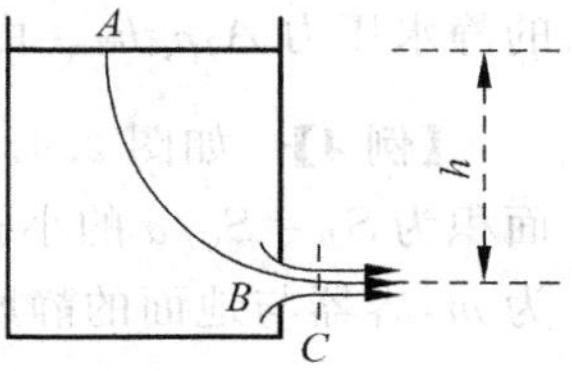

图 2.4.3　小孔出流

实际的射流的截面积自孔口 B 起不断收缩，经过一定短距离到 C 处后才形成几乎平行的流线，射流的截面积变为 $S_C=\alpha S_B$，$\alpha\leqslant 1$ 称为收缩系数，小孔射流的速度为 v_C。造成收缩的原因是容器内的液体本来是沿径向流向孔口的，在到达孔口边时不可能立刻由径向转到射流的轴向。

根据不可压缩流体的连续性方程得

$$S_A v_A=S_C v_C=\alpha S_B v_C \tag{2.4-10}$$

式中，S_A 为水面的面积，v_A 为水面的速度。既然 $S_A\gg S_B$，那么有 $v_A\ll v_C$，所以水面可看成静止不动，即 $v_A\approx 0$。

应用伯努利方程得

$$\frac{v_A^2}{2}+\frac{p_0}{\rho}+gh=\frac{v_C^2}{2}+\frac{p_0}{\rho} \tag{2.4-11}$$

式中 p_0 为大气压。由于水面可看成静止不动，即 $v_A\approx 0$，式(2.4-11)化为

$$v_C=\sqrt{2gh} \tag{2.4-12}$$

称为托里拆利公式。

实际流体是有内摩擦的，有能量耗散，导致小孔射流的速度小于自由落体速度。

实验结果：圆孔 $\alpha=0.61\sim0.64$。对于非圆形的薄壁孔口，与圆孔的 α 很接近。

【例 2】 同上，但容器上部是封闭的，压强为 p_A，求射流的速度。

解：由伯努利方程得

$$\frac{v_A^2}{2}+\frac{p_A}{\rho}+gh=\frac{v_C^2}{2}+\frac{p_0}{\rho}$$

由连续性方程得

$$S_Av_A=S_Cv_C=\alpha S_Bv_C$$

既然 $S_A\gg S_B$，那么有 $v_A\ll v_C$，所以水面可看成静止不动，即 $v_A\approx 0$。解得

$$v_C=\sqrt{2gh+2\frac{p_A-p_0}{\rho}}$$

【例 3】 如图 2.4.4 所示，水从左边大容器经过小孔流出并射向一块质量可以忽略不计的大平板，该平板盖住了右边大容器的小孔。两个大容器的水面高度分别为 h_1 和 h_2。两个小孔的面积分别为 A_1 和 A_2，收缩系数均为 1。如果射流对平板的冲击力恰好与它受到的静水压力相等，证明$\dfrac{h_1}{h_2}=\dfrac{A_2}{2A_1}$。

证：从左边容器的小孔射出的射流的水平速度为$\sqrt{2gh_1}$，射到右边的平板上后，其水平速度变为零。在 $\mathrm{d}t$ 时间内，从左边容器的小孔射出的流体质量为 $A_1\rho\sqrt{2gh_1}\,\mathrm{d}t$ 的射流碰到平板，射流的水平动量从 $A_1\rho\sqrt{2gh_1}\,\mathrm{d}t\cdot\sqrt{2gh_1}$ 变为零。根据动量定理，平板对射流的水平阻力为

$$F=\frac{\mathrm{d}(mv)}{\mathrm{d}t}=\frac{A_1\rho\left(\sqrt{2gh_1}\right)^2\mathrm{d}t-0}{\mathrm{d}t}=A_1\rho 2gh_1$$

根据牛顿第三定律，平板受到的射流的水平冲击力等于 F。另外，平板还受到右边容器的静水压力 $A_2\rho gh_2$。由于平板处于平衡状态，二者必须相等，即 $F=A_2\rho gh_2$，得$\dfrac{h_1}{h_2}=\dfrac{A_2}{2A_1}$。

【例 4】 如图 2.4.5 所示，一开口的储水的大水箱，在箱的侧壁上距离水面下 h 处开一面积为 $S_B=S_C/\alpha$ 的小孔，小孔到一容器的竖直距离为 H。容器放在水平地面上，容器质量为 m，容器与地面的静摩擦系数为 μ，求容器静止不动的条件。

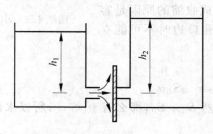

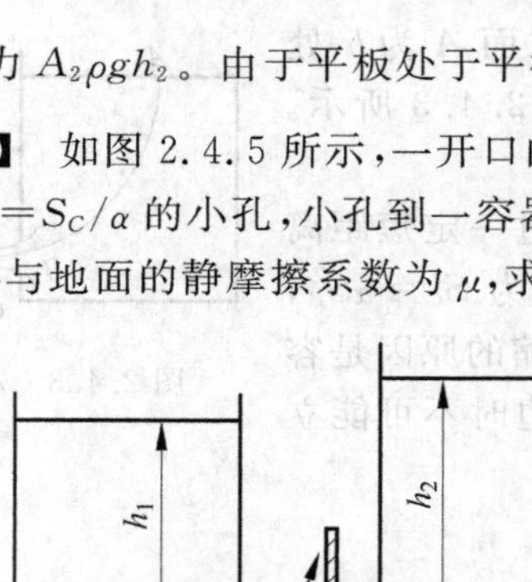

图 2.4.4 两个大容器的小孔出流

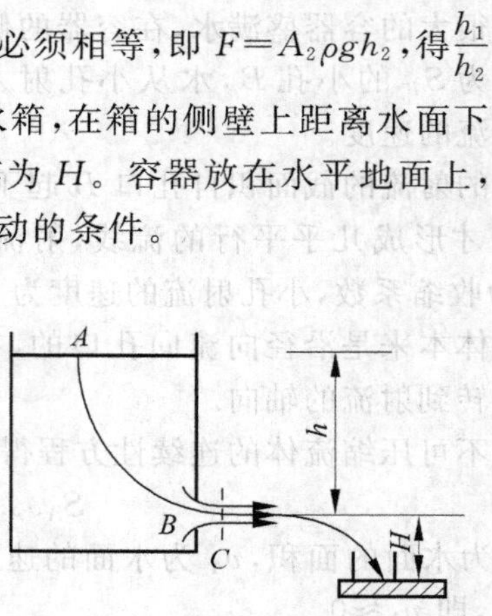

图 2.4.5 大容器的小孔出流

解：从小孔射出的射流的速度方向为水平方向，大小为 $v_C=\sqrt{2gh}$。单位时间内从小孔射出的射流携带的动量的方向为水平方向，大小为 $\rho S_Cv_C\cdot v_C$。由于射流在水平方向上不受力的作用，其水平方向的动量不变。

射流在竖直方向上受重力作用，作自由落体运动，到达容器时的竖直速度为$\sqrt{2gH}$。因此在 $\mathrm{d}t$ 时间内，有从左边容器的小孔射出的质量为 $\rho S_Cv_C\mathrm{d}t$ 的射流流入容器，其水平方

向的动量从 $\rho S_C v_C \mathrm{d}t \cdot v_C$ 变为零，其竖直方向的动量从 $\rho S_C v_C \mathrm{d}t \cdot \sqrt{2gH}$ 变为零，根据动量定理和牛顿第三定律，射流对容器的水平方向的冲击力为 $\frac{\rho S_C v_C \mathrm{d}t \cdot v_C}{\mathrm{d}t} = \rho S_C 2gh$，射流对容器的竖直方向的冲击力为 $\frac{\rho S_C v_C \mathrm{d}t \cdot \sqrt{2gH}}{\mathrm{d}t} = \rho S_C 2g\sqrt{hH}$。所以容器对地面的压力为 $\rho S_C 2g\sqrt{hH} + mg$，最大静摩擦力为 $\mu(\rho S_C 2g\sqrt{hH} + mg)$。容器静止不动的条件为射流对容器的水平方向的冲击力小于最大静摩擦力，即 $\rho S_C 2gh < \mu(\rho S_C 2g\sqrt{hH} + mg)$。

【例 5】 古代的计时钟是利用小孔出流原理制成的。为简单起见，假设容器的侧壁是旋转曲面，在容器的侧壁上开一面积为 S_B、收缩系数为 α 的小孔 B。容器盛有水，工作时容器的对称轴沿竖直方向放置。要求容器的水面匀速下降，这样就可以用来计时，求旋转曲面的形状。

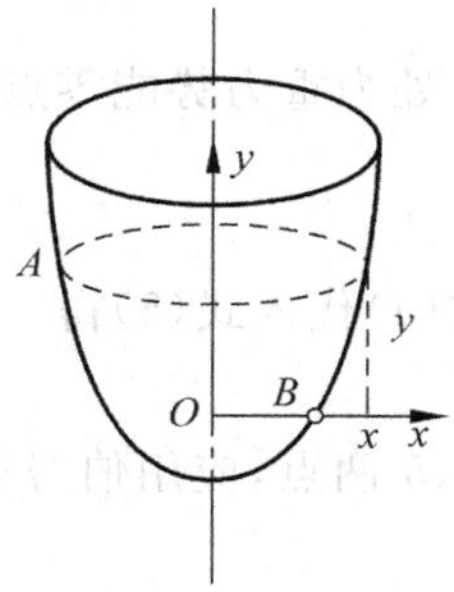

图 2.4.6　古代的计时钟

解：取 y 轴为对称轴，方向竖直向上，x 轴沿水平方向且通过小孔 B，如图 2.4.6 所示。

根据不可压缩流体的连续性方程得

$$\pi x^2 v_A = \alpha S_B v_C \tag{1}$$

应用伯努利方程得

$$\frac{v_A^2}{2} + \frac{p_0}{\rho} + gy = \frac{v_C^2}{2} + \frac{p_0}{\rho} \tag{2}$$

注意这里的容器不是大容器，水面的速度不能忽略不计。

把式(1)代入式(2)得旋转曲面的形状为

$$y = \frac{v_A^2}{2g}\left[\left(\frac{\pi}{\alpha S_B}\right)^2 x^4 - 1\right]$$

2.4.4　虹吸现象

一个容器中装有一些液体，把一根虹吸管灌满液体，用手封闭住两端，将一端放置在容器液面下，另一端放置在容器外低于液面的地方，然后放开手，就有液体从虹吸管流出来。我们把这种现象称为虹吸。产生虹吸的原因是，由于容器外的虹吸管端低于容器内液面，在容器内液面位置处虹吸管内的压强比容器外的虹吸管端的压强低。在容器内液面位置处虹吸管外的压强为大气压，而容器外的虹吸管端的压强亦为大气压，所以在容器内液面位置处，虹吸管外的压强高于虹吸管内的压强，正是该压强差驱动容器内的液体进入管内。

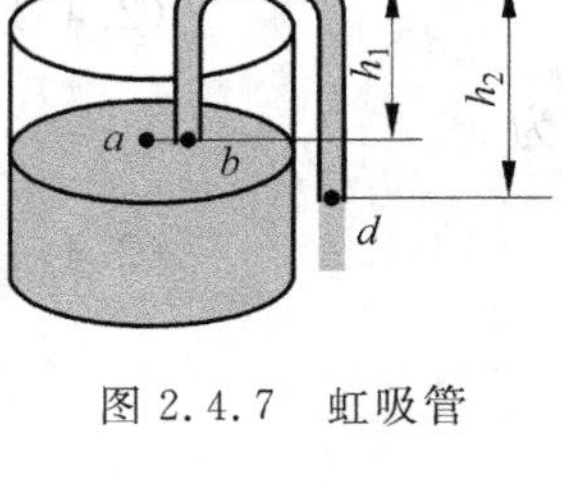

图 2.4.7　虹吸管

【例 6】 为了说明虹吸原理，考虑如图 2.4.7 所示的等横截面的虹吸管，已知 h_1 和 h_2 及液体密度 ρ，求 a、b、c 和 d 处的压强和速度。

解：液体外面是大气，所以 a 和 d 处的压强为大气压，即

$$p_a = p_d = p_0 \tag{1}$$

取 d 处为重力势能零点，对 a、d 两点应用伯努利方程得

$$p_a + \rho g(h_2 - h_1) = p_d + \frac{1}{2}\rho v_d^2 \tag{2}$$

上式中，由于容器尺寸远大于虹吸管尺寸，容器内液面下降的速度可以视为零，即 $v_a \approx 0$。

把式(1)代入式(2)得

$$v_d = \sqrt{2g(h_2 - h_1)} \tag{3}$$

由于虹吸管是等横截面的，使用连续性方程和式(3)得

$$v_b = v_c = v_d = \sqrt{2g(h_2 - h_1)} \tag{4}$$

取 a 处为重力势能零点，对 a、c 两点应用伯努利方程得

$$p_0 = p_c + \rho g h_1 + \frac{1}{2}\rho v_c^2 \tag{5}$$

把式(4)代入式(5)得

$$p_c = p_0 - \rho g h_2 \tag{6}$$

对 a、b 两点，应用伯努利方程得

$$p_b + \frac{1}{2}\rho v_b^2 = p_0 \tag{7}$$

把式(4)代入式(7)得

$$p_b = p_0 - \rho g(h_2 - h_1)$$

我们看到，为了保证虹吸现象发生，在容器内液面位置处，必须使虹吸管外的压强高于虹吸管内的压强。

2.4.5 皮托管

如图 2.4.8 所示，皮托(Pitot)管由两个管组成。把皮托管平行对着气流。管 1 在 B 处开有小孔，所以其内的气体是静止的，其压强 p_1 等于外面气流的压强 p_∞，即

$$p_1 = p_\infty \tag{2.4-13}$$

管 2 在 A 处开有小孔，所以其内的气体是静止的，压强为 p_2。外面的气流将在 A 处冲击管 2 内的气体。两个管内的压强差 $p_2 - p_1$ 由 D 处和 C 处的水银面的高度差测出。由流体静压强公式(2.2-3)得

$$p_2 - p_1 = \rho_m g \Delta h \tag{2.4-14}$$

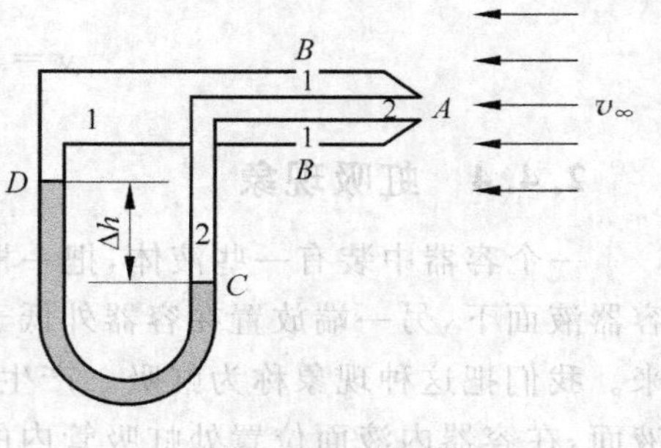

图 2.4.8 皮托管

式中，ρ_m 为水银的密度，Δh 为 D 处和 C 处的水银面的高度差。

应用伯努利方程得

$$\frac{p_2}{\rho} = \frac{v_\infty^2}{2} + \frac{p_\infty}{\rho} \tag{2.4-15}$$

联合式(2.4-13)、式(2.4-14)和式(2.4-15)，解得外面气流的速度为

$$v_\infty = \sqrt{\frac{2(p_2 - p_1)}{\rho}} = \sqrt{\frac{2\rho_m g \Delta h}{\rho}} \tag{2.4-16}$$

2.4.6 文丘里管

文丘里(Venturi)管是测量管内流速的简便装置。把文丘里管水平放置,如图 2.4.9 所示。要测量的管是均匀的,截面积为 S_1,流速为 v_1。文丘里管两头 A 和 C 跟要测量的管一般大小,为了保持流线流动,从两边向中点 B 逐渐缓慢缩小,中点 B 最小,截面积为 S_2,流速为 v_2。在 A 和 B 之间装有一U形管,里面灌有水银,A 和 B 之间的压强差由U形管内两边的水银面的高度差测出。应用伯努利方程得

$$\frac{v_1^2}{2}+\frac{p_1}{\rho}=\frac{v_2^2}{2}+\frac{p_2}{\rho} \tag{2.4-17}$$

根据不可压缩流体的连续性方程得

$$S_1v_1=S_2v_2 \tag{2.4-18}$$

联合式(2.4-17)和式(2.4-18)可解得

$$v_1=\sqrt{\frac{2(p_1-p_2)}{\rho\left(\frac{S_1^2}{S_2^2}-1\right)}}=\sqrt{\frac{2\rho_m g\Delta h}{\rho\left(\frac{S_1^2}{S_2^2}-1\right)}} \tag{2.4-19}$$

式中,ρ_m 为水银的密度,Δh 为U形管内两边的水银面的高度差。

【例 7】 在管壁和轴线上安装U形管测压计,如图 2.4.10 所示。其内的液体密度为 ρ,U形管内的水银密度为 ρ_m,液位差为 H。求管中的液体速度 v。

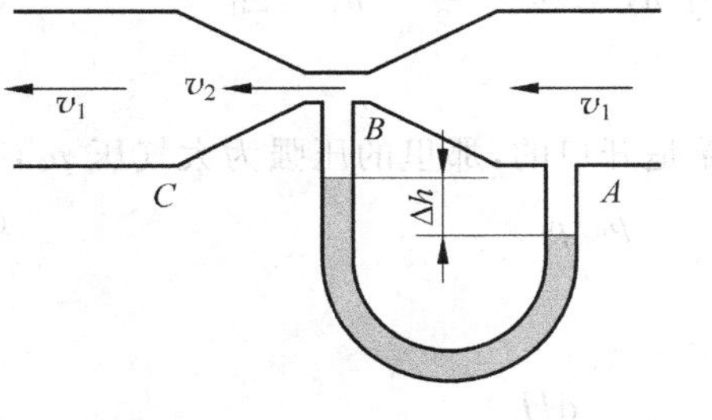

图 2.4.9 文丘里管

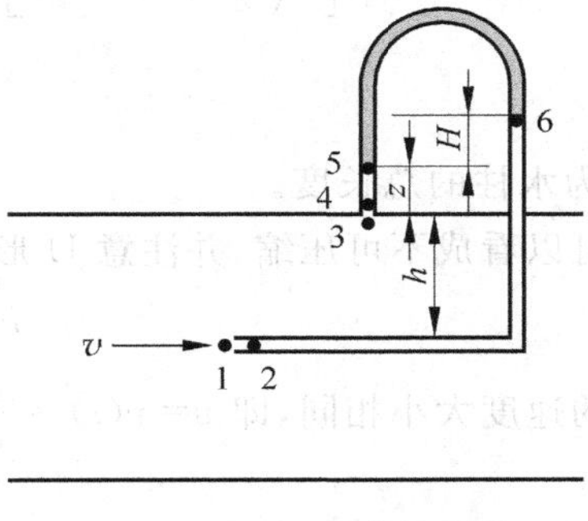

图 2.4.10 U形管测压计

解:由流体静压强公式(2.2-3)得

$$p_2=p_6+\rho g(H+z+h),\quad p_3=p_4=p_5+\rho gz=p_6+\rho gz+\rho_m gH$$

相减得

$$p_3-p_2=\rho g(-H-h)+\rho_m gH \tag{1}$$

由于U形管内的液体静止,2 和 4 点位于U形管两端内部,那里的流体速度几乎为零。点 1 和 3 位于U形管两端外部,那里的流体速度不为零。分别对点 1 和 2 以及 1 和 3 应用伯努利方程得

$$p_1+\frac{1}{2}\rho v^2=p_2,\quad p_3+\frac{1}{2}\rho v^2+\rho gh=p_1+\frac{1}{2}\rho v^2$$

相减得

$$p_3-p_2=-\frac{1}{2}\rho v^2-\rho gh \tag{2}$$

联合式(1)和式(2)得

$$v=\sqrt{2\left(1-\frac{\rho_m}{\rho}\right)gH}$$

2.4.7 U形管中水的振荡

如图2.4.11所示，直径为d，等横截面的细U形管充水长度为L，使水偏离平衡位置后任其自由振动。我们来求U形管水面的波动规律。

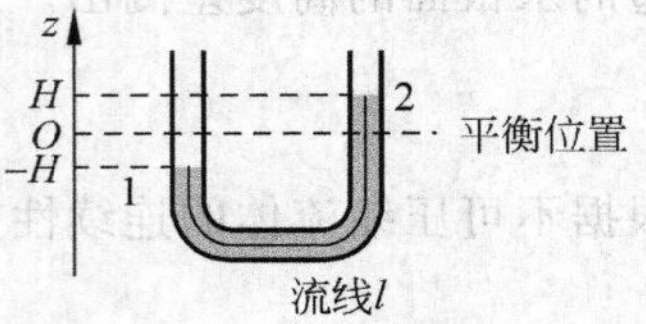

图2.4.11　U形管中水的振荡

作等熵运动的理想流体的欧拉方程(2.1-18)为

$$\frac{\partial \boldsymbol{v}}{\partial t}-\boldsymbol{v}\times(\nabla\times\boldsymbol{v})=-\nabla\left(\frac{v^2}{2}+h+\Xi\right)$$

考虑一条流线$\boldsymbol{l}$上的一个微段$\mathrm{d}\boldsymbol{l}$，把欧拉方程的两边点乘$\mathrm{d}\boldsymbol{l}$，并利用$\mathrm{d}\boldsymbol{l}$与该处的流体速度$\boldsymbol{v}$平行这一事实，得

$$\frac{\partial \boldsymbol{v}}{\partial t}\cdot\mathrm{d}\boldsymbol{l}-\boldsymbol{v}\times(\nabla\times\boldsymbol{v})\cdot\mathrm{d}\boldsymbol{l}=-\nabla\left(\frac{v^2}{2}+h+\Xi\right)\cdot\mathrm{d}\boldsymbol{l}$$

$$=-\left[\mathrm{d}\left(\frac{v^2}{2}+h+\Xi\right)\right]_l=\frac{\partial}{\partial t}(\boldsymbol{v}\cdot\mathrm{d}\boldsymbol{l})=\frac{\partial}{\partial t}(v\mathrm{d}l)=\frac{\partial v}{\partial t}\mathrm{d}l$$

积分得

$$\int_1^2\left[\mathrm{d}\left(\frac{v^2}{2}+h+\Xi\right)\right]_l=-\int_1^2\frac{\partial v}{\partial t}\mathrm{d}l=-\frac{\partial v}{\partial t}\int_1^2\mathrm{d}l=-\frac{\partial v}{\partial t}L$$

$$=\frac{v_2^2}{2}+h_2+\Xi_2-\frac{v_1^2}{2}-h_1-\Xi_1 \tag{2.4-20}$$

式中L为水柱的总长度。

水可以看成不可压缩，并注意U形管两端是开口的，那里的压强为大气压p_0，有

$$h_2=h_1=p_0/\rho \tag{2.4-21}$$

各处水的速度大小相同，即$v=v(t)=\frac{\mathrm{d}H}{\mathrm{d}t}$，有

$$v_2=v_1=v=\frac{\mathrm{d}H}{\mathrm{d}t} \tag{2.4-22}$$

另外两边水面处的重力势差为

$$\Xi_2-\Xi_1=g2H \tag{2.4-23}$$

把式(2.4-20)、式(2.4-21)和式(2.4-22)代入式(2.4-19)得

$$\frac{\mathrm{d}^2H}{\mathrm{d}t^2}=-\frac{2g}{L}H \tag{2.4-24}$$

式(2.4-24)为简谐振动的动力学方程，因此振荡圆频率为

$$\omega=\sqrt{\frac{2g}{L}}=\sqrt{\frac{2gS}{m}} \tag{2.4-25}$$

式中m为水的总质量，S为管的横截面面积。

习题

2-4-1　在习题2-1-4，我们已经获得地球参考系里作等熵运动的理想流体的欧拉方

程为

$$\frac{\partial \boldsymbol{v}}{\partial t}-\boldsymbol{v}\times(\nabla\times\boldsymbol{v})=-\nabla\left(\frac{v^2}{2}+h+\Xi-\frac{1}{2}\omega r^2\right)-2\boldsymbol{\omega}\times\boldsymbol{v}$$

式中，$\boldsymbol{\omega}$ 为地球旋转角速度，r 为大气质点到地球自转轴的垂直距离，Ξ 为地球引力势。证明沿流线 l，$\frac{v^2}{2}+h+\Xi-\frac{1}{2}\omega^2r^2$ 为常数，即伯努利方程为

$$\frac{v^2}{2}+h+\Xi-\frac{1}{2}\omega^2r^2=C(l)$$

不同的流线 l 具有不同的常数 $C(l)$。我们看到，科里奥利力对伯努利方程没有贡献。

2-4-2 证明作绝热流动的理想气体的伯努利方程可以写成

$$\frac{v^2}{2}+\frac{\gamma}{\gamma-1}\frac{p_0}{\rho_0}\left(\frac{\rho}{\rho_0}\right)^{\gamma-1}=\frac{\gamma}{\gamma-1}\frac{p_0}{\rho_0}$$

2-4-3 证明作绝热流动的理想气体的伯努利方程可以写成

$$\frac{v^2}{2}+\frac{c_0^2}{\gamma-1}\left(\frac{\rho}{\rho_0}\right)^{\gamma-1}=\frac{c_0^2}{\gamma-1}$$

从而得

$$\frac{\rho}{\rho_0}=\left[1-\frac{\gamma-1}{2}\left(\frac{v}{c_0}\right)^2\right]^{\frac{1}{\gamma-1}}=1-\frac{1}{2}\left(\frac{v}{c_0}\right)^2+\frac{2-\gamma}{8}\left(\frac{v}{c_0}\right)^4+\cdots$$

对于干燥空气 $\gamma=1.405$，计算 $v=c_0/4$ 时 ρ/ρ_0 的值，并说明只要 $v<c_0/4$，就可以把空气看成不可压缩的。

2-4-4 假设地球大气作绝热流动，证明伯努利方程可以写成

$$\frac{v^2}{2}+\frac{\gamma}{\gamma-1}\frac{p_0}{\rho_0}\left(\frac{\rho}{\rho_0}\right)^{\gamma-1}-\frac{1}{2}\omega^2r^2=\frac{\gamma}{\gamma-1}\frac{p_0}{\rho_0}$$

式中 p_0 和 ρ_0 是 $v=0$ 和 $r=0$ 处的值。

做数量级估计，证明 $\omega^2R^2\sim\frac{p_0}{\rho_0}$，说明上式左边中的地球自转项跟其他项是同一数量级的，不能忽略不计，表明地球自转对大气流动起重要作用。这里 R 为地球半径。

2-4-5 一储水的封闭大水箱，上部水面上的空气的压强为 7 个标准大气压。在箱的侧壁上距离水面下 4m 处开一面积为 $S_B=1.5\text{cm}^2$ 的小孔，小孔距离地面 2m。已知小孔的收缩系数为 2/3，射流射到地面上不溅起，求射流射到地面时的速度大小及对地面的竖直冲击力。

2-4-6 设有内装液体的封闭容器，上部的压强 $p_a\gg p_0$ 这里 p_0 为大气压。在其侧壁上开一面积为 A 的小孔，液体从小孔泄出，设流量很小，可视为恒定流动。小孔的收缩系数为 1。容器静止不动，求射流的反推力。

2-4-7 在例 4 中我们介绍了一种利用小孔出流原理制成的古代的计时钟。我们考虑另一种计时钟。为简单起见，假设容器侧壁是旋转曲面，在容器的侧壁上开一面积为 S_B、收缩系数为 α 的小孔 B。容器盛有水，工作时对称轴沿竖直方向放置。要求射流的速度 v_c 恒定。在射流的下方放置一个等横截面的圆柱形的杯子，用来接射流，要求杯子横截面在水平面内。这样杯子内的水面会均匀上升，可以用来计时。计算旋转曲面的形状。

2-4-8　如图 2.4.7 所示的等横截面的虹吸管，由于管内的压强不能为负，虹吸管高出液面的部分不能太高，求虹吸管能够工作的最大高度。

2-4-9　如图 2.4.12 所示的等横截面的虹吸管，求虹吸管的出流速度，d 和 e 处的压强。

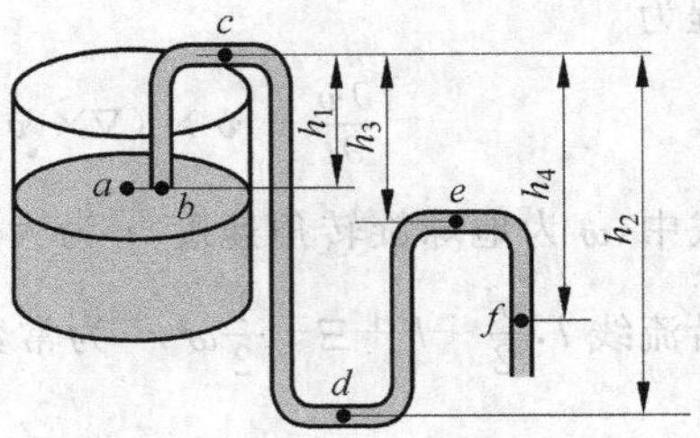

图 2.4.12　虹吸管

2-4-10　为了测量管内理想气体的绝热流动的流速，需要把文丘里管改装，以便测量 A 和 B 处的压强，而不是压强差。想想有什么办法可以做到。证明连续性方程为 $S_1\rho_1 v_1 = S_2\rho_2 v_2$，测得的流速为

$$v_1 = \sqrt{\frac{\dfrac{2\gamma}{\gamma-1}\dfrac{p_1}{\rho_1}\left[1-\left(\dfrac{p_2}{p_1}\right)^{\frac{\gamma-1}{\gamma}}\right]}{\left(\dfrac{p_1}{p_2}\right)^{\frac{2}{\gamma}}\dfrac{S_1^2}{S_2^2}-1}}$$

注意 $\gamma=\infty$ 对应不可压缩的情形。

2-4-11　集流器通过离心式风机从大气中吸取空气。为了测定集流器管内空气的流量，把一根管的一端接在集流器管壁上，另一端放入水槽内，如图 2.4.13 所示。已知集流器管的直径为 d，水槽内管的水面上升高度为 h，水的密度为 ρ_w，空气密度为 ρ_a。由于水比空气重得多，忽略空气的重力对压强的贡献，证明集流器管中空气的速度为 $v=\sqrt{2\dfrac{\rho_w}{\rho_a}gh}$，质量流量为 $q=\rho_a vA=\dfrac{\pi}{4}d^2\sqrt{2\rho_w\rho_a gh}$。

2-4-12　如图 2.4.11 所示，等横截面的 U 形管中水柱的总长度为 L，应用牛顿力学动能定理计算水的振荡圆频率。

2-4-13　证明图 2.4.14 中等横截面的细弯管中水的振荡圆频率 $\omega=\sqrt{\dfrac{(\sin\alpha+\sin\beta)g}{L}}$，这里 L 为水柱的总长度。

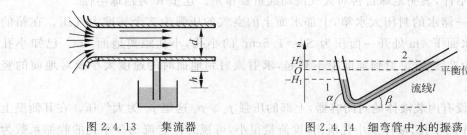

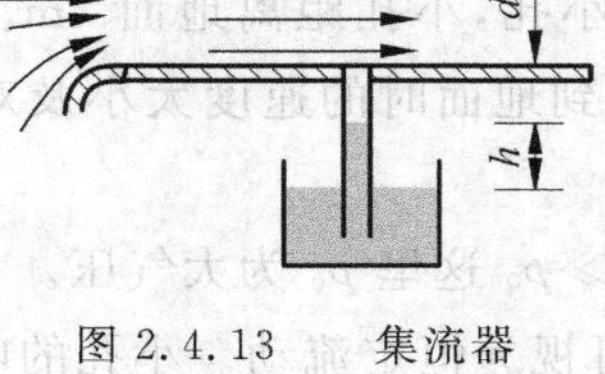

图 2.4.13　集流器

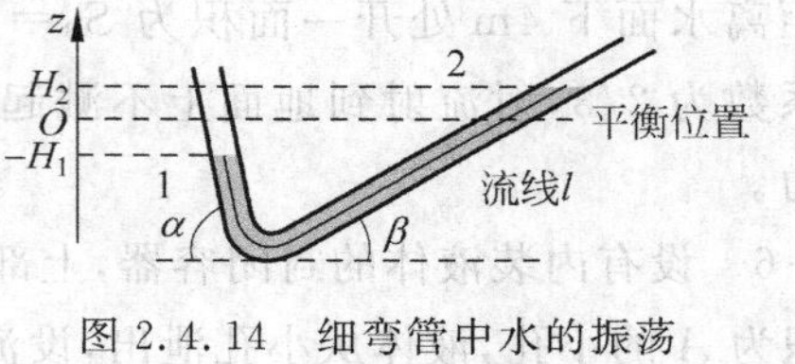

图 2.4.14　细弯管中水的振荡

2.5　涡量方程、流函数方程与速度环量守恒定理

在 1.5 节，我们引进了涡量，用来描述流体的涡旋运动。理想流体作为实际流体的近似，其涡量随时间的演化问题是流体力学的重要问题，而且本身有实际应用。本节我们使用

理想流体的欧拉方程来推导涡量满足的方程,并考虑其应用。我们进一步证明速度环量守恒定理。

2.5.1　涡量方程

作等熵运动的理想流体的欧拉方程(2.1-18)为

$$\frac{\partial \boldsymbol{v}}{\partial t}-\boldsymbol{v}\times(\nabla\times\boldsymbol{v})=-\nabla\left(\frac{v^2}{2}+h+\Xi\right)$$

将∇叉乘于上述方程两边并利用矢量公式$\nabla\times\nabla f=\mathbf{0}$得涡量方程

$$\frac{\partial}{\partial t}\boldsymbol{\Omega}-\nabla\times(\boldsymbol{v}\times\boldsymbol{\Omega})=\mathbf{0} \tag{2.5-1}$$

2.5.2　不可压缩理想流体的涡量方程

对于不可压缩流体,应用$\nabla\cdot\boldsymbol{v}=0$,$\nabla\cdot\boldsymbol{\Omega}=0$及矢量公式

$$\nabla\times(\boldsymbol{a}\times\boldsymbol{b})=\boldsymbol{a}(\nabla\cdot\boldsymbol{b})-\boldsymbol{b}(\nabla\cdot\boldsymbol{a})+(\boldsymbol{b}\cdot\nabla)\boldsymbol{a}-(\boldsymbol{a}\cdot\nabla)\boldsymbol{b}$$

得

$$\nabla\times(\boldsymbol{v}\times\boldsymbol{\Omega})=(\boldsymbol{\Omega}\cdot\nabla)\boldsymbol{v}-(\boldsymbol{v}\cdot\nabla)\boldsymbol{\Omega} \tag{2.5-2}$$

把式(2.5-2)代入式(2.5-1)得不可压缩流体的涡量方程

$$\frac{\mathrm{d}\boldsymbol{\Omega}}{\mathrm{d}t}=\frac{\partial}{\partial t}\boldsymbol{\Omega}+(\boldsymbol{v}\cdot\nabla)\boldsymbol{\Omega}=(\boldsymbol{\Omega}\cdot\nabla)\boldsymbol{v} \tag{2.5-3}$$

2.5.3　二维流动的流函数方程

在1.6节我们已经证明作二维流动的不可压缩流体的涡量满足方程(1.6-9)和方程(1.6-10)

$$\frac{\mathrm{d}\boldsymbol{\Omega}}{\mathrm{d}t}=\boldsymbol{e}_z\frac{\mathrm{d}\Omega}{\mathrm{d}t},\quad \frac{\mathrm{d}\Omega}{\mathrm{d}t}=-\left(\frac{\partial}{\partial t}+\frac{\partial\psi}{\partial y}\frac{\partial}{\partial x}-\frac{\partial\psi}{\partial x}\frac{\partial}{\partial y}\right)\left(\frac{\partial^2\psi}{\partial x^2}+\frac{\partial^2\psi}{\partial y^2}\right)$$

$$(\boldsymbol{\Omega}\cdot\nabla)\boldsymbol{v}=\Omega\frac{\partial\boldsymbol{v}}{\partial z}=\mathbf{0}$$

把上面两式代入不可压缩理想流体的涡量方程(2.5-3)得

$$\frac{\mathrm{d}\boldsymbol{\Omega}}{\mathrm{d}t}=\boldsymbol{e}_z\frac{\mathrm{d}\Omega}{\mathrm{d}t}=\mathbf{0}$$

$$\frac{\mathrm{d}\Omega}{\mathrm{d}t}=\frac{\partial}{\partial t}\Omega+(\boldsymbol{v}\cdot\nabla)\Omega=-\left(\frac{\partial}{\partial t}+\frac{\partial\psi}{\partial y}\frac{\partial}{\partial x}-\frac{\partial\psi}{\partial x}\frac{\partial}{\partial y}\right)\left(\frac{\partial^2\psi}{\partial x^2}+\frac{\partial^2\psi}{\partial y^2}\right)=0 \tag{2.5-4}$$

即对于不可压缩理想流体的二维运动,其每一部分的涡量不因其在空间内移动位置而有所改变。

2.5.4　轴对称流动的流函数方程

在1.6节我们引进了流体的轴对称流动。现在我们推导轴对称流动的不可压缩理想流体的涡量所满足的方程。

1. 球坐标系

在1.6节我们已经证明轴对称流动的不可压缩流体的涡量满足方程(1.6-20)

$$\frac{\mathrm{d}\boldsymbol{\Omega}}{\mathrm{d}t}-(\boldsymbol{\Omega}\cdot\nabla)\boldsymbol{v}=\boldsymbol{e}_\varphi(r\sin\theta)\left(\frac{\partial}{\partial t}+v_r\frac{\partial}{\partial r}+v_\theta\frac{1}{r}\frac{\partial}{\partial\theta}\right)\frac{\Omega}{r\sin\theta}$$

把上式代入涡量方程(2.5-3)得

$$\left(\frac{\partial}{\partial t}+v_r\frac{\partial}{\partial r}+v_\theta\frac{1}{r}\frac{\partial}{\partial\theta}\right)\frac{\Omega}{r\sin\theta}=0 \tag{2.5-5}$$

用流函数表示为

$$\left(\frac{\partial}{\partial t}+\frac{1}{r^2\sin\theta}\frac{\partial\psi}{\partial\theta}\frac{\partial}{\partial r}-\frac{1}{r^2\sin\theta}\frac{\partial\psi}{\partial r}\frac{\partial}{\partial\theta}\right)\frac{1}{r^2\sin^2\theta}\Theta\psi=0 \tag{2.5-6}$$

2. 柱坐标系

在1.6节我们已经证明轴对称流动的不可压缩流体的涡量满足方程(1.6-27)

$$\frac{\mathrm{d}\boldsymbol{\Omega}}{\mathrm{d}t}-(\boldsymbol{\Omega}\cdot\nabla)\boldsymbol{v}=\boldsymbol{e}_\varphi R\left(\frac{\partial}{\partial t}+v_R\frac{\partial}{\partial R}+v_z\frac{\partial}{\partial z}\right)\frac{\Omega}{R}$$

把上式代入涡量方程(2.5-3)得

$$\left(\frac{\partial}{\partial t}+v_R\frac{\partial}{\partial R}+v_z\frac{\partial}{\partial z}\right)\frac{\Omega}{R}=0 \tag{2.5-7}$$

用流函数表示为

$$\left(\frac{\partial}{\partial t}-\frac{1}{R}\frac{\partial\psi}{\partial z}\frac{\partial}{\partial R}+\frac{1}{R}\frac{\partial\psi}{\partial R}\frac{\partial}{\partial z}\right)\frac{\Theta\psi}{R^2}=0 \tag{2.5-8}$$

2.5.5 希尔球涡

考虑流体的定常轴对称流动，式(2.5-6)化为

$$\left(\frac{\partial\psi}{\partial\theta}\frac{\partial}{\partial r}-\frac{\partial\psi}{\partial r}\frac{\partial}{\partial\theta}\right)\frac{1}{r^2\sin^2\theta}\Theta\psi=0$$

解为

$$\frac{1}{r^2\sin^2\theta}\Theta\psi=f(\psi) \tag{2.5-9}$$

考虑一个特殊情况，取 $f(\psi)=A$ 为常数，得

$$\Theta\psi=Ar^2\sin^2\theta \tag{2.5-10}$$

利用下列数学恒等式

$$\Theta[g(r)\sin^2\theta]=\left(\frac{\mathrm{d}^2g}{\mathrm{d}r^2}-\frac{2g}{r^2}\right)\sin^2\theta \tag{2.5-11}$$

得方程(2.5-10)的解为

$$\psi=g(r)\sin^2\theta \tag{2.5-12}$$

式中 $g(r)$满足

$$r^2g''-2g=Ar^4 \tag{2.5-13}$$

方程(2.5-13)的特解为

$$g=\frac{1}{10}Ar^4 \tag{2.5-14}$$

特解(2.5-14)对应涡旋流动，有 $\Omega=-Ar\sin\theta$。

令 $g=r^n$，代入 $r^2g''-2g=0$，得 $n(n-1)-2=0$，即 $n=2,-1$。所以方程 $r^2g''-2g=0$ 的通解为

$$g=\frac{B}{r}+Cr^2 \tag{2.5-15}$$

式中 B 和 C 为常数。通解式(2.5-15)对应无旋流动。式(2.5-13)的通解为其特解式(2.5-14)

加上 $r^2g''-2g=0$ 的通解式(2.5-15)，即

$$g=\frac{1}{10}Ar^4+\frac{B}{r}+Cr^2 \tag{2.5-16}$$

现在讨论解的应用。考虑涡量集中在一个静止不动的球面 $r=a$ 内的涡。设在无穷远处流体以均匀速度 U 流动。由于只有同一种流体存在，在球面 $r=a$ 上，流体的切向和法向速度分量连续，那么边界条件为

$$\begin{aligned}&\psi_{\mathrm{ex}}|_{r=a}=\mathrm{const},\quad \psi_{\mathrm{in}}|_{r=a}=\mathrm{const},\quad v_{r,\mathrm{ex}}(r=a)=v_{r,\mathrm{in}}(r=a)=0\\&v_{\theta,\mathrm{ex}}(r=a)=v_{\theta,\mathrm{in}}(r=a),\quad v_{r,\mathrm{ex}}|_{r\to\infty}=U\cos\theta,\quad v_{\theta,\mathrm{in}}|_{r\to\infty}=-U\sin\theta\end{aligned} \tag{2.5-17}$$

使用式(2.5-12)、式(2.5-16)和式(2.5-17)，并注意到在球心处流体速度为有限，得

$$\begin{aligned}&\psi_{\mathrm{ex}}=\frac{1}{2}Ua^2\left(\frac{r^2}{a^2}-\frac{a}{r}\right)\sin^2\theta,\quad \psi_{\mathrm{in}}=-\frac{3}{4}Ua^2\left(\frac{r^2}{a^2}-\frac{r^4}{a^4}\right)\sin^2\theta\\&\Omega_{\mathrm{ex}}=0,\quad \Omega_{\mathrm{in}}=-\frac{15}{2a^2}Ur\sin\theta\end{aligned} \tag{2.5-18}$$

我们把这样的涡量集中在一个静止不动的球面内的涡称为希尔(Hill)球涡。

2.5.6　速度环量守恒定理

在 1.5 节我们已经证明，沿任何流体封闭周线的速度环量对时间的变化率等于沿该周线的加速度环量，即式(1.5-20)

$$\frac{\mathrm{d}K}{\mathrm{d}t}=\frac{\mathrm{d}}{\mathrm{d}t}\oint_{C(t)}\boldsymbol{v}\cdot\delta\boldsymbol{r}=\oint_{C(t)}\left[\frac{\mathrm{d}\boldsymbol{v}}{\mathrm{d}t}\cdot\delta\boldsymbol{r}+\delta\left(\frac{v^2}{2}\right)\right]=\oint_{C(t)}\frac{\mathrm{d}\boldsymbol{v}}{\mathrm{d}t}\cdot\delta\boldsymbol{r}$$

现在把它应用于作等熵运动的理想流体。作等熵运动的理想流体的欧拉方程(2.1-16)为

$$\frac{\mathrm{d}\boldsymbol{v}}{\mathrm{d}t}=-\nabla(h+\Xi)$$

把式(2.1-16)代入式(1.5-20)得

$$\frac{\mathrm{d}K}{\mathrm{d}t}=-\oint_{C(t)}\nabla(h+\Xi)\cdot\delta\boldsymbol{r}=-\oint_{C(t)}\delta(h+\Xi)=0$$

即

$$K=\mathrm{const} \tag{2.5-19}$$

于是我们得到汤姆孙定理：对位于保守外力场中且作等熵运动的理想流体，在其内沿流体封闭周线的速度环量不随时间而改变。

注：对于作非等熵运动的理想流体，汤姆孙定理不成立。

对于理想流体的一般运动，理想流体的欧拉方程为式(2.1-2)

$$\rho\frac{\mathrm{d}\boldsymbol{v}}{\mathrm{d}t}=-\nabla p-\rho\nabla\Xi$$

把式(2.1-2)代入式(1.5-20)得

$$\frac{\mathrm{d}K}{\mathrm{d}t}=-\oint_{C(t)}\left[\nabla\left(\frac{p}{\rho}+\Xi\right)-p\nabla\left(\frac{1}{\rho}\right)\right]\cdot\delta\boldsymbol{r}=\oint_{C(t)}p\nabla\left(\frac{1}{\rho}\right)\cdot\delta\boldsymbol{r} \tag{2.5-20}$$

我们看到，对于位于保守外力场中且作任意运动的理想流体，在其内沿流体封闭周线的速度环量随时间的变化率等于沿该周线的密度的倒数的梯度与压强之积的环量。

【例 1】　计算兰金组合涡的压强分布。

解：在 1.7 节我们引进了兰金组合涡，用来消除无限长直线涡丝的感生速度的非物理奇点。在涡内部，流体像刚体一样绕对称轴匀速旋转，角速度为 ω；在涡外部，流体速度为

无限长直线涡丝的感生速度，如图 1.7.9 所示。把 z 轴取在涡的旋转轴上，速度分布为

$$v_\theta = \begin{cases} \omega r & (r \leqslant R) \\ \dfrac{\omega R^2}{r} & (r \geqslant R) \end{cases}$$

使用欧拉方程(2.1-2)得

$$\rho(\boldsymbol{v}\cdot\nabla)\boldsymbol{v} = -\nabla(p+\rho g z) = \rho\left(v_\theta \cdot \frac{1}{r}\frac{\partial}{\partial\theta}\right)(v_\theta \boldsymbol{e}_\theta) = -\rho\frac{v_\theta^2}{r}\boldsymbol{e}_r$$

方程两边点乘以 $\mathrm{d}\boldsymbol{r}$ 得

$$d(p+\rho g z) = \rho\frac{v_\theta^2}{r}\mathrm{d}r$$

积分得

$$p = -\rho g z + \rho\int\frac{v_\theta^2}{r}\mathrm{d}r$$

(1) 涡外部

压强为

$$p = -\rho g z + \rho\int\frac{1}{r}\left(\frac{\omega R^2}{r}\right)^2\mathrm{d}r = C - \rho g z - \frac{1}{2}\rho\omega^2\frac{R^4}{r^2}$$

式中积分常数 C 由无穷远处的边界条件 $p(r\to\infty) = p_0 - \rho g z$ 确定，得

$$p = p_0 - \frac{1}{2}\rho\omega^2\frac{R^4}{r^2} - \rho g z$$

式中 p_0 为常数。

(2) 涡内部

压强为

$$p = -\rho g z + \rho\int\frac{1}{r}(\omega r)^2\mathrm{d}r = D - \rho g z + \frac{1}{2}\rho\omega^2 r^2$$

式中 D 为积分常数。在涡边缘流体压强必须是连续的，给出

$$p = p_0 + \frac{1}{2}\rho(\omega r)^2 - \rho g z - \rho(\omega R)^2$$

总结有

$$v_\theta = \begin{cases} \omega r & (r \leqslant R) \\ \dfrac{\omega R^2}{r} & (r \geqslant R) \end{cases}$$

$$p = \begin{cases} p_0 - \rho g z + \dfrac{1}{2}\rho\omega^2 r^2 - \rho\omega^2 R^2 & (r \leqslant R) \\ p_0 - \rho g z - \dfrac{1}{2}\rho\omega^2\dfrac{R^4}{r^2} & (r \geqslant R) \end{cases}$$

现在考虑一个在水槽泄水过程中出现的涡，其核心是空气，所以称为空心涡，在水的表面压强为大气压 p_0，因此表面形状为

$$z = \begin{cases} \dfrac{\omega^2}{2g}(r^2 - 2R^2) & (r \leqslant R) \\ -\dfrac{\omega^2 R^4}{2gr^2} & (r \geqslant R) \end{cases}$$

表面形状如图 2.5.1 所示。

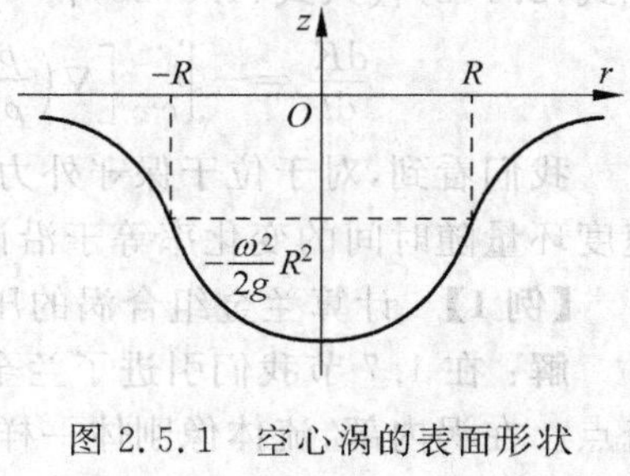

图 2.5.1 空心涡的表面形状

讨论：为什么游泳时应避开涡旋区？

以兰金组合涡为例，假设在湖中有这样一个涡。根据上面求得的压强分布容易求得

$$\nabla p = \begin{cases} -\rho g \boldsymbol{e}_z + \rho\omega^2 \boldsymbol{r} & (r \leqslant R) \\ -\rho g \boldsymbol{e}_z + \rho\omega^2 \boldsymbol{r}\left(\dfrac{R}{r}\right)^4 & (r \geqslant R) \end{cases}$$

利用式(2.2-5)可以求得湖水对湖水里的一个物体所施加的力（这里假设物体对流体速度的影响可以忽略）

$$\boldsymbol{F} = \oint_S \boldsymbol{p}\,\mathrm{d}S = -\oint_S p\boldsymbol{n}\,\mathrm{d}S = -\int_V \nabla p\,\mathrm{d}V = \boldsymbol{F}_{\text{buo}} + \boldsymbol{F}_{\text{vor}}$$

由两个力构成，一个为浮力 $\boldsymbol{F}_{\text{buo}} = -\int_V \rho \boldsymbol{g}\,\mathrm{d}V = -\rho V \boldsymbol{g}$，另一个是与涡有关的力

$$\boldsymbol{F}_{\text{vor}} = \begin{cases} -\displaystyle\int_V \rho\omega^2 \boldsymbol{r}\,\mathrm{d}V & (r \leqslant R) \\ -\displaystyle\int_V \rho\omega^2 \boldsymbol{r}\left(\dfrac{R}{r}\right)^4 \mathrm{d}V & (r \geqslant R) \end{cases}$$

$\boldsymbol{F}_{\text{vor}}$ 方向总是指向涡中心。

如果人在涡旋区游泳，会受到一个与涡有关的力，把人拉向涡中心，所以应避开涡旋区。

习题

2-5-1 在习题 2-1-4 中，我们已经获得地球参考系里的作等熵运动的理想流体的欧拉方程为

$$\frac{\partial \boldsymbol{v}}{\partial t} - \boldsymbol{v} \times (\nabla \times \boldsymbol{v}) = -\nabla\left(\frac{v^2}{2} + h + \varXi - \frac{1}{2}\omega r^2\right) - 2\boldsymbol{\omega} \times \boldsymbol{v}$$

式中，$\boldsymbol{\omega}$ 为地球旋转角速度，r 为大气质点到地球自转轴的垂直距离，$\varXi$ 为地球引力势。证明涡量方程为

$$\frac{\mathrm{d}\boldsymbol{\Omega}}{\mathrm{d}t} = \frac{\partial}{\partial t}\boldsymbol{\Omega} + (\boldsymbol{v} \cdot \nabla)\boldsymbol{\Omega} = (\boldsymbol{\Omega} \cdot \nabla)\boldsymbol{v} - 2\omega(\nabla \cdot \boldsymbol{v}) + 2(\omega \cdot \nabla)\boldsymbol{v}$$

2-5-2 对于平面极坐标系里的不可压缩理想流体的二维流动，证明

$$\boldsymbol{\Omega} = -\boldsymbol{e}_z\left[\frac{1}{r}\frac{\partial}{\partial r}\left(r\frac{\partial \psi}{\partial r}\right) + \frac{1}{r^2}\frac{\partial^2 \psi}{\partial \theta^2}\right] = -\boldsymbol{e}_z \nabla^2 \psi$$

$$\frac{\mathrm{d}\boldsymbol{\Omega}}{\mathrm{d}t} = \boldsymbol{e}_z \frac{\mathrm{d}\Omega}{\mathrm{d}t} = \boldsymbol{0}$$

$$\frac{\mathrm{d}\Omega}{\mathrm{d}t} = \frac{\partial}{\partial t}\Omega + (\boldsymbol{v} \cdot \nabla)\Omega = -\left(\frac{\partial}{\partial t} + \frac{1}{r}\frac{\partial \psi}{\partial \theta}\frac{\partial}{\partial r} - \frac{1}{r}\frac{\partial \psi}{\partial r}\frac{\partial}{\partial \theta}\right)\Omega = 0$$

2-5-3 如果不可压缩理想流体作二维定常等熵运动，其涡量值为一常数，证明作等熵运动的理想流体的欧拉方程(2.1-18)的解为

$$\frac{p}{\rho} + \frac{v^2}{2} + \varXi + \Omega\psi = \text{const}$$

2-5-4 证明兰金组合涡的涡量值为

$$\Omega = \begin{cases} 2\omega & (r \leqslant R) \\ 0 & (r \geqslant R) \end{cases}$$

忽略常数项，流函数为

$$\psi=\begin{cases}-\dfrac{1}{2}\omega r^2 & (r\leqslant R)\\ -\omega R^2\ln r & (r\geqslant R)\end{cases}$$

利用习题 2-5-3 的结果，证明所得压强与例 3 结果相同。

2-5-5　已知平面极坐标系里的流函数为

$$\psi=U\left(r-\frac{a^2}{r}\right)\sin\theta-\frac{K}{2\pi}\ln\frac{r}{a}-\frac{1}{4}\Omega r^2$$

式中，U、a、K 和 Ω 为常数。证明 Ω 为涡量值，流体绕静止圆柱 $r=a$ 作二维流动。计算压强。

2-5-6　黄河不适合游泳是因为存在许多暗涡。考虑其中的一个暗涡，为简单起见，假设为兰金组合涡。已知 $\omega=1\text{rad/s}$，一个人相对于水的密度为 1.15，$R=10\text{m}$。由于 R 比人的尺寸大很多，人可以看成质点，证明人受到的与涡有关的力为

$$\boldsymbol{F}_{\text{vor}}=\begin{cases}-\rho V\omega^2\boldsymbol{r} & (r\leqslant R)\\ -\rho V\omega^2\boldsymbol{r}\left(\dfrac{R}{r}\right)^4 & (r\geqslant R)\end{cases}$$

计算人在 $r=12\text{m}$、10m 和 6m 处分别受到的与涡有关的力的大小，用人体的重力来表示。人在什么位置受到的与涡有关的力最大？

2-5-7　作一个伽利略变换，让希尔球涡以匀速度 $-\boldsymbol{U}$ 运动，无穷远处的流体静止不动，证明流函数、速度分布和涡量分布为

$$\psi_{\text{ex}}=-\frac{1}{2r}Ua^3\sin^2\theta,\quad \psi_{\text{in}}=-\frac{U}{4}\left(5r^2-3\frac{r^4}{a^2}\right)\sin^2\theta$$

$$v_{r,\text{ex}}=-\frac{Ua^3}{r^3}\cos\theta,\quad v_{\theta,\text{ex}}=-\frac{Ua^3}{2r^3}\sin\theta$$

$$v_{r,\text{in}}=-\frac{U}{2}\left(5-3\frac{r^2}{a^2}\right)\cos\theta,\quad v_{\theta,\text{in}}=\frac{U}{4}\left(10-12\frac{r^2}{a^2}\right)\sin\theta$$

$$\Omega_{\text{ex}}=0,\quad \Omega_{\text{in}}=-\frac{15}{2a^2}Ur\sin\theta$$

2.6　动量平衡方程

流体在运动过程中，流体的任意部分会受到体积力和表面力作用，其动量发生变化。流体可以看成由无穷多个微元组成的，牛顿力学中的质点系的动量定理成立。为了更深入理解理想流体的动量平衡方程，我们有必要回忆一下牛顿力学中质点系的动量定理。

2.6.1　质点系的动量定理

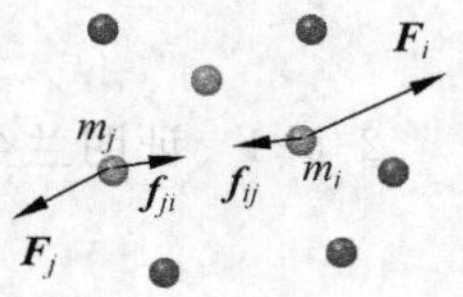

图 2.6.1　质点系

考虑一个质点系，由 N 个质点组成，其中质点 i 受到的外力为 $\boldsymbol{F}_i$，质点 j 对 i 施加的相互作用内力为 $\boldsymbol{f}_{ij}$，如图 2.6.1 所示。作用在质点 i 上的总合力为 $\boldsymbol{F}_i+\sum\limits_{j\neq i}\boldsymbol{f}_{ij}$，其中内力的合力为 $\sum\limits_{j\neq i}\boldsymbol{f}_{ij}$。

在惯性参考系中，设质点 i 的动量为 $\boldsymbol{p}_i$，则其动力学方程为

$$\boldsymbol{F}_i + \sum_{j\neq i}\boldsymbol{f}_{ij} = \frac{\mathrm{d}\boldsymbol{p}_i}{\mathrm{d}t} \tag{2.6-1}$$

将上式对所有质点求和得

$$\sum_{i=1}^{N}\boldsymbol{F}_i + \sum_{i=1}^{N}\sum_{j\neq i}\boldsymbol{f}_{ij} = \sum_{i=1}^{N}\frac{\mathrm{d}\boldsymbol{p}_i}{\mathrm{d}t} = \frac{\mathrm{d}}{\mathrm{d}t}\left(\sum_{i=1}^{N}\boldsymbol{p}_i\right) \tag{2.6-2}$$

根据牛顿第三定律，相互作用内力总是成对出现的，大小相等，方向相反，即

$$\boldsymbol{f}_{ij} + \boldsymbol{f}_{ji} = \boldsymbol{0}$$

所以质点系所受的内力的合力为0，即

$$\sum_{i=1}^{N}\sum_{j\neq i}\boldsymbol{f}_{ij} = \boldsymbol{0} \tag{2.6-3}$$

把式(2.6-3)代入式(2.6-2)得

$$\sum_{i=1}^{N}\boldsymbol{F}_i = \frac{\mathrm{d}}{\mathrm{d}t}\left(\sum_{i=1}^{N}\boldsymbol{p}_i\right) \tag{2.6-4}$$

式中 $\sum_{i=1}^{N}\boldsymbol{F}_i$ 为质点系所受的外力的合力。我们获得牛顿力学中的质点系的动量定理：在惯性参考系中，质点系的总动量随时间的变化率等于质点系所受的外力的合力。

质点系的动量定理表明，质点之间的相互作用内力仅能改变系统内个别质点的动量，但不能改变系统的总动量。只有外力才能改变系统的总动量。

2.6.2　拉格朗日描写下的理想流体的动量平衡方程

考虑运动流体的一部分，随着时间的推移，其体积 $V(t)$ 和表面 $S(t)$ 不断变化，但质量 m 不变，连续性方程为

$$\frac{\mathrm{d}}{\mathrm{d}t}(\rho\mathrm{d}V) = 0$$

其动量随时间的变化率为

$$\frac{\mathrm{d}}{\mathrm{d}t}\int_{V(t)}\rho\boldsymbol{v}\mathrm{d}V = \int_{V(t)}\left[\frac{\mathrm{d}\boldsymbol{v}}{\mathrm{d}t}\rho\mathrm{d}V + \boldsymbol{v}\frac{\mathrm{d}}{\mathrm{d}t}(\rho\mathrm{d}V)\right] = \int_{V(t)}\rho\frac{\mathrm{d}\boldsymbol{v}}{\mathrm{d}t}\mathrm{d}V \tag{2.6-5}$$

把欧拉方程 $\rho\frac{\mathrm{d}\boldsymbol{v}}{\mathrm{d}t} = -\nabla p - \rho\nabla\Xi$ 代入式(2.6-5)得

$$\frac{\mathrm{d}}{\mathrm{d}t}\int_{V(t)}\rho\boldsymbol{v}\mathrm{d}V = \int_{V(t)}(-\nabla p - \rho\nabla\Xi)\mathrm{d}V = -\oint_{S(t)}p\boldsymbol{n}\mathrm{d}S - \int_{V(t)}\rho\nabla\Xi\mathrm{d}V \tag{2.6-6}$$

式(2.6-6)是牛顿力学中的质点系的动量定理对理想流体的应用，表示运动理想流体的任一部分的动量随时间的变化率等于该部分流体所受的外力的合力。

2.6.3　欧拉描写下的理想流体的动量平衡方程

现在我们来推导流体的动量平衡方程。单位体积流体的动量为 $\rho\boldsymbol{v}$，研究它随时间的变化

$$\frac{\partial(\rho v_i)}{\partial t} = \rho\frac{\partial v_i}{\partial t} + v_i\frac{\partial\rho}{\partial t} \tag{2.6-7}$$

为了简化书写，现在使用爱因斯坦求和约定及记号式(2.2-6)。

把欧拉方程 $\frac{\partial v_i}{\partial t} = -v_j\frac{\partial v_i}{\partial x_j} - \frac{1}{\rho}\frac{\partial p}{\partial x_i} - \frac{\partial\Xi}{\partial x_i}$ 和连续性方程 $\frac{\partial\rho}{\partial t} = -\frac{\partial(\rho v_j)}{\partial x_j}$ 代入式(2.6-7)得

$$\frac{\partial(\rho v_i)}{\partial t} = -\frac{\partial p}{\partial x_i} - \frac{\partial(\rho v_i v_j)}{\partial x_j} - \rho\frac{\partial\Xi}{\partial x_i} \tag{2.6-8}$$

为看出式(2.6-8)的物理意义，在某一固定的封闭曲面 S 包围的体积上积分，并使用高斯定理得

$$\int_V \frac{\partial(\rho v_i)}{\partial t}\mathrm{d}V = \frac{\partial}{\partial t}\int_V \rho v_i \mathrm{d}V = -\oint_S [p n_i + \rho v_i(v_j n_j)]\mathrm{d}S - \int_V \rho \frac{\partial \Xi}{\partial x_i} \tag{2.6-9}$$

写成矢量形式得

$$\frac{\partial}{\partial t}\int_V \rho \boldsymbol{v}\mathrm{d}V = -\oint_S \rho \boldsymbol{v}(\boldsymbol{v}\cdot\boldsymbol{n})\mathrm{d}S - \oint_S p\boldsymbol{n}\mathrm{d}S - \int_V \rho \nabla\Xi \mathrm{d}V \tag{2.6-10}$$

式(2.6-10)左边表示固定体积内的动量随时间的变化率，右边第一项表示单位时间内通过体积表面流进去的动量，第二项表示体积表面上流体所受合力，第三项表示体积内的流体所受外力的合力。因此式(2.6-8)和式(2.6-9)是欧拉描写下的理想流体的动量平衡方程。

2.6.4 作用在弯管上的力

弯管两端 1 和 2 处的横截面积、压强和流体速度分别为 A_1、p_1、v_1 和 A_2、p_2、v_2，如图 2.6.2 所示。在 $\mathrm{d}t$ 时间内流体段 1-2 运动至 1′-2′，质量守恒定律指出，该流体段的质量不变，由于在这个过程中 1′-2 之间的流体的质量 $m(1'\text{-}2)$ 没有变化，流体段的初质量为 $\rho v_1 A_1 \mathrm{d}t + m(1'\text{-}2)$，末质量为 $\rho v_2 A_2 \mathrm{d}t + m(1'\text{-}2)$，有

$$\mathrm{d}m = \rho v_2 A_2 \mathrm{d}t = \rho v_1 A_1 \mathrm{d}t = \rho q \mathrm{d}t$$

化为

$$q = v_2 A_2 = v_1 A_1 \tag{2.6-11}$$

式中 q 为体积流量。

伯努利方程为

$$\frac{p_1}{\rho} + \frac{v_1^2}{2} = \frac{p_2}{\rho} + \frac{v_2^2}{2} \tag{2.6-12}$$

$\mathrm{d}t$ 时间内流体段 1-2 运动至 1′-2′，在这个过程中 1′-2 之间的流体的质量 $m(1'\text{-}2)$ 和动量 $\boldsymbol{p}(1'\text{-}2)$ 没有变化，所以流体段的初动量为 $\boldsymbol{v}_1 \mathrm{d}m + \boldsymbol{p}(1'\text{-}2)$，末动量为 $\boldsymbol{v}_2 \mathrm{d}m + \boldsymbol{p}(1'\text{-}2)$，其动量增量为 $(\boldsymbol{v}_2 - \boldsymbol{v}_1)\mathrm{d}m$。把动量定理应用到流体段得

$$\boldsymbol{F} - p_1 A_1 \boldsymbol{n}_1 - p_2 A_2 \boldsymbol{n}_2 = \frac{(\boldsymbol{v}_2 - \boldsymbol{v}_1)\mathrm{d}m}{\mathrm{d}t} = \rho q(\boldsymbol{v}_2 - \boldsymbol{v}_1) \tag{2.6-13}$$

式中，$\boldsymbol{n}_1$ 和 $\boldsymbol{n}_2$ 分别为截面 1 和 2 的外法线方向的单位矢量，$\boldsymbol{F}$ 为弯管对流体段施加的合力。式(2.6-13)中因为重力的贡献较小，已经忽略。根据牛顿第三定律，弯管受力 $\boldsymbol{F}'$ 与 $\boldsymbol{F}$ 大小相等，方向相反。

【例 1】 消防水龙头的喷嘴喷水时，高速水流从管道经过一个喷嘴射入大气，截面积从 A_1 收缩为 A_2，A_1 处的压强为 p_1。求水流给喷嘴的力。

解：取 1-2 断面间的水为研究对象，受力如图 2.6.3 所示。

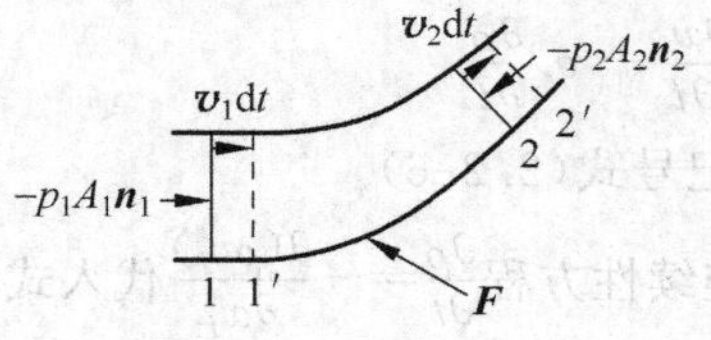

图 2.6.2 受力分析

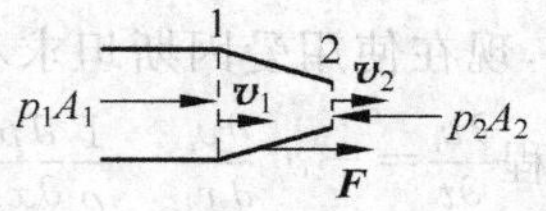

图 2.6.3 喷嘴

喷嘴外的压强为大气压，即

$$p_2 = p_0$$

连续性方程为

$$q = v_2 A_2 = v_1 A_1$$

伯努利方程为

$$\frac{p_1}{\rho} + \frac{v_1^2}{2} = \frac{p_2}{\rho} + \frac{v_2^2}{2}$$

由动量定理得

$$F + p_1 A_1 - p_2 A_1 = \rho q (v_2 - v_1)$$

把以上方程联合求解得

$$v_2 = \sqrt{\frac{2(p_1 - p_0)}{\rho\left(1 - \frac{A_2^2}{A_1^2}\right)}}, \quad F = -p_1 A_1 + p_0 A_2 + 2(p_1 - p_0) A_1 A_2 / (A_1 + A_2)$$

根据牛顿第三定律，水流给喷嘴的力 $\boldsymbol{F}'$ 与 $\boldsymbol{F}$ 大小相等，方向相反。

【例 2】 装有水泵的机动船逆水航行，水流速度为 $\boldsymbol{u}_0$，相对于岸上的船速为 $\boldsymbol{u}$，水泵从船首进水，从船尾喷出的水流相对于船体的速度为 $\boldsymbol{v}$，体积流量为 q。求船得到的推力。

解：如图 2.6.4 所示，在岸静止的参考系（地面参考系）里，进水速度就是水流速度，即 $\boldsymbol{v}_1 = \boldsymbol{u}_0$，喷出的水流速度为 $\boldsymbol{v}_2 = \boldsymbol{v} + \boldsymbol{u}$。使用动量定理，得船对水流的作用力为

$$\boldsymbol{F} = \frac{(\boldsymbol{v}_2 - \boldsymbol{v}_1)\mathrm{d}m}{\mathrm{d}t} = \rho q (\boldsymbol{v}_2 - \boldsymbol{v}_1)$$

即 $F = \rho q[(v-u) - u_0]$。根据牛顿第三定律，水流对船的反推力 $\boldsymbol{F}'$ 与 $\boldsymbol{F}$ 大小相等，方向相反。

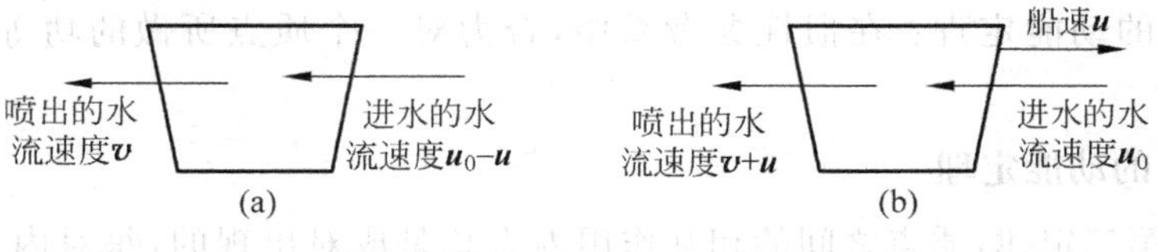

图 2.6.4 喷出和进入的水流

(a) 船静止的参考系；(b) 岸静止的参考系

习题

2-6-1 如图 2.6.5 所示，从喷嘴射出时的射流的流量为 $q_1 = 36\mathrm{m}^3/\mathrm{s}$，速度为 $v_1 = 30\mathrm{m/s}$，该射流被一块与射流方向垂直的平板拦截，变成两部分，流量分别为 $q_2 = 24\mathrm{m}^3/\mathrm{s}$ 和 $q_3 = 12\mathrm{m}^3/\mathrm{s}$。射流外面为大气。使用伯努利方程证明 $v_1 = v_2 = v_3$。并求：(1) 偏转角 θ；(2) 水流对平板的冲击力。

2-6-2 如图 2.6.6 所示，已知水管横截面不变，面积为 S，水流速度为 v，压强为 p，转弯角为 α，水密度为 ρ，不考虑重力，求水流对弯水管的冲击力。

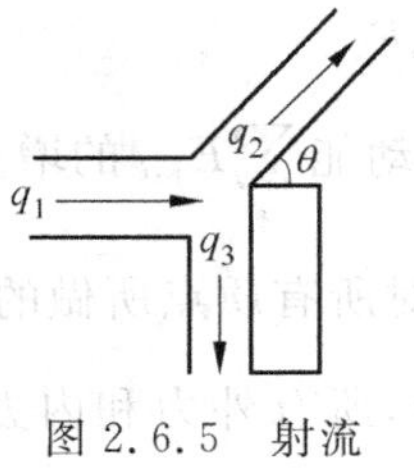

图 2.6.5 射流

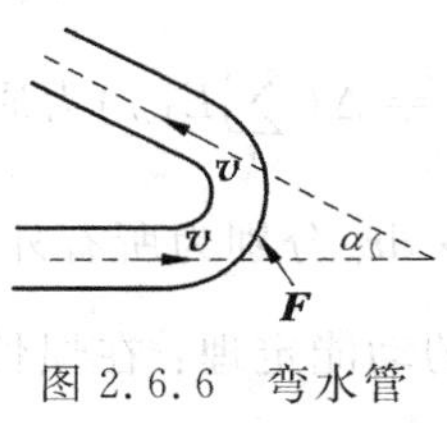

图 2.6.6 弯水管

2-6-3 有一面积为 S 的风筝静止于空中,风向沿水平方向向右,风速度大小为 U,风筝平面与水平方向的夹角为 α,空气碰到风筝后沿风筝平面向四周散开。已知空气密度为 ρ,求风筝获得的竖直方向的升力,并求最大升力。

2.7 能量平衡方程

流体在运动过程中,流体的任意部分都会受到体积力和表面力作用,这些力会做功,所以其动能会变化。由于流体可以看成由无穷多个微元组成,因此流体是质点系,牛顿力学中的质点系的动能定理成立。为了深入理解理想流体的能量平衡方程,有必要回忆一下牛顿力学中的质点系的动能定理与功能原理。

2.7.1 质点系的动能定理与功能原理

1. 质点的动能定理

考虑一个质点,所受到的合力为 $\boldsymbol{F}$。在惯性参考系中,其动力学方程为

$$\boldsymbol{F} = m\frac{\mathrm{d}\boldsymbol{v}}{\mathrm{d}t}$$

质点从位置 a 运动到位置 b,合力所做的功为

$$A = \int_a^b \boldsymbol{F}\cdot\mathrm{d}\boldsymbol{r} = \int_a^b m\frac{\mathrm{d}\boldsymbol{v}}{\mathrm{d}t}\cdot\mathrm{d}\boldsymbol{r} = \int_{v_a}^{v_b} m\boldsymbol{v}\cdot\mathrm{d}\boldsymbol{v} = \frac{1}{2}mv_b^2 - \frac{1}{2}mv_a^2 = \Delta E_\mathrm{k} \tag{2.7-1}$$

得到质点的动能定理:在惯性参考系中,合力对一个质点所做的功等于质点动能的增量。

2. 质点系的动能定理

根据牛顿第三定律,质点之间的相互作用内力总是成对出现的,每对内力大小相等、方向相反,同时出现、同时消失。虽然内力不能改变系统的总动量,但一对内力的作用点的位移一般并不相等,所以作用力和反作用力的功不能相互抵消,成对的内力对系统动能的贡献一般不为零。

如图 2.7.1 所示,质点 i 所受到的外力为 $\boldsymbol{F}_i$,其他质点施加的内力的合力为 $\sum\limits_{j\neq i}\boldsymbol{f}_{ij}$,因此质点 i 所受到的合力为 $\boldsymbol{F}_i+\sum\limits_{j\neq i}\boldsymbol{f}_{ij}$。在惯性参考系中,把质点的动能定理方程(2.7-1) 应用于质点 i,得

$$\int_a^b\Big(\boldsymbol{F}_i+\sum_{j\neq i}\boldsymbol{f}_{ij}\Big)\cdot\mathrm{d}\boldsymbol{r}_i = \Delta E_{\mathrm{k},i}$$

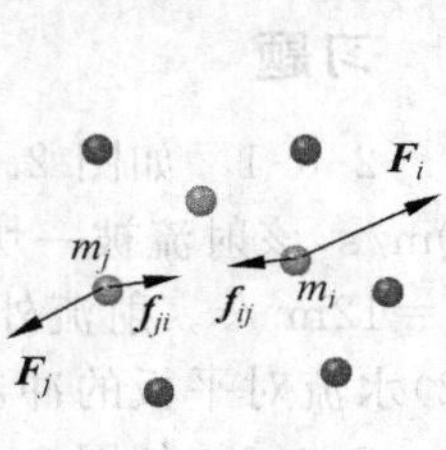

图 2.7.1 质点系

把上式对所有质点求和,得

$$A_\mathrm{ex} + A_\mathrm{in} = \Delta E_\mathrm{k} \tag{2.7-2}$$

式中,$\Delta E_\mathrm{k} = \sum\limits_i \Delta E_{\mathrm{k},i} = \Delta\Big(\sum\limits_i E_{\mathrm{k},i}\Big)$为质点系的总动能 $\sum\limits_i E_{\mathrm{k},i}$ 的增量,$A_\mathrm{ex} = \sum\limits_i\int_a^b \boldsymbol{F}_i\cdot\mathrm{d}\boldsymbol{r}_i$ 和 $A_\mathrm{in} = \sum\limits_i\int_a^b\sum\limits_{j\neq i}\boldsymbol{f}_{ij}\cdot\mathrm{d}\boldsymbol{r}_i$ 分别为所有外力和内力对所有质点所做的总功。

我们得到质点系的动能定理:在惯性参考系中,所有外力和内力对所有质点所做的总

功等于质点系的总动能的增量。

3. 质点系的功能原理

众所周知，保守力做功只与质点的始、末位置有关，而与路径形状无关，而功是能量变化的量度。因此在保守力场中，质点在不同的位置上具有不同的能量，也就是说，保守力场中的物体储藏着一种能量，这种能量是位置的函数。据此可以引进势能，让保守力所做的功等于势能的增量的负值。利用势能，可以把质点系的动能定理表示成更方便应用的形式。

将质点系内各质点之间的相互作用内力分成保守内力和非保守内力，内力做的总功可以分解为两部分，即保守内力做的总功 $A_{in}^{(c)}$ 和非保守内力做的总功 $A_{in}^{(nc)}$，$A_{in}=A_{in}^{(c)}+A_{in}^{(nc)}$，而保守内力做的总功可表示成质点系的内部总势能 $E_{p,in}$ 的增量的负值，即 $A_{in}^{(c)}=-\Delta E_{p,in}$。

将质点系内各质点受到的外力分成保守外力和非保守外力，外力做的总功可以分解为两部分，即保守外力做的总功 $A_{ex}^{(c)}$ 和非保守外力做的总功 $A_{ex}^{(nc)}$，$A_{ex}=A_{ex}^{(c)}+A_{ex}^{(nc)}$，而保守外力做的总功可表示成质点系的外部总势能 $E_{p,ex}$ 的增量的负值，即 $A_{ex}^{(c)}=-\Delta E_{p,ex}$。

定义质点系的机械能 $E=E_k+E_{p,in}+E_{p,ex}$，式(2.7-2)变为

$$A_{in}^{(nc)}+A_{ex}^{(nc)}=\Delta E \tag{2.7-3}$$

得到质点系的功能原理：在惯性参考系中，所有非保守外力和非保守内力对所有质点所做的总功等于质点系的机械能的增量。

2.7.2 拉格朗日描写下的理想流体的能量平衡方程

考虑运动流体的一部分，随着时间的推移，其体积 $V(t)$ 和表面 $S(t)$ 不断变化，但质量 m 不变，连续性方程为

$$\frac{d}{dt}(\rho dV)=0$$

动能随时间的变化率为

$$\frac{d}{dt}\int_{V(t)}\frac{1}{2}\rho v^2 dV=\frac{1}{2}\int_{V(t)}\left[\frac{d(v^2)}{dt}\rho dV+v^2\frac{d}{dt}(\rho dV)\right]=\int_{V(t)}\rho\boldsymbol{v}\cdot\frac{d\boldsymbol{v}}{dt}dV \tag{2.7-4}$$

把欧拉方程 $\rho\dfrac{d\boldsymbol{v}}{dt}=-\nabla p-\rho\nabla\Xi$ 代入式(2.7-4)得

$$\frac{d}{dt}\int_{V(t)}\frac{1}{2}\rho v^2 dV=\int_{V(t)}\boldsymbol{v}\cdot(-\nabla p-\rho\nabla\Xi)dV \tag{2.7-5}$$

由于一般情况下外力势 Ξ 与时间无关，有

$$\frac{d\Xi}{dt}=\boldsymbol{v}\cdot(\nabla\Xi) \tag{2.7-6}$$

把式(2.7-6)代入式(2.7-5)得

$$\begin{aligned}\frac{d}{dt}\int_{V(t)}\left(\frac{1}{2}\rho v^2+\rho\Xi\right)dV&=-\int_{V(t)}\boldsymbol{v}\cdot\nabla p dV=-\int_{V(t)}[\nabla\cdot(p\boldsymbol{v})-p\nabla\cdot\boldsymbol{v}]dV\\&=-\oint_{S(t)}p\boldsymbol{v}\cdot d\boldsymbol{S}+\int_{V(t)}p\nabla\cdot\boldsymbol{v}dV\end{aligned} \tag{2.7-7}$$

由于流体中的一个微元的局域热力学方程为 $Tds=d\varepsilon+pd\left(\dfrac{1}{\rho}\right)$，因此在运动过程中，微元的热力学量随时间的变化率遵守

$$T\frac{\mathrm{d}s}{\mathrm{d}t}=\frac{\mathrm{d}\varepsilon}{\mathrm{d}t}+p\frac{\mathrm{d}\left(\frac{1}{\rho}\right)}{\mathrm{d}t} \tag{2.7-8}$$

由于理想流体的运动是绝热的,绝热运动方程为

$$\frac{\mathrm{d}s}{\mathrm{d}t}=\frac{\partial s}{\partial t}+(\boldsymbol{v}\cdot\nabla)s=0$$

把上式代入式(2.7-8)得

$$T\frac{\mathrm{d}s}{\mathrm{d}t}=\frac{\mathrm{d}\varepsilon}{\mathrm{d}t}-\frac{p}{\rho^2}\frac{\mathrm{d}\rho}{\mathrm{d}t}=0 \tag{2.7-9}$$

连续性方程可以改写为

$$\frac{\mathrm{d}\rho}{\mathrm{d}t}=\frac{\partial\rho}{\partial t}+\boldsymbol{v}\cdot\nabla\rho=-\rho\nabla\cdot\boldsymbol{v} \tag{2.7-10}$$

把式(2.7-10)代入式(2.7-9)得

$$\frac{\mathrm{d}\varepsilon}{\mathrm{d}t}=-\frac{p}{\rho}\nabla\cdot\boldsymbol{v} \tag{2.7-11}$$

使用式(2.7-11)得

$$\int_{V(t)}p\nabla\cdot\boldsymbol{v}\mathrm{d}V=-\int_{V(t)}\rho\frac{\mathrm{d}\varepsilon}{\mathrm{d}t}\mathrm{d}V=-\frac{\mathrm{d}}{\mathrm{d}t}\int_{V(t)}\rho\varepsilon\mathrm{d}V \tag{2.7-12}$$

把式(2.7-12)代入式(2.7-7)得

$$\frac{\mathrm{d}}{\mathrm{d}t}\int_{V(t)}\left(\frac{1}{2}\rho v^2+\rho\varepsilon+\rho\Xi\right)\mathrm{d}V=-\oint_{S(t)}p\boldsymbol{v}\cdot\mathrm{d}\boldsymbol{S} \tag{2.7-13}$$

式中,$\int_{V(t)}\frac{1}{2}\rho v^2\mathrm{d}V$ 为理想流体的任一部分的动能,$\int_{V(t)}\rho\varepsilon\mathrm{d}V$ 为内能,$\int_{V(t)}\rho\Xi\mathrm{d}V$ 为外部势能,因此我们可以把$\int_{V(t)}\left(\frac{1}{2}\rho v^2+\rho\varepsilon+\rho\Xi\right)\mathrm{d}V$ 解释为能量。式(2.7-13)就是理想流体的热力学第一定律的表达式:在惯性参考系中,施加于理想流体的任一部分的表面上的力所做的总功等于其能量的增量。

2.7.3 不可压缩理想流体的任一部分的功能原理

现在我们把拉格朗日描写下的理想流体满足的方程(2.7-7)应用于不可压缩理想流体,得

$$\frac{\mathrm{d}}{\mathrm{d}t}\int_{V(t)}\left(\frac{1}{2}\rho v^2+\rho\Xi\right)\mathrm{d}V=-\oint_{S(t)}p\boldsymbol{v}\cdot\mathrm{d}\boldsymbol{S} \tag{2.7-14}$$

我们可以把 $\int_{V(t)}\left(\frac{1}{2}\rho v^2+\rho\Xi\right)\mathrm{d}V$ 定义为不可压缩理想流体的任一部分的宏观机械能。我们将获得不可压缩理想流体的任一部分的功能原理:在惯性参考系中,施加于不可压缩理想流体的任一部分的表面上的力所做的总功等于其宏观机械能的增量。

由式(2.7-11)得

$$\frac{\mathrm{d}\varepsilon}{\mathrm{d}t}=0 \tag{2.7-15}$$

得到结论:不可压缩理想流体的每一部分的内能不因其在空间内移动位置而有所改变。

2.7.4 欧拉描写下的理想流体的能量平衡方程

现在我们来推导欧拉描写下的理想流体的能量平衡方程。首先计算流体单位体积的动能的时间变化率。

首先使用爱因斯坦求和约定、连续性方程$\frac{\partial\rho}{\partial t}=-\frac{\partial(\rho v_j)}{\partial x_j}$及欧拉方程

$$\frac{\partial v_i}{\partial t}=-v_j\frac{\partial v_i}{\partial x_j}-\frac{1}{\rho}\frac{\partial p}{\partial x_i}-\frac{\partial \Xi}{\partial x_i}$$

得

$$\begin{aligned}\frac{\partial}{\partial t}\left(\rho\frac{v^2}{2}\right)&=\frac{v_iv_i}{2}\frac{\partial\rho}{\partial t}+\rho v_i\frac{\partial v_i}{\partial t}\\&=-\frac{v_iv_i}{2}\frac{\partial(\rho v_j)}{\partial x_j}-\rho v_iv_j\frac{\partial v_i}{\partial x_j}-v_i\frac{\partial p}{\partial x_i}-\rho v_i\frac{\partial\Xi}{\partial x_i}\\&=-\nabla\cdot\left(\rho\frac{v^2}{2}\boldsymbol{v}+p\boldsymbol{v}\right)+p\,\nabla\cdot\boldsymbol{v}-\rho\boldsymbol{v}\cdot\nabla\Xi\end{aligned}\tag{2.7-16}$$

然后计算流体单位体积的内能的时间变化率。使用式(2.7-11)得

$$\begin{aligned}\frac{\partial}{\partial t}(\rho\varepsilon)&=\rho\frac{\partial\varepsilon}{\partial t}+\varepsilon\frac{\partial\rho}{\partial t}=\rho\left[\frac{\mathrm{d}\varepsilon}{\mathrm{d}t}-(\boldsymbol{v}\cdot\nabla)\varepsilon\right]-\varepsilon\,\nabla\cdot(\rho\boldsymbol{v})\\&=-p\,\nabla\cdot\boldsymbol{v}-\nabla\cdot(\rho\varepsilon\,\boldsymbol{v})\end{aligned}\tag{2.7-17}$$

把式(2.7-16)和式(2.7-17)联立，得

$$\frac{\partial}{\partial t}\left(\rho\frac{v^2}{2}+\rho\varepsilon\right)=-\nabla\cdot\left[\left(\frac{1}{2}v^2+h\right)\rho\boldsymbol{v}\right]-\rho\boldsymbol{v}\cdot\nabla\Xi\tag{2.7-18}$$

由于一般情况下Ξ与时间无关，使用连续性方程可以把式(2.7-18)改写为

$$\frac{\partial}{\partial t}\left(\rho\frac{v^2}{2}+\rho\varepsilon+\rho\Xi\right)=-\nabla\cdot\left[\left(\frac{1}{2}v^2+h+\Xi\right)\rho\boldsymbol{v}\right]\tag{2.7-19}$$

为看出式(2.7-19)的物理意义，在某一固定体积上积分，得

$$\frac{\partial}{\partial t}\int_V\left(\rho\frac{v^2}{2}+\rho\varepsilon+\rho\Xi\right)\mathrm{d}V=-\oint_S\left(\frac{1}{2}v^2+h+\Xi\right)\rho\boldsymbol{v}\cdot\mathrm{d}\boldsymbol{S}\tag{2.7-20}$$

式(2.7-20)左边代表一固定体积内的流体能量(动能、内能和外部势能之和)在单位时间内的增量，右边代表在单位时间内从该体积的表面流进去的能量，因此式(2.7-19)是能量平衡方程，而

$$\boldsymbol{J}=\left(\frac{1}{2}v^2+h+\Xi\right)\rho\boldsymbol{v}\tag{2.7-21}$$

可以解释为“能流密度矢量”。

第3章

理想流体的无旋运动

3.1　理想流体无旋运动的出现条件

3.1.1　无旋运动的定义

我们在 1.5 节已经指出，判断流体的流动是有旋还是无旋，只有通过观察流体微元本身是否绕自身轴旋转来决定。如果流体中有若干流体微元绕自身轴旋转，则称为有旋流动；如果流体中所有流体微元均不绕自身轴旋转，则称为无旋流动。判断流体微元是否绕自身轴旋转的量就是速度的旋度，称为涡量。

换句话说，如果涡量在整个流体区域内为零，那么流体的运动称为无旋运动。如果整个流体区域内存在涡量不等于零的区域，流体的运动称为涡旋运动。一般情况下，整个流体区域可以划分为涡旋区域和无旋区域。一般实际流体的流动都是涡旋流动，只有理想流体的运动才有可能是无旋流动，这是因为理想流体没有黏性，不存在切应力，通常情况下也不存在能够改变流体微元的旋转状态的其他力，因此理想流体通常不能传递旋转运动。

综上所述，流体的无旋运动由下式定义：

$$\boldsymbol{\Omega} = \nabla\times \boldsymbol{v} = \boldsymbol{0} \tag{3.1-1}$$

根据矢量公式$\nabla\times\nabla f=\boldsymbol{0}$，可以引进速度势 Φ

$$\boldsymbol{v} = \nabla\Phi \tag{3.1-2}$$

3.1.2　什么情况下理想流体的运动是无旋的

在 2.5 节我们证明了速度环量守恒定理(汤姆孙定理)：对位于保守外力场中且作等熵运动的理想流体，在其内沿流体封闭周线的速度环量不随时间而改变。利用速度环量守恒定理，可以得出以下两个定理。

定理1：*对于作定常等熵运动的理想流体，只要在其一条流线上的任何一点的涡量为零，那么在该流线上的所有的点的涡量均为零。*

证明：根据斯托克斯定理，任一矢量沿任一封闭周线的环量等于该矢量的旋度沿任一以该周线为边的曲面的积分，即

$$\oint_C \boldsymbol{f} \cdot \mathrm{d}\boldsymbol{l} = \iint_S \nabla \times \boldsymbol{f} \cdot \mathrm{d}\boldsymbol{S} \tag{3.1-3}$$

应用斯托克斯定理，得沿任一无限小的流体封闭周线的速度环量

$$\oint_C \boldsymbol{v} \cdot \mathrm{d}\boldsymbol{l} = \nabla \times \boldsymbol{v} \cdot \mathrm{d}\boldsymbol{S} = \boldsymbol{\Omega} \cdot \mathrm{d}\boldsymbol{S} \tag{3.1-4}$$

式中，$\mathrm{d}\boldsymbol{S}$ 为以该周线为边的曲面面元，$\boldsymbol{\Omega}$ 为该面元处的涡量。

如果一条流线上的一点的涡量为零，环绕着该点作一无限小的流体封闭周线包围该流线，由式(3.1-4)可知，沿该无限小周线的速度环量为零。随着时间的推移，该无限小流体封闭周线随流体移动，但仍然包围该流线。由于速度环量不变，在该流线上的所有的点的涡量为零。证毕。

使用上述定理，我们得到以下结论。

(1) 对于作定常等熵运动的理想流体，如果在无穷远处均匀流动，那么理想流体的运动是无旋的。

这是因为在无穷远处，由于理想流体是均匀流动的，即速度 $\boldsymbol{v}$ 为常矢量，所以那里所有流线上的涡量为零。根据定理1，在所有流线的所有点上的涡量为零，即理想流体的运动是无旋的。

(2) 对于作定常等熵运动的理想流体，如果无穷远处的理想流体静止不动，那么理想流体的运动是无旋的。

这是因为在无穷远处，由于理想流体是静止的，所以那里所有流线上的涡量为零。根据定理1，在所有流线的所有点上的涡量为零，即理想流体的运动是无旋的。

定理2：*如果理想流体的等熵运动在某一时刻是无旋的，那么在以后任意时刻流体的运动都是无旋的。*

证明：如果理想流体的等熵运动在某一时刻是无旋的，则在该时刻沿流体内任一流体封闭周线的速度环量为零。根据环量守恒定理，在以后任意时刻，沿理想流体内任一流体封闭周线的速度环量为零，即在以后任意时刻理想流体的运动都是无旋的。证毕。

使用上述定理，我们得到以下结论：如果理想流体在初始时刻静止，那么在以后任意时刻理想流体的运动都是无旋的。

例如，从静止开始的波浪运动，由于流体静止时是无旋的，因此产生波浪以后，波浪运动也是无旋运动。

3.1.3　为什么关于理想流体的无旋流动的研究是有用的?

实际流体不是理想流体，存在内摩擦力，内摩擦力正比于速度梯度。既然实际的流体的流动都是涡旋流动，那我们为什么还要研究理想流体的无旋流动呢?

原因是，根据普朗特的边界层理论(4.10节)，在固体表面附近的很薄的流体边界层之内，那里的速度梯度较大，因而涡量较大，内摩擦力较大，不能看成理想流体，流体的流动是

涡旋流动。而在边界层之外,那里的速度梯度很小,因而涡量很小,内摩擦力很小,流体可看成理想流体,流体的运动可看成无旋流动,如图 3.1.1 所示。因此普朗特的边界层理论断言理想流体的无旋流动的研究是有用的。

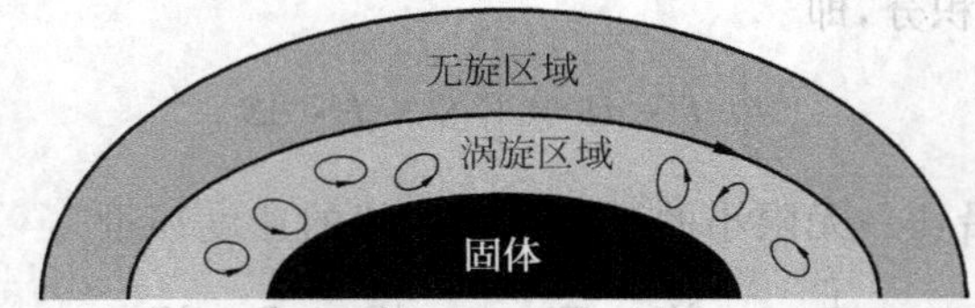

图 3.1.1　涡旋流动区域与无旋流动区域

3.2　不可压缩理想流体的无旋运动

3.2.1　拉普拉斯方程

1. 拉普拉斯方程的推导

不可压缩理想流体的无旋运动同时满足

$$\nabla \cdot \boldsymbol{v} = 0, \quad \boldsymbol{v} = \nabla \Phi \tag{3.2-1}$$

因此速度势满足拉普拉斯方程

$$\nabla^2 \Phi = 0 \tag{3.2-2}$$

如果流体与静止固体表面 S 接触,流体速度的法向分量 $v_n|_S$ 必须为零,即

$$v_n|_S = \frac{\partial \Phi}{\partial n}|_S = 0 \tag{3.2-3}$$

在运动的固体表面 S 上的流体速度的法向分量 $v_n|_S$ 必须等于固体表面的速度的法向分量 $v_{\text{solid},n}|_S$,即

$$v_n|_S = \frac{\partial \Phi}{\partial n}|_S = v_{\text{solid},n}|_S \tag{3.2-4}$$

我们需要指出,不可压缩理想流体的无旋运动具有如下重要性质:假设一个固体在流体中运动,固体周围的流体作无旋运动,那么任意时刻流体的速度分布由 $\nabla^2\Phi=0$ 及边界条件式(3.2-4)确定,而且只依赖于该时刻固体的运动速度,而不依赖于其加速度。

2. 单连通区域与双连通区域

如果区域内任意两点都可用区域内一条连续曲线连接,这样的区域称为连通区域。如果在连通区域中的任意一条封闭曲线,能连续地收缩成一点而且不出区域边界,这样的连通区域就称为单连通区域,否则就是多连通区域。常见的单连通区域有球表面内外区域,或两个同心球之间的区域等。现在考虑单连通区域中的不可压缩理想流体的无旋运动。使用斯托克斯定理得

$$\oint_C \boldsymbol{v} \cdot \mathrm{d}\boldsymbol{l} = \oint_C \nabla \Phi \cdot \mathrm{d}\boldsymbol{l} = \oint_C \mathrm{d}\Phi = \iint_S \boldsymbol{\Omega} \cdot \mathrm{d}\boldsymbol{S} = 0 \tag{3.2-5}$$

我们看到,对于单连通区域中的不可压缩理想流体的无旋运动,速度环量永远为零,速度势

是单值函数。

对于多连通区域，需要引进分隔面概念。所谓分隔面指的是这样的曲面：整个曲面位于区域内部，并且曲面和区域边界的相交线是一条封闭曲线。能作 $n-1$ 个分隔面并且不破坏区域连通性的多连通区域，称为 n 连通区域。在流体力学中经常碰到的是双连通区域。例如，圆环内部区域就是一个双连通区域，可以作一个分隔面并且不破坏区域连通性，如图 3.2.1 所示。在一个双连通区域引进一个分隔面后，如果把分隔面的两边看成是区域的新边界，产生的区域就是单连通区域。

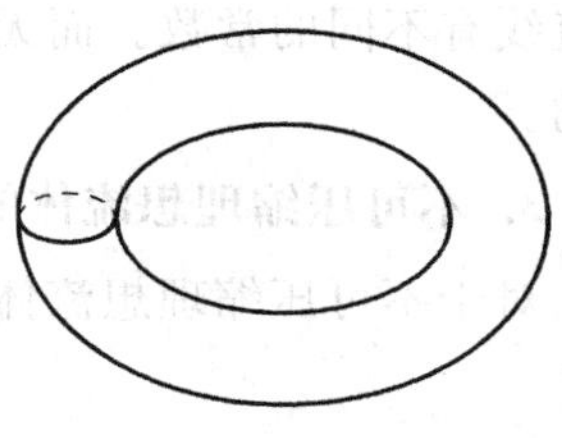

图 3.2.1 双连通区域的分隔面

对于双连通区域中的不可压缩理想流体的无旋运动，如果流体封闭周线能连续地收缩成一点而且不出区域的边界，那么沿该流体封闭周线的速度环量为零，即

$$\oint_C \boldsymbol{v}\cdot \mathrm{d}\boldsymbol{l}=0 \tag{3.2-6}$$

对于双连通区域中的不可压缩理想流体的无旋运动，如果流体封闭周线能连续地收缩成一点但不得不跨出区域的边界，那么沿该流体封闭周线的速度环量不为零，即

$$\oint_C \boldsymbol{v}\cdot \mathrm{d}\boldsymbol{l}\neq 0 \tag{3.2-7}$$

此时速度势是多值函数。

3.2.2 伯努利方程

1. 伯努利方程

作等熵流动的理想流体满足欧拉方程(2.1-16)，即

$$\frac{\partial \boldsymbol{v}}{\partial t}-\boldsymbol{v}\times(\nabla\times\boldsymbol{v})=-\nabla\left(\frac{v^2}{2}+h+\varXi\right)$$

如果流体作无旋运动，有 $\boldsymbol{v}=\nabla\Phi$。利用速度势，上式化为

$$\nabla\left(\frac{v^2}{2}+h+\varXi+\frac{\partial\Phi}{\partial t}\right)=\boldsymbol{0}$$

其解为

$$\frac{v^2}{2}+h+\varXi+\frac{\partial\Phi}{\partial t}=f(t) \tag{3.2-8}$$

式中 $f(t)$ 为时间的任意函数。$f(t)$ 可以附加到 $\frac{\partial\Phi}{\partial t}$ 上去，从而得理想流体的无旋运动满足的伯努利方程

$$\frac{v^2}{2}+h+\varXi+\frac{\partial\Phi}{\partial t}=\text{const} \tag{3.2-9}$$

对于定常流动，有 $\frac{\partial\Phi}{\partial t}=0$，式(3.2-9)化为

$$\frac{v^2}{2}+h+\varXi=\text{const} \tag{3.2-10}$$

2. 与一般流动的伯努利方程(2.3-1)的区别

我们需要指出的是，理想流体的定常无旋运动的伯努利方程(3.2-10)与任意流动的伯

努利方程(2.4-1)是有差别的。任意流动的伯努利方程中的常数只是沿特定流线的，不同的流线有不同的常数。而无旋流动的伯努利方程中的常数对流体的所有部分来讲，都是相同的。

3. 不可压缩理想流体的伯努利方程

对于不可压缩理想流体的无旋运动，式(3.2-9)化为

$$p=p_0-\frac{1}{2}\rho v^2-\rho\frac{\partial\Phi}{\partial t}-\rho\Xi \tag{3.2-11}$$

式中 p_0 为常数。

对于不可压缩理想流体的定常无旋运动，式(3.2-11)化为

$$p=p_0-\frac{1}{2}\rho v^2-\rho\Xi \tag{3.2-12}$$

4. 无旋流动的伯努利方程的适用范围

根据普朗特的边界层理论，流体流过固体表面时，除表面附近黏性影响严重的薄层外，其余区域的流动可视为理想流体的无旋运动，无旋运动的伯努利方程成立。

5. 驻点

一个有用的概念是驻点，在驻点处速度为零。

【例 1】 一个半径为 a 的固体球在不可压缩理想流体中以速度 $\boldsymbol{U}$ 运动，球周围的流体作无旋流动，无穷远处的流体静止不动。确定流体速度分布、驻点位置和压强分布。

解：为方便起见，把直角坐标系 (x,y,z) 的原点取在球心的瞬时位置上，球的速度方向沿 z 轴，球的速度为 $\boldsymbol{U}=\boldsymbol{e}_rU\cos\theta-\boldsymbol{e}_\theta U\sin\theta$，如图 3.2.2 所示。在相应的球坐标系 (r,θ,φ) 中拉普拉斯方程 $\nabla^2\Phi=0$ 的解为

$$\Phi(r,\theta)=\sum_{l=0}^{\infty}(A_lr^l+B_lr^{-l-1})P_l(\cos\theta)$$

式中 A_l 和 B_l 为常数，$P_l(\cos\theta)$ 为勒让德函数。

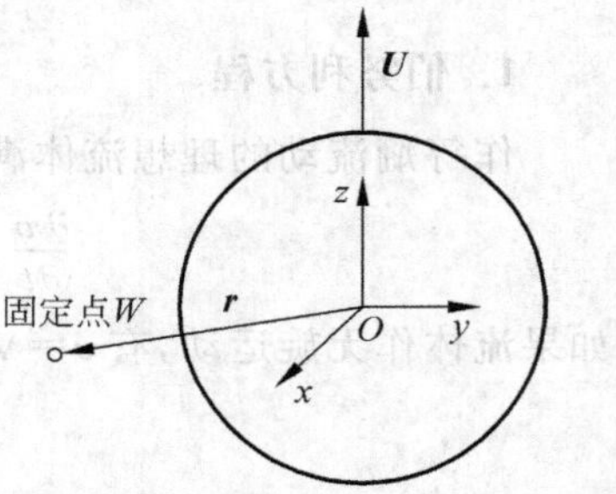

图 3.2.2 在流体中运动的固体球

边界条件为

$$v_r(r=a)=U\cos\theta,\quad \lim_{r\to\infty}v_r=0$$

因为 $v_r=\frac{\partial\Phi}{\partial r}=\sum_{l=0}^{\infty}[lA_lr^{l-1}-(l+1)B_lr^{-l-2}]P_1(\cos\theta)$，$P_1(\cos\theta)=\cos\theta$，所以由边界条件 $v_r(r=a)=U\cos\theta=UP_1(\cos\theta)$ 可知，v_r 只与 $P_1(\cos\theta)=\cos\theta$ 有关，即

$$v_r=(A_1-2B_1r^{-3})P_1(\cos\theta),\quad A_1-2B_1a^{-3}=U$$

由另一边界条件 $\lim_{r\to\infty}v_r=0$，得

$$A_1=0,\quad B_1=-\frac{a^3}{2}U,\quad \Phi=-\frac{a^3U}{2r^2}\cos\theta=-\frac{a^3}{2r^3}\boldsymbol{U}\cdot\boldsymbol{r}$$

所以

$$\boldsymbol{v}=\nabla\Phi=\boldsymbol{e}_r\frac{\partial\Phi}{\partial r}+\boldsymbol{e}_\theta\frac{1}{r}\frac{\partial\Phi}{\partial\theta}=\boldsymbol{e}_rU\frac{a^3}{r^3}\cos\theta+\boldsymbol{e}_\theta\frac{a^3}{2r^3}U\sin\theta=\frac{a^3}{2r^3}\left[\frac{3}{r^2}\boldsymbol{r}(\boldsymbol{U}\cdot\boldsymbol{r})-\boldsymbol{U}\right]$$

驻点位置：$\boldsymbol{v}=\boldsymbol{0}$ 要求 $r\to\infty$，即驻点位置在无穷远处。

压强为

$$p = p_0 - \frac{1}{2}\rho v^2 - \rho\frac{\partial \Phi}{\partial t}$$

式中 p_0 为无穷远处的压强。

计算$\frac{\partial \Phi}{\partial t}$需要使用欧拉描述(空间固定参考系),即在固定的空间位置上观察流体质点的运动情况。各个场点 W 都是固定不动的,让 $\boldsymbol{r}=\overrightarrow{OW}$为相对于球心 O 的场点 W 的位置矢量,如图 3.2.2 所示。既然球心 O 以速度 $\boldsymbol{U}$ 运动着,有 $\boldsymbol{U}=\frac{\partial}{\partial t}\overrightarrow{WO}=-\frac{\partial \boldsymbol{r}}{\partial t}$,因此在欧拉描述里 $\boldsymbol{r}=\overrightarrow{OW}=-\int \boldsymbol{U}\mathrm{d}t$,与时间有关,所以有

$$\frac{\partial \Phi}{\partial t} = \frac{\partial \Phi(\boldsymbol{U},\boldsymbol{r})}{\partial t} = \frac{\partial \Phi}{\partial \boldsymbol{U}}\cdot\frac{\partial \boldsymbol{U}}{\partial t} + \frac{\partial \Phi}{\partial \boldsymbol{r}}\cdot\frac{\partial \boldsymbol{r}}{\partial t} = \frac{\partial \Phi}{\partial \boldsymbol{U}}\cdot\frac{\partial \boldsymbol{U}}{\partial t} - \boldsymbol{U}\cdot\nabla\Phi = \frac{\partial \Phi}{\partial \boldsymbol{U}}\cdot\frac{\partial \boldsymbol{U}}{\partial t} - \boldsymbol{U}\cdot\boldsymbol{v}$$

式中$\frac{\partial}{\partial \boldsymbol{f}} \equiv \boldsymbol{e}_x\frac{\partial}{\partial f_x} + \boldsymbol{e}_y\frac{\partial}{\partial f_y} + \boldsymbol{e}_z\frac{\partial}{\partial f_z}$。

把上式代入伯努利方程得

$$\begin{aligned} p &= p_0 - \frac{1}{2}\rho v^2 - \rho\left(\frac{\partial \Phi}{\partial \boldsymbol{U}}\cdot\frac{\partial \boldsymbol{U}}{\partial t} - \boldsymbol{U}\cdot\boldsymbol{v}\right) \\ &= p_0 - \frac{1}{8}\rho\left(\frac{a^3}{r^3}\right)^2 U^2(1+3\cos^2\theta) + \frac{1}{2}\rho\frac{a^3}{r^3}U^2(3\cos^2\theta - 1) + \frac{1}{2}\rho\frac{a^3}{r^3}\boldsymbol{r}\cdot\frac{\mathrm{d}\boldsymbol{U}}{\mathrm{d}t} \end{aligned}$$

球面上的压强为

$$p(r=a) = p_0 + \frac{1}{8}\rho U^2(9\cos^2\theta - 5) + \frac{1}{2}\rho a\boldsymbol{e}_r\cdot\frac{\mathrm{d}\boldsymbol{U}}{\mathrm{d}t}$$

【例 2】 一个不可压缩理想流体绕一个静止不动的半径为 a 的固体球作无旋运动,无穷远处的流体以均匀速度 $\boldsymbol{U}$ 流动。确定流体速度分布、驻点位置和压强分布。

解:如图 3.2.3 所示,取直角坐标系(x,y,z)的原点为球心,无穷远处的流速沿 z 轴方向,有 $\boldsymbol{U}=\boldsymbol{e}_r U\cos\theta - \boldsymbol{e}_\theta U\sin\theta$。那么在相应的球坐标系$(r,\theta,\varphi)$中拉普拉斯方程$\nabla^2\Phi=0$ 的解为

$$\Phi(r,\theta) = \sum_{l=0}^{\infty}(A_l r^l + B_l r^{-l-1})P_1(\cos\theta)$$

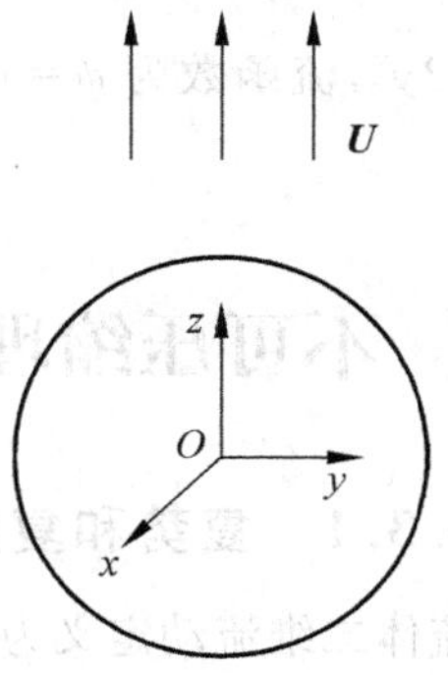

图 3.2.3 绕固体球的无旋流动

边界条件为

$$v_r(r=a)=0, \quad \lim_{r\to\infty}v_r = U\cos\theta$$

因为 $v_r=\frac{\partial \Phi}{\partial r}=\sum_{l=0}^{\infty}[lA_l r^{l-1}-(l+1)B_l r^{-l-2}]P_1(\cos\theta)$,$P_1(\cos\theta)=\cos\theta$,所以由边界条件$\lim_{r\to\infty}v_r = U\cos\theta = UP_1(\cos\theta)$可知,$v_r$ 只与 $P_1(\cos\theta)=\cos\theta$ 有关,即

$$v_r = \frac{\partial \Phi}{\partial r} = (U - 2B_1 r^{-3})\cos\theta$$

由边界条件 $v_r(r=a)=0$ 给出

$$\Phi = Ur\left(1+\frac{a^3}{2r^3}\right)\cos\theta$$

所以

$$\boldsymbol{v} = \nabla \Phi = \boldsymbol{e}_r \frac{\partial \Phi}{\partial r} + \boldsymbol{e}_\theta \frac{1}{r} \frac{\partial \Phi}{\partial \theta} = \boldsymbol{e}_r U\left(1 - \frac{a^3}{r^3}\right)\cos\theta - \boldsymbol{e}_\theta U\left(1 + \frac{a^3}{2r^3}\right)\sin\theta$$

驻点位置：$\boldsymbol{v}=\boldsymbol{0}$ 要求 $r=a, \sin\theta=0$。驻点位置为 $r=a, \theta=0, \pi$。

压强为

$$p = p_0 - \frac{1}{2}\rho v^2 - \rho\frac{\partial \Phi}{\partial t} = p_0 - \frac{1}{2}\rho U^2\left[\left(1 - \frac{a^3}{r^3}\right)^2 \cos^2\theta + \left(1 + \frac{a^3}{2r^3}\right)^2 \sin^2\theta\right]$$

式中 p_0 为常数。球面上的压强为

$$p(r=a) = p_0 - \frac{9}{8}\rho U^2 \sin^2\theta$$

习题

3-2-1　在习题 2-1-3，我们已经证明，地球参考系里大气的欧拉方程为

$$\rho\frac{\mathrm{d}\boldsymbol{v}}{\mathrm{d}t} = \rho\frac{\partial \boldsymbol{v}}{\partial t} + \rho(\boldsymbol{v}\cdot\nabla)\boldsymbol{v} = -\nabla p - \rho\nabla\Xi + \rho\omega^2 \boldsymbol{r} - 2\rho\boldsymbol{\omega}\times\boldsymbol{v}$$

式中，$\boldsymbol{\omega}$ 为地球旋转角速度，$\boldsymbol{r}$ 为大气质点相对于地球自转轴的垂直位移矢量，Ξ 为地球引力势。如果流体作无旋等熵流动，证明满足如下伯努利方程：

$$\frac{v^2}{2} + h + \Xi - \frac{1}{2}\omega^2 r^2 + \frac{\partial \Phi}{\partial t} = \text{const}$$

3-2-2　接例 1，计算流体的总动能。

3-2-3　已知不可压缩流体速度分布为 $v_x = x^2 + 4x - y^2$，$v_y = -2xy - 4y$，$v_z = 0$。证明流动为无旋流动，速度为零的驻点位置为 $(0,0)$ 和 $(-4,0)$，速度势为 $\Phi = \frac{1}{3}x^3 + 2x^2 - y^2x - 2y^2$，流函数为 $\psi = x^2y + 4xy - \frac{1}{3}y^3$。

3.3　不可压缩理想流体的二维无旋运动

3.3.1　复势和复速度

流体二维流动定义为 $v_x = v_x(x,y)$，$v_y = v_y(x,y)$，$v_z = 0$。理想流体的二维无旋流动满足：

$$v_x = \frac{\partial \Phi}{\partial x}, \quad v_y = \frac{\partial \Phi}{\partial y} \tag{3.3-1}$$

从 1.6 节我们知道，不可压缩流体的二维流动满足：

$$v_x = \frac{\partial \psi}{\partial y}, \quad v_y = -\frac{\partial \psi}{\partial x} \tag{3.3-2}$$

所以不可压缩理想流体的二维无旋运动必须同时满足式(3.3-1)和式(3.3-2)，即

$$v_x = \frac{\partial \Phi}{\partial x} = \frac{\partial \psi}{\partial y}, \quad v_y = \frac{\partial \Phi}{\partial y} = -\frac{\partial \psi}{\partial x} \tag{3.3-3}$$

由式(3.3-3)，可以引入复势

$$w = \Phi + \mathrm{i}\psi \tag{3.3-4}$$

我们看到，w 是复变量 $z = x + \mathrm{i}y = r\mathrm{e}^{\mathrm{i}\theta}$ 的解析函数，满足柯西-黎曼(Cauchy-Riemann)条件。

定义复速度为

$$u=\frac{\mathrm{d}w}{\mathrm{d}z}=\frac{\partial\Phi}{\partial x}+\mathrm{i}\frac{\partial\psi}{\partial x}=v_x-\mathrm{i}v_y \tag{3.3-5}$$

【例 1】 密度为 ρ 的不可压缩理想流体二维无旋流动的速度势为

$$\Phi=ax(x^2-3y^2)$$

式中常数 $a<0$。求其流速及流函数,并求通过连接(0,0)及(1,1)两点的直线段的流体质量流量。

解:速度分量为

$$v_x=\frac{\partial\Phi}{\partial x}=3a(x^2-y^2),\quad v_y=\frac{\partial\Phi}{\partial y}=-6axy$$

流速为

$$v=\sqrt{v_x^2+v_y^2}=\sqrt{(3a)^2(x^2-y^2)^2+(-6axy)^2}=3a(x^2+y^2)$$

将速度分量代入流函数的微分式,得

$$\mathrm{d}\psi=-v_y\mathrm{d}x+v_x\mathrm{d}y=6axy\mathrm{d}x+3a(x^2-y^2)\mathrm{d}y$$

积分得

$$\psi=3ax^2y-ay^3+C$$

式中 C 为积分常数。

通过连接(0,0)及(1,1)两点的直线段的流体质量流量为

$$Q=\rho[\psi(1,1)-\psi(0,0)]=2a\rho$$

3.3.2 驻点

驻点:在驻点处速度为零。所以对于不可压缩理想流体的二维无旋运动,在驻点处复速度为零,即

$$\frac{\mathrm{d}w}{\mathrm{d}z}=0$$

【例 2】 一个平面点涡的复势。

解:一个平面点涡(无限长直线涡丝)感生的速度为 $\boldsymbol{v}(\boldsymbol{r})=\frac{\Gamma}{2\pi}\frac{\boldsymbol{e}_\theta}{r}$,有

$$v_r=\frac{\partial\Phi}{\partial r}=0,\quad v_\theta=\frac{1}{r}\frac{\partial\Phi}{\partial\theta}=\frac{\Gamma}{2\pi}\frac{1}{r}$$

积分得

$$\Phi=\frac{\Gamma}{2\pi}\theta$$

因此

$$\Phi=\frac{\Gamma}{2\pi}\theta=-\frac{\Gamma}{2\pi}\mathrm{Re}\left(\mathrm{i}\ln\frac{r\mathrm{e}^{\mathrm{i}\theta}}{a}\right)=-\frac{\Gamma}{2\pi}\mathrm{Re}\left(\mathrm{i}\ln\frac{z}{a}\right)=\mathrm{Re}w=\mathrm{Re}(\Phi+\mathrm{i}\psi)$$

即

$$w=-\mathrm{i}\frac{\Gamma}{2\pi}\ln\frac{z}{a},\quad \Phi=\frac{\Gamma}{2\pi}\theta,\quad \psi=-\frac{\Gamma}{2\pi}\ln\frac{r}{a}$$

式中 $a>0$ 为常数。

【例 3】 考虑一排位于实轴上的无穷多个点涡,其位置为 $z=na$,$n=0,\pm1,\pm2,\cdots$,a 为常数,点涡强度均为 Γ,求复势。

解：从例 2 可知，一个位于 z_0、点涡强度为 Γ 的点涡的复势为 $w=-\mathrm{i}\,\dfrac{\Gamma}{2\pi}\ln(z-z_0)$，所以总的复势为

$$w=-\mathrm{i}\,\frac{\Gamma}{2\pi}\sum_{n=0,\pm1,\pm2,\cdots}\ln(z-na)=-\mathrm{i}\,\frac{\Gamma}{2\pi}\Big[\ln z+\sum_{n=1,2,\cdots}\ln(z-na)(z+na)\Big]$$

$$=-\mathrm{i}\,\frac{\Gamma}{2\pi}\Big\{\ln z+\sum_{n=1,2,\cdots}\Big[\ln\Big(\frac{z^2}{n^2a^2}-1\Big)+\ln(n^2a^2)\Big]\Big\}=-\mathrm{i}\,\frac{\Gamma}{2\pi}\ln\Big[z\prod_{n=1}^{\infty}\Big(1-\frac{z^2}{n^2a^2}\Big)\Big]$$

式中常数项已忽略。

利用连乘积展开

$$\sin z=z\prod_{n=1}^{\infty}\Big(1-\frac{z^2}{n^2\pi^2}\Big)$$

得

$$w=-\mathrm{i}\,\frac{\Gamma}{2\pi}\ln\sin\frac{\pi z}{a}$$

【例 4】 一个半径为 a 的固体圆柱在不可压缩理想流体中以速度 $\boldsymbol{U}$ 运动，无穷远处的流体静止不动。圆柱周围的流体作二维无旋流动，确定流体速度分布、驻点位置和压强分布。

解：为方便求解，把平面直角坐标系 (x,y) 的原点取在圆柱对称轴的瞬时位置上，圆柱的速度取为沿 x 轴方向，圆柱的速度为 $\boldsymbol{U}=\boldsymbol{e}_rU\cos\theta-\boldsymbol{e}_\theta U\sin\theta$，如图 3.3.1 所示。拉普拉斯方程 $\nabla^2\Phi=0$ 在平面极坐标系成为

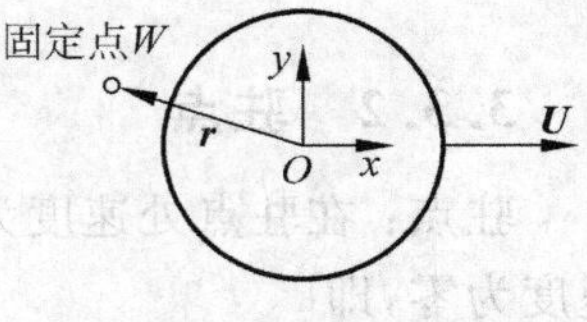

图 3.3.1 在流体中运动的圆柱

$$\frac{\partial^2\Phi}{\partial^2 r}+\frac{1}{r}\frac{\partial\Phi}{\partial r}+\frac{1}{r^2}\frac{\partial\Phi}{\partial\theta}=0$$

令 $\Phi(r,\theta)=R(r)\Theta(\theta)$ 得

$$\frac{\mathrm{d}^2\Theta}{\mathrm{d}\theta^2}=-m^2\Theta,\quad \Theta=C_m\cos m\theta+D_m\sin m\theta,\quad m=0,\pm1,\pm2,\cdots$$

$$\frac{\mathrm{d}^2R}{\mathrm{d}r^2}+\frac{1}{r}\frac{\mathrm{d}R}{\mathrm{d}r}-\frac{m^2}{r^2}R=0,\quad R\sim r^\alpha,\quad \alpha=\pm m$$

解为

$$\Phi(r,\theta)=\sum_m(A_mr^m+B_mr^{-m})(C_m\cos m\theta+D_m\sin m\theta)$$

得

$$v_r=\frac{\partial\Phi}{\partial r}=\sum_m(A_mmr^{m-1}-B_mmr^{-m-1})(C_m\cos m\theta+D_m\sin m\theta)$$

$$v_\theta=\frac{1}{r}\frac{\partial\Phi}{\partial\theta}=\sum_m(A_mr^{m-1}+B_mr^{-m-1})(-C_mm\sin m\theta+D_mm\cos m\theta)$$

利用边界条件：$v_r(r=a)=U\cos\theta$，$\lim\limits_{r\to\infty}v_r=0$，$\lim\limits_{r\to\infty}v_\theta=0$，得

$$\Phi(r,\theta)=-U\frac{a^2}{r}\cos\theta=-\frac{a^2}{r^2}\boldsymbol{U}\cdot\boldsymbol{r}$$

所以

$$v = \nabla\Phi = e_r\frac{\partial\Phi}{\partial r} + e_\theta\frac{1}{r}\frac{\partial\Phi}{\partial\theta} = U\frac{a^2}{r^2}(e_r\cos\theta + e_\theta\sin\theta)$$

驻点位置：$v=0$ 要求 $r\to\infty$，即驻点位置在无穷远处。

压强为

$$p = p_0 - \frac{1}{2}\rho v^2 - \rho\frac{\partial\Phi}{\partial t}$$

式中 p_0 为无穷远处的压强。

在 3.2 节例 1 我们已经获得

$$\frac{\partial\Phi}{\partial t} = \frac{\partial\Phi(U,r)}{\partial t} = \frac{\partial\Phi}{\partial U}\cdot\frac{\partial U}{\partial t} + \frac{\partial\Phi}{\partial r}\cdot\frac{\partial r}{\partial t} = \frac{\partial\Phi}{\partial U}\cdot\frac{\partial U}{\partial t} - U\cdot\nabla\Phi = \frac{\partial\Phi}{\partial U}\cdot\frac{\partial U}{\partial t} - U\cdot v$$

把上式代入伯努利方程得压强

$$\begin{aligned} p &= p_0 - \frac{1}{2}\rho v^2 - \rho\left(\frac{\partial\Phi}{\partial U}\cdot\frac{\partial U}{\partial t} - U\cdot v\right) \\ &= p_0 - \frac{1}{2}\rho\frac{a^4}{r^4}U^2 + \rho\frac{a^2}{r^2}U^2\cos2\theta + \rho\frac{a^2}{r^2}r\cdot\frac{\mathrm{d}U}{\mathrm{d}t} \end{aligned}$$

圆柱面上的压强为

$$p(r=a) = p_0 - \frac{1}{2}\rho U^2(1-2\cos2\theta) + \rho a e_r\cdot\frac{\mathrm{d}U}{\mathrm{d}t}$$

因为 $\Phi(r,\theta) = -U\frac{a^2}{r}\cos\theta = \mathrm{Re}\left(-Ua^2\frac{1}{z}\right)$，所以有

$$w = -Ua^2\frac{1}{z},\quad \psi = \mathrm{Im}\left(-Ua^2\frac{1}{z}\right) = Ua^2\frac{\sin\theta}{r}$$

流线如图 3.3.2 所示。

【例 5】 一个不可压缩理想流体绕一个静止不动的半径为 a 的固体圆柱作二维无旋流动，无穷远处的流体以匀速度 U 流动。确定流体速度分布、驻点位置和压强分布。

解：如图 3.3.3 所示，取平面极坐标系 (r,θ) 的原点为圆柱中心，无穷远处的流速沿 x 轴方向，即 $\lim\limits_{r\to\infty} v = U = e_r U\cos\theta - e_\theta U\sin\theta$。拉普拉斯方程 $\nabla^2\Phi=0$ 解为

$$\Phi(r,\theta) = \sum_m (A_m r^m + B_m r^{-m})(C_m\cos m\theta + D_m\sin m\theta)$$

得

$$v_r = \frac{\partial\Phi}{\partial r} = \sum_m (A_m m r^{m-1} - B_m m r^{-m-1})(C_m\cos m\theta + D_m\sin m\theta)$$

$$v_\theta = \frac{1}{r}\frac{\partial\Phi}{\partial\theta} = \sum_m (A_m r^{m-1} + B_m r^{-m-1})(-C_m m\sin m\theta + D_m m\cos m\theta)$$

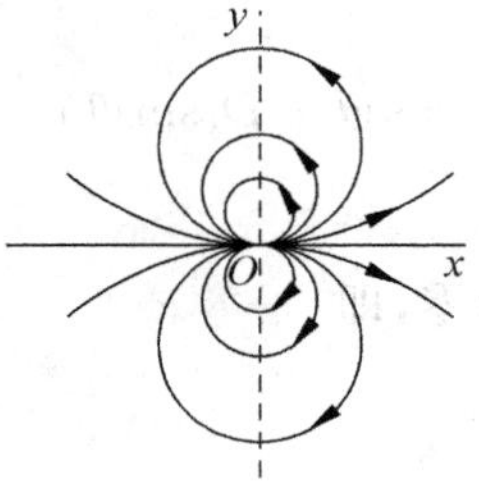

图 3.3.2　流线图

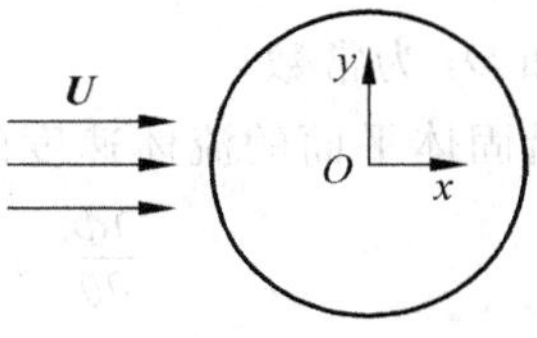

图 3.3.3　圆柱绕流

利用边界条件 $v_r(r=a)=0,\lim\limits_{r\to\infty}v_r=U\cos\theta,\lim\limits_{r\to\infty}v_\theta=-U\sin\theta$，求得

$$\Phi(r,\theta)=U\left(r+\frac{a^2}{r}\right)\cos\theta=\left(r+\frac{a^2}{r}\right)\boldsymbol{U}\cdot\boldsymbol{e}_r$$

$$\boldsymbol{v}=\nabla\Phi=\boldsymbol{e}_r\frac{\partial\Phi}{\partial r}+\boldsymbol{e}_\theta\frac{1}{r}\frac{\partial\Phi}{\partial\theta}=\boldsymbol{e}_rU\left(1-\frac{a^2}{r^2}\right)\cos\theta-\boldsymbol{e}_\theta U\left(1+\frac{a^2}{r^2}\right)\sin\theta$$

驻点位置为 $r=a,\theta=0,\pi$。

压强分布为

$$p=p_0-\frac{1}{2}\rho v^2-\rho\frac{\partial\Phi}{\partial t}=p_0-\frac{1}{2}\rho U^2\left[\left(1-\frac{a^2}{r^2}\right)^2\cos^2\theta+\left(1+\frac{a^2}{r^2}\right)^2\sin^2\theta\right]$$

柱面上的压强为 $p(r=a)=p_0-2\rho U^2\sin^2\theta$

因为 $\Phi(r,\theta)=U\left(r+\frac{a^2}{r}\right)\cos\theta=\mathrm{Re}\left[U\left(z+\frac{a^2}{z}\right)\right]$，所以有

$$w=U\left(z+\frac{a^2}{z}\right),\quad \psi=\mathrm{Im}\left[U\left(z+\frac{a^2}{z}\right)\right]=U\left(r-\frac{a^2}{r}\right)\sin\theta$$

流线如图 3.3.4 所示。

【例 6】 确定在一个角内的不可压缩流体的二维无旋运动，该角由两个相交的固体平面形成。

解：如图 3.3.5 所示，取角的顶点为直角坐标系的原点，x 轴沿其中的一个固体平面。

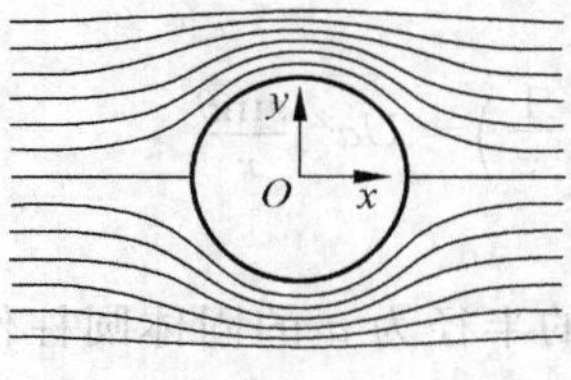

图 3.3.4 流线图

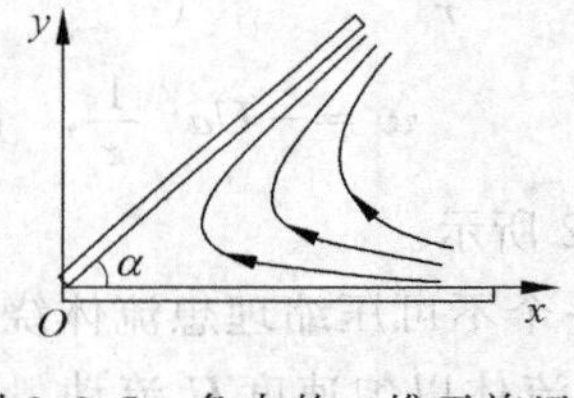

图 3.3.5 角内的二维无旋运动

流体的二维无旋流动满足拉普拉斯方程 $\nabla^2\Phi=0$，在平面极坐标系 (r,θ) 里成为

$$\frac{\partial^2\Phi}{\partial^2 r}+\frac{1}{r}\frac{\partial\Phi}{\partial r}+\frac{1}{r^2}\frac{\partial\Phi}{\partial\theta}=0$$

令 $\Phi(r,\theta)=R(r)\Theta(\theta)$，代入上式得

$$\frac{\mathrm{d}^2\Theta}{\mathrm{d}r^2}=-\lambda^2\Theta,\quad \Theta=C_\lambda\cos\lambda\theta+D_\lambda\sin\lambda\theta$$

$$\frac{\mathrm{d}^2R}{\mathrm{d}r^2}+\frac{1}{r}\frac{\mathrm{d}R}{\mathrm{d}r}-\frac{\lambda^2}{r^2}R=0,\quad R\sim r^\chi,\quad \chi=\pm\lambda$$

式中 λ 为常数，由边界条件确定。所以解为

$$\Phi(r,\theta)=\sum_\lambda(A_\lambda r^\lambda+B_\lambda r^{-\lambda})(C_\lambda\cos\lambda\theta+D_\lambda\sin\lambda\theta)$$

式中，A_λ、B_λ、C_λ 和 D_λ 为常数。

边界条件：沿固体平面的流体速度的法向分量为零，即

$$\frac{\partial\Phi}{\partial\theta}\Big|_{\theta=0}=\frac{\partial\Phi}{\partial\theta}\Big|_{\theta=\alpha}=0$$

由边界条件得

$$C_\lambda = 0,\quad \sin\lambda\alpha = 0,\quad \lambda = \frac{n\pi}{\alpha}\quad (n = 1,2,3,\cdots)$$

另外，在原点，Φ 有限，给出 $B_\lambda=0$。所以解为

$$\Phi(r,\theta) = \sum_{n=1}^{\infty} A_n r^{\frac{n\pi}{\alpha}} \cos\frac{n\pi\theta}{\alpha}$$

上式中的最大项为 $n=1$ 的项，即

$$\Phi(r,\theta) \cong A_1 r^{\frac{\pi}{\alpha}} \cos\frac{\pi\theta}{\alpha}$$

相应的速度为 $v_r \cong \frac{\pi}{\alpha}A_1 r^{\frac{\pi}{\alpha}-1}\cos\frac{\pi\theta}{\alpha}$ 和 $v_\theta \cong -\frac{\pi}{\alpha}A_1 r^{\frac{\pi}{\alpha}-1}\sin\frac{\pi\theta}{\alpha}$。

我们看到，如果 $0<\alpha\leqslant\pi$，在原点的速度为零；如果 $\pi<\alpha\leqslant 2\pi$，在原点的速度按 $r^{\frac{\pi}{\alpha}-1}$ 趋于无穷大。

既然 $\Phi(r,\theta) = A_1 r^{\frac{\pi}{\alpha}}\cos\frac{\pi\theta}{\alpha} = A_1\mathrm{Re}(z^{\frac{\pi}{\alpha}})$，所以有

$$w = A_1 z^{\frac{\pi}{\alpha}},\quad \psi = A_1\mathrm{Im}(z^{\frac{\pi}{\alpha}}) = A_1 r^{\frac{\pi}{\alpha}}\sin\frac{\pi\theta}{\alpha}$$

【例 7】 证明下面复势：

$$w = \mathrm{i}\kappa\ln(z-z_0) - \mathrm{i}\kappa\ln(a^2/z - z_0^*)$$

描述的是不可压缩理想流体绕一静止的圆柱的二维无旋流动。这里 a 为圆柱半径，κ 为实常数，z_0 为复常数。

证：流函数为

$$\psi = (w - w^*)/2\mathrm{i}$$

考虑沿圆周 $z=a\mathrm{e}^{\mathrm{i}\theta}$，复势为

$$w(z = a\mathrm{e}^{\mathrm{i}\theta}) = \mathrm{i}\kappa\ln(a\mathrm{e}^{\mathrm{i}\theta} - z_0) - \mathrm{i}\kappa\ln(a\mathrm{e}^{\mathrm{i}\theta} - z_0)^* = \mathrm{i}\kappa\ln\frac{a\mathrm{e}^{\mathrm{i}\theta} - z_0}{(a\mathrm{e}^{\mathrm{i}\theta} - z_0)^*}$$

令 $a\mathrm{e}^{\mathrm{i}\theta} - z_0 = A\mathrm{e}^{\mathrm{i}\delta}$，这里 A 和 δ 均为实数。所以有

$$w(z = a\mathrm{e}^{\mathrm{i}\theta}) = \mathrm{i}\kappa\ln\frac{A\mathrm{e}^{\mathrm{i}\delta}}{A\mathrm{e}^{-\mathrm{i}\delta}} = -2\kappa\delta,\quad \psi(z = a\mathrm{e}^{\mathrm{i}\theta}) = 0$$

我们看到，沿圆周 $z=a\mathrm{e}^{\mathrm{i}\theta}$ 流函数为常数，即圆周 $z=a\mathrm{e}^{\mathrm{i}\theta}$ 为一流线，因此复势描述的是不可压缩理想流体绕一圆柱面位于 $|z|=a$ 的静止圆柱的二维无旋流动。

【例 8】 证明下面复势：

$$w = \frac{1}{2}U(a+b)\left[\frac{\mathrm{e}^{-\mathrm{i}\alpha}(z+\sqrt{z^2-a^2+b^2})}{a+b} + \frac{\mathrm{e}^{\mathrm{i}\alpha}(z-\sqrt{z^2-a^2+b^2})}{a-b}\right]$$

描述的是不可压缩理想流体绕一静止不动的椭圆柱的二维无旋流动，无穷远处的流体以匀速 $\boldsymbol{U}$ 流动。这里 $\boldsymbol{U}$ 与 x 轴的夹角为 α，a 和 b 为椭圆半轴。

解：令 $\frac{\mathrm{e}^{-\mathrm{i}\alpha}(z+\sqrt{z^2-a^2+b^2})}{a+b} = A\mathrm{e}^{\mathrm{i}\beta}$，这里 A 和 β 均为实数，w 可写为

$$w = \frac{1}{2}U(a+b)\left(A\mathrm{e}^{\mathrm{i}\beta} + \frac{1}{A}\mathrm{e}^{-\mathrm{i}\beta}\right)$$

解得

$$\psi=\frac{1}{2}U\ (a+b)\left(A-\frac{1}{A}\right)\sin\beta$$

我们看到，$\psi=0$，要求 $A=\pm1$，即

$$\frac{z+\sqrt{z^2-a^2+b^2}}{a+b}=\pm\ \mathrm{e}^{\mathrm{i}(\beta+\alpha)}$$

解为

$$x=\pm\ a\cos(\beta+\alpha),\quad y=\pm\ b\sin(\beta+\alpha)$$

得

$$\frac{x^2}{a^2}+\frac{y^2}{b^2}=1$$

有

$$\psi\left(\frac{x^2}{a^2}+\frac{y^2}{b^2}=1\right)=\psi\left(\left|\frac{z+\sqrt{z^2-a^2+b^2}}{a+b}\right|=1\right)=0$$

在无穷远处，有 $z\to\infty$，$w\to U\mathrm{e}^{-\mathrm{i}\alpha}z$，$v_x-\mathrm{i}v_y\to U\mathrm{e}^{-\mathrm{i}\alpha}$，为均匀流动。所以该复势描述的是不可压缩理想流体绕一静止不动的固体椭圆柱的二维无旋流动，无穷远处的流体以匀速 $\boldsymbol{U}$ 流动，如图 3.3.6 所示。

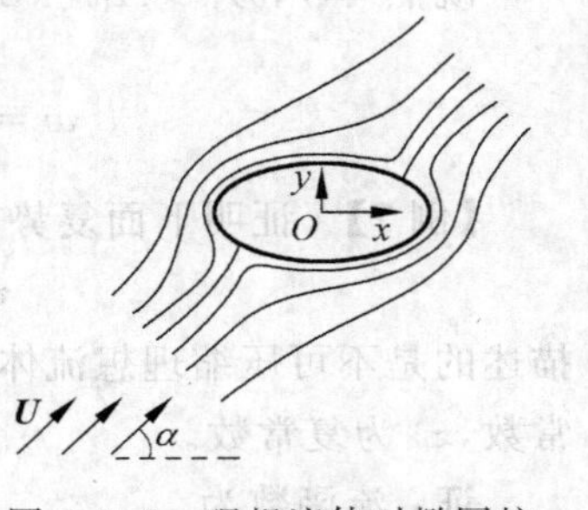

图 3.3.6 理想流体对椭圆柱的二维无旋绕流

【例 9】 同例 8，但复势多了一项 $\mathrm{i}\kappa\ln\left(\frac{z+\sqrt{z^2-a^2+b^2}}{a+b}\right)$，$\kappa$ 为实常数。

解：椭圆柱面为 $\left|\frac{z+\sqrt{z^2-a^2+b^2}}{a+b}\right|=1$，在椭圆柱面上 $\mathrm{i}\kappa\ln\left(\frac{z+\sqrt{z^2-a^2+b^2}}{a+b}\right)$为实的，因此

$$\psi\left(\frac{x^2}{a^2}+\frac{y^2}{b^2}=1\right)=\psi\left(\left|\frac{z+\sqrt{z^2-a^2+b^2}}{a+b}\right|=1\right)=0$$

在无穷远处，有 $z\to\infty$，$w\to U\mathrm{e}^{-\mathrm{i}\alpha}z$，为均匀流动。因此该复势描述的是不可压缩理想流体绕一静止不动的固体椭圆柱的二维无旋流动，无穷远处的流体以均匀速度 $\boldsymbol{U}$ 流动。

【例 10】 证明复势 $w=a\pi U\coth\frac{a\pi}{z}$描述的是，半无限不可压缩理想流体流过一个水平固体平面并且绕其上的一个半径为 a 的固体圆柱的二维无旋流动，无穷远处的流体以匀速 $\boldsymbol{U}$ 水平流动，如图 3.3.7 所示。计算水平固体平面及圆柱表面上流速的大小。

解：令 $z=x+\mathrm{i}y$，$r=\sqrt{x^2+y^2}$ 得

$$w=\Phi+\mathrm{i}\psi=a\pi U\coth\left(\frac{a\pi x-\mathrm{i}a\pi y}{x^2+y^2}\right)$$

当 $y=0$ 或$\frac{a\pi y}{x^2+y^2}=\frac{\pi}{2}$时，$w$ 为实数，此时 $\psi=0$，因此流线 $\psi=0$ 由 $y=0$ 和圆周$\frac{a\pi y}{x^2+y^2}=\frac{\pi}{2}$组成，所以复势描述的是半无限不可压缩理想流体流过一个固体平面 $y=0$ 并且绕其上的一个半径为 a 的固体圆柱的二维无旋流动。对于足够大的$|z|$，有 $w=Uz$，所以无穷远处的流体以匀速 U 水平流动，坐标系如图 3.3.8 所示。

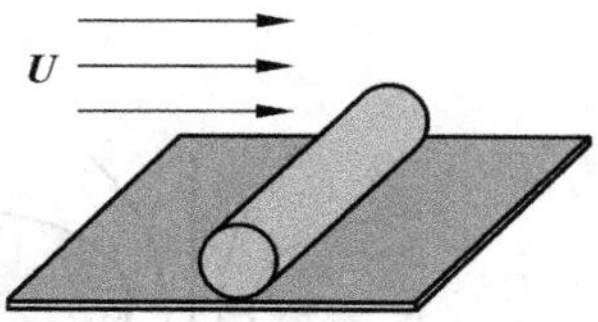

图 3.3.7　半无限流体对圆柱的绕流

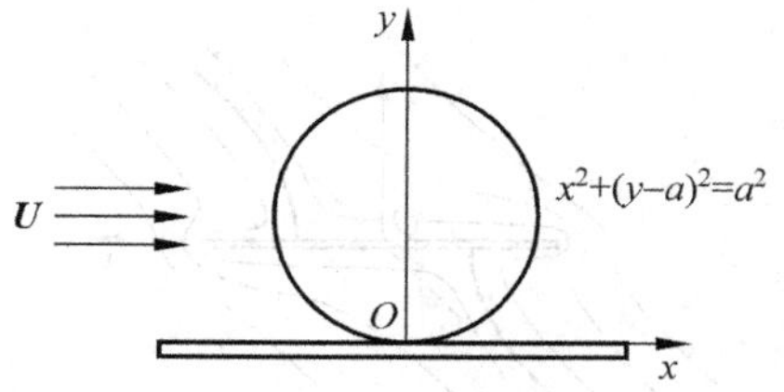

图 3.3.8　坐标系

速度大小为

$$v=\sqrt{\left(\frac{\mathrm{d}w}{\mathrm{d}z}\right)\left(\frac{\mathrm{d}w}{\mathrm{d}z}\right)^*}=\frac{2a^2\pi^2U}{r^2}\frac{1}{\cosh\left(\frac{2a\pi x}{r^2}\right)-\cos\left(\frac{2a\pi y}{r^2}\right)}$$

在圆柱面 $r^2=2ay$ 上有

$$v=\frac{a\pi^2U}{2y\cosh^2\frac{\pi x}{2y}}$$

在水平固体平面 $y=0$ 上有

$$v=\frac{a^2\pi^2U}{x^2\sinh^2\frac{a\pi}{x}}$$

习题

3-3-1　考虑一排位于实轴上的无穷多个点涡，位置为 $z=na$ ($n=0,\pm1,\pm2,\cdots$)，在位置 $z=na$ 处的点涡强度为 $(-1)^n\Gamma$，a 为常数，Γ 为实常数，求复势。提示：点涡分布等价于两排位于实轴上的无穷多个点涡，其中一排位置为 $z=na$ ($n=0,\pm1,\pm2,\cdots$)，点涡强度均为 $-\Gamma$，另一排位置为 $z=2an$ ($n=0,\pm1,\pm2,\cdots$)，点涡强度均为 2Γ。

3-3-2　一个不可压缩理想流体绕一个静止不动的固体圆柱作二维无旋流动，无穷远处的流体以匀速 $\boldsymbol{U}$ 流动。平面直角坐标系的原点取在圆柱对称轴上，无穷远处的流速与 x 轴的夹角为 α。(1)确定流体速度和压强分布；(2)确定其流函数及复势。

3-3-3　证明下面复势

$$w=\beta\ln(z-z_0)+\beta\ln(a^2/z-z_0^*)$$

描述的是不可压缩理想流体绕一个静止不动的固体圆柱的二维无旋流动，这里 a 为圆柱半径，β 为实常数，z_0 为复常数。

3-3-4　证明下面复势

$$w=U(z\cos\alpha-\mathrm{i}\sqrt{z^2-a^2}\sin\alpha)$$

描述的是不可压缩理想流体绕一个静止不动的固体平面薄板的二维无旋流动，无穷远处的流体以匀速 $\boldsymbol{U}$ 流动，如图 3.3.9 所示。这里 $\boldsymbol{U}$ 与 x 轴的夹角为 α，$2a$ 为薄板的长度。

3-3-5　已知复势

$$z=a\cosh w$$

式中 a 为实常数。证明复势描述的是不可压缩理想流体穿过一双曲线形状的缝隙的二维无旋流动，如图 3.3.10 所示。

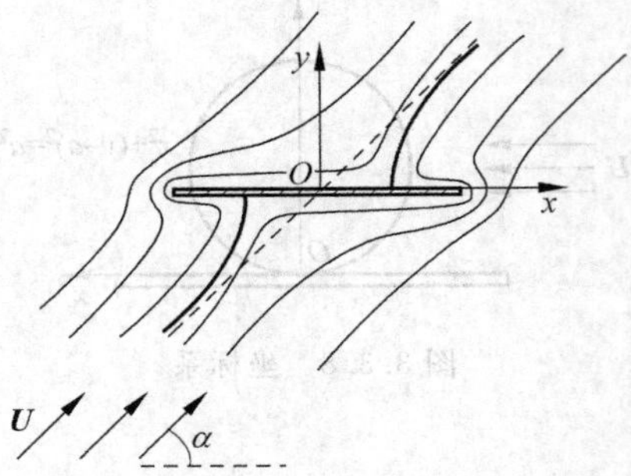

图 3.3.9　理想流体对薄板的二维无旋绕流

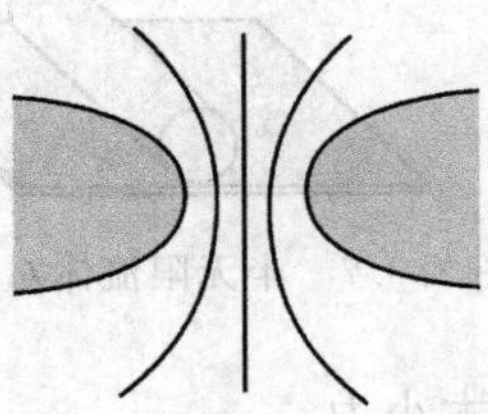

图 3.3.10　穿过缝隙的二维无旋流动

3-3-6　已知复势

$$z=-\mathrm{i}c\cot\frac{w}{2\kappa}$$

式中 c、κ 均为实常数。证明流函数由下式给出：

$$\left(x+c\coth\frac{\psi}{\kappa}\right)^2+y^2=\left(c\coth\frac{\psi}{\kappa}\right)^2$$

因此复势描述的是不可压缩理想流体在含有一个固体圆柱的圆洞内的二维无旋流动，如图 3.3.11 所示。圆柱面为

$$\left(x+c\coth\frac{2\psi_1}{\kappa}\right)^2+y^2=\left[\frac{c}{\sinh\frac{2\psi_1}{\kappa}}\right]^2$$

圆洞面为

$$\left(x+c\coth\frac{2\psi_2}{\kappa}\right)^2+y^2=\left[\frac{c}{\sinh\frac{2\psi_2}{\kappa}}\right]^2$$

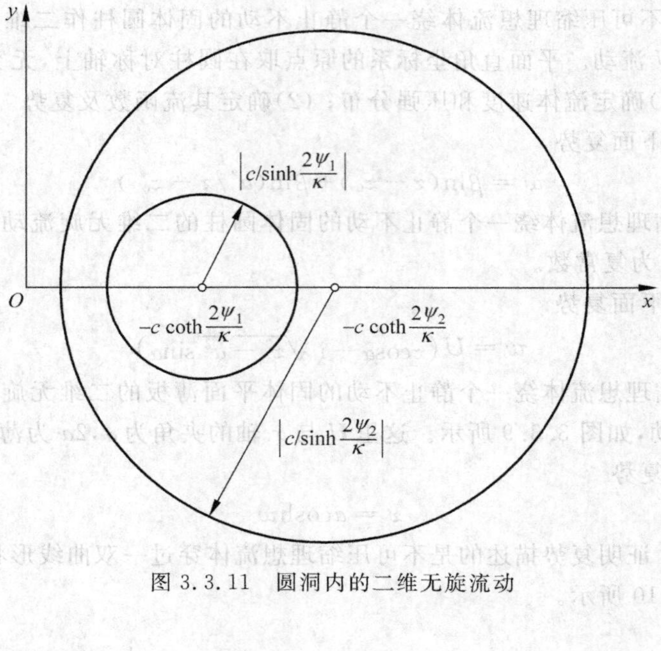

图 3.3.11　圆洞内的二维无旋流动

这里 ψ_1 和 ψ_2 分别为圆柱面上和圆洞面上的流函数的值，且 $|\psi_1|>|\psi_2|$。提示：使用数学公式

$$\cos(a+\mathrm{i}b)=\cos a\cos(\mathrm{i}b)-\sin a\sin(\mathrm{i}b)=\cos a\cosh b-\mathrm{i}\sin a\sinh b$$

$$\sin(a+\mathrm{i}b)=\sin a\cos(\mathrm{i}b)+\cos a\sin(\mathrm{i}b)=\sin a\cosh b+\mathrm{i}\cos a\sinh b$$

式中 a、b 为实数。

3.4 达朗贝尔佯谬

图 3.4.1 达朗贝尔(J. le R. D'Alembert,1717—1783)

3.4.1 不可压缩理想流体的功能原理

1. 整个不可压缩理想流体的功能原理

我们在 2.7 节获得了不可压缩理想流体的任一部分的功能原理：在惯性参考系中，施加于不可压缩理想流体的任一部分的表面上的力所做的总功等于其机械能的增量，即式(2.7-14)：

$$\frac{\mathrm{d}}{\mathrm{d}t}\int_{V(t)}\left(\frac{1}{2}\rho v^2+\rho\Xi\right)\mathrm{d}V=-\oint_{S(t)}p\boldsymbol{v}\cdot\mathrm{d}\boldsymbol{S}$$

式中 $V(t)$ 和 $S(t)$ 分别为运动流体的任一部分的体积和表面。

考虑有 N 个固体在不可压缩理想流体中作平动的情形。设在除 N 个固体表面以外的流体边界上流体静止不动。设固体 i 的运动速度为 $\boldsymbol{U}_i$，现在我们把式(2.7-14)应用于整个流体，把 $V(t)$ 和 $S(t)$ 分别取为流体的全部体积和全部表面。流体的全部表面由边界表面和与 N 个固体接触的表面组成。在流体边界上流体速度的法向分量为零，施加在流体边界表面上的力不做功。所以施加在流体的全部表面上的力所做的总功等于这 N 个固体施加在运动流体的表面上的力所做的总功，即

$$-\oint_{S(t)}p\boldsymbol{v}\cdot\mathrm{d}\boldsymbol{S}=-\sum_{i=1}^{N}\oint_{A_i(t)}p_i\boldsymbol{v}_i\cdot\mathrm{d}\boldsymbol{S}_i=-\sum_{i=1}^{N}\oint_{A_i(t)}p_i v_{i,n}\mathrm{d}S_i \tag{3.4-1}$$

式中 $A_i(t)$ 为固体 i 的表面，注意这里 $d\boldsymbol{S}_i$ 的方向是从流体指向固体 i 内部。由于在运动固体表面上的流体速度的法向分量必须等于固体表面的速度的法向分量，即 $v_{i,n}=U_{i,n}$，并注意到固体作平动时其所有质点的速度相同，因此式(3.4-1)可以写成

$$-\oint_{S(t)} p\boldsymbol{v}\cdot d\boldsymbol{S}=-\sum_{i=1}^{N}\oint_{A_i(t)} p_i U_{i,n} dS_i=-\sum_{i=1}^{N}\oint_{A_i(t)} p_i \boldsymbol{U}_i\cdot d\boldsymbol{S}_i$$

$$=-\sum_{i=1}^{N}\boldsymbol{U}_i\cdot\oint_{A_i(t)} p_i d\boldsymbol{S}_i=-\sum_{i=1}^{N}\boldsymbol{F}_i\cdot\boldsymbol{U}_i \tag{3.4-2}$$

式中 $\boldsymbol{F}_i=\oint_{A_i(t)} p_i d\boldsymbol{S}_i$ 为流体施加在固体 i 上的合力。

把式(3.4-2)代入式(2.7-14)得

$$\frac{d}{dt}[E_k^{(f)}+E_p^{(f)}]=-\sum_{i=1}^{N}\boldsymbol{F}_i\cdot\boldsymbol{U}_i \tag{3.4-3}$$

式中，$E_k^{(f)}=\int_{V(t)}\frac{1}{2}\rho^{(f)}v^2 dV$ 和 $E_p^{(f)}=\int_{V(t)}\rho^{(f)}\Xi dV$ 分别为流体的总动能和总势能，上标 f 表示流体(fluid)。$E_k^{(f)}+E_p^{(f)}$ 为不可压缩理想流体的总机械能。

我们获得整个不可压缩理想流体的功能原理：在惯性参考系中，在不可压缩理想流体中作平动的所有固体对流体施加的力所做的总功等于不可压缩理想流体的总机械能的增量。

2. 由若干固体和整个不可压缩理想流体组成的系统的功能原理

如果固体 i 受到除保守外力以外的其他外力 $\boldsymbol{f}'_{ex,i}$ 作用，由于固体 i 作平动，固体 i 上的所有质点的位移、速度和加速度都相同，因此可以把它的平动简化成一个质点的运动，牛顿第二定律成立，其动力学方程为

$$\boldsymbol{f}'_{ex,i}+\boldsymbol{F}_i-\int_{V_i^{(s)}}\rho_i^{(s)}\nabla\Xi dV=m_i^{(s)}\frac{d\boldsymbol{U}_i}{dt} \tag{3.4-4}$$

式中，$\rho_i^{(s)}$、$m_i^{(s)}$ 和 $V_i^{(s)}$ 分别为固体 i 的密度、质量和体积，上标 s 表示固体(solid)。

外力势 Ξ 与时间无关，满足式(2.7-6)，即 $\frac{d\Xi}{dt}=\boldsymbol{v}\cdot(\nabla\Xi)$。把 $\boldsymbol{U}_i$ 点乘式(3.4-4)两边，然后对所有固体求和，并使用式(3.4-3)和式(2.7-6)，得

$$\frac{d}{dt}[E_k^{(f)}+E_p^{(f)}+E_k^{(s)}+E_p^{(s)}]=\sum_{i=1}^{N}\boldsymbol{f}'_{ex,i}\cdot\boldsymbol{U}_i \tag{3.4-5}$$

式中，$E_k^{(s)}=\frac{1}{2}\sum_{i=1}^{N}m_i^{(s)}U_i^2$ 和 $E_p^{(s)}=\sum_{i=1}^{N}\int_{V_i^{(s)}}\rho_i^{(s)}\Xi dV$ 分别为所有固体的总动能和总势能。

$E_k^{(f)}+E_p^{(f)}+E_k^{(s)}+E_p^{(s)}$ 为所有固体和整个不可压缩理想流体所组成的系统的总机械能。我们获得由所有固体和整个不可压缩理想流体所组成的系统的功能原理：在惯性参考系中，所有固体所受到的除保守外力以外的其他外力所做的总功等于所有固体和整个不可压缩理想流体所组成的系统的总机械能的增量。

3.4.2 达朗贝尔佯谬

1. 只有一个固体的情形

考虑只有一个固体的特殊情形。整个不可压缩理想流体的功能原理方程(3.4-3)化为

$$\frac{d}{dt}[E_k^{(f)}+E_p^{(f)}]=-\boldsymbol{F}\cdot\boldsymbol{U} \tag{3.4-6}$$

式中，$E_k^{(f)}=\int_{V(t)}\frac{1}{2}\rho^{(f)}v^2\mathrm{d}V$ 和 $E_p^{(f)}=\int_{V(t)}\rho^{(f)}\Xi\mathrm{d}V$ 分别为流体的总动能和总势能，$\boldsymbol{F}=\oint_A p\mathrm{d}\boldsymbol{S}$ 为流体施加在固体上的合力，A 为固体表面，注意这里 $\mathrm{d}\boldsymbol{S}$ 的方向是从流体指向固体内部。

固体的动力学方程(3.4-4)化为

$$\boldsymbol{f}'_{ex}+\boldsymbol{F}-\int_{V^{(s)}}\rho^{(s)}\nabla\Xi\mathrm{d}V=m^{(s)}\frac{\mathrm{d}\boldsymbol{U}}{\mathrm{d}t} \tag{3.4-7}$$

式中，$\rho^{(s)}$、$m^{(s)}$ 和 $V^{(s)}$ 分别为固体的密度、质量和体积，$\boldsymbol{f}'_{ex}$ 为固体受到的除保守外力以外的其他外力。

若干个固体和整个不可压缩理想流体所组成的系统的功能原理方程(3.4-5)化为

$$\frac{\mathrm{d}}{\mathrm{d}t}[E_k^{(f)}+E_p^{(f)}+E_k^{(s)}+E_p^{(s)}]=\boldsymbol{f}'_{ex}\cdot\boldsymbol{U} \tag{3.4-8}$$

式中 $E_k^{(s)}=\frac{1}{2}m^{(s)}U^2$ 和 $E_p^{(s)}=\int_{V^{(s)}}\rho^{(s)}\Xi\mathrm{d}V$ 分别为该固体的动能和势能。

2. 达朗贝尔佯谬

现在考虑该固体在无穷大的不可压缩理想流体中作匀速直线运动而且外力不存在的特殊情形，式(3.4-6)化为

$$\frac{\mathrm{d}E_k^{(f)}}{\mathrm{d}t}=-\boldsymbol{F}\cdot\boldsymbol{U} \tag{3.4-9}$$

在3.2节我们已经指出，如果一个固体在流体中运动，固体周围的流体作无旋运动，那么流体的流动由 $\nabla^2\Phi=0$ 确定。我们把坐标系取在固体的瞬时位置上，其解为

$$\Phi(r,\theta,\varphi)=\sum_{l=0}^{\infty}\sum_{m=-l}^{l}(A_{lm}r^l+B_{lm}r^{-l-1})\mathrm{e}^{\mathrm{i}m\varphi}\mathrm{P}_l^m(\cos\theta)$$

式中，A_{lm} 和 B_{lm} 为常数，$\mathrm{P}_l^m(\cos\theta)$ 为缔合勒让德函数。

固体表面的流体速度边界条件为式(3.2-4)，即

$$v_n|_S=\frac{\partial\Phi}{\partial n}|_S=v_{\text{solid},n}|_S$$

如果流体无限大，无穷远处流体速度为零，即 $\boldsymbol{v}(r\to\infty)=\boldsymbol{0}$，给出 $A_{lm}=0$。上式化为

$$\Phi(r,\theta,\varphi)=\sum_{l=0}^{\infty}\sum_{m=-l}^{l}B_{lm}r^{-l-1}\mathrm{e}^{\mathrm{i}m\varphi}\mathrm{P}_l^m(\cos\theta)$$

式中 B_{lm} 由固体表面的流体速度边界条件式(3.2-4)确定。我们看到，任意时刻流体的速度分布 $v(r,\theta,\varphi)$ 只依赖于该时刻固体的运动速度，因此流体的总动能也只依赖于该时刻固体的运动速度。如果固体作匀速直线运动，流体的总动能是一个常数，即 $E_k^{(f)}=\text{const}$，式(3.4-9)化为

$$\frac{\mathrm{d}E_k^{(f)}}{\mathrm{d}t}=-\boldsymbol{F}\cdot\boldsymbol{U}=0 \tag{3.4-10}$$

上式对任意的 $\boldsymbol{U}$ 都成立，那么必然有

$$\boldsymbol{F}=\boldsymbol{0} \tag{3.4-11}$$

这就是达朗贝尔佯谬：如果一个固体在无穷大的不可压缩理想流体中作匀速直线运动，固体周围的流体作无旋运动，且在无穷远处的流体静止，不考虑外力，那么流体对固体表面所施加的合力为零。

出现达朗贝尔佯谬的条件：①无外力，理想流体作无旋运动；②流体不可压缩；③流体

体积为无穷大；④只有一个固体；⑤固体作匀速直线运动。

达朗贝尔佯谬的解释：如果一个固体在无穷大的不可压缩理想流体中作匀速直线运动，且在无穷远处的流体静止，固体周围的流体作无旋运动，那么整个流体的动能与固体的位置无关，只与固体的速度值有关，为常数。从式(2.7-15)我们知道，不可压缩理想流体的每一部分的内能不因其在空间内移动位置而改变。因此整个流体的内能为常数。由于没有外力场，整个流体的能量为常数。如果流体对固体表面所施加的合力不为零，那么流体会对固体不断做功，根据能量守恒定律，整个流体的能量会不断变化。既然整个流体的能量为常数，那么流体对固体表面所施加的合力必须为零。

3.4.3 在不可压缩理想流体中运动的一个固体球的动力学方程

一个半径为 a 的固体球在不可压缩理想流体中以速度 $\boldsymbol{U}$ 运动，球周围的流体作无旋流动，无穷远处的流体静止不动。现在计算作用在球上的合力。

1. 方法 1

通过计算流体的总动能求流体作用在球上的合力。

在 3.2 节的例 1 我们已求得

$$\boldsymbol{v} = \boldsymbol{e}_r U \frac{a^3}{r^3}\cos\theta + \boldsymbol{e}_\theta \frac{a^3}{2r^3} U\sin\theta$$

流体的总动能为

$$E_{\mathrm{k}}^{(\mathrm{f})} = \frac{\rho}{2} 2\pi \int_0^\pi \mathrm{d}\theta \int_a^\infty \mathrm{d}r r^2 \left[\left(U\frac{a^3}{r^3}\cos\theta\right)^2 + \left(\frac{a^3}{2r^3}U\sin\theta\right)^2\right] = \frac{\pi}{3}\rho a^3 U^2$$

把上式代入式(3.4-6)得

$$\frac{\mathrm{d}E_{\mathrm{k}}^{(\mathrm{f})}}{\mathrm{d}t} = -\boldsymbol{F}\cdot\boldsymbol{U} = \frac{2\pi}{3}\rho a^3 \boldsymbol{U}\cdot\frac{\mathrm{d}\boldsymbol{U}}{\mathrm{d}t}$$

得

$$\boldsymbol{F} = -\frac{2\pi}{3}\rho a^3 \frac{\mathrm{d}\boldsymbol{U}}{\mathrm{d}t} \tag{3.4-12}$$

2. 方法 2

通过计算球表面上的压强求流体作用在球上的合力。

在 3.2 节的例 1 中我们已求得球表面上的压强

$$p(r=a) = p_0 + \rho\frac{1}{8}U^2(9\cos^2\theta - 5) + \frac{1}{2}\rho a \boldsymbol{e}_r \cdot \frac{\mathrm{d}\boldsymbol{U}}{\mathrm{d}t}$$

所以流体作用在球上的合力为

$$F_z = -\int_0^{2\pi}\mathrm{d}\varphi\int_0^\pi [p(r=a)\cos\theta] a^2\sin\theta\mathrm{d}\theta = -\frac{2\pi}{3}\rho a^3\frac{\mathrm{d}U}{\mathrm{d}t}$$

$$F_x = -\int_0^{2\pi}\mathrm{d}\varphi\int_0^\pi [p(r=a)\sin\theta\cos\varphi] a^2\sin\theta\mathrm{d}\theta = 0$$

$$F_y = -\int_0^{2\pi}\mathrm{d}\varphi\int_0^\pi [p(r=a)\sin\theta\sin\varphi] a^2\sin\theta\mathrm{d}\theta = 0$$

写成矢量得式(3.4-12)。

把式(3.4-12)代入式(3.4-7)得

$$\boldsymbol{f}'_{\mathrm{ex}} - \int_{V^{(s)}} \rho^{(s)} \nabla\Xi\mathrm{d}V = \left(m^{(s)} + \frac{2\pi}{3}\rho a^3\right)\frac{\mathrm{d}\boldsymbol{U}}{\mathrm{d}t} \tag{3.4-13}$$

我们看到，由于流体的存在，球的有效质量从 $m^{(s)}$ 增加到 $m^{(s)}+m'$，$m'=\frac{2\pi}{3}\rho a^3$，称为附加质量。

【例 1】 一个不可压缩理想流体绕一个静止不动的半径为 a 的固体球作无旋运动，无穷远处的流体以匀速 $\boldsymbol{U}$ 流动，求流体作用在球上的合力。

解：在 3.2 节的例 2 我们已求得球表面上的压强

$$p(r=a)=p_0-\frac{9}{8}\rho U^2\sin^2\theta$$

所以流体作用在小球上的合力分量为

$$F_z=-\int_0^{2\pi}\mathrm{d}\varphi\int_0^{\pi}[p(r=a)\cos\theta]a^2\sin\theta\mathrm{d}\theta=0$$

$$F_x=-\int_0^{2\pi}\mathrm{d}\varphi\int_0^{\pi}[p(r=a)\sin\theta\cos\varphi]a^2\sin\theta\mathrm{d}\theta=0$$

$$F_y=-\int_0^{2\pi}\mathrm{d}\varphi\int_0^{\pi}[p(r=a)\sin\theta\sin\varphi]a^2\sin\theta\mathrm{d}\theta=0$$

流体作用在球上的合力为零。

3.4.4　在不可压缩理想流体中运动的一个固体圆柱的动力学方程

一个半径为 a 的固体圆柱在不可压缩理想流体中以速度 $\boldsymbol{U}$ 运动，无穷远处的流体静止不动。圆柱周围的流体作二维无旋流动。现在计算流体作用在圆柱上的合力。

在 3.3 节的例 4 中我们已求得圆柱表面上的压强

$$p(r=a)=p_0-\frac{1}{2}\rho U^2(1-2\cos 2\theta)+\rho a\boldsymbol{e}_r\cdot\frac{\mathrm{d}\boldsymbol{U}}{\mathrm{d}t}$$

所以流体作用在单位长度圆柱上的合力为

$$F_x=-\int_0^{2\pi}[p(r=a)\cos\theta]a\,\mathrm{d}\theta=-\pi\rho a^2\frac{\mathrm{d}U}{\mathrm{d}t},\quad F_y=-\int_0^{2\pi}[p(r=a)\sin\theta]a\,\mathrm{d}\theta=0$$

写成矢量

$$\boldsymbol{F}=-\pi\rho a^2\frac{\mathrm{d}\boldsymbol{U}}{\mathrm{d}t}\tag{3.4-14}$$

把上式代入式(3.4-7)得

$$\boldsymbol{f}'_{\mathrm{ex}}-\int_{V^{(s)}}\rho^{(s)}\nabla\Xi\mathrm{d}V=(m^{(s)}+\pi\rho a^2)\frac{\mathrm{d}\boldsymbol{U}}{\mathrm{d}t}\tag{3.4-15}$$

式中，$m^{(s)}$ 为单位长度圆柱的质量。我们看到，由于流体的存在，单位长度圆柱的有效质量从 $m^{(s)}$ 增加到 $m^{(s)}+m'$，$m'=\pi\rho a^2$，称为附加质量。

【例 2】 一个不可压缩理想流体绕一个静止不动的半径为 a 的固体圆柱作二维无旋流动，无穷远处的流体以匀速 $\boldsymbol{U}$ 流动，求流体作用在圆柱上的合力。

解：在 3.3 节的例 5 中我们已求得圆柱表面上的压强

$$p(r=a)=p_0-2\rho U^2\sin^2\theta$$

所以流体作用在单位长度圆柱上的合力为

$$F_x=-\int_0^{2\pi}[p(r=a)\cos\theta]a\,\mathrm{d}\theta=0$$

$$F_y=-\int_0^{2\pi}[p(r=a)\sin\theta]a\,\mathrm{d}\theta=0$$

【例 3】 接 3.3 节的例 10，计算流体对圆柱所施加的合力。

解：如图 3.4.2 所示，$x=a\cos\theta, y=a(1+\sin\theta)$。

由 3.3 节例 10 结果得圆柱面上的速度和压强为

$$v=\frac{a\pi^2U}{2y\cosh^2\dfrac{\pi x}{2y}}=\frac{\pi^2U}{2(1+\sin\theta)\cosh^2\dfrac{\pi\cos\theta}{2(1+\sin\theta)}}$$

$$p=p_0-\frac{1}{2}\rho v^2$$

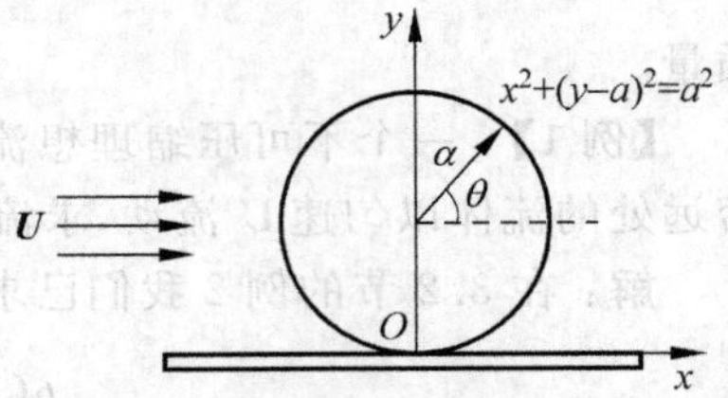

图 3.4.2 半无限流体对圆柱的绕流

单位长度圆柱面上的一面元所受力为

$$\mathrm{d}F_x=-ap\cos\theta\mathrm{d}\theta,\quad \mathrm{d}F_y=-ap\sin\theta\mathrm{d}\theta$$

积分得流体对单位长度圆柱面所施加的合力为

$$F_x=-a\int_0^{2\pi}p\cos\theta\mathrm{d}\theta=\frac{\pi^4}{8}\rho U^2a\int_0^{2\pi}\frac{\cos\theta}{(1+\sin\theta)^2\cosh^4\dfrac{\pi\cos\theta}{2(1+\sin\theta)}}\mathrm{d}\theta$$

$$F_y=-a\int_0^{2\pi}p\sin\theta\mathrm{d}\theta=\frac{\pi^4}{8}\rho U^2a\int_0^{2\pi}\frac{\sin\theta}{(1+\sin\theta)^2\cosh^4\dfrac{\pi\cos\theta}{2(1+\sin\theta)}}\mathrm{d}\theta$$

我们看到，半无限不可压缩理想流体绕一个圆柱作无旋流动，流体对圆柱施加的合力不为零。这并不与达朗贝尔佯谬矛盾。达朗贝尔佯谬出现的条件之一是：不可压缩理想流体必须是无限大的。

习题

3-4-1 一个半径为 a 的固体圆柱在不可压缩理想流体中以速度 $\boldsymbol{U}$ 运动，无穷远处的流体静止不动。圆柱周围的流体作二维无旋流动。通过计算流体的总动能求流体作用在单位长度圆柱上的合力。

3-4-2 一个质量为 m、半径为 a 的圆球在线性回复力 $\boldsymbol{f}=-kx\boldsymbol{e}_x$（$k$ 为劲度系数）作用下在密度为 ρ 的不可压缩理想流体中运动，无穷远处的流体静止不动。圆球周围的流体作无旋流动。证明圆球作简谐振荡运动，振荡圆频率为 $\omega=\sqrt{\dfrac{k}{m+\dfrac{2\pi}{3}\rho a^3}}$。

3-4-3 不可压缩理想流体绕一个静止不动的圆柱作定常二维无旋流动。圆柱的柱面为 $|z|=a$，无穷远处的流速 U 与 x 轴的夹角为 α，复势为

$$w=U\left(z\mathrm{e}^{-\mathrm{i}\alpha}+\frac{a^2}{z}\mathrm{e}^{\mathrm{i}\alpha}\right)+\mathrm{i}\kappa\ln\frac{z}{a}$$

式中，κ 为实常数，a 为圆柱半径。证明圆柱面上的压强为

$$p(r=a)=p_0-\frac{1}{2}\rho U^2\left[2+\left(\frac{\kappa}{Ua}\right)^2-2\cos2(\theta-\alpha)+4\frac{\kappa}{Ua}\sin(\theta-\alpha)\right]$$

流体作用在单位长度圆柱上的合力分量为

$$F_x=-\int_0^{2\pi}[p(r=a)\cos\theta]a\,\mathrm{d}\theta=-2\pi\rho\kappa U\sin\alpha$$

$$F_y=-\int_0^{2\pi}[p(r=a)\sin\theta]a\,\mathrm{d}\theta=2\pi\rho\kappa U\cos\alpha$$

3-4-4 参考习题 3-3-4,证明薄板面上的压强为

$$p(x) = p_0 - \frac{1}{2}\rho U^2 \left(\cos\alpha - \frac{x}{\sqrt{a^2 - x^2}}\sin\alpha\right)^2$$

式中 p_0 为常数。流体作用在薄板上的合力为零。

3.5 布拉休斯定理

前面几节我们用伯努利方程已经计算过作无旋流动的流体中固体的受力,方法是通过计算固体表面的压强,然后把所有表面面元上的压力加起来。由于此方法依赖于固体表面的形状,一般情况下计算很复杂。本节我们要计算作二维无旋流动的流体中的静止柱体的受力,由于在静止柱体的表面流函数为常数,可以把流体对静止柱体所施加的合力和合力矩表示为柱体横截面的周线的回路积分,这就是布拉休斯定理。为了计算回路积分,我们注意到,w 除了若干奇点外是复变量 $z=x+\mathrm{i}y=re^{\mathrm{i}\theta}$ 的解析函数,满足柯西-黎曼条件,可以利用复变函数理论的留数定理来计算。

3.5.1 布拉休斯定理的推导

布拉休斯(Blasius)定理:一个柱体在流体中静止不动,柱体周围的流体绕柱体作定常的二维无旋流动,其复势为 w,忽略外力,证明流体作用在单位长度柱体上的合力和合力矩分别为

$$F_x - \mathrm{i}F_y = \frac{1}{2}\mathrm{i}\rho \oint_C \left(\frac{\mathrm{d}w}{\mathrm{d}z}\right)^2 \mathrm{d}z \tag{3.5-1}$$

$$M = \mathrm{Re}\left[-\frac{1}{2}\rho \oint_C z \left(\frac{\mathrm{d}w}{\mathrm{d}z}\right)^2 \mathrm{d}z\right] \tag{3.5-2}$$

式中积分路径 C 为柱体横截面的周线。

证:如图 3.5.1 所示,考虑柱体横截面的周线上的一微段,长度为 $\mathrm{d}l=\sqrt{(\mathrm{d}x)^2+(\mathrm{d}y)^2}$,有

$$\mathrm{d}F = p\mathrm{d}l,\quad \mathrm{d}F_x = -p\mathrm{d}y,\quad \mathrm{d}F_y = p\mathrm{d}x$$

$$\mathrm{d}M = x\mathrm{d}F_y - y\mathrm{d}F_x = p(x\mathrm{d}x + y\mathrm{d}y)$$

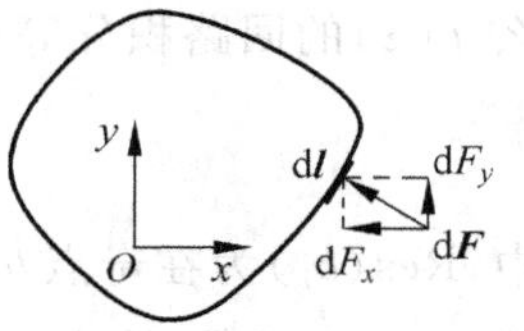

图 3.5.1 柱体表面受力分析

得

$$\mathrm{d}(F_x - \mathrm{i}F_y) = -\mathrm{i}p\mathrm{d}z^*,\quad \mathrm{d}M = \mathrm{Re}(pz\mathrm{d}z^*)$$

由伯努利方程得

$$p = p_0 - \frac{1}{2}\rho v^2 = p_0 - \frac{1}{2}\rho \frac{\mathrm{d}w}{\mathrm{d}z}\frac{\mathrm{d}w^*}{\mathrm{d}z^*}$$

式中 p_0 为一常数,对合力和合力矩没有贡献,可以略去,得

$$\mathrm{d}(F_x - \mathrm{i}F_y) = \frac{1}{2}\mathrm{i}\rho\frac{\mathrm{d}w}{\mathrm{d}z}\mathrm{d}w^*,\quad \mathrm{d}M = \mathrm{Re}\left(-\frac{1}{2}\rho z\frac{\mathrm{d}w}{\mathrm{d}z}\mathrm{d}w^*\right)$$

在柱体横截面的周线 C 上,流函数为常数,即 $\psi=\mathrm{const}$, $\mathrm{d}w=\mathrm{d}\Phi=\mathrm{d}w^*$,所以有

$$\mathrm{d}(F_x - \mathrm{i}F_y) = \frac{1}{2}\mathrm{i}\rho\left(\frac{\mathrm{d}w}{\mathrm{d}z}\right)^2\mathrm{d}z,\quad \mathrm{d}M = \mathrm{Re}\left[-\frac{1}{2}\rho z\left(\frac{\mathrm{d}w}{\mathrm{d}z}\right)^2\mathrm{d}z\right]$$

定理得证。

为了更好地应用布拉休斯定理,以下我们简短回忆一下复变函数理论的柯西定理和留

数定理[11]。

3.5.2 柯西定理

1. 单连通区域

由于解析函数满足柯西-黎曼条件，很容易得到如下单连通区域的柯西定理：闭合单连通区域内的解析函数沿任意回路的积分恒为零。

2. 复连通区域

对于复连通区域，作割线把内外境界线连接起来，这样复连通区域变为单连通区域，单连通区域的柯西定理成立。由于沿割线的积分之和恒为零，我们得到复连通区域的柯西定理：闭合复连通区域内的解析函数沿外境界线逆时针方向积分等于沿所有内境界线逆时针方向积分之和。

根据柯西定理，如果在柱面之外复速度的平方$(\mathrm{d}w/\mathrm{d}z)^2$没有奇点，积分路径可选为柱面之外的任意的围线$R$，即

$$\oint_C \left(\frac{\mathrm{d}w}{\mathrm{d}z}\right)^2 \mathrm{d}z = \oint_R \left(\frac{\mathrm{d}w}{\mathrm{d}z}\right)^2 \mathrm{d}z,\quad \oint_C z\left(\frac{\mathrm{d}w}{\mathrm{d}z}\right)^2 \mathrm{d}z = \oint_R z\left(\frac{\mathrm{d}w}{\mathrm{d}z}\right)^2 \mathrm{d}z$$

3.5.3 留数定理

很容易计算如下回路积分(回路包围a)：

$$\oint_l (z-a)^n \mathrm{d}z = 2\pi \mathrm{i}\delta_{n-1}$$

由此得到留数定理：如果$f(z)$在回路l包围的区域内只存在有限个孤立奇点$b_1, b_2, \cdots, b_n$，那么$f(z)$的回路积分等于它在回路内各奇点的留数之和，即

$$\oint_C f(z)\mathrm{d}z = 2\pi \mathrm{i}\sum_{j=1}^{n} \mathrm{Res}(b_j)$$

式中，$\mathrm{Res}(b_j)$为在奇点b_j的留数，通过把函数$f(z)$在以奇点b_j为圆心的圆周内展开为罗朗(Laurent)级数，取它的负一次幂项的系数即可得到。

式(3.5-1)和式(3.5-2)中积分的计算可以使用留数定理。

【例1】 不可压缩理想流体绕一圆柱面位于$|z|=a$的静止圆柱作二维无旋流动，已知复势为

$$w = U\left(z+\frac{a^2}{z}\right) - \mathrm{i}\frac{K}{2\pi}\ln\frac{z}{a}$$

式中，a为圆柱半径，U、K为实常数。用布拉休斯定理计算流体作用在单位长度圆柱上的合力和合力矩。

解：把所给w代入式(3.5-1)和式(3.5-2)，并使用留数定理得

$$F_x - \mathrm{i}F_y = \frac{1}{2}\mathrm{i}\rho\oint_C \left[U\left(1-\frac{a^2}{z^2}\right) - \frac{\mathrm{i}K}{2\pi z}\right]^2 \mathrm{d}z$$

$$= \frac{1}{2}\mathrm{i}\rho\oint_C \left[U^2 - \frac{\mathrm{i}2KU}{2\pi z} + \cdots\right]\mathrm{d}z = \frac{1}{2}\mathrm{i}\rho 2\pi \mathrm{i}\left(-\frac{\mathrm{i}2KU}{2\pi}\right) = \mathrm{i}\rho UK$$

$$M=\mathrm{Re}\left\{-\frac{1}{2}\rho\oint_C z\left[U\left(1-\frac{a^2}{z^2}\right)-\frac{\mathrm{i}K}{2\pi z}\right]^2\mathrm{d}z\right\}$$

$$=\mathrm{Re}\left\{-\frac{1}{2}\rho\oint_C\left[\left(-\frac{K^2}{4\pi^2}-2U^2a^2\right)\frac{1}{z}+\cdots\right]\mathrm{d}z\right\}$$

$$=\mathrm{Re}\left[-\frac{1}{2}\rho(2\pi\mathrm{i})\left(-\frac{K^2}{4\pi^2}-2U^2a^2\right)\right]=0$$

【例 2】 不可压缩理想流体绕一圆柱面位于 $|z|=a$ 的静止圆柱作二维无旋流动，已知复势为

$$w=\mathrm{i}\kappa\ln(z-z_0)-\mathrm{i}\kappa\ln(a^2/z-z_0^*)$$

式中，a 为圆柱半径，κ 为实常数，z_0 为复常数，且 $|z_0|>a$。用布拉休斯定理计算流体作用在单位长度圆柱上的合力和合力矩。

解：将复势改写为

$$w=\mathrm{i}\kappa\ln z+\mathrm{i}\kappa\ln(z-z_0)-\mathrm{i}\kappa\ln(z-a^2/z_0^*)-\mathrm{i}\kappa\ln(-z_0^*)$$

得

$$\frac{\mathrm{d}w}{\mathrm{d}z}=\frac{\mathrm{i}\kappa}{z}+\frac{\mathrm{i}\kappa}{z-z_0}-\frac{\mathrm{i}\kappa}{z-a^2/z_0^*}$$

在圆周 $|z|=a$ 内 $\left(\frac{\mathrm{d}w}{\mathrm{d}z}\right)^2$ 的奇点为 $z=0$ 及 $z=a^2/z_0^*$，由于

$$\left(\frac{\mathrm{d}w}{\mathrm{d}z}\right)^2=-2\kappa^2\frac{1}{z}\left(\frac{1}{z-z_0}-\frac{1}{z-a^2/z_0^*}\right)+2\kappa^2\frac{1}{z-a^2/z_0^*}\left(\frac{1}{z}+\frac{1}{z-z_0}\right)+\cdots$$

各自的留数为 $-2\kappa^2\left(\frac{1}{-z_0}-\frac{1}{-a^2/z_0^*}\right)$，$2\kappa^2\left(\frac{1}{a^2/z_0^*}+\frac{1}{a^2/z_0^*-z_0}\right)$，所以

$$F_x-\mathrm{i}F_y=2\pi\mathrm{i}\,\frac{1}{2}\mathrm{i}\rho\left[-2\kappa^2\left(\frac{1}{-z_0}-\frac{1}{-a^2/z_0^*}\right)+2\kappa^2\left(\frac{1}{a^2/z_0^*}+\frac{1}{a^2/z_0^*-z_0}\right)\right]$$

$$=-2\pi\rho\kappa^2\left(\frac{1}{z_0}+\frac{z_0^*}{a^2-|z_0|^2}\right)$$

令 $z_0=r_0\mathrm{e}^{\mathrm{i}\theta_0}$，得

$$F_x-\mathrm{i}F_y=-2\pi\rho\kappa^2\mathrm{e}^{-\mathrm{i}\theta_0}\left(\frac{1}{r_0}+\frac{r_0}{a^2-r_0^2}\right)$$

所以

$$\boldsymbol{F}=-2\pi\rho\kappa^2\left(\frac{1}{r_0^2}+\frac{1}{a^2-r_0^2}\right)\boldsymbol{r}_0$$

在圆周 $|z|=a$ 内 $z\left(\frac{\mathrm{d}w}{\mathrm{d}z}\right)^2$ 的奇点为 $z=0$ 及 $z=a^2/z_0^*$，由于

$$z\left(\frac{\mathrm{d}w}{\mathrm{d}z}\right)^2=-\kappa^2\frac{1}{z}+2\kappa^2 z\frac{1}{z-a^2/z_0^*}\left(\frac{1}{z}+\frac{1}{z-z_0}\right)-\kappa^2\left[\frac{1}{z-a^2/z_0^*}-\frac{-a^2/z_0^*}{(z-a^2/z_0^*)^2}\right]+\cdots$$

各自的留数为 $-\kappa^2$，$2\kappa^2(a^2/z_0^*)\left(\frac{1}{a^2/z_0^*}+\frac{1}{a^2/z_0^*-z_0}\right)$，$-\kappa^2$，所以

$$M=\mathrm{Re}\left\{-2\pi\mathrm{i}\,\frac{1}{2}\rho\left[-2\kappa^2+2\kappa^2(a^2/z_0^*)\left(\frac{1}{a^2/z_0^*}+\frac{1}{a^2/z_0^*-z_0}\right)\right]\right\}$$

$$=\mathrm{Re}\left\{-\mathrm{i}\pi\rho\kappa^2 2\frac{a^2}{a^2-|z_0|^2}\right\}=0$$

【例 3】 接 3.3 节例 8，用布拉休斯定理计算流体作用在单位长度椭圆柱上的合力和合力矩。

解：已知

$$w=\frac{1}{2}U(a+b)\left[\frac{e^{-i\alpha}(z+\sqrt{z^2-a^2+b^2})}{a+b}+\frac{a+b}{e^{-i\alpha}(z+\sqrt{z^2-a^2+b^2})}\right]$$

因为在柱面之外复速度的平方 $(dw/dz)^2$ 没有奇点，所以积分路径可选为柱面之外任意的围线。现在我们把积分路径选为柱面之外的非常大的围线 C_∞，把复势作罗朗展开，得

$$w(z\to\infty)=U\left[e^{-i\alpha}z+\frac{(-a^2+b^2)e^{-i\alpha}+(a+b)^2e^{i\alpha}}{4z}+\cdots\right]$$

这样就可以使用留数定理，积分变为

$$\begin{aligned}F_x-iF_y&=\frac{1}{2}i\rho\oint_{C_\infty}\left(\frac{dw}{dz}\right)^2dz\\&=\frac{1}{2}i\rho U^2\oint_{C_\infty}\left[e^{-i\alpha}-\frac{(-a^2+b^2)e^{-i\alpha}+(a+b)^2e^{i\alpha}}{4z^2}+\cdots\right]^2dz=0\end{aligned}$$

$$\begin{aligned}M&=\mathrm{Re}\left[-\frac{1}{2}\rho\oint_{C_\infty}z\left(\frac{dw}{dz}\right)^2dz\right]\\&=\mathrm{Re}\left\{-\frac{1}{2}\rho U^2\oint_{C_\infty}z\left[e^{-i\alpha}-\frac{(-a^2+b^2)e^{-i\alpha}+(a+b)^2e^{i\alpha}}{4z^2}+\cdots\right]^2dz\right\}\\&=\mathrm{Re}\left\{-\frac{1}{2}\rho U^2\oint_{C_\infty}\left[ze^{-i2\alpha}-\frac{(-a^2+b^2)e^{-i2\alpha}+(a+b)^2}{2z}+\cdots\right]dz\right\}\\&=\mathrm{Re}\left\{-\frac{1}{2}\rho U^2(2\pi i)\left[-\frac{(-a^2+b^2)e^{-i2\alpha}+(a+b)^2}{2}\right]\right\}\\&=-\frac{1}{2}\pi\rho U^2(a^2-b^2)\sin2\alpha\end{aligned}$$

【例 4】 接例 3，复势多了一项 $i\kappa\ln\left(\frac{z+\sqrt{z^2-a^2+b^2}}{a+b}\right)$，$\kappa$ 为实常数。

解：因为在柱面外复速度的平方 $(dw/dz)^2$ 没有奇点，积分路径为柱面外任意的围线。现在我们取积分路径为柱面外非常大的围线 C_∞，把复速度作罗朗展开，得

$$\frac{dw}{dz}=Ue^{-i\alpha}+\frac{i\kappa}{z}-\frac{U(-a^2+b^2)e^{-i\alpha}+U(a+b)^2e^{i\alpha}}{4z^2}+\cdots$$

这样就可以使用留数定理，积分变为

$$\begin{aligned}F_x-iF_y&=\frac{1}{2}i\rho\oint_{C_\infty}\left(\frac{dw}{dz}\right)^2dz\\&=\frac{1}{2}i\rho\oint_{C_\infty}\left[Ue^{-i\alpha}+\frac{i\kappa}{z}-\frac{U(-a^2+b^2)e^{-i\alpha}+U(a+b)^2e^{i\alpha}}{4z^2}+\cdots\right]^2dz\\&=\frac{1}{2}i\rho\oint_{C_\infty}\left[U^2e^{-i2\alpha}+\frac{2i\kappa Ue^{-i\alpha}}{z}+\cdots\right]dz\\&=\frac{1}{2}i\rho(2\pi i)2i\kappa Ue^{-i\alpha}=-2\pi\rho Ui\kappa e^{-i\alpha}\end{aligned}$$

$$M=\mathrm{Re}\left[-\frac{1}{2}\rho\oint_{C_\infty} z\left(\frac{\mathrm{d}w}{\mathrm{d}z}\right)^2\mathrm{d}z\right]$$

$$=\mathrm{Re}\left\{-\frac{1}{2}\rho U^2\oint_{C_\infty} z\left[\mathrm{e}^{-\mathrm{i}\alpha}+\frac{\mathrm{i}\kappa}{Uz}-\frac{(-a^2+b^2)\mathrm{e}^{-\mathrm{i}\alpha}+(a+b)^2\mathrm{e}^{\mathrm{i}\alpha}}{4z^2}+\cdots\right]^2\mathrm{d}z\right\}$$

$$=\mathrm{Re}\left\{-\frac{1}{2}\rho U^2\oint_{C_\infty}\left[-\frac{(-a^2+b^2)\mathrm{e}^{-\mathrm{i}2\alpha}+(a+b)^2+\frac{2\kappa^2}{U^2}}{2z}+\cdots\right]\mathrm{d}z\right\}$$

$$=\mathrm{Re}\left\{-\frac{1}{2}\rho U^2(2\pi\mathrm{i})\left[-\frac{(-a^2+b^2)\mathrm{e}^{-\mathrm{i}2\alpha}+(a+b)^2+\frac{2\kappa^2}{U^2}}{2}\right]\right\}$$

$$=-\frac{1}{2}\pi\rho U^2(a^2-b^2)\sin 2\alpha$$

习题

3-5-1 不可压缩理想流体绕一个静止不动的圆柱作定常二维无旋流动。圆柱的柱面为$|z|=a$，无穷远处的流速与x轴的夹角为α，已知复势为

$$w=U\left(z\mathrm{e}^{-\mathrm{i}\alpha}+\frac{a^2}{z}\mathrm{e}^{\mathrm{i}\alpha}\right)-\mathrm{i}\frac{K}{2\pi}\ln\frac{z}{a}$$

式中U、K为实常数。用布拉休斯定理计算流体作用在单位长度圆柱上的合力和合力矩。

3-5-2 不可压缩理想流体绕一个静止不动的圆柱作定常二维无旋流动。圆柱的柱面为$|z|=a$，无穷远处的流速与x轴的夹角为α，已知复势为

$$w=U\left(z\mathrm{e}^{-\mathrm{i}\alpha}+\frac{a^2}{z}\mathrm{e}^{\mathrm{i}\alpha}\right)+\mathrm{i}\kappa\ln(z-z_0)-\mathrm{i}\kappa\ln(a^2/z-z_0^*)$$

式中，U、κ为实常数，z_0为复常数，且$|z_0|>a$。用布拉休斯定理计算流体作用在圆柱上的合力和合力矩。

3-5-3 不可压缩理想流体绕一柱面位于$|z|=a$的静止圆柱作定常二维无旋流动。已知复势为

$$w=\beta\ln(z-z_0)+\beta\ln(a^2/z-z_0^*)$$

式中，a为圆柱半径，β为实常数，z_0为复常数且$|z_0|>a$。用布拉休斯定理计算流体作用在单位长度圆柱上的合力和合力矩。

3-5-4 接习题3-3-6，证明

$$\frac{\mathrm{d}w}{\mathrm{d}z}=\frac{\mathrm{i}\kappa}{z-c}-\frac{\mathrm{i}\kappa}{z+c}$$

用布拉休斯定理计算流体作用在单位长度圆柱上的合力和合力矩。

3.6 二维机翼升力理论

本节研究的二维机翼指的是无穷长的横截面不变的固体柱体，其周围的气体在垂直于柱体轴的平面内围绕柱体作二维无旋流动。实际机翼不会无穷长，因而其周围的气体当然不会作二维流动。二维机翼是一个理想模型，那我们为什么还要研究二维机翼的升力呢？

原因是围绕二维机翼的气体作二维无旋流动，这样就能够使用复变函数理论来研究机翼的升力，数学上特别简单，结果特别优美，而且有助于理解实际机翼的升力。二维机翼的横截面的周线形状称为翼型。

3.6.1 牛顿阻力模型

在 1687 年出版的划时代的著作《自然哲学的数学原理》里，牛顿研究了在流体中运动的物体所受的阻力。牛顿把流体看成由没有相互作用的粒子组成，当流体打在物体表面上时，法线方向动量消失，切线方向动量不变。牛顿得到阻力与流体密度、物体表面面积、运动速度的平方，以及物体表面相对来流方向的夹角的正弦的平方成正比的关系。牛顿阻力模型包含有升力，见例 1。

【例 1】 有一面积为 S 的固体平面薄板静止于空中，有均匀风吹过，薄板与风速 $\boldsymbol{U}$ 的夹角为 α，空气碰到薄板后沿薄板平面方向四周散开。已知空气密度为 ρ，求薄板受到的升力。

解：空气碰到薄板后，其法线方向动量消失，切线方向动量不变，因此碰撞时空气在薄板平面内不受力，只在平面的法线方向受力。空气碰到薄板后的速度 $U'=U\cos\alpha$。

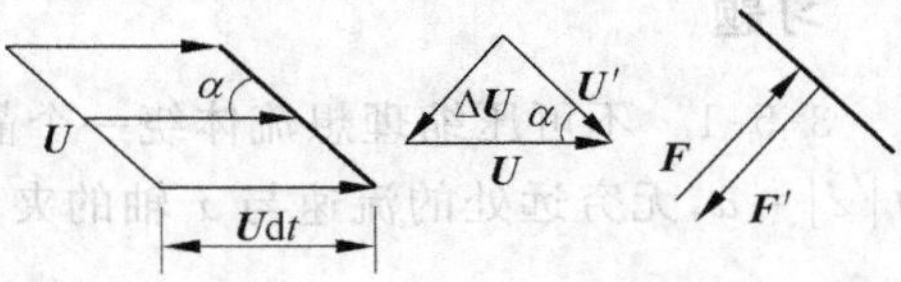

图 3.6.1　薄板受到的压力

如图 3.6.1 所示，以薄板平面为底，$U\mathrm{d}t$ 为斜高，作一斜柱体元，则在 $\mathrm{d}t$ 时间内该斜柱体元内的空气将与薄板发生碰撞，根据动量定理，空气获得的冲量等于其动量的增量，即

$$\boldsymbol{F}'\mathrm{d}t = \mathrm{d}m \cdot \Delta\boldsymbol{U}$$

式中，$\boldsymbol{F}'$ 为薄板给予空气的力，方向沿薄板平面的法线方向，$\mathrm{d}m=\rho\mathrm{d}V=\rho SU\mathrm{d}t\sin\alpha$ 为斜柱体元内的空气质量，$\mathrm{d}V$ 为斜柱体元的体积，$|\Delta\boldsymbol{U}|=U\sin\alpha-0$。

由上式得

$$F'\mathrm{d}t = \rho SU\sin\alpha\mathrm{d}t \cdot (U\sin\alpha - 0)$$

化简得

$$F' = \rho SU^2 \sin^2\alpha$$

根据牛顿第三定律，$\boldsymbol{F}'$ 与薄板受到的压力 $\boldsymbol{F}$ 大小相等，方向相反。把 $\boldsymbol{F}$ 分别向平行和垂直于风速方向分解，得阻力 F_r 和升力 F_1，即

$$F_r = F\sin\alpha = \rho SU^2\sin^3\alpha, \quad F_1 = F\cos\alpha = \rho SU^2\sin^2\alpha\cos\alpha$$

对于普通流动，牛顿模型预言的结果误差很大。但对于高超声速流动，牛顿模型预言的结果与实际结果符合得很好。

3.6.2 马格纳斯效应

为了明白什么是马格纳斯效应，我们来看一个风洞实验：如图 3.6.2 所示，把一个由小电机驱动的旋转圆柱竖直安装在一个沿水平轨道行驶的小车上，取 y 轴沿轨道方向，取 z 轴沿竖直向上方向，风速方向平行于 x 轴。

实验结果如下。

(1) 如圆柱绕轴旋转，但没有风，则小车不动，说明圆柱在 y 轴方向上没有受到力的作用。
(2) 如有风，但圆柱不绕轴旋转，则小车不动，说明圆柱在 y 轴方向上没有受到力的作用。
(3) 如圆柱绕轴旋转，有风，则小车运动，说明圆柱在 y 轴方向上受到力的作用。如转

动角速度平行于 z 轴方向，则小车的运动方向反平行于 y 轴，说明圆柱在反平行于 y 轴方向上受到力的作用；反之，如转动角速度反平行于 z 轴方向，则小车的运动方向平行于 y 轴，说明圆柱在平行于 y 轴方向上受到力的作用。

(4) 风速越大，转动角速度越大，则小车运动得越快，说明圆柱在 y 轴方向上受到的力越大。

旋转圆柱经绕流后会在垂直于来流方向上受到力的现象称为马格纳斯效应，如图 3.6.3 所示。

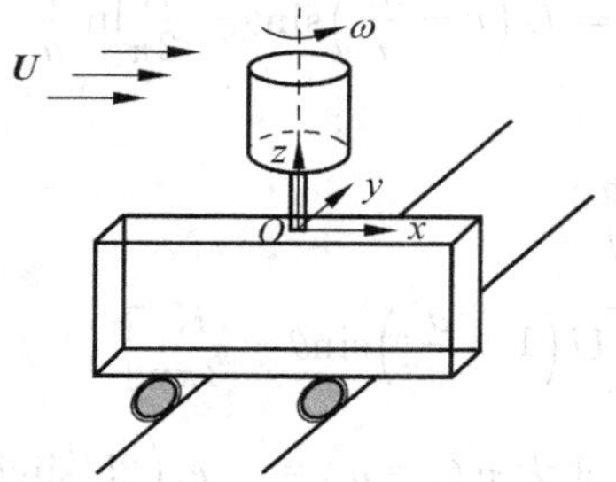

图 3.6.2 风洞实验

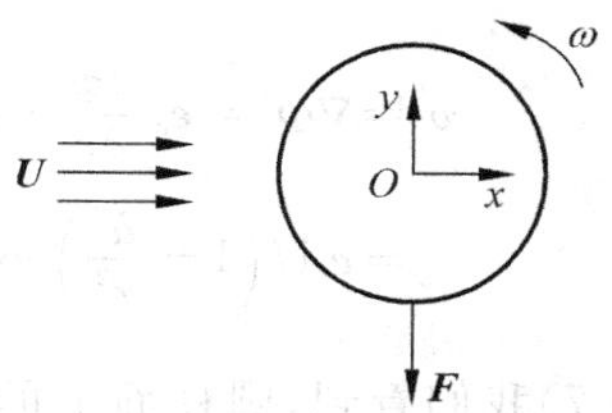

图 3.6.3 马格纳斯效应

3.6.3 马格纳斯效应的解释

旋转圆柱绕流问题是一个复杂的黏性流体力学问题，没有解析解存在，需要用数值计算方法求解纳维-斯托克斯方程。令人惊叹的是，这么复杂的黏性流体力学问题居然可以使用理想流体无旋流动理论来近似解释。而且这一解释还可以进一步发展成极其优美的二维机翼升力理论。

首先考虑气体静止的情形。圆柱在静止气体中作等速旋转，由于气体有黏性，会带动周围的气体作圆周运动，柱面上流体的速度与圆柱面的旋转速度相等(见第 4 章)。距离圆柱面越远，气体的速度越小。假设圆柱足够长，旋转圆柱产生的气体流动可以近似看成二维圆周运动，可以近似用位于圆柱中心轴上的无限长的直线涡丝(点涡)感生的速度场来描述。因此在圆柱转动平面上，周围的气体的速度可以近似表示为

$$\boldsymbol{v}(\boldsymbol{r})=\frac{\Gamma}{2\pi}\frac{\boldsymbol{e}_\theta}{r}\quad (r\geqslant a) \tag{3.6-1}$$

式中 a 为圆柱半径。从 4.6 节可知，当圆柱无限长时，上式是纳维-斯托克斯方程的严格解。

由式(3.6-1)可知，速度环量等于涡丝强度 Γ，即

$$K=\oint \boldsymbol{v}\cdot \mathrm{d}\boldsymbol{r}=\int_0^{2\pi} v_\theta r\,\mathrm{d}\theta=\Gamma \tag{3.6-2}$$

我们看到，旋转圆柱绕流问题的速度环量起源于由旋转圆柱与空气之间的摩擦力带动的空气旋转，有

$$K>0,\quad v_\theta>0;\quad K<0,\quad v_\theta<0 \tag{3.6-3}$$

由 3.3 节例 2，点涡的速度势、流函数和复势分别为

$$\Phi=\frac{K}{2\pi}\theta,\quad \psi=-\frac{K}{2\pi}\ln\frac{r}{a},\quad w=-\mathrm{i}\frac{K}{2\pi}\ln\frac{z}{a} \tag{3.6-4}$$

我们看到，在柱面上流函数 $\psi(r=a)=0$，即为常数，因此的确是圆柱绕流的一个解。

从 3.3 节我们知道，如果理想流体在无穷远处沿 x 轴方向均匀流动，而且流体绕一个静

止不动的圆柱作二维无旋流动，那么复势为 $w=U\left(z+\frac{a^2}{z}\right)$。

在现在的实验中，有均匀的风吹旋转的圆柱，因此可以用由无环量的圆柱绕流的复势与点涡的复势叠加而成的复势来近似描述，即

$$w=U\left(z+\frac{a^2}{z}\right)-\mathrm{i}\frac{K}{2\pi}\ln\frac{z}{a} \tag{3.6-5}$$

易求得速度势和流函数为

$$\Phi=U\left(r+\frac{a^2}{r}\right)\cos\theta+\frac{K}{2\pi}\theta,\quad \psi=U\left(r-\frac{a^2}{r}\right)\sin\theta-\frac{K}{2\pi}\ln\frac{r}{a} \tag{3.6-6}$$

速度为

$$\begin{aligned}\boldsymbol{v}&=\nabla\Phi=\boldsymbol{e}_r\frac{\partial\Phi}{\partial r}+\boldsymbol{e}_\theta\frac{1}{r}\frac{\partial\Phi}{\partial\theta}\\&=\boldsymbol{e}_rU\left(1-\frac{a^2}{r^2}\right)\cos\theta-\boldsymbol{e}_\theta\left[U\left(1+\frac{a^2}{r^2}\right)\sin\theta-\frac{K}{2\pi r}\right]\end{aligned} \tag{3.6-7}$$

由式(3.6-7)我们看到，圆柱面上的流体速度为 $\boldsymbol{v}(r=a)=-\boldsymbol{e}_\theta\left(2U\sin\theta-\frac{K}{2\pi a}\right)$。由于圆柱作刚体转动，流体的黏性边界条件要求圆柱面上流体速度与旋转圆柱面的速度相等，所以圆柱面上的流体速度应该为 $\boldsymbol{v}(r=a)=\boldsymbol{e}_\theta\frac{K}{2\pi a}$。两者并不相等，流体的黏性边界条件没有满足，说明用由无环量的圆柱绕流的复势与点涡的复势叠加而成的复势来描述上述实验只是一个近似。

利用伯努利方程得到的压强为

$$\begin{aligned}p&=p_0-\frac{1}{2}\rho v^2\\&=p_0-\frac{1}{2}\rho U^2\left\{\left(1-\frac{a^2}{r^2}\right)^2\cos^2\theta+\left[\left(1+\frac{a^2}{r^2}\right)\sin\theta-\frac{K}{2\pi Ur}\right]^2\right\}\end{aligned} \tag{3.6-8}$$

单位长度圆柱所受的合力分量为

$$\begin{aligned}F_x&=-\int_0^{2\pi}[p(r=a)\cos\theta]a\,\mathrm{d}\theta=0\\F_y&=-\int_0^{2\pi}[p(r=a)\sin\theta]a\,\mathrm{d}\theta=-\rho UK\end{aligned} \tag{3.6-9}$$

我们看到，如果没有环量，有 $p(-\theta)=p(\theta)$，即压强分布是上下对称的，圆柱所受的合力为零。环量的存在导致压强分布不再是上下对称的，产生了升力。

从流函数我们看到，如果没有环量，流线图是上下对称的。环量的存在导致流线图不再是上下对称的。现在我们来研究靠近圆柱的流线。令 $r=a+\varepsilon(\varepsilon\ll a)$，代入式(3.6-6)中的流函数表达式得

$$\varepsilon=\frac{2\pi\psi a}{4\pi Ua\sin\theta-K}\quad(4\pi Ua\sin\theta-K\neq0)$$

为了保证靠近圆柱的流线是封闭曲线，要求 $\theta\in[0,2\pi]$，$4\pi Ua\sin\theta-K\neq0$，因此充分必要条件为 $|K|>4\pi Ua$，如图 3.6.4 所示。

马格纳斯效应有许多应用。例如 1924 年德国工程师符拉特(Fletter)根据马格纳斯效应在他的船上安装了快速旋转的铅垂圆柱体代替风帆，利用风吹在旋转的铅垂圆柱体上产

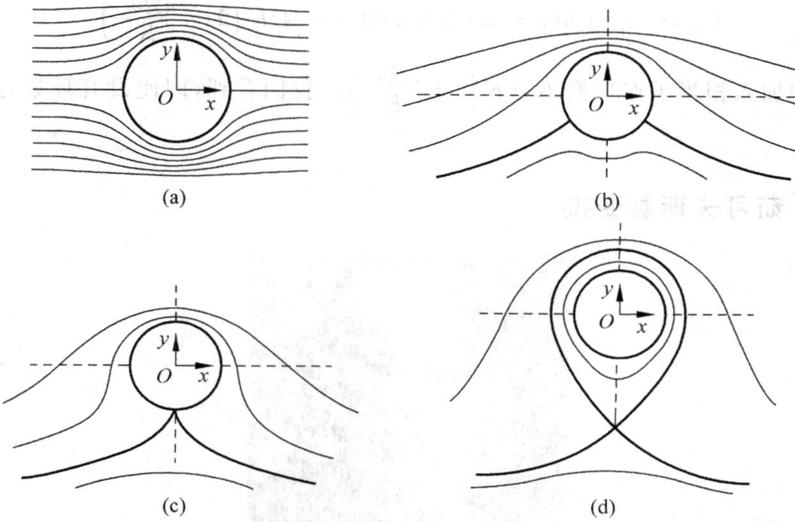

图 3.6.4 流线图

(a) $K=0$；(b) $|K|<4\pi Ua$；(c) $|K|=4\pi Ua$；(d) $|K|>4\pi Ua$

生的力来驱动船只。但由于不经济，没被采用。马格纳斯效应还可以用来解释乒乓球、足球、排球、网球等出现弧线球现象。当发球时，运动员想办法使球旋转，然后球一边平动一边旋转，根据马格纳斯效应，在垂直于球前进的方向上球会受到一个力的作用，使球的运动轨迹发生改变，作弧线飞行。

【例 2】 均匀剪切流定义涡量为常矢量的二维流动。把上述圆柱放在均匀剪切流中，已知

$$\psi = U\left(r-\frac{a^2}{r}\right)\sin\theta-\frac{K}{2\pi}\ln\frac{r}{a}-\frac{1}{4}\Omega r^2$$

式中，Ω 为涡量值，为常数。计算圆柱受到的合力。

解：$v_r=\dfrac{1}{r}\dfrac{\partial\psi}{\partial\theta}=U\left(1-\dfrac{a^2}{r^2}\right)\cos\theta, v_\theta=-\dfrac{\partial\psi}{\partial r}=-U\left(1+\dfrac{a^2}{r^2}\right)\sin\theta+\dfrac{K}{2\pi r}+\dfrac{1}{2}\Omega r$

由于涡量值为常数，压强为(习题 2-5-3)

$$\frac{p}{\rho}+\frac{v^2}{2}+\Xi+\Omega\psi=\text{const}$$

即

$$\begin{aligned}p&=p_0-\frac{1}{2}\rho v^2-\rho\Omega\psi\\&=p_0-\frac{1}{2}\rho U^2\left\{\left(1-\frac{a^2}{r^2}\right)^2\cos^2\theta+\left[\left(1+\frac{a^2}{r^2}\right)\sin\theta-\frac{K}{2\pi Ur}-\frac{1}{2U}\Omega r\right]^2\right\}-\rho\Omega\psi\end{aligned}$$

式中 p_0 为常数。圆柱表面的压强为

$$p(r=a)=p_0-\frac{1}{2}\rho U^2\left(2\sin\theta-\frac{K}{2\pi Ua}-\frac{1}{2U}\Omega a\right)^2+\rho\Omega\,\frac{1}{4}\Omega a^2$$

单位长度的圆柱受到的合力为

$$F_x=-\int_0^{2\pi}[p(r=a)\cos\theta]a\,\mathrm{d}\theta=0$$

$$F_y = -\int_0^{2\pi} [p(r=a)\sin\theta] a\,\mathrm{d}\theta = -\rho U K\left(1+\frac{\pi\Omega a^2}{K}\right)$$

均匀剪切流的加入相当于作代换 $K \to K\left(1+\frac{\pi\Omega a^2}{K}\right)$。我们看到，即使没有环量存在，也有升力存在。

3.6.4 茹可夫斯基变换

图 3.6.5 茹可夫斯基(N. E. Joukowski，1847—1921)

z 平面上的圆周经一保角变换 $\zeta=\zeta(z)$ 变为 ζ 平面上的一个复杂翼型。最简单的保角变换就是茹可夫斯基变换

$$\zeta = z + \frac{b^2}{z} \tag{3.6-10}$$

式中 b 为实常数。令 $z=x+\mathrm{i}y=re^{\mathrm{i}\theta}$，$\zeta=\chi+\mathrm{i}\eta$，代入式(3.6-10)并把实部和虚部分离，得

$$\chi = r\left(1+\frac{b^2}{r^2}\right)\cos\theta, \quad \eta = r\left(1-\frac{b^2}{r^2}\right)\sin\theta \tag{3.6-11}$$

z 平面上的圆心位于 $(-x_0, \mathrm{i}y_0)$ 处并与 x 轴交点为 $(b,0)$ 的圆周，变换为 ζ 平面上的非对称的翼型(图 3.6.6)。

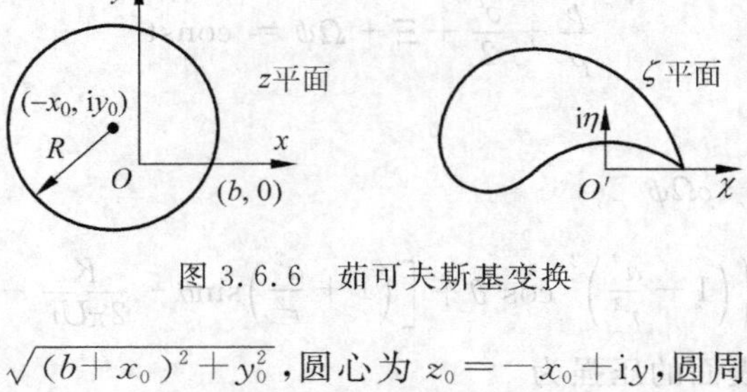

图 3.6.6 茹可夫斯基变换

该圆的半径为 $R=\sqrt{(b+x_0)^2+y_0^2}$，圆心为 $z_0=-x_0+\mathrm{i}y$，圆周上的任一点为

$$z = z_0 + \mathrm{e}^{\mathrm{i}\beta}R = (-x_0+R\cos\beta)+\mathrm{i}(y_0+R\sin\beta) \tag{3.6-12}$$

式中 β 为实变量。

把式(3.6-12)代入式(3.6-10)，并分离实部和虚部得

$$\chi = (-x_0+R\cos\beta)\left(1+\frac{b^2}{x_0^2+y_0^2+R^2-2x_0R\cos\beta+2y_0R\sin\beta}\right)$$

$$\eta = (y_0 + R\sin\beta)\left(1 - \frac{b^2}{x_0^2 + y_0^2 + R^2 - 2x_0 R\cos\beta + 2y_0 R\sin\beta}\right) \tag{3.6-13}$$

现在我们证明，茹可夫斯基翼型存在尖尾缘。

证明：将茹可夫斯基变换式(3.6-10)两边对 z 微分得

$$\frac{\mathrm{d}\zeta}{\mathrm{d}z} = 1 - \frac{b^2}{z^2} \tag{3.6-14}$$

我们看到，$\left(\frac{\mathrm{d}z}{\mathrm{d}\zeta}\right)_{z\to\pm b}\to\infty$，因此 $z=\pm b$ 为保角变换的奇点，在这些奇点附近变换不再是保角的。点 $z=-b$ 位于 z 平面上的圆内，变换为 ζ 平面上的翼型的内部的点，那里没有流体存在，不用考虑。点 $z=b$ 位于 z 平面的圆周上，变换为 ζ 平面上的翼型周边上的一点 $\zeta=2b$，有流体存在，需要考虑。

现在根据茹可夫斯基变换确定 ζ 平面上的点 $\zeta=2b$ 附近的翼型形状。令 $z=b+c\mathrm{e}^{\mathrm{i}\alpha}$ 和 $\zeta=2b+g\mathrm{e}^{\mathrm{i}\delta}$，这里 c、g、α 和 δ 均为实数，且 $c\ll b$，$g\ll 2b$，代入茹可夫斯基变换式(3.6-10)，作泰勒展开并保留最大项得

$$g = \frac{c^2}{b}, \quad \delta = 2\alpha + 2n\pi \quad (n = 0, \pm 1, \pm 2, \cdots) \tag{3.6-15}$$

如图 3.6.7(a)所示，考虑 z 平面上的点 $z=b$ 附近圆周上的任意两个上下点 $z_1=b+c_1\mathrm{e}^{\mathrm{i}\alpha_1}$ 和 $z_2=b+c_2\mathrm{e}^{\mathrm{i}\alpha_2}$，有 $\alpha_2-\alpha_1=\pi$，那么与之对应的 ζ 平面上的两个点 $\zeta_1=2b+g_1\mathrm{e}^{\mathrm{i}\delta_1}$ 和 $\zeta_2=2b+g_2\mathrm{e}^{\mathrm{i}\delta_2}$，由式(3.6-15)可知满足 $\delta_2-\delta_1=2(\alpha_2-\alpha_1)=2\pi$，如图 3.6.7(b)所示。这意味着翼型在 $\zeta=2b$ 处两边的两个分支重合，尖角为零，称为翼型的尖尾缘。证毕。

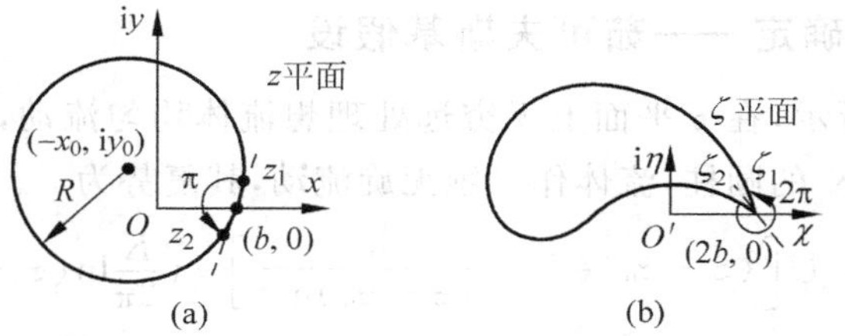

图 3.6.7　茹可夫斯基翼型的尖尾缘

现在考虑两种特殊情况。

(1) 平板翼型

如图 3.6.8 所示，圆心位于 z 平面上的原点、半径为 b 的一圆周，有

$$x_0 = y_0 = 0, \quad R = b, \quad z = b\mathrm{e}^{\mathrm{i}\theta} \tag{3.6-16}$$

经茹可夫斯基变换变为

$$\zeta = 2b\cos\theta, \quad \chi = 2b\cos\theta, \quad \eta = 0 \tag{3.6-17}$$

即变为 ζ 平面上的实轴上的一直线段，称为平板翼型，如图 3.6.8 所示。

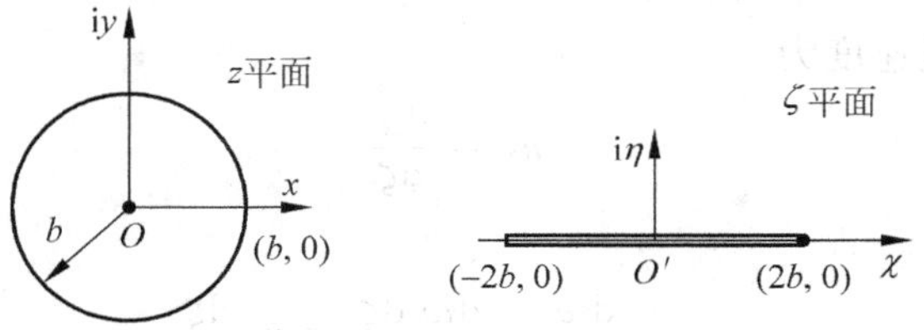

图 3.6.8　平板翼型

(2) 椭圆翼型

如图 3.6.9 所示，圆心位于 z 平面上的原点、半径为 $a(a>b)$ 的圆周，有

$$x_0 = y_0 = 0,\quad R = a,\quad z = a\mathrm{e}^{\mathrm{i}\theta} \tag{3.6-18}$$

经茹可夫斯基变换变为

$$\zeta = z + \frac{b^2}{z} = a\mathrm{e}^{\mathrm{i}\theta} + \frac{b^2}{a}\mathrm{e}^{-\mathrm{i}\theta},\quad \chi = \left(1+\frac{b^2}{a^2}\right)a\cos\theta,\quad \eta = \left(1-\frac{b^2}{a^2}\right)a\sin\theta \tag{3.6-19}$$

得

$$\frac{\chi^2}{\left(a+\dfrac{b^2}{a}\right)^2} + \frac{\eta^2}{\left(a-\dfrac{b^2}{a}\right)^2} = 1 \tag{3.6-20}$$

即变为 ζ 平面上的一椭圆，其长轴在实轴上，称为椭圆翼型，如图 3.6.9 所示。需要指出，椭圆翼型是唯一没有尖尾缘的茹可夫斯基翼型。

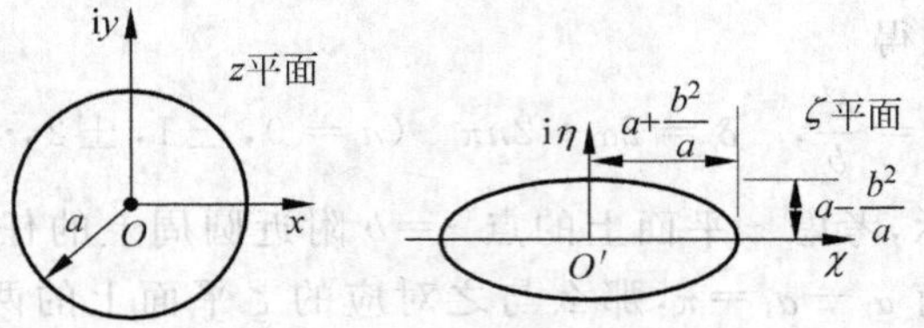

图 3.6.9 椭圆翼型

3.6.5 环量的确定——茹可夫斯基假设

如图 3.6.10(a)所示，在 z 平面上无穷远处理想流体均匀流动，绕过一个圆心位于 z_0、半径为 a 的带有环量 K 的圆柱，流体作二维无旋流动，其复势为

$$w = U\left[(z-z_0)\mathrm{e}^{-\mathrm{i}\alpha} + \frac{a^2}{(z-z_0)\mathrm{e}^{-\mathrm{i}\alpha}}\right] - \mathrm{i}\frac{K}{2\pi}\ln(z-z_0) \tag{3.6-21}$$

式中，$z_0 = -x_0 + \mathrm{i}y_0$ 为圆心位置 $(-x_0, y_0)$，$a = |b - z_0| = \sqrt{(b+x_0)^2 + y_0^2}$ 为圆半径，α 为 $\boldsymbol{U}$ 与 x 轴的夹角，圆与正 x 轴的交点为 $(b,0)$，K 为环量，未知，待定。经茹可夫斯基变换 $\zeta = z + \dfrac{b^2}{z}$，圆变换为 ζ 平面上的非对称的翼型，如图 3.6.10(b)所示。ζ 平面上距离翼型足够远处，有 $\zeta = z(|\zeta| \gg b)$，因此那里的流体均匀流动，速度为 $\boldsymbol{U}$，与 η 轴的夹角为 α。

考虑在 z 平面上的流体复速度

$$u_z = \frac{\mathrm{d}w}{\mathrm{d}z} = \frac{\partial\Phi}{\partial x} + \mathrm{i}\frac{\partial\psi}{\partial x} = v_x - \mathrm{i}v_y \tag{3.6-22}$$

流体速度大小为 $v = |u_z| = \left|\dfrac{\mathrm{d}w}{\mathrm{d}z}\right|$。

ζ 平面上的流体复速度为

$$u_\zeta = \frac{\mathrm{d}w}{\mathrm{d}\zeta} \tag{3.6-23}$$

两者之间的关系为

$$u_z = \frac{\mathrm{d}w}{\mathrm{d}z} = \frac{\mathrm{d}w}{\mathrm{d}\zeta}\frac{\mathrm{d}\zeta}{\mathrm{d}z} = u_\zeta\frac{\mathrm{d}\zeta}{\mathrm{d}z} \tag{3.6-24}$$

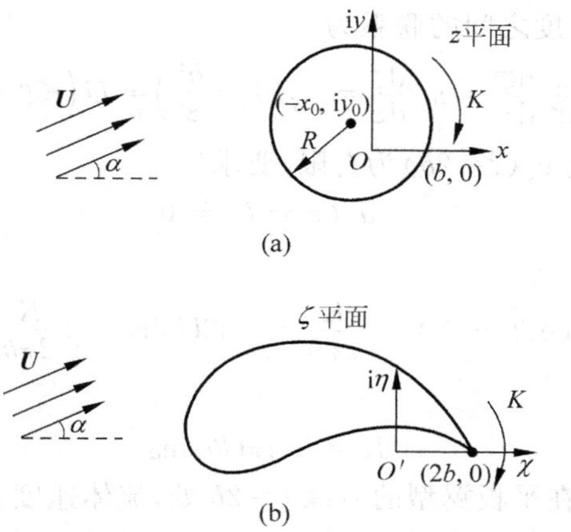

图 3.6.10 茹可夫斯基假设

即 ζ 平面上的流体速度大小为

$$|u_\zeta| = v\left|\frac{dz}{d\zeta}\right| = \frac{v}{\left|1-\dfrac{b^2}{z^2}\right|} \tag{3.6-25}$$

很显然,如果在 z 平面上的点 $z=\pm b$ 处的流体速度不为零,那么与 z 平面上的点 $z=\pm b$ 相对应的 ζ 平面上的点处的流体速度为无穷大。点 $z=-b$ 位于 z 平面上的圆内,变换为 ζ 平面上的翼型内部的点,不相干,不用考虑。z 平面上的点 $z=b$ 变换为 ζ 平面上的翼型尖尾缘处。为了避免翼型尖尾缘处的速度为无穷大,必须要求 z 平面上的点 $z=b$ 处的流体速度为零,即

$$v(z=b) = \left|\frac{dw}{dz}\right|_{z=b} = 0 \tag{3.6-26}$$

$$\left|U\left[e^{-i\alpha} - \frac{a^2}{(b-z_0)^2 e^{-i\alpha}}\right] + i\frac{K}{2\pi}\frac{1}{b-z_0}\right| = 0 \tag{3.6-27}$$

定义 $b-z_0=ae^{-i\gamma}$,那么有

$$\gamma = \arctan\frac{y_0}{b+x_0},\quad b+x_0 = a\cos\gamma,\quad y_0 = a\sin\gamma \tag{3.6-28}$$

式(3.6-27)变为

$$\left|U\left[(b-z_0)e^{-i\alpha} - \frac{a^2}{(b-z_0)e^{-i\alpha}}\right] - i\frac{K}{2\pi}\right| = \left|-i2Ua\sin(\alpha+\gamma) - i\frac{K}{2\pi}\right| = 0$$

所以环量为

$$\begin{aligned} K &= -4\pi Ua\sin(\alpha+\gamma) = -4\pi Ua(\sin\alpha\cos\gamma + \cos\alpha\sin\gamma) \\ &= -4\pi U[(b+x_0)\sin\alpha + y_0\cos\alpha] \end{aligned} \tag{3.6-29}$$

在翼型尖尾缘处的流体速度为有限这一假设称为茹可夫斯基假设。

【例 3】 确定平板翼型的环量。

解:如图 3.6.11 所示,在 z 平面上的复势为

$$w = U\left(ze^{-i\alpha} + \frac{b^2}{ze^{-i\alpha}}\right) - i\frac{K}{2\pi}\ln\frac{z}{b}$$

圆柱面为 $z=be^{i\theta}$,经茹可夫斯基变换为平板翼型 $\zeta=z+\dfrac{b^2}{z}=2b\cos\theta$。在 z 平面上的流体复

速度和在 ζ 平面上的复速度之间的联系为

$$u_z = \frac{\mathrm{d}w}{\mathrm{d}z} = \frac{\mathrm{d}w}{\mathrm{d}\zeta}\frac{\mathrm{d}\zeta}{\mathrm{d}z} = u_\zeta \frac{\mathrm{d}\zeta}{\mathrm{d}z} = u_\zeta\left(1-\frac{b^2}{z^2}\right) = U\left(\mathrm{e}^{-\mathrm{i}\alpha}-\frac{b^2}{z^2\mathrm{e}^{-\mathrm{i}\alpha}}\right)-\mathrm{i}\,\frac{K}{2\pi z}$$

在翼型尖尾缘处的复速度 $u_\zeta(\zeta=2b)$ 为有限，要求

$$u_z(z=b)=0$$

即

$$U(\mathrm{e}^{-\mathrm{i}\alpha}-\mathrm{e}^{\mathrm{i}\alpha})-\mathrm{i}\,\frac{K}{2\pi b} = -\mathrm{i}2U\sin\alpha-\mathrm{i}\,\frac{K}{2\pi b}=0$$

得

$$K=-4\pi Ub\sin\alpha$$

我们应该指出，虽然在平板翼型的后缘 $\zeta=2b$ 处，流体速度为有限，但是在前缘 $\zeta=-2b$ 处，流体速度为无穷大。即使平板翼型能够产生环量，存在升力，平板翼型仍然是一个非物理模型，原因是平板翼型只是一条没有宽度的几何直线。而其他能够产生环量的茹可夫斯基翼型的周边上包括尖尾缘处的流体速度都是有限的，所以它们是物理模型。

【例 4】 证明椭圆翼型由于没有尖尾缘，不会产生环量。

证明：如图 3.6.12 所示，在 z 平面上的复势为

$$w=U\left(z\mathrm{e}^{-\mathrm{i}\alpha}+\frac{a^2}{z\mathrm{e}^{\mathrm{i}\alpha}}\right)-\mathrm{i}\,\frac{K}{2\pi}\ln\frac{z}{a}$$

圆柱面为 $z=a\mathrm{e}^{\mathrm{i}\theta}$，经茹可夫斯基变换为椭圆柱面 $\zeta=z+\dfrac{b^2}{z}=a\mathrm{e}^{\mathrm{i}\theta}+\dfrac{b^2}{a}\mathrm{e}^{-\mathrm{i}\theta}$。在 z 平面上的流体复速度和在 ζ 平面上的复速度之间的联系为

$$u_z = \frac{\mathrm{d}w}{\mathrm{d}z} = \frac{\mathrm{d}w}{\mathrm{d}\zeta}\frac{\mathrm{d}\zeta}{\mathrm{d}z} = u_\zeta \frac{\mathrm{d}\zeta}{\mathrm{d}z} = u_\zeta\left(1-\frac{b^2}{z^2}\right) = U\left(\mathrm{e}^{-\mathrm{i}\alpha}-\frac{a^2}{z^2\mathrm{e}^{-\mathrm{i}\alpha}}\right)-\mathrm{i}\,\frac{K}{2\pi z}$$

在椭圆翼型对应奇点 $z=b$ 处的复速度 $u_\zeta(\zeta=a+b^2/a)$ 应该为有限，要求 $u_z(z=b)=0$，即

$$U\left(\mathrm{e}^{-\mathrm{i}\alpha}-\frac{a^2}{b^2}\mathrm{e}^{\mathrm{i}\alpha}\right)-\mathrm{i}\,\frac{K}{2\pi b}=U\left(1-\frac{a^2}{b^2}\right)-\mathrm{i}\left[U\left(1+\frac{a^2}{b^2}\right)\sin\alpha+\frac{K}{2\pi b}\right]=0$$

如果 $a\neq b$，为椭圆翼型，得 $K=0$；如果 $a=b$，为平板翼型，得

$$K=-4\pi Ub\sin\alpha$$

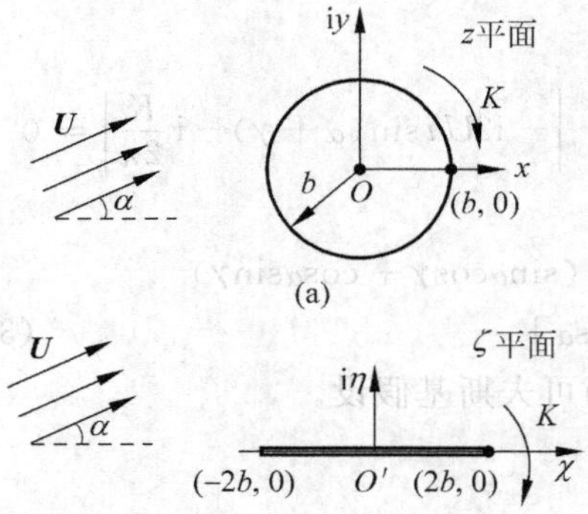

图 3.6.11　平板翼型

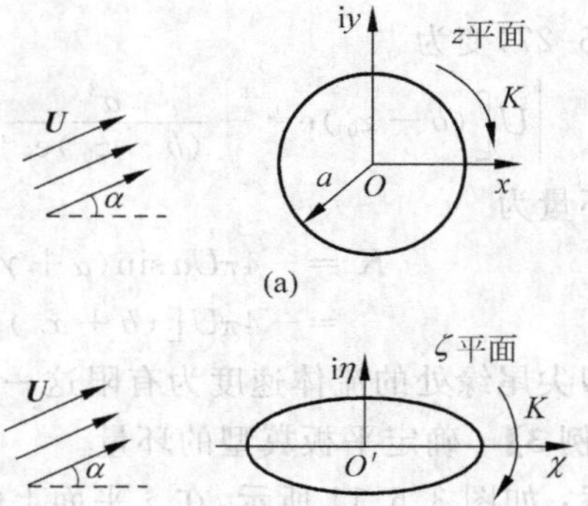

图 3.6.12　椭圆翼型

结论：不存在尖尾缘的椭圆翼型不能产生环量，只有存在尖尾缘的翼型才能产生环量。

3.6.6 库塔-茹可夫斯基定理

库塔-茹可夫斯基定理：一个机翼在均匀的风中静止不动，风速为 $\boldsymbol{U}$，机翼周围的气体绕机翼作定常的二维无旋流动，有环量 K 包围翼型，气体密度为 ρ，那么单位长度机翼受到的沿垂直于风的方向的升力大小为 $K\rho U$。升力方向是这样确定的，即将风的速度矢量沿与环量的方向相反的方向旋转 90°，得到的方向即为升力方向。

证明：对于现在的问题(图 3.6.14)，由于复速度的平方 $\left(\frac{\mathrm{d}w}{\mathrm{d}z}\right)^2$ 的奇点在机翼横截面内部，在机翼横截面之外是单值解析函数，由复连通区域的柯西定理可知，可以把积分路径选为位于机翼横截面之外区域的任意一条闭合曲线 R，即

$$\oint_R \left(\frac{\mathrm{d}w}{\mathrm{d}z}\right)^2 \mathrm{d}z = \oint_C \left(\frac{\mathrm{d}w}{\mathrm{d}z}\right)^2 \mathrm{d}z \tag{3.6-30}$$

式中 C 是机翼横截面的周线。

图 3.6.13 库塔(M. W. Kutta，1867—1944)

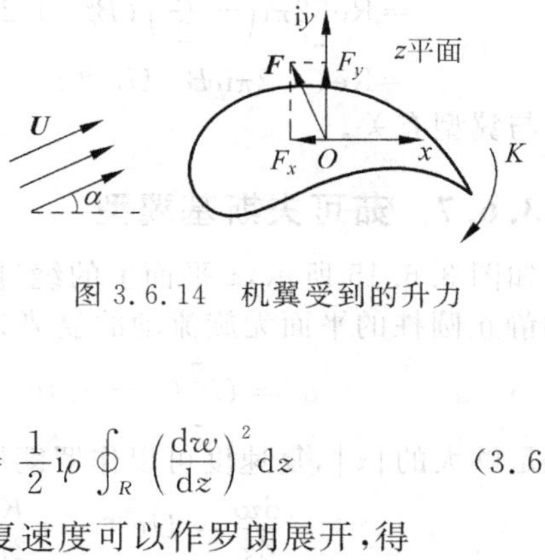

图 3.6.14 机翼受到的升力

根据布拉休斯定理，有

$$F_x - \mathrm{i}F_y = \frac{1}{2}\mathrm{i}\rho \oint_C \left(\frac{\mathrm{d}w}{\mathrm{d}z}\right)^2 \mathrm{d}z = \frac{1}{2}\mathrm{i}\rho \oint_R \left(\frac{\mathrm{d}w}{\mathrm{d}z}\right)^2 \mathrm{d}z \tag{3.6-31}$$

在离机翼足够远的地方，气体速度趋于均匀风速 $\boldsymbol{U}$，复速度可以作罗朗展开，得

$$\frac{\mathrm{d}w}{\mathrm{d}z} = U\mathrm{e}^{-\mathrm{i}\alpha} + \frac{B_{-1}}{z} + \frac{B_{-2}}{z^2} + \cdots \tag{3.6-32}$$

式中，α 为均匀风速 $\boldsymbol{U}$ 与 x 轴的夹角，$B_{-1}, B_{-2}, \cdots$ 为常数。

积分得复势

$$w = U\mathrm{e}^{-\mathrm{i}\alpha}z + B_{-1}\ln z - \frac{B_{-2}}{z} + \cdots \tag{3.6-33}$$

既然有环量 K 包围翼型，那么有

$$B_{-1} = -\mathrm{i}\frac{K}{2\pi}$$

所以

$$\left(\frac{\mathrm{d}w}{\mathrm{d}z}\right)^2 = U^2 \mathrm{e}^{-\mathrm{i}2\alpha} + \frac{2UB_{-1}\mathrm{e}^{-\mathrm{i}\alpha}}{z} + \frac{B_{-1}^2 + 2B_{-2}U\mathrm{e}^{-\mathrm{i}\alpha}}{z^2} + \cdots \tag{3.6-34}$$

选择足够大的积分路径 R_∞ 得

$$\begin{aligned} F_x - \mathrm{i}F_y &= \frac{1}{2}\mathrm{i}\rho \oint_C \left(\frac{\mathrm{d}w}{\mathrm{d}z}\right)^2 \mathrm{d}z \\ &= \frac{1}{2}\mathrm{i}\rho \oint_{R_\infty} \left[U^2 \mathrm{e}^{-\mathrm{i}2\alpha} + \frac{2UB_{-1}\mathrm{e}^{-\mathrm{i}\alpha}}{z} + \frac{B_{-1}^2 + 2B_{-2}U\mathrm{e}^{-\mathrm{i}\alpha}}{z^2} + \cdots\right]\mathrm{d}z \end{aligned} \tag{3.6-35}$$

根据留数定理，有

$$F_x - \mathrm{i}F_y = \frac{1}{2}\mathrm{i}\rho 2\pi \mathrm{i}(2UB_{-1}\mathrm{e}^{-\mathrm{i}\alpha}) = -2\pi\rho UB_{-1}\mathrm{e}^{-\mathrm{i}\alpha} = \mathrm{i}K\rho U\mathrm{e}^{-\mathrm{i}\alpha}$$

即

$$F_x = K\rho U\sin\alpha, \quad F_y = -K\rho U\cos\alpha \tag{3.6-36}$$

得证。

注意：

(1) 升力与翼型无关；

(2) 力矩为

$$\begin{aligned} M &= \mathrm{Re}\left[-\frac{1}{2}\rho \oint_C z \left(\frac{\mathrm{d}w}{\mathrm{d}z}\right)^2 \mathrm{d}z\right] \\ &= \mathrm{Re}\left[-\frac{1}{2}\rho \oint_{R_\infty} z \left(\frac{\mathrm{d}w}{\mathrm{d}z}\right)^2 \mathrm{d}z\right] \\ &= \mathrm{Re}\left\{-\frac{1}{2}\rho \oint_{R_\infty} z\left[U^2 \mathrm{e}^{-\mathrm{i}2\alpha} + \frac{2UB_{-1}\mathrm{e}^{-\mathrm{i}\alpha}}{z} + \frac{B_{-1}^2 + 2B_{-2}U\mathrm{e}^{-\mathrm{i}\alpha}}{z^2} + \cdots\right]\mathrm{d}z\right\} \\ &= \mathrm{Re}\left[2\pi\mathrm{i}\left(-\frac{\rho}{2}\right)(B_{-1}^2 + 2B_{-2}U\mathrm{e}^{-\mathrm{i}\alpha})\right] \\ &= \mathrm{Re}(-2\pi\mathrm{i}\rho B_{-2}U\mathrm{e}^{-\mathrm{i}\alpha}) \end{aligned} \tag{3.6-37}$$

力矩与翼型有关。

3.6.7 茹可夫斯基翼型

如图 3.6.15 所示，z 平面上的绕过一个圆心位于 $z_0 = -x_0 + \mathrm{i}y_0$，半径为 a 且带有环量 K 的静止圆柱的平面无旋流动的复势为

$$w = U\left[(z - z_0)\mathrm{e}^{-\mathrm{i}\alpha} + \frac{a^2}{(z - z_0)\mathrm{e}^{-\mathrm{i}\alpha}}\right] - \mathrm{i}\frac{K}{2\pi}\ln(z - z_0) \tag{3.6-38}$$

对于足够大的 $|z|$，复速度可以作罗朗展开，得

$$\frac{\mathrm{d}w}{\mathrm{d}z} = U\mathrm{e}^{-\mathrm{i}\alpha} - \mathrm{i}\frac{K}{2\pi}\frac{1}{z} - \left(a^2 U\mathrm{e}^{\mathrm{i}\alpha} + \mathrm{i}\frac{K}{2\pi}z_0\right)\frac{1}{z^2} + \cdots \tag{3.6-39}$$

式(3.6-39)与式(3.6-32)比较得

$$B_{-1} = -\mathrm{i}\frac{K}{2\pi}, \quad B_{-2} = -a^2\mathrm{e}^{\mathrm{i}\alpha}U - \mathrm{i}\frac{K}{2\pi}z_0 \tag{3.6-40}$$

代入式(3.6-36)和式(3.6-37)得

$$F_x = K\rho U\sin\alpha, \quad F_y = -K\rho U\cos\alpha \tag{3.6-41}$$

$$M_z = \mathrm{Re}\left[2\pi\mathrm{i}\rho\left(a^2\mathrm{e}^{\mathrm{i}\alpha}U + \mathrm{i}\frac{K}{2\pi}z_0\right)U\mathrm{e}^{-\mathrm{i}\alpha}\right] = -\rho UK(-x_0\cos\alpha + y_0\sin\alpha)$$

如图 3.6.16 所示，茹可夫斯基变换为 $\zeta = z + \frac{b^2}{z}$，其逆变换为

$$z = \frac{1}{2}\left(\zeta + \sqrt{\zeta^2 - 4b^2}\right) \tag{3.6-42}$$

对于足够大的$|z|$,式(3.6-42)可以展开为

$$z=\zeta-\frac{b^2}{\zeta}+\frac{b^4}{\zeta^3}+\cdots \tag{3.6-43}$$

把式(3.6-43)代入式(3.6-38),并展开得

$$w=U\mathrm{e}^{-\mathrm{i}\alpha}\zeta-\mathrm{i}\frac{K}{2\pi}\ln\zeta+\frac{-b^2U\mathrm{e}^{-\mathrm{i}\alpha}+a^2\mathrm{e}^{\mathrm{i}\alpha}U+\mathrm{i}\frac{K}{2\pi}z_0}{\zeta}+\cdots \tag{3.6-44}$$

与$w=U\mathrm{e}^{-\mathrm{i}\alpha}\zeta+B_{-1}\ln\zeta-\frac{B_{-2}}{\zeta}+\cdots$比较得

$$B_{-1}=-\mathrm{i}\frac{K}{2\pi},\quad B_{-2}=Ub^2\mathrm{e}^{-\mathrm{i}\alpha}-a^2\mathrm{e}^{\mathrm{i}\alpha}U-\mathrm{i}\frac{K}{2\pi}z_0 \tag{3.6-45}$$

所以经过茹可夫斯基变换,B_{-1}不变,B_{-2}改变,即升力不变,但力矩改变,即

$$F_\chi=F_x=K\rho U\sin\alpha,\quad F_\eta=F_y=-K\rho U\cos\alpha \tag{3.6-46}$$

$$M_\zeta=\mathrm{Re}(-2\pi\mathrm{i}\rho B_{-2}U\mathrm{e}^{-\mathrm{i}\alpha})=-\rho UK(-x_0\cos\alpha+y_0\sin\alpha)-2\pi\rho U^2b^2\sin2\alpha$$

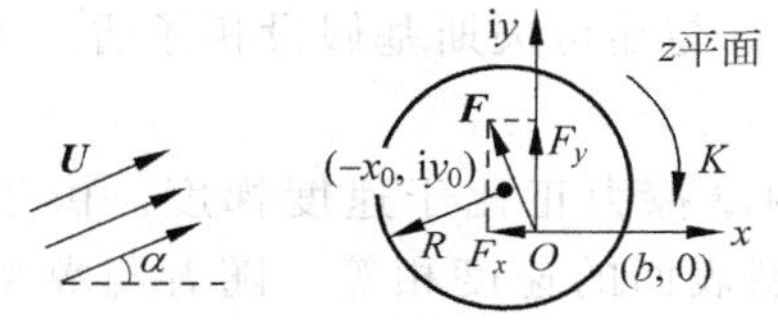

图 3.6.15 绕过带有环量的静止圆柱的平面无旋流动

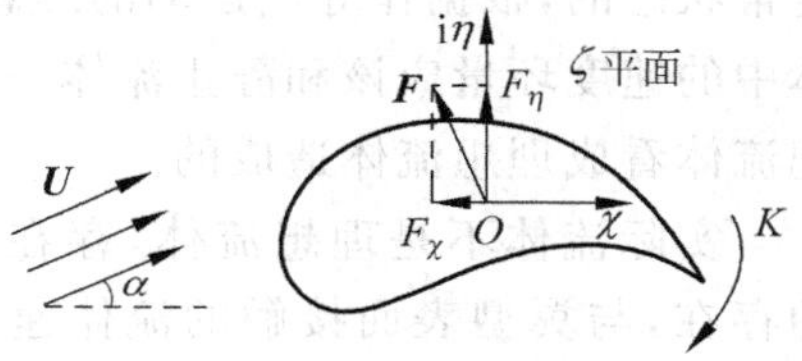

图 3.6.16 茹可夫斯基翼型

3.6.8 “飞蛇”之谜

自然界存在起飞时由椭圆翼型变成有尖尾缘的翼型从而产生环量和升力的例子,以下资料取自百度百科。

“在东南亚热带雨林中生活着一种颇为奇特的爬行动物:飞蛇。这种蛇最喜欢用尾巴将自己挂在高高的树枝上晃荡,然后突然从10多米的高度飞下来直冲地面。对其他蛇类或者爬行动物而言,这样的行动无异于自杀之举,但飞蛇却能安然无恙。这其中到底隐藏着些什么样的秘密呢?

美国弗吉尼亚理工大学的科学家发现,这种蛇在飞行途中并不是大头朝下直冲地面,而是采用一种颇为独特的姿势在树枝间滑行,在没有翅膀的情况下,它们最远能滑行出约24m。研究人员确认,飞蛇拥有无与伦比的空气动力学知识,因此能充分利用自身的形态变化,在外界气流的帮助下,穿梭于大大小小的树枝间。

首先是起飞——蛇身低低垂着。接着,它的脑袋左右摆动,扫视、搜寻底下的降落点。一切准备就绪。它向上抬起身体,就在最恰当的一刻松开尾巴,让自己向上弹出去。此时,蛇把肋骨伸展开来,让身体的宽度加倍。这时,它不像是圆柱形,反倒更像一条弯曲的丝带,如图3.6.17所示。

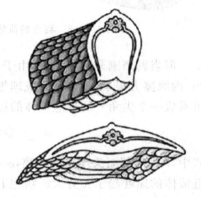

图 3.6.17 蛇平时身体呈圆柱状,滑翔时身体呈扁平状

在飞蛇离开树枝将自己的身体变成一个平面后，它借助身体的左右起伏波动来获得‘升力’。它的滑行速度很快，可达到 8～10m/s。这种波浪形扭动产生的空气动力学效应比蛇自身重力要大得多，也就是说在滑行的某一瞬间，蛇身体上的合力其实是向上的。不过，蛇是不会向上飞的，因为这种向上的合力转瞬即逝。

在飞行中，蛇头始终与气流保持 25°仰角，而且半个身体形态不变，只有尾巴在上下摇动。这样，飞蛇就能在滑行期间保持相对平稳的状态，不会重重地摔在地面。研究发现，一些蛇在空中飞行时甚至还能调头。在开始跳跃式冲上天空飞行不久后，蛇要偶尔下降加快速度来获取空中滑行的起始速度，以保证之后在空中继续滑行。”

3.6.9 速度环量的起源

从前面我们看到，旋转圆柱绕流问题的速度环量起源于由旋转圆柱与空气之间的摩擦力带动的空气旋转。现在考虑翼型速度环量的起源。既然翼型都是从静止状态启动后达到定常状态的，根据作等熵运动的理想流体的速度环量守恒定理，翼型飞行引起流体运动后流体中的速度环量应该和静止流体一样处处为零，这与茹可夫斯基假设相矛盾。矛盾是由于把流体看成理想流体造成的。

实际流体不是理想流体，存在内摩擦力，内摩擦力正比于速度梯度。由于内摩擦力的存在，与翼型表面接触的流体速度与该处翼型表面的速度相等。随着与翼型表面距离的增大，流体的速度迅速下降并趋于零。因此只是在翼型表面附近很薄的流体层(称为边界层)内，那里的速度梯度较大，因而内摩擦力较大。而在边界层之外，那里的速度梯度很小，因而内摩擦力很小，流体可看成理想流体，如图 3.6.18 所示。这就是普朗特的边界层理论(4.10 节)。

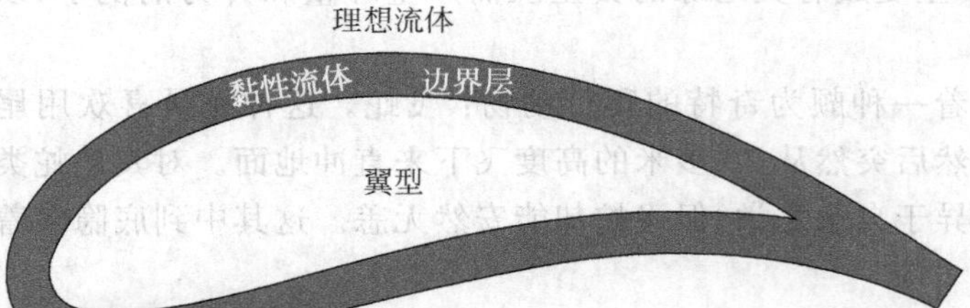

图 3.6.18 翼型的流体边界层示意图

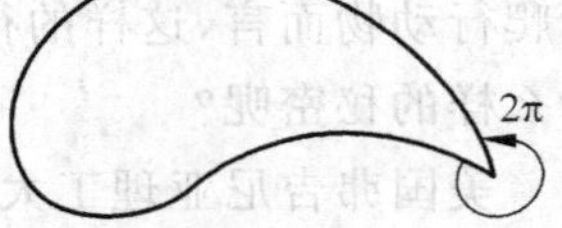

图 3.6.19 翼型尖尾缘

但当翼型刚开始启动时，由于运动速度很小，引起的流体速度亦很小，因而速度梯度很小，内摩擦力很小，流体可看成理想流体。如图 3.6.19 所示，翼型尖尾缘附近的流体运动，可看成一个尖角外的理想流体的运动，从 3.3 节的例 6 知速度为

$$v_r \cong Ar^{\frac{\pi}{\alpha}-1}\cos\frac{\pi\theta}{\alpha},\quad v_\theta \cong -Ar^{\frac{\pi}{\alpha}-1}\sin\frac{\pi\theta}{\alpha}$$

式中，r 为离翼型尖尾缘的距离，$\alpha\approx 2\pi$ 为翼型尖尾缘的两边的夹角。因此在翼型尖尾缘附近流体的速度趋于无穷大。物理上的导体尖端放电现象与此类似。这是因为电势和速度势均遵守拉普拉斯方程，导体尖端附近的电场和翼型尖尾缘附近的流体速度遵守相同的空间变化规律。导体尖端附近的电场按 $E\sim r^{\frac{\pi}{\alpha}-1}$ 趋于无穷大，在强电场作用下，尖端附近空气电

离而产生气体放电现象。

根据伯努利方程有

$$\frac{v^2}{2}+\frac{p}{\rho}=\text{const}$$

因此在翼型尖尾缘附近流体的压强趋于负无穷大，那里流体的运动特别激烈，来自翼型上下两侧的两股流体在那里汇合，形成速度间断面，进而间断面蜕变形成一个环量为 $-K$ 的涡，称为启动涡。

现在选择一个足够大的流体封闭周线，使其能包围翼型及尖尾缘附近产生的环量为 $-K$ 的启动涡。由于流体静止时沿任一流体封闭周线的速度环量为零，根据作等熵运动的理想流体的速度环量的守恒性，流体运动后沿此封闭周线的速度环量仍为零，那么在形成环量为 $-K$ 的启动涡的同时，必须形成一个包围翼型的反方向的环量为 K 的涡，如图 3.6.20 所示。由于该涡附着在翼型表面上，称为附着涡。

在翼型启动一定时间后，由于运动速度的增大，翼型表面附近很薄的流体边界层内的速度梯度迅速增大，那里内摩擦力迅速增大，流体不可再看成理想流体。边界层之外的流体仍可看成理想流体。随着时间的推移，启动涡由于运动逐渐离开翼型，而附着涡却保留下来，如图 3.6.21 所示。

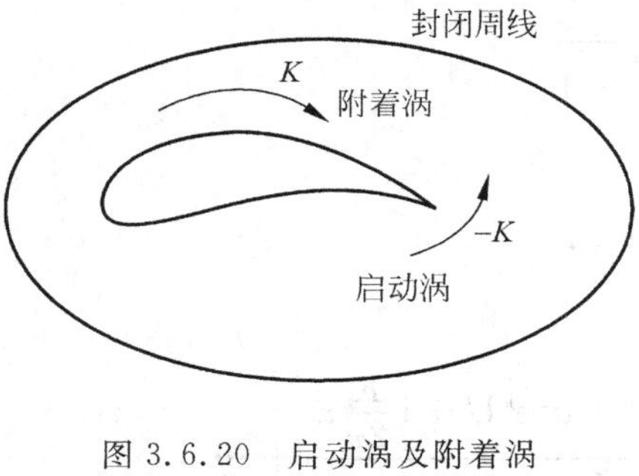

图 3.6.20　启动涡及附着涡

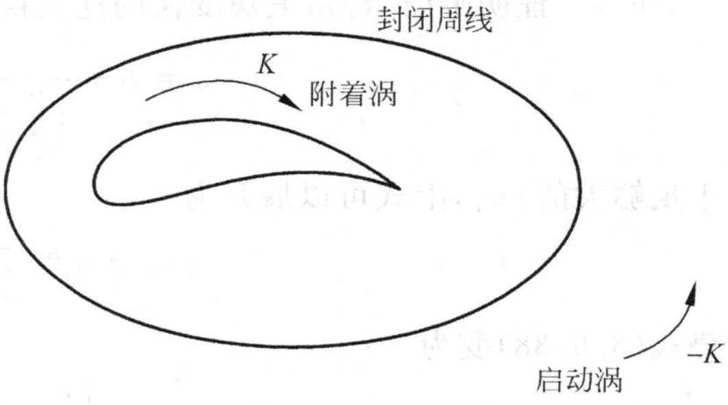

图 3.6.21　启动涡的离去

习题

3-6-1　把圆柱放在均匀剪切流中，已知平面极坐标系里的流函数为

$$\psi=U\left(r-\frac{a^2}{r}\right)\sin(\theta-\alpha)-\frac{K}{2\pi}\ln\frac{r}{a}-\frac{1}{4}\Omega r^2$$

式中，α 为无穷远处的均匀流速 $\boldsymbol{U}$ 与 x 轴的夹角，K 为环量，Ω 为涡量值，为常数。证明圆柱表面的压强为

$$p(r=a)=p_0-\frac{1}{2}\rho U^2\left[2\sin(\theta-\alpha)-\frac{K}{2\pi Ua}-\frac{1}{2U}\Omega a\right]^2$$

式中 p_0 为常数。

单位长度的圆柱受到的合力为

$$F_x=K\left(1+\frac{\pi\Omega a^2}{K}\right)\rho U\sin\alpha,\quad F_y=-K\left(1+\frac{\pi\Omega a^2}{K}\right)\rho U\cos\alpha$$

3-6-2 证明茹可夫斯基变换的逆变换为

$$z = \frac{1}{2}(\zeta + \sqrt{\zeta^2 - 4b^2})$$

3-6-3 证明茹可夫斯基变换可以写为

$$\frac{\zeta + 2b}{\zeta - 2b} = \left(\frac{z+b}{z-b}\right)^2$$

3-6-4 将茹可夫斯基变换推广为

$$\frac{\zeta + nb}{\zeta - nb} = \left(\frac{z+b}{z-b}\right)^n$$

所得翼型称为卡门-特雷夫茨(Karmen-Trefftz)翼型。这里 $n>1$,为常数。证明该翼型在 $\zeta=nb$ 处存在尖尾缘,翼型在 $\zeta=nb$ 处两边的两个分支不重合,尖角为 $(2-n)\pi$。

3-6-5 根据茹可夫斯基假设,证明茹可夫斯基翼型尖尾缘处的流体速度大小为

$$|u_\zeta| = \frac{\left|\frac{\mathrm{d}w}{\mathrm{d}z}\right|}{\left|1 - \frac{b^2}{z^2}\right|} \overset{z\to b}{=} \frac{Ub}{a}\sqrt{1 + \frac{K}{2\pi Ua}\sin(\alpha+\gamma) + \frac{K^2}{16\pi^2U^2a^2}} = \frac{Ub}{a}\,|\cos(\alpha+\gamma)|$$

3-6-6 根据茹可夫斯基假设,证明如果 $1<n<2$,卡门-特雷夫茨翼型尖尾缘处的流体速度大小为零;如果 $n>2$,该速度大小为无穷大,是非物理模型。

3-6-7 证明卡门-特雷夫茨变换的逆变换为

$$z = b + \frac{2b}{\left(\frac{\zeta + nb}{\zeta - nb}\right)^{1/n} - 1}$$

对于足够大的 $|z|$,上式可以展开为

$$z = \zeta - \frac{n^2-1}{3}\frac{b^2}{\zeta} + \cdots$$

复势式(3.6-38)变为

$$w = Ue^{-i\alpha}\zeta - i\frac{K}{2\pi}\ln\zeta + \frac{-\frac{n^2-1}{3}b^2Ue^{-i\alpha} + a^2e^{i\alpha}U + i\frac{K}{2\pi}z_0}{\zeta} + \cdots$$

得

$$B_{-1} = -i\frac{K}{2\pi},\quad B_{-2} = \frac{n^2-1}{3}Ub^2e^{-i\alpha} - a^2e^{i\alpha}U - i\frac{K}{2\pi}z_0$$

经过卡门-特雷夫茨变换,B_{-1} 不变,B_{-2} 改变,即升力不变,但力矩改变。计算力矩。

3-6-8 如图 3.6.10 所示,在 z 平面上的复势为

$$w = U\left(ze^{-i\alpha} + \frac{b^2}{ze^{-i\alpha}}\right) - i\frac{K}{2\pi}\ln\frac{z}{b}$$

圆柱面为 $z=be^{i\theta}$,经茹可夫斯基变换为平板翼型 $\zeta = z + \frac{b^2}{z} = 2b\cos\theta$。计算平板翼型的 B_{-2} 和受到的力矩。

3-6-9 证明平板翼型的升力为 $F_x = -4\pi\rho U^2 b\sin^2\alpha$,$F_y = 2\pi\rho U^2 b\sin 2\alpha$。牛顿升力模型预言的升力为

$$F_1 = \rho SU^2\sin^2\alpha\cos\alpha = \rho 4bU^2\sin^2\alpha\cos\alpha$$

而二维机翼理论预言的升力为

$$F_1 = 4\pi\rho b U^2 \sin\alpha$$

证明牛顿升力模型严重低估了升力。

3.7 表面张力-重力波

机械波的产生需要波源和介质。波源和介质可以是固体、液体和气体，都是由分子组成的。由于分子之间有相互作用，波源和最邻近的介质质点之间有相互作用，介质中的相邻质点之间也有相互作用。波源的振动带动最邻近的介质质点振动，介质中质点的振动带动相邻的下游质点振动，从而使振动状态由波源传播出去，形成机械波。典型的机械波包括横波和纵波。横波传播时质点振动方向与波的传播方向垂直。纵波传播时质点振动方向与波的传播方向平行。但有些机械波既不是横波也不是纵波。

本节我们要研究一种特殊的机械波，它沿地球表面上不同流体之间的界面传播，称为表面波。最常见的例子就是水波，平衡时水的表面是水平的。当有波存在时，有两种力试图使波峰平坦以恢复平衡，一种是重力，另一种是表面张力。我们把这种由表面张力和重力共同提供恢复力所产生的、主要出现在水表面的波称为表面张力-重力波。离表面越深的地方，波衰减得越厉害。当波长超过几厘米时，自由表面的曲率半径很大，导致表面张力对恢复力的贡献远小于重力，我们把这种由重力提供恢复力所产生的水自由表面波称为重力波。对于毫米级的波长，自由表面的曲率半径很小，导致表面张力对恢复力的贡献远大于重力，我们把这种由表面张力提供恢复力所产生的水自由表面波称为表面张力波。水波中的每个质点的运动都是由纵向运动和横向运动合成的，因此表面张力-重力波既不是横波也不是纵波。

3.7.1 无旋流动的条件

现在我们考虑流体速度很小时出现的表面张力-重力波。更具体一些，就是要求$(\boldsymbol{v}\cdot\nabla)\boldsymbol{v}\ll\partial\boldsymbol{v}/\partial t$，这样欧拉方程(2.1-2)里的惯性项$(\boldsymbol{v}\cdot\nabla)\boldsymbol{v}$就可以忽略不计，化为线性方程，数学处理就简化很多。我们来看在什么条件下才能满足。设波的振幅为a，振动周期为T，波长为λ，那么流体速度的数量级为$v\sim a/T$，因此有$\partial v/\partial t\sim a/T^2$，$(\boldsymbol{v}\cdot\nabla)v\sim v^2/\lambda\sim(a/T)^2/\lambda$，所以$(\boldsymbol{v}\cdot\nabla)\boldsymbol{v}\ll\partial\boldsymbol{v}/\partial t$要求

$$\left(\frac{a}{T}\right)^2\frac{1}{\lambda}\ll\frac{a}{T^2}$$

化简得

$$a\ll\lambda \tag{3.7-1}$$

我们看到，只有波的振幅远小于波长，才能有$(\boldsymbol{v}\cdot\nabla)\boldsymbol{v}\ll\partial\boldsymbol{v}/\partial t$。由于流体速度很小，流体可以看成不可压缩的，欧拉方程(2.1-2)简化为

$$\frac{\partial\boldsymbol{v}}{\partial t}=-\nabla\left(\frac{p}{\rho}+\Xi\right) \tag{3.7-2}$$

把梯度算符叉乘式(3.7-2)两边，并利用矢量公式$\nabla\times\nabla f=\mathbf{0}$得

$$\nabla\times\frac{\partial\boldsymbol{v}}{\partial t}=\frac{\partial(\nabla\times\boldsymbol{v})}{\partial t}=-\nabla\times\left[\nabla\left(\frac{p}{\rho}+\Xi\right)\right]=\mathbf{0}$$

由于初始时流体是静止的，把上式积分得

$$\nabla\times \boldsymbol{v} = \mathbf{0} \tag{3.7-3}$$

因此只要波的振幅远小于波长，流体的流动就是无旋的，由速度势 Φ 确定，流体速度为

$$\boldsymbol{v} = \nabla\Phi \tag{3.7-4}$$

并且由于流体不可压缩，速度势满足拉普拉斯方程，即

$$\nabla^2\Phi = 0 \tag{3.7-5}$$

3.7.2 边界条件

1. 在自由表面的运动学条件

取 xz 平面为平衡时水的表面，y 轴竖直向上，如图 3.7.1 所示。水的表面质点的 y 坐标为 $y=\zeta$。由于速度很小，水的表面速度沿 y 轴方向的分量近似为

$$v_y = \frac{\mathrm{d}\zeta(x,z,t)}{\mathrm{d}t} = \frac{\partial\zeta}{\partial t} + (\boldsymbol{v}\cdot\nabla)\zeta \cong \frac{\partial\zeta}{\partial t} \tag{3.7-6}$$

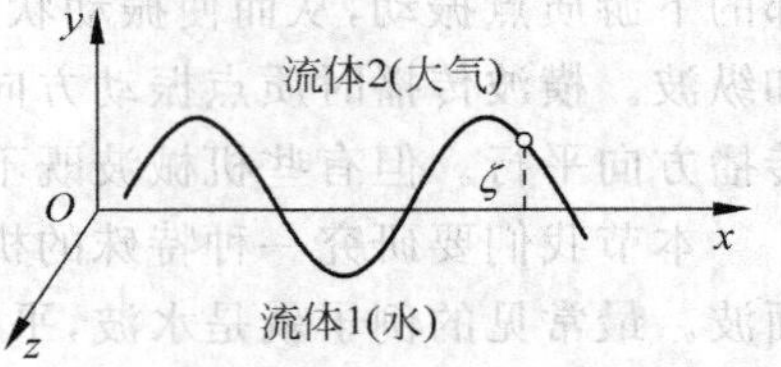

图 3.7.1 水的自由表面

由于流动是无旋的，有 $v_y=\dfrac{\partial\Phi}{\partial y}$，结合式(3.7-6)，水的表面满足

$$\frac{\partial\zeta}{\partial t} = \left(\frac{\partial\Phi}{\partial y}\right)_{y=\zeta}$$

由于流体质点偏离平衡位置很小，$\left(\dfrac{\partial\Phi}{\partial y}\right)_{y=\zeta}$ 可以用平衡位置处的值代替，即 $\left(\dfrac{\partial\Phi}{\partial y}\right)_{y=\zeta} \cong \left(\dfrac{\partial\Phi}{\partial y}\right)_{y=0}$，所以上式简化为

$$\frac{\partial\zeta}{\partial t} = \left(\frac{\partial\Phi}{\partial y}\right)_{y=0} \tag{3.7-7}$$

2. 在自由表面的压强条件

将作无旋运动的不可压缩理想流体的伯努利方程(3.2-11)应用于现在的问题。由于流体速度很小，可以忽略速度平方项，并注意到重力势 $\Xi=gy$，式(3.2-11)简化为

$$p = -\rho\left(\frac{\partial\Phi}{\partial t} + gy\right) + D \tag{3.7-8}$$

式中 D 为常数。为了确定常数 D，我们注意到，水的表面的上方的压强为大气压 p_0，水静止时满足 $\zeta=0$ 和 $\Phi=0$，此时水的表面是平面，压强没有突变，因此有 $D=p_0$。式(3.7-8)化为

$$p = p_0 - \rho\left(\frac{\partial\Phi}{\partial t} + gy\right) \tag{3.7-9}$$

将式(3.7-9)应用于水的自由表面。由于表面张力的存在，在水的表面压强存在突变，即 $p_1=p|_{y=\zeta}$，$p_2=p_0$，如图 3.7.1 所示。应用式(2.3-6)得

$$p|_{y=\zeta} - p_0 = -\sigma\left(\frac{\partial^2\zeta}{\partial x^2} + \frac{\partial^2\zeta}{\partial z^2}\right)$$

把式(3.7-9)代入上式得

$$\rho\left(\frac{\partial\Phi}{\partial t}\right)_{y=\zeta} + \rho g\zeta - \sigma\left(\frac{\partial^2\zeta}{\partial x^2} + \frac{\partial^2\zeta}{\partial z^2}\right) = 0$$

由于流体质点偏离平衡位置很小，$\left(\frac{\partial \Phi}{\partial t}\right)_{y=\zeta}$ 可以用平衡位置处的值代替，即 $\left(\frac{\partial \Phi}{\partial t}\right)_{y=\zeta} \cong \left(\frac{\partial \Phi}{\partial t}\right)_{y=0}$，所以上式简化为

$$\rho\left(\frac{\partial \Phi}{\partial t}\right)_{y=0}+\rho g \zeta-\sigma\left(\frac{\partial^2 \zeta}{\partial x^2}+\frac{\partial^2 \zeta}{\partial z^2}\right)=0 \tag{3.7-10}$$

3. 自由表面条件

把式(3.7-10)对时间求偏导数并使用式(3.7-7)，得水的自由表面满足的条件

$$\left(\rho \frac{\partial^2 \Phi}{\partial t^2}+\rho g \frac{\partial \Phi}{\partial y}-\sigma \frac{\partial^3 \Phi}{\partial x^2 \partial y}-\sigma \frac{\partial^3 \Phi}{\partial z^2 \partial y}\right)_{y=0}=0 \tag{3.7-11}$$

3.7.3 二维表面张力-重力简谐行波

1. 相速度

现在我们来考虑一个简单的情形，水底为无穷大平面，无波时的水深为 h，水在竖直平面内作二维无旋运动，流体速度为 $\boldsymbol{v}=v_x(x,y)\boldsymbol{e}_x+v_y(x,y)\boldsymbol{e}_y$，波的传播方向沿 x 轴。为方便起见，把坐标原点移到水底，如图 3.7.2 所示。流体速度可以表示为

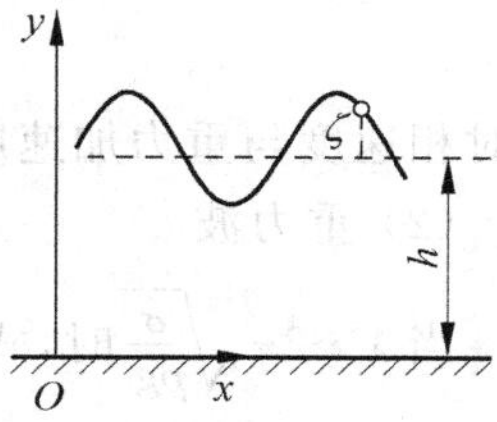

图 3.7.2 二维行波

$$v_x=\frac{\partial \Phi}{\partial x}=\frac{\partial \psi}{\partial y}, \quad v_y=\frac{\partial \Phi}{\partial y}=-\frac{\partial \psi}{\partial x}$$

所以式(3.7-7)变为

$$\frac{\partial \zeta}{\partial t}=\left(\frac{\partial \Phi}{\partial y}\right)_{y=h}=-\left(\frac{\partial \psi}{\partial x}\right)_{y=h} \tag{3.7-12}$$

假设表面张力-重力波为简谐行波，即

$$\zeta=a \sin(kx-\omega t)=a \sin k(x-ct) \tag{3.7-13}$$

式中，a 为波幅，c 为波的相速度，$k=2\pi/\lambda$ 为波数，$\omega=kc$ 为圆频率，λ 为波长。

把式(3.7-13)代入式(3.7-12)并积分得

$$\Phi=f(y)\cos k(x-ct), \quad f'(h)=-kca \tag{3.7-14}$$

把式(3.7-14)中的 Φ 代入 $\nabla^2\Phi=0$，得

$$\frac{\mathrm{d}^2 f}{\mathrm{d}y^2}-k^2 f=0 \tag{3.7-15}$$

解为

$$f=A\mathrm{e}^{ky}+B\mathrm{e}^{-ky}$$

式中 A 和 B 为常数。

利用 $v_x=\frac{\partial \Phi}{\partial x}=\frac{\partial \psi}{\partial y}$ 积分得

$$\psi=-(A\mathrm{e}^{ky}-B\mathrm{e}^{-ky})\sin k(x-ct) \tag{3.7-16}$$

边界条件：在水底平面上流函数为常数，即

$$\psi(y=0)=\mathrm{const} \tag{3.7-17}$$

把式(3.7-16)代入式(3.7-17)得

$$A=B, \quad f=2A\cosh ky$$

利用 $f'(h)=-kca$ 得

$$\Phi = -\frac{ca}{\sinh kh}\cosh ky \cos k(x-ct), \quad \psi = \frac{ca}{\sinh kh}\sinh ky \sin k(x-ct) \tag{3.7-18}$$

水的自由表面满足的条件式(3.7-11)变为

$$\left(\rho\frac{\partial^2 \Phi}{\partial t^2} + \rho g\frac{\partial \Phi}{\partial y} - \sigma\frac{\partial^3 \Phi}{\partial x^2 \partial y}\right)_{y=h} = 0 \tag{3.7-19}$$

将式(3.7-18)中的Φ代入式(3.7-19)得

$$c = \sqrt{\left(\frac{g\lambda}{2\pi} + \frac{2\pi\sigma}{\rho\lambda}\right)\tanh\frac{2\pi h}{\lambda}} \tag{3.7-20}$$

我们看到,相速度与重力加速度和表面张力系数有关。现在我们讨论两种极限情况。

(1) 表面张力波

当$\frac{g\lambda}{2\pi} \ll \frac{2\pi\sigma}{\rho\lambda}$,即$\lambda \ll 2\pi\sqrt{\frac{\sigma}{\rho g}}$时,式(3.7-20)简化为

$$c = \sqrt{\frac{2\pi\sigma}{\rho\lambda}\tanh\frac{2\pi h}{\lambda}} \tag{3.7-21}$$

此时相速度与重力加速度无关,称为表面张力波。

(2) 重力波

当$\lambda \gg 2\pi\sqrt{\frac{\sigma}{\rho g}}$时,式(3.7-20)简化为

$$c = \sqrt{\frac{g\lambda}{2\pi}\tanh\frac{2\pi h}{\lambda}} \tag{3.7-22}$$

此时相速度与表面张力无关,称为重力波。在长波极限下($\lambda \gg h$),相速度与波长无关,即

$$c = \sqrt{gh} \tag{3.7-23}$$

称为长重力波。

2. 流体质点轨迹

由式(3.7-18)可以求出流体的速度分布

$$\begin{cases} v_x = \dfrac{\partial \Phi}{\partial x} = \dfrac{kca}{\sinh kh}\cosh ky \sin k(x-ct) \\ v_y = \dfrac{\partial \Phi}{\partial y} = -\dfrac{kca}{\sinh kh}\sinh ky \cos k(x-ct) \end{cases} \tag{3.7-24}$$

记一个流体质点的位置为(x,y),其平均位置为(x_0,y_0),(x_0,y_0)也是平衡位置。由于流体质点偏离平衡位置很小,在(x,y)处流体的速度可以用平衡位置处的值代替,所以有

$$\begin{cases} v_x = \dfrac{\partial x}{\partial t} \cong v_x(x=x_0, y=y_0) = \dfrac{kca}{\sinh kh}\cosh ky_0 \sin k(x_0-ct) \\ v_y = \dfrac{\partial y}{\partial t} \cong v_y(x=x_0, y=y_0) = -\dfrac{kca}{\sinh kh}\sinh ky_0 \cos k(x_0-ct) \end{cases} \tag{3.7-25}$$

积分得流体质点的运动方程

$$\begin{cases} x - x_0 = -\dfrac{a}{\sinh kh}\cosh ky_0 \cos k(x_0-ct) \\ y - y_0 = \dfrac{a}{\sinh kh}\sinh ky_0 \sin k(x_0-ct) \end{cases} \tag{3.7-26}$$

消去时间参数 t，得流体质点的轨迹方程

$$\frac{(x-x_0)^2}{\alpha^2}+\frac{(y-y_0)^2}{\beta^2}=1 \tag{3.7-27}$$

式中，$\alpha=a\dfrac{\cosh ky_0}{\sinh kh}$，$\beta=a\dfrac{\sinh ky_0}{\sinh kh}$。

所以流体质点轨迹为椭圆，其水平和竖直半轴分别为 α 和 β，中心在平均位置 (x_0,y_0)。由于流体质点同时参与水平运动和竖直运动，水波既不是横波也不是纵波。

3. 流体的动能和势能

波传播时在一个周期内的流体动能密度的时间平均值为

$$\frac{1}{2}\rho(\overline{v_x^2}+\overline{v_y^2})=\frac{1}{T}\int_0^T \mathrm{d}t\,\frac{1}{2}\rho(v_x^2+v_y^2)=\frac{1}{4}\rho\left(\frac{kca}{\sinh kh}\right)^2\cosh 2ky \tag{3.7-28}$$

如图 3.7.3 所示，如果我们取流体的重力势能的零点在水底，那么沿 z 轴方向单位厚度、沿 x 轴方向长度为 $\mathrm{d}x$ 的体积元内的流体的重力势能为

$$\mathrm{d}E_{\mathrm{p,G}}(\Delta z=1)=\frac{1}{2}\rho g\,(h+\zeta)^2\mathrm{d}x \tag{3.7-29}$$

式中我们利用了一根均匀竖直细杆的重力势能等于其重力乘以质心高度的事实。

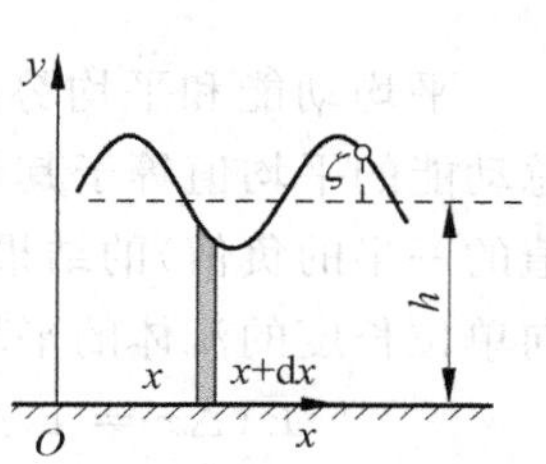

图 3.7.3　体积元内的流体的重力势能

更方便的办法是取流体平衡时的重力势能为零，那么沿 z 轴方向单位厚度、沿 x 轴方向长度为 $\mathrm{d}x$ 的体积元内的流体的重力势能为

$$\mathrm{d}E_{\mathrm{p,G}}(\Delta z=1)=\frac{1}{2}\rho g\,[(h+\zeta)^2-h^2]\mathrm{d}x \tag{3.7-30}$$

在一个周期内的时间平均值为

$$\mathrm{d}\overline{E}_{\mathrm{p,G}}(\Delta z=1)=\frac{1}{2}\rho g\,\overline{[(h+\zeta)^2-h^2]}\mathrm{d}x=\frac{1}{4}\rho g a^2\mathrm{d}x$$

由此得

$$\overline{E}_{\mathrm{p,G}}(\Delta x=1,\Delta z=1)=\frac{1}{4}\rho g a^2$$

除了重力势能，还有表面张力引起的表面能。表面张力是液体表面层里分子之间的相互作用力的统计平均，表面张力系数 σ 等于单位面积液面的表面能。沿 z 轴方向单位厚度、沿 x 轴方向长度为 $\mathrm{d}x$ 的面元内的流体的表面能为

$$\mathrm{d}E_{\mathrm{p,C}}(\Delta z=1)=\sigma\sqrt{(\mathrm{d}x)^2+(\mathrm{d}\zeta)^2}=\sigma\sqrt{1+\left(\frac{\partial\zeta}{\partial x}\right)^2}\,\mathrm{d}x\cong\sigma\left[1+\frac{1}{2}\left(\frac{\partial\zeta}{\partial x}\right)^2\right]\mathrm{d}x$$

更方便的办法是取流体平衡时的表面能为零，那么沿 z 轴方向单位厚度、沿 x 轴方向长度为 $\mathrm{d}x$ 的面元内的流体的表面能为

$$\mathrm{d}E_{\mathrm{p,C}}(\Delta z=1)\cong\sigma\,\frac{1}{2}\left(\frac{\partial\zeta}{\partial x}\right)^2\mathrm{d}x$$

在一个周期内的时间平均值为

$$\mathrm{d}\overline{E}_{\mathrm{p,C}}(\Delta z=1)\cong\sigma\,\frac{1}{2}\overline{\left(\frac{\partial\zeta}{\partial x}\right)^2}\mathrm{d}x=\frac{\sigma k^2a^2}{4}\mathrm{d}x$$

由此得

$$\overline{E}_{\mathrm{p,C}}(\Delta x=1,\Delta z=1)=\frac{\sigma k^2a^2}{4}$$

因此波传播时沿 z 轴方向单位厚度、沿 x 轴方向单位长度的体积元内的流体的动能和势能在一个周期内的时间平均值分别为

$$\overline{E}_{\mathrm{k}}(\Delta x=1,\Delta z=1)=\int_0^h \mathrm{d}y\,\frac{1}{2}\rho(\overline{v_x^2}+\overline{v_y^2})=\frac{1}{4}\rho kc^2a^2\coth kh$$

$$=\frac{1}{4}\rho ga^2+\frac{\sigma k^2a^2}{4} \tag{3.7-31}$$

$$\overline{E}_{\mathrm{p}}(\Delta x=1,\Delta z=1)=\overline{E}_{\mathrm{p,G}}(\Delta x=1,\Delta z=1)+\overline{E}_{\mathrm{p,C}}(\Delta x=1,\Delta z=1)$$

$$=\frac{1}{4}\rho ga^2+\frac{\sigma k^2a^2}{4}$$

平均动能和平均势能相等，这不是偶然的，是位力定理(位力定理：一个稳定粒子系的总动能的平均值等于其位力，位力定义为每个粒子所受合力与其位置矢量点积之和的平均值的一半的负值)的结果，这是因为每个流体质点在平衡位置附近作简谐振动。沿波传播方向单位长度的流体的平均能量为

$$\overline{E}(\Delta x=1,\Delta z=1)=\overline{E}_{\mathrm{k}}(\Delta x=1,\Delta z=1)+\overline{E}_{\mathrm{p}}(\Delta x=1,\Delta z=1)$$

$$=\frac{1}{2}\rho ga^2+\frac{\sigma k^2a^2}{2} \tag{3.7-32}$$

4. 群速度

如果波源以频率 ω、振幅 a 作简谐振动，振动时间无限长，不考虑波传播时的能量损失，那么它发出的波就是严格的平面简谐行波 $a\mathrm{e}^{\mathrm{i}(kx-\omega t)}$，其波列在空间上无限延伸，空间各点的振动是同频率、同振幅的简谐振动。实际的波列只是在空间某一有限范围内、在一定的时间间隔内发生，所以平面简谐行波是一个理想模型。根据傅里叶分析，任何一个波列都可以分解为无穷多个不同频率、不同振幅的平面简谐行波的叠加。由一群波幅和周期都很接近的平面简谐行波叠加后形成的波列称为波包。如果我们对水面作一个小的扰动，就会产生无穷多个波数接近 k_0 的平面简谐行波叠加形成的波包 $\int_{k_0-\Delta k}^{k_0+\Delta k}a(k)\mathrm{e}^{\mathrm{i}(kx-\omega t)}\mathrm{d}k$。

由于组成波包的这些平面简谐行波的波数接近 k_0，波包可以简化。使用 $a(k)\cong a(k_0)$，$\omega(k)\cong\omega(k_0)+\left(\frac{\partial\omega}{\partial k}\right)_{k=k_0}(k-k_0)$，令 $k'=k-k_0$ 并积分得

$$\int_{k_0-\Delta k}^{k_0+\Delta k}a(k)\mathrm{e}^{\mathrm{i}(kx-\omega t)}\mathrm{d}k\cong a(k_0)\mathrm{e}^{\mathrm{i}[k_0x-\omega(k_0)t]}\int_{-\Delta k}^{\Delta k}\exp\left\{\mathrm{i}k'\left[x-\left(\frac{\partial\omega}{\partial k}\right)_{k=k_0}t\right]\right\}\mathrm{d}k'$$

$$=2a(k_0)\frac{\sin\left\{\left[x-\left(\frac{\partial\omega}{\partial k}\right)_{k=k_0}t\right]\Delta k\right\}}{x-\left(\frac{\partial\omega}{\partial k}\right)_{k=k_0}t}\mathrm{e}^{\mathrm{i}[k_0x-\omega(k_0)t]} \tag{3.7-33}$$

我们看到，波包的振幅以速度 $\left(\frac{\partial\omega}{\partial k}\right)_{k=k_0}$ 传播，称为群速度。因此群速度为

$$c_g=\frac{\partial\omega}{\partial k} \tag{3.7-34}$$

5. 重力波的能量传播速度

考虑某一竖直横截面上重力波产生的压力随时间变化的部分对右边流体所做的瞬时功率

$$\int_0^h pv_x \mathrm{d}y = -\int_0^h \rho \frac{\partial \Phi}{\partial t}\frac{\partial \Phi}{\partial x}\mathrm{d}y = \frac{\rho k c^3 a^2}{2}\left(1+\frac{2kh}{\sinh 2kh}\right)\coth kh \sin^2 k(x-ct) \qquad (3.7\text{-}35)$$

在一个周期内的时间平均值为

$$\int_0^h \overline{pv_x}\mathrm{d}y = \frac{\rho k c^3 a^2}{4}\left(1+\frac{2kh}{\sinh 2kh}\right)\coth kh = \frac{1}{2}\rho g a^2 c_g \qquad (3.7\text{-}36)$$

式中 c_g 为重力波的群速度

$$c_g = \frac{\partial \omega}{\partial k} = \frac{1}{2}\sqrt{\frac{g}{k}\tanh kh}\left(1+\frac{2kh}{\sinh 2kh}\right) = \frac{c}{2}\left(1+\frac{2kh}{\sinh 2kh}\right) \qquad (3.7\text{-}37)$$

从方程(3.7-32)我们知道，沿重力波传播方向单位长度的波的平均能量为 $\frac{1}{2}\rho g a^2$，因此式(3.7-36)告诉我们，能量以平均速度 c_g 穿过垂直于传播方向的平面。

3.7.4 二维表面张力-重力简谐驻波

1. 驻波的波长

考虑限制在两个固体平面之间的流体，流体作二维无旋运动，如图 3.7.4 所示。边界条件为：在水底平面和两个固体平面上流函数为常数，即

$$\psi(y=0)=\text{const}, \quad \psi(x=0)=\text{const}$$
$$\psi(x=L)=\text{const} \qquad (3.7\text{-}38)$$

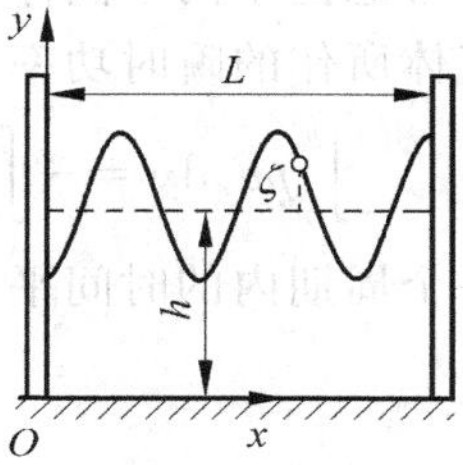

图 3.7.4 二维表面张力-重力简谐驻波

当两列振幅相同、频率相同、振动方向相同的平面简谐波以相反方向传播时，叠加形成驻波，即

$$\psi_1 = \frac{ca}{2\sinh kh}\sinh ky \sin k(x-ct), \quad \psi_2 = \frac{ca}{2\sinh kh}\sinh ky \sin k(x+ct)$$

$$\psi = \psi_1 + \psi_2 = \frac{ca}{\sinh kh}\sinh ky \sin kx \cos \omega t$$

$$\Phi = -\frac{ca}{\sinh kh}\cos kx \cosh ky \cos \omega t \qquad (3.7\text{-}39)$$

该驻波自动满足边界条件式(3.7-38)中的前两个，第三个边界条件 $\psi(x=L)=\text{const}$ 要求 $\sin\frac{2\pi L}{\lambda}=0$，即

$$\lambda = \frac{2L}{n} \quad (n=1,2,3,\cdots) \qquad (3.7\text{-}40)$$

2. 流体质点轨迹

流体速度为

$$\begin{cases} v_x = \dfrac{\partial \Phi}{\partial x} = \dfrac{kca}{\sinh kh}\sin kx \cosh ky \cos \omega t \\ v_y = \dfrac{\partial \Phi}{\partial y} = -\dfrac{kca}{\sinh kh}\cos kx \sinh ky \cos \omega t \end{cases} \qquad (3.7\text{-}41)$$

记一个流体质点的位置为(x,y)，其平均位置为(x_0,y_0)，(x_0,y_0)也是平衡位置。由于流体质点偏离平衡位置很小，在(x,y)处流体的速度可以用平衡位置处的值代替，所以有

$$\begin{cases} v_x = \dfrac{\partial x}{\partial t} \cong v_x(x=x_0, y=y_0) = \dfrac{kca}{\sinh kh}\sin kx_0 \cosh ky_0 \cos\omega t \\ v_y = \dfrac{\partial y}{\partial t} \cong v_y(x=x_0, y=y_0) = -\dfrac{kca}{\sinh kh}\cos kx_0 \sinh ky_0 \cos\omega t \end{cases} \tag{3.7-42}$$

积分得流体质点的运动方程

$$\begin{cases} x - x_0 = \dfrac{a}{\sinh kh}\sin kx_0 \cosh ky_0 \sin\omega t \\ y - y_0 = -\dfrac{a}{\sinh kh}\cos kx_0 \sinh ky_0 \sin\omega t \end{cases} \tag{3.7-43}$$

消去时间参数t得流体质点的轨迹方程

$$\frac{y-y_0}{x-x_0} = -\cot kx_0 \tanh ky_0 \tag{3.7-44}$$

所以流体质点轨迹为一直线。

3. 驻波的能量传播

考虑位于两个固体平面之间的某一竖直横截面上波产生的压力随时间变化的部分对右边流体所作的瞬时功率

$$\int_0^h pv_x \mathrm{d}y = -\int_0^h \rho \frac{\partial \Phi}{\partial t}\frac{\partial \Phi}{\partial x}\mathrm{d}y = \frac{\rho k c^3 a^2}{8}\left(1+\frac{\sinh 2kh}{2kh}\right)\coth kh \sin 2kx \sin 2\omega t \tag{3.7-45}$$

在一个周期内的时间平均值为

$$\int_0^h \overline{pv_x}\,\mathrm{d}y = 0 \tag{3.7-46}$$

我们看到，平均而言，驻波没有能量传播。

可以证明，驻波的总能量$E=E_{\mathrm{k}}(\Delta z=1)+E_{\mathrm{p,G}}(\Delta z=1)+E_{\mathrm{p,C}}(\Delta z=1)$守恒（习题 3-7-7）。

3.7.5 三维表面张力-重力简谐驻波

考虑长方体形的由固体平面组成的容器，长为L，宽为b，平衡时的水深为h，取容器底部平面为xz平面，如图 3.7.5 所示。

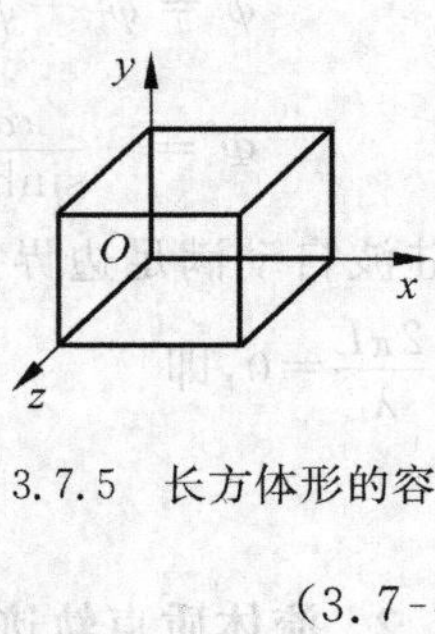

图 3.7.5 长方体形的容器

水的自由表面满足的条件式(3.7-11)变为

$$\left(\rho\frac{\partial^2\Phi}{\partial t^2}+\rho g\frac{\partial\Phi}{\partial y}-\sigma\frac{\partial^3\Phi}{\partial x^2\partial y}-\sigma\frac{\partial^3\Phi}{\partial z^2\partial y}\right)_{y=h} = 0 \tag{3.7-47}$$

边界条件为

$$\begin{aligned} &v_x(x=0)=v_x(x=L)=0 \\ &v_z(z=0)=v_z(z=b)=0, \quad v_y(y=0)=0 \end{aligned} \tag{3.7-48}$$

我们用分离变量法来求解$\nabla^2\Phi=0$，设

$$\Phi = f_x(x) f_y(y) f_z(z)\cos\omega t \tag{3.7-49}$$

把式(3.7-49)代入$\nabla^2\Phi=0$，得

$$\frac{f_x''}{f_x}+\frac{f_y''}{f_y}+\frac{f_z''}{f_z}=0$$

由于上式左边中的三项分别是 x、y 和 z 的函数，为了保证方程的成立，这三项必须是常数，即

$$\frac{f''_x}{f_x}=-k_x^2,\quad \frac{f''_z}{f_z}=-k_z^2,\quad \frac{f''_y}{f_y}=k^2,\quad k_x^2+k_z^2=k^2 \tag{3.7-50}$$

式中 k_x、k_z 和 k 为待定常数。由边界条件式(3.7-48)知，k_x、k_z 和 k 均为实常数，解为

$$\begin{gathered}\Phi=-\frac{ca}{\sinh kh}\cos k_x x\cos k_z z\cosh ky\cos\omega t,\quad k_x=\frac{n_x\pi}{L},\quad k_z=\frac{n_z\pi}{b},\\ k=\sqrt{\left(\frac{n_x\pi}{L}\right)^2+\left(\frac{n_z\pi}{b}\right)^2}\quad (n_x,n_z=\pm1,\pm2,\pm3,\cdots)\end{gathered} \tag{3.7-51}$$

式中 a 为水的自由表面的竖直位移 ζ 的波幅。

把式(3.7-51)中的 Φ 代入式(3.7-47)得

$$\omega=kc=\sqrt{\left(gk+\frac{k^3\sigma}{\rho\lambda}\right)\tanh kh} \tag{3.7-52}$$

可以证明，驻波的总能量 $E=E_k+E_{p,G}+E_{p,C}$ 守恒(习题 3-7-8)。

3.7.6　水渠里的长重力波

假设水渠无限长，长度方向取为 x 轴，如图 3.7.6 所示。渠道的横截面可以是任意形状，渠道中水的横截面的面积为 $S(x,t)$。由于流体沿渠道运动，流体速度沿渠道方向的分量远大于其他分量，即 $v_x\gg v_y$，$v_x\gg v_z$。我们使用这个条件来简化欧拉方程

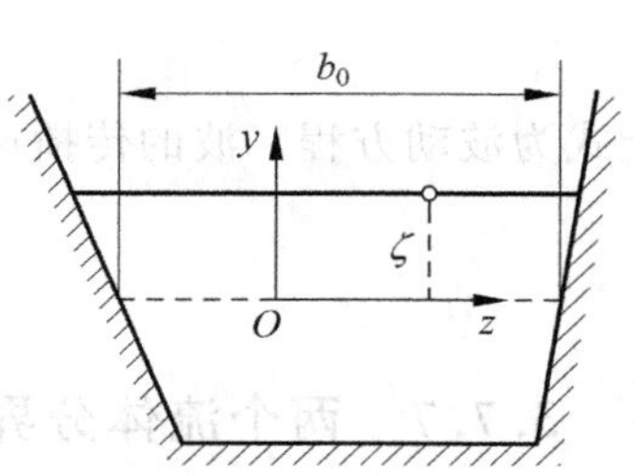

图 3.7.6　水渠里的长重力波

$$\frac{\partial \boldsymbol{v}}{\partial t}=-\nabla\left(\frac{p}{\rho}+\Xi\right)$$

x 分量方程为

$$\frac{\partial v_x}{\partial t}=-\frac{1}{\rho}\frac{\partial p}{\partial x} \tag{3.7-53}$$

y 分量为

$$\frac{\partial}{\partial y}\left(\frac{p}{\rho}+gy\right)=0 \tag{3.7-54}$$

水的自由表面的上方的压强为大气压 p_0，即 $p(y=\zeta)=p_0$。把式(3.7-54)积分并应用 $p(y=\zeta)=p_0$ 得

$$p=p_0-\rho g(y-\zeta) \tag{3.7-55}$$

把式(3.7-55)代入式(3.7-53)得

$$\frac{\partial v_x}{\partial t}=-g\frac{\partial \zeta}{\partial x} \tag{3.7-56}$$

现在写出连续性方程。考虑水渠里相距为 $\mathrm{d}x$ 的两个横截面之间的流体，在 $\mathrm{d}t$ 时间内从这两个横截面流进去的净流体体积为

$$(Sv_x\mathrm{d}t)_x-(Sv_x\mathrm{d}t)_{x+\mathrm{d}x}=-\frac{\partial(Sv_x)}{\partial x}\mathrm{d}t\mathrm{d}x$$

在 $\mathrm{d}t$ 时间内这两个横截面之间的流体体积的增量为

$$(S\mathrm{d}x)_{t+\mathrm{d}t}-(S\mathrm{d}x)_t=\frac{\partial S}{\partial t}\mathrm{d}t\mathrm{d}x$$

由于水是不可压缩的，净流进去的流体体积必须等于流体体积增量，即

$$-\frac{\partial(Sv_x)}{\partial x}\mathrm{d}t\mathrm{d}x=\frac{\partial S}{\partial t}\mathrm{d}t\mathrm{d}x$$

化简得

$$-\frac{\partial(Sv_x)}{\partial x}=\frac{\partial S}{\partial t} \tag{3.7-57}$$

假设渠道中平衡时水的横截面的面积为 S_0，横截面的顶部宽度为 b_0。由于重力波通过时水位变化不大，水的横截面的面积可以近似写为 $S \cong S_0+b_0\zeta$，代入式(3.7-57)并略去小量得

$$-\frac{\partial(S_0 v_x)}{\partial x}=b_0\frac{\partial \zeta}{\partial t} \tag{3.7-58}$$

把上式对时间求偏导数，并使用式(3.7-56)得

$$g\frac{\partial}{\partial x}\left(S_0\frac{\partial\zeta}{\partial x}\right)=b_0\frac{\partial^2\zeta}{\partial t^2} \tag{3.7-59}$$

如果渠道的横截面沿长度方向不变，那么 S_0 为常数，式(3.7-59)化为

$$\frac{\partial^2\zeta}{\partial t^2}=\frac{gS_0}{b_0}\frac{\partial^2\zeta}{\partial x^2} \tag{3.7-60}$$

上式为波动方程。波的传播速度为

$$c=c_g=\sqrt{\frac{gS_0}{b_0}} \tag{3.7-61}$$

3.7.7 两个流体分界面上的二维表面张力-重力简谐行波

考虑位于两个固定的水平固体平面之间的两个流体，密度和厚度分别为 ρ_1、ρ_2 和 h_1、h_2，$\rho_1>\rho_2$(如图 3.7.7 所示)。现在我们来研究两个流体分界面上的二维表面张力-重力简谐行波。

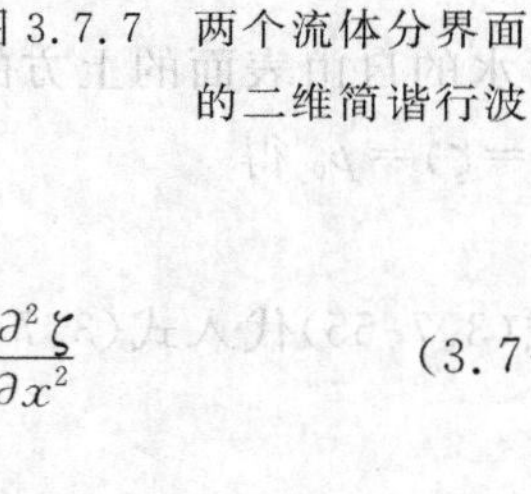

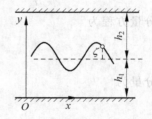

图 3.7.7 两个流体分界面上的二维简谐行波

由式(3.7-8)得两个流体的压强为

$$\begin{aligned}p_1&=-\rho_1\left(\frac{\partial\Phi_1}{\partial t}+gy\right)+D_1\\ p_2&=-\rho_2\left(\frac{\partial\Phi_2}{\partial t}+gy\right)+D_2\end{aligned} \tag{3.7-62}$$

式中 D_1 和 D_2 为常数。

使用两个液体分界面上的两侧压强遵守的公式(2.3-6)，得

$$p_1(y=h_1+\zeta)-p_2(y=h_1+\zeta)=-\sigma\frac{\partial^2\zeta}{\partial x^2} \tag{3.7-63}$$

把式(3.7-62)代入式(3.7-63)得

$$\left(\rho_1\frac{\partial\Phi_1}{\partial t}-\rho_2\frac{\partial\Phi_2}{\partial t}\right)_{y=h_1+\zeta}+(\rho_1-\rho_2)g(h_1+\zeta)+D_2-D_1=\sigma\frac{\partial^2\zeta}{\partial x^2} \tag{3.7-64}$$

式中 D_2-D_1 由水静止条件即 $\zeta=0$ 和 $\Phi_1=\Phi_2=0$ 确定，得

$$D_2-D_1=-(\rho_1-\rho_2)gh_1 \tag{3.7-65}$$

把式(3.7-65)代入式(3.7-64)得

$$\left(\rho_1\frac{\partial \Phi_1}{\partial t}-\rho_2\frac{\partial \Phi_2}{\partial t}\right)_{y=h_1+\zeta}+(\rho_1-\rho_2)g\zeta=\sigma\frac{\partial^2\zeta}{\partial x^2}$$

由于流体质点偏离平衡位置很小，有$\left(\frac{\partial \Phi_1}{\partial t}\right)_{y=h_1+\zeta}\cong\left(\frac{\partial \Phi_1}{\partial t}\right)_{y=h_1}$和$\left(\frac{\partial \Phi_2}{\partial t}\right)_{y=h_1+\zeta}\cong\left(\frac{\partial \Phi_2}{\partial t}\right)_{y=h_1}$，所以上式简化为

$$\left(\rho_1\frac{\partial \Phi_1}{\partial t}-\rho_2\frac{\partial \Phi_2}{\partial t}\right)_{y=h_1}+(\rho_1-\rho_2)g\zeta=\sigma\frac{\partial^2\zeta}{\partial x^2} \tag{3.7-66}$$

在分界面上流体的法向速度分量相等，由于分界面偏离水平面很小，法向速度分量可以用 y 轴方向速度分量代替，即 $v_{1y}(y=h_1+\zeta)=v_{2y}(y=h_1+\zeta)$，由此得分界面条件

$$\frac{\partial \zeta}{\partial t}=\left(\frac{\partial \Phi_1}{\partial y}\right)_{y=h_1+\zeta}=\left(\frac{\partial \Phi_2}{\partial y}\right)_{y=h_1+\zeta}$$

由于流体质点偏离平衡位置很小，$\left(\frac{\partial \Phi_1}{\partial y}\right)_{y=h_1+\zeta}$和$\left(\frac{\partial \Phi_2}{\partial y}\right)_{y=h_1+\zeta}$可以用平衡位置处的值代替，即

$$\frac{\partial \zeta}{\partial t}=\left(\frac{\partial \Phi_1}{\partial y}\right)_{y=h_1}=\left(\frac{\partial \Phi_2}{\partial y}\right)_{y=h_1} \tag{3.7-67}$$

把式(3.7-66)对时间求偏导数并使用式(3.7-67)得

$$\left(\rho_1\frac{\partial^2 \Phi_1}{\partial t^2}-\rho_2\frac{\partial^2 \Phi_2}{\partial t^2}\right)_{y=h_1}+(\rho_1-\rho_2)g\left(\frac{\partial \Phi_1}{\partial y}\right)_{y=h_1}=\sigma\left(\frac{\partial^3 \Phi_1}{\partial x^2\partial y}\right)_{y=h_1} \tag{3.7-68}$$

另外需要满足的边界条件是，在两个固体表面上流函数为常数，即

$$\psi_1(y=0)=\text{const},\quad \psi_2(y=h_1+h_2)=\text{const} \tag{3.7-69}$$

设两个流体分界面上有简谐行波 $\zeta=a\sin(kx-\omega t)$，把它代入式(3.7-67)并积分得

$$\begin{gathered}\Phi_1=f_1(y)\cos k(x-ct),\quad \Phi_2=f_2(y)\cos k(x-ct)\\ f_1'(h)=f_2'(h)=-kca\end{gathered} \tag{3.7-70}$$

把式(3.7-70)中的 Φ_1 和 Φ_2 分别代入$\nabla^2\Phi_1=0$ 和$\nabla^2\Phi_2=0$，得

$$f_1''-k^2f_1=0,\quad f_2''-k^2f_2=0 \tag{3.7-71}$$

解为

$$f_1=A_1e^{ky}+B_1e^{-ky},\quad f_2=A_2e^{ky}+B_2e^{-ky} \tag{3.7-72}$$

式中 A_1、B_1、A_2 和 B_2 为常数。

利用 $v_x=\frac{\partial \Phi}{\partial x}=\frac{\partial \psi}{\partial y}$积分得

$$\begin{gathered}\psi_1=-(A_1e^{ky}-B_1e^{-ky})\sin k(x-ct)\\ \psi_2=-(A_2e^{ky}-B_2e^{-ky})\sin k(x-ct)\end{gathered} \tag{3.7-73}$$

把式(3.7-73)代入边界条件式(3.7-69)得

$$A_1=B_1,\quad A_2=B_2e^{-2k(h_1+h_2)}$$

把上式代入 $f_1'(h)=f_2'(h)=-kca$ 得

$$\begin{gathered}\psi_1=\frac{ca}{\sinh kh_1}\sinh ky\sin k(x-ct),\quad \psi_2=-\frac{ca}{\sinh kh_2}\sinh k(y-h_1-h_2)\sin k(x-ct)\\ \Phi_1=-\frac{ca}{\sinh kh_1}\cosh ky\cos k(x-ct),\quad \Phi_2=\frac{ca}{\sinh kh_2}\cosh k(y-h_1-h_2)\cos k(x-ct)\end{gathered} \tag{3.7-74}$$

把式(3.7-74)中的 Φ_1 和 Φ_2 代入式(3.7-68)得

$$c = \sqrt{\frac{\frac{(\rho_1 - \rho_2)g}{k} + \sigma k}{\rho_1 \coth kh_1 + \rho_2 \coth kh_2}} \tag{3.7-75}$$

习题

3-7-1 证明

$$\cos(x + \mathrm{i}y) = \cos x \cos(\mathrm{i}y) - \sin x \sin(\mathrm{i}y) = \cos x \cosh y - \mathrm{i} \sin x \sinh y$$

利用上式证明二维表面张力-重力简谐行波的复势为

$$w = -\frac{ca}{\sinh kh} \cos k(x + \mathrm{i}y - ct)$$

3-7-2 考虑本节的二维表面张力-重力简谐行波，水无限深。坐标系取为图 3.7.1。证明

$$\psi = ca \exp(ky) \sin k(x - ct), \quad \Phi = -ca \exp(ky) \cos k(x - ct)$$

$$w = -ca \exp[ky - \mathrm{i}k(x - ct)]$$

证明流体质点的轨迹为圆。

3-7-3 考虑本节的二维表面张力-重力简谐行波，证明沿 z 轴方向单位厚度、沿 x 轴方向长度为 λ 的体积内的流体的动能、重力势能和表面能分别为

$$E_{\mathrm{k}}(\Delta x = \lambda, \Delta z = 1) = \int_0^h \mathrm{d}y \int_0^\lambda \mathrm{d}x \, \frac{1}{2}\rho(v_x^2 + v_y^2) = \frac{1}{4}(\rho g + \sigma k^2) a^2 \lambda$$

$$E_{\mathrm{p,G}}(\Delta x = \lambda, \Delta z = 1) = \frac{1}{2}\int_0^\lambda \mathrm{d}x \rho g [(h + \zeta)^2 - h^2] = \frac{1}{4}\rho g a^2 \lambda$$

$$E_{\mathrm{p,C}}(\Delta x = \lambda, \Delta z = 1) = \frac{1}{2}\sigma \int_0^\lambda \mathrm{d}x \left(\frac{\partial \zeta}{\partial x}\right)^2 = \frac{1}{4}\sigma k^2 a^2 \lambda$$

3-7-4 证明本节中的二维表面张力-重力简谐驻波的复势为

$$w = -\frac{ca}{\sinh kh} \cos k(x + \mathrm{i}y) \cos \omega t$$

3-7-5 考虑本节中的二维表面张力-重力简谐驻波，水无限深。坐标系取为图 3.7.1。证明

$$\psi = ca \exp(ky) \sin kx \cos \omega t, \quad \Phi = -ca \exp(ky) \cos kx \cos \omega t$$

$$w = -ca \exp(ky - \mathrm{i}kx) \cos \omega t$$

证明流体质点的轨迹为一直线 $\frac{y - y_0}{x - x_0} = -\cot kx_0$。

3-7-6 坐标系如图 3.7.2 所示，考虑如下的两列具有相同幅度和相同频率但行进方向相反的简谐行波：

$$\zeta_1 = \frac{a}{2} \sin k(x - ct), \quad \zeta_2 = \frac{a}{2} \sin k(x + ct)$$

它们的叠加给出了一个驻波

$$\zeta = \zeta_1 + \zeta_2 = a \sin kx \cos \omega t$$

证明复势为

$$w = -\frac{ca}{\sinh kh} \sin k(x + \mathrm{i}y) \sin \omega t$$

证明流体质点的运动方程为

$$x-x_0=\frac{a}{\sinh kh}\cos kx_0\cosh ky_0\cos\omega t,\quad y-y_0=\frac{a}{\sinh kh}\sin kx_0\sinh ky_0\cos\omega t$$

流体质点的轨迹方程为

$$\frac{y-y_0}{x-x_0}=\tan kx_0\tanh ky_0$$

因此流体质点轨迹为一直线。

3-7-7　考虑本节中的二维表面张力-重力简谐驻波，证明水的表面的竖直位移为

$$\zeta=-a\cos kx\sin\omega t=-a\cos\frac{n\pi x}{L}\sin\omega t$$

证明驻波的总动能、总重力势能和总表面能分别为

$$E_{\mathrm{k}}(\Delta z=1)=\int_0^h\mathrm{d}y\int_0^L\mathrm{d}x\,\frac{1}{2}\rho(v_x^2+v_y^2)=\frac{1}{4}(\rho g+\sigma k^2)a^2L\cos^2\omega t$$

$$E_{\mathrm{p,G}}(\Delta z=1)=\frac{1}{2}\int_0^L\mathrm{d}x\rho g[(h+\zeta)^2-h^2]=\frac{1}{4}\rho g a^2L\sin^2\omega t$$

$$E_{\mathrm{p,C}}(\Delta z=1)=\frac{1}{2}\sigma\int_0^L\mathrm{d}x\left(\frac{\partial\zeta}{\partial x}\right)^2=\frac{1}{4}\sigma k^2a^2L\sin^2\omega t$$

可以看到，驻波的总能量 $E(\Delta z=1)=E_{\mathrm{k}}(\Delta z=1)+E_{\mathrm{p,G}}(\Delta z=1)+E_{\mathrm{p,C}}(\Delta z=1)$ 守恒。

3-7-8　考虑本节中的三维表面张力-重力简谐驻波，证明水的表面的竖直位移为

$$\zeta=-a\cos k_x x\cos k_z z\sin\omega t=-a\cos\frac{n_x\pi x}{L}\cos\frac{n_z\pi z}{b}\sin\omega t$$

证明驻波的总动能、总重力势能和总表面能分别为

$$E_{\mathrm{k}}=\int_0^h\mathrm{d}y\int_0^L\mathrm{d}x\int_0^b\mathrm{d}z\,\frac{1}{2}\rho(v_x^2+v_y^2+v_z^2)=\frac{1}{8}(\rho g+\sigma k^2)a^2Lb\cos^2\omega t$$

$$E_{\mathrm{p,G}}=\frac{1}{2}\int_0^L\mathrm{d}x\int_0^b\mathrm{d}z\rho g[(h+\zeta)^2-h^2]=\frac{1}{8}\rho g a^2Lb\sin^2\omega t$$

$$E_{\mathrm{p,C}}=\frac{1}{2}\sigma\int_0^L\mathrm{d}x\int_0^b\mathrm{d}z\left[\left(\frac{\partial\zeta}{\partial x}\right)^2+\left(\frac{\partial\zeta}{\partial z}\right)^2\right]=\frac{1}{8}\sigma k^2a^2Lb\sin^2\omega t$$

可以看到，驻波的总能量 $E=E_{\mathrm{k}}+E_{\mathrm{p,G}}+E_{\mathrm{p,C}}$ 守恒。

3-7-9　考虑本节中的水渠里的长重力波，如图 3.7.4 所示。设 $\zeta=a\cos(kx-\omega t)$，证明流体速度为

$$v_x=\frac{ga}{c}\cos(kx-\omega t)$$

在一个周期内波的动能密度的时间平均值为

$$\frac{1}{2}\rho\overline{v_x^2}=\int_0^T\mathrm{d}t\,\frac{1}{2}\rho v_x^2=\frac{1}{4}\rho\left(\frac{ga}{c}\right)^2=\frac{1}{4}\rho\left(\frac{ga}{c_{\mathrm{g}}}\right)^2$$

取流体平衡时的重力势能为零，证明沿 x 轴方向长度为 $\mathrm{d}x$ 的体积内的流体的重力势能在一个周期内的时间平均值为

$$\mathrm{d}\overline{E}_{\mathrm{p,G}}=\frac{1}{2}b_0\rho g\,\overline{\zeta^2}\,\mathrm{d}x=\frac{1}{4}b_0\rho g a^2\mathrm{d}x=\frac{1}{4}\rho\left(\frac{ga}{c_{\mathrm{g}}}\right)^2S_0\mathrm{d}x$$

进一步证明沿 x 轴方向单位长度的体积内的流体的动能和重力势能在一个周期内的时间平均值分别为

$$\overline{E}_{\mathrm{k}}(\Delta x=1)=\frac{1}{4}\rho\left(\frac{ga}{c_{\mathrm{g}}}\right)^2S_0,\quad\overline{E}_{\mathrm{p,G}}(\Delta x=1)=\frac{1}{4}\rho\left(\frac{ga}{c_{\mathrm{g}}}\right)^2S_0$$

因此沿波传播方向单位长度的流体的平均能量为

$$\bar{E}(\Delta x = 1) = \bar{E}_{\mathrm{k}}(\Delta x = 1) + \bar{E}_{\mathrm{p,G}}(\Delta x = 1) = \frac{1}{2}\rho\left(\frac{ga}{c_{\mathrm{g}}}\right)^2 S_0$$

证明垂直于波传播方向上的某一横截面上重力波产生的压力随时间变化的部分对右边流体所做的瞬时功率为

$$\int_S p v_x \mathrm{d}S = \int_S \rho g \zeta v_x \mathrm{d}S = \rho \frac{g^2 a^2}{c_{\mathrm{g}}} S_0 \cos^2(kx - \omega t)$$

在一个周期内的时间平均值为

$$\int_S \overline{p v_x} \mathrm{d}S = \frac{1}{2}\rho\left(\frac{ga}{c_{\mathrm{g}}}\right)^2 S_0 c_{\mathrm{g}}$$

可以看到，能量以平均速度 c_{g} 穿过垂直于传播方向的平面。

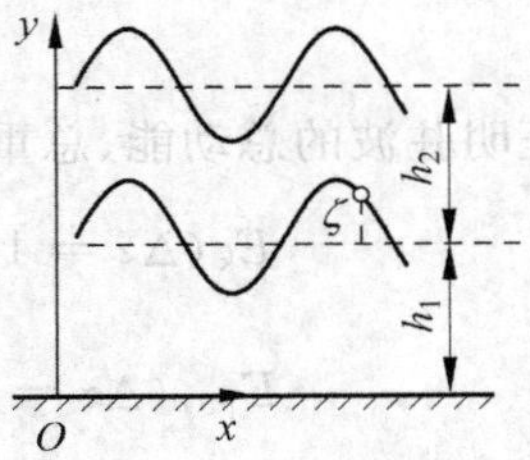

图 3.7.8 两层流体

3-7-10 考虑位于一个固定的水平固体平面之上的两层流体，密度和厚度分别为 ρ_1、ρ_2 和 h_1、h_2，上表面为自由面，表面张力系数为 σ'，分界面的表面张力系数为 σ，如图 3.7.8 所示。

证明分界面和自由面上的边界条件为

$$\frac{\partial \zeta}{\partial t} = \left(\frac{\partial \Phi_1}{\partial y}\right)_{y=h_1} = \left(\frac{\partial \Phi_2}{\partial y}\right)_{y=h_1}$$

$$\left(\rho_1 \frac{\partial \Phi_1}{\partial t} - \rho_2 \frac{\partial \Phi_2}{\partial t}\right)_{y=h_1} + (\rho_1 - \rho_2) g \zeta = \sigma \frac{\partial^2 \zeta}{\partial x^2}$$

$$\left(\rho_2 \frac{\partial^2 \Phi_2}{\partial t^2} + \rho_2 g \frac{\partial \Phi_2}{\partial y} - \sigma' \frac{\partial^3 \Phi_2}{\partial x^2 \partial y}\right)_{y=h_1+h_2} = 0$$

设 $\zeta = a\sin k(x - ct)$。$\nabla^2 \Phi_1 = 0$ 和 $\nabla^2 \Phi_2 = 0$ 的解分别为

$$\Phi_1 = (A_1 \mathrm{e}^{ky} + B_1 \mathrm{e}^{-ky})\cos k(x - ct), \quad \Phi_2 = (A_2 \mathrm{e}^{ky} + B_2 \mathrm{e}^{-ky})\cos k(x - ct)$$

式中 A_1、B_1、A_2 和 B_2 为待定常数。

使用分界面处的边界条件和固体表面处的边界条件，证明

$$\Phi_1 = -\frac{ca}{\sinh kh_1}\cosh ky \cos k(x - ct)$$

$$\psi_1 = \frac{ca}{\sinh kh_1}\sinh ky \sin k(x - ct)$$

$$A_2 \mathrm{e}^{kh_1} - B_2 \mathrm{e}^{-kh_1} = -ca$$

$$\rho_2 c(A_2 \mathrm{e}^{kh_1} + B_2 \mathrm{e}^{-kh_1}) = \beta a \equiv -\rho_1 c^2 a \coth kh_1 + \frac{a(\rho_1 - \rho_2)g}{k} + \sigma k a$$

解为

$$A_2 = \frac{\beta a - \rho_2 c^2 a}{2\mathrm{e}^{kh_1}\rho_2 c}, \quad B_2 = \frac{\beta a + \rho_2 c^2 a}{2\mathrm{e}^{-kh_1}\rho_2 c}$$

使用自由面上的条件得

$$-\rho_2(kc)^2[A_2 \mathrm{e}^{k(h_1+h_2)} + B_2 \mathrm{e}^{-k(h_1+h_2)}] + (\rho_2 g k + \sigma' k^3)[A_2 \mathrm{e}^{k(h_1+h_2)} - B_2 \mathrm{e}^{-k(h_1+h_2)}] = 0$$

证明确定相速度的方程为

$$\tanh kh_2 = \rho_2 c^2 \frac{\beta k + (\rho_2 g + \sigma' k^2)}{(\rho_2 g + \sigma' k^2)\beta + \rho_2^2 k c^4}$$

证明 $h_1 \to 0$ 时，相速度为

$$c=\sqrt{\left(\frac{g}{k}+\frac{\sigma' k}{\rho_2}\right)\tanh kh_2}$$

证明 $h_2\to 0$ 时，相速度为

$$c=\sqrt{\left[\frac{g}{k}+\frac{(\sigma+\sigma')k}{\rho_1}\right]\tanh kh_1}$$

3-7-11　考虑本节中的沿位于两个固定的水平固体平面之间的两个流体分界面传播的波，证明

$$\begin{aligned}\bar{E}_{\mathrm{k}}(\Delta x=1,\Delta z=1)&=\int_0^{h_1}\mathrm{d}y\,\frac{1}{2}\rho_1(\overline{v_{1x}^2}+\overline{v_{1y}^2})+\int_{h_1}^{h_1+h_2}\mathrm{d}y\,\frac{1}{2}\rho_2(\overline{v_{2x}^2}+\overline{v_{2y}^2})\\&=\frac{1}{4}kc^2a^2(\rho_1\coth kh_1+\rho_2\coth kh_2)\\&=\frac{1}{4}(\rho_1-\rho_2)ga^2+\frac{\sigma k^2a^2}{4}\end{aligned}$$

$$\begin{aligned}\bar{E}_{\mathrm{p,G}}(\Delta x=1,\Delta z=1)&=\frac{1}{2}\rho_1 g[\overline{(h_1+\zeta)^2}-h_1^2]-\frac{1}{2}\rho_2 g[\overline{(h_2-\zeta)^2}-h_2^2]\\&=\frac{1}{4}(\rho_1-\rho_2)ga^2\end{aligned}$$

$$\bar{E}_{\mathrm{p,C}}(\Delta x=1,\Delta z=1)\cong\sigma\,\frac{1}{2}\overline{\left(\frac{\partial\zeta}{\partial x}\right)^2}=\frac{\sigma k^2a^2}{4}$$

沿波传播方向单位长度的波的平均能量为 $\bar{E}(\Delta x=1,\Delta z=1)=\frac{1}{2}(\rho_1-\rho_2)ga^2+\frac{\sigma k^2a^2}{2}$。

3.8　声波

本节我们要研究可压缩流体中的一种特殊类型的机械波，由流体压强提供恢复力，称为声波。当声源(机械振动源)振动时，振动体带动周围相邻流体的微元一起运动，流体微元受到交变压强作用产生密度变化，密度变化又产生使微元恢复原状的压力，流体微元交替地发生压缩和稀疏，从而在流体中以压缩和稀疏的方式实现密度变化的传播。因此声波又称为疏密波。

3.8.1　波动方程

在 3.7 节我们已经证明，只要波的振幅远小于波长，就有 $(\boldsymbol{v}\cdot\nabla)\boldsymbol{v}\ll\partial\boldsymbol{v}/\partial t$，作等熵运动的理想流体的欧拉方程(2.1-16)里的惯性项就可以忽略不计，即

$$\frac{\partial\boldsymbol{v}}{\partial t}=-\nabla(h+\Xi)$$

取上式的旋度，并注意到初始时流体是静止的，我们看到，流体运动是无旋的，即 $\boldsymbol{v}=\nabla\Phi$。现在忽略重力，上式化为

$$\frac{\partial\boldsymbol{v}}{\partial t}=-\nabla h\tag{3.8-1}$$

即 $\nabla\left(\frac{\partial\Phi}{\partial t}+h\right)=\mathbf{0}$，解为

$$\frac{\partial \Phi}{\partial t} + h = \text{const} \tag{3.8-2}$$

考虑气体中的声波，由于传播迅速，气体的运动可以认为是绝热的，并假设气体是理想气体，所以过程方程和单位质量的焓分别为

$$p = C\rho^{\gamma}, \quad h = \int \frac{\mathrm{d}p(\rho)}{\rho} = \frac{\gamma}{\gamma - 1}\frac{p}{\rho} = C\frac{\gamma}{\gamma - 1}\rho^{\gamma-1} = C^{\frac{1}{\gamma}}\frac{\gamma}{\gamma - 1}p^{\frac{\gamma-1}{\gamma}} \tag{3.8-3}$$

由于声波传播时气体偏离平衡态很小，有

$$p = p_0 + p_1, \quad \rho = \rho_0 + \rho_1, \quad p_1 \ll p_0, \quad \rho_1 \ll \rho_0 \tag{3.8-4}$$

式中，下标 0 表示气体在平衡时的值。

把式(3.8-4)代入式(3.8-3)并展开，忽略高阶项，然后使用式(3.8-2)得

$$p_1 = -\rho_0 \frac{\partial \Phi}{\partial t}, \quad \rho_1 = -\frac{\rho_0^2}{\gamma p_0}\frac{\partial \Phi}{\partial t} \tag{3.8-5}$$

把 $\rho = \rho_0 + \rho_1$ 代入连续性方程 $\frac{\partial \rho}{\partial t} + \nabla \cdot (\rho \boldsymbol{v}) = 0$，并忽略高阶项得

$$\frac{\partial \rho_1}{\partial t} + \rho_0 \nabla \cdot \boldsymbol{v} = 0$$

上式中速度 $\boldsymbol{v}$ 用速度势 Φ 表示，得

$$\frac{\partial \rho_1}{\partial t} + \rho_0 \nabla^2 \Phi = 0 \tag{3.8-6}$$

把式(3.8-5)中的第二个方程代入式(3.8-6)，得

$$\frac{\partial^2 \Phi}{\partial t^2} = c^2 \nabla^2 \Phi \tag{3.8-7}$$

式中波速 $c = \sqrt{\frac{\gamma p_0}{\rho_0}}$。式(3.8-7)即为波动方程。

3.8.2 一维波动方程

此时波动方程为

$$\frac{\partial^2 \Phi}{\partial t^2} = c^2 \frac{\partial^2 \Phi}{\partial x^2} \tag{3.8-8}$$

解为

$$\Phi = f_1(x - ct) + f_2(x + ct) \tag{3.8-9}$$

式中 f_1 和 f_2 为任意的函数。上式的物理意义为，速度势 f_1 和 f_2 分别代表以速度 c 沿 x 轴正方向和负方向传播的波。

如果声波是简谐行波，那么

$$\Phi = A\cos\frac{2\pi}{\lambda}(x - ct) \tag{3.8-10}$$

式中，λ 为波长，周期为 $T = \lambda / c$，A 为常数。

由式(3.8-10)可得

$$\begin{aligned} v &= \frac{\partial x}{\partial t} = \frac{\partial \Phi}{\partial x} \cong -A\frac{2\pi}{\lambda}\sin\frac{2\pi}{\lambda}(x_0 - ct) \\ x &= x_0 - \frac{A}{c}\cos\frac{2\pi}{\lambda}(x_0 - ct) = x_0 - \frac{\Phi}{c} \end{aligned} \tag{3.8-11}$$

式中 x_0 为流体微元的平衡位置。设流体微元的速度振幅为 v_0，有

$$-A\frac{2\pi}{\lambda}=v_0 \tag{3.8-12}$$

声波的强度定义为穿过单位面积波阵面输送的能量的平均值 I。穿过单位面积波阵面输送的能量为

$$pv=\left(p_0-\rho_0\frac{\partial\Phi}{\partial t}\right)\frac{\partial\Phi}{\partial x}=-\left[p_0-\rho_0A\frac{2\pi c}{\lambda}\sin\frac{2\pi}{\lambda}(x-ct)\right]A\frac{2\pi}{\lambda}\sin\frac{2\pi}{\lambda}(x-ct)$$

在一个周期内的时间平均值为

$$I=\overline{pv}=\frac{1}{T}\int_0^T pv\,\mathrm{d}t=\frac{2\pi^2cA^2\rho_0}{\lambda^2}=\frac{1}{2}c\rho_0v_0^2 \tag{3.8-13}$$

3.8.3 一维柱形管中的驻波

现在确定一维柱形管中的驻波。设解为

$$\Phi=f(x)\cos\beta t \tag{3.8-14}$$

式中 β 为常数。把式(3.8-14)代入式(3.8-8)，得

$$\frac{\mathrm{d}^2f}{\mathrm{d}x^2}+\frac{\beta^2}{c^2}f=0$$

上式为简谐振动的动力学方程，其解为

$$f=D\cos\frac{\beta x}{c}+B\sin\frac{\beta x}{c}$$

即

$$\Phi=\left(D\cos\frac{\beta x}{c}+B\sin\frac{\beta x}{c}\right)\cos\beta t \tag{3.8-15}$$

式中 D 和 B 为常数。

考虑柱形管的两端是封闭的情形，两端面的流体速度为零，即边界条件为

$$\frac{\partial\Phi}{\partial x}\Big|_{x=0}=\frac{\partial\Phi}{\partial x}\Big|_{x=L}=0 \tag{3.8-16}$$

式中 L 为管的长度。把式(3.8-15)代入式(3.8-16)，得

$$B=0,\quad \sin\frac{\beta L}{c}=0$$

解为

$$\beta=\frac{n\pi c}{L}\quad(n=1,2,3,\cdots)$$

通解为

$$\Phi=\sum_{n=1,2,\cdots}D_n\cos\frac{n\pi x}{L}\cos\frac{n\pi t}{L} \tag{3.8-17}$$

式中 D_n 为常数。

3.8.4 球面波

如果扰动相对于原点是球对称的，即 $\Phi=\Phi(r,t)$，波动方程(3.8-8)化为一维波动方程

$$\frac{\partial^2(r\Phi)}{\partial t^2}=c^2\frac{\partial^2(r\Phi)}{\partial r^2} \tag{3.8-18}$$

解为

$$r\Phi = f_1(r-ct)+f_2(r+ct) \tag{3.8-19}$$

【例 1】 一固体球在气体中作简谐振动，速度为 $v=v_0\cos\omega t$。这里 ω 为振动圆频率，v_0 为速度振幅。以球心的瞬时位置为坐标原点，z 轴沿球振动方向，证明波动方程的解为

$$\Phi = \mathrm{Re}A\frac{\partial}{\partial r}\frac{\mathrm{e}^{\mathrm{i}(kr-\omega t)}}{r}\cos\theta$$

式中 $k=\omega/c$。求出常数 A。

证明：根据题中所给 Φ 得

$$\frac{\partial^2\Phi}{\partial t^2}=\frac{\partial^2}{\partial t^2}\mathrm{Re}A\frac{\partial}{\partial r}\frac{\mathrm{e}^{\mathrm{i}\omega(r/c-t)}}{r}\cos\theta=\mathrm{Re}A\,(-\mathrm{i}\omega)^2\frac{\partial}{\partial r}\frac{\mathrm{e}^{\mathrm{i}(kr-\omega t)}}{r}\cos\theta$$

$$\nabla^2\Phi=\mathrm{Re}A\left[\frac{1}{r^2}\frac{\partial}{\partial r}\left(r^2\frac{\partial}{\partial r}\right)+\frac{1}{r^2\sin\theta}\frac{\partial}{\partial\theta}\left(\sin\theta\frac{\partial}{\partial\theta}\right)\right]\frac{\partial}{\partial r}\frac{\mathrm{e}^{\mathrm{i}(kr-\omega t)}}{r}\cos\theta$$

$$=\mathrm{Re}\,(\mathrm{i}k)^2A\frac{\partial}{\partial r}\frac{\mathrm{e}^{\mathrm{i}(kr-\omega t)}}{r}\cos\theta=\frac{(\mathrm{i}k)^2}{(-\mathrm{i}\omega)^2}\frac{\partial^2\Phi}{\partial t^2}=\frac{1}{c^2}\frac{\partial^2\Phi}{\partial t^2}$$

式中 $k=\omega/c$。我们看到，Φ 满足波动方程 $\frac{\partial^2\Phi}{\partial t^2}=c^2\nabla^2\Phi$，的确是波动方程的解。

速度分量为

$$v_r=\frac{\partial\Phi}{\partial r}=\mathrm{Re}A\frac{\partial^2}{\partial r^2}\frac{\mathrm{e}^{\mathrm{i}(kr-\omega t)}}{r}\cos\theta=\mathrm{Re}A\left[\frac{2}{r^3}-\frac{2(\mathrm{i}k)}{r^2}+\frac{(\mathrm{i}k)^2}{r}\right]\mathrm{e}^{\mathrm{i}(kr-\omega t)}\cos\theta$$

$$v_\theta=\frac{1}{r}\frac{\partial\Phi}{\partial\theta}=\mathrm{Re}\frac{1}{r}\frac{\partial}{\partial\theta}A\frac{\partial}{\partial r}\frac{\mathrm{e}^{\mathrm{i}(kr-\omega t)}}{r}\cos\theta=-\mathrm{Re}A\left[-\frac{1}{r^2}+\frac{(\mathrm{i}k)}{r}\right]\mathrm{e}^{\mathrm{i}(kr-\omega t)}\sin\theta$$

使用边界条件 $v_r|_{r=a}=v_0\cos\omega t\cos\theta$，得

$$A=v_0a^3\frac{\mathrm{e}^{-\mathrm{i}ka}}{2-2\mathrm{i}ka-k^2a^2}$$

【例 2】 计算例 1 中的固体球在气体中作简谐振动时所发射的平均功率。

解：流体压强公式为

$$p=p_0-\rho_0\frac{\partial\Phi}{\partial t}$$

球表面的压强为

$$p(r=a)=p_0+\mathrm{Re}\left[\rho_0A\mathrm{i}\omega\frac{\partial}{\partial r}\frac{\mathrm{e}^{\mathrm{i}(kr-\omega t)}}{r}\cos\theta\right]_{r=a}$$

$$=p_0-\rho_0v_0\omega a\frac{(-k^3a^3)\cos\omega t+(2+k^2a^2)\sin\omega t}{4+k^4a^4}\cos\theta$$

流体施加在固体球上的合力为

$$F=F_z=-\int_0^{2\pi}\mathrm{d}\varphi\int_0^{\pi}p(r=a)\cdot\cos\theta\cdot a^2\sin\theta\mathrm{d}\theta$$

$$=\frac{4\pi}{3}\rho_0v_0\omega a^3\frac{(-k^3a^3)\cos\omega t+(2+k^2a^2)\sin\omega t}{4+k^4a^4}$$

流体施加在固体球上的合力所做的功率为

$$Fv=\frac{4\pi}{3}\rho_0v_0^2\omega a^3\frac{(-k^3a^3)\cos\omega t+(2+k^2a^2)\sin\omega t}{4+k^4a^4}\cos\omega t$$

在一个周期内的时间平均值为

$$\overline{Fv} = -\frac{2\pi}{3}\rho_0 v_0^2 \omega k^3 a^6 \frac{1}{4+k^4a^4}$$

故固体球在气体中作简谐振动时所发射的平均功率为$-\overline{Fv}=\frac{2\pi}{3}\rho_0 v_0^2 \omega k^3 a^6 \frac{1}{4+k^4a^4}$。

【例 3】 接例 2,计算单位时间内穿过距离固体球很远的同心球面所输运的能量。

解:取一个与固体球的球心同心的很大的球面,在计算的最后令其半径 $R\to\infty$。考虑其上的一个面元 $\mathrm{d}S$,球面内的流体施加在面元 $\mathrm{d}S$ 的压力为 $p\,\mathrm{d}\boldsymbol{S}$,单位时间内所做的功为

$$p\boldsymbol{v}\cdot\mathrm{d}\boldsymbol{S} = pv_r\mathrm{d}S = \left(p_0 - \rho_0\frac{\partial\Phi}{\partial t}\right)v_r\mathrm{d}S$$

式中 $\mathrm{d}\boldsymbol{S}$ 的方向沿径向向外。

由于含有 p_0 的那一项对输运的能量的平均值没有贡献,可以忽略。当 $R\to\infty$时,只有最大项不为零,即

$$p\boldsymbol{v}\cdot\mathrm{d}\boldsymbol{S}\xrightarrow{R\to\infty}\mathrm{Re}\left[-\rho_0 A\frac{k\omega\mathrm{e}^{\mathrm{i}(kR-\omega t)}}{R}\right]\cdot\mathrm{Re}\left[-A\frac{k^2\mathrm{e}^{\mathrm{i}(kR-\omega t)}}{R}\right]\cdot\cos^2\theta\mathrm{d}S$$

$$=\frac{\rho_0 v_0^2 k^3\omega}{R^2}\left\{a^3\frac{-2ka\sin[k(R-a)-\omega t]+(2-k^2a^2)\cos[k(R-a)-\omega t]}{4+k^4a^4}\right\}^2\cos^2\theta\mathrm{d}S$$

在一个周期内的时间平均值为

$$\overline{p\boldsymbol{v}\cdot\mathrm{d}\boldsymbol{S}}\xrightarrow{R\to\infty}\frac{\rho_0 v_0^2 k^3\omega a^6}{2R^2}\frac{\mathrm{d}S}{4+k^4a^4}\cos^2\theta$$

因此单位时间内穿过距离振动固体球很远的地方的同心球面的单位面积所输运的平均能量为

$$\frac{\rho_0 v_0^2 k^3\omega a^6}{2R^2}\frac{1}{4+k^4a^4}\cos^2\theta$$

单位时间内穿过距离振动固体球很远的整个同心球面所输运的平均能量为

$$\frac{\rho_0 v_0^2 k^3\omega a^6}{2R^2}\frac{1}{4+k^4a^4}\oint_S\mathrm{d}S\cos^2\theta$$

$$=\frac{\rho_0 v_0^2 k^3\omega a^6}{2}\frac{1}{4+k^4a^4}2\pi\int_0^\pi\mathrm{d}\theta\cos^2\theta\sin\theta$$

$$=\frac{\frac{2\pi}{3}\rho_0 v_0^2 k^3\omega a^6}{4+k^4a^4}$$

【例 4】 一半径为 a 的无限长固体圆柱在气体中作简谐振动,速度为 $v=v_0\cos\omega t$。这里 ω 为振动圆频率,v_0 为速度振幅。在极限 $a\gg\lambda$ 下,计算单位时间内穿过距离振动圆柱很远的单位长度同轴圆柱面所输运的能量。

解:取平面坐标系的原点位于圆柱对称轴的瞬时位置上,x 轴沿振动方向,在圆柱表面上的气体速度径向分量为 $v_r=v_0\cos\omega t\cos\theta$。在平面坐标系$(r,\theta)$,波动方程的通解为

$$\Phi=\sum_{l=0}^{\infty}\mathrm{H}_l^{(1)}(kr)(A_l\cos l\theta+B_l\sin l\theta)\mathrm{e}^{-\mathrm{i}\omega t}$$

式中,$\mathrm{H}_l^{(1)}(x)$为第一种汉克尔函数(the Hankel functions of the first kind)[11],系数 A_l 和 B_l 由圆柱表面的边界条件和傅里叶级数展开确定。由圆柱表面上的气体速度径向分量得

$$\Phi=v_0\frac{\mathrm{d}a}{\mathrm{dH}_l^{(1)}(ka)}\mathrm{H}_l^{(1)}(kr)\cos\theta\mathrm{e}^{-\mathrm{i}\omega t}$$

在极限 $a\gg\lambda$ 下，利用渐近公式

$$\mathrm{H}_l^{(1)}(x)\xrightarrow{x\to\infty}\sqrt{\frac{2}{\pi x}}\mathrm{e}^{\mathrm{i}\left(x-\frac{\pi}{2}l-\frac{\pi}{4}\right)}$$

得

$$\Phi=\frac{v_0}{\mathrm{i}k}\sqrt{\frac{a}{r}}\mathrm{e}^{\mathrm{i}(kr-\omega t)}\cos\theta$$

$$v_r\xrightarrow{r\to\infty}\mathrm{Re}\left[v_0\sqrt{\frac{a}{r}}\mathrm{e}^{\mathrm{i}(kr-\omega t)}\cos\theta\right]=v_0\sqrt{\frac{a}{r}}\cos(kr-\omega t)\cos\theta$$

$$p\xrightarrow{r\to\infty}p_0+\mathrm{Re}\left[\frac{\rho_0 v_0\omega}{k}\sqrt{\frac{a}{r}}\mathrm{e}^{\mathrm{i}(kr-\omega t)}\cos\theta\right]=p_0+\frac{\rho_0 v_0\omega}{k}\sqrt{\frac{a}{r}}\cos(kr-\omega t)\cos\theta$$

单位时间内穿过距离振动圆柱很远的地方的半径为 R 的同轴圆柱面的面元 $\mathrm{d}S$ 所输运的平均能量为

$$\overline{p\boldsymbol{v}\cdot\mathrm{d}\boldsymbol{S}}=\overline{pv_r\mathrm{d}S}\xrightarrow{R\to\infty}\frac{\rho_0 v_0^2\omega a}{2Rk}\mathrm{d}S\cos^2\theta$$

单位时间内穿过距离振动圆柱很远的单位长度同轴圆柱面所输运的平均能量为

$$\frac{\rho_0 v_0^2\omega a}{2Rk}\oint_S\mathrm{d}S\cos^2\theta=\frac{\rho_0 v_0^2\omega a}{2k}\int_0^{2\pi}\cos^2\theta\mathrm{d}\theta=\frac{\pi\rho_0 v_0^2\omega a}{2k}$$

习题

3-8-1　利用式(3.8-2)、式(3.8-3)和式(3.8-4)推导式(3.8-5)。

3-8-2　一根一维柱形管，放在空气中，管一端是封闭的，另一端是开放的。在开放的那端，压强不变，为大气压。证明边界条件为 $\left.\frac{\partial\Phi}{\partial x}\right|_{x=0}=0$，$\left.\frac{\partial\Phi}{\partial t}\right|_{x=L}=0$。求波动方程的解。

3-8-3　同习题 3-8-2，但管两端都是开放的。

3-8-4　证明对于球面波，波动方程(3.8-8)可化为一维形式式(3.8-17)。

3-8-5　证明在球坐标系中如果声波的速度势具有形式 $\Phi=f(r)\mathrm{e}^{-\mathrm{i}\omega t}\cos\theta$，那么

$$f=\frac{\mathrm{d}}{\mathrm{d}r}\left(\frac{A\mathrm{e}^{\mathrm{i}kr}+B\mathrm{e}^{-\mathrm{i}kr}}{r}\right)$$

式中 A 和 B 为常数。

3-8-6　已知在一球面 $r=a$ 上流体的径向速度为 $v_r=v_0 f(\cos\theta)\cos\omega t$，这里 ω 为振动圆频率。证明在球坐标系，波动方程的通解为

$$\Phi=\sum_{l=0}^{\infty}A_l\mathrm{h}_l^{(1)}(kr)\mathrm{P}_l(\cos\theta)\mathrm{e}^{-\mathrm{i}\omega t}$$

式中 $\mathrm{h}_l^{(1)}(x)$ 为第一种球汉克尔函数[11]，例如 $\mathrm{h}_0^{(1)}(x)=-\mathrm{i}\frac{1}{x}\mathrm{e}^{\mathrm{i}x}$，$\mathrm{h}_1^{(1)}(x)=\left(\mathrm{i}\frac{1}{x^2}-\frac{1}{x}\right)\mathrm{e}^{\mathrm{i}x}$，$\mathrm{h}_2^{(1)}(x)=\left(-\mathrm{i}\frac{3}{x^3}-\frac{3}{x^2}+\mathrm{i}\frac{1}{x}\right)\mathrm{e}^{\mathrm{i}x}$。系数 A_l 由下式给出

$$A_l=\frac{\mathrm{d}a}{\mathrm{dh}_l^{(1)}(ka)}\frac{2l+1}{2}v_0\int_0^{\pi}f(\theta)\mathrm{P}_l(\cos\theta)\sin\theta\mathrm{d}\theta$$

3-8-7　点声源产生的声波由习题 3-8-6 中的 $l=0$ 那一项描述，即

$$\Phi=A_0\mathrm{h}_0^{(1)}(kr)\mathrm{P}_0(\cos\theta)\mathrm{e}^{-\mathrm{i}\omega t}=-\mathrm{i}\frac{A_0}{k}\frac{\mathrm{e}^{\mathrm{i}(kr-\omega t)}}{r}$$

式中 A_0 为实常数。证明所发射的总平均功率为 $2\pi\rho_0 A_0^2\omega k^{-1}$。

3-8-8 一固体球在气体中作简谐振动，速度为 $v=v_0\cos\omega t$。这里 ω 为振动圆频率，v_0 为速度振幅。以球心的瞬时位置为坐标系原点，z 轴沿球振动方向。

(1) 证明波动方程的解为

$$\Phi = v_0 \frac{\mathrm{d}a}{\mathrm{dh}_1^{(1)}(ka)} \mathrm{h}_1^{(1)}(kr)\mathrm{P}_1(\cos\theta)\mathrm{e}^{-\mathrm{i}\omega t}$$

(2) 在极限 $a\gg\lambda$ 下，证明球面外的速度势为

$$\Phi = v_0 \frac{a}{\mathrm{i}kr}\mathrm{P}_1(\cos\theta)\mathrm{e}^{\mathrm{i}(kr-ka-\omega t)}$$

单位时间内穿过距离声源很远的地方的半径为 R 的球面的单位面积所输运的平均能量为 $\frac{\rho_0 v_0^2\omega a^2}{2R^2k}[\mathrm{P}_1(\cos\theta)]^2$，计算所发射的总平均功率。

(3) 在极限 $a\gg\lambda$ 下，流体施加在固体球上的合力为

$$F = F_z = -\frac{4\pi}{3k}\rho_0 v_0\omega a^2\cos\omega t$$

流体施加在固体球上的合力所做的功率为

$$Fv = F_z v = -\frac{4\pi}{3k}\rho_0 v_0^2\omega a^2\cos^2\omega t$$

在一个周期内的时间平均值为

$$\overline{Fv} = -\frac{2\pi}{3k}\rho_0 v_0^2\omega a^2$$

3-8-9 已知在一球面 $r=a$ 上流体的径向速度为 $v_r=v_0\mathrm{P}_2(\cos\theta)\cos\omega t$。这里 ω 为振动圆频率，v_0 为常数。

(1) 证明波动方程的解为

$$\Phi = v_0 \frac{\mathrm{d}a}{\mathrm{dh}_2^{(1)}(ka)} \mathrm{h}_2^{(1)}(kr)\mathrm{P}_2(\cos\theta)\mathrm{e}^{-\mathrm{i}\omega t}$$

(2) 在极限 $a\gg\lambda$ 下，证明球面外的速度势为

$$\Phi = v_0 \frac{a}{\mathrm{i}kr}\mathrm{P}_2(\cos\theta)\mathrm{e}^{\mathrm{i}(kr-ka-\omega t)}$$

单位时间内穿过距离声源很远的地方的半径为 R 的球面的单位面积所输运的平均能量为 $\frac{\rho_0 v_0^2\omega a^2}{2R^2k}[\mathrm{P}_2(\cos\theta)]^2$，计算所发射的总平均功率。

(3) 在极限 $a\ll\lambda$ 下，证明球面外的速度势为

$$\Phi = -v_0\frac{\mathrm{i}k^3a^4}{9}\left[-\mathrm{i}\frac{3}{(kr)^3} - \frac{3}{(kr)^2} + \mathrm{i}\frac{1}{kr}\right]\mathrm{P}_2(\cos\theta)\mathrm{e}^{\mathrm{i}(kr-ka-\omega t)}$$

距离声源很远的地方($kr\to\infty$)的速度势为

$$\Phi = v_0\frac{k^2a^4}{9r}\mathrm{P}_2(\cos\theta)\mathrm{e}^{\mathrm{i}(kr-ka-\omega t)}$$

单位时间内穿过距离声源很远的地方的半径为 R 的球面的单位面积所输运的平均能量为 $\frac{\rho_0 v_0^2\omega k^5a^8}{162R^2}[\mathrm{P}_2(\cos\theta)]^2$，计算所发射的总平均功率。

3-8-10 一半径为 a 的充满气体的固体球壳作简谐振动，速度为 $v=v_0\cos\omega t$。这里 ω

为振动圆频率，v_0 为速度振幅。以球心的瞬时位置为坐标系原点，z 轴沿球壳振动方向，证明速度势为

$$\Phi = \mathrm{Re}\,\frac{\partial}{\partial r}\frac{(A\mathrm{e}^{\mathrm{i}kr}+B\mathrm{e}^{-\mathrm{i}kr})\mathrm{e}^{-\mathrm{i}\omega t}}{r}\cos\theta = \mathrm{Re}\,\frac{\partial}{\partial r}D\,\frac{\sin kr}{r}\mathrm{e}^{-\mathrm{i}\omega t}\cos\theta$$

求出常数 A、B 和 D。

3-8-11　接习题 3-8-10，计算流体施加在固体球壳上的合力及其所做的功，以及功在一个周期内的时间平均值。

3-8-12　接例 4，但在极限 $a \ll \lambda$ 下。证明：

$$\Phi = v_0\,\frac{\pi k a^2}{2\mathrm{i}}\mathrm{H}_1^{(1)}(kr)\cos\theta\,\mathrm{e}^{-\mathrm{i}\omega t}$$

有

$$\mathrm{H}_l^{(1)}(x)\xrightarrow{x\to\infty}\sqrt{\frac{2}{\pi x}}\,\mathrm{e}^{\mathrm{i}\left(x-\frac{\pi}{2}l-\frac{\pi}{4}\right)}$$

$$\Phi\xrightarrow{r\to\infty}v_0\,\frac{\pi k a^2}{2\mathrm{i}}\sqrt{\frac{2}{\pi kr}}\,\mathrm{e}^{\mathrm{i}\left(kr-\frac{3\pi}{4}-\omega t\right)}\cos\theta$$

$$v_r\xrightarrow{r\to\infty}\mathrm{Re}\left[v_0\,\frac{\pi k^2 a^2}{2}\sqrt{\frac{2}{\pi kr}}\,\mathrm{e}^{\mathrm{i}\left(kr-\frac{3\pi}{4}-\omega t\right)}\cos\theta\right]$$

$$= v_0\,\frac{\pi k^2 a^2}{2}\sqrt{\frac{2}{\pi kr}}\cos\left(kr-\frac{3\pi}{4}-\omega t\right)\cos\theta$$

$$p\xrightarrow{r\to\infty}p_0+\mathrm{Re}\left[\rho_0 v_0\,\frac{\pi k\omega a^2}{2}\sqrt{\frac{2}{\pi kr}}\,\mathrm{e}^{\mathrm{i}\left(kr-\frac{3\pi}{4}-\omega t\right)}\cos\theta\right]$$

$$= p_0+\rho_0 v_0\,\frac{\pi k\omega a^2}{2}\sqrt{\frac{2}{\pi kr}}\cos\left(kr-\frac{3\pi}{4}-\omega t\right)\cos\theta$$

单位时间内穿过距离振动圆柱很远的地方的半径为 R 的同轴圆柱面的面元 $\mathrm{d}S$ 所输运的平均能量为

$$\overline{p\boldsymbol{v}\cdot\mathrm{d}\boldsymbol{S}}\xrightarrow{R\to\infty}\frac{\pi\rho_0 v_0^2\omega k^2 a^4}{4R}\mathrm{d}S\cos^2\theta$$

单位时间内穿过距离振动圆柱很远的单位长度同轴圆柱面所输运的平均能量为

$$\frac{\pi\rho_0 v_0^2\omega k^2 a^4}{4R}\oint_S\mathrm{d}S\cos^2\theta = \frac{\pi\rho_0 v_0^2\omega k^2 a^4}{4}\int_0^{2\pi}\cos^2\theta\,\mathrm{d}\theta = \frac{\pi^2\rho_0 v_0^2\omega k^2 a^4}{4}$$

3-8-13　线声源产生的声波由例 4 给出的通解中的 $l=0$ 那一项描述，即

$$\Phi = A_0\mathrm{H}_0^{(1)}(kr)\mathrm{e}^{-\mathrm{i}\omega t}$$

式中 A_0 为实常数。证明：

$$\Phi\xrightarrow{r\to\infty}A_0\sqrt{\frac{2}{\pi kr}}\,\mathrm{e}^{\mathrm{i}\left(kr-\frac{\pi}{4}-\omega t\right)}$$

单位时间内穿过距离声源很远的地方的半径为 R 的同轴圆柱面的面元 $\mathrm{d}S$ 所输运的平均能量为

$$\overline{p\boldsymbol{v}\cdot\mathrm{d}\boldsymbol{S}}\xrightarrow{R\to\infty}\frac{\rho_0 A_0^2\omega a}{\pi R}\mathrm{d}S\cos^2\theta$$

证明所发射的总平均功率为 $\rho_0 A_0^2\omega$。

第4章

黏性流体的运动

4.1 广义牛顿黏性定律

4.1.1 黏性应力张量

由于分子之间的相互作用势能随着距离的增加而迅速减小，在很大的距离下按距离的六次方的倒数规律减小，因此流体分子之间的相互作用范围是极为短程的，大约只有零点几个纳米，从微观角度看，流体内部的任意两个相邻部分之间的相互作用只是出现在其分界面两侧附近厚度为零点几个纳米的分子层内的分子之间。因此从宏观角度看，流体内部的任意两个相邻部分之间的相互作用可以近似为表面力作用，可以引进应力张量来描述。把流体内部的任意两个相邻部分的分子之间的相互作用作统计平均处理就可获得黏性应力。

考虑运动流体的一部分，随着时间的推移，其体积 $V(t)$ 和表面 $S(t)$ 不断变化，但质量 m 不变，在第 2 章我们推导了理想流体的动量平衡方程

$$\frac{\mathrm{d}}{\mathrm{d}t}\int_{V(t)}\rho\boldsymbol{v}\mathrm{d}V=-\oint_{S(t)}p\boldsymbol{n}\mathrm{d}S-\int_{V(t)}\rho\,\nabla\Xi\,\mathrm{d}V$$

我们看到，作用在理想流体表面上的力只有压力，方向垂直于流体表面向里。但是对于黏性流体，作用在流体表面上的力除了压力，还有黏性力，方向既可以垂直于流体表面，也可以位于流体表面的切面上。作用在单位面积流体表面上的力称为应力。在流体内部选取一微元，要求该微元的一个面元的外法线方向平行于直角坐标系的一个坐标轴方向，把作用在该面元上的应力沿三个坐标轴方向分解，所得应力分量称为应力张量 σ_{ji}。

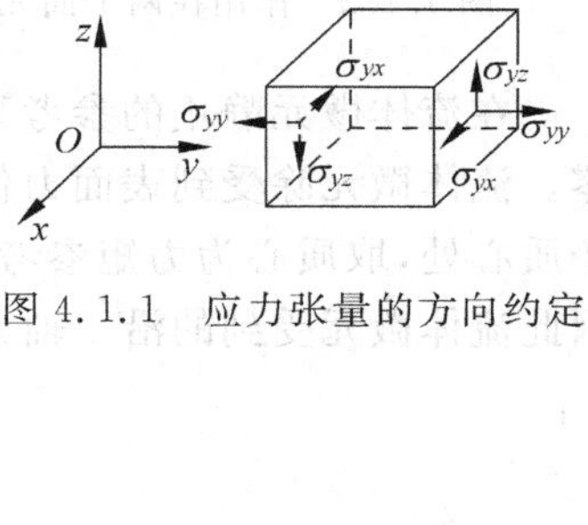

图 4.1.1 应力张量的方向约定

我们规定，如果面元的外法线方向与坐标轴正方向一致，则其上指向坐标轴正方向的应力张量为正，反之为负；如果面元的外法线方向与坐标轴负方向一致，则其上指向坐标轴负方向的应力张量为正，反之为负。应力张量 σ_{ji} 的第一个下标表示面元的外法线方向；第二个下标表示应力作用的方向，如图 4.1.1

所示。把应力张量扣除压强的贡献定义为黏性应力张量 σ'_{ji}，即 $\sigma_{ji}=-p\delta_{ij}+\sigma'_{ji}$。这里 δ_{ij} 为克罗内克(Kronecker)δ 函数，定义为 $i\neq j,\delta_{ij}=0$； $i=j,\delta_{ij}=1$。

现在使用爱因斯坦求和约定及记号(式(2.2-6))。如果面元 $\mathrm{d}S$ 的外法线单位矢量为 $\boldsymbol{n}=n_i\boldsymbol{e}_i$，那么可以把面元 $\mathrm{d}S$ 分别向三个直角平面投影，然后根据上面的规定写出作用在面元 $\mathrm{d}S$ 的每一个投影 $n_j\mathrm{d}S$ 上的黏性力，很容易看到，施于面元 $\mathrm{d}S$ 上的沿 x_i 轴方向的黏性力为 $f'_i\mathrm{d}S=\sigma'_{ji}n_j\mathrm{d}S$，所以只要在上式中加入黏性力的贡献即可得黏性流体的动量平衡方程

$$\begin{aligned}\frac{\mathrm{d}}{\mathrm{d}t}\int_{V(t)}\rho v_i\mathrm{d}V&=\oint_{S(t)}(-p\delta_{ij}+\sigma'_{ji})n_j\mathrm{d}S-\int_{V(t)}\rho\frac{\partial\Xi}{\partial x_i}\mathrm{d}V\\&=\oint_{S(t)}\sigma_{ji}n_j\mathrm{d}S-\int_{V(t)}\rho\frac{\partial\Xi}{\partial x_i}\mathrm{d}V\end{aligned}\tag{4.1-1}$$

因此施于一外法线单位矢量为 $\boldsymbol{n}$ 的面元 $\mathrm{d}S$ 上的总力为

$$\boldsymbol{f}\mathrm{d}S=n_j\sigma_{ji}\boldsymbol{e}_i\mathrm{d}S\tag{4.1-2}$$

【例 1】 一半径为 a 的固体球在流体中运动，用应力张量写出作用在球上的力。

解：把球坐标系的原点取为球心的瞬间位置，那么球面的外法线方向的单位矢量为 $\boldsymbol{n}=\boldsymbol{e}_r$，所以有 $\boldsymbol{f}=\sigma_{ri}\boldsymbol{e}_i$，作用在球上的力为

$$\boldsymbol{F}=\oint_S(\sigma_{rr}\boldsymbol{e}_r+\sigma_{r\theta}\boldsymbol{e}_\theta+\sigma_{r\varphi}\boldsymbol{e}_\varphi)\mathrm{d}S=a^2\int_0^{2\pi}\mathrm{d}\varphi\int_0^{\pi}\mathrm{d}\theta(\sigma_{rr}\boldsymbol{e}_r+\sigma_{r\theta}\boldsymbol{e}_\theta+\sigma_{r\varphi}\boldsymbol{e}_\varphi)\sin\theta$$

4.1.2 应力张量的对称性

应力张量具有如下对称性：

$$\sigma_{ji}=\sigma_{ij}\tag{4.1-3}$$

证明：不失一般性，我们证明 $\sigma_{yx}=\sigma_{xy}$。

考虑一个流体体积元 $\mathrm{d}x\mathrm{d}y\mathrm{d}z$ 内的微元，在 y 和 $y+\mathrm{d}y$ 处的两个面元 $\mathrm{d}x\mathrm{d}z$ 所受的沿 x 轴方向的力，大小分别为 $\sigma_{yx}|_y\mathrm{d}x\mathrm{d}z$ 和 $\sigma_{yx}|_{y+\mathrm{d}y}\mathrm{d}x\mathrm{d}z$，如图 4.1.2 所示。忽略高阶无穷小，两个力大小相等，方向相反，距离为 $\mathrm{d}y$，组成一对力偶，力矩为 $-\sigma_{yx}\mathrm{d}x\mathrm{d}y\mathrm{d}z$，方向与 z 轴方向相反。

流体微元在 x 和 $x+\mathrm{d}x$ 处的两个面元 $\mathrm{d}y\mathrm{d}z$ 所受的沿 y 轴方向的力，大小分别为 $\sigma_{xy}|_x\mathrm{d}y\mathrm{d}z$ 和 $\sigma_{xy}|_{x+\mathrm{d}x}\mathrm{d}y\mathrm{d}z$，如图 4.1.3 所示。忽略高阶无穷小，两个力大小相等，方向相反，距离为 $\mathrm{d}x$，组成一对力偶，力矩为 $\sigma_{xy}\mathrm{d}x\mathrm{d}y\mathrm{d}z$，方向与 z 轴方向一致。因此流体微元受到的沿 z 轴方向的合力矩为 $(\sigma_{xy}-\sigma_{yx})\mathrm{d}x\mathrm{d}y\mathrm{d}z$。

图 4.1.2 作用在两个面元 dxdz 上的力

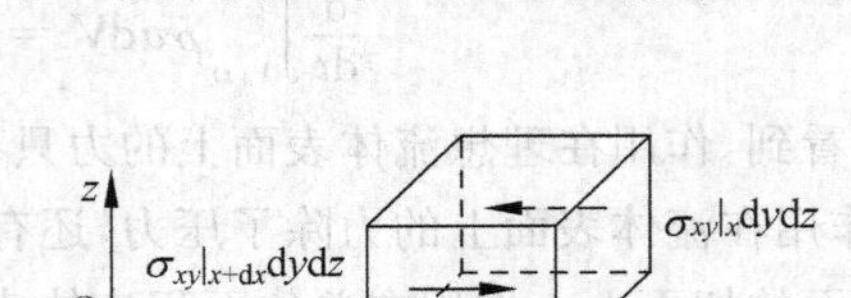

图 4.1.3 作用在两个面元 dydz 上的力

在流体微元静止的参考系(非惯性系)里，流体微元处于平衡状态，合力为零，合力矩为零。流体微元除受到表面力作用以外，还受到体积力(外力和惯性力)作用，体积力作用点位于质心处，取质心为力矩参考点，则体积力产生的力矩为零，所以表面力产生的合力矩为零。因此流体微元受到的沿 z 轴方向的合力矩为零，即 $(\sigma_{xy}-\sigma_{yx})\mathrm{d}x\mathrm{d}y\mathrm{d}z=0$，得 $\sigma_{yx}=\sigma_{xy}$。证毕。

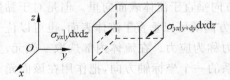

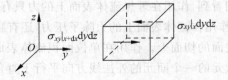

4.1.3 广义牛顿黏性定律

1678 年牛顿完成了平板实验。考虑流体沿两个很长的水平平板之间的流动，下平板静止，上平板用恒力 $\boldsymbol{F}$ 拉着以速度 $\boldsymbol{U}$ 作匀速直线运动，如图 4.1.5 所示。实验发现：①两个平板上的流体质点都黏附在平板上，下平板上的流体质点静止，上平板上的流体质点的速度与平板速度相同。流体速度分布是线性的，即 $\boldsymbol{v}=\frac{y}{h}U\boldsymbol{e}_x$。②流体对运动的板施加的力 $\boldsymbol{F}'$ 方向与流体运动方向相反，其大小正比于运动的板的速度 U 和面积 S，反比于两个板的间距 h，即 $\boldsymbol{F}'=-\eta\frac{U}{h}S\boldsymbol{e}_x$，这里 η 为反映流体黏性的常数。拉力为 $\boldsymbol{F}=-\boldsymbol{F}'=\eta\frac{U}{h}S\boldsymbol{e}_x$。上平板上的黏性应力为 $\sigma'_{yx}=\frac{F'}{S}=\eta\frac{U}{h}$。$\frac{U}{h}$ 可以解释为流体速度的梯度值，即空间变化率。因此牛顿平板实验结果可以总结为黏性应力正比于流体速度的空间变化率，即 $\sigma'_{yx}=\eta\frac{\mathrm{d}v(y)}{\mathrm{d}y}$。

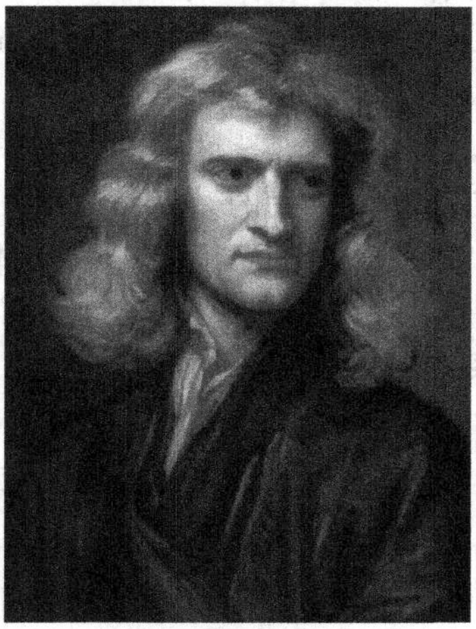

图 4.1.4 牛顿(I. Newton，1642—1727)

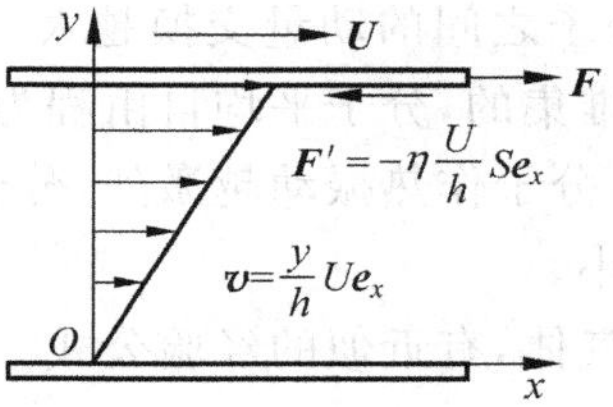

图 4.1.5 牛顿平板实验

之所以出现这样的结果，是因为在相邻流体层有不同的速度时黏性应力才会出现。从微观的角度来看，相邻流体层的分子具有不同的定向速度，两部分的分子不断地交换，速度较小的流体层的分子带着较小的定向速度转移到速度较大的流体层，速度较大的流体层的分子带着较大的定向速度转移到速度较小的流体层，从而速度较小的流体层的流动动量增大，速度较大的流体层的流动动量减小，根据动量定理，从宏观角度看相邻流体层相互施加黏性力。因此黏性力与流体速度的空间变化有关。对于简单流体，由于分子线度较小、形状简单，分子交换几乎是瞬间完成的，因此黏性应力正比于流体速度的空间变化率。对于复杂流体，由于分子线度较大、形状复杂，分子交换过程复杂，需要一定的时间，因此黏性应力不再简单地正比于流体速度的空间变化率，而且可能与时间有关。

现在把牛顿平板实验结果推广到一般情况，需要满足如下要求。

(1) 黏性应力张量应正比于流体速度分量的空间变化率，即

$$\sigma'_{ij}\propto\frac{\partial v_i}{\partial x_j},\quad \frac{\partial v_j}{\partial x_i}$$

(2) 黏性应力张量应满足对称性 $\sigma'_{ij}=\sigma'_{ji}$。

满足这两个要求的黏性应力张量为

$$\sigma'_{ij}\propto\left(\frac{\partial v_i}{\partial x_j}+\frac{\partial v_j}{\partial x_i}\right),\quad \sigma'_{ij}\propto\delta_{ij}\ \nabla\cdot\boldsymbol{v}$$

综上所述,黏性应力张量应该为

$$\sigma'_{ij}=\eta\left(\frac{\partial v_i}{\partial x_j}+\frac{\partial v_j}{\partial x_i}-\frac{2}{3}\delta_{ij}\ \nabla\cdot\boldsymbol{v}\right)+\delta_{ij}\eta'\ \nabla\cdot\boldsymbol{v} \tag{4.1-4}$$

式中 η 称为剪切黏性系数,η' 称为体积黏性系数。一般情况下,体积黏性系数很小,可视为零,即 $\eta'=0$,此即斯托克斯假设,要求

$$\sigma'_{xx}+\sigma'_{yy}+\sigma'_{zz}=0 \tag{4.1-5}$$

导致

$$\sigma'_{ij}=\eta\left(\frac{\partial v_i}{\partial x_j}+\frac{\partial v_j}{\partial x_i}\right)-\delta_{ij}\ \frac{2}{3}\eta\nabla\cdot\boldsymbol{v},\quad \sigma_{ij}=-p\delta_{ij}+\sigma'_{ij} \tag{4.1-6}$$

对于不同的流体,其黏性系数差别很大。例如,在一个大气压(1atm=1.031×10^5Pa)下、温度为20℃时,对于水 η=0.01g/(cm·s),对于空气 η=1.9×10^{-4}g/(cm·s)。在温度为3℃时,对于甘油 η=42.20g/(cm·s)。

实验表明,压强对黏性系数 η 的影响很小,但温度有显著的影响。对于气体和液体来讲,η 随温度的变化规律是完全不同的。对于气体,η 随温度的升高而升高。对于液体,η 随温度的升高而下降。这是因为气体和液体的黏性力的产生机制不一样,气体分子之间的间距较大,分子平均自由程较大,气体的黏性力来自分子之间的碰撞,温度越高,分子的平均速率越大,分子之间的动量交换越大,因此黏性系数越大;而液体分子之间的间距较小,分子几乎是密堆集的,分子平均自由程为零,液体的黏性力来自相邻分子之间的关联相互作用,温度越高,分子作热振动越激烈,分子的密堆集程度越高,分子之间的动量交换越小,因此黏性系数越小。

对于气体,有近似的经验公式

$$\eta=\eta_0\left(\frac{T}{T_0}\right)^n \tag{4.1-7}$$

式中:η_0 为一个大气压下、$T=T_0$=273.16K时的黏性系数;n 为指数,取值范围为 $1/2\leqslant n\leqslant 1$,依赖于气体及温度范围,高温时可近似取为1,低温时可近似取为1/2。

【例2】 一底面积为 A 的木块,质量为 m,沿涂有润滑油的斜面向下作等速运动,木块运动速度为 u,油层厚度为 δ,斜面倾角为 θ,如图4.1.6所示。由于油层很薄,沿油层速度梯度值可以视为常数。求油的黏性系数。

解:木块所受重力沿斜面方向的分量与木块所受的摩擦力 F 平衡时,等速下滑,即

$$mg\sin\theta=F=A\eta\ \frac{\mathrm{d}v}{\mathrm{d}y}=A\eta\ \frac{u}{\delta}$$

得

$$\eta=\frac{mg\sin\theta}{A\ \dfrac{u}{\delta}}$$

【例3】 图4.1.7所示为一转筒黏度计,它由半径分别为 r_1 及 r_2 的内外同心圆筒组成,外筒以角速度 ω 转动,通过两筒间的液体将力矩传至内筒。内筒挂在一金属丝下,该丝

所受扭矩 M 可由其转角来测定。两筒间的间隙及底部间隙均为 δ，筒高为 h。由于液体层很薄，沿液体层的速度梯度值可以视为常数。证明黏性系数为 $\eta=\dfrac{2M\delta}{\pi\omega r_1^2(4r_2h+r_1^2)}$。

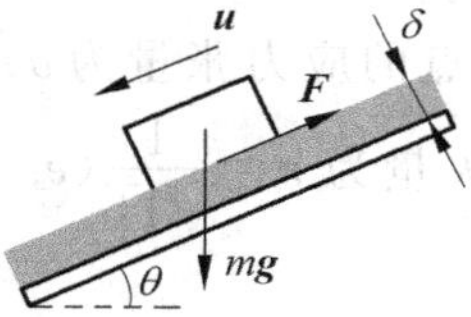

图 4.1.6 油对木块施加的摩擦力

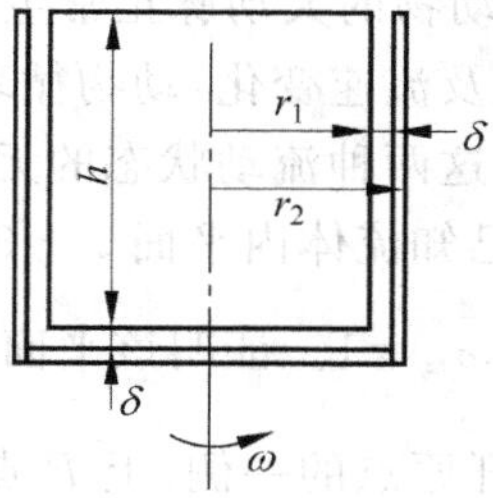

图 4.1.7 转筒黏度计

解：依据题意，两个圆筒侧部中的沿液体层的速度梯度值可以视为常数，为 $\dfrac{dv}{dr}=\dfrac{\omega r_2}{\delta}$。

内圆筒侧部和底部的任一面元所受到的摩擦力都沿旋转平面内的圆周切线方向，因此所有摩擦力产生的力矩的方向都相同。

由牛顿黏性定律，施与内圆筒侧部的力矩为

$$M_1=r_1\eta\frac{dv}{dr}A_1=r_1\eta\frac{\omega r_2}{\delta}\cdot 2\pi r_1h=\frac{2\pi\eta\omega}{\delta}\cdot r_1^2r_2h$$

在内圆筒底部半径为 r 处，两个圆筒底部间隙中的沿液体层的速度梯度值可以视为常数，为 $\dfrac{\omega r}{\delta}$。施与内圆筒底部半径为 r、宽度为 dr、面积为 $2\pi rdr$ 的无穷小圆环上的力矩为

$$dM_2=r\eta\frac{\omega r}{\delta}\cdot 2\pi r dr=\frac{2\pi\eta\omega}{\delta}\cdot r^3dr$$

把上式积分，得施与内圆筒底部的力矩为

$$M_2=\frac{\pi\eta\omega}{2\delta}\cdot r_1^4$$

则金属丝所受扭矩为施与内圆筒侧部的力矩 M_1 和施与内圆筒底部的力矩 M_2 之和，即

$$M=M_1+M_2=\frac{2\pi\eta\omega}{\delta}\cdot r_1^2r_2h+\frac{\pi\eta\omega}{2\delta}\cdot r_1^4=\frac{\pi\eta\omega r_1^2(4r_2h+r_1^2)}{2\delta}$$

从上式可解得黏性系数为

$$\eta=\frac{2M\delta}{\pi\omega r_1^2(4r_2h+r_1^2)}$$

习题

4-1-1 如图 4.1.8 所示，上下两块平行圆盘，直径均为 d，间隙厚度为 δ，间隙中液体的黏性系数为 η，已知下盘固定不动，对上盘不施加外力矩，初始时上盘以角速度 ω_0 旋转。由于液体层很薄，沿液体层的速度梯度值可以视为常数。求上盘的角速度。

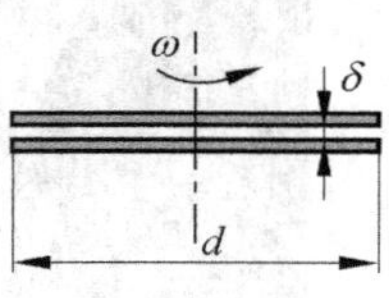

图 4.1.8 旋转的上盘

4-1-2 已知流体的速度分布为 $\boldsymbol{v}=A(a^2-x^2-y^2)\boldsymbol{e}_z$，式中 a 和 A 为常数。计算黏性应力。

4-1-3 人体大动脉的直径为 $d=0.02\mathrm{m}$，血液的密度为 $\rho=1050\mathrm{kg/m^3}$，黏性系数为 $\eta=3.5\times10^{-3}\mathrm{Pa\cdot s}$，其平均流速为 $v=0.28\mathrm{m/s}$。计算血液的雷诺数 $Re=\frac{\rho vd}{\eta}$(4.7 节)。说明：人和各种动物的大动脉正常生理情况下为层流。由于贫血、心脏、动脉堵塞等疾病都会引起黏性系数及流速变化，动物循环系统可能会发生湍流。持续的湍流可以引发严重的病理反应。判别这两种流动状态的无量纲数为雷诺数。

4-1-4 已知流体内平面 $x+3y+z=1$ 上 P 点的应力张量为 $\sigma_{xx}=0,\sigma_{xy}=1,\sigma_{xz}=2,\sigma_{yy}=2,\sigma_{yz}=0,\sigma_{zz}=1$。证明该平面的法线的单位矢量为 $\boldsymbol{n}=\frac{1}{\sqrt{11}}(\boldsymbol{e}_x+3\boldsymbol{e}_y+\boldsymbol{e}_z)$，作用于该平面外侧(离开原点的一侧)上 P 点的应力矢量为

$$\frac{1}{\sqrt{11}}(\boldsymbol{e}_y+2\boldsymbol{e}_z)+\frac{3}{\sqrt{11}}(\boldsymbol{e}_x+2\boldsymbol{e}_y)+\frac{1}{\sqrt{11}}(\boldsymbol{e}_z+2\boldsymbol{e}_x)=\frac{1}{\sqrt{11}}(5\boldsymbol{e}_x+7\boldsymbol{e}_y+3\boldsymbol{e}_z)$$

其法向分量为 $\frac{29}{11^{3/2}}(\boldsymbol{e}_x+3\boldsymbol{e}_y+\boldsymbol{e}_z)$。

4-1-5 已知一固体球的球面为 $x^2+y^2+z^2=1$，流体在球面上的应力张量为 $\sigma_{xx}=1/x$，$\sigma_{xy}=\sigma_{yz}=\sigma_{xz}=0,\sigma_{yy}=1/y,\sigma_{zz}=1/z$。证明作用于该固体球面上任意一点的应力矢量为 $(\boldsymbol{e}_x+\boldsymbol{e}_y+\boldsymbol{e}_z)$。球坐标系里的应力矢量为

$$\boldsymbol{e}_r[\cos\theta+(\sin\varphi+\cos\varphi)\sin\theta]+\boldsymbol{e}_\theta[-\sin\theta-(\sin\varphi+\cos\varphi)\cos\theta]+\boldsymbol{e}_\varphi(\cos\varphi-\sin\varphi)$$

应力张量为

$$\sigma_{rr}=[\cos\theta+(\sin\varphi+\cos\varphi)\sin\theta],\quad \sigma_{r\theta}=[-\sin\theta-(\sin\varphi+\cos\varphi)\cos\theta]$$

$$\sigma_{r\varphi}=(\cos\varphi-\sin\varphi)$$

计算流体作用在固体球上的总力。

4.2 纳维-斯托克斯方程

图 4.2.1 纳维(C-L-M-H. Navier，1785—1836)

图 4.2.2 斯托克斯(G. G. Stokes，1819—1903)

4.2.1　纳维-斯托克斯方程的推导

现在我们把牛顿第二定律应用到流体微元来推导黏性流体的运动方程。首先把流体分解为无穷多个流体微元，然后根据牛顿第二定律的瞬时性，来考虑一个 t 时刻位于 $\boldsymbol{r}$ 处的固定不动的体积元内的瞬时微元所受的瞬时力。该瞬时微元的体积为 $\mathrm{d}x\mathrm{d}y\mathrm{d}z$，质量为 $\rho\mathrm{d}x\mathrm{d}y\mathrm{d}z$。使用欧拉描写，该微元的速度为 $\boldsymbol{v}$，加速度为 $\frac{\mathrm{d}\boldsymbol{v}}{\mathrm{d}t}$。该微元在其表面受到其余流体所施的压力和黏性力，还受到外力 $\rho\boldsymbol{f}_{\mathrm{ex}}\mathrm{d}x\mathrm{d}y\mathrm{d}z$ 作用，如图 4.2.3 所示。这里 $\boldsymbol{f}_{\mathrm{ex}}$ 为单位质量流体受到的外力。在惯性参考系，沿 y 轴方向，把牛顿第二定律应用于该瞬时微元得

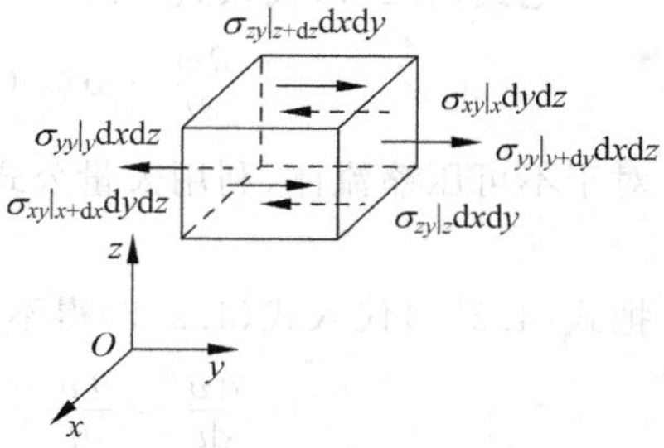

图 4.2.3　流体微元的受力分析

$$\rho\mathrm{d}x\mathrm{d}y\mathrm{d}z\frac{\mathrm{d}v_y}{\mathrm{d}t}=\mathrm{d}x\mathrm{d}z(\sigma_{yy}\mid_{y+\mathrm{d}y}-\sigma_{yy}\mid_y)+\mathrm{d}y\mathrm{d}z(\sigma_{xy}\mid_{x+\mathrm{d}x}-\sigma_{xy}\mid_x)+$$
$$\mathrm{d}x\mathrm{d}y(\sigma_{zy}\mid_{z+\mathrm{d}z}-\sigma_{zy}\mid_z)+\rho f_{\mathrm{ex},y}\mathrm{d}x\mathrm{d}y\mathrm{d}z$$
$$=\mathrm{d}x\mathrm{d}y\mathrm{d}z\left(\frac{\partial\sigma_{yy}}{\partial y}+\frac{\partial\sigma_{xy}}{\partial x}+\frac{\partial\sigma_{zy}}{\partial z}\right)+\rho f_{\mathrm{ex},y}\mathrm{d}x\mathrm{d}y\mathrm{d}z$$

化简得

$$\rho\frac{\mathrm{d}v_y}{\mathrm{d}t}=\rho\frac{\partial v_y}{\partial t}+\rho(\boldsymbol{v}\cdot\nabla)v_y=\frac{\partial\sigma_{yy}}{\partial y}+\frac{\partial\sigma_{xy}}{\partial x}+\frac{\partial\sigma_{zy}}{\partial z}+\rho f_{\mathrm{ex},y}\qquad(4.2\text{-}1)$$

把式(4.1-6)代入式(4.2-1)得

$$\rho\frac{\mathrm{d}v_y}{\mathrm{d}t}=\rho\frac{\partial v_y}{\partial t}+\rho(\boldsymbol{v}\cdot\nabla)v_y=-\frac{\partial p}{\partial y}+\frac{\partial}{\partial y}\left[2\eta\frac{\partial v_y}{\partial y}-\frac{2}{3}\eta\nabla\cdot\boldsymbol{v}\right]+\frac{\partial}{\partial x}\left[\eta\left(\frac{\partial v_x}{\partial y}+\frac{\partial v_y}{\partial x}\right)\right]+$$
$$\frac{\partial}{\partial z}\left[\eta\left(\frac{\partial v_z}{\partial y}+\frac{\partial v_y}{\partial z}\right)\right]+\rho f_{\mathrm{ex},y}\qquad(4.2\text{-}2)$$

一般情况下 η 可看成常数，方程(4.2-2)化为

$$\rho\frac{\mathrm{d}v_y}{\mathrm{d}t}=\rho\frac{\partial v_y}{\partial t}+\rho(\boldsymbol{v}\cdot\nabla)v_y=-\frac{\partial p}{\partial y}+\eta\nabla^2v_y+\frac{1}{3}\eta\frac{\partial}{\partial y}(\nabla\cdot\boldsymbol{v})+\rho f_{\mathrm{ex},y}\qquad(4.2\text{-}3)$$

把式(4.2-3)写成矢量形式

$$\rho\frac{\mathrm{d}\boldsymbol{v}}{\mathrm{d}t}=\rho\frac{\partial\boldsymbol{v}}{\partial t}+\rho(\boldsymbol{v}\cdot\nabla)\boldsymbol{v}=-\nabla p+\eta\nabla^2\boldsymbol{v}+\frac{1}{3}\eta\nabla(\nabla\cdot\boldsymbol{v})+\rho\boldsymbol{f}_{\mathrm{ex}}\qquad(4.2\text{-}4)$$

式(4.2-4)即纳维-斯托克斯方程。

对于不可压缩流体，有 $\nabla\cdot\boldsymbol{v}=0$，所以纳维-斯托克斯方程化为

$$\rho\frac{\mathrm{d}\boldsymbol{v}}{\mathrm{d}t}=\rho\frac{\partial\boldsymbol{v}}{\partial t}+\rho(\boldsymbol{v}\cdot\nabla)\boldsymbol{v}=-\nabla p+\eta\nabla^2\boldsymbol{v}+\rho\boldsymbol{f}_{\mathrm{ex}}\qquad(4.2\text{-}5)$$

一般情况下，外力都是保守力，可以写成

$$\boldsymbol{f}_{\mathrm{ex}}=-\nabla\Xi\qquad(4.2\text{-}6)$$

式中 Ξ 为外力势。

4.2.2　纳维-斯托克斯方程的其他形式

利用矢量公式 $\nabla(\boldsymbol{a}\cdot\boldsymbol{b})=(\boldsymbol{a}\cdot\nabla)\boldsymbol{b}+(\boldsymbol{b}\cdot\nabla)\boldsymbol{a}+\boldsymbol{a}\times(\nabla\times\boldsymbol{b})+\boldsymbol{b}\times(\nabla\times\boldsymbol{a})$ 得

$$\frac{1}{2}\nabla v^2 = \boldsymbol{v}\times(\nabla\times\boldsymbol{v})+(\boldsymbol{v}\cdot\nabla)\boldsymbol{v} \tag{4.2-7}$$

把式(4.2-7)代入式(4.2-5)得不可压缩流体的纳维-斯托克斯方程的第二种形式

$$\frac{\partial \boldsymbol{v}}{\partial t}-\boldsymbol{v}\times(\nabla\times\boldsymbol{v})=\frac{\eta}{\rho}\nabla^2\boldsymbol{v}-\nabla\left(\frac{v^2}{2}+\frac{p}{\rho}+\Xi\right) \tag{4.2-8}$$

对于不可压缩流体，利用矢量公式$\nabla\times(\nabla\times\boldsymbol{a})=\nabla(\nabla\cdot\boldsymbol{a})-\nabla^2\boldsymbol{a}$得

$$\nabla\times(\nabla\times\boldsymbol{v})=-\nabla^2\boldsymbol{v} \tag{4.2-9}$$

把式(4.2-9)代入式(4.2-5)得不可压缩流体的纳维-斯托克斯方程的第三种形式

$$\frac{\mathrm{d}\boldsymbol{v}}{\mathrm{d}t}=\frac{\partial\boldsymbol{v}}{\partial t}+(\boldsymbol{v}\cdot\nabla)\boldsymbol{v}=-\nabla\left(\frac{p}{\rho}+\Xi\right)-\frac{\eta}{\rho}\nabla\times\boldsymbol{\Omega} \tag{4.2-10}$$

下面列出球坐标系和柱坐标系里无外力场时的不可压缩流体的纳维-斯托克斯方程和连续性方程。

4.2.3 球坐标系

(1) 球坐标系里的应力张量为

$$\sigma_{rr}=-p+2\eta\frac{\partial v_r}{\partial r},\quad \sigma_{\theta\theta}=-p+2\eta\left(\frac{1}{r}\frac{\partial v_\theta}{\partial\theta}+\frac{v_r}{r}\right)$$

$$\sigma_{\varphi\varphi}=-p+2\eta\left(\frac{1}{r\sin\theta}\frac{\partial v_\varphi}{\partial\varphi}+\frac{v_r}{r}+\frac{v_\theta\cot\theta}{r}\right),\quad \sigma_{r\theta}=\eta\left(\frac{1}{r}\frac{\partial v_r}{\partial\theta}+\frac{\partial v_\theta}{\partial r}-\frac{v_\theta}{r}\right) \tag{4.2-11}$$

$$\sigma_{r\varphi}=\eta\left(\frac{1}{r\sin\theta}\frac{\partial v_r}{\partial\varphi}+\frac{\partial v_\varphi}{\partial r}-\frac{v_\varphi}{r}\right),\quad \sigma_{\theta\varphi}=\eta\left(\frac{1}{r\sin\theta}\frac{\partial v_\theta}{\partial\varphi}+\frac{1}{r}\frac{\partial v_\varphi}{\partial\theta}-\frac{v_\varphi\cot\theta}{r}\right)$$

(2) 纳维-斯托克斯方程为

$$\frac{\partial v_r}{\partial t}+(\boldsymbol{v}\cdot\nabla)v_r-\frac{v_\theta^2+v_\varphi^2}{r}$$

$$=-\frac{1}{\rho}\frac{\partial p}{\partial r}+\frac{\eta}{\rho}\left[\nabla^2 v_r-\frac{2}{r^2\sin\theta}\frac{\partial(v_\theta\sin\theta)}{\partial\theta}-\frac{2}{r^2\sin\theta}\frac{\partial v_\varphi}{\partial\varphi}-\frac{2v_r}{r^2}\right]$$

$$\frac{\partial v_\theta}{\partial t}+(\boldsymbol{v}\cdot\nabla)v_\theta+\frac{v_r v_\theta}{r}-\frac{v_\varphi^2\cot\theta}{r}$$

$$=-\frac{1}{\rho r}\frac{\partial p}{\partial\theta}+\frac{\eta}{\rho}\left[\nabla^2 v_\theta-\frac{2\cos\theta}{r^2\sin^2\theta}\frac{\partial v_\varphi}{\partial\varphi}+\frac{2}{r^2}\frac{\partial v_r}{\partial\theta}-\frac{v_\theta}{r^2\sin^2\theta}\right]$$

$$\frac{\partial v_\varphi}{\partial t}+(\boldsymbol{v}\cdot\nabla)v_\varphi+\frac{v_r v_\varphi}{r}+\frac{v_\theta v_\varphi\cot\theta}{r}$$

$$=-\frac{1}{\rho r\sin\theta}\frac{\partial p}{\partial\varphi}+\frac{\eta}{\rho}\left[\nabla^2 v_\varphi+\frac{2}{r^2\sin\theta}\frac{\partial v_r}{\partial\varphi}+\frac{2\cos\theta}{r^2\sin^2\theta}\frac{\partial v_\theta}{\partial\varphi}-\frac{v_\varphi}{r^2\sin^2\theta}\right] \tag{4.2-12}$$

式中，

$$(\boldsymbol{v}\cdot\nabla)f=v_r\frac{\partial f}{\partial r}+\frac{v_\theta}{r}\frac{\partial f}{\partial\theta}+\frac{v_\varphi}{r\sin\theta}\frac{\partial f}{\partial\varphi}$$

$$\nabla^2 f=\frac{1}{r^2}\frac{\partial}{\partial r}\left(r^2\frac{\partial f}{\partial r}\right)+\frac{1}{r^2\sin\theta}\frac{\partial}{\partial\theta}\left(\sin\theta\frac{\partial f}{\partial\theta}\right)+\frac{1}{r^2\sin^2\theta}\frac{\partial^2 f}{\partial\varphi^2} \tag{4.2-13}$$

(3) 连续性方程为

$$\frac{1}{r^2}\frac{\partial(r^2 v_r)}{\partial r}+\frac{1}{r\sin\theta}\frac{\partial(v_\theta\sin\theta)}{\partial\theta}+\frac{1}{r\sin\theta}\frac{\partial v_\varphi}{\partial\varphi}=0 \tag{4.2-14}$$

4.2.4 柱坐标系

(1) 柱坐标系里的应力张量为

$$\sigma_{RR}=-p+2\eta\frac{\partial v_R}{\partial R},\quad \sigma_{zz}=-p+2\eta\frac{\partial v_z}{\partial z},\quad \sigma_{\varphi\varphi}=-p+2\eta\left(\frac{1}{R}\frac{\partial v_\varphi}{\partial\varphi}+\frac{v_R}{R}\right)$$

$$\sigma_{Rz}=\eta\left(\frac{\partial v_R}{\partial z}+\frac{\partial v_z}{\partial R}\right),\quad \sigma_{R\varphi}=\eta\left(\frac{1}{R}\frac{\partial v_R}{\partial\varphi}+\frac{\partial v_\varphi}{\partial R}-\frac{v_\varphi}{R}\right),\quad \sigma_{z\varphi}=\eta\left(\frac{\partial v_\varphi}{\partial z}+\frac{1}{R}\frac{\partial v_z}{\partial\varphi}\right)$$

(4.2-15)

(2) 纳维-斯托克斯方程为

$$\frac{\partial v_R}{\partial t}+(\boldsymbol{v}\cdot\nabla)v_R-\frac{v_\varphi^2}{R}=-\frac{1}{\rho}\frac{\partial p}{\partial R}+\frac{\eta}{\rho}\left[\nabla^2 v_R-\frac{2}{R^2}\frac{\partial v_\varphi}{\partial\varphi}-\frac{v_R}{R^2}\right]$$

$$\frac{\partial v_\varphi}{\partial t}+(\boldsymbol{v}\cdot\nabla)v_\varphi+\frac{v_R v_\varphi}{R}=-\frac{1}{\rho R}\frac{\partial p}{\partial\varphi}+\frac{\eta}{\rho}\left[\nabla^2 v_\varphi+\frac{2}{R^2}\frac{\partial v_R}{\partial\varphi}-\frac{v_\varphi}{R^2}\right]\quad(4.2\text{-}16)$$

$$\frac{\partial v_z}{\partial t}+(\boldsymbol{v}\cdot\nabla)v_z=-\frac{1}{\rho}\frac{\partial p}{\partial z}+\frac{\eta}{\rho}\nabla^2 v_z$$

式中，

$$(\boldsymbol{v}\cdot\nabla)f=v_R\frac{\partial f}{\partial R}+\frac{v_\varphi}{R}\frac{\partial f}{\partial\varphi}+v_z\frac{\partial f}{\partial z},\quad \nabla^2 f=\frac{1}{R}\frac{\partial}{\partial R}\left(R\frac{\partial f}{\partial R}\right)+\frac{1}{R^2}\frac{\partial^2 f}{\partial\varphi^2}+\frac{\partial^2 f}{\partial z^2}$$

(4.2-17)

(3) 连续性方程为

$$\frac{1}{R}\frac{\partial(Rv_R)}{\partial R}+\frac{1}{R}\frac{\partial v_\varphi}{\partial\varphi}+\frac{\partial v_z}{\partial z}=0\quad(4.2\text{-}18)$$

4.2.5 边界条件

牛顿平板实验表明，两个平板上的流体质点都黏附在平板上，下平板上的流体质点静止，上平板上的流体质点的速度与平板速度相同。原因是，由于固体表面的分子对附近的黏性流体的分子总是存在吸引力，导致固体表面附近的流体层被紧紧吸附在固体表面，相对于固体表面完全静止不动，因此固体表面处的流体速度$\boldsymbol{v}_{\text{fluid}}|_S$等于固体表面的速度$\boldsymbol{v}_{\text{solid}}|_S$，即

$$\boldsymbol{v}_{\text{fluid}}|_S=\boldsymbol{v}_{\text{solid}}|_S\quad(4.2\text{-}19)$$

上式的法向和切向分量方程分别为

$$v_{\text{n,fluid}}|_S=v_{\text{n,solid}}|_S,\quad v_{\text{t,fluid}}|_S=v_{\text{t,solid}}|_S\quad(4.2\text{-}20)$$

纳维-斯托克斯方程是二阶微分方程，其解能够满足固体表面上的两个流体速度分量条件式(4.2-20)。这不同于理想流体的情况，欧拉方程是一阶微分方程，其解只能满足一个边界条件$v_{\text{n,fluid}}|_S=v_{\text{n,solid}}|_S$。

【例 1】 牛顿旋转水桶实验：一盛有不可压缩的水的圆柱形容器在重力场中以恒定的角速度绕自身的轴旋转，达到稳恒状态后，水桶里的水像刚体一样旋转，桶壁处的水的速度与桶壁的速度相等。确定水的自由面的形状。

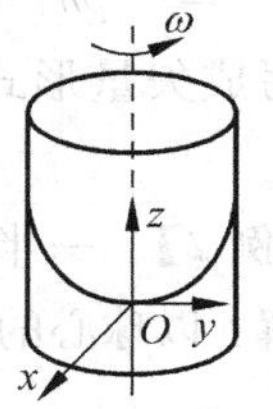

图 4.2.4　旋转水桶里的水面形状

解：黏性流体的边界条件为：桶壁处水的速度与桶壁的速度相等。

把 z 轴取在圆柱形容器的轴上。达到稳恒状态后，水桶里的水像刚体一样旋转，所以满足边界条件的流体速度为

$$\boldsymbol{v}=\omega\boldsymbol{e}_z\times\boldsymbol{r},\quad v_x=-\omega y,\quad v_y=\omega x,\quad v_z=0$$

很显然，满足不可压缩流体的连续性方程。纳维-斯托克斯方程化为

$$\rho(\boldsymbol{v}\cdot\nabla)\boldsymbol{v}=-\nabla p+\eta\nabla^2\boldsymbol{v}+\rho\boldsymbol{g}=-\nabla p+\rho\boldsymbol{g}=\rho\omega^2(-x\boldsymbol{e}_x-y\boldsymbol{e}_y)$$

即

$$\rho\omega^2x=\frac{\partial p}{\partial x},\quad\rho\omega^2y=\frac{\partial p}{\partial y},\quad-\rho g=\frac{\partial p}{\partial z}$$

积分得

$$p=\frac{1}{2}\rho\omega^2(x^2+y^2)-\rho gz+C$$

式中 C 为积分常数。

在水面上的压强为大气压，为常数，即

$$z=\frac{1}{2g}\omega^2(x^2+y^2)+C_1$$

式中 C_1 为常数。故水面为旋转抛物面。

这里得到的结果和第 2 章使用欧拉方程得到的结果相同，这是因为达到稳恒状态后，水桶里的水像刚体一样旋转，流体速度与 x 和 y 呈线性关系，纳维-斯托克斯方程里的黏性项化为零，纳维-斯托克斯方程化为欧拉方程。

4.2.6 施于任意流体面元上力的公式的其他形式

对于不可压缩流体，由式(4.1-3)知，施于一外法线单位矢量为 $\boldsymbol{n}$ 的面元 $\mathrm{d}S$ 上的沿 x_i 轴方向的力为 $f_i\mathrm{d}S$，这里

$$f_i=\sigma_{ji}n_j=-pn_i+\eta\left(\frac{\partial v_i}{\partial x_j}+\frac{\partial v_j}{\partial x_i}\right)n_j$$

例如

$$\begin{aligned}f_1&=\sigma_{j1}n_j=\sigma_{11}n_1+\sigma_{21}n_2+\sigma_{31}n_3\\&=-pn_1+2\eta\frac{\partial v_1}{\partial x_1}n_1+\eta\left(\frac{\partial v_1}{\partial x_2}+\frac{\partial v_2}{\partial x_1}\right)n_2+\eta\left(\frac{\partial v_1}{\partial x_3}+\frac{\partial v_3}{\partial x_1}\right)n_3\\&=-pn_1+\eta\left(\frac{\partial v_2}{\partial x_1}-\frac{\partial v_1}{\partial x_2}\right)n_2+\eta\left(\frac{\partial v_3}{\partial x_1}-\frac{\partial v_1}{\partial x_3}\right)n_3+2\eta\left(\frac{\partial v_1}{\partial x_1}n_1+\frac{\partial v_1}{\partial x_2}n_2+\frac{\partial v_1}{\partial x_3}n_3\right)\\&=-pn_1+\eta(n_2\Omega_3-n_3\Omega_2)+2\eta(\boldsymbol{n}\cdot\nabla)v_1\\&=-pn_1+\eta(\boldsymbol{n}\times\boldsymbol{\Omega})_1+2\eta(\boldsymbol{n}\cdot\nabla)v_1\end{aligned}$$

写成矢量形式

$$\boldsymbol{f}=n_j\sigma_{ji}\boldsymbol{e}_i=-p\boldsymbol{n}+\eta\boldsymbol{n}\times\boldsymbol{\Omega}+2\eta(\boldsymbol{n}\cdot\nabla)\boldsymbol{v}\tag{4.2-21}$$

【例 2】 一半径为 a 的固体球在流体中运动，写出作用在球上的力。

解：以球心的瞬时位置为直角坐标系的原点，那么球面的外法线方向的单位矢量为 $\boldsymbol{n}=\boldsymbol{e}_r$，所以

$$\boldsymbol{f}=-p\boldsymbol{e}_r+\eta\boldsymbol{e}_r\times\boldsymbol{\Omega}+2\eta\frac{\partial\boldsymbol{v}}{\partial r}$$

作用在球上的力为

$$\boldsymbol{F}=\oint_S \boldsymbol{f}\mathrm{d}S=a^2\int_0^{2\pi}\mathrm{d}\varphi\int_0^{\pi}\mathrm{d}\theta\left(-p\,\boldsymbol{e}_r+\eta\boldsymbol{e}_r\times\boldsymbol{\Omega}+2\eta\frac{\partial \boldsymbol{v}}{\partial r}\right)\sin\theta$$

习题

4-2-1 在非惯性参考系里为了使牛顿第二定律在形式上成立，需要引进惯性力。假设非惯性系以加速度 $\boldsymbol{a}$ 相对于地面参考系（惯性参考系）运动，引进惯性力把纳维-斯托克斯方程(4.2-5)推广到非惯性参考系。

4-2-2 对于地球上的小尺度流体流动，地球参考系是一个近似程度很好的惯性参考系。但是对于大尺度的地球大气流动，地球参考系不再是一个近似程度很好的惯性参考系，需要选太阳参考系作为惯性参考系。引进惯性离心力和科里奥利力，假设地球作匀速旋转，忽略地球围绕太阳运动引起的惯性力，把可压缩流体的纳维-斯托克斯方程(4.2-4)推广到地球参考系，证明为

$$\frac{\partial \boldsymbol{v}}{\partial t}=\boldsymbol{v}\times(\nabla\times\boldsymbol{v})-\frac{1}{\rho}\nabla p-\frac{1}{2}\nabla v^2+\frac{\eta}{\rho}\nabla^2\boldsymbol{v}+\frac{\eta}{3\rho}\nabla(\nabla\cdot\boldsymbol{v})-\nabla\Xi+\omega^2\boldsymbol{r}-2\,\boldsymbol{\omega}\times\boldsymbol{v}$$

式中，$\boldsymbol{\omega}$ 为地球旋转角速度，$\boldsymbol{r}$ 为大气质点相对于地球自转轴的垂直位移矢量，Ξ 为地球引力势。

4-2-3 已知可压缩流体的黏性系数 η 为常数，证明纳维-斯托克斯方程可以写成

$$\frac{\partial \boldsymbol{v}}{\partial t}=\boldsymbol{v}\times(\nabla\times\boldsymbol{v})-\frac{1}{\rho}\nabla p-\frac{1}{2}\nabla v^2+\frac{\eta}{\rho}\nabla^2\boldsymbol{v}+\frac{\eta}{3\rho}\nabla(\nabla\cdot\boldsymbol{v})-\nabla\Xi$$

4-2-4 已知可压缩流体的黏性系数 η 为常数，流体作无旋流动，证明纳维-斯托克斯方程的解为

$$\frac{v^2}{2}+\int\frac{\mathrm{d}p}{\rho}+\Xi+\frac{\partial\Phi}{\partial t}-\frac{4\eta}{3}\int\frac{\mathrm{d}(\nabla^2\Phi)}{\rho}=\text{const}$$

对于不可压缩流体，上式化为

$$\frac{v^2}{2}+\frac{p}{\rho}+\Xi+\frac{\partial\Phi}{\partial t}=\text{const}$$

与作无旋运动的不可压缩理想流体的伯努利方程(3.2-11)相同。

4-2-5 已知流体的速度分布分别为

(1) $v_r=0,v_\theta=0,v_\varphi=\dfrac{A}{r^2}\sin\theta$；

(2) $v_r=U\left(1-\dfrac{a}{r}\right)\cos\theta+\dfrac{Ua}{4}(r^2-a^2)\left(-2\,\dfrac{\cos\theta}{r^3}\right)$，

$v_\theta=-U\left(1-\dfrac{a}{r}\right)\sin\theta+\dfrac{Ua}{4}(r^2-a^2)\left(-\dfrac{\sin\theta}{r^3}\right)$， $v_\varphi=0$。

式中，a、U 和 A 为常数。计算黏性应力。

4-2-6 已知流体作二维流动，证明在平面极坐标系、柱坐标系里的方程式(4.2-15)至方程式(4.2-18)里分别化为：

(1) 应力张量为

$$\sigma_{rr}=-p+2\eta\frac{\partial v_r}{\partial r},\quad \sigma_{\theta\theta}=-p+2\eta\left(\frac{1}{r}\frac{\partial v_\theta}{\partial\theta}+\frac{v_r}{r}\right),\quad \sigma_{r\theta}=\eta\left(\frac{1}{r}\frac{\partial v_r}{\partial\theta}+\frac{\partial v_\theta}{\partial r}-\frac{v_\theta}{r}\right)$$

(2) 纳维-斯托克斯方程为

$$\frac{\partial v_r}{\partial t}+(\boldsymbol{v}\cdot\nabla)v_r-\frac{v_\theta^2}{r}=-\frac{1}{\rho}\frac{\partial p}{\partial r}+\frac{\eta}{\rho}\left[\nabla^2 v_r-\frac{2}{r^2}\frac{\partial v_\theta}{\partial\theta}-\frac{v_r}{r^2}\right]$$

$$\frac{\partial v_\theta}{\partial t}+(\boldsymbol{v}\cdot\nabla)v_\theta+\frac{v_r v_\theta}{r}=-\frac{1}{\rho r}\frac{\partial p}{\partial\theta}+\frac{\eta}{\rho}\left[\nabla^2 v_\theta+\frac{2}{r^2}\frac{\partial v_r}{\partial\theta}-\frac{v_\theta}{r^2}\right]$$

式中，

$$(\boldsymbol{v}\cdot\nabla)f=v_r\frac{\partial f}{\partial r}+\frac{v_\theta}{r}\frac{\partial f}{\partial\theta},\quad \nabla^2 f=\frac{1}{r}\frac{\partial}{\partial r}\left(r\frac{\partial f}{\partial r}\right)+\frac{1}{r^2}\frac{\partial^2 f}{\partial\theta^2}$$

(3) 连续性方程为

$$\frac{1}{r}\frac{\partial(rv_r)}{\partial r}+\frac{1}{r}\frac{\partial v_\theta}{\partial\theta}=0$$

4.3 涡量方程与流函数方程

在第2章我们研究了理想流体的运动，由于流体内部没有切应力存在，通常情况下也不存在能够改变流体微元的旋转状态的其他力，因此理想流体的运动常常是无旋运动。这一结论对实际流体不成立，因为实际流体有黏性，流体内部有切应力存在，黏性力既能使不旋转的流体微元产生旋转，也能使已旋转的流体微元旋转变快或变慢，因此黏性流体的运动是涡旋运动。本节将研究黏性流体的涡量的变化规律。

4.3.1 不可压缩流体的涡量方程

不可压缩流体的纳维-斯托克斯方程式(4.2-8)为

$$\frac{\partial\boldsymbol{v}}{\partial t}-\boldsymbol{v}\times(\nabla\times\boldsymbol{v})=\frac{\eta}{\rho}\nabla^2\boldsymbol{v}-\nabla\left(\frac{v^2}{2}+\frac{p}{\rho}+\Xi\right)$$

将∇叉乘于上述方程两边并利用矢量公式$\nabla\times\nabla f=\boldsymbol{0}$，得

$$\frac{\partial}{\partial t}\nabla\times\boldsymbol{v}-\nabla\times[\boldsymbol{v}\times(\nabla\times\boldsymbol{v})]=\frac{\eta}{\rho}\nabla^2(\nabla\times\boldsymbol{v})\tag{4.3-1}$$

用涡量$\boldsymbol{\Omega}=\nabla\times\boldsymbol{v}$表示，得涡量方程

$$\frac{\partial\boldsymbol{\Omega}}{\partial t}-\nabla\times(\boldsymbol{v}\times\boldsymbol{\Omega})=\frac{\eta}{\rho}\nabla^2\boldsymbol{\Omega}\tag{4.3-2}$$

应用矢量公式$\nabla\times(\boldsymbol{a}\times\boldsymbol{b})=\boldsymbol{a}(\nabla\cdot\boldsymbol{b})-\boldsymbol{b}(\nabla\cdot\boldsymbol{a})+(\boldsymbol{b}\cdot\nabla)\boldsymbol{a}-(\boldsymbol{a}\cdot\nabla)\boldsymbol{b}$，连续性方程$\nabla\cdot\boldsymbol{v}=0$及涡量性质$\nabla\cdot\boldsymbol{\Omega}=0$得

$$\nabla\times(\boldsymbol{v}\times\boldsymbol{\Omega})=(\boldsymbol{\Omega}\cdot\nabla)\boldsymbol{v}-(\boldsymbol{v}\cdot\nabla)\boldsymbol{\Omega}$$

把上式代入式(4.3-2)得涡量方程的第二种形式

$$\frac{\mathrm{d}\boldsymbol{\Omega}}{\mathrm{d}t}=\frac{\partial\boldsymbol{\Omega}}{\partial t}+(\boldsymbol{v}\cdot\nabla)\boldsymbol{\Omega}=(\boldsymbol{\Omega}\cdot\nabla)\boldsymbol{v}+\frac{\eta}{\rho}\nabla^2\boldsymbol{\Omega}\tag{4.3-3}$$

应用公式$\nabla\times(\nabla\times\boldsymbol{b})=\nabla(\nabla\cdot\boldsymbol{b})-\nabla^2\boldsymbol{b}$及$\nabla\cdot\boldsymbol{\Omega}=0$，得

$$\nabla\times(\nabla\times\boldsymbol{\Omega})=-\nabla^2\boldsymbol{\Omega}$$

把上式代入式(4.3-3)得涡量方程的第三种形式

$$\frac{\mathrm{d}\boldsymbol{\Omega}}{\mathrm{d}t}=\frac{\partial\boldsymbol{\Omega}}{\partial t}+(\boldsymbol{v}\cdot\nabla)\boldsymbol{\Omega}=(\boldsymbol{\Omega}\cdot\nabla)\boldsymbol{v}-\frac{\eta}{\rho}\nabla\times(\nabla\times\boldsymbol{\Omega})\tag{4.3-4}$$

4.3.2　二维流动的流函数方程

在1.6节我们已经证明作二维流动的不可压缩流体的涡量满足方程(1.6-9)和方程(1.6-10)

$$\frac{\mathrm{d}\boldsymbol{\Omega}}{\mathrm{d}t}=\boldsymbol{e}_z\frac{\mathrm{d}\Omega}{\mathrm{d}t}$$

$$\frac{\mathrm{d}\Omega}{\mathrm{d}t}=-\left(\frac{\partial}{\partial t}+\frac{\partial\psi}{\partial y}\frac{\partial}{\partial x}-\frac{\partial\psi}{\partial x}\frac{\partial}{\partial y}\right)\left(\frac{\partial^2\psi}{\partial x^2}+\frac{\partial^2\psi}{\partial y^2}\right)$$

$$(\boldsymbol{\Omega}\cdot\nabla)\boldsymbol{v}=\Omega\frac{\partial\boldsymbol{v}}{\partial z}=\boldsymbol{0}$$

代入不可压缩黏性流体的涡量方程(4.3-3)得

$$\begin{aligned}\frac{\mathrm{d}\boldsymbol{\Omega}}{\mathrm{d}t}&=\boldsymbol{e}_z\frac{\mathrm{d}\Omega}{\mathrm{d}t}\\\frac{\mathrm{d}\Omega}{\mathrm{d}t}&=\frac{\partial\Omega}{\partial t}+(\boldsymbol{v}\cdot\nabla)\Omega=\frac{\eta}{\rho}\nabla^2\Omega\end{aligned}\tag{4.3-5}$$

用流函数来表示，得

$$\left[\frac{\partial}{\partial t}+\frac{\partial\psi}{\partial y}\frac{\partial}{\partial x}-\frac{\partial\psi}{\partial x}\frac{\partial}{\partial y}-\frac{\eta}{\rho}\left(\frac{\partial^2}{\partial x^2}+\frac{\partial^2}{\partial y^2}\right)\right]\left(\frac{\partial^2}{\partial x^2}+\frac{\partial^2}{\partial y^2}\right)\psi=0\tag{4.3-6}$$

如果不可压缩流体作二维圆周运动，即 $v_r=0, v_\theta=v(r,t)$，$\Omega=\Omega(r,t)$，$r=\sqrt{x^2+y^2}$，那么有

$$(\boldsymbol{v}\cdot\nabla)\Omega=v_\theta\frac{1}{r}\frac{\partial}{\partial\theta}\Omega(r,t)=0$$

涡量方程化为

$$\frac{\partial\Omega}{\partial t}=\frac{\eta}{\rho}\nabla^2\Omega=\frac{\eta}{\rho}\left(\frac{\partial^2}{\partial r^2}+\frac{1}{r}\frac{\partial}{\partial r}\right)\Omega\tag{4.3-7}$$

即如果不可压缩流体作二维圆周运动，那么其涡量遵守扩散方程。

对于初始时刻位于 z 轴上的无限长的直线涡丝，即 $\Omega(\boldsymbol{r},0)=\Gamma\delta(\boldsymbol{r})$，其解为

$$\Omega=\frac{\Gamma}{2\pi}\frac{\rho}{2\eta t}\exp\left(-\frac{\rho r^2}{4\eta t}\right)\tag{4.3-8}$$

式中，$\Gamma=\int\Omega(\boldsymbol{r},t=0)\mathrm{d}x\mathrm{d}y$ 称为涡丝强度。

4.3.3　轴对称流动的流函数方程

在1.6节我们引进了流体的轴对称流动，如图1.6.4所示。在2.5节我们推导了作轴对称流动的不可压缩理想流体的流函数方程。现在我们推导作轴对称流动的不可压缩黏性流体的流函数方程。

(1) 球坐标系

在1.6节我们已经证明不可压缩流体的轴对称流动的涡量满足式(1.6-17)和式(1.6-20)，即

$$\nabla\times(\nabla\times\boldsymbol{\Omega})=\boldsymbol{e}_\varphi\left\{-\frac{1}{r}\frac{\partial^2(r\Omega)}{\partial r^2}-\frac{1}{r}\frac{\partial}{\partial\theta}\left[\frac{1}{r\sin\theta}\frac{\partial(\Omega\sin\theta)}{\partial\theta}\right]\right\}=\boldsymbol{e}_\varphi\frac{1}{r\sin\theta}\Theta^2\psi$$

$$\frac{\mathrm{d}\boldsymbol{\Omega}}{\mathrm{d}t}-(\boldsymbol{\Omega}\cdot\nabla)\boldsymbol{v}=\boldsymbol{e}_\varphi(r\sin\theta)\left(\frac{\partial}{\partial t}+v_r\frac{\partial}{\partial r}+v_\theta\frac{1}{r}\frac{\partial}{\partial\theta}\right)\frac{\Omega}{r\sin\theta}$$

把上面两式代入涡量方程(4.3-4)得流函数满足的方程

$$\left(\frac{\partial}{\partial t}+\frac{1}{r^2\sin\theta}\frac{\partial\psi}{\partial\theta}\frac{\partial}{\partial r}-\frac{1}{r^2\sin\theta}\frac{\partial\psi}{\partial r}\frac{\partial}{\partial\theta}\right)\frac{1}{r^2\sin^2\theta}\Theta\psi=\frac{\eta}{\rho}\frac{1}{r^2\sin^2\theta}\Theta^2\psi \tag{4.3-9}$$

(2) 柱坐标系

在 1.6 节我们已经证明不可压缩流体的任意的轴对称流动的涡量满足式(1.6-24)和式(1.6-27),即

$$\nabla\times(\nabla\times\boldsymbol{\Omega})=\boldsymbol{e}_\varphi\left\{-\frac{\partial^2\Omega}{\partial z^2}-\frac{\partial}{\partial R}\left[\frac{1}{R}\frac{\partial(R\Omega)}{\partial R}\right]\right\}=\boldsymbol{e}_\varphi\frac{1}{R}\Theta^2\psi$$

$$\frac{\mathrm{d}\boldsymbol{\Omega}}{\mathrm{d}t}-(\boldsymbol{\Omega}\cdot\nabla)\boldsymbol{v}=\boldsymbol{e}_\varphi R\left(\frac{\partial}{\partial t}+v_R\frac{\partial}{\partial R}+v_z\frac{\partial}{\partial z}\right)\frac{\Omega}{R}$$

把上面两式代入涡量方程(4.3-4),得流函数满足的方程

$$\left(\frac{\partial}{\partial t}-\frac{1}{R}\frac{\partial\psi}{\partial z}\frac{\partial}{\partial R}+\frac{1}{R}\frac{\partial\psi}{\partial R}\frac{\partial}{\partial z}\right)\frac{1}{R^2}\Theta\psi=\frac{\eta}{\rho}\frac{1}{R^2}\Theta^2\psi \tag{4.3-10}$$

4.3.4 速度环量方程

我们已经在 1.5 节证明,沿任何流体封闭周线的速度环量随时间的变化率等于沿该周线的加速度环量,即式(1.5-20)

$$\frac{\mathrm{d}K}{\mathrm{d}t}=\frac{\mathrm{d}}{\mathrm{d}t}\oint_{C(t)}\boldsymbol{v}\cdot\delta\boldsymbol{r}=\oint_{C(t)}\left[\frac{\mathrm{d}\boldsymbol{v}}{\mathrm{d}t}\cdot\delta\boldsymbol{r}+\delta\left(\frac{v^2}{2}\right)\right]=\oint_{C(t)}\frac{\mathrm{d}\boldsymbol{v}}{\mathrm{d}t}\cdot\delta\boldsymbol{r}$$

把不可压缩流体的纳维-斯托克斯方程

$$\frac{\mathrm{d}\boldsymbol{v}}{\mathrm{d}t}=\frac{\partial\boldsymbol{v}}{\partial t}+(\boldsymbol{v}\cdot\nabla)\boldsymbol{v}=-\nabla\left(\frac{p}{\rho}+\Xi\right)+\frac{\eta}{\rho}\nabla^2\boldsymbol{v}=-\nabla\left(\frac{p}{\rho}+\Xi\right)-\frac{\eta}{\rho}\nabla\times\boldsymbol{\Omega}$$

代入式(1.5-20)得

$$\begin{aligned}\frac{\mathrm{d}K}{\mathrm{d}t}&=\oint_{C(t)}\frac{\mathrm{d}\boldsymbol{v}}{\mathrm{d}t}\cdot\delta\boldsymbol{r}=\oint\left[-\nabla\left(\frac{p}{\rho}+\Xi\right)+\frac{\eta}{\rho}\nabla^2\boldsymbol{v}\right]\cdot\delta\boldsymbol{r}\\&=\frac{\eta}{\rho}\oint_{C(t)}\nabla^2\boldsymbol{v}\cdot\delta\boldsymbol{r}=-\frac{\eta}{\rho}\oint_{C(t)}(\nabla\times\boldsymbol{\Omega})\cdot\delta\boldsymbol{r}\end{aligned}$$

把 $\delta\boldsymbol{r}$ 改回通常的记号 $\mathrm{d}\boldsymbol{r}$,得

$$\frac{\mathrm{d}K}{\mathrm{d}t}=\frac{\eta}{\rho}\oint_{C(t)}\nabla^2\boldsymbol{v}\cdot\mathrm{d}\boldsymbol{r}=-\frac{\eta}{\rho}\oint_{C(t)}(\nabla\times\boldsymbol{\Omega})\cdot\mathrm{d}\boldsymbol{r} \tag{4.3-11}$$

我们看到,对于位于保守外力场中且作任意运动的黏性流体,在其内沿流体封闭周线的速度环量随时间的变化率正比于沿该周线的涡量的旋度的环量。

式(4.3-11)表明,当流体封闭周线随流体一块儿运动时,沿流体封闭周线的速度环量随时间的变化率只依赖于流体封闭周线上的涡量的旋度。由于涡是在固体表面附近流体层产生的,如果流体初始时处于静止,那么速度环量一定是从那里扩散过来的。

习题

4-3-1 对于平面极坐标系里的不可压缩黏性流体的二维流动,证明流函数满足:

$$\left(\frac{\partial}{\partial t}+\frac{1}{r}\frac{\partial\psi}{\partial\theta}\frac{\partial}{\partial r}-\frac{1}{r}\frac{\partial\psi}{\partial r}\frac{\partial}{\partial\theta}\right)\nabla^2\psi=\frac{\eta}{\rho}\nabla^2\nabla^2\psi$$

4-3-2 验证式(4.3-8)是式(4.3-7)的解。

4-3-3 使用式(4.3-8)确定流函数和流体速度。

4-3-4 使用式(4.3-8)证明沿半径为 r 的圆周的速度环量为

$$K(r,t)=2\pi rv=\int_0^r 2\pi r\Omega \mathrm{d}r=\Gamma\left[1-\exp\left(-\frac{\rho r^2}{4\eta t}\right)\right]$$

4-3-5 证明兰金组合涡是涡量方程(4.3-3)的一个解。

4-3-6 证明希尔球涡满足 $\Theta^2\psi_{\mathrm{in}}=0,\Theta^2\psi_{\mathrm{ex}}=0$,从而希尔球涡是涡量方程(4.3-9)的一个解。

4.4 不可压缩流体的能量平衡方程与热传导方程

4.4.1 能量耗散

对于黏性流体,存在能量耗散,最终耗散的能量转变为热。对于不可压缩流体,宏观机械能耗散的计算很简单。

1. 拉格朗日描写下的能量耗散

考虑运动流体的一部分,随着时间的推移,其体积 $V(t)$ 和表面 $S(t)$ 形状不断变化,但质量 m 不变。连续性方程为

$$\frac{\mathrm{d}}{\mathrm{d}t}(\rho \mathrm{d}V)=0$$

其动能随时间的变化率为

$$\frac{\mathrm{d}}{\mathrm{d}t}\int_{V(t)}\frac{1}{2}\rho v^2\mathrm{d}V=\frac{1}{2}\int_{V(t)}\left[\frac{\mathrm{d}(v^2)}{\mathrm{d}t}\rho\mathrm{d}V+v^2\frac{\mathrm{d}}{\mathrm{d}t}(\rho\mathrm{d}V)\right]=\int_{V(t)}\rho v_i\frac{\mathrm{d}v_i}{\mathrm{d}t}\mathrm{d}V$$

把纳维-斯托克斯方程 $\frac{\mathrm{d}v_i}{\mathrm{d}t}=-\frac{1}{\rho}\frac{\partial p}{\partial x_i}+\frac{1}{\rho}\frac{\partial\sigma'_{ji}}{\partial x_j}-\frac{\partial\Xi}{\partial x_i}$ 代入上式,并利用连续性方程 $\nabla\cdot\boldsymbol{v}=\frac{\partial v_j}{\partial x_j}=0$ 得

$$\begin{aligned}\frac{\mathrm{d}}{\mathrm{d}t}\int_{V(t)}\frac{1}{2}\rho v^2\mathrm{d}V&=\int_{V(t)}v_i\left(-\frac{\partial p}{\partial x_i}+\frac{\partial\sigma'_{ji}}{\partial x_j}-\rho\frac{\partial\Xi}{\partial x_i}\right)\mathrm{d}V\\&=\int_{V(t)}\left\{\frac{\partial}{\partial x_j}[v_i(-p\delta_{ij}+\sigma'_{ji})]-\sigma'_{ji}\frac{\partial v_i}{\partial x_j}-\rho v_i\frac{\partial\Xi}{\partial x_i}\right\}\mathrm{d}V\end{aligned}\tag{4.4-1}$$

由于外场的势与时间无关,有

$$\frac{\mathrm{d}\Xi}{\mathrm{d}t}=v_i\frac{\partial\Xi}{\partial x_i}\tag{4.4-2}$$

把式(4.4-2)代入式(4.4-1),并使用高斯定理得

$$\oint_{S(t)}\boldsymbol{v}\cdot\boldsymbol{f}\mathrm{d}S=\frac{\mathrm{d}}{\mathrm{d}t}\int_{V(t)}\left(\frac{1}{2}\rho v^2+\rho\Xi\right)\mathrm{d}V+\frac{1}{2\eta}\int_{V(t)}\sigma'_{ji}\sigma'_{ji}\mathrm{d}V\tag{4.4-3}$$

式中 $\boldsymbol{f}$ 由式(4.1-2)给出。式(4.4-3)左边表示在单位时间内作用在这部分流体的表面上的力所做的总功,右边第一项表示这部分流体的宏观机械能(宏观动能和在外场中的势能之和)在单位时间内的增量。现在根据牛顿力学质点系的功能原理来解释右边第二项的物理意义。牛顿力学中的质点系的功能原理断言:在惯性参考系中,所有非保守外力和非保守内力对所有质点所做的总功等于质点系的机械能的增量。这里非保守外力就是作用在这部分流体的表面上的力,非保守内力不存在。从微观角度看,流体分子除了作宏观定向运动,

还作随机的热运动，存在热运动动能，此外分子之间还有相互作用，而且是保守内力，存在相互作用势能，所有流体分子热运动动能和分子之间相互作用势能的总和就是流体的内能。所以流体的总能量等于宏观机械能和流体的内能之和。根据牛顿力学中的质点系的功能原理，在单位时间内作用在运动流体的任一部分的表面上的力所做的总功，一部分转化为流体的宏观机械能，其余部分转化为流体的内能。因此右边第二项表示在单位时间内这部分流体的内能的增量，代表了由于流体内摩擦引起的能量耗散率，为

$$\dot{E}_{\mathrm{dis}} = \int_{V(t)} \dot{e}_{\mathrm{dis}} \mathrm{d}V \tag{4.4-4}$$

式中 $\dot{e}_{\mathrm{dis}}$ 表示在单位时间内单位体积的流体的能量耗散

$$\begin{aligned}\dot{e}_{\mathrm{dis}} &= -\frac{1}{2\eta}\sigma'_{ji}\sigma'_{ji} = -\frac{1}{2\eta}(\sigma'^2_{xx}+\sigma'^2_{yy}+\sigma'^2_{zz}+2\sigma'^2_{xy}+2\sigma'^2_{yz}+2\sigma'^2_{zx}) \\ &= -\frac{\eta}{2}\left(\frac{\partial v_i}{\partial x_j}+\frac{\partial v_j}{\partial x_i}\right)\left(\frac{\partial v_i}{\partial x_j}+\frac{\partial v_j}{\partial x_i}\right) \\ &= -\eta\left[2\left(\frac{\partial v_x}{\partial x}\right)^2+2\left(\frac{\partial v_y}{\partial y}\right)^2+2\left(\frac{\partial v_z}{\partial z}\right)^2+\left(\frac{\partial v_x}{\partial y}+\frac{\partial v_y}{\partial x}\right)^2+\right. \\ &\qquad \left.\left(\frac{\partial v_z}{\partial y}+\frac{\partial v_y}{\partial z}\right)^2+\left(\frac{\partial v_x}{\partial z}+\frac{\partial v_z}{\partial x}\right)^2\right] \\ &= -\frac{1}{2\eta}(\sigma'^2_{rr}+\sigma'^2_{\theta\theta}+\sigma'^2_{\varphi\varphi}+2\sigma'^2_{r\theta}+2\sigma'^2_{\theta\varphi}+2\sigma'^2_{r\varphi}) \\ &= -\frac{1}{2\eta}(\sigma'^2_{RR}+\sigma'^2_{\varphi\varphi}+\sigma'^2_{zz}+2\sigma'^2_{R\varphi}+2\sigma'^2_{z\varphi}+2\sigma'^2_{Rz})\end{aligned} \tag{4.4-5}$$

$\dot{e}_{\mathrm{dis}}$ 是一个与坐标系选择无关的不变量。

在单位时间内由于运动引起的这部分流体的内能的增量为

$$\left(\frac{\mathrm{d}}{\mathrm{d}t}\int_{V(t)}\rho\varepsilon\,\mathrm{d}V\right)_{\mathrm{motion}} = \frac{1}{2\eta}\int_{V(t)}\sigma'_{ij}\sigma'_{ij}\,\mathrm{d}V \tag{4.4-6}$$

2. 欧拉描写下的动能平衡方程

使用式(4.4-2)，纳维-斯托克斯方程 $\frac{\partial v_i}{\partial t} = -v_j\frac{\partial v_i}{\partial x_j} - \frac{1}{\rho}\frac{\partial p}{\partial x_i} + \frac{1}{\rho}\frac{\partial \sigma'_{ji}}{\partial x_j} - \frac{\partial \varXi}{\partial x_i}$ 和连续性方程 $\nabla\cdot\boldsymbol{v} = \frac{\partial v_j}{\partial x_j} = 0$，得

$$\begin{aligned}\frac{\partial}{\partial t}\left(\frac{1}{2}\rho v^2\right) &= \rho v_i\frac{\partial v_i}{\partial t} = -\rho v_i v_j\frac{\partial v_i}{\partial x_j} - v_i\frac{\partial p}{\partial x_i} + v_i\frac{\partial \sigma'_{ji}}{\partial x_j} - \rho v_i\frac{\partial \varXi}{\partial x_i} \\ &= -\frac{\partial}{\partial x_j}\left(\frac{1}{2}\rho v^2 v_j - v_i\sigma_{ji}\right) - \rho\boldsymbol{v}\cdot\nabla\varXi - \frac{1}{2\eta}\sigma'_{ji}\sigma'_{ji}\end{aligned} \tag{4.4-7}$$

为了看出上式的物理意义，在某一固定体积上积分，得

$$\oint_S \boldsymbol{v}\cdot\boldsymbol{f}\mathrm{d}S - \int_V \rho\boldsymbol{v}\cdot\nabla\varXi\mathrm{d}V - \int_V \frac{1}{2\eta}\sigma'_{ji}\sigma'_{ji}\mathrm{d}V = \frac{\partial}{\partial t}\int_V\left(\frac{1}{2}\rho v^2\right)\mathrm{d}V + \oint_S \frac{1}{2}\rho v^2\boldsymbol{v}\cdot\mathrm{d}\boldsymbol{S} \tag{4.4-8}$$

式中 $\boldsymbol{f}\mathrm{d}S = n_j\sigma_{ji}\boldsymbol{e}_i\mathrm{d}S$ 表示作用在面元上的力。式(4.4-8)左边第一项代表在单位时间内作用在该体积的表面上的力所做的功，第二项代表在单位时间内在该体积内的流体所受到的外力做的功，右边第一项代表一固定体积内的流体动能在单位时间内的增量，第二项代表在

单位时间内从该体积的表面流出去的动能，左边第三项代表在单位时间内在该体积内的流体的能量耗散。

3. 流体的黏性系数的正定性

现在我们证明流体的黏性系数 η 总是正的。把式(4.4-8)应用到一个特殊情况。考虑一个静止容器里的流体，如果 V 取为整个流体的体积，不考虑外场力，没有其他固体存在，在流体的边界上流体速度为零，那里外力不做功，而且没有动能从那里流出，式(4.4-8)化为

$$\dot{E}_{\mathrm{k}} = \dot{E}_{\mathrm{dis}} = -\frac{1}{2\eta}\int_V \sigma'_{ji}\sigma'_{ji}\,\mathrm{d}V = -\frac{1}{2}\eta\int_V \left(\frac{\partial v_i}{\partial x_j}+\frac{\partial v_j}{\partial x_i}\right)\left(\frac{\partial v_i}{\partial x_j}+\frac{\partial v_j}{\partial x_i}\right)\mathrm{d}V \tag{4.4-9}$$

根据热力学第二定律，整个流体的动能总是减少的，即 $\dot{E}_{\mathrm{k}}<0$，所以从上式我们推断流体的黏性系数 η 总是正的。

【例 1】 已知不可压缩流体作无旋流动，计算能量耗散。

解： 无旋流动有

$$\boldsymbol{v} = \nabla\Phi,\quad \nabla^2\Phi = 0,\quad v_i = \frac{\partial\Phi}{\partial x_i},\quad v_j = \frac{\partial\Phi}{\partial x_j},\quad \frac{\partial v_i}{\partial x_j} = \frac{\partial v_j}{\partial x_i} = \frac{\partial^2\Phi}{\partial x_i\partial x_j}$$

使用上式，能量耗散式(4.4-5)化为

$$\begin{aligned}\dot{e}_{\mathrm{dis}} &= -2\eta\frac{\partial v_i}{\partial x_j}\frac{\partial v_i}{\partial x_j} = -2\eta\left[\frac{\partial}{\partial x_j}\left(v_i\frac{\partial v_i}{\partial x_j}\right) - v_i\frac{\partial^2 v_i}{\partial x_j^2}\right]\\ &= -\eta\frac{\partial^2(v^2)}{\partial x_j^2} = -\eta\nabla^2 v^2\\ \dot{E}_{\mathrm{dis}} &= -\eta\int_V \nabla^2 v^2\,\mathrm{d}V = -\eta\oint_S \frac{\partial v^2}{\partial x_j}n_j\,\mathrm{d}S = -\eta\oint_S \nabla v^2\cdot\mathrm{d}\boldsymbol{S}\end{aligned}$$

4.4.2 能量耗散的其他表达形式

$\dot{E}_{\mathrm{dis}}$ 可以用涡量 $\boldsymbol{\Omega}=\nabla\times\boldsymbol{v}$ 来表达。易证(习题 4-4-1)：

$$\dot{e}_{\mathrm{dis}} = -\frac{1}{2}\eta\left(\frac{\partial v_i}{\partial x_j}+\frac{\partial v_j}{\partial x_i}\right)\left(\frac{\partial v_i}{\partial x_j}+\frac{\partial v_j}{\partial x_i}\right) = -\eta\{\Omega^2 + 2\,\nabla\cdot[(\boldsymbol{v}\cdot\nabla)\boldsymbol{v}]\} \tag{4.4-10}$$

$$\begin{aligned}\dot{E}_{\mathrm{dis}} &= -\eta\int_V\{\Omega^2 + 2\,\nabla\cdot[(\boldsymbol{v}\cdot\nabla)\boldsymbol{v}]\}\mathrm{d}V\\ &= -\eta\int_V \Omega^2\,\mathrm{d}V - 2\eta\oint_S[(\boldsymbol{v}\cdot\nabla)\boldsymbol{v}]\cdot\mathrm{d}\boldsymbol{S}\end{aligned} \tag{4.4-11}$$

4.4.3 欧拉描写下的能量平衡方程

现在我们根据热力学第一定律写出一固定体积内的流体的能量平衡方程

$$\frac{\partial}{\partial t}\int_V \mathrm{d}V\left(\frac{1}{2}\rho v^2+\rho\varepsilon\right) = -\oint_S\left(\frac{1}{2}\rho v^2+\rho\varepsilon\right)\boldsymbol{v}\cdot\mathrm{d}\boldsymbol{S} - \oint_S \boldsymbol{q}\cdot\mathrm{d}\boldsymbol{S} + \oint_S v_i\sigma_{ji}n_j\,\mathrm{d}S - \int_V \rho v_j\frac{\partial\Xi}{\partial x_j}\mathrm{d}V \tag{4.4-12}$$

式(4.4-12)左边代表一固定体积内的流体的能量(动能和内能之和)在单位时间内的增量，右边第一项代表在单位时间内由流体通过表面直接携带进去的能量，第二项代表在单位时间内从该体积的表面流进去的热量，第三项代表在单位时间内在该体积的表面上的应力做的功，第四项代表在单位时间内作用在该体积内的外力所做的功。根据傅里叶定律，热流密

度矢量 $\boldsymbol{q}$ 为

$$\boldsymbol{q} = -\kappa \nabla T \tag{4.4-13}$$

式中 $\kappa = \kappa(T, p)$ 是热传导系数。

使用高斯定理把式(4.4-12)写成微分形式

$$\frac{\partial}{\partial t}\left(\frac{1}{2}\rho v^2 + \rho\varepsilon + \rho\Xi\right) = -\frac{\partial J_j}{\partial x_j} \tag{4.4-14}$$

式中，

$$J_j = \left(\frac{1}{2}v^2 + h + \Xi\right)\rho v_j - v_i \sigma'_{ji} + q_j \tag{4.4-15}$$

为看出式(4.4-15)的物理意义，在某一固定体积上积分，得

$$\frac{\partial}{\partial t}\int_V \left(\rho\frac{v^2}{2} + \rho\varepsilon + \rho\Xi\right)\mathrm{d}V = -\oint_S J_j n_j \,\mathrm{d}S \tag{4.4-16}$$

式(4.4-16)左边代表一固定体积内的流体总能量(动能、内能和外势能之和)在单位时间内的增量，右边代表在单位时间内从该体积的表面流进去的能量，因此

$$\boldsymbol{J} = J_j \boldsymbol{e}_j = \left(\frac{1}{2}v^2 + h + \Xi\right)\rho \boldsymbol{v} - v_i \sigma'_{ji} \boldsymbol{e}_j + \boldsymbol{q} \tag{4.4-17}$$

可以解释为“能流密度矢量”。式(4.4-14)和式(4.4-16)就是能量平衡方程。

4.4.4 热传导方程

前面我们证明了运动引起的流体的任一部分的内能的增量等于能量耗散，即式(4.4-9)

$$\left(\frac{\mathrm{d}}{\mathrm{d}t}\int_{V(t)} \rho\varepsilon \,\mathrm{d}V\right)_{\text{motion}} = \frac{1}{2\eta}\int_{V(t)} \sigma'_{ji}\sigma'_{ji}\,\mathrm{d}V$$

如果黏性流体各部分的温度不同，那么将有热传导发生，从流体表面流进去的热量将会引起流体的内能改变，即

$$\left(\frac{\mathrm{d}}{\mathrm{d}t}\int_{V(t)} \rho\varepsilon \,\mathrm{d}V\right)_{\text{heat}} = -\oint_{S(t)} \boldsymbol{q}\cdot \mathrm{d}\boldsymbol{S} \tag{4.4-18}$$

所以运动流体的任一部分的内能的增量由运动的贡献加上热传导的贡献组成，即

$$\frac{\mathrm{d}}{\mathrm{d}t}\int_{V(t)} \rho\varepsilon \,\mathrm{d}V = \left(\int_{V(t)} \rho\frac{\mathrm{d}\varepsilon}{\mathrm{d}t}\mathrm{d}V\right)_{\text{motion}} + \left(\int_{V(t)} \rho\frac{\mathrm{d}\varepsilon}{\mathrm{d}t}\mathrm{d}V\right)_{\text{heat}} = \frac{1}{2\eta}\int_{V(t)} \sigma'_{ji}\sigma'_{ji}\,\mathrm{d}V - \oint_{S(t)} \boldsymbol{q}\cdot \mathrm{d}\boldsymbol{S} \tag{4.4-19}$$

使用高斯定理把式(4.4-19)写成微分形式

$$\rho\frac{\mathrm{d}\varepsilon}{\mathrm{d}t} = \frac{1}{2\eta}\sigma'_{ji}\sigma'_{ji} - \nabla\cdot \boldsymbol{q} \tag{4.4-20}$$

利用热力学关系 $\left(\frac{\partial\varepsilon}{\partial T}\right)_\rho = c_V$，并假定 c_V 为常数得

$$\varepsilon = c_V T + \text{const} \tag{4.4-21}$$

把式(4.4-13)和式(4.4-21)代入式(4.4-20)并假定 κ 为常数，我们得到不可压缩流体的热传导方程

$$\frac{\mathrm{d}T}{\mathrm{d}t} = \frac{\partial T}{\partial t} + (\boldsymbol{v}\cdot\nabla)T = \frac{\kappa}{\rho c_V}\nabla^2 T + \frac{1}{2\rho c_V \eta}\sigma'_{ji}\sigma'_{ji} \tag{4.4-22}$$

式中与耗散有关的量 $\sigma'_{ji}\sigma'_{ji}$ 是一个与坐标系选择无关的不变量。在各个坐标系方程的形式如下：

(1) 平面极坐标系(二维流动)

$$\frac{\partial T}{\partial t}+\left(v_r\frac{\partial}{\partial r}+\frac{v_\theta}{r}\frac{\partial}{\partial\theta}\right)T=\frac{\kappa}{\rho c_V}\left[\frac{1}{r}\frac{\partial}{\partial r}\left(r\frac{\partial}{\partial r}\right)+\frac{1}{r^2}\frac{\partial^2}{\partial\theta^2}\right]T+\frac{1}{2\rho c_V\eta}(\sigma_{rr}'^2+\sigma_{\theta\theta}'^2+2\sigma_{r\theta}'^2) \tag{4.4-23}$$

(2) 直角坐标系

$$\frac{\partial T}{\partial t}+\left(v_x\frac{\partial}{\partial x}+v_y\frac{\partial}{\partial y}+v_z\frac{\partial}{\partial z}\right)T=\frac{\kappa}{\rho c_V}\left(\frac{\partial^2}{\partial x^2}+\frac{\partial^2}{\partial y^2}+\frac{\partial^2}{\partial z^2}\right)T+\frac{1}{2\rho c_V\eta}(\sigma_{xx}'^2+\sigma_{yy}'^2+\sigma_{zz}'^2+2\sigma_{xy}'^2+2\sigma_{yz}'^2+2\sigma_{zx}'^2) \tag{4.4-24}$$

(3) 球坐标系

$$\frac{\partial T}{\partial t}+\left(v_r\frac{\partial}{\partial r}+\frac{v_\theta}{r}\frac{\partial}{\partial\theta}+\frac{v_\varphi}{r\sin\theta}\frac{\partial}{\partial\varphi}\right)T$$
$$=\frac{\kappa}{\rho c_V}\left[\frac{1}{r^2}\frac{\partial}{\partial r}\left(r^2\frac{\partial}{\partial r}\right)+\frac{1}{r^2\sin\theta}\frac{\partial}{\partial\theta}\left(\sin\theta\frac{\partial}{\partial\theta}\right)+\frac{1}{r^2\sin^2\theta}\frac{\partial^2}{\partial\varphi^2}\right]T+$$
$$\frac{1}{2\rho c_V\eta}(\sigma_{rr}'^2+\sigma_{\theta\theta}'^2+\sigma_{\varphi\varphi}'^2+2\sigma_{r\theta}'^2+2\sigma_{\theta\varphi}'^2+2\sigma_{r\varphi}'^2) \tag{4.4-25}$$

(4) 柱坐标系

$$\frac{\partial T}{\partial t}+\left(v_R\frac{\partial}{\partial R}+\frac{v}{R}\frac{\partial}{\partial\varphi}+v_z\frac{\partial}{\partial z}\right)T=\frac{\kappa}{\rho c_V}\left[\frac{1}{R}\frac{\partial}{\partial R}\left(R\frac{\partial}{\partial R}\right)+\frac{1}{R^2}\frac{\partial^2}{\partial\varphi^2}+\frac{\partial^2}{\partial z^2}\right]T+$$
$$\frac{1}{2\rho c_V\eta}(\sigma_{RR}'^2+\sigma_{\varphi\varphi}'^2+\sigma_{zz}'^2+2\sigma_{R\varphi}'^2+2\sigma_{z\varphi}'^2+2\sigma_{Rz}'^2) \tag{4.4-26}$$

习题

4-4-1 证明式(4.4-10)。

4-4-2 无限大的不可压缩黏性流体中有一个希尔球涡存在,流体速度由式(2.5-18)给出,使用式(4.4-11)计算整个流体的能量耗散,结果为

$$\dot{E}_{\mathrm{dis}}=-\eta\int_V\Omega_{\mathrm{in}}^2\mathrm{d}V=-30\eta U^2a$$

4-4-3 如果不可压缩流体作二维圆周运动,证明

$$\dot{e}_{\mathrm{dis}}=-\frac{1}{2\eta}\sigma'_{ji}\sigma'_{ji}=-\frac{1}{2\eta}(2\sigma_{r\theta}'^2)$$

式中 $\sigma'_{r\theta}=\eta\left(\frac{\partial v_\theta}{\partial r}-\frac{v_\theta}{r}\right)$。

4-4-4 无限大的不可压缩黏性流体中有一个兰金组合涡存在,流体速度由2.5节例3给出,证明在涡内部能量耗散为零,在涡外部能量耗散为

$$\dot{E}_{\mathrm{dis}}=-\int_V\frac{1}{2\eta}(2\sigma_{r\theta}'^2)\mathrm{d}V=-\eta\left(\frac{\Gamma}{\pi}\right)^2\int_V\frac{1}{r^4}\mathrm{d}V=-\frac{\eta\Gamma^2}{\pi R^2}$$

验证可以用例1中的无旋流动的能量耗散公式计算,即

$$\dot{E}_{\mathrm{dis}}=-\eta\int_V\nabla^2v^2\mathrm{d}V=-\eta\left(\frac{\Gamma}{2\pi}\right)^2\int_V\nabla^2\frac{1}{r^2}\mathrm{d}V=-4\eta\left(\frac{\Gamma}{2\pi}\right)^2\int_V\frac{1}{r^4}\mathrm{d}V=-\frac{\eta\Gamma^2}{\pi R^2}$$

4-4-5 一个封闭容器的器壁是旋转曲面,里面装满不可压缩流体,以角速度 ω 绕自身对称轴(选取为 z 轴)旋转,证明整个流体的能量耗散为

$$\dot{E}_{\text{dis}} = -\eta\int_V \Omega^2 \mathrm{d}V - 2\eta\oint_S [(\boldsymbol{v}\cdot\nabla)\boldsymbol{v}]\cdot \mathrm{d}\boldsymbol{S}$$
$$= -\eta\int_V \Omega^2 \mathrm{d}V - 2\eta\omega\oint_S (n_x \hat{A} v_x + n_y \hat{A} v_y)\mathrm{d}S$$

式中$\hat{A}=-y\dfrac{\partial}{\partial x}+x\dfrac{\partial}{\partial y}$，面积分沿容器的器壁上的流体表面进行，面元 d$\boldsymbol{S}$ 的方向指向流体外。

4-4-6　使用欧拉描写推导热传导方程。提示：式(4.4-14)减去式(4.4-7)即得。

4-4-7　已知不可压缩流体作无旋流动，证明其热传导方程为

$$\frac{\mathrm{d}T}{\mathrm{d}t}=\frac{\partial T}{\partial t}+(\boldsymbol{v}\cdot\nabla)T=\frac{\kappa}{\rho c_V}\nabla^2 T+\frac{1}{\rho c_V}\eta\nabla^2 v^2$$

4-4-8　如果不可压缩流体作二维圆周运动，$T=T(r,t)$，证明流体热传导方程为

$$\frac{\partial T}{\partial t}=\frac{\kappa}{\rho c_V}\frac{1}{r}\frac{\partial}{\partial r}\left(r\frac{\partial T}{\partial r}\right)+\frac{1}{2\rho c_V\eta}(2\sigma_{r\theta}'^2)$$

式中 $\sigma'_{r\theta}=\eta\left(\dfrac{\partial v_\theta}{\partial r}-\dfrac{v_\theta}{r}\right)$。

4-4-9　无限大的不可压缩黏性流体中有一个兰金组合涡存在，流体速度由 2.5 节例 3 给出。由于 $T=T(r,t)$，证明在涡内部，流体的热传导方程为

$$\frac{\partial T}{\partial t}=\frac{\kappa}{\rho c_V}\frac{1}{r}\frac{\partial}{\partial r}\left(r\frac{\partial T}{\partial r}\right)$$

在涡外部，流体的热传导方程为

$$\frac{\partial T}{\partial t}=\frac{\kappa}{\rho c_V}\frac{1}{r}\frac{\partial}{\partial r}\left(r\frac{\partial T}{\partial r}\right)+\frac{1}{\rho c_V}\eta\left(\frac{\Gamma}{\pi}\right)^2\frac{1}{r^4}$$

4-4-10　对于初始时刻位于 z 轴上的无限长的直线涡丝，参考其解式(4.3-8)，证明流体热传导方程为

$$\frac{\partial T}{\partial t}=\frac{\kappa}{\rho c_V}\frac{1}{r}\frac{\partial}{\partial r}\left(r\frac{\partial T}{\partial r}\right)+\frac{1}{\rho c_V}\eta\left(\frac{\Gamma}{\pi}\right)^2\frac{1}{r^4}\left[1-\left(1+\frac{\rho r^2}{4\eta t}\right)\exp\left(-\frac{\rho r^2}{4\eta t}\right)\right]^2$$

4.5　平行于平面的流动和管流

4.5.1　牛顿平板实验

设流体位于两个无限大的平行平板间作定常流动，其中的一个平板相对于另一个平板以恒定速度 $\boldsymbol{u}$ 运动。

如图 4.5.1 所示，选取其中的一个平板为 xz 平面，流体的流动方向沿 x 轴方向，则各有关量都只依赖于 y，流体的速度处处沿 x 轴方向，即 $\boldsymbol{v}=v(y)\boldsymbol{e}_x$。我们看到，连续性方程自动满足。

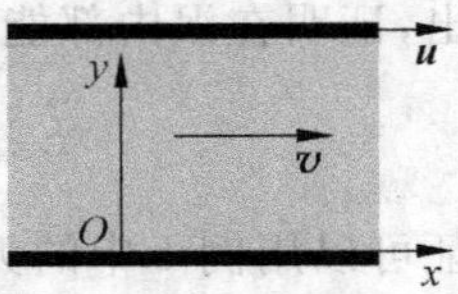

图 4.5.1　牛顿平板实验

1. 纳维-斯托克斯方程的解

定常流动下，纳维-斯托克斯方程(4.2-5)化为

$$\frac{\mathrm{d}p}{\mathrm{d}y}=0,\quad \frac{\mathrm{d}^2 v}{\mathrm{d}y^2}=0 \tag{4.5-1}$$

积分得

$$p = c, \quad v = ay + b$$

式中 c、a 和 b 为积分常数。

边界条件为

$$v(y=0)=0, \quad v(y=h)=u \tag{4.5-2}$$

利用边界条件可求得

$$v = u\frac{y}{h} \tag{4.5-3}$$

流体中的速度分布是线性的。在平面 $y=0$ 上的切向摩擦力为

$$\sigma'_{yx}\big|_{y=0} = \eta\frac{\mathrm{d}v}{\mathrm{d}y}\big|_{y=0} = \frac{\eta u}{h} \tag{4.5-4}$$

在平面 $y=h$ 上的切向摩擦力取负值。

2. 温度分布

设上下平板的温度分别为恒定值 T_2 和 T_1，流体温度为 $T=T(y)$。由于不为零的黏性应力张量只有 σ'_{xy}，流体的热传导方程(4.4-24)化为

$$\frac{\partial^2 T}{\partial y^2} = -\frac{1}{2\eta\kappa}2\sigma'^2_{xy} = -\frac{1}{\eta\kappa}\left(\frac{\eta u}{h}\right)^2 \tag{4.5-5}$$

边界条件为

$$T(y=0)=T_1, \quad T(y=h)=T_2 \tag{4.5-6}$$

利用边界条件积分得

$$T = T_1 + \left(T_2 - T_1 + \frac{\eta u^2}{2\kappa}\right)\frac{y}{h} - \frac{\eta u^2}{2\kappa}\left(\frac{y}{h}\right)^2 \tag{4.5-7}$$

【例 1】 推广的牛顿平板实验：如图 4.5.2 所示，两种互不混杂的流体位于两个无限大的平行平板之间，其中一个平板静止，另一个平板以恒定速度 $\boldsymbol{u}$ 运动，流体作定常流动。两个流体层厚度分别为 h_1 和 h_2，黏性系数分别为 η_1 和 η_2，求流体速度。

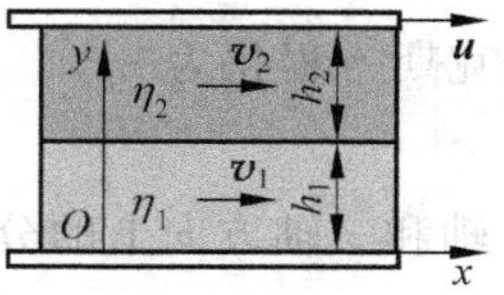

图 4.5.2 推广的牛顿平板实验

解：定常流动下的纳维-斯托克斯方程(4.2-5)化为

$$\frac{\mathrm{d}p}{\mathrm{d}y} = 0, \quad \frac{\mathrm{d}^2 v_i}{\mathrm{d}y^2} = 0 \quad (i=1,2)$$

积分得 $p=c, v_i=a_i y+b_i$。式中 c、a_i 和 b_i 为积分常数。

在分界面，流体的速度和应力都是连续的，所以边界条件为

$$v_1(y=0)=0, \quad v_1(y=h_1)=v_2(y=h_1)$$
$$v_2(y=h_1+h_2)=u, \quad \sigma'_{yx1}(y=h_1)=\sigma'_{yx2}(y=h_1)$$

利用边界条件得

$$v_1 = \eta_2\frac{u}{\eta_1 h_2+\eta_2 h_1}y, \quad v_2 = \eta_1\frac{u}{\eta_1 h_2+\eta_2 h_1}(y-h_1-h_2)+u$$

【例 2】 接例 1，设上下平板的温度分别保持恒定值 τ_2 和 τ_1。确定流体的温度分布 $T=T(y)$。

解：流体的热传导方程(4.4-24)化为

$$\frac{\partial^2 T_i}{\partial y^2}=-\frac{1}{2\eta_i\kappa_i}2\sigma_{xyi}'^2=-\frac{1}{\eta_i\kappa_i}\left(\eta_1\eta_2\frac{u}{\eta_1h_2+\eta_2h_1}\right)^2\quad(i=1,2)$$

积分得

$$T_i=C_i+D_iy-\frac{1}{2\eta_i\kappa_i}\left(\eta_1\eta_2\frac{u}{\eta_1h_2+\eta_2h_1}\right)^2y^2$$

式中 C_i 和 D_i 为积分常数。

在分界面 $y=h_1$ 处，两侧的热流密度相等。边界条件为

$$T_1(y=0)=\tau_1,\quad T_2(y=h_1+h_2)=\tau_2,\quad T_1(y=h_1)=T_2(y=h_1)$$

$$\kappa_1\left.\frac{\mathrm{d}T_1}{\mathrm{d}y}\right|_{y=h_1}=\kappa_2\left.\frac{\mathrm{d}T_2}{\mathrm{d}y}\right|_{y=h_1}$$

由边界条件可求得解(省略)。

4.5.2 重力驱动的平行于平面的流动

考虑上边界为自由面、厚度均为 h 的无限大的流体层，在自身重力作用下沿着静止的倾角为 α 的无限大平板向下作定常流动，确定流体的流动。

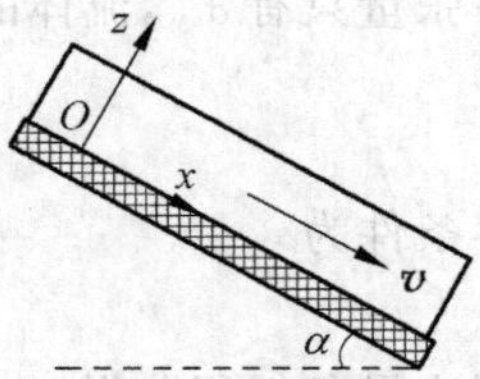

图 4.5.3 重力驱动的流动

如图 4.5.3 所示，取平板为 xy 平面，x 轴沿流体的流动方向，z 轴垂直于 xy 平面向上。相关的物理量只与 z 有关，即压强 $p=p(z)$，流体的速度为 $\boldsymbol{v}=v(z)\boldsymbol{e}_x$，因此连续性方程自动满足，而且有 $(\boldsymbol{v}\cdot\nabla)\boldsymbol{v}=v\dfrac{\partial}{\partial x}v(z)\boldsymbol{e}_x=\boldsymbol{0}$，所以定常流动下，纳维-斯托克斯方程化为

$$-\nabla p+\eta\nabla^2\boldsymbol{v}+\rho\boldsymbol{g}=\boldsymbol{0}\tag{4.5-8}$$

沿 x 轴和 z 轴方向上的分量分别为

$$\eta\frac{\partial^2 v}{\partial z^2}+\rho g\sin\alpha=0,\quad -\frac{\partial p}{\partial z}-\rho g\cos\alpha=0\tag{4.5-9}$$

积分得

$$v=a+bz-\frac{\rho g\sin\alpha}{2\eta}z^2,\quad p=c-z\rho g\cos\alpha\tag{4.5-10}$$

式中 a、b 和 c 为积分常数。

流体层上边界为自由面，根据牛顿第三定律，那里平行于自由面的黏性应力为零，只有垂直于自由面的压强，等于大气压 p_0。流体层下边界与静止斜面接触，那里速度为零，所以边界条件为

$$v(z=0)=0,\quad p(z=h)=p_0,\quad \sigma_{xz}(z=h)=\eta\left.\frac{\partial v}{\partial z}\right|_{z=h}=0\tag{4.5-11}$$

由此求得解为

$$v=\frac{\rho g\sin\alpha}{2\eta}z(2h-z),\quad p=p_0-(z-h)\rho g\cos\alpha\tag{4.5-12}$$

单位时间内通过流体层横截面的流量为

$$Q(\Delta y=1)=\rho\int_0^h v\mathrm{d}z=\frac{\rho^2 gh^3\sin\alpha}{3\eta} \tag{4.5-13}$$

设流体层上下边界的温度分别为恒定值 T_2 和 T_1，现在确定流体的温度分布 $T=T(z)$。

流体的热传导方程(4.4-24)化为

$$\frac{\partial^2 T}{\partial z^2}=-\frac{1}{2\eta\kappa}2\sigma_{xz}'^2=-\frac{1}{\eta\kappa}\left(\eta\frac{\partial v}{\partial z}\right)^2=-\frac{1}{\eta\kappa}(\rho g\sin\alpha)^2(h-z)^2 \tag{4.5-14}$$

利用边界条件 $T(z=0)=T_1$ 和 $T(z=h)=T_2$，积分得

$$T=T_1+T_2\frac{z}{h}-\frac{1}{12\eta\kappa}(\rho g\sin\alpha)^2(h-z)[(h-z)^3-h^3] \tag{4.5-15}$$

4.5.3 压强梯度驱动的平行于平面的流动

现在确定在具有压强梯度的情况下，位于两个静止的无限大平行平板间的流体的定常流动。

如图 4.5.4 所示，选取其中的一个平板平面为 xz 平面，流体的流动方向沿 x 轴，则 $p=p(x)$，$\boldsymbol{v}=v(y)\boldsymbol{e}_x$。显然，连续性方程自动满足。

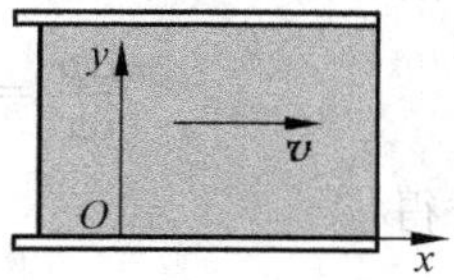

图 4.5.4 压强梯度驱动的流体流动

1. 纳维-斯托克斯方程的解

纳维-斯托克斯方程化为

$$\frac{\mathrm{d}p}{\mathrm{d}x}=\eta\frac{\mathrm{d}^2 v}{\mathrm{d}y^2} \tag{4.5-16}$$

由于方程的左边是 x 的函数，右边是 y 的函数，为了保证方程的成立，压强梯度必须为常数，即$\frac{\mathrm{d}p}{\mathrm{d}x}=\mathrm{const}$。积分得

$$v=\frac{1}{2\eta}\frac{\mathrm{d}p}{\mathrm{d}x}y^2+ay+b$$

式中 a 和 b 为积分常数。

边界条件为

$$v(y=0)=v(y=h)=0 \tag{4.5-17}$$

利用边界条件得

$$v=\frac{1}{2\eta}\frac{\mathrm{d}p}{\mathrm{d}x}y(y-h) \tag{4.5-18}$$

速度沿流体层按抛物线规律变化，在流体层中心达到最大值。施于平面上的摩擦力为

$$\sigma'_{yx}\big|_{y=0}=\eta\frac{\mathrm{d}v}{\mathrm{d}y}\bigg|_{y=0}=-\frac{h}{2}\frac{\mathrm{d}p}{\mathrm{d}x} \tag{4.5-19}$$

2. 温度分布

设上下平面的温度分别为恒定值 T_2 和 T_1，流体温度分布为 $T=T(y)$。

由于不为零的应力张量只有 σ'_{xy}，流体的热传导方程(4.4-24)化为

$$\frac{\partial^2 T}{\partial y^2}=-\frac{1}{2\eta\kappa}2\sigma_{xy}'^2=-\frac{1}{\eta\kappa}\left[\frac{\mathrm{d}p}{\mathrm{d}x}\left(y-\frac{h}{2}\right)\right]^2 \tag{4.5-20}$$

积分得

$$T=-\frac{1}{12\eta\kappa}\left(\frac{\mathrm{d}p}{\mathrm{d}x}\right)^2\left(y-\frac{h}{2}\right)^4+C_1y+C_2$$

式中 C_1 和 C_2 为积分常数。

边界条件为

$$T(y=0)=T_1,\quad T(y=h)=T_2 \tag{4.5-21}$$

利用边界条件得

$$T=T_1+\frac{1}{12\eta\kappa}\left(\frac{\mathrm{d}p}{\mathrm{d}x}\right)^2\left[\left(\frac{h}{2}\right)^4-\left(y-\frac{h}{2}\right)^4\right]+\frac{T_2-T_1}{h}y \tag{4.5-22}$$

【例 3】 如图 4.5.5 所示，在固定的两平行平板间充有两种液体，压强梯度驱动液体作定常流动，求其速度分布式。

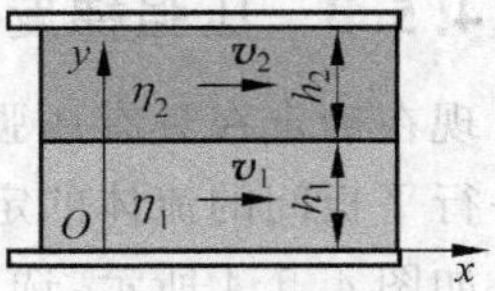

图 4.5.5 压强梯度驱动的两种液体的流动

解：纳维-斯托克斯方程化为

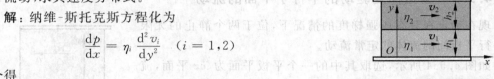

$$\frac{\mathrm{d}p}{\mathrm{d}x}=\eta_i\frac{\mathrm{d}^2v_i}{\mathrm{d}y^2}\quad(i=1,2)$$

积分得

$$v_i=\frac{1}{2\eta_i}\frac{\mathrm{d}p}{\mathrm{d}x}y^2+a_iy+b_i$$

式中 a_i 和 b_i 为积分常数。

边界条件为

$$v_1(y=0)=0,\quad v_1(y=h_1)=v_2(y=h_1),\quad v_2(y=h_1+h_2)=0$$

$$\sigma'_{yx1}(y=h_1)=\sigma'_{yx2}(y=h_1)$$

所以解为

$$v_1=\frac{1}{2\eta_1}\frac{\mathrm{d}p}{\mathrm{d}x}y\left[y+\frac{(-2h_1-h_2)\eta_1h_2-\eta_2h_1^2}{\eta_1h_2+\eta_2h_1}\right]$$

$$v_2=\frac{1}{2\eta_2}\frac{\mathrm{d}p}{\mathrm{d}x}(y-h_1-h_2)\left[y+\frac{(\eta_2-\eta_1)h_1h_2}{\eta_1h_2+\eta_2h_1}\right]$$

【例 4】 接例 3，设上下平板的温度分别保持为恒定值 τ_2 和 τ_1，确定流体的温度分布 $T=T(y)$。

解：流体的热传导方程(4.4-24)化为

$$\frac{\partial^2T_1}{\partial y^2}=-\frac{1}{2\eta_1\kappa_1}2\sigma'^2_{xy1}=-\frac{1}{4\eta_1\kappa_1}\left\{\frac{\mathrm{d}p}{\mathrm{d}x}\left[2y+\frac{(-2h_1-h_2)\eta_1h_2-\eta_2h_1^2}{\eta_1h_2+\eta_2h_1}\right]\right\}^2$$

$$\frac{\partial^2T_2}{\partial y^2}=-\frac{1}{2\eta_2\kappa_2}2\sigma'^2_{xy2}=-\frac{1}{4\eta_2\kappa_2}\left\{\frac{\mathrm{d}p}{\mathrm{d}x}\left[2y+\frac{(-2h_1-h_2)\eta_1h_2-\eta_2h_1^2}{\eta_1h_2+\eta_2h_1}\right]\right\}^2$$

在分界面 $y=h_1$ 处，两侧的热流密度相等。边界条件为

$$T(y=0)=\tau_1,\quad T(y=h_1+h_2)=\tau_2,\quad T_1(y=h_1)=T_2(y=h_1)$$

$$\kappa_1\left.\frac{\mathrm{d}T_1}{\mathrm{d}y}\right|_{y=h_1}=\kappa_2\left.\frac{\mathrm{d}T_2}{\mathrm{d}y}\right|_{y=h_2}$$

由边界条件可求得解(省略)。

4.5.4　管流问题

考虑管中流体的定常流动，管的横截面可以是任意形状，但沿管的纵向形状不变，如图4.5.6所示。不考虑重力。选取 z 轴为管轴，管的横截面为 xy 平面，则流体的流动方向沿 z 轴，流体的速度只依赖于 x 和 y，即 $\boldsymbol{v}=\boldsymbol{e}_z v(x,y)$，连续性方程自动满足。

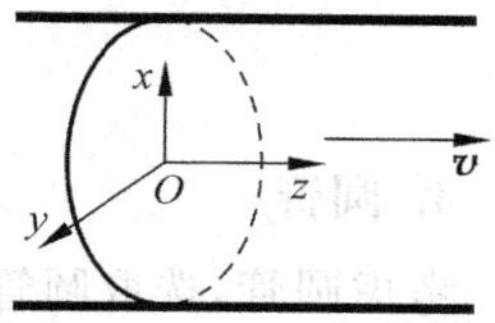

图4.5.6　管中的流体流动

1. 纳维-斯托克斯方程

纳维-斯托克斯方程化为

$$\frac{\partial p}{\partial x}=\frac{\partial p}{\partial y}=0,\qquad \frac{\partial^2 v}{\partial x^2}+\frac{\partial^2 v}{\partial y^2}=\frac{1}{\eta}\frac{\partial p}{\partial z}$$

第一个方程给出 $p=p(z)$。由于第二个方程的左边是 x 和 y 的函数，右边是 z 的函数，为了保证方程的成立，所以沿管的纵向压强梯度不变，即 $\dfrac{\mathrm{d}p}{\mathrm{d}z}=-\dfrac{\Delta p}{L}=\mathrm{const}$。这里 Δp 为管两端的压强差，L 为管长。纳维-斯托克斯方程进一步化为

$$\frac{\partial^2 v}{\partial x^2}+\frac{\partial^2 v}{\partial y^2}=\frac{1}{\eta}\frac{\mathrm{d}p}{\mathrm{d}z}=-\frac{\Delta p}{\eta L}=\mathrm{const}\tag{4.5-23}$$

边界条件：在管的横截面的周线 C 上流体速度为零，即 $v|_C=0$。

定义

$$v=\Lambda-\frac{\Delta p}{4\eta L}(x^2+y^2)\tag{4.5-24}$$

代入式(4.5-23)，我们发现 Λ 满足拉普拉斯方程

$$\frac{\partial^2\Lambda}{\partial x^2}+\frac{\partial^2\Lambda}{\partial y^2}=0\tag{4.5-25}$$

由于 $v_x=v_y=0$，$v_z=v(x,y)$，不为零的黏性应力张量为

$$\sigma'_{xz}=\eta\frac{\partial v}{\partial x},\quad \sigma'_{yz}=\eta\frac{\partial v}{\partial y}$$

2. 能量守恒

考虑单位长度管内流体的能量耗散。由于沿管壁流体的速度为零，管壁上的摩擦力对流体所做的功为零，在该段流体的两个端面上的黏性应力张量 σ'_{xz} 和 σ'_{yz} 不做功。根据能量守恒原理，该段流体的能量耗散等于其两个端面上的压强对流体所做总功的负值，即

$$\dot{E}_{\mathrm{dis}}(\Delta z=1)=-\eta\iint\left[\left(\frac{\partial v}{\partial x}\right)^2+\left(\frac{\partial v}{\partial y}\right)^2\right]\mathrm{d}x\mathrm{d}y=-\frac{\Delta p}{L}\iint v\mathrm{d}x\mathrm{d}y\tag{4.5-26}$$

管的质量流量定义为单位时间内通过管的横截面流出的流体质量，即

$$Q=\rho\iint v\mathrm{d}x\mathrm{d}y\tag{4.5-27}$$

把式(4.5-17)和式(4.5-18)比较得

$$\dot{E}_{\mathrm{dis}}(\Delta z=1)=-\frac{\Delta p}{L\rho}Q\tag{4.5-28}$$

我们看到，单位长度管内的流体的能量耗散正比于管的质量流量。

3. 热传导方程

流体的热传导方程(4.4-24)化为

$$v\frac{\partial T}{\partial z}=\frac{\kappa}{\rho c_V}\nabla^2 T+\frac{\eta}{\rho c_V}\left[\left(\frac{\partial v}{\partial x}\right)^2+\left(\frac{\partial v}{\partial y}\right)^2\right] \tag{4.5-29}$$

4. 圆管

考虑圆管，选取圆管横截面的中心为原点，用柱坐标系，因为轴对称性，有 $\boldsymbol{v}=v(R)\boldsymbol{e}_z$，纳维-斯托克斯方程(4.5-23)进一步化为

$$\frac{1}{R}\frac{\mathrm{d}}{\mathrm{d}R}\left(R\frac{\mathrm{d}v}{\mathrm{d}R}\right)=-\frac{\Delta p}{\eta L} \tag{4.5-30}$$

积分得

$$v=-\frac{\Delta p}{4\eta L}R^2+A\ln R+B \tag{4.5-31}$$

式中 A 和 B 为积分常数。管心的速度为有限值，所以有 $A=0$，另外在管壁的速度为 $v(R=a)=0$，得

$$v=\frac{\Delta p}{4\eta L}(a^2-R^2) \tag{4.5-32}$$

我们看到，沿管的横截面的速度分布符合抛物线规律。

单位时间内通过管的横截面流出的流体质量为

$$Q=\int_0^a \rho 2\pi R v\,\mathrm{d}R=\frac{\pi\rho\Delta p}{8\eta L}a^4 \tag{4.5-33}$$

上式表明，流体的质量流量正比于圆管半径的四次方(泊肃叶公式)。

不为零的黏性应力张量为

$$\sigma'_{Rz}=\eta\left(\frac{\partial v_R}{\partial z}+\frac{\partial v_z}{\partial R}\right)=\eta\frac{\partial v_z}{\partial R}=\eta\frac{\partial v}{\partial R}=-\frac{\Delta p}{2L}R$$

【例 5】 流体沿圆管流动，设管壁保持恒定温度 T_0，求流体的温度分布。

解：由于 $\boldsymbol{v}=v(R)\boldsymbol{e}_z$，$T=T(R)$，流体的热传导方程(4.5-29)化为

$$\frac{\kappa}{\rho c_V}\nabla^2 T+\frac{\eta}{\rho c_V}\left[\left(\frac{\partial v}{\partial x}\right)^2+\left(\frac{\partial v}{\partial y}\right)^2\right]=0$$

把 $v=\frac{\Delta p}{4\eta L}(a^2-x^2-y^2)$代入上式得

$$\frac{1}{R}\frac{\mathrm{d}}{\mathrm{d}R}\left(R\frac{\mathrm{d}T}{\mathrm{d}R}\right)=-\frac{\eta}{\kappa}\left(\frac{\Delta P}{2\eta L}\right)^2 R^2$$

积分得

$$T=-\frac{\eta}{16\kappa}\left(\frac{\Delta p}{2\eta L}\right)^2 R^4+C\ln R+D$$

式中 C 和 D 为积分常数。利用 $T(0)$为有限及 $T(R=a)=T_0$，得

$$T=T_0+\frac{\eta}{16\kappa}\left(\frac{\Delta p}{2\eta L}\right)^2(a^4-R^4)$$

【例 6】 流体沿圆管流动，设管壁温度沿管长按线性规律变化，求流体的温度分布。

解：在管的所有截面上流动的条件是相同的，因而温度分布可写为

$$T=\alpha z+f(R)$$

上式中 α 为常数。把上式代入热传导方程(4.5-29)得

$$v\alpha=\frac{\kappa}{\rho c_V}\nabla^2 f+\frac{\eta}{\rho c_V}\left[\left(\frac{\partial v}{\partial x}\right)^2+\left(\frac{\partial v}{\partial y}\right)^2\right]$$

把流体速度(4.5-32)代入上式得

$$\frac{1}{R}\frac{\mathrm{d}}{\mathrm{d}R}\left(R\frac{\mathrm{d}f}{\mathrm{d}R}\right)=-\frac{\eta}{\kappa}\left(\frac{\Delta p}{2\eta L}\right)^2R^2-\frac{\alpha\rho c_V\Delta p}{4\eta\kappa L}(a^2-R^2)$$

积分得

$$f=\frac{1}{16}\left[-\frac{\eta}{\kappa}\left(\frac{\Delta p}{2\eta L}\right)^2+\frac{\alpha\rho c_V\Delta p}{4\eta c L}\right]R^4-\frac{\alpha\rho c_V\Delta p}{16\eta c L}a^2R^2+C\ln R+D$$

式中 C 和 D 为积分常数。利用 $T(0)$ 为有限及 $T(R)=\alpha z$,得 $f(0)$ 为有限及 $f(a)=0$,可求得

$$f=\frac{1}{16}\left[-\frac{\eta}{\kappa}\left(\frac{\Delta p}{2\eta L}\right)^2+\frac{\alpha\rho c_V\Delta p}{4\eta c L}\right](R^4-a^4)-\frac{\alpha\rho c_V\Delta p}{16\eta c L}a^2(R^2-a^2)$$

【例 7】 流体沿倾角为 α 的圆管流动,沿圆管方向的流体压强梯度为 $\Delta p/L$,考虑重力作用,确定流体的流动。

解:如图 4.5.7 所示,取圆管横截面为 xy 平面,z 轴沿流体的流动方向,x 轴与重力加速度在同一竖直平面内,流体的速度为 $\boldsymbol{v}=v(x,y)\boldsymbol{e}_z$,连续性方程自动满足,且 $(\boldsymbol{v}\cdot\nabla)\boldsymbol{v}=v\dfrac{\partial}{\partial z}v(x,y)\boldsymbol{e}_z=\mathbf{0}$。沿圆管方向的流体压强梯度为 $\dfrac{\partial p}{\partial z}=-\dfrac{\Delta p}{L}$。定常流动下,纳维-斯托克斯方程化为

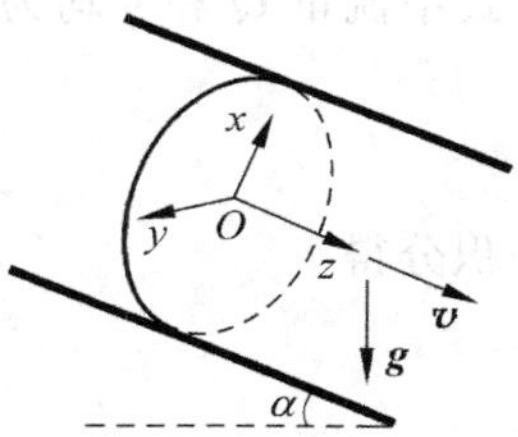

图 4.5.7 倾斜圆管

$$-\nabla p+\eta\nabla^2\boldsymbol{v}+\rho\boldsymbol{g}=\mathbf{0}$$

即

$$\frac{\Delta p}{L}+\eta\left(\frac{\partial^2}{\partial x^2}+\frac{\partial^2}{\partial y^2}\right)v+\rho g\sin\alpha=0,\quad -\frac{\partial p}{\partial x}-\rho g\cos\alpha=0$$

方程(4.5-31)～方程(4.5-33)仍然成立,只需要将原来的压强梯度 $\Delta p/L$ 用 $\Delta p/L+\rho g\sin\alpha$ 代替即可。

【例 8】 半径为 R_1 的圆柱在半径为 R_2 的圆洞内以速度 U 沿其中心轴方向运动,圆洞内充满流体,圆柱的外柱面与圆洞的内柱面共中心轴,不考虑重力,确定流体的定常运动。

解:采用柱面坐标系,z 轴取在两柱面的公共中心轴上,沿流体的流动方向。流体的速度为 $\boldsymbol{v}=v(R)\boldsymbol{e}_z$,连续性方程自动满足,且 $p=p(R)$,$(\boldsymbol{v}\cdot\nabla)\boldsymbol{v}=v\dfrac{\partial}{\partial z}v(R)\boldsymbol{e}_z=\mathbf{0}$。定常流动下,纳维-斯托克斯方程化为

$$\nabla^2 v=\frac{1}{R}\frac{\mathrm{d}}{\mathrm{d}R}\left(R\frac{\mathrm{d}v}{\mathrm{d}R}\right)=0,\quad \frac{\partial p}{\partial R}=0$$

解为

$$v=a+b\ln R,\quad p=p_0$$

式中 a、b 和 p_0 为积分常数。

边界条件为

$$v(R=R_1)=U,\quad v(R=R_2)=0$$

利用边界条件，得

$$v = U\frac{\ln\dfrac{R}{R_2}}{\ln\dfrac{R_1}{R_2}}$$

不为零的黏性应力张量为

$$\sigma'_{Rz} = \eta\frac{\partial v}{\partial R} = \eta\frac{U}{\ln\dfrac{R_1}{R_2}}\frac{1}{R}$$

【例 9】 黏性气体沿圆管作定常等温流动，其黏性系数 η 与压强无关。气体的状态方程可以近似为理想气体的状态方程，求出流体压强沿圆管的变化。

解：考虑长度为 $\mathrm{d}z$ 的一微段圆管，其压强差为 $\mathrm{d}p$。由于压强差为无限小，在该微段圆管内的气体可以近似看成不可压缩的，方程(4.5-33)仍近似成立，即

$$\frac{\mathrm{d}p}{\mathrm{d}z} = -\frac{8\eta Q}{\pi\rho a^4}$$

式中流量 Q 和 η 均为常数。由于是等温流动，把理想气体的状态方程 $p=\dfrac{\rho kT}{m}$ 代入上式，得

$$\frac{\mathrm{d}p}{\mathrm{d}z} = -\frac{8\eta QkT}{\pi a^4 m}\frac{1}{p}$$

积分得

$$p^2 = p_0^2 - \frac{16\eta QkT}{\pi a^4 m}z$$

式中 k 为玻尔兹曼常数，m 为分子质量，T 为绝对温度，$p_0 = p(z=0)$。

5. 椭圆管

考虑椭圆管 $\dfrac{x^2}{a^2}+\dfrac{y^2}{b^2}=1$。拉普拉斯方程(4.5-25)的解为

$$\Lambda = A(x^2 - y^2) + B \tag{4.5-34}$$

式中 A 和 B 为待定常数。由式(4.5-34)得

$$v = \Lambda - \frac{\Delta p}{4\eta L}(x^2 + y^2) = A(x^2 - y^2) - \frac{\Delta p}{4\eta L}(x^2 + y^2) + B \tag{4.5-35}$$

使用边界条件 $v\left(\dfrac{x^2}{a^2}+\dfrac{y^2}{b^2}=1\right)=0$ 得

$$v = -\frac{\Delta p}{2\eta L}\frac{a^2 b^2}{a^2 + b^2}\left(\frac{x^2}{a^2} + \frac{y^2}{b^2} - 1\right) \tag{4.5-36}$$

单位时间内通过管的横截面流出的流体质量为

$$Q = \iint \rho v\,\mathrm{d}x\mathrm{d}y = \frac{\pi\rho\Delta p}{4\eta L}\frac{a^3 b^3}{a^2 + b^2} \tag{4.5-37}$$

【例 10】 流体沿椭圆管流动，设管壁保持恒定温度 T_0，求流体的温度分布。

解：管内流体的热传导方程(4.5-29)化为

$$\nabla^2 T = -\frac{\eta}{\kappa}\left[\left(\frac{\partial v}{\partial x}\right)^2 + \left(\frac{\partial v}{\partial y}\right)^2\right]$$

把式(4.5-36)代入上式，得

$$\nabla^2 T = -\frac{\eta}{\kappa}\left(\frac{\Delta P}{\eta L}\frac{a^2b^2}{a^2+b^2}\right)^2\left[\left(\frac{x}{a^2}\right)^2+\left(\frac{y}{b^2}\right)^2\right]$$

尝试解为

$$T = T_0 + (Ax^2+By^2+C)\left(\frac{x^2}{a^2}+\frac{y^2}{b^2}-1\right)$$

式中 A、B 和 C 为待定常数。代入得

$$\left(\frac{6}{a^2}+\frac{1}{b^2}\right)2A+\frac{2}{a^2}B = -\frac{\eta}{\kappa}\left(\frac{\Delta p}{\eta L}\frac{a^2b^2}{a^2+b^2}\right)^2\frac{1}{a^4}$$

$$\left(\frac{6}{b^2}+\frac{1}{a^2}\right)2B+\frac{2}{b^2}A = -\frac{\eta}{\kappa}\left(\frac{\Delta p}{\eta L}\frac{a^2b^2}{a^2+b^2}\right)^2\frac{1}{b^4},\quad \left(\frac{1}{a^2}+\frac{1}{b^2}\right)C = A+B$$

解得

$$A = \frac{\eta}{\kappa}\left(\frac{\Delta p}{\eta L}\frac{a^2b^2}{a^2+b^2}\right)^2\frac{\frac{b^2}{2a^2}\left(\frac{6}{b^2}+\frac{1}{a^2}\right)-\frac{1}{2b^2}}{1-a^2b^2\left(\frac{6}{a^2}+\frac{1}{b^2}\right)\left(\frac{6}{b^2}+\frac{1}{a^2}\right)}$$

$$B = \frac{\eta}{\kappa}\left(\frac{\Delta p}{\eta L}\frac{a^2b^2}{a^2+b^2}\right)^2\frac{\frac{a^2}{2b^2}\left(\frac{6}{a^2}+\frac{1}{b^2}\right)-\frac{1}{2a^2}}{1-a^2b^2\left(\frac{6}{a^2}+\frac{1}{b^2}\right)\left(\frac{6}{b^2}+\frac{1}{a^2}\right)}$$

$$C = \frac{\eta}{\kappa}\left(\frac{\Delta p}{\eta L}\frac{a^2b^2}{a^2+b^2}\right)^2\frac{1}{\frac{1}{a^2}+\frac{1}{b^2}}\frac{\frac{a^2}{2b^2}\left(\frac{6}{a^2}+\frac{1}{b^2}\right)+\frac{b^2}{2a^2}\left(\frac{6}{b^2}+\frac{1}{a^2}\right)-\frac{1}{2a^2}-\frac{1}{2b^2}}{1-a^2b^2\left(\frac{6}{a^2}+\frac{1}{b^2}\right)\left(\frac{6}{b^2}+\frac{1}{a^2}\right)}$$

易证当 $a=b$ 时，有 $A=B=C/a^2$，流体温度分布方程化为圆管情形的方程。

6. 等边三角形管

从椭圆管的流速方程(4.5-36)可知，流速正比于管壁横截面的周线方程 $\frac{x^2}{a^2}+\frac{y^2}{b^2}-1=0$ 的左边。这使我们猜想同样类型的方程对等边三角形管成立。选取直角坐标系如图4.5.8所示，等边三角形三个边的方程分别为 $y=0$，$y=\sqrt{3}x$，$y=-\sqrt{3}x+\sqrt{3}a$，这里 a 为边长。因此我们猜想的流速方程为

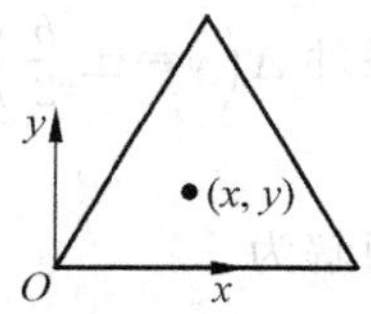

图 4.5.8 等边三角形管

$$v = Cy(y-\sqrt{3}x)(y+\sqrt{3}x-\sqrt{3}a) \tag{4.5-38}$$

式中 C 为待定常数。

把式(4.5-38)代入纳维-斯托克斯方程(4.5-23)得

$$v = \frac{1}{2\sqrt{3}\eta a}\frac{\Delta p}{L}y(y-\sqrt{3}x)(y+\sqrt{3}x-\sqrt{3}a) \tag{4.5-39}$$

容易证明，这样的猜想对任意的三角形管并不成立。

7. 矩形管

容易证明，上面的猜想对矩形管也不成立。

前面我们求得位于两个静止的无限大平行平板间的由压强梯度驱动的流体的定常流动的速度为

$$v=-\frac{1}{2\eta}\frac{\Delta p}{L}x(x-h)$$

上述结果为矩形管壁的宽度趋于无穷的极限情形。因此我们期望$\frac{\partial^2 v}{\partial x^2}+\frac{\partial^2 v}{\partial y^2}=-\frac{1}{\eta}\frac{\Delta p}{L}$的解为

$$v=-\frac{1}{2\eta}\frac{\Delta p}{L}x(x-h)+\Lambda \tag{4.5-40}$$

式中Λ满足拉普拉斯方程$\frac{\partial^2 \Lambda}{\partial x^2}+\frac{\partial^2 \Lambda}{\partial y^2}=0$。选取坐标系如图 4.5.9 所示。在管壁流体速度为零给出边界条件

$$\Lambda(x=0)=\Lambda(x=h)=0$$
$$\Lambda\left(y=\pm\frac{b}{2}\right)=\frac{1}{2\eta}\frac{\Delta p}{L}x(x-h) \tag{4.5-41}$$

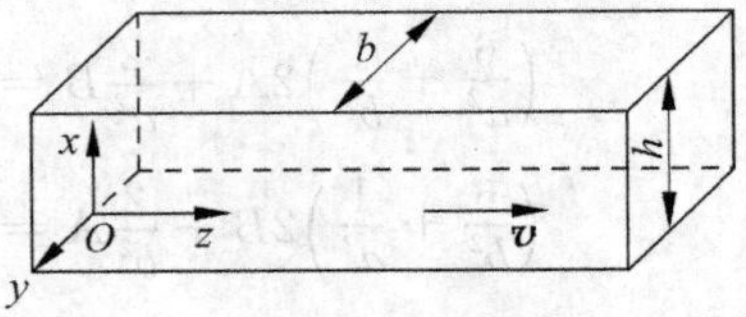

图 4.5.9 矩形管

我们尝试用分离变量法来求解，令$\Lambda=X(x)Y(y)$，代入拉普拉斯方程得

$$\frac{X''}{X}=-\frac{Y''}{Y}$$

由于方程左边是x的函数，右边是y的函数，为了保证方程的成立，方程两边必须等于常数，即

$$\frac{X''}{X}=-\frac{Y''}{Y}=\text{const}=-k^2 \tag{4.5-42}$$

边界条件$\Lambda(x=0)=\Lambda(x=h)=0$要求$k$为实数，解为

$$X=A\sin kx+B\cos kx,\quad Y=Ce^{ky}+De^{-ky} \tag{4.5-43}$$

式中A、B、C和D为常数。

边界条件$\Lambda(x=0)=\Lambda(x=h)=0$给出$B=0$，$\sin kh=0$，即

$$kh=n\pi\quad(n=1,2,\cdots) \tag{4.5-44}$$

边界条件$\Lambda\left(y=\pm\frac{b}{2}\right)=\frac{1}{2\eta}\frac{\Delta P}{L}x(x-h)$给出

$$C=D$$

所以通解为

$$\Lambda=\sum_{n=1,2,\cdots}C_n\cosh\frac{n\pi y}{h}\sin\frac{n\pi x}{h} \tag{4.5-45}$$

式中C_n为待定常数。

边界条件$\Lambda\left(y=\pm\frac{b}{2}\right)=\frac{1}{2\eta}\frac{\Delta p}{L}x(x-h)$给出

$$\frac{1}{2\eta}\frac{\Delta p}{L}x(x-h)=\sum_{n=1,2,\cdots}C_n\cosh\frac{n\pi b}{2h}\sin\frac{n\pi x}{h}$$

容易计算得

$$C_n=\frac{1}{h\eta\cosh\frac{n\pi b}{2h}}\frac{\Delta p}{L}\int_0^h x(x-h)\sin\frac{n\pi x}{h}dx$$

$$=-\frac{2}{h\eta\cosh\frac{n\pi b}{2h}}\frac{\Delta p}{L}\left(\frac{h}{n\pi}\right)^3(1-\cos n\pi)$$

即

$$C_{2n+1}=-\frac{4}{\eta\cosh\dfrac{n(2n+1)\pi b}{2h}}\frac{\Delta p}{L}\frac{h^2}{\pi^3(2n+1)^3},\quad C_{2n}=0$$

得

$$v=-\frac{1}{2\eta}\frac{\Delta p}{L}\left[x(x-h)+\sum_{n=1,2,\cdots}\frac{8h^2}{\pi^3(2n+1)^3\cosh\dfrac{(2n+1)\pi b}{2h}}\times\right.$$
$$\left.\cosh\frac{(2n+1)\pi y}{h}\sin\frac{(2n+1)\pi x}{h}\right]\tag{4.5-46}$$

习题

4-5-1 计算牛顿平板实验及其推广实验(例1)中流体的能量耗散

$$\dot{E}_{\rm dis}(\Delta x=\Delta z=1)=-\frac{1}{2\eta}\int_V\sigma'_{ji}\sigma'_{ji}\,{\rm d}V=-\frac{1}{\eta}\int_V\sigma'^2_{xy}\,{\rm d}V$$

根据能量守恒定律,流体的能量耗散等于流体对平板施加的力所做的总功,即$\dot{E}_{\rm dis}=Fu$,由此计算单位面积平板所受的阻力F。

4-5-2 如图4.5.10所示,位于两个静止的倾角均为α的平行平板间的流体在自身重力作用下作定常流动,计算流体的流动速度。

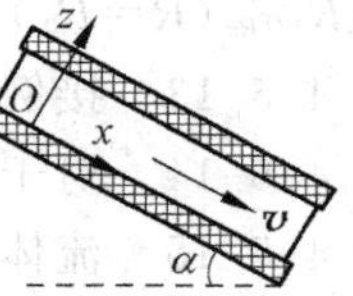

图4.5.10 习题4-5-2图

4-5-3 接习题4-5-2,设上下边界平面的温度分别为恒定值T_2和T_1,确定流体的温度分布。

4-5-4 如图4.5.11所示,位于两个静止的倾角均为α的平行平板间的流体层在自身重力作用下作定常流动。流体层由两种互不混杂的流体组成,厚度分别为h_1和h_2,黏性系数分别为η_1和η_2,计算流体的速度。

4-5-5 如图4.5.12所示,上边界为自由面的无限大的流体层,在自身重力作用下沿着静止的倾角为α的无限大的固体斜面向下作稳定流动。流体层由两种互不混杂的流体组成,厚度分别为h_1和h_2,黏性系数分别为η_1和η_2,计算流体的速度。

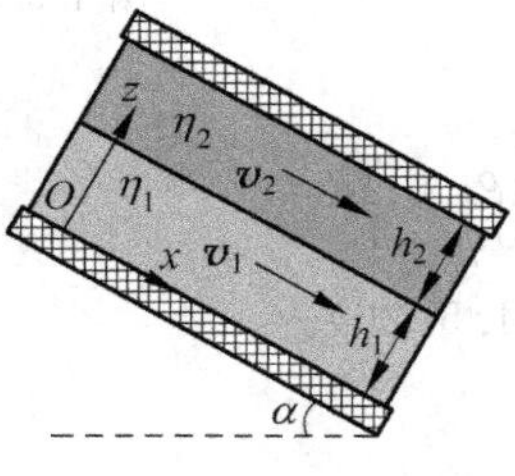

图4.5.11 两个倾斜平行平板间的流体层的流动

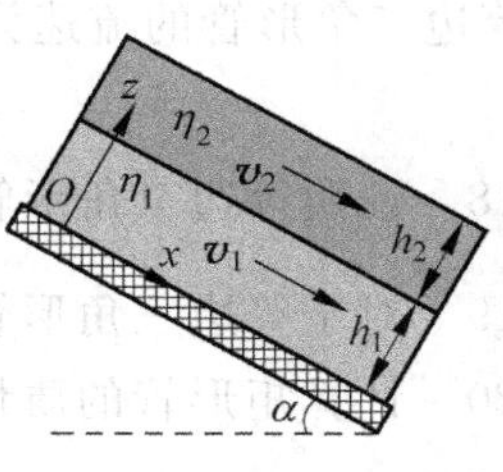

图4.5.12 流体层沿斜面的流动

4-5-6 对于半径为a的圆管,通过计算验证方程(4.5-26)。

4-5-7 黏性气体沿半径为a的圆管作绝热流动。其黏性系数η与压强无关。气体的状态方程可以近似为理想气体的状态方程。已知理想气体的绝热过程方程为$p=C\rho^\gamma$,这里C为常数,$\gamma=C_p/C_V$,求出流体压强沿圆管的变化。

4-5-8　已知圆管的内外半径分别为 R_1 和 R_2，证明

$$v=-\frac{\Delta p}{4\eta L}(R^2-R_1^2)+\frac{\Delta p}{4\eta L}(R_2^2-R_1^2)\frac{\ln(R/R_1)}{\ln(R_2/R_1)}$$

计算 Q 和 σ_{Rz}。

4-5-9　对于内外半径分别为 R_1 和 R_2 的圆管，通过计算验证方程(4.5-26)。

4-5-10　已知圆管的内外半径分别为 R_1 和 R_2，设内外管壁分别保持恒定温度 T_1 和 T_2，求流体的温度分布。

4-5-11　已知圆管的内外半径分别为 R_1 和 R_2，设外管壁温度沿管长按线性规律变化，设内管壁保持恒定温度 T_1，求流体的温度分布。

4-5-12　接例 8，证明流体的能量耗散为

$$\dot{E}_{\text{dis}}(\Delta z=1)=-\frac{1}{2\eta}\int_V\sigma'_{ji}\sigma'_{ji}\,\mathrm{d}V=-\frac{1}{\eta}2\pi\int_{R_1}^{R_2}\sigma_{Rz}'^2R\,\mathrm{d}R$$

根据能量守恒定律，流体的能量耗散等于流体对圆柱施加的力所做的总功，即 $\dot{E}_{\text{dis}}=U2\pi R_1\sigma'_{Rz}(R=R_1)$，由此计算圆柱所受的摩擦力 $\sigma'_{Rz}(R=R_1)$。

4-5-13　接例 8，已知内外柱面的温度分别保持恒定温度 T_1 和 T_2，求流体的温度分布。

4-5-14　对于椭圆管，通过计算验证方程(4.5-26)。

4-5-15　流体沿椭圆管流动，设管壁温度沿管长按线形规律变化，求流体的温度分布。

4-5-16　证明除了等边三角形管，一般三角形管的流速不能满足 $v=Cy(y-Ax)(y+Bx-D)$，这里 A、B、C 和 D 为常数。

4-5-17　求解等边三角形管的流速的另一方法。如图 4.5.13 所示，已知 h_1、h_2 和 h_3 分别为从等边三角形内部的任意一点向三个边所作的垂线的垂高，证明：

(1) $h_1+h_2+h_3=\sqrt{3}a$；

(2) $\nabla h_1=\boldsymbol{n}_1$，$\nabla h_2=\boldsymbol{n}_2$ 和 $\nabla h_3=\boldsymbol{n}_3$ 分别为三个垂线的单位矢量；

(3) $\nabla^2h_1=0$，$\nabla^2h_2=0$，$\nabla^2h_3=0$；

(4) $\nabla^2(h_1h_2h_3)=-\frac{\sqrt{3}}{2}a$；

(5) 等边三角形管的流速为 $v=\frac{2}{\sqrt{3}a\eta}\frac{\Delta p}{L}h_1h_2h_3$。

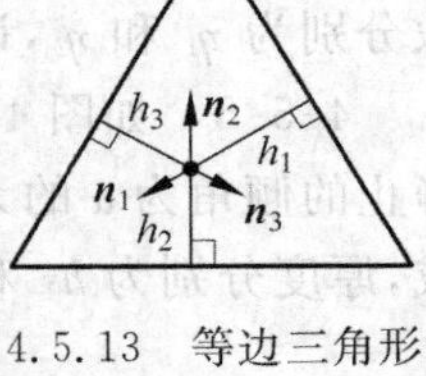

图 4.5.13　等边三角形管

4-5-18　证明等边三角形管的质量流量为 $Q=\frac{\sqrt{3}\rho}{320\eta}a^4\frac{\Delta p}{L}$。

4-5-19　对于等边三角形管，通过计算验证方程(4.5-26)。

4-5-20　计算矩形管的质量流量 Q。

4.6　转动圆柱面间流体的二维圆周运动

两个同轴转动圆柱面间的流体运动是流体力学中少数可以严格求解的问题之一，此外它还与点涡有关。1923 年，泰勒研究了流体的流动稳定性，求出了流动的失稳条件，发现圆柱面低速旋转时，流体运动可维持层流状态，其流线均为同轴圆周。层流失稳后，形成定常、

封闭、环形的卷结构，这些卷称为泰勒涡。

4.6.1　纳维-斯托克斯方程的解

考虑两个共轴的无限长圆柱面，其半径分别为 R_1 和 R_2，且 $R_2>R_1$，分别以恒定角速度 ω_1 和 ω_2 转动。考虑圆柱面之间的流体流动，由于圆柱面无限长，流体流动为二维圆周运动，选取平面极坐标系 (r,θ)，原点选在柱面的中心轴上，坐标平面垂直于柱面的中心轴。由于对称性，有

$$v_r=0,\quad v_\theta=v(r),\quad p=p(r) \tag{4.6-1}$$

由于是定常流动且是轴对称的，纳维-斯托克斯方程(4.2-16)化为

$$\frac{\mathrm{d}p}{\mathrm{d}r}=\rho\frac{v^2}{r} \tag{4.6-2}$$

$$\nabla^2 v_\theta-\frac{v_\theta}{r^2}=\frac{\mathrm{d}^2 v}{\mathrm{d}r^2}+\frac{1}{r}\frac{\mathrm{d}v}{\mathrm{d}r}-\frac{v}{r^2}=0 \tag{4.6-3}$$

很显然方程(4.6-3)有特解 $v\propto r^n$，把它代入式(4.6-3)得

$$n(n-1)+n-1=(n-1)(n+1)=0$$

即 $n=\pm1$，故通解为

$$v=ar+b\frac{1}{r} \tag{4.6-4}$$

式中 a 和 b 为待定常数。

边界条件：在内外柱面上的流体速度分别等于两柱面旋转的速度，即

$$v(r=R_1)=\omega_1 R_1,\quad v(r=R_2)=\omega_2 R_2 \tag{4.6-5}$$

把式(4.6-5)代入式(4.6-4)可求得速度分布为

$$v=\frac{\omega_2 R_2^2-\omega_1 R_1^2}{R_2^2-R_1^2}r+\frac{(\omega_1-\omega_2)R_2^2R_1^2}{R_2^2-R_1^2}\frac{1}{r} \tag{4.6-6}$$

现在确定施于内外柱面的摩擦力矩。由于对称性，只有 $\sigma_{r\theta}\neq0$。施于内外柱面的摩擦力分别为 $\sigma_{r\theta}|_{r=R_1}$ 和 $-\sigma_{r\theta}|_{r=R_2}$。这里内外柱面的摩擦力的符号相反，这是由于内外柱面的外法线方向相反。利用式(4.6-1)、式(4.6-6)和式(4.2-15)得

$$\sigma_{r\theta}=\eta\left(\frac{\partial v}{\partial r}-\frac{v}{r}\right)=-2\eta\frac{(\omega_1-\omega_2)R_2^2R_1^2}{R_2^2-R_1^2}\frac{1}{r^2} \tag{4.6-7}$$

因此得

$$\sigma_{r\theta}|_{r=R_1}=-2\eta\frac{(\omega_1-\omega_2)R_2^2}{R_2^2-R_1^2},\quad -\sigma_{r\theta}|_{r=R_2}=2\eta\frac{(\omega_1-\omega_2)R_1^2}{R_2^2-R_1^2} \tag{4.6-8}$$

施于单位长度的内外柱面的摩擦力矩分别为

$$\begin{cases}M_1=\int_0^{2\pi}R_1\sigma_{r\theta}|_{r=R_1}R_1\mathrm{d}\theta=-4\pi\eta\dfrac{(\omega_1-\omega_2)R_1^2R_2^2}{R_2^2-R_1^2}\\ M_2=\int_0^{2\pi}R_2(-\sigma_{r\theta}|_{R=R_2})R_2\mathrm{d}\theta=4\pi\eta\dfrac{(\omega_1-\omega_2)R_1^2R_2^2}{R_2^2-R_1^2}=-M_1\end{cases} \tag{4.6-9}$$

4.6.2　如何在实验室制造点涡？

考虑没有外柱面的情形（令 $\omega_2=0,R_2\to\infty$），得

$$v=\omega_1 R_1^2\frac{1}{r}$$

速度分布与点涡类似。如果令

$$\lim_{R_1\to 0,\omega_1\to\infty}\omega_1 R_1^2 = \mathrm{const} = \frac{\Gamma}{2\pi}$$

那么我们得到强度为 Γ 的点涡，其感生的速度分布为

$$\boldsymbol{v}(r) = \frac{\Gamma}{2\pi}\frac{\boldsymbol{e}_\theta}{r}$$

【例 1】 设内外柱面的温度分别为 T_1 和 T_2，求流体内部温度分布 $T=T(r)$。

解：在平面极坐标系里的流体的热传导方程为

$$\frac{\partial T}{\partial t}+\left(v_r\frac{\partial}{\partial r}+\frac{v_\theta}{r}\frac{\partial}{\partial\theta}\right)T=\frac{\kappa}{\rho c_V}\left[\frac{1}{r}\frac{\partial}{\partial r}\left(r\frac{\partial}{\partial r}\right)+\frac{1}{r^2}\frac{\partial^2}{\partial\theta^2}\right]T+\frac{1}{2\rho c_V\eta}(\sigma_{rr}'^2+\sigma_{\theta\theta}'^2+2\sigma_{r\theta}'^2)$$

从式(4.6-7)知，不为零的黏性应力张量只有 $\sigma'_{r\theta}$，上式化为

$$\frac{\kappa}{\rho c_V}\frac{1}{r}\frac{\partial}{\partial r}\left(r\frac{\partial T}{\partial r}\right)+\frac{1}{2\rho c_V\eta}2\sigma_{r\theta}'^2=0$$

即

$$\frac{1}{r}\frac{\mathrm{d}}{\mathrm{d}r}\left(r\frac{\mathrm{d}T}{\mathrm{d}r}\right)=-4\frac{\eta}{\kappa}\left[\frac{(\omega_1-\omega_2)R_2^2R_1^2}{R_2^2-R_1^2}\right]^2\frac{1}{r^4}$$

积分得

$$T=C_2+C_1\ln r-\frac{\eta}{\kappa}\left[\frac{(\omega_1-\omega_2)R_2^2R_1^2}{R_2^2-R_1^2}\right]^2\frac{1}{r^2}$$

式中 C_1 和 C_2 为积分常数。利用边界条件求得

$$C_1=\frac{T_1-T_2+\dfrac{\eta}{\kappa}\left[\dfrac{(\omega_1-\omega_2)R_2^2R_1^2}{R_2^2-R_1^2}\right]^2\left(\dfrac{1}{R_1^2}-\dfrac{1}{R_2^2}\right)}{\ln\dfrac{R_1}{R_2}}$$

$$C_2=T_1-C_1\ln R_1+\frac{\eta}{\kappa}\left[\frac{(\omega_1-\omega_2)R_2^2R_1^2}{R_2^2-R_1^2}\right]^2\frac{1}{R_1^2}$$

习题

4-6-1 考虑没有内柱面的情形（令 $\omega_1=0, R_1=0$），设柱面的温度 T_2，求流体内部温度分布 $T=T(r)$。

4-6-2 考虑没有外柱面的情形，设柱面的温度 T_1，求流体内部温度分布 $T=T(r)$。

4-6-3 考虑没有内柱面的情形，证明流体的机械能耗散为 $\dot{E}_{\mathrm{dis}}=-\dfrac{1}{2\eta}\displaystyle\int_V\sigma'_{ji}\sigma'_{ji}\mathrm{d}V=-\dfrac{1}{\eta}2\pi\int_0^{R_2}\sigma_{r\theta}'^2r\,\mathrm{d}r$。根据能量守恒定律，流体的能量耗散等于流体施加在柱面上的力所做的总功，即 $\dot{E}_{\mathrm{dis}}=\omega_2R_2 2\pi R_2\sigma'_{r\theta}(r=R_2)=M_2\omega_2$，由此计算圆柱面所受的摩擦力 $\sigma'_{r\theta}(r=R_2)$。

4-6-4 同习题 4-6-3，但没有外柱面的情形。

4.7 相似法则

纳维-斯托克斯方程是一个高度复杂的非线性方程，只在少数情况下有解析解，绝大多数情况下只能使用计算机用数值计算方法求解。为了检验这些解析解和数值解，需要做实

验。由于流体力学实验受制于实验设备，必须选取合适大小的流体。另外，在实际工程设计中，不可能把实物拿来做实验，必须要把实物的尺度改变（放大或缩小）以便能安排实验。为了使实验结果有意义，必须要根据纳维-斯托克斯方程设计实验。使用纳维-斯托克斯方程，通过对各个物理量进行量纲分析，可以得到相似法则，可以用来设计模型实验。

4.7.1　雷诺数、弗劳德数和施特鲁哈尔数

考察一个物体在一个不可压缩流体里的非定常运动，纳维-斯托克斯方程为

$$\frac{\mathrm{d}\boldsymbol{v}}{\mathrm{d}t}=\frac{\partial \boldsymbol{v}}{\partial t}+(\boldsymbol{v}\cdot\nabla)\boldsymbol{v}=-\frac{1}{\rho}\nabla p+\frac{\eta}{\rho}\nabla^2\boldsymbol{v}-g\,\boldsymbol{e}_z$$

设物体的线度为 L，流体的特征速度为 U，特征时间为 t_0。定义无量纲的量

$$\boldsymbol{v}'=\frac{\boldsymbol{v}}{U},\quad \boldsymbol{r}'=\frac{\boldsymbol{r}}{L},\quad t'=\frac{t}{t_0},\quad p'=\frac{p}{\rho U^2} \tag{4.7-1}$$

纳维-斯托克斯方程化为

$$\frac{L}{t_0U}\frac{\mathrm{d}\boldsymbol{v}'}{\mathrm{d}t'}=\frac{L}{t_0U}\frac{\partial \boldsymbol{v}'}{\partial t'}+(\boldsymbol{v}'\cdot\nabla')\boldsymbol{v}'=-\nabla'p'+\frac{\eta}{\rho LU}\nabla'^2\boldsymbol{v}'-\frac{gL}{U^2}\boldsymbol{e}_z \tag{4.7-2}$$

定义以下无量纲数：

$$Re=\frac{\rho UL}{\eta},\quad Fr=\frac{U^2}{gL},\quad St=\frac{t_0U}{L} \tag{4.7-3}$$

分别称为雷诺数 Re、弗劳德数 Fr 和施特鲁哈尔数 St。雷诺数的物理意义为惯性项 $(\boldsymbol{v}\cdot\nabla)\boldsymbol{v}$ 与黏性项 $\frac{\eta}{\rho}\nabla^2\boldsymbol{v}$ 的比值的数量级，弗劳德数的物理意义为压强项 $-\frac{1}{\rho}\nabla p$ 与重力项 $-g\,\boldsymbol{e}_z$ 的比值的数量级，施特鲁哈尔数的物理意义为惯性项 $(\boldsymbol{v}\cdot\nabla)\boldsymbol{v}$ 与时间项 $\frac{\partial \boldsymbol{v}}{\partial t}$ 的比值的数量级。

纳维-斯托克斯方程化为无量纲形式

$$\frac{1}{St}\frac{\mathrm{d}\boldsymbol{v}'}{\mathrm{d}t'}=\frac{1}{St}\frac{\partial \boldsymbol{v}'}{\partial t'}+(\boldsymbol{v}'\cdot\nabla')\boldsymbol{v}'=-\nabla'p'+\frac{1}{Re}\nabla'^2\boldsymbol{v}'-\frac{1}{Fr}\boldsymbol{e}_z \tag{4.7-4}$$

其解为

$$\boldsymbol{v}'=\boldsymbol{v}'(Re,Fr,St,t',\boldsymbol{r}'),\quad p'=p'(Re,Fr,St,t',\boldsymbol{r}') \tag{4.7-5}$$

物体所受的阻力为

$$F=\rho U^2L^2f(Re,Fr,St,t',\boldsymbol{r}') \tag{4.7-6}$$

考察两个物体分别在两个流体里的运动，如果这两个物体是几何相似的，即将一个物体的所有线度作同一倍数的变化后得出另一个物体，我们说这两个物体是具有同样形状的。如果两个流体的边界亦是几何相似的，那么对于这两个几何相似的问题，无量纲函数 $\boldsymbol{v}'(Re,Fr,St,t',\boldsymbol{r}')$、$p'(Re,Fr,St,t',\boldsymbol{r}')$ 和 $f(Re,Fr,St,t',\boldsymbol{r}')$ 都是相同的。只要这两种流动的雷诺数、弗劳德数和施特鲁哈尔数相同，改变速度和坐标的量度比例尺即可从一种流动得到另一种流动，这样的两种流动称为相似流动。

4.7.2　普朗特数

考虑有温差无重力的情形，流体的热传导方程(4.4-22)为

$$\frac{\mathrm{d}T}{\mathrm{d}t}=\frac{\partial T}{\partial t}+\boldsymbol{v}\cdot\nabla T=\frac{\kappa}{\rho c_V}\nabla^2T+\frac{1}{2}\frac{\eta}{\rho c_V}\left(\frac{\partial v_i}{\partial x_j}+\frac{\partial v_j}{\partial x_i}\right)\left(\frac{\partial v_i}{\partial x_j}+\frac{\partial v_j}{\partial x_i}\right)$$

设流体的特征温度为 T_0，定义无量纲的温度为 $T'=\dfrac{T}{T_0}$。使用式(4.7-1)，上式化为

$$\frac{L}{t_0U}\frac{\mathrm{d}T'}{\mathrm{d}t'}=\frac{L}{t_0U}\frac{\partial T'}{\partial t'}+\boldsymbol{v}'\cdot\nabla'T'=\frac{\kappa}{\rho c_VUL}\nabla'^2T'+\frac{1}{2}\frac{\eta U}{\rho c_VLT_0}\left(\frac{\partial v'_i}{\partial x'_j}+\frac{\partial v'_j}{\partial x'_i}\right)\left(\frac{\partial v'_i}{\partial x'_j}+\frac{\partial v'_j}{\partial x'_i}\right) \tag{4.7-7}$$

定义普朗特数 $Pr=\dfrac{\eta c_V}{\kappa}$ 及无量纲数 $\Theta=\dfrac{\eta U}{\rho c_VLT_0}$，流体的热传导方程化为无量纲形式

$$\frac{1}{St}\frac{\mathrm{d}T'}{\mathrm{d}t'}=\frac{1}{St}\frac{\partial T'}{\partial t'}+\boldsymbol{v}'\cdot\nabla'T'=\frac{1}{PrRe}\nabla'^2T'+\frac{1}{2}\Theta\left(\frac{\partial v'_i}{\partial x'_j}+\frac{\partial v'_j}{\partial x'_i}\right)\left(\frac{\partial v'_i}{\partial x'_j}+\frac{\partial v'_j}{\partial x'_i}\right) \tag{4.7-8}$$

其解为

$$T'=f(Re,Pr,St,\Theta,t',\boldsymbol{r}') \tag{4.7-9}$$

综上所述，如果两种流动里各自的固体几何相似，边界条件几何相似，各自的雷诺数、弗劳德数、施特鲁哈尔数和普朗特数相同，改变速度和坐标、时间和温度的量度比例尺即可从一种流动得到另一种流动，这样的两种流动称为相似流动，这就是流体力学相似原理。已经广泛用于模型试验。

模型实验的第一步是，依据几何相似原理把固体和边界条件原型按一定比例缩小或放大制成模型。第二步是依据力学相似原理，根据作用在流体上的主要力来选取合适的无量纲数相等来满足力学相似。例如，如果作用在流体上的力主要是黏性力时，要求它们的雷诺数相等；如果作用在流体上的力主要是重力时，要求它们的弗劳德数相等。第三步是做模型实验，获得流速分布、压强分布和温度分布等。第四步是依据相似原理，把实验结果转换为原型的流速分布、压强分布和温度分布等。

【例 1】 有一很大的开口容器盛满水，在容器侧面的器壁上距离水面为 h 处开一面积为 S_B 的小孔 B，水从小孔射入大气，用量纲分析写出小孔射流的速度和流量的表达式。

解：小孔射流的速度可以表示为 $v_c=Uf_1(Re,1/Fr)$，这里 $U=\sqrt{gh}$ 为射流的特征速度。由于黏性引起的能量耗散主要发生在小孔附近，流体的特征尺寸不是 h 或者容器的特征尺寸，应该为小孔的特征尺寸 $L=\sqrt{S_B}$，因此有 $Re=\dfrac{\rho UL}{\eta}=\dfrac{\rho\sqrt{ghS_B}}{\eta}$，$Fr=\dfrac{U^2}{gL}=\dfrac{h}{\sqrt{S_B}}$。由于 $h\gg\sqrt{S_B}$，有 $Fr\gg1$，所以函数 $f_1(Re,1/Fr)$ 几乎不依赖于 Fr，即有 $v_c=\sqrt{gh}f_1(Re,1/Fr)\cong\sqrt{gh}f_1(Re,0)$。

同理质量流量为

$$Q=\rho S_BUf_2(Re,1/Fr)\cong\rho S_B\sqrt{gh}f_2(Re,0)$$

习题

4-7-1 证明用量纲分析写出小孔射流的反推力为 $F\cong\rho S_Bghf_3\left(\dfrac{\rho\sqrt{ghS_B}}{\eta}\right)$。

4-7-2 一个半径为 a 的固体球在黏性系数为 η、密度为 ρ 的无限大的不可压缩流体中以角速度 ω 绕自身直径旋转，无穷远处的流体为静止，证明雷诺数为 $Re=\rho\omega a^2/\eta$，球所受的合力矩为 $M=\rho\omega^2a^5f(Re)$。

4-7-3 一个半径为 a 的固体球在黏性系数为 η、密度为 ρ 的无限大的不可压缩流体中

以速度 $U=U_0\cos\omega t$ 作简谐振动，这里 U_0 为速度振幅，ω 为振荡圆频率。证明 $Re=\dfrac{\rho U_0 a}{\eta}$，$St=\dfrac{U_0}{\omega a}$，球所受的阻力为 $F=\rho U_0^2 a^2 f(Re,St,t',\boldsymbol{r}')$。

4.8 斯托克斯阻力公式

现在我们来研究一个固体球在无穷大的不可压缩流体中作缓慢的匀速直线运动时所受的阻力（斯托克斯问题）。球的速度为 $\boldsymbol{U}$，球的半径为 a，在无穷远处的流体是静止的，流体作定常流动。不考虑重力。

纳维-斯托克斯方程为

$$\rho(\boldsymbol{v}\cdot\nabla)\boldsymbol{v}=-\nabla p+\eta\nabla^2\boldsymbol{v} \tag{4.8-1}$$

在球缓慢运动的情况下，惯性项可省略，方程(4.8-1)化为线性方程（称为斯托克斯方程）

$$\nabla p=\eta\nabla^2\boldsymbol{v} \tag{4.8-2}$$

取方程(4.8-2)的旋度得

$$\nabla^2\boldsymbol{\Omega}=\boldsymbol{0} \tag{4.8-3}$$

取方程(4.8-2)的散度，并利用连续性方程 $\nabla\cdot\boldsymbol{v}=0$ 得

$$\nabla^2 p=0 \tag{4.8-4}$$

现在我们分别用三种解法求解。

4.8.1 叠加法

这一解法是本书作者提出的*，取球坐标 (r,θ,φ)，坐标系的原点取为球心的瞬时位置，z 轴沿 $\boldsymbol{U}$ 方向，如图 4.8.1(a)所示。由于是轴对称流动，有 $p=p(r,\theta)$，$\boldsymbol{v}=\boldsymbol{v}(r,\theta)$。

边界条件为

$$\left.\begin{aligned}&v_r(r=a)=U\cos\theta\\&v_\theta(r=a)=-U\sin\theta\\&v_r(r\to\infty)=v_\theta(r\to\infty)=0\\&p(r=\infty)=p_0\end{aligned}\right\} \tag{4.8-5}$$

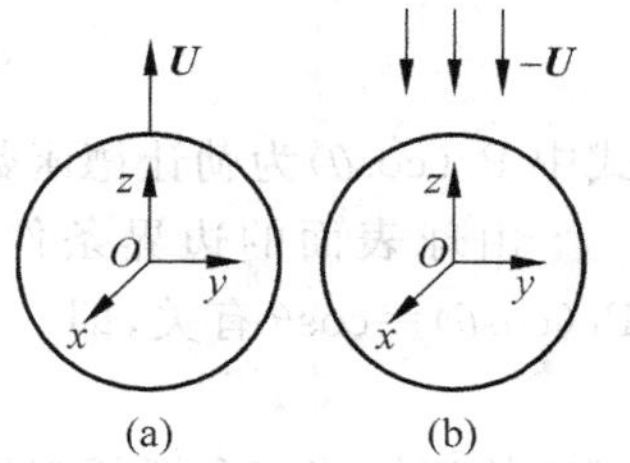

图 4.8.1 斯托克斯问题

(a) 球运动；(b) 球静止不动

式中 p_0 为常数。

用斯托克斯流函数来表示边界条件，得

$$\left.\frac{\partial\psi}{\partial\theta}\right|_{r=a}=Ua^2\sin\theta\cos\theta,\quad \left.\frac{\partial\psi}{\partial r}\right|_{r=a}=Ua\sin^2\theta \tag{4.8-6}$$

上式建议了斯托克斯流函数的可能的形式

$$\psi=f(r)\sin^2\theta \tag{4.8-7}$$

现在我们使用齐次线性微分方程所满足的叠加原理来求解斯托克斯问题。任何齐次线性微分方程都满足叠加原理，即任何齐次线性微分方程的任意数目的解的任意线性组合都是方程的解。为了得到一些具体线索，我们首先回忆一下齐次线性常微分方程理论。n 阶

* 王先智. 斯托克斯阻力公式的简单推导[J]. 力学与实践，2017，39(6)：617-619.

齐次线性常微分方程定义为

$$y^{(n)} + p_1(x)y^{(n-1)} + \cdots + p_{n-1}(x)y^{(1)} + p_n(x)y = 0$$

式中 $y^{(i)} \equiv \frac{d^i y}{dx^i}$。初始条件为 $y(x_0), y^{(1)}(x_0), \cdots, y^{(n-1)}(x_0)$。

可以证明，n 个初始条件导致解的存在与唯一性定理，以及 n 阶齐次线性常微分方程有 n 个线性独立的和完备的解，它们构成方程的基本解组，它们的任意线性组合都是方程的通解。满足 n 个初始条件的通解是唯一的。

现在回到斯托克斯问题。既然 n 个初始条件导致 n 阶齐次线性常微分方程有 n 个线性独立的和完备的解，而斯托克斯方程是一个二阶线性偏微分方程，在球表面的边界条件为 $v_r(r=a)=U\cos\theta$ 和 $v_\theta(r=a)=-U\sin\theta$，那么根据球表面的这两个速度分量条件，我们期望斯托克斯方程应该有两个线性独立的和完备的解，这两个解应该构成方程的基本解组，它们的线性组合应该就是方程的通解并且应该满足球表面的两个速度分量条件。

现在我们来寻找斯托克斯方程的两个线性独立的和完备的解。当然，这两个解需要满足无限远处的速度条件和压力条件，但不满足球表面的两个速度分量条件。

从方程(4.8-3)，我们马上发现，无旋流动 $\boldsymbol{\Omega} = \nabla \times \boldsymbol{v} = \boldsymbol{0}$ 是斯托克斯方程(4.8-2)的一个解。众所周知，无旋流动由速度势 Φ 所确定，流体速度为 $\boldsymbol{v} = \nabla\Phi$。速度势满足拉普拉斯方程，即

$$\nabla^2 \Phi = 0 \tag{4.8-8}$$

很容易证明无旋流动满足 $\nabla^2 \boldsymbol{v} = \boldsymbol{0}$，因此斯托克斯方程(4.8-2)化为 $\nabla p = \boldsymbol{0}$，解为 $p=$ const。我们看到，无旋流动解对流体压强只不过贡献了一个常数。

拉普拉斯方程 $\nabla^2\Phi = 0$ 的解为

$$\Phi(r,\theta) = \sum_{l=0}^{\infty} (C_l r^l + D_l r^{-l-1}) \mathrm{P}_l(\cos\theta) \tag{4.8-9}$$

式中 $\mathrm{P}_l(\cos\theta)$ 为勒让德函数，有 $\mathrm{P}_0(\cos\theta)=1$ 和 $\mathrm{P}_1(\cos\theta)=\cos\theta$，$C_l$ 和 D_l 为常数。

由球表面的边界条件 $v_r(r=a)=U\cos\theta$ 和 $v_\theta(r=a)=-U\sin\theta$ 可知，速度势 Φ 只与 $\mathrm{P}_1(\cos\theta)=\cos\theta$ 有关，即

$$\Phi = C_0 + D_1 r^{-2} \cos\theta \tag{4.8-10}$$

相应的流体速度和斯托克斯流函数分别为

$$\boldsymbol{v} = \nabla(D_1 r^{-2} \cos\theta), \quad \psi = -D_1 r^{-1} \sin^2\theta \tag{4.8-11}$$

现在我们寻找另一个解。拉普拉斯方程 $\nabla^2 p = 0$ 的解为

$$p(r,\theta) = \sum_{l=0}^{\infty} (A_l r^l + B_l r^{-l-1}) \mathrm{P}_l(\cos\theta) \tag{4.8-12}$$

式中 A_l 和 B_l 为常数。

由球表面的边界条件 $v_r(r=a)=U\cos\theta$ 和 $v_\theta(r=a)=-U\sin\theta$ 以及斯托克斯方程(4.8-2)可知，压强 p 只与 $\mathrm{P}_1(\cos\theta)=\cos\theta$ 有关，即

$$p = p_0 + B_1 r^{-2} \cos\theta \tag{4.8-13}$$

把方程(4.8-13)代入式(4.8-2)得

$$\nabla(B_1 r^{-2} \cos\theta) = \eta \nabla^2 \boldsymbol{v} \tag{4.8-14}$$

现在我们使用量纲分析来获得一个解。我们注意到，r 是一个有量纲的变量，而 θ 是一个无量纲的变量，所以我们取 r 为基本量，而把其他物理量取为导出量。令 $\boldsymbol{v}$ 和 ψ 的量纲分

别为$[\boldsymbol{v}]=r^{\beta}$和$[\psi]=r^{\alpha}$，这里$\beta$和$\alpha$为待定常数。使用$[\nabla]=r^{-1}$和$[\nabla^2]=r^{-2}$，我们获得

$$[\nabla(B_1 r^{-2}\cos\theta)]=[\eta\nabla^2\boldsymbol{v}]=[\nabla][r^{-2}]=[\nabla^2][\boldsymbol{v}]=r^{-3}=r^{-2+\beta} \tag{4.8-15}$$

上式给出$\beta=-1$。使用斯托克斯流函数定义式(1.6-17)得

$$[\boldsymbol{v}]=r^{\beta}=r^{\alpha-2} \tag{4.8-16}$$

上式给出$\alpha=2+\beta=1$。

参考方程(4.8-7)得

$$\psi=Er\sin^2\theta,\quad v_r=\frac{2E}{r}\cos\theta,\quad v_\theta=-\frac{E}{r}\sin\theta \tag{4.8-17}$$

式中E为待定常数。

现在我们证明，方程(4.8-17)的确是式(4.8-14)的解。把方程(4.8-17)代入式(4.8-14)的径向分量方程得

$$\frac{1}{\eta}\frac{\partial(B_1 r^{-2}\cos\theta)}{\partial r}=\nabla^2 v_r-\frac{2}{r^2\sin\theta}\frac{\partial(v_\theta\sin\theta)}{\partial\theta}-\frac{2v_r}{r^2} \tag{4.8-18}$$

经过简单计算，我们获得

$$B_1=2E\eta \tag{4.8-19}$$

上面我们得到的斯托克斯方程的两个解之一是无旋流动解，其斯托克斯流函数$\psi=-D_1 r^{-1}\sin^2\theta$反比于$r$，另一个量纲解是涡旋流动解，其斯托克斯流函数$\psi=Er\sin^2\theta$正比于$r$，这两个斯托克斯流函数的比值不是常数，因此这两个解是线性独立的。所以这两个解的线性组合就是斯托克斯方程的通解，即

$$\begin{aligned}\psi&=\left(Er-\frac{D_1}{r}\right)\sin^2\theta\\ v_r&=\left(\frac{E}{r}-\frac{D_1}{r^3}\right)2\cos\theta\\ v_\theta&=\left(-\frac{E}{r}-\frac{D_1}{r^3}\right)\sin\theta\end{aligned} \tag{4.8-20}$$

使用边界条件式(4.8-5)，我们获得

$$\begin{aligned}v_r&=\left(\frac{3a}{2r}-\frac{a^3}{2r^3}\right)U\cos\theta\\ v_\theta&=\left(-\frac{3a}{4r}-\frac{a^3}{4r^3}\right)U\sin\theta\\ p&=p_0+\frac{3aU\eta}{2r^2}\cos\theta\end{aligned} \tag{4.8-21}$$

把式(4.8-21)代入应力张量公式(4.2-11)，得

$$\begin{aligned}\sigma_{rr}&=2\eta\frac{\partial v_r}{\partial r}-p=-p_0+\left(-\frac{9a}{2r^2}+\frac{3a^3}{r^4}\right)U\eta\cos\theta\\ \sigma_{rr}(r=a)&=-p(r=a)=-p_0-\frac{3U\eta}{2a}\cos\theta\\ \sigma_{r\theta}&=\eta\left(\frac{1}{r}\frac{\partial v_r}{\partial\theta}+\frac{\partial v_\theta}{\partial r}-\frac{v_\theta}{r}\right)=\frac{3a^3U\eta}{2r^4}\sin\theta\\ \sigma_{r\theta}(r=a)&=\frac{3\eta U}{2a}\sin\theta\end{aligned} \tag{4.8-22}$$

把球表面上的所有面元所受到的力加起来，得阻力

$$\boldsymbol{F}=\oint_S(\boldsymbol{e}_r\sigma_{rr}+\boldsymbol{e}_\theta\sigma_{r\theta})_{r=a}\mathrm{d}S$$
$$=2\pi a^2\ \boldsymbol{e}_z\int_0^\pi \mathrm{d}\theta(\sigma_{rr}\cos\theta-\sigma_{r\theta}\sin\theta)_{r=a}\sin\theta=-\boldsymbol{e}_z 6\pi a\eta U \tag{4.8-23}$$

也可以利用施于任意流体面元上的力的公式(4.2-21)来计算作用在球上的力,计算见习题 4-8-1。

作一个伽利略变换,让球静止不动,无穷远处的流体以匀速 $-\boldsymbol{U}$ 流动,如图 4.8.1(b)所示,用叠加法求解,见习题 4-8-2。

4.8.2 矢量势法

作一个伽利略变换,让球静止不动,无穷远处的流体以匀速 $-\boldsymbol{U}$ 流动。现在我们用矢量势法求解。

在磁学中,根据磁场高斯定理,任何磁感应强度的散度恒为零,即 $\nabla\cdot\boldsymbol{B}=0$,因此磁感应强度可以表示为磁矢量势的旋度,即 $\boldsymbol{B}=\nabla\times\boldsymbol{A}$。用这样的表示来求解磁学问题称为磁矢量势法。

由于不可压缩流体满足 $\nabla\cdot\boldsymbol{v}=0$,$\boldsymbol{v}$ 同样可以表示为矢量势的旋度,即

$$\boldsymbol{v}=-\boldsymbol{U}+\nabla\times\boldsymbol{A},\quad \boldsymbol{A}=\boldsymbol{A}(\boldsymbol{r},\boldsymbol{U}) \tag{4.8-24}$$

由于忽略了惯性项,纳维-斯托克斯方程化为线性方程,因此矢量 $\boldsymbol{U}$ 必须线性地出现在 $\boldsymbol{A}=\boldsymbol{A}(\boldsymbol{r},\boldsymbol{U})$ 中,由 $\boldsymbol{r}$ 和 $\boldsymbol{U}$ 构造出来的这样的线性矢量只有 $\boldsymbol{r}\times\boldsymbol{U}$,即 $\boldsymbol{A}\propto\boldsymbol{r}\times\boldsymbol{U}$,所以我们可以把 $\boldsymbol{A}$ 写成

$$\boldsymbol{A}=\frac{\mathrm{d}f(r)}{\mathrm{d}r}\boldsymbol{e}_r\times\boldsymbol{U}=\nabla f\times\boldsymbol{U} \tag{4.8-25}$$

式中 $f(r)$ 为待定函数。

把式(4.8-25)代入式(4.8-24)可得流体速度为

$$\boldsymbol{v}=-\boldsymbol{U}+\nabla\times(\nabla f\times\boldsymbol{U}) \tag{4.8-26}$$

利用矢量公式 $\nabla\times(\boldsymbol{a}\times\boldsymbol{b})=\boldsymbol{a}(\nabla\cdot\boldsymbol{b})-\boldsymbol{b}(\nabla\cdot\boldsymbol{a})+(\boldsymbol{b}\cdot\nabla)\boldsymbol{a}-(\boldsymbol{a}\cdot\nabla)\boldsymbol{b}$,得

$$\boldsymbol{v}=-\boldsymbol{U}+\nabla\times(\nabla f\times\boldsymbol{U})=-\boldsymbol{U}-\boldsymbol{U}\nabla^2 f+(\boldsymbol{U}\cdot\nabla)\nabla f \tag{4.8-27}$$

利用矢量公式 $\nabla(\boldsymbol{a}\cdot\boldsymbol{b})=(\boldsymbol{a}\cdot\nabla)\boldsymbol{b}+(\boldsymbol{b}\cdot\nabla)\boldsymbol{a}+\boldsymbol{a}\times(\nabla\times\boldsymbol{b})+\boldsymbol{b}\times(\nabla\times\boldsymbol{a})$,得

$$\nabla(\boldsymbol{U}\cdot\nabla f)=(\boldsymbol{U}\cdot\nabla)\nabla f \tag{4.8-28}$$

把式(4.8-28)代入式(4.8-27)得

$$\boldsymbol{v}=-\boldsymbol{U}-\boldsymbol{U}\nabla^2 f+\nabla(\boldsymbol{U}\cdot\nabla f) \tag{4.8-29}$$

因此涡量为

$$\boldsymbol{\Omega}=\nabla\times\boldsymbol{v}=-\nabla\times(\boldsymbol{U}\nabla^2 f) \tag{4.8-30}$$

利用矢量公式 $\nabla\times(\psi\boldsymbol{a})=\nabla\psi\times\boldsymbol{a}+\psi\nabla\times\boldsymbol{a}$,得

$$\boldsymbol{\Omega}=\nabla\times\boldsymbol{v}=-\nabla^2(\nabla f)\times\boldsymbol{U} \tag{4.8-31}$$

把式(4.8-31)代入式(4.8-3),得

$$\nabla^2\boldsymbol{\Omega}=-\nabla^2[\nabla^2(\nabla f)\times\boldsymbol{U}]=-\nabla(\nabla^2\nabla^2 f)\times\boldsymbol{U}=\boldsymbol{0} \tag{4.8-32}$$

式(4.8-32)对任意的 $\boldsymbol{U}$ 成立,所以有

$$\nabla^2\nabla^2 f=\mathrm{const} \tag{4.8-33}$$

由于在无穷远处 $\boldsymbol{v}\to-\boldsymbol{U}$,因此式(4.8-29)要求,在无穷远处 ∇f 为恒定矢量,$\nabla^2 f$ 为零。这意味着式(4.8-33)中的常数必须为零,式(4.8-33)成为

$$\nabla^2\nabla^2 f=0 \tag{4.8-34}$$

即

$$\frac{1}{r^2}\frac{\mathrm{d}}{\mathrm{d}r}\left(r^2\frac{\mathrm{d}}{\mathrm{d}r}\right)\nabla^2 f=0$$

积分得

$$\nabla^2 f=\frac{1}{r^2}\frac{\mathrm{d}}{\mathrm{d}r}\left(r^2\frac{\mathrm{d}f}{\mathrm{d}r}\right)=\frac{2A}{r}+6B$$

式中 A 和 B 为积分常数。由于在无穷远处$\nabla^2 f$ 为零，因此 $B=0$。对上式积分得

$$f=Ar+\frac{C}{r} \tag{4.8-35}$$

式中积分常数 A 和 C 由边界条件$\boldsymbol{v}(r=a)=\boldsymbol{0}$ 确定。

把式(4.8-35)代入式(4.8-27)并利用$\boldsymbol{U}\cdot\nabla=U\frac{\partial}{\partial z}$，得

$$\boldsymbol{v}=\boldsymbol{U}\left(-1-\frac{A}{r}-\frac{C}{r^3}\right)+\boldsymbol{e}_r(\boldsymbol{U}\cdot\boldsymbol{e}_r)\left(-\frac{A}{r}+\frac{3C}{r^3}\right) \tag{4.8-36}$$

利用边界条件$\boldsymbol{v}(r=a)=\boldsymbol{0}$，得

$$\boldsymbol{U}\left(-1-\frac{A}{a}-\frac{C}{a^3}\right)+\boldsymbol{e}_r(\boldsymbol{U}\cdot\boldsymbol{e}_r)\left(-\frac{A}{a}+\frac{3C}{a^3}\right)=\boldsymbol{0} \tag{4.8-37}$$

为了保证上式对任意的$\boldsymbol{e}_r$ 成立，必须有

$$-1-\frac{A}{a}-\frac{C}{a^3}=0,\quad -\frac{A}{a}+\frac{3C}{a^3}=0 \tag{4.8-38}$$

可解得

$$A=-\frac{3}{4}a,\quad C=-\frac{1}{4}a^3,\quad \boldsymbol{v}=\boldsymbol{U}\left(-1+\frac{3a}{4r}+\frac{a^3}{4r^3}\right)+\boldsymbol{e}_r(\boldsymbol{U}\cdot\boldsymbol{e}_r)\left(\frac{3a}{4r}-\frac{3a^3}{4r^3}\right) \tag{4.8-39}$$

现在计算压强。把式(4.8-29)代入斯托克斯方程(4.8-2)，并利用式(4.8-34)，得

$$\nabla p=\eta\nabla^2\{-\boldsymbol{U}-\boldsymbol{U}\nabla^2 f+\nabla(\boldsymbol{U}\cdot\nabla f)\}=\eta\nabla\{\boldsymbol{U}\cdot\nabla(\nabla^2 f)\} \tag{4.8-40}$$

所以有

$$p=p_0+\boldsymbol{U}\cdot\nabla(\nabla^2 f)=p_0+\boldsymbol{U}\cdot\nabla\left(\frac{2A}{r}\right)=p_0+\frac{3}{2}\eta a\frac{\boldsymbol{U}\cdot\boldsymbol{e}_r}{r^2} \tag{4.8-41}$$

式中 p_0 为常数。由式(4.8-31)可求得涡量为

$$\boldsymbol{\Omega}=-\nabla(\nabla^2 f)\times\boldsymbol{U}=\frac{3a}{2}\frac{\boldsymbol{e}_r\times\boldsymbol{U}}{r^2}=-\boldsymbol{e}_\varphi\frac{3aU}{2r^2}\sin\theta \tag{4.8-42}$$

4.8.3 流函数法

对于轴对称流动，斯托克斯流函数满足式(4.3-9)。考虑定常流动的情形，式(4.3-9)化为

$$\left(\frac{1}{r^2\sin\theta}\frac{\partial\psi}{\partial\theta}\frac{\partial}{\partial r}-\frac{1}{r^2\sin\theta}\frac{\partial\psi}{\partial r}\frac{\partial}{\partial\theta}\right)\frac{1}{r^2\sin^2\theta}\Theta\psi=\frac{\eta}{\rho}\frac{1}{r^2\sin^2\theta}\Theta^2\psi \tag{4.8-43}$$

在流体缓慢运动的情况下，可以略去非线性项，得

$$\Theta^2\psi=0 \tag{4.8-44}$$

使用下列数学恒等式：

$$\Theta[f(r)\sin^2\theta]=\left(\frac{\mathrm{d}^2 f}{\mathrm{d}r^2}-\frac{2f}{r^2}\right)\sin^2\theta \tag{4.8-45}$$

可知流函数的可能形式为式(4.8-7),即 $\psi=f(r)\sin^2\theta$,$f(r)$满足

$$\left(\frac{d^2}{dr^2}-\frac{2}{r^2}\right)\left(\frac{d^2}{dr^2}-\frac{2}{r^2}\right)f=0$$

令 $f=r^n$,代入上式得

$$[(n-2)(n-3)-2][n(n-1)-2]=0$$

解得 $n=-1,1,2,4$。所以 f 的通解为

$$f=\frac{A}{r}+Br+Cr^2+Dr^4 \tag{4.8-46}$$

式中 A、B、C 和 D 为常数。涡量为

$$\Omega=-\frac{1}{r\sin\theta}\Theta\psi=-\frac{1}{r}\left(\frac{d^2 f}{dr^2}-\frac{2f}{r^2}\right)\sin\theta \tag{4.8-47}$$

现在我们按图 4.8.1 所示的两种情形来求解。

(1) 无穷远处的流体静止不动

边界条件为式(4.8-5),用流函数表示为

$$\left.\frac{\partial\psi}{\partial\theta}\right|_{r=a}=a^2U\sin\theta\cos\theta,\quad \left.\frac{\partial\psi}{\partial r}\right|_{r=a}=aU\sin^2\theta,\quad \left.\frac{1}{r^2}\frac{\partial\psi}{\partial\theta}\right|_{r\to\infty}=0$$
$$\left.\frac{1}{r}\frac{\partial\psi}{\partial r}\right|_{r\to\infty}=0 \tag{4.8-48}$$

把式(4.8-46)代入式(4.8-48)得

$$\psi=U\left(-\frac{a^3}{4r}+\frac{3a}{4}r\right)\sin^2\theta \tag{4.8-49}$$

(2) 球静止不动

作一个伽利略变换,让球静止不动,无穷远处的流体以均匀速度 $-\boldsymbol{U}$ 流动。边界条件为

$$v_r(r=a)=v_\theta(r=a)=0,\quad v_r|_{r\to\infty}=-U\cos\theta,\quad v_\theta|_{r\to\infty}=U\sin\theta \tag{4.8-50}$$

用流函数表示为

$$\left.\frac{\partial\psi}{\partial r}\right|_{r=a}=0,\quad \left.\frac{\partial\psi}{\partial\theta}\right|_{r=a}=0,\quad \psi|_{r\to\infty}=-\frac{1}{2}Ur^2\sin^2\theta \tag{4.8-51}$$

把式(4.8-46)代入式(4.8-51)得

$$\psi=-U\left(\frac{a^3}{4r}-\frac{3a}{4}r+\frac{1}{2}r^2\right)\sin^2\theta \tag{4.8-52}$$

4.8.4 能量方法

前面我们把球表面上的所有面元所受到的力加起来计算阻力,现在用能量方法来计算。根据能量守恒定律,流体的能量耗散等于流体施加在球上的力做的总功,即

$$FU=\dot{E}_{\text{dis}}=-\int_V\frac{1}{2\eta}\sigma'_{ji}\sigma'_{ji}\,dV \tag{4.8-53}$$

把方程(4.8-21)中的流体速度代入应力张量公式(4.2-11),得

$$\sigma'_{rr}=2\eta\frac{\partial v_r}{\partial r}=\left(-\frac{a}{r^2}+\frac{a^3}{r^4}\right)3U\eta\cos\theta$$

$$\sigma'_{r\theta}=\eta\left(\frac{1}{r}\frac{\partial v_r}{\partial\theta}+\frac{\partial v_\theta}{\partial r}-\frac{v_\theta}{r}\right)=\frac{3a^3U\eta}{2r^4}\sin\theta$$

$$\sigma'_{\theta\theta} = 2\eta\left(\frac{1}{r}\frac{\partial v_\theta}{\partial \theta} + \frac{v_r}{r}\right) = \frac{3}{2}\left(\frac{a}{r^2} - \frac{a^3}{r^4}\right)U\eta\cos\theta$$

$$\sigma'_{\varphi\varphi} = 2\eta\left(\frac{v_r}{r} + \frac{v_\theta\cot\theta}{r}\right) = \frac{3}{2}\left(\frac{a}{r^2} - \frac{a^3}{r^4}\right)U\eta\cos\theta \tag{4.8-54}$$

使用式(4.8-54)得

$$\frac{1}{2\eta}\sigma'_{ji}\sigma'_{ji} = \frac{1}{2\eta}(\sigma'^2_{rr} + \sigma'^2_{\theta\theta} + \sigma'^2_{\varphi\varphi} + 2\sigma'^2_{r\theta} + 2\sigma'^2_{\theta\varphi} + 2\sigma'^2_{r\varphi})$$

$$= \frac{9}{4}\eta U^2 a^{-2}\left\{\left[3\left(\frac{a}{r}\right)^4 - 6\left(\frac{a}{r}\right)^6 + 2\left(\frac{a}{r}\right)^8\right]\cos^2\theta + \left(\frac{a}{r}\right)^8\right\} \tag{4.8-55}$$

把式(4.8-55)代入式(4.8-53)并积分，即得斯托克斯阻力公式(4.8-23)。

另一方法是使用式(4.4-11)，见习题4-8-5。

【例1】 作为斯托克斯问题的推广，考虑一个半径为a、黏性系数为η'的不可压缩球形液滴在无穷大的黏性系数为η的不可压缩流体中作匀速直线运动，求液滴所受的阻力。

解：作一个伽利略变换，让液滴静止不动，无穷远处的流体以匀速$\boldsymbol{U}$流动。对于刚体，静止意味着刚体上的所有质点的速度为零。由于液滴不是刚体，液滴静止不动并不意味着液滴内部的液体质点的速度为零，液滴静止不动只意味着液滴内外的流体分别绕液滴表面流动，液滴表面的速度的法向分量为零，液滴表面为流面，液滴表面上的流函数为常数。

现在用流函数法求解。用叠加法和矢量势法求解分别见习题4-8-8和习题4-8-9。取球坐标(r,θ,φ)，坐标系的原点取为球心，z轴沿$\boldsymbol{U}$方向。前面已经求出通解式(4.8-46)，即

$$\psi = \left(A\frac{a}{r} + B\frac{r}{a} + C\frac{r^2}{a^2} + D\frac{r^4}{a^4}\right)a^2U\sin^2\theta$$

$$v_r = \frac{1}{r^2\sin\theta}\frac{\partial\psi}{\partial\theta} = \frac{2\cos\theta}{r^2\sin^2\theta}\psi$$

$$v_\theta = -\frac{1}{r\sin\theta}\frac{\partial\psi}{\partial r} = \left(A\frac{a^3}{r^3} - B\frac{a}{r} - 2C - 4D\frac{r^2}{a^2}\right)U\sin\theta$$

式中A、B、C和D为无量纲常数。

液滴表面的边界条件如下：液滴内外的速度的法向分量为零，速度的切向分量v_θ连续，应力张量$\sigma_{r\theta}$和σ_{rr}连续。因此边界条件为

$$v_{r,\mathrm{ex}}(r\to\infty) = U\cos\theta,\quad v_{\theta,\mathrm{ex}}(r\to\infty) = -U\sin\theta,\quad v_{r,\mathrm{ex}}(r=a) = v_{r,\mathrm{in}}(r=a) = 0$$

$$v_{\theta,\mathrm{ex}}(r=a) = v_{\theta,\mathrm{in}}(r=a),\quad \sigma_{r\theta,\mathrm{ex}}(r=a) = \sigma_{r\theta,\mathrm{in}}(r=a),\quad \sigma_{rr,\mathrm{ex}}(r=a) = \sigma_{rr,\mathrm{in}}(r=a)$$

值得注意的是，由于$v_r = \dfrac{2\cos\theta}{r^2\sin^2\theta}\psi$，边界条件$v_{r,\mathrm{ex}}(r=a) = v_{r,\mathrm{in}}(r=a) = 0$意味着$\psi_{\mathrm{ex}}(r=a) = \psi_{\mathrm{in}}(r=a) = 0$。

利用通解和边界条件$v_{r,\mathrm{ex}}(r\to\infty) = U\cos\theta$，$v_{\theta,\mathrm{ex}}(r\to\infty) = -U\sin\theta$，$v_{r,\mathrm{in}}(r=a) = 0$，并注意到在球心处流体速度有限，得

$$v_{r,\mathrm{ex}} = U\cos\theta + \left(\frac{Aa^3}{r^3} + \frac{Ba}{r}\right)2U\cos\theta,\quad v_{\theta,\mathrm{ex}} = -U\sin\theta + \left(\frac{Aa^3}{r^3} - \frac{Ba}{r}\right)U\sin\theta$$

$$v_{r,\mathrm{in}} = C\left(1 - \frac{r^2}{a^2}\right)2U\cos\theta,\quad v_{\theta,\mathrm{in}} = -C\left(2 - 4\frac{r^2}{a^2}\right)U\sin\theta$$

式中无量纲常数A、B和C由边界条件$v_{r,\mathrm{ex}}(r=a) = 0$，$v_{\theta,\mathrm{ex}}(r=a) = v_{\theta,\mathrm{in}}(r=a)$，$\sigma_{r\theta,\mathrm{ex}}(r=a) = \sigma_{r\theta,\mathrm{in}}(r=a)$确定，即

$1+2(A+B)=0,\quad -1+(A-B)=2C,\quad \eta[(-3A+B)+1-(A-B)]=\eta' 6C$

容易求得

$$A=\frac{\eta'}{4(\eta+\eta')},\quad B=\frac{-2\eta-3\eta'}{4(\eta+\eta')},\quad C=-\frac{\eta}{4(\eta+\eta')}$$

现在使用斯托克斯方程$\nabla P=\eta\nabla^2 \boldsymbol{v}$来求压强。使用$\boldsymbol{e}_z=\boldsymbol{e}_r\cos\theta-\boldsymbol{e}_\theta\sin\theta$,流体速度可以写成

$$\boldsymbol{v}_{\mathrm{ex}}=v_{r,\mathrm{ex}}\boldsymbol{e}_r+v_{\theta,\mathrm{ex}}\boldsymbol{e}_\theta=\boldsymbol{U}+AUa^3\nabla\left(\frac{\partial}{\partial z}\frac{1}{r}\right)+\frac{1}{r}UaB\boldsymbol{e}_z-BUaz\nabla\left(\frac{1}{r}\right)$$

因此

$$\nabla^2\boldsymbol{v}_{\mathrm{ex}}=-BUa\nabla^2\left(z\nabla\frac{1}{r}\right)=-2BUa\nabla\left(\frac{\partial}{\partial z}\frac{1}{r}\right),\quad \nabla p_{\mathrm{ex}}=\eta\nabla^2\boldsymbol{v}_{\mathrm{ex}}=-\eta 2BUa\nabla\left(\frac{\partial}{\partial z}\frac{1}{r}\right)$$

所以压强为

$$p_{\mathrm{ex}}=p_{0,\mathrm{ex}}-\eta 2BUa\frac{\partial}{\partial z}\frac{1}{r}=p_{0,\mathrm{ex}}+\eta 2BUar^{-2}\cos\theta$$

式中$p_{0,\mathrm{ex}}$为常数。上式与式(4.8-19)一致。

利用应力张量公式得

$$\sigma_{r\theta,\mathrm{ex}}(r=a)=\eta' Ua^{-1}6C\sin\theta=-\frac{3\eta\eta'}{2(\eta+\eta')}Ua^{-1}\sin\theta$$

$$\sigma_{rr,\mathrm{ex}}(r=a)=-p_{0,\mathrm{ex}}+\eta(-12A-6B)Ua^{-1}\cos\theta=-p_{0,\mathrm{ex}}+\frac{6\eta^2+3\eta\eta'}{2(\eta+\eta')}Ua^{-1}\cos\theta$$

球滴所受力为

$$\begin{aligned}\boldsymbol{F}&=\oint_S(\boldsymbol{e}_r\sigma_{rr,\mathrm{ex}}+\boldsymbol{e}_\theta\sigma_{r\theta,\mathrm{ex}})_{r=a}\mathrm{d}S=\boldsymbol{e}_z 2\pi a^2\int_0^\pi \mathrm{d}\theta(\sigma_{rr,\mathrm{ex}}\cos\theta-\sigma_{r\theta,\mathrm{ex}}\sin\theta)_{r=a}\\&=\frac{4\eta+6\eta'}{\eta+\eta'}\pi\eta Ua\boldsymbol{e}_z\end{aligned}$$

$\eta'\to\infty$对应刚球的情形。

计算阻力不需要边界条件$\sigma_{rr,\mathrm{ex}}(r=a)=\sigma_{rr,\mathrm{in}}(r=a)$。

【例2】 一个固体球在无限大的不可压缩流体中绕自身直径缓慢匀速旋转,无穷远处的流体静止,求流体的速度分布及作用在球上的总摩擦力矩。

解:以球心为直角坐标系的原点,旋转轴为z轴。球面上的流体速度为刚体球的球面的旋转速度,即$\boldsymbol{v}(r=a)=(\boldsymbol{\omega}\times\boldsymbol{r})_{r=a}=\boldsymbol{e}_\varphi\omega a\sin\theta$。这就提示我们,流体的速度分布应为$\boldsymbol{v}(\boldsymbol{r})=\frac{1}{r}f(r)\boldsymbol{\omega}\times\boldsymbol{r}=\boldsymbol{e}_\varphi f(r)\omega\sin\theta$。这里$f(r)$为待定函数。当球低速旋转时,惯性项可略去,纳维-斯托克斯方程化为线性方程$-\nabla p+\eta\nabla^2\boldsymbol{v}=\boldsymbol{0}$。

使用$\boldsymbol{e}_\varphi=-\boldsymbol{e}_x\sin\varphi+\boldsymbol{e}_y\cos\varphi$得

$$\begin{aligned}\nabla^2\boldsymbol{v}=\nabla^2(v\boldsymbol{e}_\varphi)&=\frac{1}{r^2}\frac{\partial}{\partial r}\left[r^2\frac{\partial(v\boldsymbol{e}_\varphi)}{\partial r}\right]+\frac{1}{r^2\sin^2\theta}\frac{\partial^2(v\boldsymbol{e}_\varphi)}{\partial\varphi^2}+\frac{1}{r\sin\theta}\frac{\partial}{\partial\theta}\left[\frac{\sin\theta}{r}\frac{\partial(v\boldsymbol{e}_\varphi)}{\partial\theta}\right]\\&=\boldsymbol{e}_\varphi\left[\frac{1}{r^2}\frac{\partial}{\partial r}\left(r^2\frac{\partial v}{\partial r}\right)+\frac{1}{r\sin\theta}\frac{\partial}{\partial\theta}\left(\frac{\sin\theta}{r}\frac{\partial v}{\partial\theta}\right)-\frac{v}{r^2\sin^2\theta}\right]\end{aligned}$$

因为$p=p(r,\theta)$,所以有$\nabla p=\boldsymbol{e}_r\frac{\partial p}{\partial r}+\boldsymbol{e}_\theta\frac{1}{r}\frac{\partial p}{\partial\theta}$。

综合以上的结果,我们发现压强与速度没有耦合,$-\nabla p+\eta\nabla^2\boldsymbol{v}=\boldsymbol{0}$化为两个方程:$\nabla p=\boldsymbol{0}$和$\nabla^2\boldsymbol{v}=\boldsymbol{0}$。

方程$\nabla p=\mathbf{0}$的解为$p=\text{const}$。$\nabla^2\boldsymbol{v}=\mathbf{0}$化为

$$\frac{1}{r^2}\frac{\partial}{\partial r}\left(r^2\frac{\partial v}{\partial r}\right)+\frac{1}{r\sin\theta}\frac{\partial}{\partial\theta}\left(\frac{\sin\theta}{r}\frac{\partial v}{\partial\theta}\right)-\frac{v}{r^2\sin^2\theta}=0$$

把$v=f(r)\omega\sin\theta$代入上式得$\frac{\partial}{\partial r}\left(r^2\frac{\partial f}{\partial r}\right)-2f=0$。

令$f=r^n$,代入上式得$n(n+1)-2=0$,解为$n=-2,1$。所以通解为

$$f=Ar^{-2}+Br,\quad v(\boldsymbol{r})=\left(\frac{A}{r^3}+B\right)\boldsymbol{\omega}\times\boldsymbol{r}$$

式中常数A和B由边界条件$\boldsymbol{v}(r=a)=(\boldsymbol{\omega}\times\boldsymbol{r})_{r=a}=\boldsymbol{e}_\varphi\omega a\sin\theta$和$\boldsymbol{v}(r\to\infty)=\mathbf{0}$确定,即

$$\boldsymbol{v}(\boldsymbol{r})=\frac{a^3}{r^3}\boldsymbol{\omega}\times\boldsymbol{r},\quad \sigma_{r\varphi}=\eta\left(\frac{\partial v_\varphi}{\partial r}-\frac{v_\varphi}{r}\right)=-3\eta\frac{\omega a^3\sin\theta}{r^3}$$

作用在球上的总摩擦力矩为

$$M=\int_0^\pi\sigma_{r\varphi}\mid_{r=a}(a\sin\theta)\cdot(2\pi a\sin\theta)\cdot a\mathrm{d}\theta=-8\pi\eta a^3\omega$$

【例3】 无限大的流体中有两个半径均为a的平行圆形平板,两个平板的圆心的连线垂直于板面,其间距远小于半径。一个平板静止,另一个平板以恒定速度$\boldsymbol{u}$缓慢接近静止平板,计算平板所受阻力。

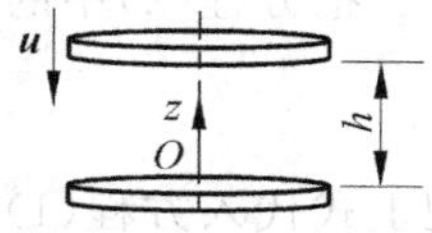

图 4.8.2 平板之间的流体运动

解:取柱坐标系,原点取为静止平板的圆心,z轴取为两个平板的圆心的连线,运动平板的速度为$-u\boldsymbol{e}_z$,如图4.8.2所示。柱坐标系里的纳维-斯托克斯方程(4.2-16)和连续性方程(4.2-18)分别为

$$\frac{\partial v_R}{\partial t}+(\boldsymbol{v}\cdot\nabla)v_R-\frac{v_\varphi^2}{R}=-\frac{1}{\rho}\frac{\partial p}{\partial R}+\frac{\eta}{\rho}\left[\nabla^2 v_R-\frac{2}{R^2}\frac{\partial v_\varphi}{\partial\varphi}-\frac{v_R}{R^2}\right]$$

$$\frac{\partial v_\varphi}{\partial t}+(\boldsymbol{v}\cdot\nabla)v_\varphi+\frac{v_R v_\varphi}{R}=-\frac{1}{\rho R}\frac{\partial p}{\partial\varphi}+\frac{\eta}{\rho}\left[\nabla^2 v_\varphi+\frac{2}{R^2}\frac{\partial v_R}{\partial\varphi}-\frac{v_\varphi}{R^2}\right]$$

$$\frac{\partial v_z}{\partial t}+(\boldsymbol{v}\cdot\nabla)v_z=-\frac{1}{\rho}\frac{\partial p}{\partial z}+\frac{\eta}{\rho}\nabla^2 v_z$$

$$\frac{1}{R}\frac{\partial(Rv_R)}{\partial R}+\frac{1}{R}\frac{\partial v_\varphi}{\partial\varphi}+\frac{\partial v_z}{\partial z}=0$$

现在我们来简化上述方程。由于运动平板以恒定速度$\boldsymbol{u}$缓慢接近静止平板,纳维-斯托克斯方程中的所有非线性项都可以忽略。由于两个平板的间距h远小于半径a,两个平板之间的流体的运动以径向为主,即$v_\varphi\approx0$,$v_R\gg v_z$。由于v_R可以写成$v_R=uf(h,R,z,t)$,有$\frac{\partial v_R}{\partial t}\sim u^2$,因此$\frac{\partial v_R}{\partial t}$是非线性项,可以忽略。

综上所述,纳维-斯托克斯方程简化为

$$-\frac{\partial p}{\partial R}+\eta\left(\nabla^2 v_R-\frac{v_R}{R^2}\right)=0,\quad -\frac{\partial p}{\partial z}+\eta\nabla^2 v_z=0$$

连续性方程简化为

$$\frac{1}{R}\frac{\partial(Rv_R)}{\partial R}+\frac{\partial v_z}{\partial z}=0\tag{1}$$

由于纳维-斯托克斯方程中的时间项$\frac{\partial\boldsymbol{v}}{\partial t}$被略去,因此其解不直接显含时间,即$v_R=uf(h,R,z)$,但流体的运动仍然不是定常流动,这是因为$h$与时间有关。

纳维-斯托克斯方程还可以进一步简化,为此需要作数量级估计。根据$x\sim y\sim R\sim a$,

$z\sim h$，由上述连续性方程得 $v_z\sim\dfrac{h}{a}v_R$。进一步有$\dfrac{\partial^2}{\partial x^2}\sim\dfrac{\partial^2}{\partial y^2}\sim\dfrac{1}{a^2}\ll\dfrac{\partial^2}{\partial z^2}\sim\dfrac{1}{h^2}$，$\nabla^2=\dfrac{\partial^2}{\partial x^2}+\dfrac{\partial^2}{\partial y^2}+\dfrac{\partial^2}{\partial z^2}\cong\dfrac{\partial^2}{\partial z^2}$。使用这些结果和上述纳维-斯托克斯方程得

$$\frac{\partial p}{\partial z}=\eta\nabla^2 v_z\sim\eta\frac{v_z}{h^2}\sim\eta\frac{v_R}{ah},\quad \frac{\partial p}{\partial R}=\eta\left(\nabla^2 v_R-\frac{v_R}{R^2}\right)\cong\eta\frac{\partial^2 v_R}{\partial z^2}\sim\eta\frac{v_R}{h^2}$$

因此有$\dfrac{\partial p}{\partial R}\sim\dfrac{a}{h}\dfrac{\partial p}{\partial z}\gg\dfrac{\partial p}{\partial z}$，即两个平板之间的流体的压强变化以径向为主。纳维-斯托克斯方程最后简化为

$$-\frac{\partial P}{\partial R}+\eta\frac{\partial^2 v_R}{\partial z^2}\cong 0,\quad \frac{\partial P}{\partial z}\cong 0 \tag{2}$$

边界条件为

$$v_z(z=0)=v_R(z=0)=0,\quad v_z(z=h)=-u,\quad v_R(z=h)=0,\quad p(R=a)=p_0$$

式中 p_0 为平板之外的流体的压强。

把方程(2)中的两个方程分别积分，并利用边界条件 $v_R(z=0)=v_R(z=h)=0$ 得

$$v_R=\frac{1}{2\eta}\frac{\mathrm{d}p}{\mathrm{d}R}z(z-h)$$

把上式代入方程(1)得

$$\frac{1}{2\eta R}z(z-h)\frac{\mathrm{d}}{\mathrm{d}R}\left(R\frac{\mathrm{d}p}{\mathrm{d}R}\right)+\frac{\partial v_z}{\partial z}=0$$

积分得

$$\frac{1}{2\eta R}\left[\frac{\mathrm{d}}{\mathrm{d}R}\left(R\frac{\mathrm{d}p}{\mathrm{d}R}\right)\right]\int_0^z z(z-h)\mathrm{d}z+\int_0^{v_z}\mathrm{d}v_z=0$$

化简得

$$v_z=-\frac{1}{2\eta R}\left(\frac{z^3}{3}-\frac{z^2h}{2}\right)\frac{\mathrm{d}}{\mathrm{d}R}\left(R\frac{\mathrm{d}p}{\mathrm{d}R}\right)$$

利用边界条件 $v_z(z=h)=-u$ 得

$$v_z=\frac{2z^3-3z^2h}{h^3}u,\quad \frac{h^3}{12\eta R}\frac{\mathrm{d}}{\mathrm{d}R}\left(R\frac{\mathrm{d}p}{\mathrm{d}R}\right)+u=0 \tag{3}$$

把方程(3)中的第二个方程积分，并利用边界条件 $p(R=a)=p_0$ 得

$$p=p_0+\frac{3\eta u}{h^3}(a^2-R^2)$$

因此由式(4.2-14)得

$$\sigma_{zz}=-p+2\eta\frac{\partial v_z}{\partial z}=-p_0-\frac{3\eta u}{h^3}(a^2-R^2)+12\eta u\frac{z^2-zh}{h^3}$$

$$\sigma_{zz}(z=h)=-p_0-\frac{3\eta u}{h^3}(a^2-R^2)=-p$$

平板所受阻力为

$$F=\int_0^a(p-p_0)\cdot 2\pi R\mathrm{d}R=\frac{3\pi\eta u a^4}{2h^3}$$

习题

4-8-1 对于斯托克斯问题，已知 $v_r=\left(\dfrac{3a}{2r}-\dfrac{a^3}{2r^3}\right)U\cos\theta$，$v_\theta=\left(-\dfrac{3a}{4r}-\dfrac{a^3}{4r^3}\right)U\sin\theta$，$p=$

$p_0+\frac{3aU\eta}{2r^2}\cos\theta, \boldsymbol{\Omega}=\frac{3a}{2}\frac{\boldsymbol{e}_r\times\boldsymbol{U}}{r^2}=-\boldsymbol{e}_\varphi\frac{3aU}{2r^2}\sin\theta$。利用施于任意流体面元上的力的公式(4.2-21)计算流体作用在球上的合力，公式为

$$\boldsymbol{F}=\oint_S \boldsymbol{f}\,\mathrm{d}S=a^2\int_0^{2\pi}\mathrm{d}\varphi\int_0^{\pi}\mathrm{d}\theta\left(-p\,\boldsymbol{e}_r+\eta\boldsymbol{e}_r\times\boldsymbol{\Omega}+2\eta\frac{\partial\boldsymbol{v}}{\partial r}\right)\sin\theta$$

4-8-2 用叠加法求解斯托克斯问题。对斯托克斯问题作伽利略变换，让固体球静止不动，无穷远处的流体以均匀速度$-\boldsymbol{U}$流动。证明无旋流动解为$\Phi=C_0+(C_1r+D_1r^{-2})\cos\theta$，量纲解仍为式(4.8-17)，因而叠加解为$v_r=\left(C_1+\frac{2E}{r}-\frac{2D_1}{r^3}\right)\cos\theta, v_\theta=\left(-C_1-\frac{E}{r}-\frac{D_1}{r^3}\right)\sin\theta$，这里$C_0$、$C_1$、$D$和$E$为常数。计算流体速度。

4-8-3 用矢量势法求解斯托克斯问题。固体球以速度$\boldsymbol{U}$作匀速直线运动，无穷远处的流体静止不动。设$\boldsymbol{v}=\nabla\times\boldsymbol{A}, \boldsymbol{A}=\frac{\mathrm{d}f(r)}{\mathrm{d}r}\boldsymbol{e}_r\times\boldsymbol{U}=\nabla f\times\boldsymbol{U}, \boldsymbol{v}=-\boldsymbol{U}\,\nabla^2 f+\nabla(\boldsymbol{U}\cdot\nabla f)$，证明$f$满足$\nabla^2\nabla^2 f=0$，其解为$f=Ar+\frac{C}{r}$，$\boldsymbol{v}=\boldsymbol{U}\left(-\frac{A}{r}-\frac{C}{r^3}\right)+\boldsymbol{e}_r(\boldsymbol{U}\cdot\boldsymbol{e}_r)\left(-\frac{A}{r}+\frac{3C}{r^3}\right)$，这里积分常数$A$和$C$由边界条件$\boldsymbol{v}(r=a)=\boldsymbol{U}$确定。结果为

$$\boldsymbol{v}=\boldsymbol{U}\left(\frac{3a}{4r}+\frac{a}{4r^3}\right)+\boldsymbol{e}_r(\boldsymbol{U}\cdot\boldsymbol{e}_r)\left(\frac{3a}{4r}-\frac{3a^3}{4r^3}\right)$$

4-8-4 已知斯托克斯问题的流体速度为$v_r=\left(\frac{3a}{2r}-\frac{a^3}{2r^3}\right)U\cos\theta, v_\theta=\left(-\frac{3a}{4r}-\frac{a^3}{4r^3}\right)U\sin\theta$，使用纳维-斯托克斯方程$\nabla p=\eta\,\nabla^2\boldsymbol{v}$来求压强，证明

$$\boldsymbol{v}=v_r\,\boldsymbol{e}_r+v_\theta\,\boldsymbol{e}_\theta=-\frac{a^3U}{4}\nabla\left(\frac{\partial}{\partial z}\frac{1}{r}\right)+\frac{3aU}{4}\frac{\boldsymbol{e}_z}{r}-\frac{3aU}{4}z\,\nabla\left(\frac{1}{r}\right)$$

$$\nabla^2\boldsymbol{v}=-\frac{3aU}{4}\nabla^2\left(z\,\nabla\frac{1}{r}\right)=-\frac{3aU}{2}\nabla\left(\frac{\partial}{\partial z}\frac{1}{r}\right)=\frac{3aU}{2}\nabla\left(\frac{\cos\theta}{r^2}\right)$$

从而获得$p=p_0+\frac{3aU\eta}{2r^2}\cos\theta$。

4-8-5 推导斯托克斯阻力公式的其他方法。一个固体球以速度$\boldsymbol{U}$在流体中作缓慢的匀速直线运动，根据能量守恒定律，流体的能量耗散等于流体施加在球上的力所做的总功。使用式(4.4-11)，得

$$FU=\dot{E}_{\mathrm{dis}}=-\eta\int_V\Omega^2\mathrm{d}V-2\eta\oint_{S_\infty}[(\boldsymbol{v}\cdot\nabla)\boldsymbol{v}]\cdot\mathrm{d}\boldsymbol{S}-2\eta\oint_{S_b}[(\boldsymbol{v}\cdot\nabla)\boldsymbol{v}]\cdot\mathrm{d}\boldsymbol{S}$$

式中，S_∞为无穷远处的边界表面，S_b为球的表面。由于流体的能量耗散$\dot{E}_{\mathrm{dis}}$只与$\frac{\partial v_i}{\partial x_j}$有关，作伽利略变换$\dot{E}_{\mathrm{dis}}$不变。而上式中的两个表面积分与$\boldsymbol{v}$有关，必须为零，即

$$FU=\dot{E}_{\mathrm{dis}}=-\eta\int_V\Omega^2\mathrm{d}V$$

把涡量式(4.8-42)代入上式计算阻力。

4-8-6 确定斯托克斯问题的流体温度分布。无穷远处流体的温度保持恒定温度T_0。由于固体球运动缓慢，流体热传导方程(4.4-22)中的非线性项$(\boldsymbol{v}\cdot\nabla)T$可以忽略，简化为

$$\kappa\,\nabla^2 T+\frac{1}{2\eta}\sigma'_{ji}\sigma'_{ji}=0$$

把式(4.8-55)代入上式得

$$\left[\frac{1}{r^2}\frac{\partial}{\partial r}\left(r^2\frac{\partial}{\partial r}\right)+\frac{1}{r^2\sin\theta}\frac{\partial}{\partial\theta}\left(\sin\theta\frac{\partial}{\partial\theta}\right)\right]T$$

$$=-\frac{9}{4\kappa}\eta U^2a^{-2}\left\{\left[3\left(\frac{a}{r}\right)^4-6\left(\frac{a}{r}\right)^6+2\left(\frac{a}{r}\right)^8\right]\cos^2\theta+\left(\frac{a}{r}\right)^8\right\}$$

假设解为

$$T=f(r)\cos^2\theta+g(r)$$

证明

$$r^2f''+2rf'-6f=-\frac{9}{4\kappa}\eta U^2\left[3\left(\frac{a}{r}\right)^2-6\left(\frac{a}{r}\right)^4+2\left(\frac{a}{r}\right)^6\right]$$

$$r^2g''+2rg'+2f=-\frac{9}{4\kappa}\eta U^2\left(\frac{a}{r}\right)^6$$

解为

$$f=\frac{9}{4\kappa}\eta U^2\left[\frac{3}{4}\left(\frac{a}{r}\right)^2+\left(\frac{a}{r}\right)^4-\frac{1}{12}\left(\frac{a}{r}\right)^6\right]+A\left(\frac{a}{r}\right)^3$$

$$g=-\frac{9}{8\kappa}\eta U^2\left[\frac{3}{2}\left(\frac{a}{r}\right)^2+\frac{1}{3}\left(\frac{a}{r}\right)^4+\frac{1}{18}\left(\frac{a}{r}\right)^6\right]-\frac{A}{3}\left(\frac{a}{r}\right)^3+B\frac{a}{r}+C$$

式中 A、B 和 C 为积分常数。

注意单位时间内流入球面内的总热流为零,球面温度恒定,可得

$$A=-\frac{15}{4\kappa}\eta U^2,\quad B=\frac{3}{2\kappa}\eta U^2,\quad C=T_0$$

4-8-7 接例 1。使用例 1 获得的液滴内部的液体速度公式 $v_{r,\text{in}}=C\left(1-\frac{r^2}{a^2}\right)2U\cos\theta$,$v_{\theta,\text{in}}=-C\left(2-4\frac{r^2}{a^2}\right)U\sin\theta$ 和纳维-斯托克斯方程 $\nabla p=\eta\nabla^2\boldsymbol{v}$,来求液滴内部的压强及应力张量 $\sigma_{r\theta,\text{in}}$ 和 $\sigma_{rr,\text{in}}$。提示:$\boldsymbol{v}_{\text{in}}=v_{r,\text{in}}\boldsymbol{e}_r+v_{\theta,\text{in}}\boldsymbol{e}_\theta=2C\boldsymbol{U}\left(1-2\frac{r^2}{a^2}\right)+2CU\frac{z\boldsymbol{r}}{a^2}$,$\nabla^2\boldsymbol{v}_{\text{in}}=-20C\boldsymbol{U}\frac{1}{a^2}$。

4-8-8 用叠加法求解例 1。证明在液滴内,无旋流动解为 $\Phi_{\text{in}}=C_0+C_1r\cos\theta$,量纲解为 $\psi_{\text{in}}=Er^4\sin^2\theta$,叠加解为 $v_{r,\text{in}}=(C_1+2Er^2)\cos\theta$,$v_{\theta,\text{in}}=-(C_1+4Er^2)\sin\theta$,这里 C_0、C_1 和 E 为常数。在液滴外的解由习题 4-8-1 给出,后面的求解过程同例 1。

4-8-9 用矢量势法求解例 1。在液滴内,设 $\boldsymbol{v}_{\text{in}}=\nabla\times\boldsymbol{A}_{\text{in}}$,$\boldsymbol{A}_{\text{in}}=\frac{\mathrm{d}f_{\text{in}}(r)}{\mathrm{d}r}\boldsymbol{e}_r\times\boldsymbol{U}=\nabla f_{\text{in}}\times\boldsymbol{U}$,$\boldsymbol{v}_{\text{in}}=-\boldsymbol{U}\nabla^2f_{\text{in}}+\nabla(\boldsymbol{U}\cdot\nabla f_{\text{in}})$。证明 f_{in} 满足 $\nabla^2\nabla^2f_{\text{in}}=-30\beta$,其解为 $f_{\text{in}}=-\frac{\alpha}{4}r^2-\frac{\beta}{4}r^4$,$\boldsymbol{v}_{\text{in}}=\boldsymbol{U}(\alpha+4\beta r^2)-\boldsymbol{e}_r(\boldsymbol{U}\cdot\boldsymbol{e}_r)2\beta r^2$,这里 α 和 β 为待定常数;在液滴外设 $\boldsymbol{v}_{\text{ex}}=\boldsymbol{U}+\nabla\times\boldsymbol{A}_{\text{ex}}$,$\boldsymbol{A}_{\text{ex}}=\frac{\mathrm{d}f_{\text{ex}}(r)}{\mathrm{d}r}\boldsymbol{e}_r\times\boldsymbol{U}=\nabla f_{\text{ex}}\times\boldsymbol{U}$,$\boldsymbol{v}_{\text{ex}}=\boldsymbol{U}-\boldsymbol{U}\nabla^2f_{\text{ex}}+\nabla(\boldsymbol{U}\cdot\nabla f_{\text{ex}})$。$f_{\text{ex}}$ 满足 $\nabla^2\nabla^2f_{\text{ex}}=0$,其解为式(4.8-35),即 $f_{\text{ex}}=Dr+\frac{C}{r}$,$\boldsymbol{v}_{\text{ex}}=\boldsymbol{U}\left(1-\frac{D}{r}-\frac{C}{r^3}\right)+\boldsymbol{e}_r(\boldsymbol{U}\cdot\boldsymbol{e}_r)\left(-\frac{D}{r}+\frac{3C}{r^3}\right)$,这里 C 和 D 为待定常数。后面的求解过程同例 1。

4-8-10 接例 2。使用方程(4.4-18),证明流体的能量耗散为

$$\dot{E}_{\text{dis}}=-\frac{1}{2\eta}\int_V\sigma'_{ji}\sigma'_{ji}\,\mathrm{d}V=-\frac{1}{\eta}\int_V\sigma'^2_{r\varphi}\,\mathrm{d}V$$

根据能量守恒定律，流体的能量耗散等于流体施加在球上的力所做的总功，即 $\dot{E}_{\text{dis}}=M\omega$，由此计算球所受的总摩擦力矩 M。

4-8-11　接例 2。证明涡量 $\boldsymbol{\Omega}=\frac{\omega a^3}{r^3}(\boldsymbol{e}_r 2\cos\theta+\boldsymbol{e}_\theta\sin\theta)$。使用方程(4.4-13)，计算球所受的阻力矩 M，即

$$\dot{E}_{\text{dis}}=M\omega=-\eta\int_V \Omega^2\mathrm{d}V-2\eta\oint_S[(\boldsymbol{v}\cdot\nabla)\boldsymbol{v}]\cdot\mathrm{d}\boldsymbol{S}$$

提示：上式中 $\mathrm{d}\boldsymbol{S}$ 的方向为 $-\boldsymbol{e}_r$，以及

$$(\boldsymbol{v}\cdot\nabla)\boldsymbol{v}=v^2\frac{1}{r\sin\theta}\frac{\partial\boldsymbol{e}_\varphi}{\partial\varphi}=v^2\frac{1}{r\sin\theta}(-\boldsymbol{e}_r\sin\theta-\boldsymbol{e}_\theta\cos\theta)$$

从而得

$$\dot{E}_{\text{dis}}=M\omega=-\eta\int_V\Omega^2\mathrm{d}V-4\eta\pi\omega^2a^3\int_0^\pi\mathrm{d}\theta\sin^3\theta$$

4-8-12　有两个同心的固体球面，其中外面的球面静止，半径为 R_2，里面的球面以角速度 $\boldsymbol{\omega}_1$ 绕自身的直径缓慢匀速旋转，半径为 R_1，中间充满了流体。证明流体的速度分布为

$$\boldsymbol{v}(\boldsymbol{r})=\frac{R_1^3}{R_2^3-R_1^3}\left(\frac{R_2^3}{r^3}-1\right)\boldsymbol{\omega}_1\times\boldsymbol{r}$$

应力张量为

$$\sigma_{r\varphi}=\eta\left(\frac{\partial v_\varphi}{\partial r}-\frac{v_\varphi}{r}\right)=-3\eta\frac{R_1^3R_2^3}{R_2^3-R_1^3}\frac{\omega_1\sin\theta}{r^3}$$

作用在内球面上的总摩擦力矩为

$$M=\int_0^\pi\sigma_{r\varphi}\big|_{r=R_1}(R_1\sin\theta)\cdot(2\pi R_1\sin\theta)\cdot R_1\mathrm{d}\theta=-8\pi\eta\frac{R_1^3R_2^3}{R_2^3-R_1^3}\omega_1$$

4-8-13　有两个同心的固体球面，其中里面的球面静止，半径为 R_1，外面的球面以角速度 $\boldsymbol{\omega}_2$ 绕自身的直径缓慢匀速旋转，半径为 R_2，中间充满了流体。证明流体的速度分布为

$$\boldsymbol{v}(\boldsymbol{r})=\frac{R_2^3}{R_1^2-R_2^3}\left(\frac{R_1^3}{r^3}-1\right)\boldsymbol{\omega}_2\times\boldsymbol{r}$$

应力张量为

$$\sigma_{r\varphi}=\eta\left(\frac{\partial v}{\partial r}-\frac{v}{r}\right)=3\eta\frac{R_1^3R_2^3}{R_2^3-R_1^3}\frac{\omega_2\sin\theta}{r^3}$$

作用在外球面上的总摩擦力矩为

$$M=-\int_0^\pi\sigma_{r\varphi}\big|_{r=R_2}(R_2\sin\theta)\cdot(2\pi R_2\sin\theta)\cdot R_2\mathrm{d}\theta=-8\pi\eta\frac{R_1^3R_2^3}{R_2^3-R_1^3}\omega_1$$

上式中的负号是因为外球面的外法线方向单位矢量为 $-\boldsymbol{e}_r$。

4-8-14　两个同心的内外固体球面以不同的角速度 $\boldsymbol{\omega}_1$ 和 $\boldsymbol{\omega}_2$ 绕不同的直径缓慢匀速旋转，球面的半径分别为 R_1 和 R_2，中间充满了流体。证明流体的速度分布为

$$\boldsymbol{v}(\boldsymbol{r})=\frac{R_1^3}{R_2^3-R_1^3}\left(\frac{R_2^3}{r^3}-1\right)\boldsymbol{\omega}_1\times\boldsymbol{r}+\frac{R_2^3}{R_1^3-R_2^3}\left(\frac{R_1^3}{r^3}-1\right)\boldsymbol{\omega}_2\times\boldsymbol{r}$$

提示：由于略去惯性项的纳维-斯托克斯方程是线性的，因此位于两个同心的球面之间的流体的运动可以看成两种流体运动的叠加，两种流体的运动分别为一个球面静止，另一个球面绕自身的直径缓慢匀速旋转产生的。

4-8-15　分别用习题 4-8-10 和习题 4-8-11 的能量方法计算作用在习题 4-8-12 中的内球面上的力矩。

4-8-16　分别用习题 4-8-10 和习题 4-8-11 的能量方法计算作用在习题 4-8-13 中的外球面上的力矩。

4-8-17　接例 3。使用方程(4.2-15)计算应力张量，作数量级估计，证明 $\sigma'_{RR}\sim\sigma'_{zz}\sim\sigma'_{\varphi\varphi}\sim\dfrac{v_R}{a}$，$\sigma'_{zR}\sim\dfrac{v_R}{h}$，保留最大项。

4-8-18　接例 3。证明流体的能量耗散中的最大项为

$$\dot{E}_{\mathrm{dis}}=-\frac{1}{2\eta}\int_V\sigma'_{ji}\sigma'_{ji}\,\mathrm{d}V\cong-\frac{1}{\eta}\int_V\sigma'^2_{zR}\,\mathrm{d}V\cong-\frac{1}{\eta}\int_V\left(\eta\frac{\partial v_R}{\partial z}\right)^2\mathrm{d}V$$

根据能量守恒定律，流体的能量耗散等于流体施加在平板上的力所做的总功，即 $\dot{E}_{\mathrm{dis}}=Fu$，由此计算平板所受的阻力 F。

4.9　黏性流体的振荡运动

4.9.1　一个作缓慢的简谐振动的固体球引起的流体振荡运动

在 4.8 节，我们用叠加法求解了一个固体球在无限大的不可压缩流体中作缓慢的匀速直线运动时所受的阻力。我们的基本想法是，既然 n 个初始条件导致 n 阶齐次线性常微分方程有 n 个线性独立的和完备的解，而斯托克斯方程是一个二阶线性偏微分方程，那么根据球表面的两个速度分量条件，我们期望斯托克斯方程应该有两个线性独立的和完备的解，这两个解应该构成方程的基本解组，它们的线性组合应该就是方程的通解。现在我们沿着同样的思路，进一步研究一个固体球在无限大的不可压缩流体中作缓慢的简谐振动时所受的阻力。

使用球坐标系(r,θ,φ)，把坐标系的原点取在球心的瞬时位置上，z 轴沿球的速度 $\boldsymbol{U}=\boldsymbol{U}_0\cos\omega t$ 方向，这里 $\boldsymbol{U}_0$ 为速度振幅，$\omega>0$ 为振荡圆频率。为简单起见，把球速度写为复数，即 $\boldsymbol{U}=\boldsymbol{U}_0\mathrm{e}^{-\mathrm{i}\omega t}=U_0\mathrm{e}^{-\mathrm{i}\omega t}\boldsymbol{e}_z$，在计算完成后取实部。

流函数满足方程(4.3-9)：

$$\left(\frac{\partial}{\partial t}+\frac{1}{r^2\sin\theta}\frac{\partial\psi}{\partial\theta}\frac{\partial}{\partial r}-\frac{1}{r^2\sin\theta}\frac{\partial\psi}{\partial r}\frac{\partial}{\partial\theta}\right)\frac{1}{r^2}\frac{1}{\sin^2\theta}\Theta\psi=\frac{\eta}{\rho}\frac{1}{r^2}\frac{1}{\sin^2\theta}\Theta^2\psi$$

略去非线性项，得

$$\frac{\partial}{\partial t}\Theta\psi=\frac{\eta}{\rho}\Theta^2\psi \tag{4.9-1}$$

边界条件为

$$v_r(r\to\infty)=v_\theta(r\to\infty)=0,\quad v_r(r=a)=U_0\mathrm{e}^{-\mathrm{i}\omega t}\cos\theta,\quad v_\theta(r=a)=-U_0\mathrm{e}^{-\mathrm{i}\omega t}\sin\theta \tag{4.9-2}$$

流函数方程(4.9-1)是一个线性偏微分方程，根据球表面的这两个速度分量条件，我们期望方程应该有两个线性独立的和完备的解，这两个解应该构成方程的基本解组，它们的线性组合应该就是方程的通解。

现在我们来寻找方程(4.9-1)的两个线性独立的和完备的解。当然,这两个解需要满足无限远处的速度条件和压力条件,但不满足球表面的两个速度分量条件。

由数学恒等式(4.8-45)

$$\Theta[f(r)\sin^2\theta]=\left(\frac{\mathrm{d}^2 f}{\mathrm{d}r^2}-\frac{2f}{r^2}\right)\sin^2\theta$$

我们看到,$\psi(\boldsymbol{r},t)$满足方程$\Theta\psi(\boldsymbol{r},t)=g(r)\mathrm{e}^{-\mathrm{i}\omega t}\sin^2\theta$,把方程代入式(4.9-1),得

$$\left(\frac{\mathrm{d}^2}{\mathrm{d}r^2}-\frac{2}{r^2}+\frac{\mathrm{i}\omega\rho}{\eta}\right)g=0 \tag{4.9-3}$$

可猜解为

$$g=\left(\frac{A}{r}+B\right)\mathrm{e}^{\mathrm{i}kr} \tag{4.9-4}$$

式中A和B为待定常数。把式(4.9-4)代入式(4.9-3)得

$$g=A\left(\frac{1}{r}-\mathrm{i}k\right)\mathrm{e}^{\mathrm{i}kr} \tag{4.9-5}$$

式中$\omega>0$,$k^2=\frac{\mathrm{i}\omega\rho}{\eta}$。需要取$k=\left(\frac{\mathrm{i}\omega\rho}{\eta}\right)^{1/2}=\beta(1+\mathrm{i})$,$\beta=\left(\frac{\omega\rho}{2\eta}\right)^{1/2}$。另一解$k=-\left(\frac{\mathrm{i}\omega\rho}{\eta}\right)^{1/2}=-\beta(1+\mathrm{i})$不满足无穷远处的边界条件,舍弃。

使用式(4.8-45)和式(4.9-3),得

$$\Theta\psi(\boldsymbol{r},t)=g(r)\mathrm{e}^{-\mathrm{i}\omega t}\sin^2\theta=-k^{-2}\mathrm{e}^{-\mathrm{i}\omega t}\left[\left(\frac{\mathrm{d}^2 g}{\mathrm{d}r^2}-\frac{2g}{r^2}\right)\sin^2\theta\right]=-k^{-2}\mathrm{e}^{-\mathrm{i}\omega t}\Theta(g\sin^2\theta)$$

从上式得

$$\psi=-k^{-2}g\mathrm{e}^{-\mathrm{i}\omega t}\sin^2\theta \tag{4.9-6}$$

以上特解对应流体的涡旋运动。

现在寻找另一特解。很显然,$\Theta\psi(\boldsymbol{r},t)=0$是方程(4.9-1)的另一特解,对应流体的无旋运动。令$\psi=f(\boldsymbol{r})\mathrm{e}^{-\mathrm{i}\omega t}\sin^2\theta$,$\Theta\psi(\boldsymbol{r},t)=0$化为

$$\left(\frac{\mathrm{d}^2}{\mathrm{d}r^2}-\frac{2}{r^2}\right)f=0 \tag{4.9-7}$$

令$f=r^n$,代入得$n(n-1)-2=0$,解为$n=2,-1$,因此通解为

$$f=\frac{C}{r}+Dr^2 \tag{4.9-8}$$

式中C和D为待定常数。无穷远处的边界条件要求$D=0$,所以

$$f=\frac{C}{r} \tag{4.9-9}$$

对应的速度为

$$\boldsymbol{v}=\nabla\Phi=-C\mathrm{e}^{-\mathrm{i}\omega t}\nabla(r^{-2}\cos\theta) \tag{4.9-10}$$

方程(4.9-1)的通解为以上两个特解的线性组合,即

$$\psi=\left(-k^{-2}g+\frac{C}{r}\right)\mathrm{e}^{-\mathrm{i}\omega t}\sin^2\theta \tag{4.9-11}$$

速度为

$$v_r=\frac{1}{r^2\sin\theta}\frac{\partial\psi}{\partial\theta}=\left[-k^{-2}A\left(\frac{1}{r^3}-\frac{\mathrm{i}k}{r^2}\right)\mathrm{e}^{\mathrm{i}kr}+\frac{C}{r^3}\right]\mathrm{e}^{-\mathrm{i}\omega t}2\cos\theta$$

$$v_\theta = -\frac{1}{r\sin\theta}\frac{\partial\psi}{\partial r} = \left\{k^{-2}A\left[\mathrm{i}k\left(\frac{1}{r^2}-\frac{\mathrm{i}k}{r}\right)-\frac{1}{r^3}\right]\mathrm{e}^{\mathrm{i}kr}+\frac{C}{r^3}\right\}\mathrm{e}^{-\mathrm{i}\omega t}\sin\theta \tag{4.9-12}$$

使用边界条件式(4.9-2)得

$$\begin{cases}-k^{-2}2A\left(\dfrac{1}{a^3}-\dfrac{\mathrm{i}k}{a^2}\right)\mathrm{e}^{\mathrm{i}ka}+\dfrac{2C}{a^3}=U_0\\ k^{-2}A\left[\mathrm{i}k\left(\dfrac{1}{a^2}-\dfrac{\mathrm{i}k}{a}\right)-\dfrac{1}{r^3}\right]\mathrm{e}^{\mathrm{i}kr}+\dfrac{C}{a^3}=-U_0\end{cases}$$

解得

$$A=-a\frac{3U_0}{2}\mathrm{e}^{-\mathrm{i}ka},\quad C=\left[\frac{1}{2}-\frac{3}{2k^2a^2}(1-\mathrm{i}ka)\right]U_0a^3 \tag{4.9-13}$$

得

$$\frac{v_r}{\mathrm{e}^{-\mathrm{i}\omega t}\cos\theta}=-k^{-2}2A\left(\frac{1}{r^3}-\frac{\mathrm{i}k}{r^2}\right)\mathrm{e}^{\mathrm{i}kr}+\frac{2C}{r^3}$$

$$\frac{v_\theta}{\mathrm{e}^{-\mathrm{i}\omega t}\sin\theta}=k^{-2}A\left[\mathrm{i}k\left(\frac{1}{r^2}-\frac{\mathrm{i}k}{r}\right)-\frac{1}{r^3}\right]\mathrm{e}^{\mathrm{i}kr}+\frac{C}{r^3} \tag{4.9-14}$$

现在确定压强。斯托克斯方程为

$$\rho\frac{\partial \boldsymbol{v}}{\partial t}=-\nabla p+\eta\nabla^2\boldsymbol{v} \tag{4.9-15}$$

把方程(4.9-15)两边点乘∇并利用连续性方程$\nabla\cdot\boldsymbol{v}=0$,容易看到压强满足拉普拉斯方程

$$\nabla^2 p=0 \tag{4.9-16}$$

解为

$$p(r,\theta,t)=\mathrm{e}^{-\mathrm{i}\omega t}\sum_{l=0}^{\infty}(A_l r^l+B_l r^{-l-1})\mathrm{P}_l(\cos\theta) \tag{4.9-17}$$

式中 A_l 和 B_l 为常数。

边界条件为:无穷远处的压强为有限,即 $p(r=\infty)=p_0\mathrm{e}^{-\mathrm{i}\omega t}$,这里 p_0 为常数。

适合边界条件的解为

$$p=\mathrm{e}^{-\mathrm{i}\omega t}p_0+\mathrm{e}^{-\mathrm{i}\omega t}\sum_{l=0}^{\infty}B_l r^{-l-1}\mathrm{P}_l(\cos\theta) \tag{4.9-18}$$

由球表面的边界条件 $v_r(r=a)=U_0\mathrm{e}^{-\mathrm{i}\omega t}\cos\theta$ 和 $v_\theta(r=a)=-U_0\mathrm{e}^{-\mathrm{i}\omega t}\sin\theta$ 以及斯托克斯方程(4.9-15)可知,压强 p 只与 $\mathrm{P}_l(\cos\theta)=\cos\theta$ 有关,即

$$p=\mathrm{e}^{-\mathrm{i}\omega t}p_0+\mathrm{e}^{-\mathrm{i}\omega t}B_1r^{-2}\cos\theta \tag{4.9-19}$$

由于上式并不含有指数函数 $\mathrm{e}^{\mathrm{i}kr}$,因此第一个特解(涡旋运动解)对压强没有贡献。由于第二个特解(无旋运动解)满足$\boldsymbol{\Omega}=\nabla\times\boldsymbol{v}=\boldsymbol{0}$, $\boldsymbol{v}=\nabla\Phi$, $\nabla^2\Phi=0$ 和$\nabla^2\boldsymbol{v}=\boldsymbol{0}$,式 (4.9-15)化为

$$\nabla\left(\rho\frac{\partial\Phi}{\partial t}+p\right)=\boldsymbol{0}$$

使用式(4.9-10)和上式,可得压强

$$p=f(t)-\rho\frac{\partial\Phi}{\partial t}=f(t)-\mathrm{i}\rho\omega C\mathrm{e}^{-\mathrm{i}\omega t}r^{-2}\cos\theta \tag{4.9-20}$$

比较式(4.9-19)和式(4.9-20),得

$$B_1=-\mathrm{i}\rho\omega C \tag{4.9-21}$$

现在计算应力张量。由 $\sigma_{r\theta}=\eta\left(\frac{1}{r}\frac{\partial v_r}{\partial\theta}+\frac{\partial v_\theta}{\partial r}-\frac{v_\theta}{r}\right)$得

$$\frac{\sigma_{r\theta}}{\eta \mathrm{e}^{-\mathrm{i}\omega t} r^{-4}\sin\theta} = 9U_0 a k^{-2}[(1-\mathrm{i}ka) - \mathrm{e}^{\mathrm{i}k(r-a)}(1-\mathrm{i}kr)] + \frac{3U_0}{2} a r^2 \mathrm{e}^{\mathrm{i}k(r-a)}(3-\mathrm{i}kr) - 3U_0 a^3$$

$$\sigma_{r\theta}\big|_{r=a} = \frac{3}{2}\eta U_0 a^{-1}(1-\mathrm{i}ka)\mathrm{e}^{-\mathrm{i}\omega t}\sin\theta \tag{4.9-22}$$

由 $\sigma_{rr} = 2\eta\dfrac{\partial v_r}{\partial r} - p$ 得

$$\frac{\sigma_{rr}\mathrm{e}^{\mathrm{i}\omega t} + p_0}{2\eta U_0 \dfrac{1}{r^4}\cos\theta} = 9ak^{-2}[(1-\mathrm{i}ka) - (1-\mathrm{i}kr)\mathrm{e}^{\mathrm{i}k(r-a)}] + 3a[r^2\mathrm{e}^{\mathrm{i}k(r-a)} - a^2] + \frac{1}{4}k^2a^3r^2 - \frac{3r^2a}{4}(1-\mathrm{i}ka) \tag{4.9-23}$$

$$\sigma_{rr}\big|_{r=a} = \eta U_0 a^{-1}\left[-\frac{3}{2}(1-\mathrm{i}ka) + \frac{1}{2}k^2a^2\right]\mathrm{e}^{-\mathrm{i}\omega t}\cos\theta - p_0\mathrm{e}^{-\mathrm{i}\omega t}$$

使用式(4.9-22)和式(4.9-23)，得球所受的阻力为

$$\begin{aligned}\boldsymbol{F} &= \oint_S (\boldsymbol{e}_r\sigma_{rr} + \boldsymbol{e}_\theta\sigma_{r\theta})_{r=a}\mathrm{d}S = a^2\int_0^{2\pi}\mathrm{d}\varphi\int_0^{\pi}\mathrm{d}\theta\,(\boldsymbol{e}_r\sigma_{rr} + \boldsymbol{e}_\theta\sigma_{r\theta})_{r=a}\sin\theta \\ &= \boldsymbol{e}_z 6\pi\eta U_0 a\left[-(1-\mathrm{i}ka) + \frac{1}{9}k^2a^2\right]\mathrm{e}^{-\mathrm{i}\omega t}\end{aligned} \tag{4.9-24}$$

取实部得

$$F = -6\pi\eta U_0 a[(1+\beta a)\cos\omega t - \beta a\sin\omega t] + \frac{2\pi}{3}\omega\rho U_0 a^3\sin\omega t \tag{4.9-25}$$

4.9.2　一个固体球在不可压缩流体中以任意速度运动时所受的阻力

现在我们使用傅里叶展开方法，把上面的一个固体球在无限大的不可压缩流体中作缓慢的简谐振动时所受的阻力公式推广到固体球作任意的缓慢运动时的情形。

设球的速度为 $\boldsymbol{U}(t) = \boldsymbol{e}_x U_x(t) + \boldsymbol{e}_y U_y(t) + \boldsymbol{e}_z U_z(t) = \boldsymbol{e}_j U_j(t)$，把 $U_j(t)$ 展开为傅里叶积分得

$$U_j(t) = \frac{1}{2\pi}\int_{-\infty}^{\infty} U_{j,\omega}\mathrm{e}^{-\mathrm{i}\omega t}\mathrm{d}\omega \tag{4.9-26}$$

式中

$$U_{j,\omega}(\omega) = \int_{-\infty}^{\infty} U_j(\tau)\mathrm{e}^{\mathrm{i}\omega\tau}\mathrm{d}\tau \tag{4.9-27}$$

为函数 $U_j(t)$ 的傅里叶变换式。由于 $U_j(t)$ 是实数，有

$$U_{j,-\omega} = U_{j,\omega}^* \tag{4.9-28}$$

由式(4.9-26)得

$$\frac{\mathrm{d}U_j(t)}{\mathrm{d}t} = -\frac{1}{2\pi}\int_{-\infty}^{\infty} U_{j,\omega}\mathrm{i}\omega\mathrm{e}^{-\mathrm{i}\omega t}\mathrm{d}\omega \tag{4.9-29}$$

逆变换为

$$-\mathrm{i}\omega U_{j,\omega}(\omega) = \int_{-\infty}^{\infty}\frac{\mathrm{d}U_j(\tau)}{\mathrm{d}\tau}\mathrm{e}^{\mathrm{i}\omega\tau}\mathrm{d}\tau \tag{4.9-30}$$

由式(4.9-24)知，球的速度为 $\boldsymbol{U} = \boldsymbol{U}_0\mathrm{e}^{-\mathrm{i}\omega t} = U_0\mathrm{e}^{-\mathrm{i}\omega t}\boldsymbol{e}_z$ 时($\omega > 0$)它所受到的阻力为

$$\boldsymbol{F}(\omega > 0) = \boldsymbol{e}_z 6\pi\eta U_0 a\left[-(1-\mathrm{i}ka) + \frac{1}{9}k^2a^2\right]\mathrm{e}^{-\mathrm{i}\omega t} \tag{4.9-31}$$

式中

$$k=\left(\frac{\mathrm{i}\mid\omega\mid\rho}{\eta}\right)^{1/2}=\beta(1+\mathrm{i}),\quad \beta=\left(\frac{\mid\omega\mid\rho}{2\eta}\right)^{1/2} \tag{4.9-32}$$

如果 $\omega<0$，由式(4.9-5)知，$k^2=\frac{\mathrm{i}\omega\rho}{\eta}=-\frac{\mathrm{i}|\omega|\rho}{\eta}$。为了满足无穷远处的边界条件，需要取

$$k=-\left(\frac{-\mathrm{i}\mid\omega\mid\rho}{\eta}\right)^{1/2}=\beta(-1+\mathrm{i})=-\beta(1+\mathrm{i})^*,\quad \beta=\left(\frac{\mid\omega\mid\rho}{2\eta}\right)^{1/2} \tag{4.9-33}$$

把式(4.9-33)和式(4.9-32)代入式(4.9-31)，得

$$\begin{aligned}\boldsymbol{F}(\omega>0)&=\left[\left(-6\pi\eta+\frac{2\pi}{3}\mathrm{i}\omega\rho a^2\right)a+6\pi\eta a^2\beta(-1+\mathrm{i})\right]\boldsymbol{e}_z U_0\mathrm{e}^{-\mathrm{i}\omega t}\\ \boldsymbol{F}(\omega<0)&=\left[\left(-6\pi\eta+\frac{2\pi}{3}\mathrm{i}\omega\rho a^2\right)a+6\pi\eta a^2\beta(-1-\mathrm{i})\right]\boldsymbol{e}_z U_0\mathrm{e}^{-\mathrm{i}\omega t}\end{aligned} \tag{4.9-34}$$

考虑球的速度为$\boldsymbol{e}_j\frac{1}{2\pi}U_{j,\omega}\mathrm{e}^{-\mathrm{i}\omega t}\mathrm{d}\omega$ 时的阻力，使用爱因斯坦求和约定及式(4.9-34)，得

$$\begin{aligned}\mathrm{d}\boldsymbol{F}(\omega>0)&=\boldsymbol{e}_j\frac{1}{2\pi}\left[\left(-6\pi\eta+\frac{2\pi}{3}\mathrm{i}\omega\rho a^2\right)a+6\pi\eta a^2\beta(-1+\mathrm{i})\right]U_{j,\omega}\mathrm{e}^{-\mathrm{i}\omega t}\mathrm{d}\omega\\ \mathrm{d}\boldsymbol{F}(\omega<0)&=\boldsymbol{e}_j\frac{1}{2\pi}\left[\left(-6\pi\eta+\frac{2\pi}{3}\mathrm{i}\omega\rho a^2\right)a+6\pi\eta a^2\beta(-1-\mathrm{i})\right]U_{j,\omega}\mathrm{e}^{-\mathrm{i}\omega t}\mathrm{d}\omega\end{aligned} \tag{4.9-35}$$

利用式(4.9-35)并积分得

$$\begin{aligned}\boldsymbol{F}=&\boldsymbol{e}_j\frac{1}{2\pi}\int_0^\infty U_{j,\omega}\left[\left(-6\pi\eta+\frac{2\pi}{3}\mathrm{i}\omega\rho a^2\right)a+6\pi\eta a^2\beta(-1+\mathrm{i})\right]\mathrm{e}^{-\mathrm{i}\omega t}\mathrm{d}\omega+\\ &\boldsymbol{e}_j\frac{1}{2\pi}\int_{-\infty}^0 U_{j,\omega}\left[\left(-6\pi\eta+\frac{2\pi}{3}\mathrm{i}\omega\rho a^2\right)a+6\pi\eta a^2\beta(-1-\mathrm{i})\right]\mathrm{e}^{-\mathrm{i}\omega t}\mathrm{d}\omega\\ =&\boldsymbol{e}_j\frac{1}{2\pi}\int_{-\infty}^\infty\left(-6\pi\eta+\frac{2\pi}{3}\mathrm{i}\omega\rho a^2\right)aU_{j,\omega}\mathrm{e}^{-\mathrm{i}\omega t}\mathrm{d}\omega+\\ &\boldsymbol{e}_j\frac{1}{2\pi}6\pi\eta a^2\left(\frac{\rho}{2\eta}\right)^{1/2}\int_0^\infty\omega^{1/2}\{U_{j,\omega}(-1+\mathrm{i})\mathrm{e}^{-\mathrm{i}\omega t}+[U_{j,-\omega}^*(-1+\mathrm{i})\mathrm{e}^{-\mathrm{i}\omega t}]^*\}\mathrm{d}\omega\end{aligned}$$

把式(4.9-28)和式(4.9-29)代入上式，得

$$\begin{aligned}\boldsymbol{F}=&-6\pi\eta a\,\boldsymbol{e}_jU_j-\frac{2\pi}{3}\rho a^3\,\boldsymbol{e}_j\frac{\mathrm{d}U_j}{\mathrm{d}t}+\\ &\frac{1}{2\pi}\boldsymbol{e}_j6\pi\eta a^2\left(\frac{\rho}{2\eta}\right)^{1/2}2\mathrm{Re}\left[(-1+\mathrm{i})\int_0^\infty\omega^{1/2}U_{j,\omega}\mathrm{e}^{-\mathrm{i}\omega t}\mathrm{d}\omega\right]\end{aligned} \tag{4.9-36}$$

把式(4.9-30)代入上式中右边第三部分，得

$$\begin{aligned}&\frac{1}{2\pi}\boldsymbol{e}_j6\pi\eta a^2\left(\frac{\rho}{2\eta}\right)^{1/2}2\mathrm{Re}\left[(-1+\mathrm{i})\int_0^\infty\omega^{1/2}U_{j,\omega}\mathrm{e}^{-\mathrm{i}\omega t}\mathrm{d}\omega\right]\\ =&-\frac{1}{\pi}\boldsymbol{e}_j6\pi\eta a^2\left(\frac{\rho}{2\eta}\right)^{1/2}\mathrm{Re}\left[(1+\mathrm{i})\int_{-\infty}^\infty\mathrm{d}\tau\frac{\mathrm{d}U_j(\tau)}{\mathrm{d}\tau}\int_0^\infty\mathrm{d}\omega\mathrm{e}^{-\mathrm{i}\omega(t-\tau)}\omega^{-1/2}\right]\\ =&-\frac{1}{\pi}\boldsymbol{e}_j6\pi\eta a^2\left(\frac{\rho}{2\eta}\right)^{1/2}\mathrm{Re}\left[(1+\mathrm{i})\left(\int_{-\infty}^t\mathrm{d}\tau+\int_t^\infty\mathrm{d}\tau\right)\frac{\mathrm{d}U_j(\tau)}{\mathrm{d}\tau}\int_0^\infty\mathrm{d}\omega\mathrm{e}^{-\mathrm{i}\omega(t-\tau)}\omega^{-1/2}\right]\\ =&-\frac{1}{\pi}\boldsymbol{e}_j6\pi\eta a^2\left(\frac{\rho}{2\eta}\right)^{1/2}\mathrm{Re}\left\{(1+\mathrm{i})\left[\int_{-\infty}^t\mathrm{d}\tau\,(\mid t-\tau\mid)^{-1/2}\frac{\mathrm{d}U_j(\tau)}{\mathrm{d}\tau}\int_0^\infty\mathrm{d}\omega'\mathrm{e}^{-\mathrm{i}\omega'}\omega'^{-1/2}+\right.\right.\\ &\left.\left.\int_t^\infty\mathrm{d}\tau\,(\mid t-\tau\mid)^{-1/2}\frac{\mathrm{d}U_j(\tau)}{\mathrm{d}\tau}\int_0^\infty\mathrm{d}\omega'\mathrm{e}^{\mathrm{i}\omega'}\omega'^{-1/2}\right]\right\}\end{aligned}$$

利用

$$\int_0^{\infty} d\omega' e^{-i\omega'}\omega'^{-1/2} = 2\int_0^{\infty} d\omega e^{-i\omega^2} = \lim_{\varepsilon\to 0^+} 2\int_0^{\infty} d\omega e^{-i\omega^2-\varepsilon\omega^2} = \lim_{\varepsilon\to 0^+}\sqrt{\frac{\pi}{i+\varepsilon}} = \sqrt{\frac{\pi}{i}}$$

上式成为

$$-\frac{1}{\pi}\boldsymbol{e}_j 6\pi\eta a^2\left(\frac{\rho}{2\eta}\right)^{1/2}\mathrm{Re}\left\{(1+i)\left[\int_{-\infty}^{t} d\tau(|t-\tau|)^{-1/2}\frac{dU_j(\tau)}{d\tau}\sqrt{\frac{\pi}{i}}+\int_{t}^{\infty} d\tau(|t-\tau|)^{-1/2}\frac{dU_j(\tau)}{d\tau}\sqrt{\frac{\pi}{-i}}\right]\right\}$$

$$=-\boldsymbol{e}_j 6a^2(\pi\rho\eta)^{1/2}\int_{-\infty}^{t} d\tau\frac{dU_j(\tau)}{d\tau}|t-\tau|^{-1/2}$$

因此把上式代入式(4.9-36),得

$$\boldsymbol{F}=-6\pi\eta a\boldsymbol{U}-\frac{2\pi}{3}\rho a^3\frac{d\boldsymbol{U}}{dt}-6a^2(\pi\rho\eta)^{1/2}\int_{-\infty}^{t} d\tau\frac{d\boldsymbol{U}(\tau)}{d\tau}|t-\tau|^{-1/2} \tag{4.9-37}$$

根据牛顿第二定律,球的动力学方程为

$$\left(m+\frac{2\pi}{3}\rho a^3\right)\frac{d\boldsymbol{U}}{dt}=\boldsymbol{F}_{ex}-6\pi\eta a\boldsymbol{U}-6a^2(\pi\rho\eta)^{1/2}\int_{-\infty}^{t} d\tau\frac{d\boldsymbol{U}(\tau)}{d\tau}|t-\tau|^{-1/2} \tag{4.9-38}$$

式中,m 为球的质量,$\boldsymbol{F}_{ex}$为球所受的外力。如果 $\eta=0$,式(4.9-38)回到理想流体时的固体球的动力学方程(3.4-13)。

【例 1】 一个固体球在无限大的不可压缩流体中绕自身直径作低速旋转振动,无穷远处的流体静止,求流体的速度分布。

解:以球心为直角坐标系的原点,旋转轴为 z 轴,固体球的角速度为$\boldsymbol{\omega}_0 e^{-i\omega t}$,球面上的速度为 $\boldsymbol{v}(r=a)=(\boldsymbol{\omega}_0 e^{-i\omega t}\times\boldsymbol{r})_{r=a}=\boldsymbol{e}_\varphi\omega_0 a e^{-i\omega t}\sin\theta$(取实部)。这就提示我们,流体的速度分布应为 $\boldsymbol{v}(\boldsymbol{r},t)=\boldsymbol{e}_\varphi f(r)\omega_0 e^{-i\omega t}\sin\theta$,这里 $f(r)$为待定函数。当球低速旋转时,惯性项可略去,纳维-斯托克斯方程化为线性方程$\rho\dfrac{\partial\boldsymbol{v}}{\partial t}=-\nabla p+\eta\nabla^2\boldsymbol{v}$。

使用$\boldsymbol{e}_\varphi=-\boldsymbol{e}_x\sin\varphi+\boldsymbol{e}_y\cos\varphi$ 得

$$\nabla^2\boldsymbol{v}=\nabla^2(v\boldsymbol{e}_\varphi)=\frac{1}{r^2}\frac{\partial}{\partial r}\left[r^2\frac{\partial(v\boldsymbol{e}_\varphi)}{\partial r}\right]+\frac{1}{r^2\sin^2\theta}\frac{\partial^2(v\boldsymbol{e}_\varphi)}{\partial\varphi^2}+\frac{1}{r\sin\theta}\frac{\partial}{\partial\theta}\left[\frac{\sin\theta}{r}\frac{\partial(v\boldsymbol{e}_\varphi)}{\partial\theta}\right]$$

$$=\boldsymbol{e}_\varphi\left[\frac{1}{r^2}\frac{\partial}{\partial r}\left(r^2\frac{\partial v}{\partial r}\right)+\frac{1}{r\sin\theta}\frac{\partial}{\partial\theta}\left(\frac{\sin\theta}{r}\frac{\partial v}{\partial\theta}\right)-\frac{v}{r^2\sin^2\theta}\right]$$

因为 $p=p(r,\theta,t)$,所以有$\nabla p=\boldsymbol{e}_r\dfrac{\partial p}{\partial r}+\boldsymbol{e}_\theta\dfrac{1}{r}\dfrac{\partial p}{\partial\theta}$。

综合以上的结果,我们发现压强与速度没有耦合,纳维-斯托克斯方程$\rho\dfrac{\partial\boldsymbol{v}}{\partial t}=-\nabla p+\eta\nabla^2\boldsymbol{v}$化为两个方程

$$\nabla p=\boldsymbol{0},\quad \frac{\partial\boldsymbol{v}}{\partial t}=\frac{\eta}{\rho}\nabla^2\boldsymbol{v}$$

方程$\nabla p=\boldsymbol{0}$ 的解为 $p=\text{const}$。方程$\dfrac{\partial\boldsymbol{v}}{\partial t}=\dfrac{\eta}{\rho}\nabla^2\boldsymbol{v}$ 化为

$$\frac{1}{r^2}\frac{\partial}{\partial r}\left(r^2\frac{\partial v}{\partial r}\right)+\frac{1}{r\sin\theta}\frac{\partial}{\partial\theta}\left(\frac{\sin\theta}{r}\frac{\partial v}{\partial\theta}\right)-\frac{v}{r^2\sin^2\theta}=\frac{\rho}{\eta}\frac{\partial v}{\partial t}$$

把 $v=f(r)\omega_0 e^{-i\omega t}\sin\theta$ 代入上式,得

$$\frac{\partial}{\partial r}\left(r^2\frac{\partial f}{\partial r}\right)-\left(2-\frac{\mathrm{i}\omega\rho}{\eta}r^2\right)f=0$$

尝试解为 $f=A\frac{\mathrm{e}^{\mathrm{i}kr}}{r^2}+B\frac{\mathrm{e}^{\mathrm{i}kr}}{r}$，这里 A 和 B 为待定常数。把尝试解代入上式，得

$$B=-\mathrm{i}kA,\quad (\mathrm{i}k)^2=-\frac{\mathrm{i}\omega\rho}{\eta}$$

解为

$$k=\left(\frac{\mathrm{i}\omega\rho}{\eta}\right)^{1/2}=\beta(1+\mathrm{i}),\quad \beta=\left(\frac{\omega\rho}{2\eta}\right)^{1/2},\quad f=A(1-\mathrm{i}kr)\frac{\mathrm{e}^{\mathrm{i}kr}}{r^2}$$

$$\boldsymbol{v}=\boldsymbol{e}_\varphi A(1-\mathrm{i}kr)\frac{\mathrm{e}^{\mathrm{i}kr}}{r^2}\omega_0\mathrm{e}^{-\mathrm{i}\omega t}\sin\theta$$

另一解 $k=-\left(\frac{\mathrm{i}\omega\rho}{\eta}\right)^{1/2}=-\beta(1+\mathrm{i})$ 不满足无穷远处的边界条件 $\boldsymbol{v}(r\to\infty)=\mathbf{0}$，舍弃。

常数 A 由边界条件 $\boldsymbol{v}(r=a)=(\boldsymbol{\omega}_0\mathrm{e}^{-\mathrm{i}\omega t}\times\boldsymbol{r})_{r=a}=\boldsymbol{e}_\varphi\omega_0 a\mathrm{e}^{-\mathrm{i}\omega t}\sin\theta$ 决定，得

$$\boldsymbol{v}=\boldsymbol{e}_\varphi\frac{1-\mathrm{i}kr}{1-\mathrm{i}ka}\frac{\mathrm{e}^{\mathrm{i}kr}}{r^2}\mathrm{e}^{-\mathrm{i}ka}a^3\omega_0\mathrm{e}^{-\mathrm{i}\omega t}\sin\theta$$

由此得

$$\sigma_{r\varphi}=\eta\left(\frac{\partial v_\varphi}{\partial r}-\frac{v_\varphi}{r}\right)=\eta\frac{(-3+\mathrm{i}kr)(1-\mathrm{i}kr)-\mathrm{i}kr}{1-\mathrm{i}ka}\frac{\mathrm{e}^{\mathrm{i}kr}}{r^3}\mathrm{e}^{-\mathrm{i}ka}a^3\omega_0\mathrm{e}^{-\mathrm{i}\omega t}\sin\theta$$

作用在球上的力矩为

$$M=\int_0^\pi\sigma_{r\varphi}\big|_{r=a}(a\sin\theta)\cdot(2\pi a\sin\theta)\cdot a\,\mathrm{d}\theta=\frac{8}{3}\pi\eta\omega_0a^3\frac{(-3+\mathrm{i}ka)(1-\mathrm{i}ka)-\mathrm{i}ka}{1-\mathrm{i}ka}\mathrm{e}^{-\mathrm{i}\omega t}$$

4.9.3 黏性流体中的横波

波在介质中传播时介质中微元的振动方向与波的传播方向相互平行的波，称为纵波。纵波在固体中的传播图像如下：固体的微元在交变法向应力作用下产生拉伸和压缩形变，由于固体的弹性性质，拉伸和压缩形变进一步产生使微元恢复原状的法向应力，从而在固体中实现弹性拉伸和压缩形变的传播。纵波在流体中的传播图像如下：流体的微元受到交变压强作用产生密度变化，密度变化又产生使微元恢复原状的压力，从而在流体中以压缩和稀疏的方式实现密度变化的传播。

波在介质中传播时介质中微元的振动方向与波的传播方向相互垂直的波，称为横波，要求介质中存在切应力。固体不管有无形变时都能承受切应力，因此横波能够在固体中传播。其传播图像如下：固体的微元受到交变的切应力作用产生剪切形变，由于固体的弹性性质，剪切形变又产生使微元恢复原状的切应力，从而在固体中实现切形变的传播。虽然流体在静止时不能承受切应力，但是流体在流动时切应力存在，因此流体能够传播横波。

现在我们证明，在黏性流体中横波主要出现在与固体接触的流体表面层内，随着深入流体内部而迅速衰减。

考虑一个简单的例子，即一个不可压缩黏性流体与一个无限大固体平面接触，固体在自己的几何平面内作简谐振动，现在确定流体的运动。

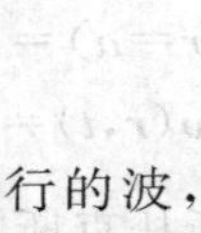

图 4.9.1 固体平面的振动

如图 4.9.1 所示，取 yz 平面为固体平面，y 轴沿振动方

向，$x>0$ 为流体所在区域。由对称性知，流体速度及其他相关物理量与 y 和 z 无关，即 $\boldsymbol{v}=\boldsymbol{v}(x,t)$。

边界条件为

$$v_x(x=0)=v_z(x=0)=0$$
$$v_y(x=0)=U=U_0\mathrm{e}^{-\mathrm{i}\omega t} \tag{4.9-39}$$
$$\boldsymbol{v}(x\to\infty)=\boldsymbol{0}$$

使用连续性方程得

$$\frac{\partial v_x}{\partial x}=0 \tag{4.9-40}$$

使用边界条件 $v_x(x=0)=0$ 积分得 $v_x=0$，因此有 $(\boldsymbol{v}\cdot\nabla)\boldsymbol{v}=\boldsymbol{0}$，纳维-斯托克斯方程化为线性方程

$$\frac{\partial \boldsymbol{v}}{\partial t}=-\frac{1}{\rho}\nabla p+\frac{\eta}{\rho}\nabla^2\boldsymbol{v} \tag{4.9-41}$$

沿 x 轴方向，式(4.9-41)化为$\dfrac{\partial p}{\partial x}=0$，积分得 $p=\text{const}$。

沿 z 轴方向，式(4.9-41)化为$\dfrac{\partial v_z}{\partial t}=0$，使用边界条件 $v_z(x=0)=0$，积分得 $v_z=0$。

沿 y 轴方向，式(4.9-41)化为

$$\frac{\partial v_y}{\partial t}=\frac{\eta}{\rho}\frac{\partial^2 v_y}{\partial x^2} \tag{4.9-42}$$

上述方程属于一维热传导方程类型。令 $v_y=A\mathrm{e}^{\mathrm{i}(kx-\omega t)}$，这里 A 为常数，代入式(4.9-42)得

$$k^2=\frac{\mathrm{i}\omega\rho}{\eta},\quad k=\left(\frac{\mathrm{i}\omega\rho}{\eta}\right)^{1/2}=\beta(1+\mathrm{i}) \tag{4.9-43}$$

式中 $\beta=\left(\dfrac{\omega\rho}{2\eta}\right)^{1/2}$。

使用边界条件 $v_y(x=0)=U=U_0\mathrm{e}^{-\mathrm{i}\omega t}$ 得

$$v_y=U_0\mathrm{e}^{\mathrm{i}(kx-\omega t)}=U_0\mathrm{e}^{-\beta x+\mathrm{i}(\beta x-\omega t)} \tag{4.9-44}$$

另一解 $k=-\left(\dfrac{\mathrm{i}\omega\rho}{\eta}\right)^{1/2}=-\beta(1+\mathrm{i})$ 不满足无穷远处的边界条件 $\boldsymbol{v}(x\to\infty)=\boldsymbol{0}$，舍弃。

解的物理意义如下：速度 $\boldsymbol{v}=\boldsymbol{e}_yU_0\mathrm{e}^{-\beta x}\cos(\beta x-\omega t)$ 垂直于传播方向，因而为横波。这种波是一种表面波，一旦波进入流体内部，就按指数规律迅速衰减。因此在黏性流体中可以出现横波，但这些横波随着与固体面的距离的增加而迅速衰减。$1/\beta$ 具有长度的量纲，表示横波深入流体的特征深度，即横波主要出现在固体面附近厚度为 $1/\beta$ 的流体层之内。原因如下：根据普朗特的边界层理论，在固体表面附近很薄的流体边界层之内，速度梯度很大，切应力很大，故横波主要在边界层内传播；在边界层以外的区域，由于速度梯度很小，切应力很小，横波随着与固体面的距离的增加而迅速衰减。

现在计算固体面所受的摩擦力。

$$\sigma'_{xy}=\eta\frac{\partial v_y}{\partial x}=\eta U_0\beta(-1+\mathrm{i})\mathrm{e}^{-\beta x+\mathrm{i}(\beta x-\omega t)} \tag{4.9-45}$$

取实部得

$$\sigma'_{xy}=\eta U_0\beta[-\cos(\beta x-\omega t)-\sin(\beta x-\omega t)]\mathrm{e}^{-\beta x}$$

$$\sigma'_{xy}\big|_{x=0}=\eta\frac{\partial v_y}{\partial x}=\eta U_0\beta(-\cos\omega t+\sin\omega t) \tag{4.9-46}$$

【例 2】 接例 1,无穷远处的流体温度为 T_2,初始时刻固体表面的温度为 T_1,确定流体的温度分布。

解:因为 $T=T(x,t)$,有 $\boldsymbol{v}\cdot\nabla T=v_y\dfrac{\partial T}{\partial y}=0$。不为零的 σ'_{ij} 只有 σ'_{xy},流体的热传导方程(4.4-24)化为

$$\frac{\partial T}{\partial t}-\frac{\kappa}{\rho c_V}\frac{\partial^2 T}{\partial x^2}=\frac{1}{2\rho c_V\eta}2\sigma'^2_{xy}=\frac{1}{\rho c_V\eta}\{\eta U_0\beta[-\cos(\beta x-\omega t)-\sin(\beta x-\omega t)]\mathrm{e}^{-\beta x}\}^2$$
$$=\frac{\eta U_0^2\beta^2}{\rho c_V}[1+\sin 2(\beta x-\omega t)]\mathrm{e}^{-2\beta x}$$

上述方程可以看成以下方程取实部所得:

$$\frac{\partial T}{\partial t}-\frac{\kappa}{\rho c_V}\frac{\partial^2 T}{\partial x^2}=\frac{\eta U_0^2\beta^2}{\rho c_V}[1-\mathrm{i}\mathrm{e}^{\mathrm{i}2(\beta x-\omega t)}]\mathrm{e}^{-2\beta x} \tag{1}$$

方程(1)的解为其特解加上$\dfrac{\partial T}{\partial t}-\dfrac{\kappa}{\rho c_V}\dfrac{\partial^2 T}{\partial x^2}=0$ 的通解。由于方程(1)是线性方程,并且可以看成两个方程

$$\frac{\partial T}{\partial t}-\frac{\kappa}{\rho c_V}\frac{\partial^2 T}{\partial x^2}=\frac{\eta U_0^2\beta^2}{\rho c_V}\mathrm{e}^{-2\beta x}$$

和

$$\frac{\partial T}{\partial t}-\frac{\kappa}{\rho c_V}\frac{\partial^2 T}{\partial x^2}=-\mathrm{i}\frac{\eta U_0^2\beta^2}{\rho c_V}\mathrm{e}^{-2\beta x+\mathrm{i}2(\beta x-\omega t)}$$

之和,所以方程(1)的特解为这两个方程的特解之和,即

$$T=-\frac{\eta U_0^2}{4\kappa}\mathrm{e}^{-2\beta x}+\frac{U_0^2}{4c_V}\frac{1}{1-\dfrac{2\kappa}{\eta c_V}}\mathrm{e}^{-2\beta x+\mathrm{i}2(\beta x-\omega t)}$$

用普朗特数 $Pr=\dfrac{\eta c_V}{\kappa}$来表示,得

$$T=\frac{\eta U_0^2}{4\kappa}\left[-\mathrm{e}^{-2\beta x}+\frac{1}{Pr-2}\mathrm{e}^{-2\beta x+\mathrm{i}2(\beta x-\omega t)}\right] \tag{2}$$

$\dfrac{\partial T}{\partial t}-\dfrac{\kappa}{\rho c_V}\dfrac{\partial^2 T}{\partial x^2}=0$ 的通解为

$$T=C+(A\mathrm{e}^{\mathrm{i}\gamma x}+B\mathrm{e}^{-\mathrm{i}\gamma x})\mathrm{e}^{-\mathrm{i}\omega t} \tag{3}$$

式中 $\gamma=\pm\sqrt{\dfrac{\mathrm{i}\omega\rho c_V}{\kappa}}=\pm\chi(1+\mathrm{i})$,$\chi=\sqrt{\dfrac{\omega\rho c_V}{2\kappa}}$,$A$、$B$ 和 C 为常数。

满足无穷远处边界条件的通解为 $T=T_2+B\mathrm{e}^{-\chi x-\mathrm{i}(\chi x+\omega t)}$。

把两个解(2)和(3)加起来,得方程(1)的解,B 由 $T(x=0,t=0)=T_1$ 确定,即

$$T=T_2+(T_1-T_2)\mathrm{e}^{-\chi x-\mathrm{i}(\chi x+\omega t)}-\frac{\eta U_0^2}{4\kappa}[\mathrm{e}^{-2\beta x}-\mathrm{e}^{-\chi x-\mathrm{i}(\chi x+\omega t)}]+$$
$$\frac{\eta U_0^2}{4\kappa}\frac{1}{Pr-2}[\mathrm{e}^{-2\beta x-\mathrm{i}2(\beta x-\omega t)}-\mathrm{e}^{-\chi x-\mathrm{i}(\chi x+\omega t)}]$$

【例 3】 一个不可压缩黏性流体与一个无限大固体平面接触,固体在自己的几何平面

内以任意速度运动，计算固体面所受的摩擦力。

解：回忆固体作简谐振动的情形：

$$\omega > 0,\quad v_y = U_0 e^{i(kx-\omega t)},\quad \sigma'_{xy}|_{x=0} = \eta \frac{\partial v_y}{\partial x}\bigg|_{x=0} = i\eta U_0 k e^{-i\omega t}$$

$$k = \left(\frac{i\omega\rho}{\eta}\right)^{1/2} = \beta(1+i),\quad \beta = \left(\frac{\omega\rho}{2\eta}\right)^{1/2},\quad v_y = U_0 e^{i(kx-\omega t)} = U_0 e^{-\beta x + i(\beta x - \omega t)}$$

对比一下一个刚球作缓慢的简谐振动时所受到的流体阻力

$$\boldsymbol{F}(\omega > 0) = \boldsymbol{e}_z 6\pi\eta U_0 a\left[-(1-ika) + \frac{1}{9}k^2a^3\right]e^{-i\omega t}$$

式中

$$k = \left(\frac{i\omega\rho}{\eta}\right)^{1/2} = \beta(1+i),\quad \beta = \left(\frac{\omega\rho}{2\eta}\right)^{1/2}$$

显然，上式中的含有 k 的那一项对应 $\sigma'_{xy}|_{x=0}$，即

$$\sigma'_{xy}|_{x=0} = i\eta U_0 k e^{-i\omega t} \Leftrightarrow 6\pi\eta U_0 aika\, e^{-i\omega t}$$

得

$$1 \Leftrightarrow 6\pi a^2$$

而一个刚球以任意速度运动时所受到的流体阻力为

$$\boldsymbol{F} = -6\pi\eta a\boldsymbol{U} - \frac{2\pi}{3}\rho a^3\frac{d\boldsymbol{U}}{dt} - 6a^2(\pi\rho\eta)^{1/2}\int_{-\infty}^{t} d\tau \frac{d\boldsymbol{U}(\tau)}{d\tau}\left|t-\tau\right|^{-1/2}$$

把上式中的含有 a^2 的那一项作一个代换 $6\pi a^2 \Rightarrow 1$，得固体在自己的几何平面内以任意速度运动时固体面所受的摩擦力，即

$$\sigma'_{xy}|_{x=0} = \eta\frac{\partial v_y}{\partial x}\bigg|_{x=0} = -\left(\frac{\rho\eta}{\pi}\right)^{1/2}\int_{-\infty}^{t} d\tau\frac{dU(\tau)}{d\tau}\left|t-\tau\right|^{-1/2}$$

习题

4-9-1 用矢量势法求解一个半径为 a 的固体球在无限大的不可压缩流体中作缓慢的直线简谐振动时所受的阻力问题，证明流体速度可以取为 $\boldsymbol{v} = e^{-i\omega t}\nabla\times(\nabla f\times\boldsymbol{U}_0)$，满足

$$\nabla^2\nabla^2 f + \frac{i\omega\rho}{\eta}\nabla^2 f = 0$$

解为 $\nabla^2 f = c\frac{e^{ikr}}{r}$，这里 c 为常数。进一步积分得

$$\frac{df}{dr} = A\frac{e^{ikr}}{r^2}\left(r - \frac{1}{ik}\right) + \frac{B}{r^2}$$

式中 A 和 B 为常数。由边界条件可求得

$$A = -\frac{3a}{2ik}e^{-ika},\quad B = -\frac{a^3}{2}\left(1 - \frac{3}{ika} - \frac{3}{k^2a^2}\right)$$

从而求得球所受阻力。

4-9-2 已知在无限大的不可压缩流体中，有一个半径为 a 的固体球在 $t=0$ 时刻从静止开始作缓慢的匀加速直线运动，加速度为 A，证明所受的阻力为

$$F = -6\pi\eta aAt - \frac{2\pi}{3}\rho a^3 A - 12a^2A(\pi\rho\eta t)^{1/2}$$

4-9-3 已知在无限大的不可压缩流体中，有一个原本静止的、半径为 a 的固体球在 $t=0$ 时刻突然受到一个持续时间极短的打击，从而作缓慢的匀速直线运动，速度为 v_0，使用阻力公式(4.9-37)和牛顿力学中的动量定理证明，在打击过程中流体阻力对固体球的冲量为 $-\dfrac{2\pi}{3}\rho a^3 v_0$，球所受的流体阻力为

$$F=-6\pi\eta a v_0-\frac{2\pi}{3}\rho a^3 v_0\delta(t)-6a^2\left(\frac{\pi\rho\eta}{t}\right)^{1/2}v_0$$

在打击过程中打击力对固体球的冲量为 $\left(m+\dfrac{2\pi}{3}\rho a^3\right)v_0$。

4-9-4 一个半径为 a、充满不可压缩液体的固体球壳以角速度 $\boldsymbol{\omega}_0 \mathrm{e}^{-\mathrm{i}\omega t}$ 绕自身直径作低速旋转振动，证明流体的速度分布为

$$\boldsymbol{v}=a\mathrm{e}^{-\mathrm{i}\omega t}\frac{g(r)}{g(a)}\boldsymbol{\omega}_0\times\boldsymbol{e}_r,\quad v=a\omega_0\mathrm{e}^{-\mathrm{i}\omega t}\frac{g(r)}{g(a)}\sin\theta$$

式中，$g(r)=\dfrac{\cos kr}{kr}-\dfrac{\sin kr}{k^2r^2}$，$k=\left(\dfrac{\mathrm{i}\omega\rho}{\eta}\right)^{1/2}=\beta(1+\mathrm{i})$，$\beta=\left(\dfrac{\omega\rho}{2\eta}\right)^{1/2}$。

计算流体作用在球壳上的合力矩。

提示：尝试解选为

$$f=\left(\frac{A}{r^2}+\frac{B}{r}\right)\mathrm{e}^{\mathrm{i}kr}+\left(\frac{C}{r^2}+\frac{D}{r}\right)\mathrm{e}^{-\mathrm{i}kr}=E\left(\frac{\cos kr}{kr}-\frac{\sin kr}{k^2r^2}\right)$$

这里 A、B、C、D 和 E 为待定常数。

4-9-5 有两个同心的固体球面，其中外面的球面静止，半径为 R_2，里面的球面以角速度 $\boldsymbol{\omega}_{10}\mathrm{e}^{-\mathrm{i}\omega_1 t}$ 绕自身的直径缓慢旋转，半径为 R_1。中间充满了流体。证明流体的速度分布为

$$\boldsymbol{v}=R_1\mathrm{e}^{-\mathrm{i}\omega_1 t}\frac{g_1(r)}{g_1(R_1)}\boldsymbol{\omega}_{10}\times\boldsymbol{e}_r,\quad v=R_1\omega_{10}\mathrm{e}^{-\mathrm{i}\omega_1 t}\frac{g_1(r)}{g_1(R_1)}\sin\theta$$

式中，

$$g_1(r)=-\frac{1+\mathrm{i}k_1R_2}{1-\mathrm{i}k_1R_2}\mathrm{e}^{-\mathrm{i}2k_1R_2}(1-\mathrm{i}k_1 r)\frac{\mathrm{e}^{\mathrm{i}k_1 r}}{r^2}+(1+\mathrm{i}k_1 r)\frac{\mathrm{e}^{-\mathrm{i}k_1 r}}{r^2}$$

$$k_1=\left(\frac{\mathrm{i}\omega_1\rho}{\eta}\right)^{1/2}=\beta_1(1+\mathrm{i}),\quad \beta_1=\left(\frac{\omega_1\rho}{2\eta}\right)^{1/2}$$

提示：尝试解选为 $f=\left(\dfrac{A}{r^2}+\dfrac{B}{r}\right)\mathrm{e}^{\mathrm{i}kr}+\left(\dfrac{C}{r^2}+\dfrac{D}{r}\right)\mathrm{e}^{-\mathrm{i}kr}$。

4-9-6 有两个同心的固体球面，其中里面的球面静止，半径为 R_1，外面的球面以角速度 $\boldsymbol{\omega}_{20}\mathrm{e}^{-\mathrm{i}\omega_2 t}$ 绕自身的直径缓慢匀速旋转，半径为 R_2。中间充满了流体。证明流体的速度分布为

$$\boldsymbol{v}=R_2\mathrm{e}^{-\mathrm{i}\omega_2 t}\frac{g_2(r)}{g_2(R_2)}\boldsymbol{\omega}_{20}\times\boldsymbol{e}_r,\quad v=R_2\omega_{20}\mathrm{e}^{-\mathrm{i}\omega_2 t}\frac{g_2(r)}{g_2(R_2)}\sin\theta$$

式中，

$$g_2(r)=-\frac{1+\mathrm{i}k_2R_1}{1-\mathrm{i}k_2R_1}\mathrm{e}^{-\mathrm{i}2k_2R_1}(1-\mathrm{i}k_2 r)\frac{\mathrm{e}^{\mathrm{i}k_2 r}}{r^2}+(1+\mathrm{i}k_2 r)\frac{\mathrm{e}^{-\mathrm{i}k_2 r}}{r^2}$$

$$k_2=\left(\frac{\mathrm{i}\omega_2\rho}{\eta}\right)^{1/2}=\beta_2(1+\mathrm{i}),\quad \beta_2=\left(\frac{\omega_2\rho}{2\eta}\right)^{1/2}$$

4-9-7 两个同心的内外固体球面分别以不同的角速度$\boldsymbol{\omega}_{10}\mathrm{e}^{-\mathrm{i}\omega_1 t}$和$\boldsymbol{\omega}_{20}\mathrm{e}^{-\mathrm{i}\omega_2 t}$绕不同的直径缓慢旋转，球面的半径分别为$R_1$和$R_2$。中间充满了流体。证明流体的速度分布为

$$\boldsymbol{v}=R_1\mathrm{e}^{-\mathrm{i}\omega_1 t}\frac{g_1(r)}{g_1(R_1)}\boldsymbol{\omega}_{10}\times\boldsymbol{e}_r+R_2\mathrm{e}^{-\mathrm{i}\omega_2 t}\frac{g_2(r)}{g_2(R_2)}\boldsymbol{\omega}_{20}\times\boldsymbol{e}_r$$

式中$g_1(r)$和$g_2(r)$的定义见习题4-9-5和习题4-9-6。

提示：由于略去惯性项的纳维-斯托克斯方程是线性的，因此位于两个同心的球面之间的流体的运动可以看成两种流体运动的叠加，两种流体的运动分别为一个球面静止，另一个球面绕自身的直径缓慢旋转产生的。

4-9-8 如图4.9.2所示，流体充满于两个间距为h的无限大的平行固体平面之间，其中一个平面静止，另一个在其自身平面内作简谐振动，速度为$v_y(x=0)=U=U_0\mathrm{e}^{-\mathrm{i}\omega t}$(取实部)，这里$U_0$为实常数。证明流体的速度分布为

$$v_y=\frac{U_0}{1-\mathrm{e}^{\mathrm{i}2kh}}\left[\mathrm{e}^{\mathrm{i}(kx-\omega t)}-\mathrm{e}^{\mathrm{i}(-kx-\omega t+2kh)}\right]$$

式中，

$$k=\left(\frac{\mathrm{i}\omega\rho}{\eta}\right)^{1/2}=\beta(1+\mathrm{i}),\quad \beta=\left(\frac{\omega\rho}{2\eta}\right)^{1/2}$$

计算施于两个固体平面上的摩擦力。

4-9-9 接习题4-9-8，初始时刻两个固体表面的温度分别为T_1和T_2，写出流体的热传导方程。

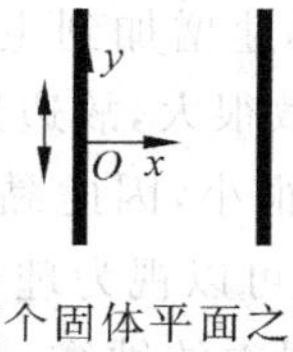

图4.9.2 两个固体平面之间的流体流动

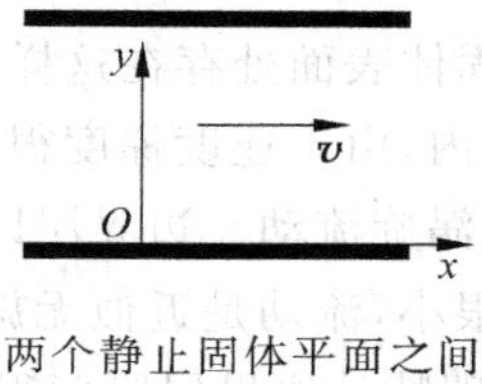

图4.9.3 两个静止固体平面之间的流体流动

4-9-10 如图4.9.3所示，流体充满于两个间距为h的无限大的平行静止固体平面之间，压强梯度随时间按余弦规律$A\mathrm{e}^{-\mathrm{i}\omega t}$变化，这里$A$为实常数。证明纳维-斯托克斯方程化为线性方程

$$\frac{\partial v}{\partial t}=-\frac{1}{\rho}A\mathrm{e}^{-\mathrm{i}\omega t}+\frac{\eta}{\rho}\frac{\partial^2 v}{\partial y^2}$$

解为

$$v=\frac{A}{\mathrm{i}\rho\omega}\mathrm{e}^{-\mathrm{i}\omega t}+C\mathrm{e}^{\mathrm{i}(ky-\omega t)}+D\mathrm{e}^{\mathrm{i}(-ky-\omega t)}$$

式中，

$$k=\left(\frac{\mathrm{i}\omega\rho}{\eta}\right)^{1/2}=\beta(1+\mathrm{i}),\quad \beta=\left(\frac{\omega\rho}{2\eta}\right)^{1/2}$$

C和D为待定常数。确定流体的速度分布，并计算施于两个固体平面上的摩擦力。

4-9-11 接习题4-9-10，初始时刻两个固体平面的温度分别为T_1和T_2，写出流体的热传导方程。

4.10 普朗特边界层理论

图 4.10.1 普朗特(L. Prandtl，1875—1953)

无黏性假设导致的最荒谬的结论之一就是达朗贝尔佯谬。热力学告诉我们，任何宏观过程都是不可逆的，存在能量耗散，因此任何物体在流体中运动时必然会受到阻力作用。计算阻力需要求解纳维-斯托克斯方程，这是一个很复杂和费时费力的任务，因此有必要简化纳维-斯托克斯方程。

考虑运动流体中的一个静止固体，其特征尺寸为 L，流体主流速度的特征值为 U，如图 4.10.2 所示。纳维-斯托克斯方程为 $\rho(\boldsymbol{v}\cdot\nabla)\boldsymbol{v}=-\nabla p+\eta\nabla^2\boldsymbol{v}$。黏性项的数量级为 $\eta U/L^2$，惯性项的数量级为 $\rho U^2/L$，惯性项与黏性项的比值的数量级为雷诺数 $Re=\dfrac{\rho UL}{\eta}$。我们看到，雷诺数越大，黏性项与惯性项的比值越小，黏性影响越小，因此极大的雷诺数等效于极小的黏性。在雷诺数极大的情况下，流体可以看成理想流体。但是这一结论不适用于靠近固体表面的薄层。这是因为在固体表面处流体的速度为零，在靠近固体表面处存在这样的薄层，流体的速度由零迅速增加到主流速度，称为边界层。在边界层内，由于速度梯度很大，导致涡量很大，能量耗散很大，故边界层内流体的流动为黏性流体的涡旋流动。边界层以外的区域，由于速度梯度很小，因此黏性力很小，涡量很小，能量耗散很小，流动是近似无旋的。故边界层以外的流动可以视为理想流体的无旋流动。1904 年，普朗特从边界层厚度很小这个前提出发，把边界层内的纳维-斯托克斯方程简化为普朗特方程组，开创了近代流体力学的一个分支——边界层理论。

4.10.1 普朗特方程组

现在考虑流体绕一个固体的平面表面的二维流动。如图 4.10.3 所示，固体的平面表面取为 xz 平面，主流方向取为 x 轴，主流速度为 $\boldsymbol{U}$，沿 z 轴方向没有速度分量，即 $\boldsymbol{v}=\boldsymbol{e}_x v_x+\boldsymbol{e}_y v_y$。

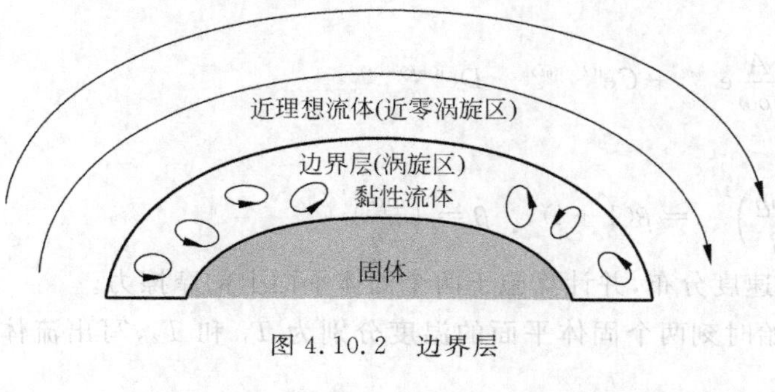

图 4.10.2 边界层

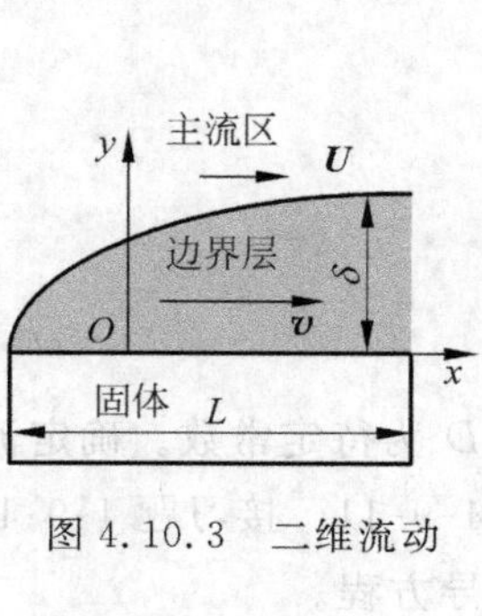

图 4.10.3 二维流动

纳维-斯托克斯方程和连续性方程分别为

$$v_x \frac{\partial v_x}{\partial x} + v_y \frac{\partial v_x}{\partial y} = -\frac{1}{\rho}\frac{\partial p}{\partial x} + \frac{\eta}{\rho}\left(\frac{\partial^2 v_x}{\partial x^2} + \frac{\partial^2 v_x}{\partial y^2}\right) \tag{4.10-1}$$

$$v_x \frac{\partial v_y}{\partial x} + v_y \frac{\partial v_y}{\partial y} = -\frac{1}{\rho}\frac{\partial p}{\partial y} + \frac{\eta}{\rho}\left(\frac{\partial^2 v_y}{\partial x^2} + \frac{\partial^2 v_y}{\partial y^2}\right) \tag{4.10-2}$$

$$\frac{\partial v_x}{\partial x} + \frac{\partial v_y}{\partial y} = 0 \tag{4.10-3}$$

在固体表面，流体速度为零，在边界层的外边缘，流体速度等于主流速度，因此边界条件为

$$v_x(y=0)=0,\quad v_y(y=0)=0,\quad v_x(y=\delta)=U \tag{4.10-4}$$

式中 δ 为边界层的厚度。

既然边界层很薄，那么边界层里面的流动主要是沿平行于表面的方向进行的，垂直于固体表面的速度分量远小于平行于表面的速度分量，即 $v_y \ll v_x$。利用这一事实，可以简化纳维-斯托克斯方程(4.10-1)和方程(4.10-2)。

为了简化纳维-斯托克斯方程，需要作数量级估计。沿 x 轴方向的特征长度为物体沿 x 轴的长度 L，沿 y 轴方向的特征长度为边界层的厚度 δ，沿 x 轴方向的特征速度为 U，有

$$x \sim L,\quad v_x \sim U,\quad y \sim \delta \tag{4.10-5}$$

为了确定沿 y 轴方向的特征速度，将式(4.10-5)代入连续性方程(4.10-3)，得

$$v_y \sim \frac{U\delta}{L} \tag{4.10-6}$$

1. 方程(4.10-1)的简化

利用方程(4.10-5)，我们进一步得到

$$\frac{\partial^2 v_x}{\partial x^2} \sim \frac{U}{L^2} \ll \frac{\partial^2 v_x}{\partial y^2} \sim \frac{U}{\delta^2} \tag{4.10-7}$$

因此方程(4.10-1)中含有$\frac{\partial^2 v_x}{\partial x^2}$的项完全可以忽略不计，方程(4.10-1)简化为

$$v_x \frac{\partial v_x}{\partial x} + v_y \frac{\partial v_x}{\partial y} = -\frac{1}{\rho}\frac{\partial p}{\partial x} + \frac{\eta}{\rho}\frac{\partial^2 v_x}{\partial y^2} \tag{4.10-8}$$

现在我们看看能否再进一步简化方程(4.10-8)。首先分析两个惯性项，利用方程(4.10-5)和方程(4.10-6)，得到

$$v_x \frac{\partial v_x}{\partial x} \sim v_y \frac{\partial v_x}{\partial y} \sim \frac{U^2}{L} \tag{4.10-9}$$

我们看到，两个惯性项是同一数量级的。

由于在边界层内黏性起着重要作用，而流体流动是由压强驱动的，因此对于方程(4.10-8)中的惯性项、压强项和黏性项，每一项都缺一不可，必须是同一数量级的，即

$$v_x \frac{\partial v_x}{\partial x} \sim v_y \frac{\partial v_x}{\partial y} \sim \frac{U^2}{L} \sim \frac{1}{\rho}\frac{\partial p}{\partial x} \sim \frac{p}{\rho L} \sim \frac{\eta}{\rho}\frac{\partial^2 v_x}{\partial y^2} \sim \frac{\eta U}{\rho\delta^2} \tag{4.10-10}$$

由式(4.10-10)可得

$$p \sim \rho U^2,\quad \delta \sim \sqrt{\frac{\eta L}{\rho U}},\quad v_y \sim \frac{U\delta}{L} \sim \sqrt{\frac{\eta U}{\rho L}} \tag{4.10-11}$$

因此方程(4.10-8)中的每一项都是同一数量级的，不能再简化。

2. 方程(4.10-2)的简化

利用方程(4.10-5)和方程(4.10-6)，我们得到

$$v_x \frac{\partial v_y}{\partial x} \sim v_y \frac{\partial v_y}{\partial y} \sim \frac{U^2}{L^2}\delta \tag{4.10-12}$$

$$\frac{\partial^2 v_y}{\partial x^2} \sim \frac{U}{L^3}\delta \ll \frac{\partial^2 v_y}{\partial y^2} \sim \frac{U}{L\delta} \sim \frac{U\delta}{L\delta^2} \sim \frac{\rho U^2 \delta}{\eta L^2} \tag{4.10-13}$$

把式(4.10-12)和式(4.10-13)结合起来，我们看到，两个惯性项是同一数量级的，可以忽略两个黏性项中小的那一项，而且惯性项和黏性项是同一数量级的，即

$$v_x \frac{\partial v_y}{\partial x} \sim v_y \frac{\partial v_y}{\partial y} \sim \frac{\eta}{\rho}\left(\frac{\partial^2 v_y}{\partial x^2} + \frac{\partial^2 v_y}{\partial y^2}\right) \sim \frac{\eta}{\rho}\frac{\partial^2 v_y}{\partial y^2} \sim \frac{U^2}{L^2}\delta \tag{4.10-14}$$

由于流体流动是由压强驱动的，因此压强项、惯性项和黏性项必须是同一数量级的，即

$$\frac{1}{\rho}\frac{\partial p}{\partial y} \sim \frac{\Delta p}{\rho\delta} \sim v_x \frac{\partial v_y}{\partial x} \sim v_y \frac{\partial v_y}{\partial y} \sim \frac{\eta}{\rho}\left(\frac{\partial^2 v_y}{\partial x^2} + \frac{\partial^2 v_y}{\partial y^2}\right) \sim \frac{\eta}{\rho}\frac{\partial^2 v_y}{\partial y^2} \sim \frac{U^2}{L^2}\delta \tag{4.10-15}$$

式中 Δp 为边界层内的压强沿 y 轴方向的变化。由式(4.10-15)得

$$\Delta p \sim \frac{\delta^2}{L^2}\rho U^2 \tag{4.10-16}$$

我们看到，由于 Δp 正比于 δ^2，完全可以忽略不计。因此在很高精度内边界层内的压强与 y 无关，等于边界层之外主流的压强 $p_0(x)$。由于边界层之外的流体运动是无旋的，满足作无旋流动的理想流体的伯努利方程(3.2-12)，因此式(4.10-2)简化为

$$p = p_0(x) = \text{const} - \rho\frac{U^2}{2} \tag{4.10-17}$$

3. 普朗特方程组

把方程(4.10-17)代入方程(4.10-8)所得方程，加上连续性方程(4.10-3)，这两个方程构成了普朗特方程组

$$v_x \frac{\partial v_x}{\partial x} + v_y \frac{\partial v_x}{\partial y} - \frac{\eta}{\rho}\frac{\partial^2 v_x}{\partial y^2} = -\frac{1}{\rho}\frac{\mathrm{d}p_0}{\mathrm{d}x} = U\frac{\mathrm{d}U}{\mathrm{d}x}, \quad \frac{\partial v_x}{\partial x} + \frac{\partial v_y}{\partial y} = 0 \tag{4.10-18}$$

其解为

$$v_x = Uf_1\left(\frac{x}{L}, \frac{y}{\delta}\right), \quad v_y = U\sqrt{\frac{\eta}{\rho UL}}f_2\left(\frac{x}{L}, \frac{y}{\delta}\right) \tag{4.10-19}$$

4.10.2 应用

考虑流体绕流一个半无限的平板的边界层。

取坐标系如图 4.10.4 所示。此时主流速度 $\boldsymbol{U}$ 为常矢量，根据伯努利方程(4.10-17)，压强 $p_0(x)$ 为常数。普朗特方程组成为

$$v_x \frac{\partial v_x}{\partial x} + v_y \frac{\partial v_x}{\partial y} = \frac{\eta}{\rho}\frac{\partial^2 v_x}{\partial y^2} \tag{4.10-20}$$

$$\frac{\partial v_x}{\partial x} + \frac{\partial v_y}{\partial y} = 0 \tag{4.10-21}$$

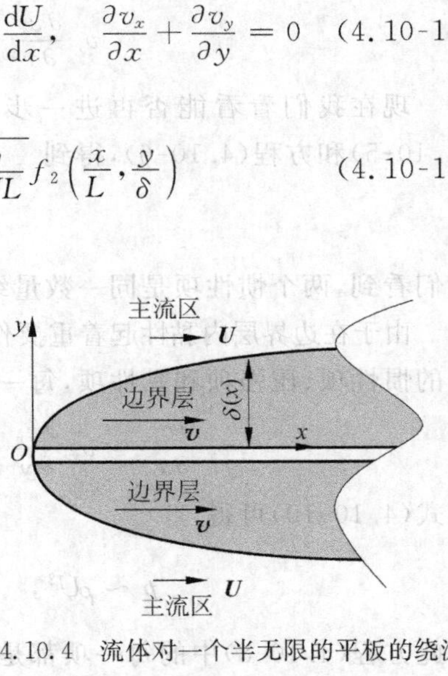

图 4.10.4 流体对一个半无限的平板的绕流

由于沿 x 轴方向没有特征长度，L 应由 x 代替。式(4.10-5)、式(4.10-11)和式(4.10-19)化为

$$v_x \sim U,\quad \delta \sim \sqrt{\frac{\eta}{\rho U}x},\quad v_y \sim \frac{U\delta}{x} \sim \sqrt{\frac{\eta U}{\rho x}} \tag{4.10-22}$$

$$v_x = Uf_1\left(\frac{y}{\delta}\right) = Uf_1\left(y\sqrt{\frac{\rho U}{\eta x}}\right)$$

$$v_y = U\sqrt{\frac{\eta}{\rho U x}}f_2\left(\frac{y}{\delta}\right) = U\sqrt{\frac{\eta}{\rho U x}}f_2\left(y\sqrt{\frac{\rho U}{\eta x}}\right) \tag{4.10-23}$$

边界条件为

$$v_x(y=0)=0,\quad v_y(y=0)=0,\quad v_x(y\to\infty)=U \tag{4.10-24}$$

由连续性方程(4.10-21)可知存在流函数 ψ，满足

$$v_x = \frac{\partial\psi}{\partial y},\quad v_y = -\frac{\partial\psi}{\partial x} \tag{4.10-25}$$

将式(4.10-23)和式(4.10-25)结合，我们看到，流函数 ψ 可以写成

$$\psi = U\sqrt{\frac{\eta x}{\rho U}}f\left(y\sqrt{\frac{\rho U}{\eta x}}\right) = U\frac{y}{\xi}f(\xi) \tag{4.10-26}$$

式中 $\xi = y\sqrt{\frac{\rho U}{\eta x}}$。

速度分量可写成

$$v_x = Uf'(\xi),\quad v_y = \frac{1}{2}\sqrt{\frac{\eta U}{\rho x}}(\xi f' - f) \tag{4.10-27}$$

把式(4.10-27)代入式(4.10-20)得

$$ff'' + 2f''' = 0 \tag{4.10-28}$$

边界条件式(4.10-24)化为

$$f(0) = f'(0) = 0,\quad f'(\infty) = 1 \tag{4.10-29}$$

对于小的 ξ，存在满足平板表面边界条件 $f(0)=f'(0)=0$ 的级数展开：

$$f(\xi) = \frac{\alpha}{2!}\left(\frac{\xi}{2}\right)^2 - \frac{\alpha^2}{5!}\left(\frac{\xi}{2}\right)^5 + 11\frac{\alpha^3}{8!}\left(\frac{\xi}{2}\right)^8 - 375\frac{\alpha^4}{11!}\left(\frac{\xi}{2}\right)^{11} + \cdots \tag{4.10-30}$$

式中 $\alpha=1.3282$。

对于大的 ξ，存在解

$$f(\xi) = \xi - 1.72 \tag{4.10-31}$$

现在计算板受到的摩擦力，由以下黏性应力张量确定：

$$\sigma_{yx} = \eta\left(\frac{\partial v_x}{\partial y} + \frac{\partial v_y}{\partial x}\right) \tag{4.10-32}$$

因为 $\frac{\partial v_x}{\partial y} \sim \frac{U}{\delta}$，$\frac{\partial v_y}{\partial x} \sim U\frac{\delta}{x^2}$，所以有 $\frac{\partial v_x}{\partial y} \gg \frac{\partial v_y}{\partial x}$，式(4.10-32)简化为

$$\sigma_{yx} \cong \eta\frac{\partial v_x}{\partial y} = \sqrt{\frac{\eta\rho U^3}{x}}f''(\xi) \tag{4.10-33}$$

单位表面板受到的摩擦力为

$$\sigma_{yx}\big|_{y=0} = \eta\frac{\partial v_x}{\partial y}\bigg|_{y=0} = \sqrt{\frac{\eta\rho U^3}{x}}f''(0) = \frac{\alpha}{4}\sqrt{\frac{\eta\rho U^3}{x}} = 0.332\sqrt{\frac{\eta\rho U^3}{x}} \tag{4.10-34}$$

考虑沿 x 轴方向为 $0\leqslant x\leqslant L$ 且沿 z 轴方向单位厚度的那部分板，受到的摩擦力为

$$F=2\int_0^L \sigma_{xy}\mid_{y=0}\mathrm{d}x=1.328\sqrt{\eta\rho U^3 L} \tag{4.10-35}$$

式中出现因子 2 是因为薄板有两面与流体接触。

从上面我们知道，边界层沿平板表面法线方向延伸至无穷远。可以定义边界层的位移厚度 δ^* 来表征边界层的特征厚度

$$\delta^*=\int_0^\infty\left(1-\frac{v_x}{U}\right)\mathrm{d}y=\sqrt{\frac{\eta x}{\rho U}}\int_0^\infty(1-f')\mathrm{d}\xi=\sqrt{\frac{\eta x}{\rho U}}(\xi-f)\mid_{\xi\to\infty}=1.72\sqrt{\frac{\eta x}{\rho U}} \tag{4.10-36}$$

4.10.3 卡门积分方程

利用连续性方程把普朗特方程组(4.10-18)改写为

$$v_x\frac{\partial v_x}{\partial x}+v_y\frac{\partial v_x}{\partial y}=U\frac{\mathrm{d}U}{\mathrm{d}x}+\frac{\eta}{\rho}\frac{\partial^2 v_x}{\partial y^2}=\frac{\partial(v_x^2)}{\partial x}+\frac{\partial(v_x v_y)}{\partial y} \tag{4.10-37}$$

将上式从 0 到 δ 积分得

$$\begin{aligned}\int_0^\delta\left(U\frac{\mathrm{d}U}{\mathrm{d}x}+\frac{\eta}{\rho}\frac{\partial^2 v_x}{\partial y^2}\right)\mathrm{d}y&=\int_0^\delta\left[\frac{\partial(v_x^2)}{\partial x}+\frac{\partial(v_x v_y)}{\partial y}\right]\mathrm{d}y\\&=U\frac{\mathrm{d}U}{\mathrm{d}x}\delta+\frac{\eta}{\rho}\left[\left(\frac{\partial v_x}{\partial y}\right)_{y=\delta}-\left(\frac{\partial v_x}{\partial y}\right)_{y=0}\right]\\&=\frac{\partial}{\partial x}\int_0^\delta v_x^2\mathrm{d}y+Uv_y\mid_{y=\delta}\end{aligned} \tag{4.10-38}$$

利用连续性方程得

$$v_y\mid_{y=\delta}=\int_0^\delta\frac{\partial v_y}{\partial y}\mathrm{d}y=-\int_0^\delta\frac{\partial v_x}{\partial x}\mathrm{d}y=-\frac{\partial}{\partial x}\int_0^\delta v_x\mathrm{d}y \tag{4.10-39}$$

由于在流体边界层与主流交界处，流体速度是光滑过渡的，有

$$\left(\frac{\partial v_x}{\partial y}\right)_{y=\delta}=0 \tag{4.10-40}$$

把方程(4.10-39)和方程(4.10-40)代入方程(4.10-38)，得卡门(Karman)积分方程

$$U\frac{\mathrm{d}U}{\mathrm{d}x}\delta-\frac{\eta}{\rho}\left(\frac{\partial v_x}{\partial y}\right)_{y=0}=\frac{\partial}{\partial x}\int_0^\delta(v_x^2-Uv_x)\mathrm{d}y \tag{4.10-41}$$

4.10.4 兰姆近似

考虑流体对一个半无限的平板的绕流的边界层，卡门积分方程化为

$$-\frac{\eta}{\rho}\left(\frac{\partial v_x}{\partial y}\right)_{y=0}=\frac{\partial}{\partial x}\int_0^\delta(v_x^2-Uv_x)\mathrm{d}y \tag{4.10-42}$$

显然，在边界层内 v_x 满足以下条件：

$$v_x\mid_{y=0}=0,\quad \left.\frac{\partial^2 v_x}{\partial y^2}\right|_{y=0}=0,\quad v_x\mid_{y=\delta}=U,\quad \left.\frac{\partial v_x}{\partial y}\right|_{y=\delta}=0 \tag{4.10-43}$$

第一个条件表示在固体表面流体不滑动，第二个条件来自把方程(4.10-20)应用到固体表面所得结果，第三和第四个条件来自这样一个事实，即在流体边界层与主流交界处，流体速度是光滑过渡的。

满足以上条件的 v_x 的最简单的表达式就是兰姆近似

$$v_x = U\sin\frac{\pi y}{2\delta} \tag{4.10-44}$$

把式(4.10-44)代入卡门积分方程(4.10-42),得

$$\frac{\partial\delta}{\partial x} = \frac{\pi^2}{4-\pi}\frac{\eta}{\rho U}\frac{1}{\delta} \tag{4.10-45}$$

积分得

$$\delta = \sqrt{\frac{2\pi^2}{4-\pi}\frac{\eta}{\rho U}x} \tag{4.10-46}$$

板单位表面受到的摩擦力为

$$\sigma_{yx}\mid_{y=0} = \eta\frac{\partial v_x}{\partial y}\mid_{y=0} = \eta\frac{U\pi}{2\delta} = \sqrt{\frac{4-\pi}{8}}\sqrt{\frac{\eta\rho U^3}{x}} \tag{4.10-47}$$

考虑沿 x 轴方向为 $0\leqslant x\leqslant L$,且沿 z 轴方向单位厚度的那部分板受到的摩擦力为

$$F = 2\int_0^L \sigma_{yx}\mid_{y=0}\mathrm{d}x = \sqrt{8-2\pi}\sqrt{\eta\rho U^3 L} = 1.310\sqrt{\eta\rho U^3 L} \tag{4.10-48}$$

与严格解很接近。

综上所述,边界层理论的主要思想是,在边界层内,由于边界层很薄,边界层里面的流动主要是沿平行于固体表面的方向进行的,垂直于表面的速度分量远小于平行于表面的速度分量,纳维-斯托克斯方程可以借此简化成相对容易求解的普朗特边界层方程;在边界层之外,涡量很小,能量耗散很小,流体流动可以近似为不可压缩理想流体的无旋运动,用伯努利方程来处理。

习题

4-10-1　验证级数解方程(4.10-30)至 ξ^8 项。

4-10-2　证明一个半无限的平板绕流的边界层内的涡量为

$$\Omega = -U\sqrt{\frac{\rho U}{\eta x}}f''$$

满足

$$\frac{\partial\Omega}{\partial y} = -\frac{1}{2}\sqrt{\frac{\rho U}{\eta x}}f\Omega$$

证明板表面处的涡量为

$$\Omega(y=0) = -\frac{\alpha}{4}U\sqrt{\frac{\rho U}{\eta x}} = -0.332U\sqrt{\frac{\rho U}{\eta x}}$$

4-10-3　证明兰姆近似下的边界层内的流函数和涡量分别为

$$\psi = -\frac{2\delta U}{\pi}\cos\frac{\pi y}{2\delta},\quad \Omega = -\frac{\pi U}{2\delta}\cos\frac{\pi y}{2\delta}$$

板表面处的涡量为

$$\Omega(y=0) = -U\sqrt{\frac{4-\pi}{8}\frac{\rho U}{\eta x}} = -0.3276U\sqrt{\frac{\rho U}{\eta x}}$$

证明在边界层内越靠近板表面涡量越大。

4-10-4　考虑一个半无限的平板的绕流的边界层。设 v_x 的近似表达式为

$$v_x = A_1 \frac{y}{\delta} + A_2 \left(\frac{y}{\delta}\right)^2 + A_3 \left(\frac{y}{\delta}\right)^3$$

式中 A_1、A_2 和 A_3 为常数。利用方程(4.10-43)确定这些常数。然后利用卡门积分方程确定 δ,证明

$$A_1 = \frac{3U}{2}, \quad A_2 = 0, \quad A_3 = -\frac{U}{2}, \quad \delta = \sqrt{\frac{840}{39}\frac{\eta x}{\rho U}}, \quad \sigma_{yx}\mid_{y=0} = \frac{3\eta U}{2\delta}$$

$$F = 3\sqrt{\frac{13}{70}}\sqrt{\eta\rho U^3 L} = 1.29284\sqrt{\eta\rho U^3 L}, \quad \frac{v_y}{U} = \frac{\delta}{x}\left[\frac{3}{8}\left(\frac{y}{\delta}\right)^2 - \frac{3}{16}\left(\frac{y}{\delta}\right)^4\right]$$

$$\Omega(y=0) = -\frac{3}{2}U\sqrt{\frac{39}{840}\frac{\rho U}{\eta x}} = -0.3232U\sqrt{\frac{\rho U}{\eta x}}$$

4-10-5 流体在两个相交的固体平面形成的角内作二维流动,雷诺数较大,黏性的影响仅存在于靠近固体平面的很薄的边界层内,取坐标系如图 4.10.5 所示。在边界层之外,可以认为流体作径向流动,证明连续性方程为 $\frac{\partial(rU)}{\partial r}=0$,解为 $rU=f(\theta)$。在边界层外边缘有 $xU=f(0)=C$。

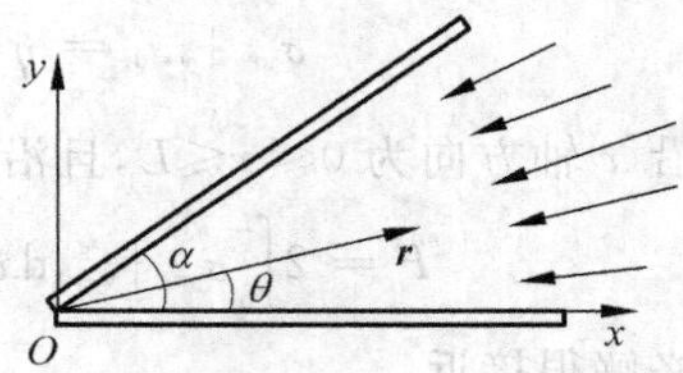

图 4.10.5 角内的边界层

设流函数具有形式 $\psi=\psi\left(\frac{y}{x}\right)$,定义 $g\left(\frac{y}{x}\right)=\frac{1}{C}\psi'$,证明普朗特方程化为

$$\frac{\rho}{\eta C}g'' = 1 - g^2$$

边界条件为 $v_x(y=0)=0$,$v_x(y\to\infty)=\frac{C}{x}$,即 $g(0)=0$, $g(\infty)=1$。在流体边界层与主流交界处,流体速度是光滑过渡的,即式(4.10-40),导致边界条件 $g'(\infty)=0$。

证明第一次积分为

$$\frac{\rho}{2\eta C}g'^2 = -\frac{1}{3}(g-1)^2(g+2)$$

令 $w=\sqrt{g+2}$,证明上式化为

$$\sqrt{\frac{2\eta\,|C|}{\rho}}\,\mathrm{d}\left(\frac{y}{x}\right) = \mathrm{d}\ln\frac{\sqrt{3}+w}{\sqrt{3}-w}$$

第二次积分结果为

$$g = 3\tanh^2\left[\ln(\sqrt{2}+\sqrt{3}) + \sqrt{\frac{\eta\,|C|}{2\rho}}\,\frac{y}{x}\right] - 2$$

4.11 表面张力-重力波的衰减

在 3.7 节我们使用理想流体的无旋流动理论建立了表面张力-重力波理论。实际的流体存在能量耗散。如果我们考虑流体黏滞系数很小以及流体速度很小的情形,涡旋运动只出现在水的自由表面附近很薄的流体层之内,由于水的自由表面不是固体表面,该流体层内

的能量耗散不会像固体表面附近的边界层内的那么大。因此作为零级近似，我们可以使用理想流体的无旋流动的表面张力-重力波理论的结果来计算能量耗散。

由于无旋流动满足

$$\frac{\partial v_i}{\partial x_j}=\frac{\partial v_j}{\partial x_i}=\frac{\partial^2 \Phi}{\partial x_i \partial x_j},\quad \frac{\partial^2 v_i}{\partial x_j^2}=\frac{\partial^2 v_j}{\partial x_i \partial x_j}=0 \tag{4.11-1}$$

能量耗散公式化为

$$\dot{E}_{\text{dis}}=-\frac{1}{2}\eta\int_V\left(\frac{\partial v_i}{\partial x_j}+\frac{\partial v_j}{\partial x_i}\right)\left(\frac{\partial v_i}{\partial x_j}+\frac{\partial v_j}{\partial x_i}\right)\mathrm{d}V=-2\eta\int_V\left(\frac{\partial v_i}{\partial x_j}\right)\left(\frac{\partial v_i}{\partial x_j}\right)\mathrm{d}V=-\eta\int_V\nabla^2 v^2\,\mathrm{d}V \tag{4.11-2}$$

4.11.1 二维表面张力-重力简谐行波的衰减

在3.7节我们获得了二维表面张力-重力简谐行波的速度势

$$\Phi=-\frac{ca}{\sinh kh}\cosh ky\cos k(x-ct) \tag{4.11-3}$$

以及流体的总能量在一个周期内的时间平均值为

$$\bar{E}(\Delta x=1,\Delta z=1)=\frac{1}{2}\rho g a^2+\frac{\sigma k^2 a^2}{2} \tag{4.11-4}$$

把式(4.11-3)代入式(4.11-2)得

$$\overline{\dot{E}}_{\text{dis}}(\Delta x=1,\Delta z=1)=-\eta\int_0^h\overline{\nabla^2 v^2}\,\mathrm{d}y=-2\eta k^3c^2a^2\coth kh=-2\eta\left(g+\frac{\sigma k^2}{\rho}\right)k^2a^2 \tag{4.11-5}$$

联立式(4.11-4)和式(4.11-5)得

$$\frac{\overline{\dot{E}}_{\text{dis}}(\Delta x=1,\Delta z=1)}{\bar{E}(\Delta x=1,\Delta z=1)}=-\frac{4\eta k^2}{\rho}=\frac{1}{\bar{E}(\Delta x=1,\Delta z=1)}\frac{\mathrm{d}\bar{E}(\Delta x=1,\Delta z=1)}{\mathrm{d}t} \tag{4.11-6}$$

积分得

$$\bar{E}(\Delta x=1,\Delta z=1)=\left(\frac{1}{2}\rho g+\frac{\sigma k^2}{2}\right)a_0^2\mathrm{e}^{-2\gamma t},\quad a=a_0\mathrm{e}^{-\gamma t} \tag{4.11-7}$$

式中，$\gamma=\frac{2\eta k^2}{\rho}=\frac{2\eta}{\rho}\left(\frac{2\pi}{\lambda}\right)^2$ 为衰减系数，a_0 为 $t=0$ 时刻的波的波幅。

4.11.2 二维表面张力-重力简谐驻波的衰减

在3.7节我们获得了二维表面张力-重力简谐驻波的速度势

$$\Phi=-\frac{ca}{\sinh kh}\cos kx\cosh ky\cos\omega t\quad\left(k=\frac{n\pi}{L},n=1,2,3,\cdots\right) \tag{4.11-8}$$

以及驻波的总能量(习题3-7-7)

$$E(\Delta z=1)=\frac{1}{4}(\rho g+\sigma k^2)a^2L \tag{4.11-9}$$

把式(4.11-8)代入式(4.11-2)，得

$$\overline{\dot{E}}_{\text{dis}}(\Delta z=1)=-\eta\int_0^h\mathrm{d}y\int_0^L\mathrm{d}x\,\overline{\nabla^2(v_x^2+v_y^2)}=-\eta\left(g+\frac{\sigma k^2}{\rho}\right)k^2a^2L \tag{4.11-10}$$

使用式(4.11-9)和式(4.11-10),得

$$\frac{\overline{\dot{E}}_{\text{dis}}(\Delta z=1)}{E(\Delta z=1)}=-\frac{4\eta k^2}{\rho}=-2\gamma=\frac{1}{E(\Delta z=1)}\frac{\mathrm{d}E(\Delta z=1)}{\mathrm{d}t} \tag{4.11-11}$$

积分得

$$E(\Delta z=1)=\frac{1}{4}(\rho g+\sigma k^2)a_0^2 L\mathrm{e}^{-2\gamma t},\quad a=a_0\mathrm{e}^{-\gamma t} \tag{4.11-12}$$

4.11.3 三维表面张力-重力驻波的衰减

在 3.7 节我们获得了三维表面张力-重力驻波的速度势

$$\Phi=-\frac{ca}{\sinh kh}\cos k_x x\cos k_z z\cosh ky\cos\omega t,\quad k_x=\frac{n_x\pi}{L},\quad k_z=\frac{n_z\pi}{b}$$

$$k=\sqrt{\left(\frac{n_x\pi}{L}\right)^2+\left(\frac{n_z\pi}{b}\right)^2}\quad (n_x,n_z=\pm1,\pm2,\pm3,\cdots) \tag{4.11-13}$$

以及驻波的总能量(习题 3-7-8)

$$E=\frac{1}{8}(\rho g+\sigma k^2)a^2 Lb \tag{4.11-14}$$

把式(4.11-13)代入式(4.11-2),得

$$\overline{\dot{E}}_{\text{dis}}=-\eta\int_0^b\mathrm{d}z\int_0^h\mathrm{d}y\int_0^L\mathrm{d}x\,\overline{\nabla^2(v_x^2+v_y^2+v_z^2)}=-\frac{1}{2}\eta\left(g+\frac{\sigma k^2}{\rho}\right)k^2a^2Lb \tag{4.11-15}$$

使用式(4.11-14)和式(4.11-15),得

$$\frac{\overline{\dot{E}}_{\text{dis}}}{E}=-\frac{4\eta k^2}{\rho}=-2\gamma=\frac{1}{E}\frac{\mathrm{d}E}{\mathrm{d}t} \tag{4.11-16}$$

积分得

$$E=\frac{1}{8}(\rho g+\sigma k^2)a_0^2 Lb\mathrm{e}^{-2\gamma t},\quad a=a_0\mathrm{e}^{-\gamma t} \tag{4.11-17}$$

4.11.4 结论

综上所述,当空间中只有一种流体存在、流体黏滞系数很小以及流体速度很小时,二维表面张力-重力简谐行波的平均能量以及二维、三维表面张力-重力简谐驻波各自的总能量均按同一指数规律衰减。在这三种情况下,衰减系数 $\gamma=\frac{2\eta k^2}{\rho}=\frac{2\eta}{\rho}\left(\frac{2\pi}{\lambda}\right)^2$ 是普适的,与重力加速度、表面张力、波的类型以及波传播空间的几何边界无关。

习题

4.11-1 用能量方法推导二维表面张力-重力简谐行波的衰减规律,证明施加在水的自由面上的应力为

$$\sigma_{yx}\big|_{y=h}=2\eta k^2 ca\sin k(x-ct),\quad \sigma_{yy}\big|_{y=h}=-2\eta k^2 ca\coth kh\cos k(x-ct)-p_0$$

施加在液体自由面上的应力所做的功为

$$\frac{\mathrm{d}A(\Delta x=1,\Delta z=1)}{\mathrm{d}t}=(v_x\sigma_{yx}+v_y\sigma_{yy})\big|_{y=h}=2\eta k^3c^2a^2\coth kh+p_0kca\cos k(x-ct)$$

式中 p_0 为大气压。

证明在一个周期内的时间平均值等于宏观机械能耗散的时间平均值的负值为

$$\overline{\frac{\mathrm{d}A(\Delta x=1,\Delta z=1)}{\mathrm{d}t}}=2\eta k^3c^2a^2\coth kh=2\eta\left(g+\frac{\sigma k^2}{\rho}\right)k^2a^2=-\overline{\dot{E}}_{\mathrm{dis}}(\Delta x=1,\Delta z=1)$$

根据能量守恒定律，施加在液体自由面上的应力所做的功最终转变为热。

4.11-2　用能量方法推导二维表面张力-重力简谐驻波的衰减规律，证明施加在水的自由面上的应力为

$$\sigma_{yx}\mid_{y=h}=2\eta k^2ca\sin kx\cos\omega t,\quad \sigma_{yy}\mid_{y=h}=-2\eta k^2ca\cos kx\coth kh\cos\omega t-p_0$$

施加在液体自由面单位面积上的应力所做的功为

$$(v_x\sigma_{yx}+v_y\sigma_{yy})\mid_{y=h}=2\eta k^3c^2a^2\coth kh\ \cos^2\omega t+p_0kca\cos kx\cos\omega t$$

在一个周期内的时间平均值为

$$\overline{(v_x\sigma_{yx}+v_y\sigma_{yy})\mid_{y=h}}=\eta k^3c^2a^2\coth kh$$

证明施加在整个液体自由面上的应力所做的总功的时间平均值等于总能量耗散的时间平均值的负值，即

$$\begin{aligned}\overline{\frac{\mathrm{d}A(\Delta z=1)}{\mathrm{d}t}}&=\overline{(v_x\sigma_{yx}+v_y\sigma_{yy})\mid_{y=h}}L=\eta k^3c^2a^2L\coth kh\\&=\eta\left(g+\frac{\sigma k^2}{\rho}\right)k^2a^2L=-\overline{\dot{E}}_{\mathrm{dis}}(\Delta z=1)\end{aligned}$$

根据能量守恒定律，施加在液体自由面上的应力所做的功最终转变为热。

4.11-3　用能量方法推导三维表面张力-重力简谐驻波的衰减规律，证明施加在水的自由面上的应力为

$$\sigma_{yx}\mid_{y=h}=2\eta kk_xca\sin k_xx\cos k_zz\cos\omega t$$

$$\sigma_{yy}\mid_{y=h}=-2\eta k^2ca\cos k_xx\cos k_zz\coth kh\cos\omega t-p_0$$

$$\sigma_{yz}\mid_{y=h}=2\eta kk_zca\cos k_xx\sin k_zz\cos\omega t$$

施加在液体自由面单位面积上的应力所做的功为

$$\begin{aligned}(v_x\sigma_{yx}+v_y\sigma_{yy}+v_z\sigma_{yz})\mid_{y=h}=&2\eta kc^2a^2(k_x^2\cos^2k_zz+k_z^2\cos^2k_xx)\coth kh\cos^2\omega t+\\&p_0kca\cos k_xx\cos k_zz\cos\omega t\end{aligned}$$

在一个周期内的时间平均值为

$$\overline{(v_x\sigma_{yx}+v_y\sigma_{yy})\mid_{y=h}}=\eta kc^2a^2(k_x^2\cos^2k_zz+k_z^2\cos^2k_xx)\coth kh$$

证明施加在整个液体自由面上的应力所做的总功的时间平均值等于总能量耗散的时间平均值的负值，即

$$\begin{aligned}\overline{\frac{\mathrm{d}A}{\mathrm{d}t}}&=\int_0^L\mathrm{d}x\int_0^b\mathrm{d}z\ \overline{(v_x\sigma_{yx}+v_y\sigma_{yy})\mid_{y=h}}=\frac{1}{2}\eta k^3c^2a^2Lb\coth kh\\&=\frac{1}{2}\eta\left(g+\frac{\sigma k^2}{\rho}\right)k^2a^2Lb=-\overline{\dot{E}}_{\mathrm{dis}}\end{aligned}$$

根据能量守恒定律，施加在液体自由面上的应力所做的功最终转变为热。

4.11-4　考虑3.7节水渠里的长重力波，有 $\zeta=a\cos(kx-\omega t)$，$v_x=\dfrac{ga}{c}\cos(kx-\omega t)$，证明

$$\overline{\dot{E}}_{\mathrm{dis}}(\Delta x=1)=-\eta\int_V\overline{\nabla^2v^2}\mathrm{d}V=0$$

说明本节计算波衰减规律的方法对水渠里的长重力波不成立。

4.11-5 考虑 3.7 节里的位于两个固定的水平固体面之间的两个流体分界面的波，证明

$$\dot{\overline{E}}_{\text{dis}}(\Delta x = 1, \Delta z = 1) = -\eta_1 \int_0^{h_1} \mathrm{d}y\, \overline{\nabla^2 v_1^2} - \eta_2 \int_{h_1}^{h_1+h_2} \mathrm{d}y\, \overline{\nabla^2 v_2^2}$$

$$= -2k^3 c^2 a^2 (\eta_1 \coth kh_1 + \eta_2 \coth kh_2)$$

使用习题 3-7-11 的结果

$$\overline{E}(\Delta x = 1, \Delta z = 1) = \frac{1}{2} kc^2 a^2 (\rho_1 \coth kh_1 + \rho_2 \coth kh_2)$$

证明

$$\frac{\dot{\overline{E}}_{\text{dis}}(\Delta x = 1, \Delta z = 1)}{\overline{E}(\Delta x = 1, \Delta z = 1)} = -\frac{4(\eta_1 \coth kh_1 + \eta_2 \coth kh_2)k^2}{\rho_1 \coth kh_1 + \rho_2 \coth kh_2} = -2\gamma$$

$$= \frac{1}{\overline{E}(\Delta x = 1, \Delta z = 1)} \frac{\mathrm{d}\overline{E}(\Delta x = 1, \Delta z = 1)}{\mathrm{d}t}$$

积分结果为

$$\overline{E}(\Delta x = 1, \Delta z = 1) = \frac{1}{2} kc^2 a_0^2 (\rho_1 \coth kh_1 + \rho_2 \coth kh_2) \mathrm{e}^{-2\gamma t}$$

衰减系数为

$$\gamma = \frac{2(\eta_1 \coth kh_1 + \eta_2 \coth kh_2)k^2}{\rho_1 \coth kh_1 + \rho_2 \coth kh_2}$$

第5章

流体的微观描述

前面几章我们详细介绍了流体的宏观描述。由于通常的流体力学问题中所研究的流体和固体都是宏观尺度的，远大于流体分子之间的平均间距，宏观描述是足够的。近年来介观物体在流体中的运动引起了人们极大的兴趣，例如在生物流体中，很多感兴趣的细菌都是介观尺寸的。还有在航天工程中，宇宙飞船在太空中飞行时，周围气体十分稀薄，宇宙飞船的尺寸常常和分子之间的平均间距是同一数量级的。在这种情况下，连续介质近似不再成立，宏观描述失效了，必须要采用微观描述。

5.1 刘维方程及流体力学方程的推导

5.1.1 刘维方程

假设系统是由 N 个相同的分子组成的，系统处于保守外力场中。系统的哈密顿量为

$$H=\sum_{i=1}^{N}\left[\frac{p_i^2}{2m}+\psi(\boldsymbol{r}_i)\right]+\Phi(\boldsymbol{r}_1,\cdots,\boldsymbol{r}_N) \tag{5.1-1}$$

式中，m 为分子的质量，$\boldsymbol{p}_i$ 为分子 i 的动量，$\Phi(\boldsymbol{r}_1,\cdots,\boldsymbol{r}_N)$ 为 N 个分子之间的总相互作用势能，$\psi(\boldsymbol{r}_i)$ 为分子 i 在外场中的势能。如果分子之间只有二体相互作用，N 个分子之间的总相互作用势能为 $\Phi(\boldsymbol{r}_1,\cdots,\boldsymbol{r}_N)=\sum\limits_{1\leqslant i<j\leqslant N}\varphi_{ij}$，这里 $\varphi_{ij}=\varphi_{ij}(\boldsymbol{r}_i-\boldsymbol{r}_j)$ 为分子 i 和 j 之间的相互作用势能。

其哈密顿运动方程为

$$\dot{\boldsymbol{r}}_i=\frac{\partial H}{\partial \boldsymbol{p}_i},\quad \dot{\boldsymbol{p}}_i=-\frac{\partial H}{\partial \boldsymbol{r}_i} \tag{5.1-2}$$

式中，

$$\frac{\partial}{\partial \boldsymbol{r}_i}\equiv \boldsymbol{e}_x\frac{\partial}{\partial x_i}+\boldsymbol{e}_y\frac{\partial}{\partial y_i}+\boldsymbol{e}_z\frac{\partial}{\partial z_i},\quad \frac{\partial}{\partial \boldsymbol{p}_i}\equiv \boldsymbol{e}_x\frac{\partial}{\partial p_{ix}}+\boldsymbol{e}_y\frac{\partial}{\partial p_{iy}}+\boldsymbol{e}_z\frac{\partial}{\partial p_{iz}}$$

$$\dot{\boldsymbol{r}}_i\equiv\frac{\mathrm{d}\boldsymbol{r}_i}{\mathrm{d}t},\quad \dot{\boldsymbol{p}}_i\equiv\frac{\mathrm{d}\boldsymbol{p}_i}{\mathrm{d}t}$$

系统的所有分子的坐标，构成了 $6N$ 维相空间 $\Gamma_{6N}=(\boldsymbol{r}_1,\boldsymbol{p}_1,\cdots,\boldsymbol{r}_N,\boldsymbol{p}_N)$。在任一时刻 t，系统状态在相空间中描述为一个点，称为相点。随着时间的推移，相点在相空间中描绘出一条相轨道。由于组成宏观流体的分子数量极其巨大，相点在相空间中的运动极其复杂紊乱，根本无法确定相轨道方程，只能确定相点出现在相空间中的 N 体概率密度 $w(\boldsymbol{r}_1,\boldsymbol{p}_1,\cdots,\boldsymbol{r}_N,\boldsymbol{p}_N,t)$。现在我们定义该量，设想我们在时间间隔 T 内观察相点的运动，发现相点出现在体积元 $\mathrm{d}\Gamma_{6N}=\mathrm{d}^3r_1\mathrm{d}^3p_1\cdots\mathrm{d}^3r_N\mathrm{d}^3p_N$ 内的时间为 $\mathrm{d}t$。这里 $\mathrm{d}^3p_i\equiv\mathrm{d}p_{ix}\mathrm{d}p_{iy}\mathrm{d}p_{iz}$，$\mathrm{d}^3r_i\equiv\mathrm{d}x_i\mathrm{d}y_i\mathrm{d}z_i$。如果我们让时间间隔 T 足够长，我们发现下列极限存在，即

$$\lim_{T\to\infty}\frac{\mathrm{d}t}{T}=\mathrm{d}W=w(\boldsymbol{r}_1,\boldsymbol{p}_1,\cdots,\boldsymbol{r}_N,\boldsymbol{p}_N,t)\mathrm{d}\Gamma_{6N}\tag{5.1-3}$$

我们把 $\mathrm{d}W$ 解释为相点出现在体积元 $\mathrm{d}\Gamma_{6N}$ 内的概率。

归一化条件为

$$\int\mathrm{d}W=\int w(\boldsymbol{r}_1,\boldsymbol{p}_1,\cdots,\boldsymbol{r}_N,\boldsymbol{p}_N,t)\mathrm{d}\Gamma_{6N}=1\tag{5.1-4}$$

作为一种等效的描述方式，我们可以设想把宏观系统复制 M 个($M\gg1$)，每个复制品都具有相同的哈密顿量和宏观条件，各自独立，但处于不同的微观状态，每个复制品的相点在相空间中的位置各不相同，我们把这些复制品的集合称为系综。设相点出现在体积元 $\mathrm{d}\Gamma_{6N}$ 内的复制品的数目为 $\mathrm{d}M$，那么复制品的相点出现在体积元 $\mathrm{d}\Gamma_{6N}$ 内的概率为

$$\lim_{M\to\infty}\frac{\mathrm{d}M}{M}=\mathrm{d}W=w(\boldsymbol{r}_1,\boldsymbol{p}_1,\cdots,\boldsymbol{r}_N,\boldsymbol{p}_N,t)\mathrm{d}\Gamma_{6N}\tag{5.1-5}$$

因此我们可以把 $w(\boldsymbol{r}_1,\boldsymbol{p}_1,\cdots,\boldsymbol{r}_N,\boldsymbol{p}_N,t)$ 解释成系综概率密度。

使用系综描述，考虑这 M 个相点在 $6N$ 维相空间$(\boldsymbol{r}_1,\boldsymbol{p}_1,\cdots,\boldsymbol{r}_N,\boldsymbol{p}_N)$中的运动，相点运动速度为$(\dot{\boldsymbol{r}}_1,\dot{\boldsymbol{p}}_1,\cdots,\dot{\boldsymbol{r}}_N,\dot{\boldsymbol{p}}_N)$。由于相点既不能产生，亦不能消灭，只能从一个区域运动到另一个区域。在相点运动的过程中，相点总数不变。这类似于流体在三维空间(x,y,z)中运动的情形，此时分子总数不变。既然流体运动遵守连续性方程(质量守恒方程)，那么相点运动也要遵守类似的连续性方程。

现在我们回忆一下在 1.6 节的流体连续性方程的推导。如图 5.1.1 所示，考虑一个固定不动的体积元 $\mathrm{d}x\mathrm{d}y\mathrm{d}z$，沿 y 轴方向，$\mathrm{d}t$ 时间内流进去的净质量为

$$\frac{\mathrm{d}x\mathrm{d}y\mathrm{d}z}{\mathrm{d}y}\mathrm{d}t[(\rho\dot{y})|_y-(\rho\dot{y})|_{y+\mathrm{d}y}]=-\mathrm{d}x\mathrm{d}y\mathrm{d}z\mathrm{d}t\frac{\partial(\rho\dot{y})}{\partial y}$$

所以 $\mathrm{d}t$ 时间内流进体积元的总净质量为

$$-\mathrm{d}x\mathrm{d}y\mathrm{d}z\mathrm{d}t\left[\frac{\partial(\rho\dot{x})}{\partial x}+\frac{\partial(\rho\dot{y})}{\partial y}+\frac{\partial(\rho\dot{z})}{\partial z}\right]=\mathrm{d}x\mathrm{d}y\mathrm{d}z[\rho|_{t+\mathrm{d}t}-\rho|_t]=\mathrm{d}x\mathrm{d}y\mathrm{d}z\mathrm{d}t\frac{\partial\rho}{\partial t}$$

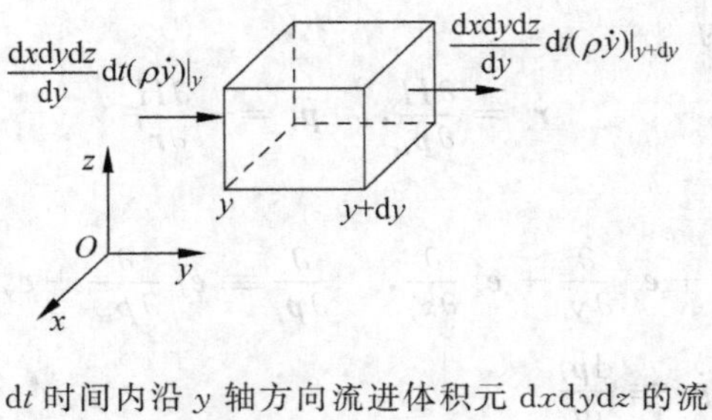

图 5.1.1 $\mathrm{d}t$ 时间内沿 y 轴方向流进体积元 $\mathrm{d}x\mathrm{d}y\mathrm{d}z$ 的流体净质量

化简得质量守恒方程

$$\frac{\partial \rho}{\partial t}=-\left[\frac{\partial(\rho \dot{x})}{\partial x}+\frac{\partial(\rho \dot{y})}{\partial y}+\frac{\partial(\rho \dot{z})}{\partial z}\right]=-\frac{\partial}{\partial \boldsymbol{r}} \cdot(\rho \dot{\boldsymbol{r}})=-\nabla \cdot(\rho \boldsymbol{v})$$

如图 5.1.2 所示，考虑一个固定不动的体积元 $\mathrm{d}\Gamma_{6N}$，沿 y_i 轴方向，$\mathrm{d}t$ 时间内流进去的净相点数为

$$\frac{\mathrm{d}\Gamma_{6N}}{\mathrm{d}y_i}\mathrm{d}t\left[(Mw\,\dot{y}_i)\big|_{y_i}-(Mw\,\dot{y}_i)\big|_{y_i+\mathrm{d}y_i}\right]=-\mathrm{d}\Gamma_{6N}\mathrm{d}t\,\frac{\partial(Mw\,\dot{y}_i)}{\partial y_i}$$

如图 5.1.3 所示，沿 p_{iy} 轴方向，$\mathrm{d}t$ 时间内流进体积元 $\mathrm{d}\Gamma_{6N}$ 的净相点数为

$$\frac{\mathrm{d}\Gamma_{6N}}{\mathrm{d}p_{iy}}\mathrm{d}t\left[(Mw\,\dot{p}_{iy})\big|_{p_{iy}}-(Mw\,\dot{p}_{iy})\big|_{p_{iy}+\mathrm{d}p_{iy}}\right]=-\mathrm{d}\Gamma_{6N}\mathrm{d}t\,\frac{\partial(Mw\,\dot{p}_{iy})}{\partial p_{iy}}$$

所以 $\mathrm{d}t$ 时间内流进体积元 $\mathrm{d}\Gamma_{6N}$ 的总净相点数为

$$\begin{aligned}&-\mathrm{d}\Gamma_{6N}\mathrm{d}t\sum_{i=1}^{N}\left[\frac{\partial}{\partial \boldsymbol{r}_i}\cdot(Mw\,\dot{\boldsymbol{r}}_i)+\frac{\partial}{\partial \boldsymbol{p}_i}\cdot(Mw\,\dot{\boldsymbol{p}}_i)\right]\\&=\mathrm{d}\Gamma_{6N}\left[(Mw)\big|_{t+\mathrm{d}t}-(Mw)\big|_{t}\right]=\mathrm{d}\Gamma_{6N}\mathrm{d}t\,\frac{\partial(Mw)}{\partial t}\end{aligned}$$

由于总相点数 M 是常数，上式化为

$$\frac{\partial w}{\partial t}+\sum_{i=1}^{N}\left[\frac{\partial}{\partial \boldsymbol{r}_i}\cdot(w\,\dot{\boldsymbol{r}}_i)+\frac{\partial}{\partial \boldsymbol{p}_i}\cdot(w\,\dot{\boldsymbol{p}}_i)\right]=0 \tag{5.1-6}$$

把哈密顿运动方程(5.1-2)代入式(5.1-6)，得到相点概率密度满足的刘维方程

$$\frac{\partial w}{\partial t}+\sum_{i=1}^{N}\left(\frac{\partial H}{\partial \boldsymbol{p}_i}\cdot\frac{\partial w}{\partial \boldsymbol{r}_i}-\frac{\partial H}{\partial \boldsymbol{r}_i}\cdot\frac{\partial w}{\partial \boldsymbol{p}_i}\right)=0 \tag{5.1-7}$$

利用式(5.1-1)得

$$\frac{\partial H}{\partial \boldsymbol{p}_i}=\boldsymbol{v}_i,\quad \frac{\partial H}{\partial \boldsymbol{r}_i}=\frac{\partial \psi(\boldsymbol{r}_i)}{\partial \boldsymbol{r}_i}+\frac{\partial \Phi}{\partial \boldsymbol{r}_i}=-\boldsymbol{F}_i^{(\mathrm{ex})}-\boldsymbol{F}_i^{(\mathrm{in})}=-\boldsymbol{F}_i \tag{5.1-8}$$

式中，$\boldsymbol{F}_i^{(\mathrm{ex})}=-\dfrac{\partial \psi(\boldsymbol{r}_i)}{\partial \boldsymbol{r}_i}$ 为分子 i 所受到的外力，$\boldsymbol{F}_i^{(\mathrm{in})}=-\dfrac{\partial \Phi}{\partial \boldsymbol{r}_i}$ 为其余分子对分子 i 所施加的相互作用内力的合力，$\boldsymbol{F}_i^{(\mathrm{ex})}+\boldsymbol{F}_i^{(\mathrm{in})}=\boldsymbol{F}_i$ 为分子 i 所受到的总合力。

把式(5.1-8)代入式(5.1-7)得

$$\frac{\partial w}{\partial t}+\sum_{i=1}^{N}\left(\boldsymbol{v}_i\cdot\frac{\partial w}{\partial \boldsymbol{r}_i}+\boldsymbol{F}_i\cdot\frac{\partial w}{\partial \boldsymbol{p}_i}\right)=0 \tag{5.1-9}$$

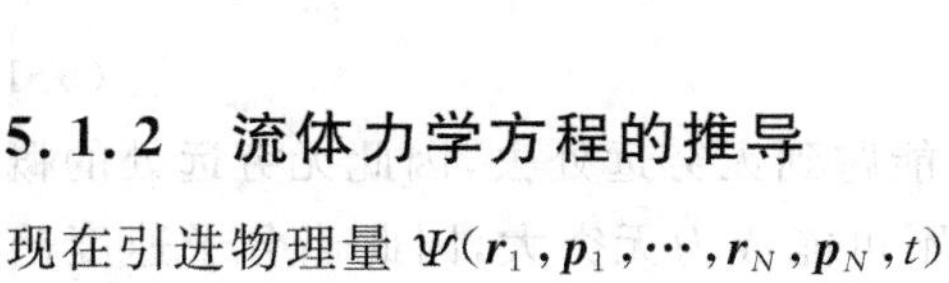

图 5.1.2　$\mathrm{d}t$ 时间内沿 y_i 轴方向流进体积元 $\mathrm{d}\Gamma_{6N}$ 的净相点数

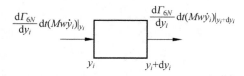

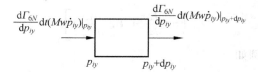

图 5.1.3　$\mathrm{d}t$ 时间内沿 p_{iy} 轴方向流进体积元 $\mathrm{d}\Gamma_{6N}$ 的净相点数

5.1.2　流体力学方程的推导

现在引进物理量 $\Psi(\boldsymbol{r}_1,\boldsymbol{p}_1,\cdots,\boldsymbol{r}_N,\boldsymbol{p}_N,t)$ 的统计平均值

$$\overline{\Psi}(\boldsymbol{r}_1,t)=\frac{\int \mathrm{d}^3 p_1 \mathrm{d}^3 r_2 \mathrm{d}^3 p_2 \cdots \mathrm{d}^3 r_N \mathrm{d}^3 p_N w \Psi(\boldsymbol{r}_1,\boldsymbol{p}_1,\cdots,\boldsymbol{r}_N,\boldsymbol{p}_N,t)}{\int \mathrm{d}^3 p_1 \mathrm{d}^3 r_2 \mathrm{d}^3 p_2 \cdots \mathrm{d}^3 r_N \mathrm{d}^3 p_N w}$$

$$=\frac{\int \mathrm{d}^3 p_1 \mathrm{d}^3 r_2 \mathrm{d}^3 p_2 \cdots \mathrm{d}^3 r_N \mathrm{d}^3 p_N w \Psi}{\int \mathrm{d}^3 p_1 w_1(\boldsymbol{r}_1,\boldsymbol{p}_1,t)}$$

$$=Nm\frac{\int \mathrm{d}^3 p_1 \mathrm{d}^3 r_2 \mathrm{d}^3 p_2 \cdots \mathrm{d}^3 r_N \mathrm{d}^3 p_N w \Psi}{\rho(\boldsymbol{r}_1,t)} \tag{5.1-10}$$

式中,

$$w_1(\boldsymbol{r}_1,\boldsymbol{p}_1,t)=\int \mathrm{d}^3 r_2 \mathrm{d}^3 p_2 \cdots \mathrm{d}^3 r_N \mathrm{d}^3 p_N w(\boldsymbol{r}_1,\boldsymbol{p}_1,\cdots,\boldsymbol{r}_N,\boldsymbol{p}_N,t) \tag{5.1-11}$$

$$\rho(\boldsymbol{r}_1,t)=Nm\int \mathrm{d}^3 p_1 w_1(\boldsymbol{r}_1,\boldsymbol{p}_1,t)$$

这里 $w_1(\boldsymbol{r}_1,\boldsymbol{p}_1,t)$ 为一体概率密度,满足归一化条件

$$\int \mathrm{d}^3 r_1 \mathrm{d}^3 p_1 w_1(\boldsymbol{r}_1,\boldsymbol{p}_1,t)=1 \tag{5.1-12}$$

把 Ψ 取为刘维方程(5.1-9)的左边乘以 $\zeta(\boldsymbol{r}_1,\boldsymbol{p}_1,\cdots,\boldsymbol{r}_N,\boldsymbol{p}_N)$,并计算其统计平均值,得

$$\int \mathrm{d}^3 p_1 \mathrm{d}^3 r_2 \mathrm{d}^3 p_2 \cdots \mathrm{d}^3 r_N \mathrm{d}^3 p_N \zeta\left[\frac{\partial w}{\partial t}+\sum_{i=1}^{N}\left(\boldsymbol{v}_i\cdot\frac{\partial w}{\partial \boldsymbol{r}_i}+\boldsymbol{F}_i\cdot\frac{\partial w}{\partial \boldsymbol{p}_i}\right)\right]=0 \tag{5.1-13}$$

1. 连续性方程的推导

取 $\zeta=1$,式(5.1-13)化为

$$\frac{1}{Nm}\frac{\partial\rho(\boldsymbol{r}_1,t)}{\partial t}+\int \mathrm{d}^3 p_1 \mathrm{d}^3 r_2 \mathrm{d}^3 p_2 \cdots \mathrm{d}^3 r_N \mathrm{d}^3 p_N\left(\boldsymbol{v}_1\cdot\frac{\partial w}{\partial \boldsymbol{r}_1}+\boldsymbol{F}_1\cdot\frac{\partial w}{\partial \boldsymbol{p}_1}\right)+$$

$$\int \mathrm{d}^3 p_1 \mathrm{d}^3 r_2 \mathrm{d}^3 p_2 \cdots \mathrm{d}^3 r_N \mathrm{d}^3 p_N \sum_{i=2}^{N}\left(\boldsymbol{v}_i\cdot\frac{\partial w}{\partial \boldsymbol{r}_i}+\boldsymbol{F}_i\cdot\frac{\partial w}{\partial \boldsymbol{p}_i}\right)=0 \tag{5.1-14}$$

考虑式(5.1-14)左边中第三项中的一积分

$$\int \mathrm{d}^3 r_i \mathrm{d}^3 p_i\left(\boldsymbol{v}_i\cdot\frac{\partial w}{\partial \boldsymbol{r}_i}+\boldsymbol{F}_i\cdot\frac{\partial w}{\partial \boldsymbol{p}_i}\right)$$

$$=\int \mathrm{d}x_i \mathrm{d}y_i \mathrm{d}z_i \mathrm{d}p_{ix} \mathrm{d}p_{iy} \mathrm{d}p_{iz}\left[\left(v_{ix}\frac{\partial w}{\partial x_i}+F_{ix}\frac{\partial w}{\partial p_{ix}}\right)+\left(v_{iy}\frac{\partial w}{\partial y_i}+F_{iy}\frac{\partial w}{\partial p_{iy}}\right)+\left(v_{iz}\frac{\partial w}{\partial z_i}+F_{iz}\frac{\partial w}{\partial p_{iz}}\right)\right]$$

例如

$$\int \mathrm{d}x_i \mathrm{d}y_i \mathrm{d}z_i \mathrm{d}p_{ix} \mathrm{d}p_{iy} \mathrm{d}p_{iz}\left(v_{ix}\frac{\partial w}{\partial x_i}+F_{ix}\frac{\partial w}{\partial p_{ix}}\right)$$

$$=\int \mathrm{d}y_i \mathrm{d}z_i \mathrm{d}p_{ix} \mathrm{d}p_{iy} \mathrm{d}p_{iz} v_{ix}\left(w\Big|_{x_i=-\infty}^{x_i=\infty}\right)+\int \mathrm{d}x_i \mathrm{d}y_i \mathrm{d}z_i \mathrm{d}p_{iy} \mathrm{d}p_{iz} F_{ix}\left(w\Big|_{p_{ix}=-\infty}^{p_{ix}=\infty}\right)=0 \tag{5.1-15}$$

式中我们已经利用以下事实:①由于分子不可能跑到无穷远处去,因此无穷远处的概率密度为零,即 $w(x_i=\pm\infty)=0$;②由于分子速度不可能成为无穷大,因此当分子速度趋于无

穷大时，概率密度趋于零，即 $w(p_{ix}=\pm\infty)=0$。

由式(5.1-15)得

$$\int d^3p_1 d^3r_2 d^3p_2 \cdots d^3r_N d^3p_N \sum_{i=2}^{N}\left(\boldsymbol{v}_i \cdot \frac{\partial w}{\partial \boldsymbol{r}_i}+\boldsymbol{F}_i \cdot \frac{\partial w}{\partial \boldsymbol{p}_i}\right)=0 \tag{5.1-16}$$

同理，式(5.1-14)左边中的第二项可以化为

$$\begin{aligned}&\int d^3p_1 d^3r_2 d^3p_2 \cdots d^3r_N d^3p_N\left(\boldsymbol{v}_1 \cdot \frac{\partial w}{\partial \boldsymbol{r}_1}+\boldsymbol{F}_1 \cdot \frac{\partial w}{\partial \boldsymbol{p}_1}\right)\\ &=\int d^3p_1 \boldsymbol{v}_1 \cdot \frac{\partial w_1(\boldsymbol{r}_1,\boldsymbol{p}_1,t)}{\partial \boldsymbol{r}_1}=\frac{\partial}{\partial \boldsymbol{r}_1}\cdot\int d^3p_1 \boldsymbol{v}_1 w_1(\boldsymbol{r}_1,\boldsymbol{p}_1,t)=\frac{1}{Nm}\frac{\partial}{\partial \boldsymbol{r}_1}\cdot(\rho\,\bar{\boldsymbol{v}}_1)\end{aligned} \tag{5.1-17}$$

式中 $\bar{\boldsymbol{v}}_1$ 为流体速度，定义为

$$\bar{\boldsymbol{v}}_1=\frac{\int d^3p_1 \boldsymbol{v}_1 w_1(\boldsymbol{r}_1,\boldsymbol{p}_1,t)}{\int d^3p_1 w_1(\boldsymbol{r}_1,\boldsymbol{p}_1,t)}=\frac{Nm\int d^3p_1 \boldsymbol{v}_1 w_1(\boldsymbol{r}_1,\boldsymbol{p}_1,t)}{\rho(\boldsymbol{r}_1,t)} \tag{5.1-18}$$

把式(5.1-16)和式(5.1-17)代入式(5.1-14)，得到连续性方程

$$\frac{\partial \rho}{\partial t}=-\frac{\partial}{\partial \boldsymbol{r}_1}\cdot(\rho\,\bar{\boldsymbol{v}}_1) \tag{5.1-19}$$

2. 流体的动量平衡方程的推导

取 $\zeta=v_{1y}$，式(5.1-13)化为

$$\begin{aligned}&\frac{1}{Nm}\frac{\partial(\rho\bar{v}_{1y})}{\partial t}+\int d^3p_1 d^3r_2 d^3p_2 \cdots d^3r_N d^3p_N v_{1y}\left(\boldsymbol{v}_1 \cdot \frac{\partial w}{\partial \boldsymbol{r}_1}+\boldsymbol{F}_1 \cdot \frac{\partial w}{\partial \boldsymbol{p}_1}\right)=0\\ &=\frac{1}{Nm}\frac{\partial(\rho\bar{v}_{1y})}{\partial t}+\int d^3p_1 d^3r_2 d^3p_2 \cdots d^3r_N d^3p_N v_{1y}\left(\boldsymbol{v}_1 \cdot \frac{\partial w}{\partial \boldsymbol{r}_1}+F_{1y}\frac{\partial w}{\partial p_{1y}}\right)\\ &=\frac{1}{Nm}\frac{\partial(\rho\bar{v}_{1y})}{\partial t}+\frac{1}{Nm}\frac{\partial}{\partial \boldsymbol{r}_1}\cdot(\rho\overline{v_{1y}\boldsymbol{v}_1})-\frac{1}{Nm^2}\rho\bar{F}_{1y}\end{aligned} \tag{5.1-20}$$

把连续性方程 $\frac{\partial \rho}{\partial t}=-\frac{\partial}{\partial \boldsymbol{r}_1}\cdot(\rho\,\bar{\boldsymbol{v}}_1)$ 代入式(5.1-20)，得动量平衡方程

$$\frac{d\bar{v}_{1y}}{dt}=\frac{\partial \bar{v}_{1y}}{\partial t}+\left(\bar{\boldsymbol{v}}_1 \cdot \frac{\partial}{\partial \boldsymbol{r}_1}\right)\bar{v}_y=\frac{1}{\rho}\frac{\partial}{\partial \boldsymbol{r}_1}\cdot[\rho(\bar{v}_{1y}\,\bar{\boldsymbol{v}}_1-\overline{v_{1y}\boldsymbol{v}_1})]+\frac{1}{m}(F_{1y}^{(ex)}+\overline{F_{1y}^{(in)}}) \tag{5.1-21}$$

令 $\boldsymbol{v}_1=\boldsymbol{u}_1+\boldsymbol{\xi}_1$，这里 $\boldsymbol{u}_1=\bar{\boldsymbol{v}}_1$ 为流体速度，$\boldsymbol{\xi}_1$ 为分子 1 的随机速度(作热运动的速度)。式(5.1-21)化为

$$\frac{du_{1y}}{dt}=\frac{\partial u_{1y}}{\partial t}+\left(\boldsymbol{u}_1 \cdot \frac{\partial}{\partial \boldsymbol{r}_1}\right)u_{1y}=-\frac{1}{\rho}\frac{\partial}{\partial \boldsymbol{r}_1}\cdot(\rho\overline{\xi_{1y}\boldsymbol{\xi}_1})+\frac{1}{m}(F_{1y}^{(ex)}+\overline{F_{1y}^{(in)}}) \tag{5.1-22}$$

为了看出式(5.1-22)的物理意义，把式子两边乘以位于 $\boldsymbol{r}_1$ 处的流体微元的质量 ρdV，那么左边表示流体微元的质量 ρdV 乘以其加速度分量 $\frac{du_{1y}}{dt}$。右边第一项表示由于分子热运动引起的动量交换导致周围流体对微元施加的沿 y 轴方向的表面力，其应力张量为 $\sigma_{yj}=-\rho\overline{\xi_{1y}\xi_{1j}}$；右边第二项表示作用在流体微元上的外力为 $\frac{F_{1y}^{(ex)}}{m}\rho dV$；右边第三项表示由于分子

之间的相互作用引起的动量交换导致周围流体对微元施加的平均力为$\frac{\overline{F_{1y}^{(\text{in})}}}{m}\rho\mathrm{d}V$（此力可以表示为表面力，其黏性应力张量见文献[8]）。所以式(5.1-22)是使用流体微观描述得到的流体微元的牛顿第二定律表达式。

从上面我们看到，应力张量来自热运动和分子相互作用内力。

我们应该指出，由于刘维方程是一个普遍的方程，从它不可能推导出来纳维-斯托克斯方程，需要进一步引进一些近似才能得到，推导细节已经超出了本书范围，有兴趣的读者可参考文献[8]。

3. 流体的能量平衡方程的推导

(1) 动能平衡方程

取 $\zeta=\frac{p_1^2}{2m}$，式(5.1-13)化为

$$\int \mathrm{d}^3 p_1 \mathrm{d}^3 r_2 \mathrm{d}^3 p_2 \cdots \mathrm{d}^3 r_N \mathrm{d}^3 p_N \frac{p_1^2}{2m}\left(\frac{\partial w}{\partial t}+\boldsymbol{v}_1\cdot\frac{\partial w}{\partial \boldsymbol{r}_1}+\boldsymbol{F}_1\cdot\frac{\partial w}{\partial \boldsymbol{p}_1}\right)$$

$$=\frac{1}{Nm}\frac{\partial\left(\rho\overline{\frac{p_1^2}{2m}}\right)}{\partial t}+\frac{1}{Nm}\frac{\partial}{\partial \boldsymbol{r}_1}\cdot\left(\rho\overline{\frac{p_1^2\boldsymbol{v}_1}{2m}}\right)-\frac{1}{Nm}\rho\overline{\boldsymbol{F}_1\cdot\boldsymbol{v}_1}$$

把上式化简，得动能平衡方程

$$\frac{\partial\left(\rho\overline{\frac{mv_1^2}{2}}\right)}{\partial t}+\frac{\partial}{\partial \boldsymbol{r}_1}\cdot\left(\rho\overline{\frac{mv_1^2\boldsymbol{v}_1}{2}}\right)-\rho\overline{\boldsymbol{F}_1\cdot\boldsymbol{v}_1}=0 \tag{5.1-23}$$

令 $\boldsymbol{v}_1=\boldsymbol{u}_1+\boldsymbol{\xi}_1$，代入式(5.1-23)得

$$\frac{\partial\left[\rho\frac{m}{2}(u_1^2+\overline{\xi_1^2})\right]}{\partial t}+\frac{\partial}{\partial \boldsymbol{r}_1}\cdot\left\{\rho\frac{m}{2}\left[(u_1^2+\overline{\xi_1^2})\boldsymbol{u}_1+2\overline{(\boldsymbol{u}_1\cdot\boldsymbol{\xi}_1)\boldsymbol{\xi}_1}+\overline{\xi_1^2\boldsymbol{\xi}_1}\right]\right\}-$$
$$\rho\overline{\boldsymbol{F}}_1\cdot\boldsymbol{u}_1-\rho\overline{\boldsymbol{F}_1\cdot\boldsymbol{\xi}_1}=0 \tag{5.1-24}$$

(2) 外部势能平衡方程

取 $\zeta=\psi(\boldsymbol{r}_1)$，式(5.1-13)化为

$$\int \mathrm{d}^3 p_1 \mathrm{d}^3 r_2 \mathrm{d}^3 p_2 \cdots \mathrm{d}^3 r_N \mathrm{d}^3 p_N \psi(\boldsymbol{r}_1)\left(\frac{\partial w}{\partial t}+\boldsymbol{v}_1\cdot\frac{\partial w}{\partial \boldsymbol{r}_1}\right)=0$$

$$=\frac{1}{Nm}\frac{\partial}{\partial t}[\rho\psi(\boldsymbol{r}_1)]+\frac{1}{Nm}\frac{\partial}{\partial \boldsymbol{r}_1}\cdot[\rho\psi(\boldsymbol{r}_1)\,\overline{\boldsymbol{v}}_1]+\frac{1}{Nm}\rho\boldsymbol{F}_1^{(\text{ex})}\cdot\overline{\boldsymbol{v}}_1$$

把上式化简，得外部势能平衡方程

$$\frac{\partial}{\partial t}[\rho\psi(\boldsymbol{r}_1)]+\frac{\partial}{\partial \boldsymbol{r}_1}\cdot[\rho\psi(\boldsymbol{r}_1)\boldsymbol{u}_1]+\rho\boldsymbol{F}_1^{(\text{ex})}\cdot\boldsymbol{u}_1=0 \tag{5.1-25}$$

(3) 内部势能平衡方程

取 $\xi=\Phi(\boldsymbol{r}_1,\cdots,\boldsymbol{r}_N)$，式(5.1-13)化为

$$\frac{1}{Nm}\frac{\partial(\rho\Phi)}{\partial t}+\int \mathrm{d}^3 p_1 \mathrm{d}^3 r_2 \mathrm{d}^3 p_2 \cdots \mathrm{d}^3 r_N \mathrm{d}^3 p_N \sum_{i=1}^{N}\Phi\boldsymbol{v}_i\cdot\frac{\partial w}{\partial \boldsymbol{r}_i}=0$$

$$=\frac{1}{Nm}\frac{\partial(\rho\overline{\Phi})}{\partial t}+\sum_{i=1}^{N}\int \mathrm{d}^3 p_1 \mathrm{d}^3 r_2 \mathrm{d}^3 p_2 \cdots \mathrm{d}^3 r_N \mathrm{d}^3 p_N \boldsymbol{v}_i\cdot\left[\frac{\partial(w\Phi)}{\partial \boldsymbol{r}_i}-w\frac{\partial \Phi}{\partial \boldsymbol{r}_i}\right]$$

$$= \frac{1}{Nm}\frac{\partial(\rho\bar{\Phi})}{\partial t} + \frac{1}{Nm}\frac{\partial}{\partial \boldsymbol{r}_1}\cdot(\rho\overline{\Phi \boldsymbol{v}_1}) + \frac{\rho}{Nm}\sum_{i=1}^{N}\overline{\boldsymbol{F}_i^{(\text{in})}\cdot\boldsymbol{v}_i}$$

化简得内部势能平衡方程

$$\frac{\partial(\rho\bar{\Phi})}{\partial t} + \frac{\partial}{\partial \boldsymbol{r}_1}\cdot(\rho\overline{\Phi \boldsymbol{v}_1}) + \rho\sum_{i=1}^{N}\overline{\boldsymbol{F}_i^{(\text{in})}\cdot\boldsymbol{v}_i} = 0 \tag{5.1-26}$$

(4) 能量平衡方程

取 $\zeta = \sum_{i=1}^{N}\left[\frac{p_i^2}{2m} + \psi(\boldsymbol{r}_i)\right]$，式(5.1-13)化为

$$\sum_{i=1}^{N}\int \mathrm{d}^3 p_1 \mathrm{d}^3 r_2 \mathrm{d}^3 p_2 \cdots \mathrm{d}^3 r_N \mathrm{d}^3 p_N \left[\frac{p_i^2}{2m} + \psi(\boldsymbol{r}_i)\right]\left(\frac{\partial w}{\partial t} + \boldsymbol{v}_1\cdot\frac{\partial w}{\partial \boldsymbol{r}_1} + \boldsymbol{F}_i\cdot\frac{\partial w}{\partial \boldsymbol{p}_i}\right)$$

$$= \frac{1}{Nm}\frac{\partial\left[\rho\overline{\sum_{i=1}^{N}\left(\frac{p_i^2}{2m} + \psi(\boldsymbol{r}_i)\right)}\right]}{\partial t} + \frac{1}{Nm}\frac{\partial}{\partial \boldsymbol{r}_1}\cdot\left\{\rho\overline{\boldsymbol{v}_1\sum_{i=1}^{N}\left[\frac{p_i^2}{2m} + \psi(\boldsymbol{r}_i)\right]}\right\} -$$

$$\frac{1}{Nm}\rho\overline{\sum_{i=1}^{N}[\boldsymbol{F}_i - \boldsymbol{F}_i^{(\text{ex})}]\cdot\boldsymbol{v}_i}$$

化简得

$$\frac{\partial\left\{\rho\overline{\sum_{i=1}^{N}\left[\frac{p_i^2}{2m} + \psi(\boldsymbol{r}_i)\right]}\right\}}{\partial t} + \frac{\partial}{\partial \boldsymbol{r}_1}\cdot\left\{\rho\overline{\boldsymbol{v}_1\sum_{i=1}^{N}\left[\frac{p_i^2}{2m} + \psi(\boldsymbol{r}_i)\right]}\right\} - \rho\overline{\sum_{i=1}^{N}[\boldsymbol{F}_i - \boldsymbol{F}_i^{(\text{ex})}]\cdot\boldsymbol{v}_i} = 0 \tag{5.1-27}$$

把式(5.1-27)与式(5.1-26)相加，得能量平衡方程

$$\frac{\partial(\rho\overline{H})}{\partial t} + \frac{\partial}{\partial \boldsymbol{r}_1}\cdot(\rho\overline{H\boldsymbol{v}_1}) = 0 \tag{5.1-28}$$

习题

5-1-1 理想气体的分子之间没有相互作用，证明应力张量为

$$\sigma_{ij} = -\rho\overline{\xi_i\xi_j}$$

假设一体概率密度为

$$w_1(\boldsymbol{r},\boldsymbol{p},t) = \frac{f^{(0)}(\boldsymbol{r},\boldsymbol{v},t)}{Nm^3} = \frac{n(\boldsymbol{r},t)}{Nm^3}\left[\frac{m}{2\pi kT(\boldsymbol{r},t)}\right]^{3/2}\exp\left\{-\frac{m}{2kT(\boldsymbol{r},t)}\xi^2\right\}$$

式中，k 为玻尔兹曼常数，m 为分子质量，$n(\boldsymbol{r},t)$ 为局域分子数密度，$T(\boldsymbol{r},t)$ 为局域温度。$f^{(0)}(\boldsymbol{r},\boldsymbol{v},t)$ 称为局域麦克斯韦速度分布函数。证明应力张量为

$$\sigma_{ij} = -\rho\overline{\xi_i\xi_j} = -\rho\delta_{ij}\overline{\xi_x^2} = -\rho\delta_{ij}\frac{kT}{m} = -p\delta_{ij}$$

式中，$p = \rho\frac{kT}{m}$ 为理想气体的局域压强公式。

5-1-2 如果分子之间只有二体相互作用，分子之间的总相互作用势能为 $\Phi(\boldsymbol{r}_1,\cdots,\boldsymbol{r}_N) = \sum_{1\leqslant i<j\leqslant N}\varphi_{ij}$，这里 $\varphi_{ij} = \varphi_{ij}(\boldsymbol{r}_i - \boldsymbol{r}_j)$ 为分子 i 和 j 之间的相互作用势能，证明

$$\overline{\boldsymbol{F}}_1^{(\text{in})}=-\frac{\displaystyle\int \mathrm{d}^3 p_1 \mathrm{d}^3 r_2 \mathrm{d}^3 p_2 \cdots \mathrm{d}^3 r_N \mathrm{d}^3 p_N w \frac{\partial\left(\sum_{j=2}^{N} \varphi_{1j}\right)}{\partial \boldsymbol{r}_1}}{\displaystyle\int \mathrm{d}^3 p_1 \mathrm{d}^3 r_2 \mathrm{d}^3 p_2 \cdots \mathrm{d}^3 r_N \mathrm{d}^3 p_N w}$$

$$=-\frac{(N-1)\displaystyle\int \mathrm{d}^3 p_1 \mathrm{d}^3 r_2 \mathrm{d}^3 p_2 \cdots \mathrm{d}^3 r_N \mathrm{d}^3 p_N w \frac{\partial \varphi_{12}}{\partial \boldsymbol{r}_1}}{\displaystyle\int \mathrm{d}^3 p_1 \mathrm{d}^3 r_2 \mathrm{d}^3 p_2 \cdots \mathrm{d}^3 r_N \mathrm{d}^3 p_N w}$$

$$=-\frac{(N-1)\displaystyle\int \mathrm{d}^3 p_1 \mathrm{d}^3 r_2 \mathrm{d}^3 p_2 \frac{\partial \varphi_{12}}{\partial \boldsymbol{r}_1} w_2(\boldsymbol{r}_1,\boldsymbol{p}_1,\boldsymbol{r}_2,\boldsymbol{p}_2,t)}{\displaystyle\int \mathrm{d}^3 p_1 w_1(\boldsymbol{r}_1,\boldsymbol{p}_1,t)}$$

$$=(N-1)\,\overline{\boldsymbol{F}_{12}^{(\text{in})}}$$

式中，$\boldsymbol{F}_{12}^{(\text{in})}=-\frac{\partial \varphi_{12}}{\partial \boldsymbol{r}_1}$为分子 2 对分子 1 施加的力，其统计平均值为

$$\overline{\boldsymbol{F}_{12}^{(\text{in})}}=-\frac{\displaystyle\int \mathrm{d}^3 p_1 \mathrm{d}^3 r_2 \mathrm{d}^3 p_2 \frac{\partial \varphi_{12}}{\partial \boldsymbol{r}_1} w_2(\boldsymbol{r}_1,\boldsymbol{p}_1,\boldsymbol{r}_2,\boldsymbol{p}_2,t)}{\displaystyle\int \mathrm{d}^3 p_1 w_1(\boldsymbol{r}_1,\boldsymbol{p}_1,t)}$$

w_2 为二体概率密度

$$w_2(\boldsymbol{r}_1,\boldsymbol{p}_1,\boldsymbol{r}_2,\boldsymbol{p}_2,t)\equiv\int \mathrm{d}^3 r_3 \mathrm{d}^3 p_3 \cdots \mathrm{d}^3 r_N \mathrm{d}^3 p_N w(\boldsymbol{r}_1,\boldsymbol{p}_1,\cdots,\boldsymbol{r}_N,\boldsymbol{p}_N,t)$$

5-1-3 如果分子之间存在 n 体相互作用，即 $\Phi(\boldsymbol{r}_1,\cdots,\boldsymbol{r}_N)=\sum \varphi_n(\boldsymbol{r}_i,\cdots,\boldsymbol{r}_j)$，$\varphi_n(\boldsymbol{r}_i,\cdots,\boldsymbol{r}_j)$ 表示 n 个分子 $i,\cdots,j$ 之间的相互作用势能，证明

$$\overline{\boldsymbol{F}_1^{(\text{in})}}=-\frac{\displaystyle\int \mathrm{d}^3 p_1 \mathrm{d}^3 r_2 \mathrm{d}^3 p_2 \cdots \mathrm{d}^3 r_N \mathrm{d}^3 p_N w \frac{\partial \sum \varphi_n(\boldsymbol{r}_i,\cdots,\boldsymbol{r}_j)}{\partial \boldsymbol{r}_1}}{\displaystyle\int \mathrm{d}^3 p_1 \mathrm{d}^3 r_2 \mathrm{d}^3 p_2 \cdots \mathrm{d}^3 r_N \mathrm{d}^3 p_N w}$$

$$=-\frac{\mathrm{C}_{N-1}^{n-1}\displaystyle\int \mathrm{d}^3 p_1 \mathrm{d}^3 r_2 \mathrm{d}^3 p_2 \cdots \mathrm{d}^3 r_n \mathrm{d}^3 p_n w \frac{\partial \varphi_n(\boldsymbol{r}_1,\cdots,\boldsymbol{r}_n)}{\partial \boldsymbol{r}_1}}{\displaystyle\int \mathrm{d}^3 p_1 w_1(\boldsymbol{r}_1,\boldsymbol{p}_1,t)}$$

式中 n 体概率密度定义为

$$w_n(\boldsymbol{r}_1,\boldsymbol{p}_1,\cdots,\boldsymbol{r}_n,\boldsymbol{p}_n,t)$$

$$\equiv\int \mathrm{d}^3 r_{n+1} \mathrm{d}^3 p_{n+1} \mathrm{d}^3 r_{n+2} \mathrm{d}^3 p_{n+2} \cdots \mathrm{d}^3 r_N \mathrm{d}^3 p_N w(\boldsymbol{r}_1,\boldsymbol{p}_1,\cdots,\boldsymbol{r}_n,\boldsymbol{p}_n,\cdots,\boldsymbol{r}_N,\boldsymbol{p}_N,t)$$

5-1-4 如果分子之间只有二体相互作用，分子之间的总相互作用势能为 $\Phi(\boldsymbol{r}_1,\cdots,\boldsymbol{r}_N)=\sum_{1\leqslant i<j\leqslant N}\varphi_{ij}$，取 $\zeta=\varphi_{12}$，证明式(5.1-13)化为

$$\frac{\partial(\rho\overline{\varphi_{12}})}{\partial t}+\frac{\partial}{\partial \boldsymbol{r}_1}\cdot(\rho\varphi_{12}\boldsymbol{v}_1)+\rho\overline{\boldsymbol{F}_{12}^{(\text{in})}}\cdot(\boldsymbol{v}_1-\boldsymbol{v}_2)=0$$

5.2　玻尔兹曼积分微分方程

流体分子之间的相互作用以二体相互作用为主。从5.1节我们知道，如果分子之间只有二体相互作用，需要知道二体概率密度才能获得流体的宏观方程。但是从刘维方程不可能获得二体概率密度，需要作一些近似才能得到。本节我们来推导最简单的流体——经典稀薄刚球气体的一体分布函数所满足的方程。

考虑温度足够高的稀薄气体，量子效应可以忽略不计，分子之间的相互作用为短程作用，为简单起见，简化为刚球模型，即两个分子没有接触时没有相互作用，其势能为零，接触时没有变形，其势能为正无穷大。由于分子的随机碰撞，每个分子的速度不断改变，不能确定某一时刻各个分子的速度，但可以确定在某一空间区域内和某一速度区间内分子出现的概率。设分子同时出现在空间间隔 $\boldsymbol{r}\sim\boldsymbol{r}+\mathrm{d}\boldsymbol{r}$ 和速度间隔 $\boldsymbol{v}\sim\boldsymbol{v}+\mathrm{d}\boldsymbol{v}$ 内的概率为 $\frac{1}{N}f(\boldsymbol{r},\boldsymbol{v},t)\mathrm{d}^3r\mathrm{d}^3v$，分子数为 $f(\boldsymbol{r},\boldsymbol{v},t)\mathrm{d}^3r\mathrm{d}^3v$，这里 $f(\boldsymbol{r},\boldsymbol{v},t)$ 为分布函数，N 为分子数，$\mathrm{d}^3r\mathrm{d}^3v=\mathrm{d}x\mathrm{d}y\mathrm{d}z\mathrm{d}v_x\mathrm{d}v_y\mathrm{d}v_z$ 为体积元。归一化条件为

$$\frac{1}{N}\int f(\boldsymbol{r},\boldsymbol{v},t)\mathrm{d}^3r\mathrm{d}^3v=1 \tag{5.2-1}$$

与一体概率密度 $w_1(\boldsymbol{r}_1,\boldsymbol{p}_1,t)$ 的关系为

$$f(\boldsymbol{r},\boldsymbol{v},t)=Nm^3w_1(\boldsymbol{r},\boldsymbol{p},t) \tag{5.2-2}$$

分子数密度为

$$n(\boldsymbol{r},t)=\int f(\boldsymbol{r},\boldsymbol{v},t)\mathrm{d}^3v \tag{5.2-3}$$

流体的速度为

$$\boldsymbol{u}(\boldsymbol{r},t)=\frac{\int\boldsymbol{v}f(\boldsymbol{r},\boldsymbol{v},t)\mathrm{d}^3v}{\int f(\boldsymbol{r},\boldsymbol{v},t)\mathrm{d}^3v}=\frac{1}{n(\boldsymbol{r},t)}\int\boldsymbol{v}f(\boldsymbol{r},\boldsymbol{v},t)\mathrm{d}^3v \tag{5.2-4}$$

在时间间隔 $t\sim t+\mathrm{d}t$ 内，体积元 $\mathrm{d}^3r\mathrm{d}^3v$ 内的分子数的增量为

$$\mathrm{d}N=[f(\boldsymbol{r},\boldsymbol{v},t+\mathrm{d}t)-f(\boldsymbol{r},\boldsymbol{v},t)]\mathrm{d}^3r\mathrm{d}^3v=\frac{\partial f(\boldsymbol{r},\boldsymbol{v},t)}{\partial t}\mathrm{d}t\mathrm{d}^3r\mathrm{d}^3v \tag{5.2-5}$$

分子数的增加来自两个贡献：一是分子运动的贡献 $\left(\frac{\partial f}{\partial t}\right)_{\mathrm{m}}$，二是分子之间碰撞的贡献 $\left(\frac{\partial f}{\partial t}\right)_{\mathrm{c}}$，即

$$\frac{\partial f}{\partial t}=\left(\frac{\partial f}{\partial t}\right)_{\mathrm{m}}+\left(\frac{\partial f}{\partial t}\right)_{\mathrm{c}} \tag{5.2-6}$$

首先考虑分子的运动，类似于三维空间 (x,y,z) 中的质量守恒方程(连续性方程)

$$\frac{\partial\rho}{\partial t}=-\nabla\cdot(\rho\boldsymbol{v})=-\frac{\partial}{\partial\boldsymbol{r}}\cdot(f\dot{\boldsymbol{r}})$$

现在为六维空间 $(\boldsymbol{r},\boldsymbol{v})=(x,y,z,v_x,v_y,v_z)$ 中的连续性方程

$$\left(\frac{\partial f}{\partial t}\right)_{\mathrm{m}}=-\frac{\partial}{\partial \boldsymbol{r}}\cdot(f\dot{\boldsymbol{r}})-\frac{\partial}{\partial \boldsymbol{v}}\cdot(f\dot{\boldsymbol{v}}) \tag{5.2-7}$$

设一个分子的质量为 m，所受的合力为 $\boldsymbol{F}_{\mathrm{ex}}$，根据牛顿第二定律有 $m\dot{\boldsymbol{v}}=\boldsymbol{F}_{\mathrm{ex}}$，所以分子的运动引起的贡献为

$$\left(\frac{\partial f}{\partial t}\right)_{\mathrm{m}}=-\frac{\partial}{\partial \boldsymbol{r}}\cdot(f\boldsymbol{v})-\frac{\partial}{\partial \boldsymbol{v}}\cdot\left(f\frac{\boldsymbol{F}_{\mathrm{ex}}}{m}\right) \tag{5.2-8}$$

接下来考虑分子的碰撞引起的贡献。由于是稀薄气体，仅需要考虑成对碰撞。由于分子简化为刚球，两个分子之间的碰撞为弹性碰撞，碰撞前后系统的动量和动能守恒，即

$$m_1\boldsymbol{v}_1+m_2\boldsymbol{v}_2=m_1\boldsymbol{v}_1'+m_2\boldsymbol{v}_2' \tag{5.2-9}$$

$$\frac{1}{2}m_1v_1^2+\frac{1}{2}m_2v_2^2=\frac{1}{2}m_1v_1'^2+\frac{1}{2}m_2v_2'^2 \tag{5.2-10}$$

上述守恒方程为 4 个，未知数为碰撞后的分子速度，有 6 个分量。需要补充两个条件才能有解。设 $\boldsymbol{n}$ 为碰撞时从刚球 1 的球心到刚球 2 的球心的连线的单位矢量，由两个角确定。所以给定 $\boldsymbol{n}$，就可以获得碰撞后的分子速度。由于碰撞时碰撞力沿两个刚球的球心连线的方向，根据动量定理有

$$m_1(\boldsymbol{v}_1'-\boldsymbol{v}_1)=-m_2(\boldsymbol{v}_2'-\boldsymbol{v}_2)=\int_0^{\tau}\boldsymbol{F}\mathrm{d}t=\alpha\boldsymbol{n} \tag{5.2-11}$$

式中，$\boldsymbol{F}$ 为刚球 1 受到的碰撞力，τ 为碰撞时间，α 为待定常数。把式(5.2-11)代入式(5.2-10)得

$$\begin{aligned}\boldsymbol{v}_1'&=\boldsymbol{v}_1-\frac{2m_2}{m_1+m_2}[(\boldsymbol{v}_1-\boldsymbol{v}_2)\cdot\boldsymbol{n}]\boldsymbol{n}\\ \boldsymbol{v}_2'&=\boldsymbol{v}_2+\frac{2m_1}{m_1+m_2}[(\boldsymbol{v}_1-\boldsymbol{v}_2)\cdot\boldsymbol{n}]\boldsymbol{n}\end{aligned} \tag{5.2-12}$$

如图 5.2.1 所示，以第一个分子的球心为球心，以两个分子的直径 d_1 和 d_2 的平均值 $d_{12}=(d_1+d_2)/2$ 为半径作一个球面，在球面上取一面元 $\mathrm{d}S=d_{12}^2\mathrm{d}\Omega$，这里 $\mathrm{d}\Omega$ 为该面元相对于球心的立体角。以该面元为底，以 $|\boldsymbol{v}_2-\boldsymbol{v}_1|\mathrm{d}t=v_{12}\mathrm{d}t$ 为斜高，作一个斜柱体元。该斜柱体元的正高为 $v_{12}\cos\theta\mathrm{d}t$，所以其体积等于底面积乘以正高，即 $v_{12}\cos\theta\mathrm{d}t\cdot\mathrm{d}S=v_{12}\cos\theta\mathrm{d}t\cdot d_{12}^2\mathrm{d}\Omega$。这里 θ 为 $\boldsymbol{v}_2-\boldsymbol{v}_1$ 与 $\boldsymbol{n}$ 之间的夹角。显然，在该斜柱体元的分子将在 $\mathrm{d}t$ 时间内与第一个分子发生碰撞。

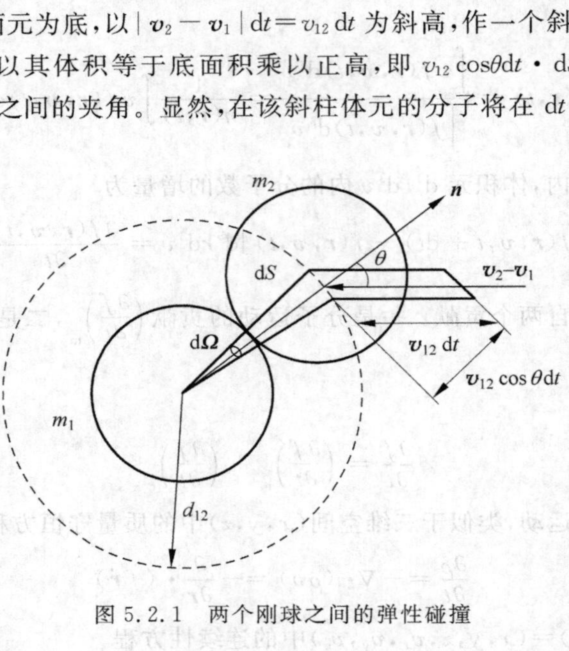

图 5.2.1 两个刚球之间的弹性碰撞

在时间间隔 $t \sim t+\mathrm{d}t$ 内在 $\mathrm{d}^3r\mathrm{d}^3v_1$ 内的分子与位于 d^3v_2 内的分子在立体角元 $\mathrm{d}\Omega$ 内的碰撞数为

$$f_1(\boldsymbol{r},\boldsymbol{v}_1,t)\mathrm{d}^3r\mathrm{d}^3v_1 \cdot f_2(\boldsymbol{r},\boldsymbol{v}_2,t)\mathrm{d}^3v_2 d_{12}^2\mathrm{d}\Omega \cdot v_{12}\cos\theta\mathrm{d}t \tag{5.2-13}$$

经过碰撞，$(\boldsymbol{v}_1,\boldsymbol{v}_2)\rightarrow(\boldsymbol{v}_1',\boldsymbol{v}_2')$，原来位于 $\mathrm{d}^3r\mathrm{d}^3v_1$ 内的分子跑出去了。每碰撞一次，跑出去一个分子。

在时间间隔 $t \sim t+\mathrm{d}t$ 内在 $\mathrm{d}^3r\mathrm{d}^3v_1'$ 内的分子与位于 d^3v_2' 内的分子在立体角元 $\mathrm{d}\Omega$ 内的碰撞数为

$$f_1(\boldsymbol{r},\boldsymbol{v}_1',t)\mathrm{d}^3r\mathrm{d}^3v_1' \cdot f_2(\boldsymbol{r},\boldsymbol{v}_2',t)\mathrm{d}^3v_2' \cdot d_{12}^2\mathrm{d}\Omega \cdot v_{12}'\cos\theta\mathrm{d}t \tag{5.2-14}$$

在得出碰撞数方程(5.2-13)和方程(5.2-14)时，我们已经使用分子混沌性假设：两个分子的速度分布是相互独立的，即第一个分子处在 $\mathrm{d}^3r_1\mathrm{d}^3v_1$，同时第二个分子处在 $\mathrm{d}^3r_2\mathrm{d}^3v_2$ 的概率 $F(\boldsymbol{r}_1,\boldsymbol{v}_1,\boldsymbol{r}_2,\boldsymbol{v}_2,t)\mathrm{d}^3r_1\mathrm{d}^3v_1\mathrm{d}^3r_2\mathrm{d}^3v_2$ 等于第一个分子处在 $\mathrm{d}^3r_1\mathrm{d}^3v_1$ 的概率 $\dfrac{f_1(\boldsymbol{r}_1,\boldsymbol{v}_1,t)}{N_1}\mathrm{d}^3r_1\mathrm{d}^3v_1$ 与第二个分子处在 $\mathrm{d}^3r_2\mathrm{d}^3v_2$ 的概率 $\dfrac{f_2(\boldsymbol{r}_2,\boldsymbol{v}_2,t)}{N_2}\mathrm{d}^3r_2\mathrm{d}^3v_2$ 的乘积，即

$$\begin{aligned}&F(\boldsymbol{r}_1,\boldsymbol{v}_1,\boldsymbol{r}_2,\boldsymbol{v}_2,t)\mathrm{d}^3r_1\mathrm{d}^3v_1\mathrm{d}^3r_2\mathrm{d}^3v_2\\&=\frac{f_1(\boldsymbol{r}_1,\boldsymbol{v}_1,t)}{N_1}\mathrm{d}^3r_1\mathrm{d}^3v_1 \cdot \frac{f_2(\boldsymbol{r}_2,\boldsymbol{v}_2,t)}{N_2}\mathrm{d}^3r_2\mathrm{d}^3v_2\end{aligned} \tag{5.2-15}$$

式中 N_1 和 N_2 分别为这两种分子的总数。这是因为当气体稀薄时，两个分子之间的关联较小，分子混沌性假设近似成立。

经过碰撞，$(\boldsymbol{v}_1',\boldsymbol{v}_2')\rightarrow(\boldsymbol{v}_1,\boldsymbol{v}_2)$，原来位于 $\mathrm{d}^3r\mathrm{d}^3v_1'$ 内的分子跑进 $\mathrm{d}^3r\mathrm{d}^3v_1$ 了。每碰撞一次，跑进去一个分子。

所以在时间间隔 $t \sim t+\mathrm{d}t$ 内跑进 $\mathrm{d}^3r\mathrm{d}^3v_1$ 的净分子数为

$$\begin{aligned}\left(\frac{\partial f_1}{\partial t}\right)_c\mathrm{d}t\mathrm{d}^3r\mathrm{d}^3v_1 =& \int[f_1(\boldsymbol{r},\boldsymbol{v}_1',t)\mathrm{d}^3r\mathrm{d}^3v_1' \cdot f_2(\boldsymbol{r},\boldsymbol{v}_2',t)\mathrm{d}^3v_2' \cdot d_{12}^2\mathrm{d}\Omega \cdot v_{12}'\cos\theta\mathrm{d}t-\\&f_1(\boldsymbol{r},\boldsymbol{v}_1,t)\mathrm{d}^3r\mathrm{d}^3v_1 \cdot f_2(\boldsymbol{r},\boldsymbol{v}_2,t)\mathrm{d}^3v_2 \cdot d_{12}^2\mathrm{d}\Omega \cdot v_{12}\cos\theta\mathrm{d}t]\end{aligned} \tag{5.2-16}$$

公式(5.2-12)具有如下对称性：把 $\boldsymbol{v}_1$ 和 $\boldsymbol{v}_1'$ 相互交换，把 $\boldsymbol{v}_2$ 和 $\boldsymbol{v}_2'$ 相互交换，所得公式形式不变，说明正碰撞和逆碰撞是互为可逆的，这反映了分子碰撞的微观可逆性，导致 $\mathrm{d}^3v_1'\mathrm{d}^3v_2'=\mathrm{d}^3v_1\mathrm{d}^3v_2$，$v_{12}'=|\boldsymbol{v}_1'-\boldsymbol{v}_2'|=v_{12}=|\boldsymbol{v}_1-\boldsymbol{v}_2|$，代入式(5.2-16)得

$$\left(\frac{\partial f_1}{\partial t}\right)_c=\int(f_1'f_2'-f_1f_2)\mathrm{d}^3v_2\Lambda\mathrm{d}\Omega \tag{5.2-17}$$

式中，$\Lambda=d_{12}^2v_{12}\cos\theta$，$f_1'=f_1(\boldsymbol{r},\boldsymbol{v}_1',t)$，$f_2'=f_2(\boldsymbol{r},\boldsymbol{v}_2',t)$。

把式(5.2-17)和式(5.2-8)代入式(5.2-6)得玻尔兹曼积分微分方程

$$\frac{\partial f}{\partial t}=-\frac{\partial}{\partial \boldsymbol{r}}\cdot(f\boldsymbol{v})-\frac{\partial}{\partial \boldsymbol{v}}\cdot\left(f\frac{\boldsymbol{F}_{\mathrm{ex}}}{m}\right)+\int(f'f_1'-ff_1)\mathrm{d}^3v_1\Lambda\mathrm{d}\Omega \tag{5.2-18}$$

式中，

$$\Lambda=d_{12}^2\mid\boldsymbol{v}-\boldsymbol{v}_1\mid\cos\theta,\quad f'=f(\boldsymbol{r},\boldsymbol{v}',t),\quad f_1'=f_1(\boldsymbol{r},\boldsymbol{v}_1',t)$$

$$\boldsymbol{v}'=\boldsymbol{v}-\frac{2m_1}{m_1+m_2}[(\boldsymbol{v}-\boldsymbol{v}_1)\cdot\boldsymbol{n}]\boldsymbol{n},\quad \boldsymbol{v}_1'=\boldsymbol{v}_1+\frac{2m_2}{m_1+m_2}[(\boldsymbol{v}-\boldsymbol{v}_1)\cdot\boldsymbol{n}]\boldsymbol{n}$$

积分范围为

$$\int\mathrm{d}^3v_1=\int_{-\infty}^{\infty}\mathrm{d}v_{1x}\int_{-\infty}^{\infty}\mathrm{d}v_{1y}\int_{-\infty}^{\infty}\mathrm{d}v_{1z},\quad \int\mathrm{d}\Omega=\int_0^{2\pi}\mathrm{d}\varphi\int_0^{\pi/2}\sin\theta\mathrm{d}\theta$$

5.3 *H* 定理

引进 H 函数

$$H(t)=\int f(\boldsymbol{r},\boldsymbol{v},t)\ln f(\boldsymbol{r},\boldsymbol{v},t)\mathrm{d}^3r\mathrm{d}^3v \tag{5.3-1}$$

现在求其对时间的变化率

$$\frac{\mathrm{d}H}{\mathrm{d}t}=\int(1+\ln f)\frac{\partial f}{\partial t}\mathrm{d}^3v\mathrm{d}^3r$$

把玻尔兹曼方程(5.2-18)代入上式得

$$\frac{\mathrm{d}H}{\mathrm{d}t}=\int\left[-\frac{\partial}{\partial\boldsymbol{r}}\cdot(f\boldsymbol{v})-\frac{\partial}{\partial\boldsymbol{v}}\cdot\left(f\frac{\boldsymbol{F}_{\mathrm{ex}}}{m}\right)\right]\mathrm{d}^3r\mathrm{d}^3v+$$
$$\int(1+\ln f)(f'f_1'-ff_1)\mathrm{d}^3r\mathrm{d}^3v\mathrm{d}^3v_1\Lambda\mathrm{d}\Omega \tag{5.3-2}$$

上式右边第一项可以改写为

$$\int\left[-\frac{\partial}{\partial\boldsymbol{r}}\cdot(f\boldsymbol{v})+\frac{\partial}{\partial\boldsymbol{v}}\cdot\left(f\frac{\boldsymbol{F}_{\mathrm{ex}}}{m}\right)\right]\mathrm{d}^3r\mathrm{d}^3v=\int\left[-\frac{\partial}{\partial x_i}\cdot(fv_i)-\frac{\partial}{\partial v_i}\cdot\left(f\frac{F_{\mathrm{ex},i}}{m}\right)\right]\mathrm{d}^3r\mathrm{d}^3v$$

在气体容器器壁上分子不能穿出，分布函数为零，那么有

$$\int\frac{\partial}{\partial x_i}\cdot(fv_i)\mathrm{d}x_i=fv_i\Big|_{x_i=-\infty}^{x_i=\infty}=0 \tag{5.3-3}$$

当分子速度趋于无穷大时，分布函数趋于零，有

$$\int\frac{\partial}{\partial v_i}\cdot\left(f\frac{F_{\mathrm{ex},i}}{m}\right)\mathrm{d}v_i=f\frac{F_{\mathrm{ex},i}}{m}\Big|_{v_i=-\infty}^{v_i=\infty}=0 \tag{5.3-4}$$

所以

$$\int\left[-\frac{\partial}{\partial\boldsymbol{r}}\cdot(f\boldsymbol{v})-\frac{\partial}{\partial\boldsymbol{v}}\cdot\left(f\frac{\boldsymbol{F}_{\mathrm{ex}}}{m}\right)\right]\mathrm{d}^3r\mathrm{d}^3v=0 \tag{5.3-5}$$

把式(5.3-5)代入式(5.3-2)得

$$\frac{\mathrm{d}H}{\mathrm{d}t}=\int(1+\ln f)(f'f_1'-ff_1)\mathrm{d}^3r\mathrm{d}^3v\mathrm{d}^3v_1\Lambda\mathrm{d}\Omega \tag{5.3-6}$$

交换 $\boldsymbol{v}$ 与 $\boldsymbol{v}_1$ 得

$$\frac{\mathrm{d}H}{\mathrm{d}t}=\int(1+\ln f_1)(f'f_1'-ff_1)\mathrm{d}^3r\mathrm{d}^3v\mathrm{d}^3v_1\Lambda\mathrm{d}\Omega \tag{5.3-7}$$

把式(5.3-6)与式(5.3-7)相加除 2 得

$$\frac{\mathrm{d}H}{\mathrm{d}t}=\frac{1}{2}\int[2+\ln(ff_1)](f'f_1'-ff_1)\mathrm{d}^3r\mathrm{d}^3v\mathrm{d}^3v_1\Lambda\mathrm{d}\Omega \tag{5.3-8}$$

上式中作交换 $\boldsymbol{v}\to\boldsymbol{v}'$，$\boldsymbol{v}_1\to\boldsymbol{v}_1'$ 得

$$\frac{\mathrm{d}H}{\mathrm{d}t}=\frac{1}{2}\int[2+\ln(f'f_1')](ff_1-f'f_1')\mathrm{d}^3r\mathrm{d}^3v'\mathrm{d}^3v_1'\Lambda'\mathrm{d}\Omega$$

使用对称性 $\mathrm{d}^3v_1'\mathrm{d}^3v_2'=\mathrm{d}^3v_1\mathrm{d}^3v_2$，$\Lambda=\Lambda'$，上式成为

$$\frac{\mathrm{d}H}{\mathrm{d}t}=\frac{1}{2}\int[2+\ln(f'f_1')](ff_1-f'f_1')\mathrm{d}^3r\mathrm{d}^3v\mathrm{d}^3v_1\Lambda\mathrm{d}\Omega \tag{5.3-9}$$

将式(5.3-8)与式(5.3-9)相加除2得

$$\frac{\mathrm{d}H}{\mathrm{d}t}=-\frac{1}{4}\int[\ln(ff_1)-\ln(f'f'_1)](ff_1-f'f'_1)\mathrm{d}^3r\mathrm{d}^3v\mathrm{d}^3v_1\Lambda\mathrm{d}\Omega \tag{5.3-10}$$

考虑实函数 $F(x,y)=(x-y)(\mathrm{e}^x-\mathrm{e}^y)$,如果 $x>y$,那么 $\mathrm{e}^x>\mathrm{e}^y$;如果 $x<y$,那么 $\mathrm{e}^x<\mathrm{e}^y$。无论哪种情况都有 $F(x,y)\geqslant 0$。令 $x=ff_1$, $y=f'f'$,则

$$\frac{\mathrm{d}H}{\mathrm{d}t}\leqslant 0 \tag{5.3-11}$$

上式等号仅当 $ff_1=f'f'_1$ 时成立。

$f_1f_2=f'_1f'_2$ 意味着正碰撞与逆碰撞相互抵消,称为细致平衡。所谓细致平衡指的是某一元过程与其相应的逆过程相互抵消。现在我们来考察达到细致平衡需要满足的条件。正碰撞与逆碰撞满足动量和动能守恒:

$$m_1\boldsymbol{v}_1+m_2\boldsymbol{v}_2=m_1\boldsymbol{v}'_1+m_2\boldsymbol{v}'_2,\quad \frac{1}{2}m_1v_1^2+\frac{1}{2}m_2v_2^2=\frac{1}{2}m_1v_1'^2+\frac{1}{2}m_2v_2'^2$$

达到细致平衡 $f_1f_2=f'_1f'_2$ 时有

$$\ln f_1+\ln f_2=\ln f'_1+\ln f'_2$$

显然 $\ln f$ 有5个特解

$$\ln f=1,\quad mv_x,\quad mv_y,\quad mv_z,\quad \frac{1}{2}mv^2 \tag{5.3-12}$$

$\ln f$ 的通解为这5个特解的线性组合,即

$$\ln f=\alpha_0+\alpha_1mv_x+\alpha_2mv_y+\alpha_3mv_z+\alpha_4\frac{1}{2}mv^2 \tag{5.3-13}$$

式中 α_0、α_1、α_2、α_3 和 α_4 为待定常数。假设流体的速度为 $\boldsymbol{u}(\boldsymbol{r},t)$,绝对温度为 $T(\boldsymbol{r},t)$,数密度为 $n(\boldsymbol{r},t)$。一个分子作热运动的平均平动能为

$$\overline{\frac{1}{2}m\mid\boldsymbol{v}-\boldsymbol{u}(\boldsymbol{r},t)\mid^2}=\frac{3}{2}kT(\boldsymbol{r},t) \tag{5.3-14}$$

式中 k 为玻尔兹曼常数。常数 α_0、α_1、α_2、α_3 和 α_4 由归一化条件(5.2-1),分子数密度公式(5.2-3)和流体速度公式(5.2-4)以及分子的平均平动能公式(5.3-14)确定,结果为

$$f(\boldsymbol{r},\boldsymbol{v},t)=n(\boldsymbol{r},t)\left[\frac{m}{2\pi kT(\boldsymbol{r},t)}\right]^{3/2}\exp\left\{-\frac{m}{2kT(\boldsymbol{r},t)}\mid\boldsymbol{v}-\boldsymbol{u}(\boldsymbol{r},t)\mid^2\right\} \tag{5.3-15}$$

对处于热平衡态的气体,温度和数密度均为常数,上式化为通常的麦克斯韦速度分布函数。所以我们称式(5.3-15)为局域麦克斯韦速度分布函数。

综合上述,我们得到 H 定理:H 总是趋向减少的,当减少到它的极小值时,平衡态才达到。这就从微观角度证明了宏观趋向平衡的不可逆性。

习题

5-3-1　证明式(5.3-13)中的常数 α_0、α_1、α_2、α_3 和 α_4 由归一化条件(5.2-1),分子数密度公式(5.2-3)和流体速度公式(5.2-4)以及分子作热运动的平均平动能公式(5.3-14)确定。

5.4 从玻尔兹曼方程推导流体力学方程

在5.1节我们已经使用刘维方程推导了流体力学方程，但由于无法从刘维方程获得概率密度，因此无法获得宏观输运系数。本节我们将使用玻尔兹曼方程推导流体力学方程，虽然玻尔兹曼方程没有解析解存在，但可以用逐级近似法求解，从而原则上可以获得宏观输运系数。

5.4.1 统计平均值

考虑一个量 $\Psi(\boldsymbol{v})$，其统计平均值为

$$\overline{\Psi}=\frac{\int\Psi(\boldsymbol{v})f(\boldsymbol{r},\boldsymbol{v},t)\mathrm{d}^3v}{\int f(\boldsymbol{r},\boldsymbol{v},t)\mathrm{d}^3v}=\frac{1}{n(\boldsymbol{r},t)}\int\Psi(\boldsymbol{v})f(\boldsymbol{r},\boldsymbol{v},t)\mathrm{d}^3v \tag{5.4-1}$$

假设 $\boldsymbol{F}_{\mathrm{ex}}$ 不依赖于 $\boldsymbol{v}$。把玻尔兹曼方程(5.2-18)两边乘以 $\Psi\mathrm{d}^3v$ 并积分得

$$\frac{\partial(n\overline{\Psi})}{\partial t}+\frac{\partial}{\partial\boldsymbol{r}}\cdot(n\overline{\Psi\boldsymbol{v}})-n\frac{\boldsymbol{F}_{\mathrm{ex}}}{m}\cdot\overline{\frac{\partial\Psi}{\partial\boldsymbol{v}}}=\hat{A}\Psi \tag{5.4-2}$$

式中，

$$\hat{A}\Psi=\int\Psi(f'f_1'-ff_1)\mathrm{d}^3v\mathrm{d}^3v_1\Lambda\mathrm{d}\Omega \tag{5.4-3}$$

作交换 $\boldsymbol{v}\to\boldsymbol{v}'$，$\boldsymbol{v}_1\to\boldsymbol{v}_1'$ 得

$$\int\Psi f'f_1'\mathrm{d}^3v\mathrm{d}^3v_1\Lambda\mathrm{d}\Omega=\int\Psi'ff_1\mathrm{d}^3v'\mathrm{d}^3v_1'\Lambda'\mathrm{d}\Omega$$

式中 $\Psi'=\Psi(\boldsymbol{v}')$。

使用对称性 $\mathrm{d}^3v_1'\mathrm{d}^3v_2'=\mathrm{d}^3v_1\mathrm{d}^3v_2$，$\Lambda=\Lambda'$，上式成为

$$\int\Psi f'f_1'\mathrm{d}^3v\mathrm{d}^3v_1\Lambda\mathrm{d}\Omega=\int\Psi'ff_1\mathrm{d}^3v\mathrm{d}^3v_1\Lambda\mathrm{d}\Omega \tag{5.4-4}$$

把式(5.4-4)代入式(5.4-3)得

$$\hat{A}\Psi=\int\Psi(f'f_1'-ff_1)\mathrm{d}^3v\mathrm{d}^3v_1\Lambda\mathrm{d}\Omega=\int(\Psi'-\Psi)ff_1\mathrm{d}^3v\mathrm{d}^3v_1\Lambda\mathrm{d}\Omega \tag{5.4-5}$$

上式中交换 $\boldsymbol{v}$ 与 $\boldsymbol{v}_1$ 得

$$\hat{A}\Psi=\int(\Psi_1'-\Psi_1)ff_1\mathrm{d}^3v\mathrm{d}^3v_1\Lambda\mathrm{d}\Omega \tag{5.4-6}$$

式中，$\Psi_1=\Psi(\boldsymbol{v}_1)$，$\Psi_1'=\Psi(\boldsymbol{v}_1')$。

把式(5.4-5)与式(5.4-6)相加除2得

$$\hat{A}\Psi=\frac{1}{2}\int(\Psi'+\Psi_1'-\Psi-\Psi_1)ff_1\mathrm{d}^3v\mathrm{d}^3v_1\Lambda\mathrm{d}\Omega \tag{5.4-7}$$

上式中作交换 $\boldsymbol{v}\to\boldsymbol{v}'$，$\boldsymbol{v}_1\to\boldsymbol{v}_1'$ 得

$$\begin{aligned}\hat{A}\Psi&=\frac{1}{2}\int(\Psi+\Psi_1-\Psi'-\Psi_1')f'f_1'\mathrm{d}^3v'\mathrm{d}^3v_1'\Lambda'\mathrm{d}\Omega\\&=\frac{1}{2}\int(\Psi+\Psi_1-\Psi'-\Psi_1')f'f_1'\mathrm{d}^3v\mathrm{d}^3v_1\Lambda\mathrm{d}\Omega\end{aligned} \tag{5.4-8}$$

把式(5.4-7)与式(5.4-8)相加除2得

$$\hat{A}\Psi = -\frac{1}{4}\int(\Psi' + \Psi'_1 - \Psi - \Psi_1)(f'f'_1 - ff_1)\mathrm{d}^3 v\mathrm{d}^3 v_1 \Lambda \mathrm{d}\Omega \tag{5.4-9}$$

两个刚球分子之间的碰撞为弹性碰撞，碰撞前后系统的动量和动能守恒，所以如果把Ψ取为任意常数或者一个刚球分子的动量分量和动能，即

$$\Psi = 1,\quad mv_x,\quad mv_y,\quad mv_z,\quad \frac{1}{2}mv^2 \tag{5.4-10}$$

那么Ψ满足$\Psi'_1 + \Psi'_2 = \Psi_1 + \Psi_2$，为碰撞守恒量。式(5.4-2)成为

$$\frac{\partial(n\overline{\Psi})}{\partial t} + \frac{\partial}{\partial \boldsymbol{r}}\cdot(n\,\overline{\Psi \boldsymbol{v}}) - n\frac{\boldsymbol{F}_{\text{ex}}}{m}\cdot\overline{\frac{\partial \Psi}{\partial \boldsymbol{v}}} = \hat{A}\Psi = 0 \tag{5.4-11}$$

5.4.2 连续性方程

取$\Psi=1$，式(5.4-11)成为

$$\frac{\partial(n)}{\partial t} + \frac{\partial}{\partial \boldsymbol{r}}\cdot(n\,\overline{\boldsymbol{v}}) = 0$$

既然质量密度$\rho=nm$，$\overline{\boldsymbol{v}}=\boldsymbol{u}$为流体速度，上式即为连续性方程

$$\frac{\partial \rho}{\partial t} + \frac{\partial}{\partial \boldsymbol{r}}\cdot(\rho \boldsymbol{u}) = 0 \tag{5.4-12}$$

5.4.3 动量平衡方程

取$\Psi=mv_i$，使用爱因斯坦求和约定，式(5.4-11)成为

$$\frac{\partial(\rho\,\overline{v_i})}{\partial t} + \frac{\partial(\rho\,\overline{v_i v_j})}{\partial x_j} - \rho\frac{F_{\text{ex},i}}{m} = 0$$

令$v_i = u_i + \xi_i$，$\boldsymbol{\xi}$为分子的随机速度。由于$\overline{\xi_i}=0$，有$\overline{v_i v_j} = u_i u_j + \overline{\xi_i \xi_j}$。定义应力张量$\sigma_{ij} = -\rho\,\overline{\xi_i \xi_j}$，上式成为

$$\frac{\partial(\rho u_i)}{\partial t} + \frac{\partial(\rho u_i u_j)}{\partial x_j} = \rho\frac{F_{\text{ex},i}}{m} + \frac{\partial \sigma_{ji}}{\partial x_j} \tag{5.4-13}$$

把连续性方程(5.4-12)代入上式消去$\frac{\partial \rho}{\partial t}$，得

$$\frac{\partial u_i}{\partial t} + u_j\frac{\partial u_i}{\partial x_j} = \frac{\partial u_i}{\partial t} + (\boldsymbol{u}\cdot\nabla)u_i = \frac{\mathrm{d}u_i}{\mathrm{d}t} = \frac{F_{\text{ex},i}}{m} + \frac{1}{\rho}\frac{\partial \sigma_{ji}}{\partial x_j} \tag{5.4-14}$$

这就是流体力学的动量平衡方程。

5.4.4 能量平衡方程

取$\Psi=\frac{1}{2}mv^2=\frac{1}{2}mv_i v_i$，式(5.4-11)成为

$$\frac{\partial(\rho\,\overline{v_i v_i})}{\partial t} + \frac{\partial(\rho\,\overline{v_j v_i v_i})}{\partial x_j} = 2\rho\frac{F_{\text{ex},i}}{m}u_i = 2\rho\frac{\boldsymbol{F}_{\text{ex}}}{m}\cdot\boldsymbol{u} \tag{5.4-15}$$

令$v_i = u_i + \xi_i$，定义热流矢量$\boldsymbol{q}=\frac{1}{2}\rho\overline{\boldsymbol{\xi}\,\xi^2}$，有$q_i = \frac{1}{2}\rho\,\overline{\xi_i \xi_j \xi_j}$。容易证明

$$\overline{v_j v_i v_i} = u_j u_i u_i + u_j\,\overline{\xi_i \xi_i} + 2u_i\,\overline{\xi_j \xi_i} + \overline{\xi_j \xi_i \xi_i} \tag{5.4-16}$$

把式(5.4-14)和式(5.4-16)代入式(5.4-15)并消去 $F_{\mathrm{ex},i}$ 得

$$\rho\left(\frac{\partial}{\partial t}+u_j\frac{\partial}{\partial x_j}\right)\overline{\xi_i\xi_i}+2\frac{\partial q_j}{\partial x_j}=2\sigma_{ij}\frac{\partial u_i}{\partial x_j} \tag{5.4-17}$$

或者改写成

$$\rho\frac{\mathrm{d}}{\mathrm{d}t}\overline{\xi^2}+2\nabla\cdot\boldsymbol{q}=\sigma_{ij}\left(\frac{\partial u_i}{\partial x_j}+\frac{\partial u_j}{\partial x_i}\right) \tag{5.4-18}$$

这就是流体力学的能量平衡方程。

5.4.5 达到局域麦克斯韦速度分布函数时的流体力学方程

现在推导达到局域麦克斯韦速度分布函数时的流体力学方程。局域麦克斯韦速度分布函数为

$$\begin{aligned}f^{(0)}(\boldsymbol{r},\boldsymbol{v},t)&=n(\boldsymbol{r},t)\left[\frac{m}{2\pi kT(\boldsymbol{r},t)}\right]^{3/2}\exp\left\{-\frac{m}{2kT(\boldsymbol{r},t)}\mid\boldsymbol{v}-\boldsymbol{u}(\boldsymbol{r},t)\mid^2\right\}\\&=n(\boldsymbol{r},t)\left[\frac{m}{2\pi kT(\boldsymbol{r},t)}\right]^{3/2}\exp\left\{-\frac{m}{2kT(\boldsymbol{r},t)}\xi^2\right\}\end{aligned}$$

容易得应力张量和热流矢量

$$\sigma_{ij}=-\rho\overline{\xi_i\xi_j}=-\rho\delta_{ij}\overline{\xi_x^2}=-\rho\delta_{ij}\frac{kT}{m}=-p\delta_{ij},\quad \boldsymbol{q}=-1/2\rho\overline{\boldsymbol{\xi}\xi^2}=\boldsymbol{0} \tag{5.4-19}$$

式中，$p=\rho\dfrac{kT}{m}$为理想气体的局域压强公式。上式表明，气体没有黏滞性和传热性，即气体为理想流体。

把式(5.4-19)代入式(5.4-14)得流体力学的动量平衡方程

$$\frac{\mathrm{d}\boldsymbol{u}}{\mathrm{d}t}=-\frac{1}{\rho}\nabla p+\frac{\boldsymbol{F}_{\mathrm{ex}}}{m} \tag{5.4-20}$$

上式即为理想流体的欧拉方程。

把式(5.4-19)代入式(5.4-18)得流体力学的能量平衡方程

$$3\rho\frac{\mathrm{d}}{\mathrm{d}t}\frac{kT}{m}=-2\frac{\rho kT}{m}\nabla\cdot\boldsymbol{u} \tag{5.4-21}$$

代入连续性方程$\dfrac{\mathrm{d}\rho}{\mathrm{d}t}=-\rho\nabla\cdot\boldsymbol{u}$得

$$3\rho\frac{\mathrm{d}T}{\mathrm{d}t}=-2T\rho\nabla\cdot\boldsymbol{u}=2T\frac{\mathrm{d}\rho}{\mathrm{d}t}$$

即

$$\frac{\mathrm{d}}{\mathrm{d}t}(\rho T^{-3/2})=0 \tag{5.4-22}$$

解为

$$\rho T^{-3/2}=C_i \tag{5.4-23}$$

上式表明，每个流体微元在运动过程中其 $\rho T^{-3/2}=C_i$ 保持不变，即理想流体的运动是绝热的，但是，不同的流体微元的常数 C_i 是不同的。

习题

5-4-1 推导式(5.4-16)。

5-4-2 使用式(5.4-14)、式(5.4-15)和式(5.4-16)推导式(5.4-17)。

5.5　弛豫时间近似

玻尔兹曼积分微分方程是一个高度复杂的非线性方程，一般情况下没有严格解存在，可以使用逐级近似方法求解，过程极其复杂。我们这里引进一个简单的近似，虽然不够准确，但对于了解流体的微观描述是有用的。此外，20 世纪 80 年代以来人们使用离散化方法把弛豫时间近似下的玻尔兹曼方程化为代数方程后求解，本质上就是用离散的粒子在规则格子中的简单运动来模拟流体力学的复杂现象，发展了晶格玻尔兹曼方法，用于计算各种具有复杂几何边界的流体系统的流动。

5.5.1　弛豫时间近似的定义

弛豫时间近似指的是碰撞项正比于速度分布函数与局域麦克斯韦速度分布函数 $f^{(0)}$ 之差，玻尔兹曼方程化为

$$\frac{\partial f}{\partial t}+\frac{\partial}{\partial \boldsymbol{r}}\cdot(f\dot{\boldsymbol{r}})+\frac{\partial}{\partial \boldsymbol{v}}\cdot\left(f\frac{\boldsymbol{F}_{\mathrm{ex}}}{m}\right)=-\frac{f-f^{(0)}}{\tau} \tag{5.5-1}$$

式中，τ 为弛豫时间，

$$f^{(0)}(\boldsymbol{r},\boldsymbol{v},t)=n(\boldsymbol{r},t)\left[\frac{m}{2\pi kT(\boldsymbol{r},t)}\right]^{3/2}\exp\left\{-\frac{m}{2kT(\boldsymbol{r},t)}\mid\boldsymbol{v}-\boldsymbol{u}(\boldsymbol{r},t)\mid^2\right\}$$

为局域麦克斯韦速度分布函数。

为了看出弛豫时间 τ 的物理意义，考虑一个简单情况，没有外力场，速度分布函数与空间坐标无关，$f^{(0)}$ 取为达到平衡态时的麦克斯韦速度分布函数，即

$$f=f(\boldsymbol{v},t),\quad f^{(0)}=n\left(\frac{m}{2\pi kT}\right)^{3/2}\exp\left(-\frac{m}{2kT}v^2\right)$$

玻尔兹曼方程化为

$$\frac{\partial f}{\partial t}=-\frac{f-f^{(0)}}{\tau} \tag{5.5-2}$$

解为

$$f(\boldsymbol{v},t)=f(\boldsymbol{v},0)\mathrm{e}^{-t/\tau}+f^{(0)}(1-\mathrm{e}^{-t/\tau}) \tag{5.5-3}$$

从上述解可以看出，经过几个 τ 的时间之后，速度分布函数接近其平衡值，几乎与初始值无关。从而可得 τ 的物理意义：气体恢复到平衡所需要的时间大致为几个 τ。

5.5.2　气体的黏性系数

现在使用弛豫时间近似来求气体的黏性系数。当气体各层的流速不同时，设想通过任一平行于流速的截面把两边的气体分开，那么两边的气体将平行于截面互施作用力和反作用力，力的作用使流动慢的气体加速，使流动快的气体减速。

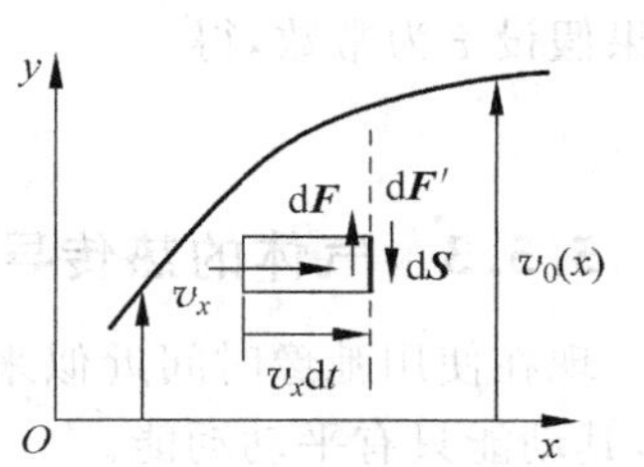

图 5.5.1　气体分子的动量输运

设气体的速度为 $v_0(x)\boldsymbol{e}_y$，数密度和温度均为常数。如图 5.5.1 所示，在气体内部取一面元 dS，其法线沿 x 轴

方向，以 dS 为底、$v_x dt$ 为正高作一柱体元。这里 $\boldsymbol{v}=v_x\boldsymbol{e}_x+v_y\boldsymbol{e}_y+v_z\boldsymbol{e}_z$ 为气体分子的速度。我们看到，在时刻 t 柱体元内速度分量为 v_x 的所有分子，将在时间间隔 $t\sim t+dt$ 内沿 x 轴方向穿过面元 dS 跑出去。所以在时间间隔 $t\sim t+dt$ 内穿过面元 dS 的净分子数为

$$\int_{-\infty}^{\infty}dv_x\int_{-\infty}^{\infty}dv_y\int_{-\infty}^{\infty}dv_z f(\boldsymbol{r},\boldsymbol{v},t)v_x dt dS \tag{5.5-4}$$

在时间间隔 $t\sim t+dt$ 内通过面元 dS 输运的沿 y 轴正方向的净动量分量为

$$\int_{-\infty}^{\infty}dv_x\int_{-\infty}^{\infty}dv_y\int_{-\infty}^{\infty}dv_z f(\boldsymbol{r},\boldsymbol{v},t)v_x m v_y dt dS \tag{5.5-5}$$

根据牛顿黏性定律，面元 dS 上的黏性力为 $dF=\eta\dfrac{dv_0}{dx}dS$，方向沿 y 轴方向。由于动量是沿流速减少的方向输运的，根据动量定理得

$$\int_{-\infty}^{\infty}dv_x\int_{-\infty}^{\infty}dv_y\int_{-\infty}^{\infty}dv_z f(\boldsymbol{r},\boldsymbol{v},t)v_x m v_y dt dS=-dFdt=-\eta\frac{dv_0}{dx}dSdt \tag{5.5-6}$$

化简得

$$-\eta\frac{dv_0}{dx}=m\int_{-\infty}^{\infty}dv_x\int_{-\infty}^{\infty}dv_y\int_{-\infty}^{\infty}dv_z f(\boldsymbol{r},\boldsymbol{v},t)v_x v_y \tag{5.5-7}$$

达到稳恒状态时，满足 $\dfrac{\partial f}{\partial t}=0$，$f=f(x,\boldsymbol{v})$。玻尔兹曼方程(5.5-1)化为

$$v_x\frac{\partial f}{\partial x}=-\frac{f-f^{(0)}}{\tau} \tag{5.5-8}$$

式中局域麦克斯韦速度分布函数为

$$f^{(0)}=n\left(\frac{m}{2\pi kT}\right)^{3/2}\exp\left\{-\frac{m}{2kT}\left[v_x^2+(v_y-v_0)^2+v_z^2\right]\right\} \tag{5.5-9}$$

令 $f=f^{(0)}+f^{(1)}$，代入式(5.5-8)得

$$v_x\frac{\partial f^{(0)}}{\partial x}+v_x\frac{\partial f^{(1)}}{\partial x}=-\frac{f^{(1)}}{\tau} \tag{5.5-10}$$

零级近似远大于一级近似，即 $f^{(0)}\gg f^{(1)}$。忽略上式左边的小项，得

$$v_x\frac{\partial f^{(0)}}{\partial x}=-\frac{f^{(1)}}{\tau} \tag{5.5-11}$$

把式(5.5-9)代入式(5.5-11)得

$$f^{(1)}=-\tau v_x\frac{\partial f^{(0)}}{\partial x}=-\tau v_x\frac{\partial f^{(0)}}{\partial(v_y-v_0)}\frac{\partial(v_y-v_0)}{\partial x}=\tau v_x\frac{\partial f^{(0)}}{\partial v_y}\frac{dv_0}{dx} \tag{5.5-12}$$

把式(5.5-12)代入式(5.5-7)得

$$\eta=-m\int_{-\infty}^{\infty}dv_x\int_{-\infty}^{\infty}dv_y\int_{-\infty}^{\infty}dv_z\tau v_x^2 v_y\frac{\partial f^{(0)}}{\partial v_y} \tag{5.5-13}$$

如果假设 τ 为常数，得

$$\eta=nkT\tau \tag{5.5-14}$$

5.5.3 气体的热传导系数

现在使用弛豫时间近似来求单原子分子气体的热传导系数。单原子分子可以视为质点，其动能只有平动动能。

设处于静止的气体的温度为 $T(x)$，数密度为常数。如图 5.5.2 所示，在气体内部取一面元 dS，其法线沿 x 轴方向，以 dS 为底、v_xdt 为正高作一柱体元。这里 $\boldsymbol{v}=v_x\boldsymbol{e}_x+v_y\boldsymbol{e}_y+v_z\boldsymbol{e}_z$ 为气体分子的速度。我们看到，在时刻 t 柱体元内速度分量为 v_x 的所有分子，将在时间间隔 $t\sim t+\mathrm{d}t$ 内沿 x 轴方向穿过面元 dS 跑出去。所以在时间间隔 $t\sim t+\mathrm{d}t$ 内穿过面元 dS 的净分子数为

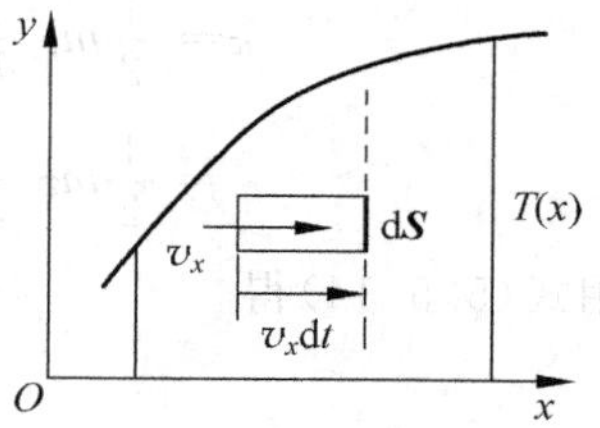

图 5.5.2　气体分子的动能输运

$$\int_{-\infty}^{\infty}\mathrm{d}v_x\int_{-\infty}^{\infty}\mathrm{d}v_y\int_{-\infty}^{\infty}\mathrm{d}v_z f(\boldsymbol{r},\boldsymbol{v},t)v_x\mathrm{d}t\mathrm{d}S$$

在时间间隔 $t\sim t+\mathrm{d}t$ 内通过面元 dS 输运的净动能为

$$\int_{-\infty}^{\infty}\mathrm{d}v_x\int_{-\infty}^{\infty}\mathrm{d}v_y\int_{-\infty}^{\infty}\mathrm{d}v_z f(\boldsymbol{r},\boldsymbol{v},t)v_x\frac{1}{2}mv^2\mathrm{d}t\mathrm{d}S \tag{5.5-15}$$

根据傅里叶定律，在时间间隔 $t\sim t+\mathrm{d}t$ 内通过面元 dS 传递的热量为 $\mathrm{d}Q=\kappa\dfrac{\mathrm{d}T}{\mathrm{d}x}\mathrm{d}S\mathrm{d}t$，这里 κ 为热传导系数。由于热量是沿温度减少的方向传递的，有

$$\int_{-\infty}^{\infty}\mathrm{d}v_x\int_{-\infty}^{\infty}\mathrm{d}v_y\int_{-\infty}^{\infty}\mathrm{d}v_z f(\boldsymbol{r},\boldsymbol{v},t)v_x\frac{1}{2}mv^2\mathrm{d}t\mathrm{d}S=-\mathrm{d}Q=-\kappa\frac{\mathrm{d}T}{\mathrm{d}x}\mathrm{d}S\mathrm{d}t \tag{5.5-16}$$

化简得

$$-\kappa\frac{\mathrm{d}T}{\mathrm{d}x}=\frac{1}{2}m\int_{-\infty}^{\infty}\mathrm{d}v_x\int_{-\infty}^{\infty}\mathrm{d}v_y\int_{-\infty}^{\infty}\mathrm{d}v_z f(\boldsymbol{r},\boldsymbol{v},t)v_xv^2 \tag{5.5-17}$$

达到稳恒状态时，满足 $\dfrac{\partial f}{\partial t}=0$，$f=f(x,\boldsymbol{v})$。玻尔兹曼方程(5.5-1)化为

$$v_x\frac{\partial f}{\partial x}=-\frac{f-f^{(0)}}{\tau} \tag{5.5-18}$$

式中局域麦克斯韦速度分布函数为

$$f^{(0)}=n\left[\frac{m}{2\pi kT(x)}\right]^{3/2}\exp\left[-\frac{m}{2kT(x)}(v_x^2+v_y^2+v_z^2)\right] \tag{5.5-19}$$

令 $f=f^{(0)}+f^{(1)}$，代入式(5.5-18)得

$$v_x\frac{\partial f^{(0)}}{\partial x}+v_x\frac{\partial f^{(1)}}{\partial x}=-\frac{f^{(1)}}{\tau} \tag{5.5-20}$$

由于零级近似远大于一级近似，即 $f^{(0)}\gg f^{(1)}$，忽略上式左边的小项，得

$$v_x\frac{\partial f^{(0)}}{\partial x}=-\frac{f^{(1)}}{\tau} \tag{5.5-21}$$

把式(5.5-19)代入式(5.5-21)，得

$$f^{(1)}=-\tau v_x\frac{\partial f^{(0)}}{\partial x}=-\tau v_x\frac{\partial f^{(0)}}{\partial T}\frac{\mathrm{d}T}{\mathrm{d}x} \tag{5.5-22}$$

把式(5.5-22)代入式(5.5-17)，得

$$\kappa=\frac{1}{2}m\int_{-\infty}^{\infty}\mathrm{d}v_x\int_{-\infty}^{\infty}\mathrm{d}v_y\int_{-\infty}^{\infty}\mathrm{d}v_z\frac{\partial f^{(0)}}{\partial T}\tau v_x^2v^2 \tag{5.5-23}$$

如果假设 τ 为常数，得

$$\kappa = \frac{1}{2}m\tau\frac{\partial}{\partial T}\int_{-\infty}^{\infty}\mathrm{d}v_x\int_{-\infty}^{\infty}\mathrm{d}v_y\int_{-\infty}^{\infty}\mathrm{d}v_z f^{(0)}v_x^2v^2$$

$$= \frac{1}{2}m\tau\frac{\partial}{\partial T}\int_0^{\infty}\mathrm{d}v\int_0^{\pi}\mathrm{d}\theta\int_0^{2\pi}\mathrm{d}\varphi f^{(0)}v^6\sin^3\theta\cos^2\varphi = \frac{5k}{m}nkT\tau \tag{5.5-24}$$

使用式(5.5-14)得

$$\kappa = \frac{5k}{m}\eta \tag{5.5-25}$$

对于单原子分子气体,实验值为$\kappa \approx 2.5\times\frac{3k}{2m}\eta = 3.75\frac{k}{m}\eta$。

习题

5-5-1 假设$\tau = l_0/v$,l_0为常数,计算κ。

5-5-2 假设$\tau = l_0/v$,l_0为常数,计算η。

附录A

常用的矢量公式

A.1

$\nabla^2 \frac{1}{|\boldsymbol{r}'-\boldsymbol{r}|}=-4\pi\delta(\boldsymbol{r}'-\boldsymbol{r})$

$\nabla\times\nabla f=\mathbf{0}$

$\nabla\cdot(\nabla\times\boldsymbol{a})=0$

$\nabla\times(\nabla\times\boldsymbol{a})=\nabla(\nabla\cdot\boldsymbol{a})-\nabla^2\boldsymbol{a}$

$\nabla\cdot(f\boldsymbol{a})=\boldsymbol{a}\cdot\nabla f+f\,\nabla\cdot\boldsymbol{a}$

$\nabla\times(f\boldsymbol{a})=\nabla f\times\boldsymbol{a}+f\,\nabla\times\boldsymbol{a}$

$\nabla\cdot(\boldsymbol{a}\times\boldsymbol{b})=\boldsymbol{b}\cdot(\nabla\times\boldsymbol{a})-\boldsymbol{a}\cdot(\nabla\times\boldsymbol{b})$

$\nabla\times(\boldsymbol{a}\times\boldsymbol{b})=\boldsymbol{a}(\nabla\cdot\boldsymbol{b})-\boldsymbol{b}(\nabla\cdot\boldsymbol{a})+(\boldsymbol{b}\cdot\nabla)\boldsymbol{a}-(\boldsymbol{a}\cdot\nabla)\boldsymbol{b}$

$\nabla(\boldsymbol{a}\cdot\boldsymbol{b})=(\boldsymbol{a}\cdot\nabla)\boldsymbol{b}+(\boldsymbol{b}\cdot\nabla)\boldsymbol{a}+\boldsymbol{a}\times(\nabla\times\boldsymbol{b})+\boldsymbol{b}\times(\nabla\times\boldsymbol{a})$

$\oint_S f\,\mathrm{d}\boldsymbol{S}=\int_V \nabla f\,\mathrm{d}V$

$\int_V \frac{\partial Q}{\partial x_i}\mathrm{d}V=\int_V \frac{\partial Q}{\partial x_i}\mathrm{d}x_1\,\mathrm{d}x_2\,\mathrm{d}x_3=\oint_S Qn_i\,\mathrm{d}S$

$\oint_C \boldsymbol{f}\cdot\mathrm{d}\boldsymbol{l}=\iint_S \nabla\times\boldsymbol{f}\cdot\mathrm{d}\boldsymbol{S}$

A.2 球坐标系

$\boldsymbol{e}_r=\boldsymbol{e}_x\sin\theta\cos\varphi+\boldsymbol{e}_y\sin\theta\sin\varphi+\boldsymbol{e}_z\cos\theta$

$\boldsymbol{e}_\theta=\boldsymbol{e}_x\cos\theta\cos\varphi+\boldsymbol{e}_y\cos\theta\sin\varphi-\boldsymbol{e}_z\sin\theta$

$\boldsymbol{e}_\varphi=-\boldsymbol{e}_x\sin\varphi+\boldsymbol{e}_y\cos\varphi$

$\frac{\partial\boldsymbol{e}_r}{\partial r}=\frac{\partial\boldsymbol{e}_\theta}{\partial r}=\frac{\partial\boldsymbol{e}_\varphi}{\partial r}=\frac{\partial\boldsymbol{e}_\varphi}{\partial\theta}=\mathbf{0}$

$\frac{\partial\boldsymbol{e}_r}{\partial\theta}=\boldsymbol{e}_\theta$

$$\frac{\partial \boldsymbol{e}_\theta}{\partial \theta}=-\boldsymbol{e}_r$$

$$\frac{\partial \boldsymbol{e}_r}{\partial \varphi}=\boldsymbol{e}_\varphi \sin\theta$$

$$\frac{\partial \boldsymbol{e}_\theta}{\partial \varphi}=\boldsymbol{e}_\varphi \cos\theta$$

$$\frac{\partial \boldsymbol{e}_\varphi}{\partial \varphi}=-\boldsymbol{e}_r \sin\theta-\boldsymbol{e}_\theta \cos\theta$$

$$\boldsymbol{e}_x=(\boldsymbol{e}_r \sin\theta+\boldsymbol{e}_\theta \cos\theta)\cos\varphi-\boldsymbol{e}_\varphi \sin\varphi$$

$$\boldsymbol{e}_y=(\boldsymbol{e}_r \sin\theta+\boldsymbol{e}_\theta \cos\theta)\sin\varphi+\boldsymbol{e}_\varphi \cos\varphi$$

$$\boldsymbol{e}_z=\boldsymbol{e}_r \cos\theta-\boldsymbol{e}_\theta \sin\theta$$

$$\nabla=\boldsymbol{e}_r \frac{\partial}{\partial r}+\boldsymbol{e}_\theta \frac{1}{r}\frac{\partial}{\partial \theta}+\boldsymbol{e}_\varphi \frac{1}{r\sin\theta}\frac{\partial}{\partial \varphi}$$

$$\nabla\cdot\boldsymbol{A}=\frac{1}{r^2}\frac{\partial(r^2 A_r)}{\partial r}+\frac{1}{r\sin\theta}\frac{\partial(A_\theta \sin\theta)}{\partial \theta}+\frac{1}{r\sin\theta}\frac{\partial A_\varphi}{\partial \varphi}$$

$$\nabla\times\boldsymbol{A}=\boldsymbol{e}_r \frac{1}{r\sin\theta}\left[\frac{\partial(A_\varphi \sin\theta)}{\partial \theta}-\frac{\partial A_\theta}{\partial \varphi}\right]+\boldsymbol{e}_\theta\left[\frac{1}{r\sin\theta}\frac{\partial A_r}{\partial \varphi}-\frac{1}{r}\frac{\partial(rA_\varphi)}{\partial r}\right]+\boldsymbol{e}_\varphi\left[\frac{1}{r}\frac{\partial(rA_\theta)}{\partial r}-\frac{1}{r}\frac{\partial A_r}{\partial \theta}\right]$$

$$\nabla^2=\frac{1}{r^2}\frac{\partial}{\partial r}\left(r^2 \frac{\partial}{\partial r}\right)+\frac{1}{r^2 \sin\theta}\frac{\partial}{\partial \theta}\left(\sin\theta \frac{\partial}{\partial \theta}\right)+\frac{1}{r^2 \sin^2\theta}\frac{\partial^2}{\partial \varphi^2}$$

$$(\nabla^2 \boldsymbol{A})_r=\nabla^2 A_r-\frac{2}{r^2 \sin\theta}\frac{\partial(A_\theta \sin\theta)}{\partial \theta}-\frac{2}{r^2 \sin\theta}\frac{\partial A_\varphi}{\partial \varphi}-\frac{2A_r}{r^2}$$

$$(\nabla^2 \boldsymbol{A})_\theta=\nabla^2 A_\theta-\frac{2\cos\theta}{r^2 \sin^2\theta}\frac{\partial A_\varphi}{\partial \varphi}+\frac{2}{r^2}\frac{\partial A_r}{\partial \theta}-\frac{A_\theta}{r^2 \sin^2\theta}$$

$$(\nabla^2 \boldsymbol{A})_\varphi=\nabla^2 A_\varphi+\frac{2}{r^2 \sin\theta}\frac{\partial A_r}{\partial \varphi}+\frac{2\cos\theta}{r^2 \sin^2\theta}\frac{\partial A_\theta}{\partial \varphi}-\frac{A_\varphi}{r^2 \sin^2\theta}$$

A.3 柱坐标系

$$\boldsymbol{e}_R=\boldsymbol{e}_x \cos\varphi+\boldsymbol{e}_y \sin\varphi$$

$$\boldsymbol{e}_\varphi=-\boldsymbol{e}_x \sin\varphi+\boldsymbol{e}_y \cos\varphi$$

$$\frac{\partial \boldsymbol{e}_R}{\partial \varphi}=\boldsymbol{e}_\varphi$$

$$\frac{\partial \boldsymbol{e}_\varphi}{\partial \varphi}=-\boldsymbol{e}_R$$

$$\frac{\partial \boldsymbol{e}_R}{\partial R}=\frac{\partial \boldsymbol{e}_R}{\partial z}=\frac{\partial \boldsymbol{e}_\varphi}{\partial R}=\frac{\partial \boldsymbol{e}_\varphi}{\partial z}=\boldsymbol{0}$$

$$\boldsymbol{e}_x=\boldsymbol{e}_R \cos\varphi-\boldsymbol{e}_\varphi \sin\varphi$$

$$\boldsymbol{e}_y=\boldsymbol{e}_R \sin\varphi+\boldsymbol{e}_\varphi \cos\varphi$$

$$\nabla=\boldsymbol{e}_R \frac{\partial}{\partial R}+\boldsymbol{e}_\varphi \frac{1}{R}\frac{\partial}{\partial \varphi}+\boldsymbol{e}_z \frac{\partial}{\partial z}$$

$$\nabla\cdot\boldsymbol{A}=\frac{1}{R}\frac{\partial(RA_R)}{\partial R}+\frac{1}{R}\frac{\partial A_\varphi}{\partial \varphi}+\frac{\partial A_z}{\partial z}$$

$$\nabla\times\boldsymbol{A}=\boldsymbol{e}_R\ \frac{1}{R}\left[\frac{\partial A_z}{\partial\varphi}-\frac{\partial(RA_\varphi)}{\partial z}\right]+\boldsymbol{e}_\varphi\left(\frac{\partial A_R}{\partial z}-\frac{\partial A_z}{\partial R}\right)+\boldsymbol{e}_z\left[\frac{1}{R}\frac{\partial(RA_\varphi)}{\partial R}-\frac{1}{R}\frac{\partial A_R}{\partial\varphi}\right]$$

$$\nabla^2=\frac{1}{R}\frac{\partial}{\partial R}\left(R\frac{\partial}{\partial R}\right)+\frac{1}{R^2}\frac{\partial^2}{\partial\varphi^2}+\frac{\partial^2}{\partial z^2}$$

$$(\nabla^2\boldsymbol{A})_R=\nabla^2A_R-\frac{2}{R^2}\frac{\partial A_\varphi}{\partial\varphi}-\frac{A_R}{R^2}$$

$$(\nabla^2\boldsymbol{A})_\varphi=\nabla^2A_\varphi+\frac{2}{R^2}\frac{\partial A_R}{\partial\varphi}-\frac{A_\varphi}{R^2}$$

$$(\nabla^2\boldsymbol{A})_z=\nabla^2A_z$$

参 考 文 献

[1] LANDAU L D, LIFSHITZ E M. Fluid mechanics[M]. 北京：世界图书出版公司，1999.

[2] MILNE-THOMSON L M. Theoretical hydrodynamics[M]. London：Macmillan，1955.

[3] LAMB H. Hydrodynamics[M]. New York：Dover，1945.

[4] H. 欧特尔，K. R. 斯特雷瓦萨，U. 弥勒，等. 普朗特流体力学基础[M]. 11 版. 北京：科学出版社，2008.

[5] 吴望一. 流体力学[M]. 北京：北京大学出版社，1982.

[6] 吴子牛，王兵，周睿，等. 空气动力学(上册)[M]. 北京：清华大学出版社，2007.

[7] 刘树红，吴玉林，周雪漪，等. 应用流体力学[M]. 北京：清华大学出版社，2006.

[8] KREUZER H J. Nonequilibrium thermodynamics and its statistical foundations[M]. New York：Oxford，1981.

[9] S. R. 德格鲁脱，P. 梅休尔. 非平衡态热力学[M]. 陆全康，译. 上海：上海科学技术出版社，1981.

[10] 王竹溪. 统计物理学导论[M]. 北京：人民教育出版社，1979.

[11] 梁昆淼. 数学物理方法[M]. 北京：人民教育出版社，1978.